Joachim Gerdes
Glaube, Wissenschaft, Sprache

Deutsch als Fremd- und Fachsprache

Herausgegeben von
Csaba Földes und Thorsten Roelcke

Band 1

Joachim Gerdes

Glaube, Wissenschaft, Sprache

—

Eine diachronische Studie zur protestantisch-
theologischen Fachsprache im 20. Jahrhundert

DE GRUYTER

Die freie Verfügbarkeit der E-Book-Ausgabe dieser Publikation wurde durch 35 wissenschaftliche Bibliotheken und Initiativen ermöglicht, die die Open-Access-Transformation in der Germanistischen Linguistik fördern.

ISBN 978-3-11-153349-0
e-ISBN (PDF) 978-3-11-077019-3
e-ISBN (EPUB) 978-3-11-077032-2
ISSN 2750-1310
DOI https://doi.org/10.1515/9783110770193

Dieses Werk ist lizenziert unter einer Creative Commons Namensnennung 4.0 International Lizenz. Weitere Informationen finden Sie unter https://creativecommons.org/licenses/by/4.0/.

Library Congress Control Number: 2022933054

Bibliografische Information der Deutschen Nationalbibliothek
Die Deutsche Nationalbibliothek verzeichnet diese Publikation in der Deutschen Nationalbibliografie; detaillierte bibliografische Daten sind im Internet über http://dnb.dnb.de abrufbar.

© 2024 Joachim Gerdes, publiziert von Walter de Gruyter GmbH, Berlin/Boston
Dieser Band ist text- und seitenidentisch mit der 2022 erschienenen gebundenen Ausgabe.
Dieses Buch ist als Open-Access-Publikation verfügbar über www.degruyter.com.

Satz: Integra Software Services Pvt. Ltd.

www.degruyter.com

Open-Access-Transformation in der Linguistik

Open Access für exzellente Publikationen aus der Germanistischen Linguistik: Dank der Unterstützung von 35 wissenschaftlichen Bibliotheken und Initiativen können 2022 insgesamt neun sprachwissenschaftliche Neuerscheinungen transformiert und unmittelbar im Open Access veröffentlicht werden, ohne dass für Autorinnen und Autoren Publikationskosten entstehen.

Folgende Einrichtungen und Initiativen haben durch ihren Beitrag die Open-Access-Veröffentlichung dieses Titels ermöglicht:

Dachinitiative „Hochschule.digital Niedersachsen" des Landes Niedersachsen
Universitätsbibliothek Bayreuth
Staatsbibliothek zu Berlin – Preußischer Kulturbesitz Universitätsbibliothek der Humboldt-Universität zu Berlin Universitätsbibliothek Bochum
Universitäts- und Landesbibliothek Bonn Staats- und Universitätsbibliothek Bremen
Universitätsbibliothek Chemnitz
Universitäts- und Landesbibliothek Darmstadt
Technische Universität Dortmund, Universitätsbibliothek / Universitätsbibliothek Dortmund
Sächsische Landesbibliothek – Staats- und Universitätsbibliothek Dresden
Universitätsbibliothek Duisburg-Essen
Universitäts- und Landesbibliothek Düsseldorf Universitätsbibliothek Johann Christian Senckenberg, Frankfurt a. M. Albert-Ludwigs-Universität Freiburg – Universitätsbibliothek
Bibliothek der Pädagogischen Hochschule Freiburg Niedersächsische Staats- und Universitätsbibliothek Göttingen Universitätsbibliothek Greifswald
Staats- und Universitätsbibliothek Hamburg Carl von Ossietzky
Gottfried Wilhelm Leibniz Bibliothek – Niedersächsische Landesbibliothek, Hannover
Technische Informationsbibliothek (TIB) Hannover
Universitätsbibliothek Kassel – Landesbibliothek und Murhardsche Bibliothek der Stadt Kassel Universitäts- und Stadtbibliothek Köln
Universitätsbibliothek der Universität Koblenz-Landau Zentral- und Hochschulbibliothek Luzern Universitätsbibliothek Magdeburg
Bibliothek des Leibniz-Instituts für Deutsche Sprache, Mannheim Universitätsbibliothek Marburg
Universitätsbibliothek der Ludwig-Maximilians-Universität München Universitäts- und Landesbibliothek Münster
Universitätsbibliothek Osnabrück Universitätsbibliothek Vechta Universitätsbibliothek Wuppertal
ZHAW Zürcher Hochschule für Angewandte Wissenschaften, Hochschulbibliothek
Zentralbibliothek Zürich

Inhaltsverzeichnis

1 Einleitung —— 1

2 Die Fachsprache der protestantischen Theologie —— 4

3 Verwahrer und Vermittler – die Sprache der protestantischen Theologie im ausgehenden Kaiserreich —— 12
    3.1 „Wie selbstverständlich strömt alles bei ihm hervor – so bricht der Quell aus den Tiefen der Erde, klar und ungehemmt" – Kulturprotestantische Fließbandarbeit —— 13
    3.2 „In den müden Gehirnen begabter Dilettanten" – Wider das Dogmatisieren, Modernisieren, Stilisieren —— 25
    3.3 Fazit —— 38

4 Erbitterte und Ergriffene – die Fachsprache der protestantischen Theologie zwischen Erstem Weltkrieg und Machtergreifung —— 40
    4.1 „Gnade ist die Axt an der Wurzel des guten Gewissens" – Die große Explosion —— 41
    4.2 „Christliche Rede heißt, dass Gott selber das Wort nehme" – Mittlertun und Werkzeugwort —— 51
    4.3 „Als Deutsche haben wir nur eine Ehre und eine Schande" – Begriffe am Scheideweg —— 61
    4.4 Fazit —— 72

5 Höflinge und Hetzer – die Fachsprache der protestantischen Theologie unter der nationalsozialistischen Diktatur —— 75
    5.1 „Wo bleibt da der Glaube an das Blut?" – Sprache als Medium eines Probehandelns —— 77
    5.2 „Religion ist durchaus als Frage und Ringen rassisch gebunden" – Mystifizierung, Archaisierung, Ideologisierung —— 84
    5.3 „Ein echtes, gemeinsames, unverbildetes, volkhaftes Deutsch" – Die Sprache der völkischen Theologie —— 105
    5.4 Fazit —— 137

6 Widerstand und Widerspruch – die Sprache der protestantischen Theologie der Auflehnung und der Opposition —— 141

- 6.1 „Hier ist keine Verschleierung, keine Verstellung mehr" – Theologische Begriffsbildung in der Erkenntnis der Abgründigkeit des Mündigseins —— 143
- 6.2 „Rettet, was noch zu retten ist!" – Der Weckruf zum Glauben —— 153
- 6.3 „Die aufgestauten Wasser seiner Wahrheit auf die ausgedörrten Fluren sich ergießen lassen" – Das Symbol als angemessene Form der Religionssprache —— 162
- 6.4 Fazit —— 173

7 Belastete und Besorgte – die Sprache der protestantischen Theologie der Nachkriegszeit —— 175

- 7.1 „Man wolle das nicht als ein theologisches Schuldbekenntnis missverstehen" – Rehabilitierung, Relativierung, Verdrängung —— 177
- 7.2 „Das Einverständnis mit der christlichen Sprachüberlieferung ist gestört" – Sprachermächtigung, Sprachverantwortung, Verstehenszumutung —— 185
- 7.3 Fazit —— 205

8 Entrüstete und Ernüchterte – die Sprache der protestantischen Theologie in der BRD zwischen Traditionsbruch und Politisierung —— 207

- 8.1 „Politisches und Theologisches mischen, wie es in der Sprache Jesu geschieht" – Revolution durch Sprache —— 209
- 8.2 „Hier werden wirklich Mücken geseiht und Kamele verschluckt" – Freiheitsruf, Universalwissenschaft, Sprachereignis —— 242
- 8.3 Fazit —— 264

9 Opportunismus, Opposition und Observierung – die Sprache der protestantischen Theologie in der DDR —— 268

- 9.1 „Darum ist der Mensch als Schaffender und Werktätiger Gottes Mitarbeiter" – Selbstzensur und entdifferenzierende Diskursordnung —— 273
- 9.2 „Parteilichkeit des Wortes Gottes: ein fröhliches Ja zur sozialistischen Entwicklung der Gesellschaft" – Fahnenwörter und Stigmawörter —— 284
- 9.3 Fazit —— 292

10 **Apologeten und Apostaten – die Sprache der protestantischen Theologie um die Jahrtausendwende —— 294**
    10.1   „Trotz des politischen Irrlaufs lohnt auch heute noch eine Diskussion" – Nationalsozialistischer Jargon und theologische Aussagekraft —— **295**
    10.2   „Doch kann ich das nicht glauben, weil es das Ende unserer Religion wäre" – Aporien und Ausweichmanöver —— **303**
    10.3   „Es kennzeichnet den Zustand der Sünde, die Eigendynamik des Fortschritts als ultima ratio zu begreifen" – Letztbegründungsansprüche —— **316**
    10.4   Fazit —— **332**

11 **Schlussbetrachtung —— 334**

Literatur —— 341

Register —— 355

1 Einleitung

Die Fachsprachenforschung ist nicht nur in der germanistischen Linguistik eine mittlerweile weit gefächerte und relevante Disziplin. Es gibt zahllose wissenschaftliche Monographien und Artikel zu verschiedensten Themenstellungen dieses Forschungsbereiches. Insbesondere im Hinblick auf die Natur- und Technikwissenschaften spielen Erkenntnisse zu fachsprachlichen Strukturen und Terminologie, deren letztere mittlerweile einen eigenen Wissenschaftszweig darstellt, eine wesentliche Rolle für die Optimierung der jeweiligen Fachkommunikationen, nicht zuletzt auch im Bereich der Übersetzungs- und Dolmetschwissenschaften. Auch im Bereich der Geisteswissenschaften ist die Analyse der Fachsprachen ein relevantes Forschungsgebiet, das sich zunehmender Aufmerksamkeit erfreut.

Die protestantische Theologie als institutionalisierte Universitätswissenschaft gehört keinem der Bereiche eindeutig an, lässt sich aber aufgrund ihrer Inhalte und Forschungsmethoden am ehesten den Humanwissenschaften im weitesten Sinne zuordnen, wo Grenzwissenschaften zu ihren Subdisziplinen angesiedelt sind, wie etwa die Geschichtswissenschaft, die mit der Kirchengeschichte eng verknüpft ist. Ebenso sind die exegetischen Wissenschaften (Altes und Neues Testament) mit den altsprachlichen Philologien verschwistert, und schließlich ist die systematische Theologie unmittelbar mit der Philosophie verbunden. Zur Fachsprache und wissenschaftlichen Terminologie der theologischen Disziplinen, insbesondere der Systematik und Dogmatik, liegen jedoch, abgesehen von einzelnen Artikeln, nur äußerst wenige wissenschaftliche Studien vor. Diesem Mangel soll mit dem vorliegenden Buch begegnet werden, indem ein gründlicher Überblick über Haupttendenzen der protestantisch-theologischen Fachsprache vom Ende des 19. Jahrhunderts bis zum Beginn des 21. Jahrhunderts präsentiert wird.

Das Phänomen einer über eine sachlich-neutrale Darstellung des Inhaltlichen hinausgehenden sprachgestalterischen Komponente spielt für die theologische Fachsprache eine entscheidende Rolle. Daher drängt sich die Frage auf, ob diese durch ihre spezifische Gestalt als eine Art Hybridsprache aus appellativen, deklarativen und auch spekulativen Elementen besonders anfällig für ideologische Entstellung und inhaltliche Vagheit ist und damit die in politisch-historischen Kontexten variierenden Konnotationen der Fachbegriffe leichter der Vereinnahmung durch außerfachliche Diskurse anheimfallen lässt. Dies soll anhand eines historischen Überblicks über sprachliche Besonderheiten bei repräsentativen theologischen Autoren und in vorherrschenden wissenschaftlichen Strömungen seit dem Ende des 19. Jahrhunderts untersucht werden. Es gilt, die Hypothese zu überprüfen, ob es nicht zuletzt auch sprachliche, d. h.

lexikalische, semantische, stilistische und pragmatische Operationen sind, die bewusst oder unbewusst zu neuen Sichtweisen auf vermeintlich unumstößliche und über Jahrtausende überlieferte religiöse Botschaften führen. Zur Methodik sei angemerkt, dass es sich als ergiebig und zielführend erwiesen hat, die jeweiligen epochenspezifischen Charakteristika der theologischen Fachsprache anhand besonders bedeutender, Schule bildender oder zeittypischer Wissenschaftspersönlichkeiten zu exemplifizieren und zu veranschaulichen und auf dieser Grundlage Schlussfolgerungen im Hinblick auf allgemein vorherrschende Tendenzen zu ziehen.

In Kapitel 2 bildet zunächst eine Übersicht über Merkmale der protestantisch-theologischen Fachsprache im Allgemeinen und ihre Darstellung in der Fachsprachenforschung den Auftakt. Die acht Hauptkapitel (3–10) befassen sich mit der Fachsprache einschlägiger, für die jeweilige Epoche prägender Theologen und theologischer Schulen.

Als prägende Gestalt der protestantischen Theologie der wilhelminischen Epoche und des ausgehenden Kaiserreiches wird zunächst in Kapitel 3 die Sprache des von Maximilian Harden als „Hofdogmenlehrer" bezeichneten Adolf von Harnack untersucht (vgl. Bruch 2006: 89), der neben weiteren Theologen wie Adolf Schlatter oder Gustav Adolf Deissmann insofern nicht zufällig im Mittelpunkt des Interesses steht, als sein Schüler Karl Barth als Hauptrepräsentant der ‚Theologie der Krisis' sich später auch sprachlich radikal von Ersterem loszusagen bestrebt ist. Ausgehend von der liberalkonservativen Theologie des späten 19. Jahrhunderts und ihrer Sprache der bürgerlichen Selbstgenügsamkeit wird in Kapitel 4 ein Bogen zu eben dieser auch in linguistischer Hinsicht einschneidenden, durch den Schweizer Theologen Karl Barth ausgelösten Wende der ‚Theologie der Krisis' geschlagen. Neben Barths Sprachrevolution steht im Mittelpunkt des Kapitels ferner die Fachsprache weiterer Protagonisten der ‚Dialektischen Theologie' wie Emil Brunner und Eduard Thurneysen.

Anhand signifikanter Textauszüge soll im Anschluss daran in Kapitel 5 die Sprachentwicklung führender Theologen, die während der NS-Herrschaft forschten und lehrten, beleuchtet werden, darunter Gerhard Kittel, Paul Althaus, Emanuel Hirsch, Friedrich Gogarten und andere. Im Kontext der Totalisierung, Ideologisierung und Brutalisierung der Sprache durch die nationalsozialistische Propaganda und Sprachlenkung stellt zweifellos die protestantisch-theologische Fachsprache einen besonderen Fall dar. Im Bereich der akademisch-theologischen Wissenschaftssprache erscheint eine linguistische Analyse im Hinblick auf deren Aufnahmebereitschaft gegenüber der nationalsozialistischen Ideologiesprache aufschlussreich, zumal umgekehrt die Sprache der Religion und der Theologie in ihren unterschiedlichen theoretischen oder kirchenpraktischen Erscheinungsformen per se einen dogmatisch-missionarischen oder auch autoritativ-propagandistischen Charakter hat und somit in der Wahl der sprachlichen Mittel immer wieder als Vorbild für den Jargon totalitärer politischer Ideologien dient. Wenn die christlich-protestantische Verkündigung jedoch auf Werten wie Toleranz, Nächstenliebe, Brüderlichkeit, Menschlichkeit und dem Primat eines individuellen Gewissens beruht, drängt sich die Frage auf, wie sich der sprachliche Ausdruck solcher essenzieller Wertvorstellungen mit dem Vokabular der Unterordnung, der bedingungslosen Gefolgschaft und des Gehorsams vereinbaren lässt und wie sich die protestantische Predigtsprache und die theologische Fachsprache allgemein im Kontext autoritärer politisch-gesellschaftlicher Systeme und deren invasiven Sprachpolitik entwickeln.

Kapitel 6 widmet sich dagegen der Fachsprache des theologischen Widerstands zwischen 1933 und 1945; hier stehen insbesondere die Stimmen von Dietrich Bonhoeffer und Martin Niemöller im Vordergrund. Im darauffolgenden Kapitel 7 werden sprachliche Kontinuitäten und Neuorientierungen in der Nachkriegstheologie in der Bundesrepublik Deutschland betrachtet, sowohl im Hinblick auf Publikationen bereits vor 1945 aktiver Theologen als auch auf Schriften jüngerer Theologen wie Gerhard Ebeling und Helmut Thielicke.

Kapitel 8 widmet sich der theologischen Fachsprache in der Bundesrepublik des Nachkriegswiederaufbaus und in der Zeit der sich in der protestantischen Theologie besonders vehement manifestierenden progressiv-reformistischen Tendenzen der 68er-Bewegung, in deren Umfeld auch die wissenschaftliche Theologie in den Sog einer gesellschaftspolitisch engagierten Aufbruchstimmung und eines auch in der Fachsprache sich manifestierenden Traditionsbruches gerät. Hier stehen u. a. die Namen Dorothee Sölle, Helmut Gollwitzer und Wolfhart Pannenberg im Mittelpunkt. Kapitel 9 wirft ein Licht auf die protestantisch-theologische Fachsprache in der offiziell atheistischen, kirchen- und religionsfeindlichen DDR, die die universitäre Theologie zu einem weitgehenden Nischendasein unter ideologischem Anpassungsdruck zwang. Das Schlusskapitel 10 widmet sich aktuellen Entwicklungen in der theologischen Fachsprache im wiedervereinigten Deutschland der 90er Jahre und des beginnenden 21. Jahrhunderts und beleuchtet Neuausrichtungen der protestantischen theologischen Wissenschaftslandschaft in einem gesamtdeutschen, politisch-ideologisch weniger akzentuierten, administrativ und personell professionell durchorganisierten akademischen Lehr- und Publikationsbetrieb.

Es handelt sich bei der vorliegenden Studie ausdrücklich um keine theologische Abhandlung, sondern um eine sprachwissenschaftliche Betrachtung der Fachsprache(n) der protestantischen, vorwiegend lutherischen, aber auch reformierten Theologie. Da Sprache und Inhalt nicht immer klar voneinander zu trennen sind, bleibt es nicht aus, dass hier und da Reflexionen zu theologischen Problemstellungen zur Sprache kommen, die jedoch grundsätzlich im Dienst einer linguistischen Fachsprachenanalyse stehen.

2 Die Fachsprache der protestantischen Theologie

In der germanistischen Fachsprachenforschung ist die Fachsprache der Theologie(n) bislang wenig erforscht worden. Allgemeine Einführungen in die Fachsprachenforschung wie die von Fluck (1996) oder Roelcke (1999) widmen sich ihr kaum. Einige Gemeinsamkeiten mit der theologischen Fachsprache lassen sich in einzelnen Aspekten der Ausführungen Hans-Rüdiger Flucks zur politischen Fachsprache erkennen:

> [...] ein Redner [...] muß versuchen, seine Vorstellungen und Meinungen als die richtigen, einzig gültigen darzulegen. Dazu bedient er sich der Mittel der Rhetorik: er spielt mit verschiedenen Bedeutungen [...], benutzt Wörter, deren Bedeutung inhaltlich unbestimmt oder vage ist [...], gebraucht appellative Wendungen [...]. Die Information der einen Seite wird der anderen zur Propaganda [...]. In jedem Fall aber ist diese politische Sprache auf die Zustimmung der öffentlichen Meinung gerichtet; sie soll beeinflußt, soll für die eigenen Ansichten und Ziele erhalten oder neu gewonnen werden. (Fluck 1996: 79)

Flucks Beschreibung trifft in Teilen auch auf den auf Persuasion abzielenden Charakter der theologischen Praxissprache zu, insbesondere auf den der Sprache der Predigt und Verkündigung. Gemeinsamkeiten mit der bei Fluck umrissenen Charakteristik der politischen (Fach)sprache beruhen in erster Linie auf der hervorgehobenen Rolle der Rhetorik, auf der appellativen und persuasiven Kommunikationsfunktion und schließlich auf der manipulativen Tendenz der Sprachverwendung. Dabei ist auch hier wie bei anderen Fachsprachen eine vertikale Schichtung vorauszusetzen, in der die Sprache der wissenschaftlichen Theologie auf der obersten Ebene angesiedelt ist, auf der mittleren, berufssprachlichen Ebene die Sprache der praktischen Berufsausübung, wie sie etwa in Predigerseminaren, Synoden, kirchenamtlichen Kontexten und insgesamt im Bereich der praktischen Theologie verwendet wird; auf der untersten Ebene, die etwa dem Arzt-Patienten-Diskurs in der medizinischen Fachsprache entspricht, ist schließlich der Bereich der Homiletik und Predigt, der individuellen Seelsorge, des Religionsunterrichts und der Mission zu verorten. Die wissenschaftliche Sprachebene ist Prinzipien wie Objektivität, Überprüfbarkeit, logischer Argumentation verpflichtet; die homiletische Fachsprachenebene dient in viel stärkerem Maße der auch mit rhetorischen Mitteln erzielten Beeinflussung, der Überzeugung, ‚Erhaltung' (Bestätigung der Glaubensgewissheit) und im günstigen Fall der ‚Gewinnung' (Bekehrung). Die theologische Predigtsprache unterscheidet sich aber insofern sehr deutlich von der politischen Rhetorik, als sie auf einer konstanten Bezugnahme einerseits auf religiöse Texte (Bibel, Kirchenväter, Katechismus u. a.), andererseits auf Erkenntnisse der wissenschaftlichen, universitären und institutionalisierten Theologie beruht, während die politisch-rhetorische Sprache sich vorwiegend von Wahlkampfdynamiken, parteipolitischen Taktiken und im besten Falle Parteiprogrammen leiten lassen muss. Die theologische Wissenschaftssprache steht allerdings ihrerseits in einem entscheidenden Aspekt zu anderen wissenschaftlichen Fachsprachen im Kontrast, insofern sie nicht hinter die Prämisse der christlichen Glaubenswahrheiten zurückgehen kann. Somit enthält sie, je nach theologischer Subdisziplin in unterschiedlichem Maße, jeweils einen spekulativen, nicht objektivierbaren Anteil.

In Stolzes Unterteilung der Fachwissenschaften in nomothetische Natur- und Technikwissenschaften und hermeneutische Geistes-, Kultur- und Sozialwissenschaften wird die theologische Wissenschaft nicht erwähnt, müsste aber eine Grenzstellung zwischen Sozial- und Geisteswissenschaften einnehmen, zumal sie religionswissenschaftliche, historische, sprachwissenschaftliche, philosophische, sozialwissenschaftliche, sozialtherapeutische und andere Bereiche umfasst (vgl. Stolze 2009). Die Hybridstellung der theologischen Wissenschaft ist insofern für die vorliegende Untersuchung bedeutsam, als sie sich in ihrer Fachsprache widerspiegelt. Roelcke geht in seinem Standardwerk zu Fachsprachen explizit auf die theologische Fachsprache ein und verweist in diesem Zusammenhang auf die immense Bedeutung Martin Luthers:

> Im Bereich von Sprache in Religion und Theologie ist hier vor allem Martin Luther [...] zu nennen, dessen Bibelübersetzung die deutsche Kulturgeschichte bis in die Gegenwart hinein prägt und neben anderem als Grundlage der deutschen Literatursprache angesehen werden kann. (Roelcke 1999: 174)

Hinsichtlich der heutigen theologischen Wissenschaft und Berufspraxis belässt Roelcke es beim Hinweis auf die kulturgeschichtliche Relevanz der Lutherschen Bibelübersetzung. Zweifelsohne ist die sprachschöpferische Wucht der Lutherbibel insbesondere für die protestantische theologische Fachsprache nicht ohne Bedeutung, da der Wortlaut der Lutherbibel als Primärquelle in Forschung und Predigt traditionell eine hervorgehobene Rolle spielt. Heute wird diese jedoch von Neubearbeitungen und moderneren Bibelübersetzungen zunehmend überlagert und abgelöst. Roelcke konstatiert in seinem historischen Überblick über die deutschen Fachsprachen zudem, dass sich die Säkularisierung der Wissenschaften bis ins 18. Jahrhundert „in der zunehmenden Unabhängigkeit akademischer Lehrbereiche von Theologie und Kirche" gezeigt habe. Die Philosophie habe sich im 18. Jahrhundert durch Gründung eigener Fakultäten gegenüber der Theologie emanzipiert, und die naturkundlichen Fächer hätten „die Aufgabe einer allgemeinen Welterklärung" übernommen (Roelcke 1999: 180). Die exakten Naturwissenschaften und die Philosophie trennen sich in der Epoche der Aufklärung von der Theologie und bilden Fachsprachen mit exakten Terminologien aus. Sobald die Naturwissenschaften den Part der empirischen Weltbeschreibung und kausal-deduktiven Welterklärung übernehmen, verliert die Theologie in ihrem Selbstverständnis jedoch sicher nicht ihren ‚Welterklärungsanspruch'; sie schränkt lediglich ihren Kompetenzbereich auf die schriftliche religiöse Überlieferung ein, ohne die Welt der sinnlichen Wahrnehmung unmittelbar als theologische Kategorie heranzuziehen, wie es bis ins 18. Jahrhundert bis hin zu Gottesbeweisen noch durchaus üblich war.

Lediglich im Fachsprachenhandbuch von Hoffmann, Kalverkämper und Wiegand (1999) findet sich ein kurzes eigenständiges Kapitel von Norbert Müller zur Spezifik der theologischen Fachsprache, in dem er einige essenzielle Merkmale nennt, die den besonderen Charakter der theologischen Wissenschaftsfachsprache ausmachen. Zunächst weist Müller darauf hin, dass die Bezeichnung „Theologie" im Grunde nicht mehr dem Selbstverständnis der modernen theologischen Wissenschaft entspreche, da diese sich nicht (mehr) als ‚Wissenschaft von Gott', sondern vielmehr als Glaubenswissenschaft definiere (Müller 1997: 1304–1313).

In der vorliegenden Untersuchung liegt das Hauptaugenmerk auf der Fachsprache der systematischen Theologie, da diese als Kernbereich der theologischen Selbstverortung, auch in Auseinandersetzung mit der Philosophie, eine zentrale Rolle für die fachsprachliche Begrifflichkeit und Terminologie spielt. Dabei wird ebenfalls die exegetische, insbesondere die neutestamentliche Theologie berücksichtigt, insofern sie als Grundlagenwissenschaft für die dogmatische Reflexion anzusehen ist. Die historische Theologie und die praktische Theologie spielen für die Untersuchung der eigentlichen theologischen Fachsprache eine geringere Rolle, da die Begrifflichkeit der ersteren stark von den benachbarten Geschichtswissenschaften geprägt ist, während die praktische Theologie sich aus zahlreichen Teildisziplinen wie Homiletik, Liturgik, Poimenik, Religionspädagogik, Sozial- und Pastoralpsychologie und anderen Grenzwissenschaften zusammensetzt, so dass es hier schwer möglich ist, von einer übergreifenden Fachsprache zu sprechen.

Müller unterscheidet bei der theologischen Fachsprache, die er in der Nähe der „im Deutschen [...] jeweils aktuelle[n] hochsprachlichen Fassung der Umgangssprache" ansiedelt, zwei Schichten: „die Sprache des Glaubens, wie sie sich im Deutschen besonders unter dem Einfluß der Reformation, d. h. seit dem 16. Jahrhundert ausgebildet hat", und „die eigentliche Fachterminologie, die z. T. auch auf spätmittelalterliche und frühneuzeitliche Ursprünge zurückgeführt werden kann [...]. Sie umfasst objekt-, wie auch metasprachliche Elemente". Letztere unterteilt Müller wiederum in einen „Grundbestand traditioneller theologischer Begriffe oder Aussagen" und „das dem wissenschaftsgeschichtlichen Wandel unterworfene Instrumentarium aktualisierender oder kritischer Theorien" (1997: 1305). In Müllers Analyse der Schichten der theologischen Fachsprache klingt das Merkmal der lexikalischen und strukturellen Hybridität dieser Fachsprache deutlich an, in der sich sachbezogene Wissenschaftsterminologie mit Wortschatz, Syntax und Phraseologie historischer Quellen des christlichen Glaubens vermengen. Hinzu kommt eine in der theologischen Fachliteratur besonders zentrale Rolle der individuellen Subjektivität des jeweiligen Forschers: „Streng genommen entsteht so durch jeden theologischen Autor eine neue, individuelle Variante der Fachsprache" (Müller 1997: 1308). Müllers Hypothese impliziert, dass der persönliche Stil der einzelnen theologischen Fachautoren einen generalisierbaren Fachsprachenstil dominiere, so dass die Werke theologischer Wissenschaftler in sprachlicher Hinsicht eher wie literarische Individualstile zu betrachten seien. Das trifft insofern zu, als, ähnlich den Geisteswissenschaften, keine normierte oder verbindliche Terminologie wie in den nomothetischen Wissenschaften existiert. Das heißt, dass Inhaltswörter, bis hin zu Schlüsselbegriffen und zentralen Glaubenskonzepten, perspektivisch immer neu definiert werden und der persönlichen Sicht des einzelnen Autors angepasst werden können. Umgekehrt werden, besonders in der zeitgenössischen Theologie, gesellschaftspolitische Schlagwörter in den Dienst der Theologie genommen, so dass etwa der Theologe Ernst Käsemann fragen kann, ob Jesus ein „Liberaler" war (Käsemann 1968: 5), oder Dorothee Sölle Maria als „Sympathisantin" bezeichnet (Sölle 1978: 5).

Immerhin hat sich die protestantische Theologie bis heute als institutionalisierte Wissenschaft in eigenen Fakultäten an deutschsprachigen Universitäten etabliert und kann somit nicht ohne ein innerhalb der einzelnen Teildisziplinen anerkanntes Inventar an verbindlicher Fachbegrifflichkeit auskommen. Es scheint eher der Fall zu sein, dass die theologische Fachsprache, besonders in der systematischen Theologie, in sprachlicher Hinsicht eine überdurchschnittliche Epochengebundenheit aufweist, die stark auf historisch-politische Zeitumstände reagiert. Dabei sind es immer wieder auch einzelne herausragende Wissenschaftlerpersönlichkeiten, die bestimmte Zeitstile maßgeblich prägen oder vorgeben.

Müller nimmt eine grobe historische Aufteilung vor, indem er den Ersten Weltkrieg als Zäsur bezeichnet und die von Schleiermacher begründete theologische Fachsprache des 19. Jahrhunderts als geprägt von der „Bewahrung einer gewissen sprachlichen Kontinuität", von „traditionsorientierte[n] Bemühungen" beschreibt, in denen es „nicht um Restauration um jeden Preis, sondern um Aktualität in der Kontinuität" gegangen sei (1997: 1309). Mit der historischen Katastrophe des Ersten Weltkriegs sei ein „spürbarer Einschnitt" eingetreten, „als durch ihn das zuversichtliche Bewußtsein, in der Synthese zwischen Christentum und Kultur, zwischen Kirche und Gesellschaft ein Überlebensmodell für Gegenwart und Zukunft zu besitzen, zerstört wurde" (Müller 1997: 1310). Müller nennt hier vor allem Paul Tillich und Karl Barth als Vorreiter einer neuen theologischen Wissenschaftssprache, die sich auch und besonders in Widerspruch zur Gesellschaft setze und deren religiöses Gewissen aufzurütteln beabsichtige. Im Kapitel 4 soll die ‚Sprachrebellion' des Schweizer reformierten Theologen Karl Barth im Kontrast zur theologischen Fachsprache des ausgehenden 19. und beginnenden 20. Jahrhunderts (Kap. 3) daher linguistisch eingehend untersucht werden. Das Jahrhundert der modernen Theologie seit 1914 unterteilt Müller im Hinblick auf die Entwicklung der theologischen Fachsprache nicht chronologisch, sondern thematisch (1997: 1310–1312): Er unterscheidet die von Albrecht Ritschl und Ernst Troeltsch begründete historisch-kritische Theologie, die spekulative Theologie einer nicht an historisch überlieferte Dogmen gebundenen und unmittelbar an den biblischen Quellen orientierten Begrifflichkeit (Richard Rothe), die Theologie des „prophetischen Protests" (Paul Tillich) und des „Angriffs auf die Gesellschaft" im Dienst der kirchlichen Verkündigung (Karl Barth), die von Heideggers Existenzphilosophie beeinflusste hermeneutisch-ontologische Theologie seit den 50er und 60er Jahren um Rudolf Bultmann und Karl Rahner sowie die stärker rational-philosophisch, wissenschaftstheoretisch und gesellschaftspolitisch engagierte Theologie der Nach-Moderne (Dorothee Sölle, Jürgen Moltmann).

Einige weitere grundsätzliche Beobachtungen Müllers sind als Ansätze zu einer überindividuellen Charakterisierung der theologischen Fachsprache relevant: So wird auf eine problematische Seite der theologischen Fachsprache hingewiesen, insofern die Sprache selbst Thema des wissenschaftlichen theologischen Diskurses sei, da Glaubens- und metaphysische Inhalte sich den Ausdrucksmöglichkeiten der Sprache entziehen können oder nur in rational schwer nachvollziehbaren Paradoxien Ausdruck finden können. Es gehe also darum, in Anlehnung an Wittgensteins Diktum „die Grenze zwischen dem, wovon man reden *kann* und dem, wovon man schweigen *muß*, abzustecken" (Müller 1997: 1306). Die theologische Fachsprache muss mithin auch als Medium der Glaubenswissenschaften betrachtet werden, das zwischen den Extremen einer radikalen Offenbarungsverkündigung (Barth) und eines nicht weniger radikalen entmythologisierenden Empirismus (Bultmann, Lüdemann) schwankt.

Schließlich verweist Müller auch auf die Bedeutung von elementaren Grundaussagen der Bibel und der Bekenntnisschriften für die theologische Fachsprache sowie einen aus diesen Texten resultierenden ‚Grundwortschatz' (1997: 1307). Dazu gehören feste Wortverbindungen, vor allem aus Glaubensbekenntnis, Vaterunser und zentralen Bibeltexten wie z. B. *Auferstehung der Toten, ewiges Leben, Gott der allmächtige Vater, Gott der Herr, heilige christliche Kirche, Vergebung der Sünden, Reich Gottes* etc. Der ‚Grundwortschatz' des christlichen Glaubens und somit auch der theologischen Fachsprache bestehe darüber hinaus aus einer umfangreichen Gruppe von größtenteils Substantiven, von denen Müller in Auswahl *Buße, Ehre, Gewissen, Glauben, Gnade, Himmel, Segen, Sünde* zitiert (1997: 1307); die Auflistung ließe sich um ein Vielfaches verlängern: *Anstoß, Bedrängnis Berufung, Bund, Dienst, Erbarmen, Erwählung Gerechtigkeit, Heil, Liebe, Rettung, (Un)ge-*

horsam, Verstockung, um nur einige zu nennen. Hinzu kommen zahlreiche Komposita wie *Gnadenerweis, Gnadenwahl, Gotteswort, Heilsbotschaft, Heilserwartung, Heilsgewissheit, Nächstenliebe, Seligpreisung, Verheißungswort* etc. Die in diesem ‚Grundwortschatz' enthaltenen Begriffe sind insbesondere bei den Simplizia zum größeren Teil identisch mit Begriffen der Gemeinsprache, so dass ihre spezifische fachsprachliche Bedeutung jeweils aus den Kontexten zu erschließen ist. Wie zu zeigen sein wird, können denotativer und vor allem konnotativer semantischer Gehalt der Begriffe bei den einzelnen Autoren ganz unterschiedlich sein und lassen sich nur aus semantischen Bezügen innerhalb der jeweiligen Texte und aus Bezügen zu anderen Texten desselben Autors bzw. derselben wissenschaftlichen Schule oder Epoche ermitteln. Dadurch ergeben sich autorenspezifische Begriffsdefinitionen, die nicht zwangsläufig auf fachspezifischen semantischen Konventionen beruhen, die von allen Teilnehmern des wissenschaftlichen Diskurses jeweils geteilt würden. Bei den Komposita und spezifischen Fachbegriffen, die der wissenschaftlichen Ebene angehören und zumeist griechisch-lateinischer Provenienz sind, wie etwa *Kerygma, Diastase, Entmythologisierung, Eschatologie, Immanenz, Kairos* etc., besteht aufgrund ihres stärker monosemischen Charakters im Allgemeinen weniger Auslegungsspielraum, aber auch hier treten semantische Nuancierungen auf, die eine aufmerksame Lektüre und die Berücksichtigung intratextueller und intertextueller semantischer Bezüge erfordern. Die semantische Kollokation rekurrenter Schlüsselbegriffe innerhalb der wissenschaftlichen Diskurse maßgeblicher theologischer Forscher wird somit neben Beobachtungen zu Morphosyntax, Interpunktion und Pragmatik eine wichtige Rolle bei dem diachronischen Überblick über die Entwicklung der protestantischen theologischen Fach- und Wissenschaftssprache spielen.

Wie bereits angedeutet, ist ein weiteres zentrales Element der theologischen Fachsprache deren Nähe zur Sprache der religiösen Verkündigung. Die Predigtsprache (Homiletik), die Sprache der christlichen Seelsorge (Poimenik) und die Sprache der christlichen Mission (Missionswissenschaft) interferieren somit auch mit der wissenschaftlichen Fachsprache. Wie in anderen Fachsprachen existieren fließende Übergänge zwischen den aneinander angrenzenden Ebenen auf der vertikalen Fachsprachenachse. Im Fall der theologischen Fachsprache ist das Eindringen von sprachlichen Elementen der homiletischen ‚Praxisebene' in die Wissenschaftssprache außergewöhnlich salient, hängt aber auch hier wiederum vom einzelnen Autor und auch von der jeweiligen Zeitmode ab.

Insofern spielen Elemente der Rhetorik und der appellativen und persuasiven Sprache eine prominente Rolle, nicht nur in der praktischen Theologie, sondern auch in der Wissenschaftssprache der systematischen und neutestamentlichen Theologie. Als Begründer der Indienststellung der Rhetorik in den

Kontext der christlichen Verkündigung wird generell der Kirchenvater Augustinus genannt, der die Vermittlung des Gotteswortes mit Hilfe der Kunstgriffe der antiken (heidnischen) Rhetorik und Dialektik im vierten Buch seines Werkes *Über die christliche Lehre* (*De doctrina cristiana*: 426) ausdrücklich rechtfertigt (vgl. z. B. Göttert 2009: 128–132, Ueding und Steinbrink 2011: 50–52). Da Gott selbst sein Wort nach der biblischen Überlieferung rhetorisch gestaltet habe, sei auch die rhetorische Vermittlung des Wortes Gottes in der Predigt zulässig. Göttert weist darauf hin, dass Augustinus sich in seiner Beschreibung der „Darstellungskunst" auf Cicero berufe und in Übereinstimmung mit dessen Ausführungen in der Rednerschule *De Oratore* Wortfülle und Redeschmuck auch für die Vermittlung christlicher Wahrheiten gutheiße. Höchstes Leitziel sei dabei die Klarheit in der Darstellung „stets für eindeutig gehaltene[r] Glaubensinhalte" (Göttert 2009: 134), wobei aber der ästhetisch-rhetorische Aspekt nicht vernachlässigt werden dürfe:

> [...] eine solche Klarheit muß nicht ohne Anmut (*suavitas*) sein und damit nicht auf die zweite rhetorische Tugend verzichten: auf den Schmuck [...]. Auch wenn es letztlich (nur) auf die Wahrheit ankommt, so besitzt doch auch die Schönheit einen unersetzlichen Wert. (Göttert 2009: 134)

Ebenfalls von Cicero habe Augustinus die „Drei-Stile-Lehre" übernommen, die in der „Präsentation des bescheidenen Stoffs im niedrigen, des normalen im gemäßigten, des bedeutenden im erhabenen Stil" bestehe, was für die christliche Verkündungsrhetorik aber die fast ausschließliche Verwendung des *erhabenen Stils* bedeute, da „bei den kirchlichen Gegenständen eigentlich nichts niedrig und mäßig, sondern eben alles bedeutend" sei (Göttert 2009: 136). Insgesamt, subsumiert Göttert, sei nach Augustinus „die Wahrheit das Ziel, aber um diese zu erreichen, hat der Redner dafür zu sorgen, daß sie nicht nur klar dargelegt, sondern auch gefällt und Einfluß gewinnt" (Göttert 2009: 138). Mit der ‚Absegnung' der Rhetorik als Mittel zum Zweck der christlichen Verkündung hat Augustinus die Grundlage für den Einsatz persuasiver sprachlicher Mittel in der Predigt gelegt. Diese Vermittlung der religiösen ‚Wahrheit' auch auf dem Wege einer ornamentalen und eingängigen ‚Werbesprache' spielt eine zentrale Rolle in der historischen Entwicklung der Predigtsprache und prägt diese in unterschiedlich starker Ausprägung bis in die Gegenwart. Im 19. Jahrhundert entwickelt sich die suggestive Predigtsprache, auch von der zeitgenössischen Literatursprache beeinflusst, zu rhetorischer Hochblüte. Das wird schon dadurch deutlich, dass rhetorisch besonders begabte Prediger zu großer Berühmtheit gelangten und ein breites Publikum anzogen, womit die rhetorische Predigt gelegentlich zum Selbstzweck degradierte und Kanzelreden jenseits der Verkündigung zu gesellschaftlichen ‚Events' wurden. Zu nennen wären unter den berühmtesten Predigern des 19. Jahrhundert

u. a. der Theologe und Philosoph Friedrich Schleiermacher oder der zum Katholizismus konvertierte und 1814 zum Priester geweihte Schriftsteller Zacharias Werner. Figuren des Schriftstellers und Pfarrers bzw. Theologen in Personalunion wie Jeremias Gotthelf, Eduard Mörike, Johann Peter Hebel und andere haben sicherlich zur Literarisierung und Poetisierung der Predigtsprache beigetragen. Erinnert sei in diesem Zusammenhang auch an fiktive charismatische literarische Predigerfiguren mit rhetorischer Hochbegabung wie E.T.A. Hoffmanns Mönch Medardus oder auch Friedrich Nietzsches Zarathustra. Ueding und Steinbrink stellen zur Entwicklung der Predigtsprache im 19. Jahrhundert fest:

> Diese Verweltlichung und Ästhetisierung der Predigt, von Schleiermacher macht- und wirkungsvoll [...] schon 1799 vollzogen, trieb die sonderbarsten Blüten nicht nur unter seiner Ägide. Johann Heinrich Bernhard Draeseke (1774–1849), evangelischer Bischof und nicht minder berühmter Kanzelredner, wurde auf seinen Reisen vom Publikum stets jubelnd begrüßt und im Triumphzug begleitet, und die Predigten Friedrich Wilhelm Krummachers (1796–1868) hat kein Geringerer als Goethe „narkotische Predigten" genannt. [...] Es gibt kaum einen gesellschaftlichen, kulturellen Bereich, den die religiöse Beredsamkeit nicht durchdrang und mehr oder weniger stark prägte [...].
> (Ueding und Steinbrink 2011: 152)

Die oben angedeutete Rhetorisierung der Predigt, von Ueding und Steinbrink auch als „Ästhetisierung der Predigt" bezeichnet, die in Literatur und Realität gelegentlich in rhetorischen Exzessen gipfelt, hat nicht zuletzt auch Eingang in die politische Sprache gefunden, wie die Autoren am Beispiel der „Beredsamkeit der Paulskirche" aufzeigen (152). Diese Verschmelzung von politischer und theologischer Sprache ist eine nicht zu vernachlässigende Vorbedingung für die theologische Fachsprache des 20. Jahrhunderts, für die Theologisierung der politischen Sprache in der ersten Jahrhunderthälfte und in umgekehrter Reaktion für die Politisierung der theologischen Sprache in der zweiten Jahrhunderthälfte. Der vorliegenden Untersuchung liegt die Hypothese zugrunde, dass die theologische Fachsprache im 20. Jahrhundert sehr viel weniger von thematisch fokussierten ‚Schulen', Strömungen oder Tendenzen gekennzeichnet ist als vielmehr von epochenspezifischen sprachlichen Präferenzen, die auch als ‚Stilmoden' oder zeitgebundene ‚Fachjargons' bezeichnet werden könnten. Diese stehen in der theologischen Fachwissenschaft offenbar in einem besonders engen Wechselverhältnis zu den jeweiligen politisch-gesellschaftlichen Außenbedingungen und Zeitläuften.

3 Verwahrer und Vermittler – die Sprache der protestantischen Theologie im ausgehenden Kaiserreich

Als Zeitenwende in der Geschichte der protestantischen theologischen Wissenschaft wird gemeinhin der Erste Weltkrieg betrachtet, der durch die von ihm ausgelösten historischen, politischen und sozialen Erschütterungen einer neuen Generation von Theologen mit völlig neuen theoretischen Denkansätzen das Feld bereitet hat und die Epoche der sogenannten „kulturprotestantischen" Theologie der wilhelminischen Epoche abrupt beendete. Hermann Fischer weist in seinem Überblickswerk über die protestantische Theologie im 20. Jahrhundert darauf hin, dass die durch den Ersten Weltkrieg eingeleitete Zeitenwende mit einem natürlichen Generationswechsel einhergeht, da viele der prägenden protestantischen Theologen des ausgehenden 19. und des beginnenden 20. Jahrhunderts Anfang der 20er Jahre sterben, darunter Wilhelm Herrmann, Ernst Troeltsch, Karl Holl und zahlreiche weitere. Gleichzeitig beginnen maßgebliche protestantische Denker, die in den 80er Jahren des 19. Jahrhunderts geboren wurden, ihre wissenschaftliche Karriere, so Karl Barth, Paul Tillich, Emanuel Hirsch, Paul Althaus, Friedrich Gogarten, um nur einige zu nennen (Fischer 2002: 9–10). Ein weiterer äußerlicher Grund für den einschneidenden Wandel ist die Tatsache, dass durch den radikalen politischen Wandel von 1918/1919 und die Neuordnung der kirchlichen Rechtsordnung eine fundamentale Neuorientierung unausweichlich wurde, denn „[...] die politische Gesinnung der Kirche und Theologie, aufgrund der engen Bindung an die Obrigkeit bisher kaiser- bzw. königstreu, [stieß] nach 1918 ins Leere [...]" (Fischer 2002: 12). Insofern erscheint es sinnvoll, eine Auseinandersetzung mit der protestantisch-theologischen Fachsprache des 20. Jahrhunderts mit einem Einblick in die Fachsprachentradition der Theologengeneration zu beginnen, auf der die Forschungstätigkeit der maßgeblichen Strömungen des 20. Jahrhunderts einerseits fußt und von der sie sich andererseits weitgehend mehr oder weniger radikal abzugrenzen bestrebt ist.

An zentraler Stelle steht in diesem Kontext der Leipziger Kirchenhistoriker Adolf von Harnack, an dessen Hauptwerk linguistische Merkmale herausgestellt werden können, die über seinen Individualstil hinaus paradigmatischen Charakter für den protestantisch-theologischen Fachsprachenstil der ausgehenden Kaiserzeit haben. Ergänzt und untermauert werden die Resultate durch weitere Analysen einschlägiger Werke der ebenfalls renommierten und in der Fachdiskussion wirkmächtigen Harnack-Zeitgenossen Adolf Schlatter, Wilhelm Herrmann und Gustav Adolf Deissmann. Auf diese Weise kann die fachsprachliche Ausgangslage für die teils radikalen Umwälzungen der protestantisch-theologischen Lehre und ihrer Sprache im 20. Jahrhunderts erfasst werden, um in den nachfolgenden Kapiteln vergleichend deren entscheidende Wandlungen herausarbeiten zu können.

3.1 „Wie selbstverständlich strömt alles bei ihm hervor – so bricht der Quell aus den Tiefen der Erde, klar und ungehemmt" – Kulturprotestantische Fließbandarbeit

Als Hauptrepräsentant der staatstragenden und gesellschaftlich etablierten ‚Mainstream'-Theologie des ausgehenden 19. und beginnenden 20. Jahrhunderts galt der Kirchenhistoriker und Systematiker Adolf von Harnack (1851–1930), der als Professor für Kirchengeschichte an den Universitäten Leipzig, Gießen und Marburg sowie von 1888 bis 1924 an der Friedrich-Wilhelms-Universität Berlin lehrte und zahlreiche einflussreiche Werke zur systematischen Theologie veröffentlichte. Harnacks repräsentative Rolle im wilhelminischen Kaiserreich der Jahrhundertwende und der Vorkriegszeit spiegelt sich in Etikettierungen wider wie „der exemplarische Kulturprotestant seiner Zeit", „Forscher und Manager im Großbetrieb der Wissenschaften", „wissenschaftlicher Großorganisator", „Papst der Wissenschaften und öffentliche Institution" (Wenz 2001: 7–8, 11–12), „eine[r] der einflußreichsten Wissenschaftsorganisatoren und Gelehrtenpolitiker des Deutschen Reiches" (Nowak 1996: 46). Polemisch wurde Harnack vom Basler Theologen Franz Overbeck als der „‚derzeitige Hohepriester' der seit geraumer Zeit herrschenden modernen Theologie" geschmäht (1903: 216). Overbeck verurteilte Harnacks wissenschaftliche Publikationen als „wissenschaftsindustrielle Massenware" und als „oberflächliche Eilanfertigung, die statt den gediegenen Handwerker den Fließbandarbeiter verraten" (zitiert nach Wenz 2001: 104). Angesichts derartig kontroverser Bewertungen, die jedoch gleichzeitig auch Harnacks Bedeutung im theologischen Diskurs seiner Zeit erkennen lassen, lohnt es, einen Blick auf Besonderheiten der Harnackschen Fachsprache zu werfen. Exemplarisch für diese werden Harnacks aus der Mitschrift einer Vorlesungsreihe entstandenes und 1900 veröffentlichtes Buch *Das Wesen des Christentums* sowie einige kleinere Schriften betrachtet. *Das Wesen des Christentums* ist Harnacks bekanntestes und einflussreichstes Werk, das aber auch heftig umstritten war.

Bei der sprachlichen Analyse des *Wesens des Christentums* (Harnack 1950 [1900]) fällt zunächst der Vorlesungscharakter des Textes deutlich ins Auge: An zahlreichen Stellen finden sich Formulierungen wie:

1) Im Rahmen einer Vorlesung von wenigen Stunden kann freilich nur das Wichtigste hervorgehoben werden. (10)[1]
2) Diese Behauptung mag Ihnen paradox erscheinen. (10)
3) Zum Schluß lassen Sie mich noch einen wichtigen Punkt kurz berühren. (11)
4) Wir werden in dem Folgenden so verfahren, daß ... Dann werden wir versuchen [...]. (31)
5) Am Schlusse der letzten Vorlesung habe ich auf die Seligpreisungen verwiesen [...]. (45)
6) Ich habe am Schluß der letzten Vorlesung auf das Problem hingewiesen [...]. (56)
7) [...] hat uns in der letzten Vorlesung beschäftigt. (68)
8) [...] werden wir in der nächsten Vorlesung in Kürze darstellen. (79)
9) Wir haben bisher festgestellt [...]. (135)

Harnack setzt am Beginn einer neuen Vorlesung regelmäßig anaphorische Formeln ein, mit denen an den Schluss der vorausgegangenen Vorlesung angeknüpft wird, bisher Gesagtes zusammengefasst wird und damit die zeitliche Unterbrechung zwischen einer Vorlesung und der nächsten überbrückt wird (5, 6, 7, 9). Gelegentlich verweisen auch kataphorische Elemente auf die folgenden Vorlesungen (4, 8) oder der Abschluss einer Vorlesung wird explizit angekündigt (3). Darüber hinaus enthält der Text Redeformen, die die orale Textgestalt der Vorlesungsreihe erkennen lassen, darunter Hinweise auf den begrenzten zeitlichen Rahmen der Vorlesung (1) und direkte Anredeformen, mit denen das Publikum unmittelbar in den Gedankengang einbezogen wird (2, 3). Alle diese dem mündlichen Vortrag eigenen textgestalterischen Elemente sind für eine Universitätsvorlesung charakteristisch und sind auch der Textsorte der Vorlesungsmitschrift angemessen. Harnack selbst erläutert im Vorwort zur ersten Auflage von 1900:

> Die freien Vorträge hat Herr stud. theol. *Walter Becker* stenographisch aufgezeichnet und mich mit der Umschrift überrascht [...] Sein Fleiß hat es mir ermöglicht, die Vorlesungen in ihrer ursprünglichen Gestalt zu veröffentlichen. Einige Ausnahmen abgerechnet, habe ich nur korrigiert, wo der Stil der gedruckten Rede es verlangte. [...] Das kühne Unternehmen aber, in wenigen Stunden das Evangelium und seinen Gang durch die Geschichte zu behandeln, konnte ich wie vor mir selbst so vor den Lesern nur rechtfertigen, wenn der Darstellung der Charakter akademischer Vorlesungen gewahrt blieb. (Harnack 1950 [1900]: XVII)

Harnack rechtfertigt die sprachliche und textuelle Gestalt der Publikation mit der Absicht, den Text möglichst unverändert unter Wahrung des Vorlesungscharakters abzudrucken, da nur die Erkennbarkeit dieser ursprünglichen Texttypologie

---

[1] Die Seitenangaben in Klammern am Ende der Beispiele (1)–(68) beziehen sich auf Harnack 1950 [1900].

offenbar Ungenauigkeiten, Oberflächlichkeiten, insgesamt unwissenschaftliche Elemente entschuldigen könnten. Diese Selbsteinschränkung des wissenschaftlichen Anspruches ist an sich für einen Fachtext überraschend, umso erstaunlicher erscheint aber Harnacks Beharren auf der gewählten Textform in weiteren Vorworten zur 2. Auflage von 1903, (45.000–50.000), zur 3. Auflage von 1908 (56.000–60.000) und schließlich zur 4. Auflage von 1925 (70.000), obwohl der Text im Laufe der Jahre zu einem von Harnacks bekanntesten und auch umstrittensten Werken avancierte, das bereits 1903 in zahlreiche Fremdsprachen übersetzt worden war und 1925 nach Harnacks eigener Aussage in über 100.000 Exemplaren weltweit verbreitet war. Dabei rechtfertigt Harnack wiederholt die Aufrechterhaltung des Vorlesungscharakters seiner Schrift, denn „die Mißverständnisse, denen jede lebendige Darstellung ausgesetzt ist, sind, wie mich die Kritiken belehrt haben, nicht solche, die mich zu Korrekturen des Textes zwingen mußten" (1950, Vorrede zur 2. Auflage 1903: XVIII), „denn es handelt sich nicht um ein Lehrbuch, sondern um Vorlesungen, die einen bestimmten zeitgeschichtlichen Hintergrund haben und von ihm nicht getrennt werden können" (1950, Vorrede zur 3. Auflage 1908: XX), denn „die gehaltenen [Vorlesungen] zu ändern käme einer geschichtlichen Fälschung gleich; denn sie sind an den geistigen Zustand der Zeit gebunden, in der sie erschienen sind" (Harnack 1950 [1900], Vorrede zur 4. Auflage 1925: XXI). Trotz des enormen Erfolgs des Buches hält der Autor an Form und Inhalt der Vorlesungsreihe weitgehend fest und denkt, wie seine programmatischen Einlassungen in den Vorreden erkennen lassen, offenbar nicht daran, das Werk zu einem an Kriterien wissenschaftlicher Monographien angepassten Text umzuarbeiten, da es ihm zufolge ohne die Bindung an seine akademisch-mündliche Textpräsentation zu einer „Fälschung" würde, d. h. an seine diachronische und vor allem diamesische Varietätenspezifik gebunden bleiben müsse, um nicht missverständlich, unhistorisch oder unverständlich zu werden (Harnack 1950 [1900]: XVII). Warum dies so ist, wird deutlich, wenn man den Text der Vorlesungen eingehend sprachlich betrachtet und sich vergegenwärtigt, was die genuinen pragmatischen Merkmale einer akademischen Vorlesung ausmachen und aus welchen Gründen diese in einem schriftlichen Text zumindest in Teilen beizubehalten einem wissenschaftlichen Autor wichtig sein könnte: Eine akademische Universitätsvorlesung diente und dient im Allgemeinen der Einführung in ein Thema oder der überblicksartigen Darstellung von Basiswissen; häufig ist sie auch ein Forum, in dem ein Wissenschaftler neue Forschungserkenntnisse erstmalig einem breiteren Publikum zugänglich macht und so die Studenten an aktuellsten Forschungsprozessen teilhaben lässt. In jedem Fall ist die Vorlesung eine orale Textsorte, die im Vergleich zur wissenschaftlichen Abhandlung einen stärker appellativen Charakter hat, da die Thematik den Hörern auf unmittelbar eingängige Weise verständlich gemacht werden soll. Trotz der unidirektionalen Kommunikationsform handelt es sich um eine Face-to-Face-Situation, in der der Sprecher das Publikum immer wieder anspricht, um die Aufmerksamkeit zu erhöhen, an schon Gesagtes zu erinnern und insgesamt den wenn auch passiven Zuhörer in den vorgetragenen Gedankengang durch Rückversicherung seiner Anwesenheit und geistigen Präsenz einzubeziehen.

Dennoch ist Harnacks *Wesen des Christentums* in seiner Gesamtgestalt von einem elaborierten wissenschaftlichen Schriftstil geprägt, da das Werk von Harnack selbst immer wieder überarbeitet und über Jahrzehnte zum Druck von Neuausgaben freigegeben wurde, auch wenn er in der Vorrede zur letzten zu Lebzeiten erfolgten Auflage eingesteht, sich gefragt zu haben, „ob ich sie [die Vorlesungen] auch weiter noch ausgehen lassen soll [...], weil das Suchen und Fragen auf diesem Gebiete in verschiedenen Richtungen ein anderes geworden ist" (Harnack 1950 [1900]: XXI). Dessen ungeachtet betont Harnack in den Vorreden immer wieder, „in dieser Gestalt stehe [er] auch heute noch für alles das ein, was [er] in den Vorlesungen ausgeführt habe" (Harnack 1950 [1900]: XX), seine „prinzipielle Stellung [habe] sich an keinem Punkt verändert." (Harnack 1950 [1900]: XXI). Es ist somit Harnacks konstantes Anliegen gewesen, den Text in schriftlicher Buchform zugänglich zu machen. Insofern kann und muss die Schrift letztlich in jeder Beziehung als schriftsprachlich konzipierte wissenschaftliche Abhandlung gelesen werden, deren auf dem ursprünglichen Vorlesungscharakter der Kapitel beruhende Elemente der mündlichen Kommunikation somit als bewusst eingesetztes Stilmittel zu verstehen sind.

Tatsächlich entspricht diese Auffassung dem sprachlichen Gesamtbild des Textes, der auch in lexikalisch-semantischer und syntaktischer Hinsicht einen ausgeprägt didaktisch-anschaulichen Grundcharakter aufweist, mit dem er einerseits an die lehrende Funktion der Universitätsvorlesung anknüpft, sich vom Lehrbuchstil gleichzeitig aber durch rhetorische Redundanz abhebt, andererseits aber durch eine systematische Unterteilung des Buches in Haupt- und Unterkapitel, die die Aufteilung in 16 Vorlesungen durchbricht, und andere textstrukturierende Elemente wie Absatzunterteilung, Absatznummerierungen etc. einen dezidierten Fachbuchcharakter aufweist. Gleichzeitig setzt Harnack zahlreiche rhetorische Stilmittel als didaktisch-einprägsame Kunstgriffe zur appellativen Textgestaltung ein, wie anhand einiger Textstellen gezeigt werden kann: Auffällig ist zunächst eine mit stilistischen Mitteln signalisierte erhöhte Emotionalität: Harnack bedient sich dazu zahlreicher Wortwiederholungen, die noch unmittelbar auf den mündlichen Vortrag der Texte zurückverweisen, wobei das wiederholte Wort gelegentlich durch Fokuspartikel (10) oder parenthetische Einschübe (11) zusätzlich hervorgehoben wird:[2]

---

[2] Meine Hervorhebungen [J.G.] in den Beispielen (10)–(26) und (31)–(48).

10) daß <u>nichts</u>, schlechterdings <u>nichts</u>, von einem Menschen gedacht, gesprochen und getan werden kann. (8)

11) <u>heute</u> – ich sage mit Absicht: <u>heute</u>. (11)

12) aus jener <u>langen, langen</u> Epoche. (11)

13) Aber das <u>Wunderbare</u>, alle diese <u>Wunderberichte</u>! (15)

Daneben finden sich zahlreiche Anaphern, wie am Beispiel der folgenden elliptischen Konditionalsätze, indirekten Fragesätze und Vergleichssätze zu erkennen ist:

14) Freilich, <u>wenn</u> der religiöse Individualismus, Gott und die Seele, die Seele und ihr Gott, <u>wenn</u> der Subjektivismus, <u>wenn</u> die volle Selbstverantwortlichkeit des einzelnen, <u>wenn</u> die Loslösung des Religiösen von dem Politischen – <u>wenn</u> das alles nur griechisch ist, <u>dann</u> steht auch Jesus in dem Zusammenhang der griechischen Entwicklung, <u>dann</u> hat auch er griechische Luft geatmet und aus den Quellen der Griechen getrunken. (21)

15) <u>Wie nahe lag es</u>, in einer solchen Epoche an allem Irdischen zu verzweifeln [...]. <u>Wie nahe lag es</u>, die irdische Krone [...] nun für unwert zu erklären [...]! (26)

16) Wo nur immer irgend etwas aus dem Gebiete dieses Mammons einem Menschen so wertvoll wird, <u>daß er</u> sein Herz daran hängt, <u>daß er</u> vor dem Verluste zittert, <u>daß er</u> nicht mehr bereit ist, es willig preiszugeben, da ist er schon in Banden geschlagen. (51)

Neben Wortwiederholungen und Anaphern ist außerdem eine Vorliebe für Chiasmen merkmalhaft:

17) Er selbst [Gott] ist das Reich, und nicht um Engel und Teufel, nicht um Throne und Fürstentümer handelt es sich, sondern um <u>Gott und die Seele</u>, um <u>die Seele und ihren Gott</u>. (34)

18) Nun zeige man uns den Menschen, der mit dreißig Jahren so sprechen kann, wenn er heiße Kämpfe hinter sich hat, Seelenkämpfe, in denen er schließlich <u>das verbrannt hat, was er einst angebetet</u>, und <u>das angebetet, was er verbrannt hat</u>! (20)

Weitere der auf rhetorische Wirkung abzielenden gesprochenen Rede entstammende Elemente sind beispielsweise imperativische Verbalformen, Vokativformen und andere direkte Anredeformen, mit denen die Zuhörer unmittelbar angesprochen werden, während die Anrede der Leser in einem schriftlichen Text in dieser Form eher unüblich ist:

19) <u>Studieren Sie</u> und <u>lassen Sie sich nicht abschrecken</u> durch diese oder jene Wundergeschichte, die Sie fremd und frostig berührt. Was <u>Ihnen</u> hier unverständlich ist, das <u>schieben Sie ruhig beiseite</u>. Vielleicht <u>müssen Sie</u> es für immer <u>unbeachtet lassen</u>, vielleicht

20) geht es Ihnen später in einer ungeahnten Bedeutung auf. Noch einmal sei es gesagt: lassen Sie sich nicht abschrecken! (18)

20) Drittens, was ist denn *Neues* in dieser ganzen Bewegung gewesen? [...] Was hat also Johannes, was hat Christus selbst Neues gebracht, was nicht schon längst verkündigt worden war? Meine Herren! Die Frage nach dem Neuen in der Religion ist keine Frage, die von solchen gestellt wird, die in ihr leben. (28)

21) Für uns, meine Herren, sind das heute schwer zu vereinigende, ja fast unüberbrückbare Gegensätze. (33)

22) [...] das ist das Entscheidende –: ich erinnere Sie an das, was wir in Bezug auf die leitenden Gedanken Jesu ausgeführt haben. (50)

Die den gesamten Text durchziehende, mit sprachlichen Mitteln bewirkte emotionale Aufladung im Sprachduktus zeigt sich ferner in gelegentlich dramatisch formulierten rhetorischen Fragen, in emphatischen Ausrufesätzen oder in mit zuweilen kraftvoller Wortwahl operierenden Parenthesen:

23) Wir wissen nichts von der Geschichte Jesu in den ersten dreißig Jahren seines Lebens. Ist das nicht eine schreckliche Ungewißheit? (19)

24) Wie deutlich erkennt man dagegen aus den Briefen des Apostels Paulus, daß er zu Füßen theologischer Lehrer gesessen! (20)

25) Sie hatten aus der Religion ein irdisches Gewerbe gemacht – es gab nichts Abscheulicheres –, er verkündete den lebendigen Gott und den Adel der Seele. (31)

26) Wie anders ist dem Gegenüber von Anfang an im Buddhismus die Entwicklung verlaufen! (50)

Schließlich ist Harnacks Sprache durch eine häufig hinsichtlich wissenschaftlicher Objektivität unangemessen erscheinende, eher dem Stil des zeitgenössischen literarischen Kitsches zuzuordnende Wortwahl gekennzeichnet, die sicherlich in Teilen dem generell ornamental-barockisierenden Prosastil des ausgehenden 19. Jahrhunderts geschuldet ist:

27) [...] der Erlöser der schmachtenden unteren Klassen (2)

28) Es hat etwas Rührendes [...] (2)

29) Zentnerschwer fällt diese Einsicht in manchen Stunden heißer Arbeit auf unsere Seele. (12)

30) [...] ein Miserabilismus, der sich [...] gleichsam in das Elend hineinwühlt. (27)

Hinzu kommen saloppe Formulierungen, die an bildungssprachliche Ausdrucksweisen anknüpfen, die zur Entstehungszeit der Vorlesungen gängig waren und ebenfalls zu einer Informalisierung des Textes beitragen:

31) Alles übrige, was wir unabhängig [...] wissen, läßt sich bequem auf eine Quartseite schreiben, so gering an Umfang ist es. (12)³

32) [...] nur die gröbsten, dem gebildeten Geschmack anstößigen Wendungen und Worte hat er [der Autor des dritten Evangeliums, J.G.] mit schonender Hand korrigiert. (14)

33) Wer die Evangelien unbefangen liest und nicht Silben sticht [...].⁴ (50)

Der üblichen wissenschaftlichen Selbstbezeichnung mittels des akademischen, objektivierenden *wir* („Wir sind der unerschütterlichen Überzeugung, daß [...]", Harnack 1950 [1900]: 16) steht hin und wieder ein explizites *ich* gegenüber, das immer wieder durch Ausdrücke ergänzt wird, die die persönliche Subjektivität der Äußerung zusätzlich unterstreichen, wie: „Ich vermag mich dieser Betrachtung nicht anzuschließen" (Harnack 1950 [1900]: 33).

Es handelt sich insgesamt um einen stilistisch hybriden Text, der zwischen einer Niederschrift mündlicher Vorträge und einer an ein wissenschaftlich vorgebildetes Lesepublikum gerichteten schriftlichen Abhandlung oszilliert. Die direktiven, kommissiven und expressiven Sprechakte, die im Zuge der zahlreichen Neuauflagen im Text belassen wurden, bis hin zur direkten Anrede „Meine Herren!", lassen keinen Zweifel daran, dass Harnack eine bewusst didaktisierende, explikative Sprache einer rigiden wissenschaftlichen Ausdrucksweise vorzieht. Diese Präferenz für einen nahezu volkstümlichen, zwar nicht populärwissenschaftlichen, doch aber ästhetisierenden und einprägsamen Sprachduktus gegenüber einem ‚trockenen' Gelehrtenton ist nicht nur für die theologische Fachsprache der Zeit charakteristisch; es sei etwa darauf verwiesen, dass an den Historiker Theodor Mommsen 1902 oder an den Philosophen Rudolf Eucken 1908 für jeweils nicht-literarische wissenschaftliche Werke der Nobelpreis für Literatur verliehen wurde; man denke ferner an die in erzählerischer Form abgefassten zoologischen Werke Alfred Edmund Brehms. Eine zeittypische Besonderheit in der theologischen Fachsprache scheint ein stark ausgeprägtes narratives, rhetorisches und appellatives Element zu sein, was sicher auch mit ihrer Nähe zu Predigt und Verkündigung in Zusammenhang steht. Redefiguren, die in einem heutigen Fachbuch als unwissenschaftlich inkriminiert würden, sind einerseits, gemessen an Tendenzen der zeitgenössischen Wissenschaftsliteratur, nicht ungewöhnlich, im hier exemplarisch analysierten

---

3 Entsprechend den im damaligen Preußen standardisierten Buchformaten bezeichnet das Quartformat einen Buchrücken von 35–40 cm, also etwas mehr als eine heutige DIN-A-4-Seite. Vermutlich bezieht sich Hanack auf einen Schreibblock oder ein Schreibheft, wie sie für Vorlesungsmitschriften benutzt wurden.

4 „14) *silben stechen*, tüfteln, haarspalterei treiben (Grimm, Jakob und Wilhelm: Deutsches Wörterbuch, Online-Version: http://woerterbuchnetz.de/cgi-bin/WBNetz/wbgui_py?sigle=DWB&mode=Vernetzung&lemid=GS41873#XGS41873, Art. 14, letzter Zugriff 20.10.2021).

Werk Harnacks andererseits aber abundant. Das zeigen weitere sprachliche Elemente wie ein frequenter Gebrauch von sprachlichen Bildern, Vergleichen und Metaphern. Besonders rekurrent sind Vergleiche und Bilder, die auch in der Gleichnissprache des Neuen Testaments selbst häufig auftreten, wie die Metaphern des Lichtes und des Feuers:

> 34) [...] ein Leben, das, immer aufs Neue entzündet, nun mit eigener Flamme brennt. (7)
>
> 35) [...] mag sie [die Vorstellung vom nahen Ende, J.G.] neu entfacht werden, oder mag sie als stilles Feuer in der Seele glühen. (26)
>
> 36) Doch können wir im Voraus die Hoffnung hegen, hier nicht im Dunklen bleiben zu müssen; denn das Evangelium in seinen Grundzügen wirft auch einen hellen Schein auf das Gebiet dieser Frage. (56)

Ein anderer biblischer Metaphernbereich, den Harnack in stetiger Wiederholung für die Verbildlichung seiner Ausführungen nahezu insistierend bemüht, ist die Domäne des Vegetalen, des Samenkorns bzw. des Kerns, der Schale, der Wurzel und der Pflanze (vgl. Mt 3,10; 13,6; 13,38; 15,13; Mk 4,26; 1 Ko 15,38, 2 Ko 9,10; Heb 12,15 etc.):

> 37) Wie wir eine Pflanze nur dann vollständig kennen lernen, wenn wir nicht nur ihre Wurzel und ihren Stamm, sondern auch ihre Rinde, ihre Äste und Blüten betrachten, können wir auch die christliche Religion nur aufgrund einer vollständigen Induktion [...] recht würdigen. (7)
>
> 38) [...] die größer gestellte Aufgabe [...] hilft uns, [...] Kern und Schale zu unterscheiden. (8)
>
> 39) [...] hier gebe es weder Kern noch Schale, weder Wachstum noch Absterben, sondern alles sei gleich wertvoll und alles bleibend. (9)
>
> 40) Es soll uns nicht so gehen wie jenem Kinde, welches nach dem Kerne suchend, einen Wurzelstock so lange entblätterte, bis es nichts mehr in der Hand hatte und einsehen mußte, daß eben die Blätter der Kern selbst waren. (9)
>
> 41) Seine Worte wurden ihnen [den Jüngern, J.G.] zu „Worten des Lebens", zu Samenkörnern, die aufgingen und Frucht trugen [...]. (29)
>
> 42) Man wird an dem, was wir für den Kern der Dinge hielten, noch manche harte und spröde Schale finden. (33)
>
> 43) Gewiß, die Aufgabe des Historikers ist schwer [...], zwischen Überliefertem und Eigenem, Kern und Schale in der Predigt Jesu vom Reiche Gottes zu scheiden. (34)

Salient sind darüber hinaus Wiederaufnahmen biblischer Topoi durch Metaphern und Vergleiche, die sich aus geologischen und topographischen Begrifflichkeiten speisen, darunter *Quelle, Weg, Schlucht, Abgrund*, wobei entsprechende Prädikate wie *hervorbrechen, verschütten, erschließen, verunreinigen, aufhäufen* als typische Kollokationen die Verbindung zum abstrakten Zielsignifikat der Metapher herstellen:

44) Wie selbstverständlich [...] strömt alles bei ihm hervor – so bricht der Quell aus den Tiefen der Erde, klar und ungehemmt. (20)
45) Es geht ihm wie einem Wanderer, der seine Genossen blind einem Abgrund zueilen sieht und sie um jeden Preis zurückrufen will. Es ist die höchste Zeit – noch kann er sie warnen [...] aber vielleicht schon in der nächsten Stunde ist alles verloren. (25)
46) Die verschütteten Quellen unserer Kraft vermochte er wieder aufzudecken, weil er die Mächte kannte, von denen Hilfe kommt, und weil er selbst von dem lebendigen Wasser getrunken hatte. (27)
47) Die reine Quelle des Heiligen war zwar längst erschlossen, aber Sand und Schutt war über sie gehäuft worden und ihr Wasser war verunreinigt. Daß nachträglich Rabbinen und Theologen dieses Wasser destillieren, ändert, selbst wenn es ihnen gelänge, nichts an der Sache. Nun aber brach der Quell frisch hervor und brach sich durch Schutt und Trümmer einen neuen Weg, durch jenen Schutt, den Priester und Theologen aufgehäuft hatten, um den Ernst der Religion zu ersticken [...]. (29)
48) Sie sahen ihn [Gott] nur in seinem Gesetze, das sie zu einem Labyrinth von Schluchten, Irrwegen und heimlichen Ausgängen gemacht hatten [...]. (31)

Mit derartigen Redefiguren gelingt es Harnack, eine plastische Anschaulichkeit herzustellen, durch die eine wissenschaftlich-metasprachliche Abstraktheit weitgehend vermieden wird. Mit der Metaphorisierung des Wortes Gottes als kraftspendender Quelle, der Sünde als gefährlichen Abgrundes oder der Verfälschung heiliger Texte durch Priester und Rabbiner als Verunreinigung und Verschüttung eines (heiligen) Quellflusses werden theologische Inhalte auf eine konkrete, bildliche Ebene übertragen und damit für ein laienhaftes Lesepublikum nachvollziehbarer gemacht. Eine ähnliche Funktion haben Wortpaare und -gruppen, in denen synonyme oder bedeutungsverwandte Begriffe aneinandergereiht werden, ohne dass eine essenzielle, wissenschaftlich relevante semantische Erweiterung erkennbar ist:

49) Führer und Herr (6)
50) eine so und so *bestimmte* und damit begrenzte und beschränkte geistige Anlage besitzen (8)
51) Dinge und Verhältnisse (11)
52) deutlich und unumstößlich (11)
53) aber des Wunderbaren und Unerklärlichen gibt es genug (17)
54) vorsichtiger und im Urteil zurückhaltender (17)
55) lebte und webte er (20)

56) mag er drohen und strafen oder freundlich locken und rufen (20)

57) in seinen bunten und wechselnden Farben (23)

58) Raffiniertes oder Künstliches (25)

59) ein Reich für die Armen, die Zertretenen, die Kraftlosen (26)

60) ihre sanften und geduldigen Tugenden (26)

61) Es [das Neue, J.G.] war bei ihnen [den Pharisäern, J.G.] beschwert, getrübt, verzerrt, unwirksam gemacht und um seinen Ernst gebracht [...]. (29)

62) eine selige und freudenbringende Botschaft (30)

63) diese dramatischen Bilder mit ihren harten Farben und Kontrasten (32)

64) die Neigung, möglichst zu nivellieren und das Besondere zu verwischen (33)

65) gesprochen und gepredigt (34)

66) weltflüchtig und asketisch (49)

67) seine Zwecke und Absichten (54)

68) mit Hartnäckigkeit und Eifer (55)

Das in Harnacks Sprache charakteristische Wiederholungsverfahren, bei dem es sich teils um lexikalisierte Phraseologismen (lebte und webte, 55), teils um regelrechte Synonyme (Zwecke und Absichten, 68), teils um semantische Inklusionen (gesprochen und gepredigt, 65), oft aber auch um sinnverwandte Lemmata (selig und freudenbringend, 62) handelt, dient offensichtlich nicht einer Präzisierung des Gesagten oder einer exakteren Begriffsklärung durch Eingrenzung des semantischen Feldes. Vielmehr scheinen diese Stilmittel der Aussagevariation, die antiken poetischen Stilformen von altorientalischer Dichtung bis hin zur alttestamentlichen, vor allem der Psalmenpoesie entlehnt sind, dem Zweck einer zuhörer- und leserfreundlichen Ausschmückung zu dienen, mit der eine zu rasche und damit anspruchsvollere thematische Progression verhindert wird. Der folgende Textausschnitt illustriert eindringlich die stilprägende Frequenz der Aneinanderreihung weitgehend redundanter Wortvariationen:

> In den Kreisen des gedrückten und armen Volkes, in dieser großen Masse von Not und Übel [...] – in diesem Volke hat es [...] Kreise gegeben, die mit Inbrunst und unerschütterlicher Hoffnung an den Zusagen und Tröstungen ihres Gottes hingen, in Demut und Geduld wartend auf den Tag, da ihre Erlösung kommen werde. Oft zu arm, um auch nur die dürftigsten kultischen Segnungen und Vorteile erwerben zu können, gedrückt und gestoßen [...] waren sie aufgeschlossen und empfänglich für Gott. [meine Hervorhebungen, J.G.]   (Harnack 1950 [1900]: 55)

Harnacks Text weist eine starke Tendenz zu dualen Wortvariationen auf, die dem Text ein rhythmisch-suggestives Gepräge verleihen. Auf diese Weise werden Einprägsamkeit und Eindringlichkeit verstärkt; die wissenschaftliche Prosa erhält eine gesteigerte Affinität zu literarischer Prosa und kommt damit den Lesegewohnheiten auch nicht fachlich vorgebildeter Leser entgegen.

Schließlich bleibt noch zu erwähnen, dass bei Harnack auch graphische und syntaktische Besonderheiten zu beobachten sind, mit deren Hilfe er Elemente der gesprochenen Rede in die schriftliche Form des Textes überträgt. Dazu gehören vor allem Hervorhebungen durch Sperrsatz und an Zuhörer bzw. Leser gerichtete Fragen, die der Autor zumeist unmittelbar selbst beantwortet:

69) Nicht um eine „Lehre" handelt es sich ja, [...] sondern um ein *Leben*. (7)

70) [...] schon in der *Sprache* liegt eine sehr fühlbare Beschränkung. (8)

71) [...] die Forderung, sich nicht an Worte zu klammern, *sondern das Wesentliche zu ermitteln*. (8)

72) Das Reich Gottes kommt, indem es zu den *einzelnen* kommt, Einzug in ihre *Seele* hält, und sie es ergreifen. Das Reich Gottes ist Gottes*herrschaft*, gewiß – aber es ist die Herrschaft des heiligen Gottes in den einzelnen Herzen, *es ist Gott selbst mit seiner Kraft*. (34)

73) Aber Jesus spricht von drei Feinden, und [...] er befiehlt, sie zu *vernichten*. Diese drei Feinde sind der *Mammon*, die *Sorge* und die *Selbstsucht*. (51)

74) Wer hat hier bisher den Bereich des Möglichen und Wirklichen sicher abgemessen? Niemand. Wer kann sagen, wie weit die Einwirkungen des Körpers auf die Seele und der Seele auf den Körper reichen? Niemand. (17)

75) Wie ist das zu erklären? Die Antwort ist nicht schwierig. (25)

76) Was tat er [Fichte, J.G.] ihnen? Nun zunächst, er hielt der Nation einen Spiegel vor [...]. Was tat er dann? Rief er sie einfach zu den Waffen? Aber eben diese Waffen vermochten sie nicht mehr zu führen. (27)

77) Woher stammte die Kraft, die unbeugsame Kraft, welche andere bezwang? Dies führt uns auf die letzte der Fragen, die wir aufgeworfen haben. (28)

Die oben aufgelisteten Beispiele zeigen bereits eine Tendenz, die in der theologischen Fachsprache seit der Barthschen Wende und anschließend in der Fachliteratur der zwanziger, dreißiger und vierziger Jahre eine immer zentralere Funktion zur Erhöhung der suggestiven Wirkung und ideologisch motivierten Ausstaffierung der Texte erreichen wird (Vgl. Kap. 4 und 5): Mit Sperrsatz (hier kursiv wiedergegeben) werden Wörter oder Wortgruppen hervorgehoben und mit rhetorischen Fragen wird die Bedeutsamkeit der unmittelbar anschließend selbst gegebenen Antwort betont. Im Gegensatz zu Barth, der durch Sperrsatz den der natürlichen Satzintonation entsprechenden Lesefluss zu unterbrechen und zu stören sucht, um seinen Sätzen unerwartete Konnotationen und Bedeutungen zu verleihen, sind es bei Harnack noch zumeist substantivische oder auch verbale Begriffe, die auch bei regelhafter Satzintonation ohnehin den Hauptakzent tragen und durch die graphische Kenntlichmachung lediglich zusätzlich als besonders wesentlich hervorgehoben werden. Stellt man sich den mündlichen Vortrag des Textes im Rahmen der akademischen Vorlesung vor, sieht man geradezu den die die stimmliche Verstärkung unterstreichende Geste des erhobenen Zeigefingers oder anderer typische Gesten des Lehrenden vor sich, wenn Begriffe wie *Leben*, das *Wesentliche*, *Seele*, *Gottesherrschaft*, *Mammon*, *Selbstsucht*, *vernichten* etc. besonders eindringlich akzentuiert werden. Ebenso dienen bei Harnack die rhetorischen Fragen mit unmittelbar anschließend selbst gegebenen Antworten in erster Linie der sprachlichen Ausgestaltung von Aussagen, an deren Wahrheit kein Zweifel möglich sein soll, der schrittweisen, deduktiven Hinführung auf eine zu vermittelnde Erkenntnis oder schlichtweg der Einführung eines neuen Gedankenganges. Im Gegensatz dazu verwendet Barth derartige Frage-Antwort-Figuren später vorwiegend zur Zurückweisung von durch Fragen insinuierten Leserantworten oder generell zur apodiktischen Widerlegung eventueller, zu erwartender Gegenargumente (s. Kap. 4).

Harnack präsentiert sich somit ganz als Unterweiser eines gebildeten, nicht unbedingt fachkompetenten Lesepublikums. Seine Sprache ist maßgeblich geprägt durch Redeformen der aus der mündlichen Vorlesungsrede übernommenen behutsamen und niemanden überfordern wollenden Belehrung. Gleichzeitig ist Harnacks Sprache ein Charakterzug eigen, der auf das Bewahren von als allgemeingültig, konsensfähig und grundlegend angesehenen Wissens- und Glaubensinhalten ausgerichtet ist: Immer wieder wird auf Erfahrungen und bereits vorhandene religiöse Grundsätze verwiesen, auf das „Wertvolle und Bleibende", das der Historiker festzuhalten habe (Harnack 1951: 8). Diese Grundzüge durchziehen ebenfalls andere Werke Harnacks, darunter Aufsätze und Predigten. Immer wieder wird der Leser ohne akademische Überheblichkeit, andererseits aber auch mit einer gewissen paternalistischen Herablassung an grundsätzliche Themen herangeführt, wie im Aufsatz *Die Bedeutung der theologischen Fakultäten* von 1919:

> Die Bibel allein, deren Teile sich über einen Zeitraum von tausend Jahren erstrecken (was bedeutet der Koran neben der Bibel?), ist durch die Art der Überlieferung – schon die Textkritik der Bibel ist das mannigfaltigste und schwerste Problem, das der rezensierenden Philologie gestellt ist –, durch die ganz verschiedene religiöse und kulturelle Höhenlage ihrer Teile, durch die Verbindung der babylonischen, ägyptischen, persischen, hellenistischen usw. Religions-, Geistes- und Staatsgeschichte und schließlich durch Jesu Christus und seine Apostel ein Objekt, das [...] eine Fakultät, wohl beschäftigen kann [...].
> (Harnack 1951: 122)

In einen einzigen Satz, der übrigens auch mit registerspezifischen Elementen der gesprochenen Rede (Selbstunterbrechung, rhetorische Frage, Parenthese) versehen ist, wird eine enorme Fülle von aus fachtheologischer Sicht eigentlich selbstverständlichen Informationen gedrängt, offenbar um dem laienhaften Leser das zum weiteren Verständnis mangelnde Sachwissen zur Verfügung zu stellen. In einem anderen Aufsatz (*Martin Luther in seiner Bedeutung für die Geschichte der Wissenschaft und der Bildung*, 1883) fasst Harnack, hier in einem fast poetisch-pathetischen Ton, Eigenschaften Luthers zusammen, wobei auch hier das rhetorische, sprachlich brillierende Element unübersehbar ist:

> Ist er [Luther] zu schneidig für unsere Milde, zu bewegt für unseren Gleichmut, zu überzeugt für unsere Zurückhaltung, zu altertümlich für uns Moderne? Wie war er wirklich, der wundersame Mann, der gewaltig wie ein Heros und einfältig wie ein Kind gewesen ist? ohne Klugheit ein Weiser, ohne Politik ein Staatsmann, ohne Kunst ein Künstler, inmitten der Welt ein weltfreier Mann, in kräftiger Sinnlichkeit und doch rein, rechthaberisch ungerecht und doch stets von der Sache getragen, der Autoritäten spottend und an die Autorität gebunden, die Vernunft verlästernd und befreiend! [meine Hervorhebungen, J.G.]   (Harnack 1951: 44)

Dieses Zitat mit seinen Anaphern, Gegensatzpaaren, Oxymora, Parallelismen, seiner Frage- und Antwortstruktur und seinem wortreichen Pathos illustriert ein weiteres Mal in hoher Konzentration die für Harnacks Fachsprachenstil charakteristischen Merkmale. Die Fachsprache Harnacks ist nicht nur durch seine zentrale Bedeutung im theologischen Diskurs des ausgehenden Kaiserreichs, sondern auch aufgrund der Tatsache, dass er von Karl Barth und den Nachkriegstheologen als Hauptrepräsentant der kulturprotestantischen Bürgerreligiosität wahrgenommen und aufs Schärfste bekämpft wurde, paradigmatisch für die epochenspezifische protestantisch-theologische Fachsprache insgesamt, die er maßgeblich prägte.

3.2 „In den müden Gehirnen begabter Dilettanten" – Wider das Dogmatisieren, Modernisieren, Stilisieren

Die bürgerlich-kulturprotestantische Theologie des ausgehenden 19. und beginnenden 20. Jahrhunderts gipfelt in der für Barth inakzeptablen Unterzeichnung des *Aufrufs an die Kulturwelt* bzw. des *Manifests der 93* von 1914, einer Apologetik der deutschen Kriegs- und Militärpolitik (vgl. Ungern-Sternberg und Ungern-Sternberg 2013). Als Unterzeichner des *Manifests der 93* treten neben Harnack eine Reihe ebenfalls prominenter protestantischer Theologen in Erscheinung, darunter Wilhelm Herrmann, Systematischer Theologe an der Universität Marburg (1846–1922), Gustav Adolf Deissmann, Neutestamentler an den Universitäten Heidelberg und Berlin (1866–1937), und Adolf Schlatter, Neutestamentler und Systematiker an den Universitäten Bern, Greifswald, Berlin und Tübingen (1852–1938).

Um die epochentypische Repräsentativität der Fachsprache Adolf von Harnacks anhand einiger weiterer herausragender Vertreter der zeitgenössischen protestantischen Theologie zu verifizieren, soll die Sprache dieser drei heute weniger rezipierten, aber zur Zeit ihres universitären Wirkens äußerst prominenten Fachgelehrten einer kursorischen Analyse unterzogen werden.

Bei Adolf Schlatter findet sich ein noch über Harnacks didaktische Textgestaltung hinausgehender belehrend-schulmäßiger Impetus, der für die Fachliteratur der Zeit charakteristisch erscheint. Noch in Schlatters *Geschichte der ersten Christenheit* von 1927 schlägt sich diese pädagogisch-popularisierende Schreibhaltung in der Sprache nieder. An die Stelle des bei Harnack gegebenenfalls als wissenschaftliches *wir* verwendeten Pluralpronomens tritt bei Schlatter wiederholt ein inklusives *wir* oder *uns*[5]:

1) Wir haben daher das Neue Testament noch nicht gelesen, wenn wir den Blick nur auf die einzelnen Apostel richten, die dort zu uns reden. Es zeigt uns das Entstehen der Gemeinde und dadurch macht es uns Geschichte sichtbar. [...] Darf uns die Klage stören, daß die Ergebnisse, die die historische Bearbeitung des ersten christlichen Jahrhunderts schafft, dürftig bleiben? [...] Wehren der geringe Umfang der uns erhaltenen Zeugnisse und die Dürftigkeit unserer eigenen religiösen Geschichte jedem eitlen Ton, der von einer restlosen Enthüllung des damals Geschehenen zu träumen wagt, so dürfen wir doch nicht um deswillen, was unserem Blick entzogen ist, das gering schätzen, was uns erkennbar ist. (1–3)[6]

2) Wir dürfen aber beim Ziel des Jakobus nicht allein an die Missionsarbeit denken; [...] (68)

3) Schwerlich stellen wir uns die Ereignisse richtig vor, wenn wir den Gegnern des Paulus nur einen schwächlichen Anschluß an Jesus und ärmliche Vorstellungen über ihn zuschreiben. (153)

Insgesamt befleißigt sich Schlatter, ähnlich wie Harnack, einer klaren, transparenten, wenig komplexen Sprache, die dem theologischen Laien kaum Verständnisschwierigkeiten bereitet haben dürfte. Eine einfache, auch Wiederholungen nicht meidende Wortwahl, eine generell durch klare transphrastische Verbindungen hergestellte Thema-Rhema-Gliederung und eine weitgehende Metaphernarmut verleihen Schlatters Sprache einerseits einen nüchternen, sachlichen Grundzug; andererseits ist ihr aber gerade durch ihre Schlichtheit mit Harnacks Sprache eine unprätentiöse Plastizität und Zugänglichkeit gemeinsam. Dazu tragen die ähnlich

---

5 Meine Hervorhebungen [J.G.] in den Beispielen (1)–(8).
6 Die Seitenangaben in Klammern am Ende der Beispiele (1)–(8) beziehen sich auf Schlatter 1927.

wie bei Harnack häufig eingeschobenen rhetorischen Fragen bei, die dann generell mit griffigen, definitionsartigen Formulierungen unmittelbar beantwortet werden:

4) Was war damals die Taufe? [...] Sie war ein Akt der Reue, durch den der zur Taufe Tretende über sein Verhalten das Urteil sprach. (30)

5) Woher kam die Taufe? [...] Am Anfang der ganzen Bewegung, die zur Wirksamkeit Jesu und zu der seiner Boten führte, stand ja die Taufe. (31–32)

6) Warum blieb er Jesus fern? Weil er überzeugter Pharisäer war. (115)

7) Was ist der Besitz der Christenheit? Der Glaube an Jesus, der Glaube allein, und damit sind alle ihre Beziehungen zur Welt und zu den Menschen geordnet. [...] Was ist das Gesetz? Es ist vergangen und durch das ersetzt, was der Christus schuf. Was ist der Apostel? Nicht der Träger einer eigenen religiösen Macht, sondern er ist deshalb Apostel, weil der Christus in ihm ist, und dieser ist in allen Glaubenden. Was sind die natürlichen Anliegen neben der Verbundenheit mit dem Christus? Die Gemeinde hat nur eine Pflicht, im Christus zu sein [...]. (222)

8) Dachte Paulus damals nicht an den Unwillen, den er damals bei jenen „Freien" und „Starken" wachrief, die nichts anderes ertragen wollten als das, was ihnen glich? [...] Sicherlich sah Paulus damals mit hellem Blick nach beiden Seiten und vergaß seine frei Gewordenen nicht. (247).

Die nicht nur für Schlatter charakteristische Frage- und Antwortrhetorik verweist ein weiteres Mal auf den didaktisch-laienfreundlichen Charakter dieser Art von Fachsprache. Wissenschaftliche Fachliteratur hat hier noch nicht das hermetische, abstrakt verklausulierende Gepräge, das ihr im Laufe der zweiten Hälfte des 20. Jahrhunderts häufig zu eigen wird. Hauptintention des Autors scheint es eher zu sein, eine auch an größeren Leserkreisen orientierte Verständlichkeit zu erzeugen, deren primäres Ziel es ist, den angehenden Theologen und Pastoren Glaubensinhalte und theologische Lehrinhalte in möglichst begreiflicher Weise zugänglich zu machen. Theologische Fachsprache fungiert hier vorrangig als Kommunikationsmittel an der Schnittstelle der Vermittlung von Expertenwissen und der Belehrung interessierter und wissbegieriger Laien, als die die Studenten betrachtet werden, weniger als Instrument der wissenschaftlichen diskursiven Auseinandersetzung mit Fachkollegen, dient also in ihrer Hauptfunktion der praktischen Berufsausbildung. Was in der fünfgliedrigen Fächeraufteilung der Universitätstheologie heute fast ausschließlich Aufgabe der Praktischen Theologie ist, die Lehre der Vermittlung von in verständliche Sprache gekleideten dogmatischen und philologisch-historischen Glaubensinhalten und Wissensbeständen, dehnt sich damals auch auf die anderen Teilfächer aus, wie hier im Fall Schlatters auf die Neutestamentliche Wissenschaft.

Neutestamentler war auch Gustav Adolf Deissmann, der sich in seinen Hauptwerken dem Quellenstudium als Grundlage der Neutestamentlichen Wissenschaft und der Entwicklung des Christentums im hellenistisch-antiken Umfeld widmete; als Hauptwerke gelten seine Monographien *Licht vom Osten* (1908) und *Paulus* (1911). Auch Deissmanns Fachstil erscheint aus heutiger Sicht nahezu unwissenschaftlich, womit hier eine häufig fast alltagssprachliche Wortwahl gemeint ist, die offenbar auch bei Deissmann im Dienst einer größtmöglichen Leserfreundlichkeit und leichten Erschließbarkeit steht.

Symptomatisch für Deissmanns Sprache ist ein Passus im Einleitungskapitel zum *Paulus*-Buch („Die Aufgabe und die Quellen"), in dem die Zielsetzung des Textes umrissen wird:

> Zwar auch Paulus gilt heute Vielen als eine düstere Größe. Aber die Dunkelheit rührt zum guten Teile von den schlechten Lampen unserer Arbeitsräume her, und die modernen Verurteilungen des Apostels als des Finsterlings, der das einfache Evangelium des Nazareners verdorben habe durch harte und schwere Dogmen, sind der Niederschlag der doktrinären Paulusforschung, zumeist in den müden Gehirnen begabter Dilettanten.
> Stellen wir jedoch den Mann von Tarsus in das Sonnenlicht seiner anatolischen Heimat und in die klare Luft der antiken Mittelmeerwelt, zu den einfachen Menschen seiner sozialen Schicht, so wird, was wie ein Heft verblaßter und verwischter Bleistiftskizzen unsere Augen schmerzte, mit einem Male plastisch, in Licht und Schatten lebendig wie ein gewaltiges Relief aus alter Zeit. [Meine Hervorhebungen, J.G.] (Deissmann 1925: 2)

„Düstere Größe", „Dunkelheit", „Finsterling" sind Termini, die in einem wissenschaftlichen Text heute als Fremdkörper inkriminiert würden, die jedoch in der Epoche ihrer Niederschrift offenbar unbedenklich waren. Darüber hinaus ist die nahezu überbordende metaphorische Schreibweise des Autors bestenfalls in einem populärwissenschaftlichen Kontext angemessen, wenn er etwa unzureichende wissenschaftliche Akribie mit „den schlechten Lampen unserer Arbeitsräume" umschreibt oder den historischen Paulus im „Sonnenlicht seiner anatolischen Heimat" als „gewaltiges Relief aus alter Zeit" betrachtet wissen will und nicht als „verblasste und verwischte Bleistiftskizze". Gegen akademische Gegner als „müde Gehirne begabter Dilettanten" zu polemisieren, passt insofern in den Kontext, als auch hier sprachlich mit scharf konturierter Anschaulichkeit gearbeitet wird. Deissmanns bildhafte Sprache verdankt sich sicherlich einerseits der Tradition des brillanten protestantischen Predigttons, der durch einen bemerkenswerten rhetorischen Aufwand an kraftvollen Bildern und Vergleichen mitzureißen bestrebt ist, andererseits der schon beobachteten Tendenz, auch wissenschaftliche Inhalte möglichst anschaulich und nachvollziehbar darzustellen. Deissmann bedient sich dabei einer Vielzahl teils phantasievoller, teils ausdrucksstarker Stilfiguren, die von Vergleichen über Metaphern bis hin zu anaphorischen, kataphorischen, asyndetischen und hyperbolischen Redemitteln reicht. Als Beispiel für die für Deissmanns Sprachduktus typischen asyndetischen Attributreihungen sei folgende Aussage über Paulus zitiert:

3.2 „In den müden Gehirnen begabter Dilettanten" — 29

> Das ist recht eigentlich die Aufgabe der modernen Paulusforschung, von dem <u>papierenen Paulus</u> unserer abendländischen Studierstuben, von dem <u>germanisierten, dogmatisierten, modernisierten, stilisierten</u> Paulus zu dem historischen Paulus zu kommen, durch das Labyrinth des „Paulinismus" unserer Neutestamentlichen Theologien zum <u>Paulus der antiken Wirklichkeit</u> sich zurückzutasten. [Meine Hervorhebungen, J.G.]   (Deissmann 1925: 2)

Die Aufzählung von in diesem Fall sechs Adjektivattributen und einem Genitivattribut in einem einzigen Satz hat zusammen mit der durch die Verben mit Fremdsuffix hervorgerufenen Assonanz einen insistierenden, rhythmischen Effekt; dabei ist auffällig, dass die abzulehnenden, weil zu abstrakten Attribuierungen ausschließlich mit dem lateinischen Fremdsuffix versehene Verben sowie „papieren" mit dem ebenfalls Verachtung signalisierenden langen „ie" sind, während die positiven Zuschreibungen durch das auf dem warmen „o" betonten „historisch" und das die entlegene Antike mit dem Begriff der fassbaren „Wirklichkeit" verbindende Genitivattribut repräsentiert werden. Unter Anwendung dieser Technik der Wort- oder Syntagmenreihungen beschreibt Deissmann an anderer Stelle die Sprache des Paulus im Hinblick auf ihre Pragmatik, d. h. auf ihre jeweils situationsgebundene Funktion, eingehend:

> Lediglich Ersatz des mündlichen Verkehrs sind die Briefe, und es ist, wie schon angedeutet, von hoher Wichtigkeit für ihr Verständnis, daß man sie sich gesprochen (diktiert) denkt und die <u>Modulation</u> dieser <u>lebendigen nichtpapierenen</u> Worte wiederherzustellen sucht, daß man also herausfindet, wo Paulus <u>scherzt</u>, wo er <u>grollt</u>, wo er, zum Entsetzen seiner späteren attizistischen Ausleger, <u>in Anakoluthen stockt</u>, oder wo <u>prophetisches Pathos die Zeilen beflügelt</u>. Paulus will <u>trösten, ermahnen, strafen, stärken</u>; er <u>verteidigt sich</u> gegen seine Gegner, erledigt Zweifelsfragen, <u>spricht von seinen Erlebnissen und Absichten, fügt Grüße und Grußbestellungen hinzu</u>, dies alles meist <u>ohne ängstliche Disposition, ungezwungen vom einen zum anderen übergehend</u> [...]. [Meine Hervorhebungen, J.G.]   (Deissmann 1925: 10–11)

Deissmanns Analyse der paulinischen Sprache zeichnet sich durch eine erstaunlich differenzierte Beschreibung der gesprochensprachlichen oder nähesprachlichen Merkmale der Paulusbriefe und eine ausführliche Nennung der in diesen enthaltenen Sprechakte aus: Er differenziert durchaus modern zwischen den diamesischen Varietäten als solchen und der eigentlichen Typologie der Sprache, wenn er die Paulusbriefe als verschriftlichte orale Varietät klassifiziert, indem er von „Modulation" spricht und Merkmale der gesprochenen Sprache wie gegen die Sprachnorm verstoßende Elemente (Anakoluthe) nennt, sowie Eigenschaften wie Spontaneität und Ungeplantheit („ohne ängstliche Disposition", „ungezwungen"), Sprunghaftigkeit und die Tendenz zum assoziativen Argumentieren („vom einen zum anderen übergehend", „überspringend"). Interessant ist aus pragmalinguistischer Sicht ferner Deissmanns reichhaltige Aufzählung von Sprechhandlungen, darunter die expressiven Sprechakte „scherzen", „grollen", Direktiva wie „trösten", „ermahnen", „strafen", „stärken", „Zweifel ausräumen", „Grüße bestellen", Assertiva wie „berichten" oder Kommissiva wie „Absichten äußern". Die linguistisch anspruchsvolle Beschreibung der paulinischen Sprache stellt Deissmanns sensibles und explizit durchdachtes Sprachbewusstsein eindrucksvoll unter Beweis. Dies schlägt sich deutlich auch in seiner eigenen fachsprachlichen Argumentationsweise nieder. So agiert er ähnlich dem von ihm beschriebenen Sprachvirtuosen Paulus mit Mitteln der aus der gesprochenen Sprache entlehnten Unmittelbarkeit und einem vielfältigen Repertoire von ebenfalls eher dem oralen Diskurs zuzuordnenden Sprechakten. Außerdem wiederholt er Sprechhandlungen, die in wissenschaftlichen Fachtexten unüblich sind, wie etwa direktive Sprechakte, die den Leser zu hypothetischen Handlungen auffordern. Im Gegensatz zu Harnack, der sich direkt an die Adressaten seiner Vorlesungen und Schriften richtet, erfolgt die appellative Ansprache an die Leser hier mittels des Imperativs der dritten Person und des unpersönlichen Pronomens „man", wie es etwa in Kochrezepten und anderen Handlungsanweisungen üblich ist, oder auch durch das inklusive „wir":

9) Man messe einmal die Kilometerzahl nach, die Paulus zu Wasser und zu Lande zurückgelegt hat und versuche selbst, diesen Apostelwegen heute nachzuwandern. (51)[7]

10) Schauen wir zurück! (124)

11) Paulus erinnert mit diesem Nebeneinander von Milde und Härte, wie ja überhaupt, an Luther; man vergleiche den köstlichen Brief des Reformators an seinen Sohn Hänsichen und seine tödlichen Streitworte gegen das Papsttum. (55)

Ungewöhnlich häufig erscheinen auch kommissive Sprechakte, die der Autor zur Ankündigung eigener Vorhaben im Verlauf der Untersuchung einsetzt. Ebenso wie die oben zitierten direktiven Sprechhandlungen evozieren diese Kommissiva eine Art Gesprächssituation, wenn der Sprecher sein Gegenüber nicht nur regelmäßig zu zumindest imaginierten Handlungen auffordert, sondern es auch am Produktionsprozess der Äußerungen des Autors teilhaben lässt, wie es eher im mündlichen, nähesprachlichen Diskurs zu erwarten wäre. In (14) bittet er den Leser sogar um eine Formulierungshilfe, indem er ihm zwei mögliche Konnektoren zur Auswahl stellt.

12) Ich verzichte hier darauf, [...] im einzelnen darzulegen [...]. (120)

13) Nur dies muß ich natürlich klären, [...]. (121)

14) es gibt gleichzeitige Papyrusbriefe, die sicher aus den unteren Schichten stammen, von ihren Empfängern sicher verstanden worden sind, und die trotzdem (oder soll ich sagen: deshalb?) für uns unglaublich schwierig zu verstehen sind. (62)

---

[7] Die Seitenangaben in Klammern am Ende der Beispiele (9)–(20) beziehen sich auf Deissmann 1925.

Noch deutlicher bewegt sich Deissmann im Bereich der gesprochenen Sprache, wenn er durch Interpunktion (Ausrufezeichen) expressive Sprechhandlungen wie etwa Leidenschaft, Begeisterung oder Inbrunst evoziert:

15) Wie verblasst doch auch MORITZ BUSCHS Bismarckbild gegenüber Bismarcks eigenem Bilde in den gleichzeitigen Briefen an seine Gattin! (21)
16) Die Mittelmeerwelt die Welt des Paulus! (28)
17) Die Welt des Paulus die Welt des Oelbaums! (32)
18) Kraft in Schwachheit! Das ist die paulinische Beschreibung der Polarität, die wir meinen. (49)
19) [...] mit fast griechischem Schauder vor der Hybris verbindet sich männliches Kraftgefühl: vor Gott ein Wurm, vor Menschen ein Adler! (53)
20) Da wird der antike Paulus lebendig, der Untertan des Kaisers Nero, der Zeitgenosse des Seneca! (60)

Die zitierten Sprechakte sind ambivalent; sie könnten auch als indirekte direktive Sprechakte mit der konversationellen Implikatur: „Erinnern Sie sich daran, dass ..." oder „Vergessen Sie / wir nicht, dass ..." gelesen werden. Auffällig ist ferner die fehlende Interpunktion bzw. der Wegfall der Kopula zwischen Nominalphrasen (16, 17, 19). Auch dies scheint eine Form der Imitation gesprochener Sprache zu sein, die ohne interpunktorische Strukturierung auskommt, andererseits aber durch Intonation und Prosodie Sprechintentionen eindeutig gestaltet. Besonders (16) und (17), die jeweils neue inhaltliche Einheiten einleiten, lassen demzufolge einen gewissen interpretatorischen Spielraum, der durch lautes Lesen bzw. mündlichen Vortrag einige Varianten zulässt, die schriftsprachlich folgendermaßen konkretisiert werden könnten:

zu 16) Die Mittelmeerwelt die Welt des Paulus!

– Es ist eben diese Mittelmeerwelt, die die Welt des Paulus ist.

– Die Mittelmeerwelt ist die eigentliche, ureigene Welt des Paulus.

– Wir sollten nicht vergessen, dass die Welt des Paulus die (antike) Mittelmeerwelt ist.

zu 17) Die Welt des Paulus die Welt des Oelbaums!

– Der Oelbaum ist ein entscheidendes Element der Welt des Paulus.

– Die Welt des Paulus ist ganz entscheidend von der wichtigen Funktion des Oelbaums geprägt.

– Es ist heute schwer vorstellbar, wie wichtig für Paulus und seine Zeitgenossen der Oelbaum war.

Die Paraphrasen zeigen, wie die möglichen, von Deissmann intendierten Aussagen in einem heutigen wissenschaftlichen Text ungefähr aussehen könnten und untermauern den Eindruck, dass eine erhöhte Lebendigkeit und Lesbarkeit, damit aber auch inhaltliche Offenheit und Vagheit durch nähesprachliche Elemente bewusst angestrebt werden.

Ein weiteres Stilelement, das sich bei Deissmann beobachten lässt, ist eine sprachliche Nähe zu zeitgenössischen Abenteuer-, Jugend oder auch Trivialromanen im Stil eines Karl May, aber auch in Anlehnung an die um die Jahrhundertwende beliebten sogenannten Professorenromane von Wilhelm Heinrich Riehl, Willibald Alexis, Gustav Freytag, Felix Dahn und anderen. Diese Art der Unterhaltungsliteratur bemüht sich, mehr oder weniger verbürgte historische Ereignisse sowie geographische, fremdkulturelle, allgemein für die damalige Epoche exotische Lebensräume und -formen in volkstümlicher, aufwendiger und möglichst mitreißender Sprache darzustellen, also in einer sprachlichen Form, die einer wissenschaftlichen Schreibweise im Grunde diametral entgegensteht, mittels derer aber wissenschaftliches Grundwissen und neue Erkenntnisse einem möglichst breiten Rezipientenkreis anschaulich und unterhaltsam zugänglich gemacht werden konnten, womit auch ein Beitrag zur allgemeinen Volksbildung geleistet werden sollte. Charakteristisch für den Stil und Inhalt der Professorenromane, aber auch anderer teils fiktiver teils auf eigenen Erfahrungen und Anschauungen beruhender Entdecker-, Reise- oder Abenteurerberichte und Unterhaltungsromane ist der Anspruch, wie es der Literaturwissenschaftler Fritz Martini ausdrückt, „voll von Spannung, Konflikten und Gelehrsamkeit [...] dem historischen Interesse der Zeit entgegen[zukommen], das gutgläubig den Schein für Wahrheit nahm" (Martini 1972: 426). Der italienische Germanist Ladislao Mittner spricht sogar von einem „ebenso einfachen wie wirkungsvollen literarischen Rezept", zu dessen Umsetzung man „viel Archäologie nehme und daraus lange und sehr detailreiche Beschreibungen mache, man wähle Liebeswirren und politische Intrigen aus den banalsten Feuilletonromanen des 19. Jahrhunderts aus [...], vermische nichts, weil die Leser sonst nichts schmecken würden, sondern übergieße das Ganze mit der unwiderstehlichen Soße der Sehnsucht nach der ‚ruhmvollen' germanischen Vergangenheit, [...] und am Ende kommt ein gut verkäufliches Produkt heraus, das den Ungebildeten, nach Wissen Hungernden sich zu bilden ermöglicht [...]" (Mittner 1971: 718).[8] Mittners Polemik und Martinis Differenzierung zwischen lite-

---

8 Eigene Übersetzung [J.G.] aus dem Italienischen; Orignaltext: „La ricetta letteraria [...] era quanto mai semplice ed efficace: prendete molta archeologia e fatene lunghe ed assai particolareggiate descrizioni, scegliete gli intrecci amorosi e gli intrighi politici dei più banali romanzi ottocenteschi d'appendice, [...] non mescolate nulla, poiché i lettori altrimenti non potrebbero gustare

rarischem Schein und Wahrheit wären als Kritik an Deissmanns Sprache eine Spur zu scharf, aber auch bei ihm scheint sich der Duktus des popularisierenden ‚Professorenromans' insbesondere dann durchzusetzen, wenn er, zum Teil aus eigener Anschauung als akademischer Bildungsreisender, historische oder geographische Themen im Zusammenhang mit Leben und Wirken des Apostels Paulus thematisiert:

> Ein unvergeßlich großartiges Landschaftsbild breitet sich da vor uns aus, während vom Hafen her die Barken zum Ausschiffen heranrudern. Der Lichtglanz der anatolischen Morgensonne zittert über den Wellen und gleißt auf den aus dem Wasser hochgehenden Rudern der buntgekleideten türkischen Bootsleute. [...] Am östlichen Ende der Stadt steigen weiße Dampfwolken auf und der Pfiff der Lokomotive kommt über die Wellen zu uns. [...] Als wir im März 1900 [...] durch die prachtvollen Weizendistrikte der Ebene fuhren, der Paulusstadt Tarsus zu, da ahnten wir nicht, daß Millionen von Körnern aus diesen Aehren nicht auf die Tenne kommen sollten: wenige Wochen nachher brach in dieser schwülen cilicischen Ebene ein Fieber aus, [...] der religiöse und nationale Fanatismus aufgestachelter mohammedanischer Mordgesellen, deren Wüten tausende von armenischen Christen zum Opfer fielen. Und während die reißenden Wogen der vom Frühling geschwellten Ströme Cydnus und Sarus die Leiber der Gemordeten zu Hunderten dem Meere zutrugen und die cilicische Erde täglich aufs neue das Blut christlicher Märtyrer trank, verdarb draußen auf den Feldern die Frucht auf dem Halm oder wurde zerstampft und verbrannt von der blinden Wut der Verfolger. (Deissmann 1925: 24–26)

Hier ist es der Kontrast zwischen den idyllischen Landschaften der frühen Christengemeinden und deren von Deissmann angeprangerte Verwüstung durch den islamischen Fanatismus des frühen 20. Jahrhunderts, der in heute als schwülstig empfundener Sprache dargestellt wird. Die Lektüre der oben zitierten und zahlreicher vergleichbarer Textstellen verweist auf ein weiteres literarisches Genre, das dem sogenannten ‚Professorenroman' nahesteht: Das 19. Jahrhundert ist, insbesondere in der wilhelminischen Epoche, die Blütezeit des literarischen Kitsches, der einige stilistische Merkmale aufweist, die auch in Deissmanns Sprache durchscheinen. So weist Walther Killy darauf hin, dass die vorherrschenden Eigenschaften des literarischen Kitsches u. a. „Kumulation der Effekte" (Killy 1971: 12), „assoziativer Charakter der Bilder und Vergleiche zur Erweiterung der Variationsbreite der Reize" seien (Killy 1971: 19) und stellt die Kitscherzählung dem traditionellen Märchen vergleichend gegenüber:

> Er [der Kitsch, J.G.] historisiert das Märchen, indem er es vergegenwärtigt. [...] jede übersinnliche, jede eigentlich religiöse Dimension wird abgeschnitten. Die dadurch verlorene Beziehung auf eine tiefere, wiewohl nur geahnte Wahrheit wird ersetzt durch den Versuch einer

---

nulla, ma versate sull'insieme l'allettante salsa del rimpianto del glorioso passato germanico [...] ed avrete un prodotto di sicuro smercio, che offre agli incolti desiderosi di erudirsi [...]".

> geschichtlichen Bewahrheitung. Die Überzeugungskraft des ursprünglich Märchenhaften, solchermaßen beeinträchtigt, muß durch die Überzeugungskraft einer in Einzelzügen erkennbaren Wirklichkeit ersetzt werden. Die Fülle der Imagination, welche die Märchenbilder auszulösen vermochten, wird durch das Detail ersetzt, das dem Leser, der nicht mehr, wie einst, imaginieren kann, zum Indiz der Wahrheit dient. (Killy 1971: 27)

Nach diesem Muster verfährt Deissmann in seiner mit eigenen Reiseerfahrungen untermalten Darstellung der antiken Stätten Griechenlands und Vorderasiens, indem er ebenfalls visuelle und akustische Effekte anhäuft und aufwühlende Bilder von blutigen Massakern mit Naturbeschreibungen kontrastiert, ähnlich wie es wenig später in Kriegsromanen etwa eines Walter Flex (1917) zu einem zeittypischen Genre perfektioniert wird. Hier geht es, wie Killy betont, um eine Effekthäufung, die einen relativ inhalts- oder handlungsarmen Text dem an Imaginationskraft vermeintlich verarmten Leser schmackhafter machen soll. Der Parallelismus zwischen Märchenerzählung und Bibelrezeption ist augenfällig: Beide haben ihre mythisch-magische, überzeitliche Aura verloren und müssen durch konkreten, detailversessenen und emotionsgeladenen Wortreichtum vorstellbar gemacht werden. Damit steht Deissmann offenbar auch in der Tradition der in erster Linie durch David Friedrich Strauss ins Leben gerufenen und im 19. Jahrhundert zentralen Leben-Jesu-Forschung, die eine konkrete historische Erforschung der historischen Persönlichkeiten des Urchristentums anstrebt (*Das Leben Jesu, kritisch bearbeitet*, 1835; *Das Leben Jesu für das deutsche Volk bearbeitet*, 1864).

Vergleichbare Beobachtungen lassen sich an einem weiteren Hauptwerk Deissmanns anstellen: *Licht vom Osten. Das Neue Testament und die neuentdeckten Texte der hellenistisch-römischen Welt*. Hier kündigt bereits der etwas reißerische Titel das (auch sprachliche) Programm des Werkes an; den Titel selbst kommentiert Deissmann im Vorwort folgendermaßen, wobei er versucht, dessen „Absonderlichkeit" als Titel einer wissenschaftlichen Monographie zu rechtfertigen:

> Das Buch hat einen absonderlichen Titel. Aber ehe Ihr den Titel scheltet, schaut selbst einmal die Sonne des Ostens! Nehmt auf der Burghöhe von Pergamon das wundersame Licht wahr, das den Marmor hellenistischer Tempel in der Mittagsstunde umspielt, – schaut auf dem Hagios Elias von Thera mit feiernder Seele das goldige Geflimmer desselbigen Lichtes über den unendlichen Weiten des Mittelmeers und ahnt dann im Vino santo der gastlichen Mönche die Gluten der gleichen Sonne, – prüft, über welche Töne dieses Licht auch innerhalb steinerner Mauern gebietet, wenn in Ephesos durch das zerfallene Dach einer Moschee ein Stück tiefblauen Himmels auf eine antike mit einem Feigenbaum vermählte Säule herableuchtet, – ja laßt nur einen einzigen Strahl der östlichen Sonne durch einen Türritz in das Dunkel einer armen Panhagia-Kapelle einfallen: ein Dämmern hebt an, ein Flimmern und Weben; der eine Strahl scheint sich aus sich selbst heraus zu verdoppeln, zu verzehnfachen; es tagt, Ihr versteht die fromme Meinung der

Wandfresken und Schriftzeilen und Ihr vergeßt die traurige Ärmlichkeit, die dieses Heiligtum erbaut hat. Nehmt dann diesen Strahl mit, als Euer Eigentum, über die Alpen in Eure Arbeitsstätte: wenn ihr antike Texte zu entziffern habt, der Strahl wird Stein und Scherbe zum Reden bringen; wenn ihr Bildwerke der Mittelmeerwelt zu betrachten habt, der Strahl wird alles beleben, Menschen, Rosse und Giganten; und wenn Ihr gar gewürdigt seid, die heiligen Schriften zu studieren, der Strahl wird Euch die Apostel und Evangelisten auferwecken, wird Euch leuchtender noch denn zuvor die hehre Erlösergestalt aus dem Osten zeigen, zu deren Verehrung und Nachfolge die Gemeinde verbunden ist. Und wenn Ihr dann vom Osten redet, *müßt* Ihr, Ihr könnt nicht anders, vom *Lichte* des Ostens reden, beglückt durch seine Wunder, dankbar für seine Gaben! (Deissmann 1908: V)

In der zitierten Textstelle sind exemplarisch zahlreiche Elemente des plakativen Stils G. A. Deissmanns komprimiert: die direkte Ansprache des Adressaten im Plural im Ton eines Geschichten- oder Märchenerzählers à la Wilhelm Hauff; ein schwärmerischer, neoromantischer Exotismus; die erzählerische Anschaulichkeit von Reiseberichten, die die Leser sich in fremde Umgebungen hineinphantasieren lassen, indem sie etwa bei „gastlichen Mönchen" einen „Vino santo" angeboten bekommen; der elegische Ton romantischen Fernwehs; die Kontrastierung des idyllischen Ostens mit dem düsteren Norden oder Westen; der Verkündigungston des Erweckten und schließlich das Evozieren abenteuerlicher Exkursionen in fremde Kulturen und vergangene Zeiten im Stil historischer Abenteuerromane. Deissmann bereitet mit dieser enthusiasmierenden Vorrede den wissenschaftlichen Leser, aber auch den interessierten Laien auf die Lektüre der Studie vor, um neben aller philologischen und historischen Akribie die über das Fachsprachliche weit hinausgehenden Deviationen seines Textes zu rechtfertigen. Mit der Einstimmung von nicht nur auf das Fach spezialisierten Rezipienten auf aufwühlende und ergreifende Aspekte seiner Forschungsarbeit bemüht er sich darum, ein breiteres Publikum anzusprechen. So ist im Weiteren von „Bauern und Handwerkern, Soldaten und Sklaven und Müttern" die Rede, die durch die neuentdeckten nichtliterarischen Schriften „zu uns von ihren Sorgen und Arbeiten reden"; dadurch, so Deissmann, zögen „die Unbekannten und Vergessenen, denen auf den Blättern der Annalen kein Herbergsraum gegönnt war [,][...] in die hohen Räume unserer Museen" ein (Deissmann 1908: 5). Der Geschichtsschreibung werde durch diese Texte „eine kräftige Welle frischen warmen Blutes" zugeführt (Deissmann 1908: 19). An anderer Stelle begründet Deissmann die Tatsache, dass es keine Dokumente zum Leben Jesu in aramäischer Sprache, sondern nur in der damaligen griechischen Weltsprache gibt, mit einem Bild aus dem Gegenwartsleben: Die aramäische Sprache habe dasselbe Schicksal ereilt wie die Schulhefte der Wissenschaftler, da, wer „mit einem Koffer voll lateinischer und griechischer Kolleghefte von der Hochschule" komme, seine „zerlesenen, abgerissenen Blätter, auf denen er einst zuerst das ABC studierte", kaum noch wiederfinden werde (Deissmann 1908: 37). Zu seiner hermeneutischen Methode bei der Interpretation von überlieferten Briefen fragt sich Deissmann scheinbar selbstkritisch: „Habe ich zu viel zwischen den Zeilen gelesen?", antwortet dann aber unmittelbar und entschieden: „Ich glaube nicht. Bei Briefen will das zwischen den Zeilen Stehende mitgelesen sein" (Deissmann 1908: 120). Auch hier zeigt sich, dass das Wissenschaftliche inhaltlich und sprachlich immer wieder hinter das Veranschaulichende, leicht Nachvollziehbare und literarisch Packende zurückzutreten hat. Insgesamt wird deutlich, dass hier mit unterschiedlichsten sprachlich-stilistischen Mitteln, auch durch Anlehnung an literarische Stilmittel der Epoche, eine möglichst plastische Sprache im Dienst einer anschaulich-erbaulichen und gleichzeitig leicht fassbaren Lehre verwendet wird, in der die Fachsprache in erster Linie dem Zweck einer generellen, weitgreifenden Zugänglichmachung wissenschaftlicher Erkenntnis dient.

Der Marburger Systematiker Wilhelm Herrmann stellt schließlich gewissermaßen einen Übergang zwischen traditionellem Kulturprotestantismus und mit dem Ersten Weltkrieg einsetzendem Aufbruch und Neubeginn in der theologischen Fachdiskussion dar, insofern er, aus der Universitätstheologie des 19. Jahrhunderts hervorgegangen und dieser verpflichtet, insbesondere Rudolf Bultmann und Karl Barth zu seinen Schülern zählte, die zu den Hauptvertretern der theologischen Wende in den 20er Jahren gehörten. Zu Herrmanns fachsprachlichem Ansatz sei zunächst eine Art Motto zitiert, das er im Aufsatz *Die Wahrheit des Glaubens* von 1888 (1966 [1988]) formuliert und das seinen Anspruch an die Wissenschaftlichkeit der Theologie und indirekt auch an die theologische Wissenschaftssprache bezeichnet:

> Aber darauf kommt es gerade an, dem Suchenden klarzumachen, daß zwar er selbst schwach ist, aber nicht der Glaube; daß dieselbe Tatsache, die ihn ängstigt, daß nämlich die Wissenschaft nicht helfen kann, für den Glauben das Siegel seiner Wahrheit ist. [...] auf jeden Fall ist es ein Glaube, der gerade deshalb die Welt überwinden kann, weil er nicht aus der Weisheit dieser Welt seine Kraft zieht, sondern aus Gottes Offenbarung. Es stimmt also die Art, wie der Glaube selbst sich betätigt, durchaus mit der Tatsache überein, daß aus der wissenschaftlichen Erkenntnis des in der Welt Wirklichen das Recht des Glaubens nicht erwiesen werden kann. (Herrmann 1966 [1888]: 145–146)

Hier wird eine Trennung zwischen Glauben einerseits und wissenschaftlicher, auf Religion bezogener Rede, und damit fachlich ausgerichteter Sprache andererseits explizit propagiert, womit eine eindeutige Unterscheidung zwischen wissenschaftlicher Instruktion und erbaulicher Predigt gefordert wird. In der Tat verliert sich bei Herrmann der didaktisch-persuasive Duktus eines Harnack wie auch der effektvoll-ergriffene Ton eines Deissmann, und es dominiert eine nüchterne, syntaktisch oft komplexe, auf logische Verknüpfungen aufbauende und äußerlich wissenschaftlicher Exaktheit verpflichtete Sprache. Interessant ist im folgenden Zitat die Diskrepanz zwischen logischer Sprache und einer gleichzeitigen Klarstellung der Unmöglichkeit, den Glauben wissenschaftlich zu erforschen:

> Der christliche Glaube bringt [...] unentbehrliche Lebenskraft in die Geschichte der Menschheit. Wer daher an der aufstrebenden Gesittung mit dem frohen Bewußtsein wirklich lebendiger Menschen teilnimmt, daß das der Weg der Wahrheit sei, wird die Wahrheit unsres Glaubens darin erfassen, daß seine Gedanken uns die innere Sammlung und Festigkeit verleihen, in welcher wir über das bloß natürliche Leben hinaus und zu wahrhaft menschlichem Wesen kommen. Die Sehnsucht nach einer solchen Herrschaft Gottes in den Gemütern, welche uns zu Menschen Gottes und damit zu wahrhaft lebenskräftigen Menschen macht, waltet überall in der Geschichte und bietet eine bessere Anknüpfung für den christlichen Glauben als die in der Studierstube ersonnene vermittelst vermeintlicher Ergebnisse der Wissenschaft. (Herrmann 1966 [1888]: 147–148)

Die syntaktisch-semantische Struktur des Abschnittes lässt sich folgendermaßen darstellen: Am Beginn steht eine affirmative Gleichsetzung und Verknüpfung von „Glauben" und „Lebenskraft in der Geschichte". Daraus wird geschlussfolgert, dass derjenige, der im Bewusstsein lebt, dass in der Formel „Glaube = Lebenskraft" die Wahrheit liege, aus dieser Wahrheit wiederum die „innere Sammlung" bzw. „Festigkeit" schöpfen werde, durch die er über das kreatürliche Leben zum menschlichen Wesen gelange. Dadurch entstehe eine Sehnsucht, sich Gott zu fügen, um eben diese Lebenskraft erlangen zu können, und diese Sehnsucht walte wiederum in der Geschichte, wodurch sie einen besseren Weg zum Glauben als „vermeintliche Ergebnisse der Wissenschaft" biete. Der Autor erstellt ein komplexes System von transphrastischen und logischen Zusammenhängen, die eine Kette von logischen Schlussfolgerungen simulieren und damit der Fachsprache exakter Wissenschaften nachempfunden sind. Bei genauer Prüfung des Aussagegehaltes stellt sich jedoch heraus, dass auf das an den Anfang gestellte Axiom vom Zusammenhang zwischen christlichem Glauben und der historischen Vitalität der Menschheit, das als Ausgangspunkt in der Theologie als Wissenschaft vom Glauben gewiss legitim ist, eine Art Zirkelschluss folgt, demzufolge eine Art logische Kausalkette vom *Glauben* über mehrere Stationen zum Zustand der *Humanität* führe. Daraus entsteht die *Sehnsucht* nach dem *Glauben*, die „eine bessere Anknüpfung" an den *Glauben* biete als die durch *Wissenschaft* entstandene *Sehnsucht* nach *Glauben*. Es ist offensichtlich, dass hier eine Kreisbewegung vollzogen wird, die letztlich nichts anderes aussagt, als dass der *Glauben* die beste Voraussetzung für den *Glauben* sei und der *Glauben* in jedem Fall eine bessere Voraussetzung für den *Glauben* sei als wissenschaftliche Forschung. Über einen komplizierten syntaktischen und scheinlogischen Umweg mittels einer tautologischen Aussage wird damit die der Theologie zugrunde liegende Notwendigkeit der Existenz eines Glaubens seltsamerweise ganz explizit durch eine wissenschaftskritische Aussage untermauert: Wenn „vermeintliche Ergebnisse der Wissenschaft" angeprangert werden, bringt dies die Legitimität der theologischen Wissenschaft selbst konsequenterweise ins Wanken. Ein weiteres Beispiel für ein derartiges Vorgehen findet sich in folgendem Zitat:

> Wenn nun [...] der Glaube an den lebendigen Gott in uns entsteht, daß Gott uns durch Christus berührt und seiner gewiß macht, so wird natürlich der Gläubige selbst die Wahrheit dessen, was er glaubt, vor allem darin finden, daß er es *als etwas erkennt, was Christus ihm erschlossen und gegeben hat.* (Herrmann 1966 [1888]: 147)

Auch in dieser verzweigten hypotaktischen Konstruktion erschwert die Verschachtelung der Teilsätze das Verständnis des im Grunde einfachen Gedankenganges: Wenn der Glaube an Gott durch die Begegnung mit Christus entsteht, sucht der Mensch die Wahrheit in den Aussagen Christi. Die zwei hier zitierten Textstellen illustrieren die bei Herrmann vorherrschende sprachliche Strategie, einfache Aussagen der Glaubenslehre oder der Verkündigung syntaktisch und lexikalisch zu verklausulieren und ihnen damit eine fachsprachliche Form zu verleihen. Diese Tendenz, die bei Herrmann zunächst einer formalen Verwissenschaftlichung subjektiver oder genereller Aussagen mit sprachlichen Mitteln dient, wird einige Jahrzehnte später in der völkischen, nationalsozialistischen Theologie angewandt werden, um politisch-ideologische Inhalte im theologischen Diskurs sprachlich einzubetten und damit scheinbar wissenschaftlich salonfähig zu machen.

3.3 Fazit

Anhand der Schriften der für die wilhelminische Kaiserzeit repräsentativen Theologen der Epoche des sogenannten „Kulturprotestantismus" lassen sich folgende Haupttendenzen der protestantisch-theologischen Fachsprache der Zeit aufzeigen.

Hauptanliegen dieser Fachsprache ist es, auch von fachfremden Lesern verstanden zu werden. Die Sprache steht zweifellos im Dienst der universitären Theologenausbildung und der Darstellung von Forschungsergebnissen; ebenso ist sie aber offensichtlich ein Mittel der theologisch-historisch-exegetischen Aufklärung einer christlichen Bürgergesellschaft, der in Grundzügen bereits vertraute Glaubens- und Wissensinhalte gründlich erklärt und plausibel gemacht werden sollen. Sie ist keine Sprache des Zweifels oder des Suchens, sondern eine Sprache der Selbstvergewisserung über die Gültigkeit und Sinnhaftigkeit von in Wissenschaft und Lehre wie auch in religiösem Brauchtum verwurzelten Traditionen. Insofern ist sie eine Sprache, die das Bestehende beschreibt und bewahrt und es so nachvollziehbar und so vernünftig wie möglich zu lehren bestrebt ist, wobei auch sprachliche Mittel der Oralität zur Anwendung kommen. Dies gilt sicherlich für Adolf von Harnack und seine Schule, ebenso für Gustav Adolf Deissmanns neutestamentliche Theologie, nur indirekt für die Sprache von Wilhelm Herrmanns systematischer Theologie. Deissmann bedient sich mit dem Ziel der Popularisierung und Veranschaulichung von Forschungsergebnissen zur neutestamentlichen Geschichte und Paulusforschung zusätzlich stilistischer Anleihen aus der zeitgenössischen Unterhaltungsliteratur, während Herrmann zwar einerseits in seiner Dogmatik und Systematik als der eigentlichen theoretischen Erfassung der Glaubenslehre eine traditions- und bestandsbewahrende Theologie verficht und somit in seinen Aussagen unspektakulär den zeitgemäßen Verkündungsdoktrinen verhaftet bleibt, diese aber andererseits in einer gewollt wissenschaftsrhetorische Fachsprache verklausuliert. In dieser Hinsicht erweist sich Herrmanns Fachstil als Übergangserscheinung zwischen der populärkonservativen Fachdidaktik der ausklingenden wilhelminischen Epoche und dem Beginn einer Wende zu einer fortschreitenden Verwissenschaftlichung der Fachdiskurse auf dem Weg zu einer den exakten Wissenschaften nachempfundenen Fachsprache.

Hermann Fischer weist darauf hin, dass der Bruch zwischen der alten und neuen Theologie nach Ende des Ersten Weltkrieges aufgrund des Todes der Mehrzahl der renommiertesten Vorkriegstheologen Anfang der zwanziger Jahre nicht in direkter Auseinandersetzung ausgetragen werden konnte, sondern gewissermaßen in posthumer indirekter Positionsbeziehung im Rahmen wissenschaftlicher Publikationen (Fischer 2002: 10). Lediglich ein offener Konflikt zwischen Barth und Harnack, der bis 1930 lebte, dokumentiert eine unmittelbare Konfrontation der alten mit der neuen Theologie. Harnacks *Fünfzehn Fragen an die Verächter der wissenschaftlichen Theologie unter den Theologen*, die er in der Fachzeitschrift *Christliche Welt* veröffentlicht und in denen er Barths Theologie scharf angreift (1923), verdeutlichen Harnacks und Barths konträre Auffassungen von den Funktionen der theologischen Fachsprache (s. dazu Kap. 4.1.). Diese nimmt mit dem Auftreten Karl Barths und seiner Anhänger in der theologischen Fachdiskussion eine neue Gestalt an und erhält damit neue Funktionen und Impulse.

4 Erbitterte und Ergriffene – die Fachsprache der protestantischen Theologie zwischen Erstem Weltkrieg und Machtergreifung

Die historische Epoche zwischen dem Ende des Ersten Weltkriegs und der nationalsozialistischen Machtergreifung, die in der politischen Geschichtsschreibung als die Zeit der Weimarer Republik bezeichnet wird, ist ohne Weiteres auch in der wissenschaftlichen protestantischen Theologie als zeitlich klar abgrenzbare Phase klassifizierbar. Denn mit dem Ende der Monarchie, dem Beginn der demokratischen Staatsform, den Folgen des Krieges in politischer und sozialer Hinsicht und schließlich mit der gesamtgesellschaftlichen Neuorientierung setzt auch in der protestantischen Theologie eine fundamentale Neuausrichtung ein. Ebenso markiert die Gleichschaltung der Wissenschaften und Universitäten durch das nationalsozialistische Gewaltregime nach dem Ende der Weimarer Zeit eine deutliche Zäsur.

Beschäftigt man sich mit der Sprache der wissenschaftlichen protestantischen Theologie im ersten Drittel des 20. Jahrhunderts, führt kein Weg an Karl Barths Schrift *Der Römerbrief* von 1919 vorbei, die „wie eine große Explosion" gewirkt habe, deren Methode der Auslegung man „mit dem Stil des Expressionismus in der Malerei" verglichen habe, in der es „brodelt und wirbelt wie in einem Vulkan. Er schleudert seine Gedanken und Sätze ähnlich aus sich heraus wie van Gogh seine Bilder", so der Theologe Heinz Zahrnt in einer historischen Würdigung (1984: 22–23). Barths epochemachende Abhandlung spaltet die damalige wissenschaftliche Theologie und auch die theologische Auslegungs- und Predigtpraxis in zwei antagonistische Hauptströmungen: auf der einen Seite die durch Karl Barth initiierte und von namhaften Theologen wie Emil Brunner, Eduard Thurneysen und anderen fortgeführte „Theologie der Krisis" oder „Wort-Gottes-Theologie", die später unter dem Begriff „Dialektische Theologie" in die Wissenschaftsgeschichte eingegangen ist, auf der anderen Seite die traditionelle, sogenannte „liberale Theologie" des „Kulturprotestantismus" des ausgehenden 19. Jahrhunderts. Zahrnt hebt immer wieder die eigenwillige, „expressionistische", emotionale Sprache der Ergriffenheit Karl Barths hervor, die in offensichtlichem Kontrast zur rationalistischen, von bürgerlich-liberalem Denken geprägten Sprache der Harnackianer stand. In der Tat kritisiert Harnack in seinen *Fünfzehn Fragen an die Verächter der wissenschaftlichen Theologie unter den Theologen* (1923: 6–7) die neue theologische Zeittendenz scharf, indem er die von ihm favorisierte, auf „geschichtlichem Wissen und kritischem Nachdenken" sowie insgesamt auf rationaler Reflexion fußende wissenschaftliche Theologie der neuen Theologie gegenüberstellt, die ihre Erkenntnisse in erster Linie auf „subjektive Erfahrung", „unkontrollierbare Schwärmerei", „Ausstrahlung im Herzen des Unfaßlichen und Unbeschreiblichen der biblischen Religion" und auf „gnostischen Okkultismus" stütze; Harnack geht so weit, den progressiven Theologen um Karl Barth zu unterstellen, dass „Paradoxien und Velleitäten […], alles Unbewußte, Empfindungsmäßige, Numinose, Fascinose usw." hier in den Vordergrund gerückt würden und dass dies alles, insofern es nicht „von der *Vernunft* ergriffen, begriffen, gereinigt und in seiner berechtigten Eigenart geschützt" werde, als „untermenschlich" zu verurteilen sei. Es ist offensichtlich, dass eine derart vernichtende inhaltliche Kritik gleichzeitig eine Kritik an der vermeintlich unwissenschaftlichen und schwärmerisch-subjektivistischen Sprache darstellt, der es an Klarheit, Eindeutigkeit und objektivierbarer „gemeinschaftlicher Erkenntnis" mangele.

Ohne in der vorliegenden Untersuchung jeweils auf theologische Inhalte und Auffassungen eingehen zu wollen und zu können, erscheint es zunächst sinnvoll, die Eigenarten der Sprache Karl Barths und ihre innovative Kraft herauszustellen. Dazu empfiehlt sich ein Blick in den *Römerbrief* (Barth 1989[15] [1922]), der gemeinhin als Markstein einer theologischen Zeitenwende gilt. Darauf fußend wird anschließend die Fachsprache der Barth-Schüler Emil Brunner und Eduard Thurneysen einer kritischen Analyse unterzogen. Am Schluss des Kapitels geht es um die Sprache einiger namhafter Theologen der 20er Jahre, die der „Dialektischen Theologie" der Barthianer eher kritisch gegenüberstanden und deren Fachsprache in der Tradition der kulturprotestantischen Ausrichtung der Vorkriegszeit steht. Es handelt sich um Friedrich Gogarten, Emanuel Hirsch und Rudolf Bultmann, die ebenfalls zu den renommiertesten lutherischen Theologen der Weimarer Zeit zählten.

4.1 „Gnade ist die Axt an der Wurzel des guten Gewissens" – Die große Explosion

Auf dem Buchrücken der Wiederauflage der 2. Auflage (1922) des *Römerbriefs* von Karl Barth aus dem Jahr 1989 steht programmatisch und werbewirksam: „Ein flammendes Fanal, das Kirche und Theologie zur Sache ruft". Als Textsorte betrachtet, ist der *Römerbrief* zunächst als exegetischer Text zu klassifizieren, womit er sich in eine lange Tradition theologischer Bibelinterpretationen einreiht. In der Tat bekräftigt Barth im Vorwort zur 2. Auflage:

> […] ich erhebe einen Einwand gegen die neuesten Kommentare zum Römerbrief […][.] Aber nicht die historische Kritik mache ich ihnen zum Vorwurf, deren Recht und Notwendigkeit ich vielmehr noch einmal ausdrücklich anerkenne, sondern ihr Stehenbleiben bei

> einer Erklärung des Textes, die ich keine Erklärung nennen kann, sondern nur den ersten primitiven Versuch einer solchen, nämlich bei der Feststellung dessen, „was da steht" mittelst Übertragung und Umschreibung der griechischen Wörter und Wörtergruppen in die entsprechenden deutschen [...]. (Barth 1989 [1922]: XVI)

Barth sieht sich explizit in der Tradition der historisch-kritischen Methode der Bibelexegese, verfolgt aber mit seiner Schrift über eine schlichte „Übertragung und Umschreibung" ins Deutsche, also einer „primitiven" Übersetzung, hinaus das Ziel, zu „*verstehen*, d. h. aufzudecken, wie das, was dasteht, nicht nur griechisch oder deutsch irgendwie nachgesprochen, sondern nach-*gedacht* werden, wie es etwa *gemeint* sein könnte" (1989 [1922]: XVII). Exegese als Nachdenken statt Nachsprechen, Verstehen des Gemeinten statt Feststellen dessen, was geschrieben steht: So kündigt Barth das Ziel seiner Auslegung an, wobei er bereits in dieser Vorrede graphische Hervorhebungen durch Sperrsatz verwendet, mit denen Satzakzent und Intonation des laut gesprochenen oder gedachten Textes gelenkt werden und damit die Satz- und Wortsemantik beeinflusst werden: „Nachdenken" mit der Bedeutung „Reflektieren, Grübeln" als untrennbares Verb mit dem Akzent auf dem Verbstamm gesprochen, erhält auf diese Weise eine neue Bedeutung: Wiederdenken, Neudenken oder noch einmal so denken, wie es der Apostel Paulus nicht gesprochen, sondern gemeint haben dürfte. Die graphische Hervorhebung von Wörtern durch Sperrsatz durchzieht dann auch den gesamten Text und verleiht ihm etwas Insistierendes, Bohrendes, nahezu Ekstatisches und vermittelt den Eindruck, dass der bloße geschriebene Wortsinn und die zur Verfügung stehenden syntaktischen und transphrastischen Kohäsionsmittel nicht ausreichen, um die Mitteilungsabsicht angemessen zu verschriftlichen.[1] Besonders charakteristisch ist dabei, dass ein Großteil der von Barth graphisch gekennzeichneten Hervorhebungen Wortarten betreffen, die bei einer regelhaften Intonation, in der das Rhema der Satzaussage den Hauptakzent tragen würde, unbetont bleiben müssten, wie Konnektoren, Präpositionen, Pronomen, Hilfs- und Modalverben, Artikel, Negations- und Modaladverbien:

1) äußerliche[...] *und* innerliche[...] Gebrechlichkeit (10)[2]

2) Ihm [dem Menschen] bleibt zu tragen die *ganze* Last der Sünde und der *ganze* Fluch des Todes (14)

---

[1] In der Frakturschrift werden Hervorhebungen durch Sperrsatz gekennzeichnet. In Zitaten aus Publikationen mit Frakturschrift werden solche Hervorhebungen hier jeweils kursiv wiedergegeben, wie sie auch generell in späteren Nachdrucken gekennzeichnet werden.

[2] Die Seitenangaben in Klammern am Ende der Beispiele (1)–(21) beziehen sich auf Barth 1989 [1922].

4.1 „Gnade ist die Axt an der Wurzel des guten Gewissens" – Die große Explosion — 43

3) Ist der Mensch sich selber Gott, dann *muß* der Abgott ins Wesen treten. (22)
4) Unser Handeln *wird* nun bestimmt, durch das, was wir ja wollen. (28)
5) [...] der Mensch *steht* vor Gott. (45)
6) Wir wissen, daß Gott der ist, den *wir nicht* wissen [...]. Wir wissen, daß Gott die Persönlichkeit ist, die *wir nicht* sind [...]. (22)
7) [...] etwas *schon* Durchgemachtes (36)
8) Wie und wann und wo sollte da nicht *alles* umfallen? (36)
9) Gott selbst [...] stellt *alle* Menschen auf *allen* Stufen zu *allen* Zeiten unter *eine* Warnung und Verheißung. (36)
10) Die „Heiden" sind nicht ohne Respekt vor *dem* Nein, das die Geschöpfe vom Schöpfer scheidet, und vor *dem* Ja, das sie zu Geschöpfen des Schöpfers macht. (46)
11) Christus [...] ist *der* Mensch, *das* Individuum, *die* Seele und *der* Leib – er steht an meiner Stelle, *er* ist *ich*. (203)
12) Was wäre das für ein Dasein [mein Dasein als Mensch, J.G.], das fähig wäre, *diesen* Eindruck in sich aufzunehmen, an *dieser* Not und Hoffnung sich zu orientieren, *diesem* Anspruch Genüge zu leisten? (264)

Die von Barth intensiv eingesetzte graphische Hervorhebungsmethode zielt offenbar auf eine Beeinflussung der imaginierten Satzintonation und damit der Leseaufmerksamkeit ab, die gleichzeitig eine Modifizierung der Satzsemantik bewirken soll. So widerspricht etwa in (1) die stärkere Gewichtung der kopulativen Konjunktion „und" der generellen intonatorischen Regel, der zufolge logisch gleichwertige Glieder den Ton auf dem zweiten Glied tragen. Dadurch ändert sich die Semantik der Nominalphrase und kann paraphrasiert werden als „nicht nur äußerliche, sondern vor allem auch innerliche Gebrechlichkeit".

In (2) widerspricht die Akzentuierung von „ganz" der üblichen leichteren intonatorischen Beschwerung von Adjektivattributen in Nominalphrasen. Durch die Verlagerung des Tons der nachgestellten Genitivattribute „Sünde" und „Fluch des Todes" auf „ganz" wird auch hier die Bedeutung etwa in folgendem Sinne modifiziert: „Der Mensch kann nicht umhin, die gesamte, vollständige Last der Sünde und den durch nichts gemilderten Fluch des Todes zu tragen, nicht etwa nur einen Teil (wie gemeinhin bereits bekannt ist)."

Modal- und Hilfsverben tragen üblicherweise nicht den Hauptton; das Gleiche gilt für Kopulaverben oder semantisch schwache Positionsverben wie „liegen, stehen, sitzen", sofern nicht eine explizite Thematisierung der semantisch sonst verblassten Positionsmarkierung intendiert ist. Durch Barths Hervorhebung von „muß" (3), „wird" (4) oder „steht" (5) erhalten die flektierten Verbformen ein semantisch relevantes Eigengewicht, so dass in (3) die Objektivität der absoluten

Unausweichlichkeit der Konstitution eines Abgottes unterstrichen wird; die äußerst ungewöhnliche Akzentuierung des Passiv-Hilfsverbs „wird" in (4) kann nur als rhetorische Verstärkung des Patiens-Charakters des menschlichen Handelns verstanden werden, das ausschließlich durch „das, was wir wollen", nämlich die „vergötterten Natur- und Seelenkräfte" fremdbestimmt werde. Die überraschende intonatorische Beschwerung des „steht" anstelle von „Gott" lässt sich im Kontext, in dem von den Heiden die Rede ist, die „nicht so ohne weiteres Schläfer, Ungläubige und Ungerechte zu nennen" seien, als Verdeutlichung des Umstandes deuten, dass der (auch heidnische) Mensch in aufrechter Haltung, also seiner selbst und seines Tuns bewusst, aufrecht vor Gott ‚steht' und somit also für sich in der vollen Verantwortung *steht*.

Häufig kennzeichnet Barth zwei aufeinander folgende Wörter durch graphische Hervorhebung wie das Personalpronomen „wir" und das Negationsadverb „nicht" (6), wodurch ein in der Schriftsprache nur schwer zu reproduzierender suggestiver Ton evoziert wird, mit dessen Hilfe im vorliegenden Fall die Negation der Verben „wissen" und „sein" in Verbindung mit dem die Menschheit repräsentierenden „wir" in besonders krassen Gegensatz zur Existenz Gottes gestellt wird.

Das eigentlich der Hervorhebung dienende Modaladverb „schon" verlangt per se eine intonatorische Beschwerung des nachfolgenden hervorzuhebenden Substantivs. Es wird hier von Barth aber seinerseits durch Sperrsatz markiert (7), so dass aus dem „schon Durchgemachten" ein impliziter Kontrast des *„schon* Durchgemachten" zum zu erwartenden, vermutlich dieses an Schwere deutlich übersteigernden *„noch nicht* Durchgemachten" wird.

Salient ist auch die wiederholte Hervorhebung des Pronomens „alle(s)" (8). Wenn der Mensch am Maßstab Gottes gemessen wird, fällt nicht nur alles *um*, sondern es „sollte [...] *alles* umfallen". Es findet eine Art hyperbolische Steigerung von „alles" statt, wodurch das eigentlich durch kein „mehr als alles" steigerbare Pronomen zu „alles, absolut alles, aber wirklich ausnahmslos alles" rhetorisch aufgeladen wird. Ähnlich verfährt Barth in (9), wenn er statt der generell leichten Akzentuierung von wiederholten Elementen diese durch Hervorhebung rhythmisch intoniert. Auch hier wird durch die graphische Darstellung die Ausschließlichkeit und Vollständigkeit der Nominalphrase „*aller* Menschen" etc. rhetorisch verstärkt.

Hinzu kommt in (9) die Hervorhebung des unbestimmten Artikels „eine", die hier zu einer semantischen Verschmelzung der anschließenden gleichgeordneten Substantive „Warnung" und „Verheißung" führt. Mit diesem Kunstgriff werden zwei eigentlich antonymische Begriffe als „Warnung und Verheißung in einem" zusammengedacht. Diese paradoxe Einheit von Widersprüchlichem ist charakteristisch für Barths Sprache der „Dialektischen Theologie". Die sprachliche Umsetzung des Paradoxalen erscheint insofern rhetorisch besonders geschickt, als die implizite Trennung von Menschen, die Gottes Wort als Verheißung, und solchen, die sie als

Warnung erfahren müssen, syntaktisch fast unsichtbar lediglich in der Markierung des Artikels verborgen liegt.

Der bestimmte Artikel in (10) verwandelt sich durch die graphische Markierung in ein Demonstrativpronomen, wodurch das „Nein" und das „Ja" zu einem bestimmten affirmativen oder negierenden Akt werden, nämlich der Ablehnung oder Annahme Gottes, im Gegensatz zu anderen Haltungen, vor denen die Heiden nach dieser Lesart weniger oder gar keinen Respekt hätten. Umgekehrt wird in (11) durch die hervorgehobenen Artikel die Individualität Christi aufgehoben und dieser zur paradigmatischen Symbolgestalt für alle Menschen umgedeutet, was durch die Emphatisierung des „*er* ist *ich*" noch einmal auf das subjektive Bewusstsein des Autors und zugleich des Lesers übertragen wird. Beispiel (12) zeigt schließlich, dass sogar Demonstrativpronomen, die an sich schon eine verweisende Funktion haben, durch Kursivschreibung zusätzlich herausgehoben werden können, offenbar zu dem Zweck, das Unerhörte, „Bezwingende und Unausweichliche" des „Eindrucks", der „Not", der „Hoffnung" und des „Anspruchs" auch im Schriftbild sichtbar zu machen, was durch den dreifachen Sperrsatz des Pronomens zusätzlich verstärkt wird.

Barths Methode der graphischen Semantisierung und Emphatisierung seines Textes ist Teil einer Reihe von Elementen, die dem Text einen übersteigert suggestiven Charakter verleihen. Barth ist zum Zeitpunkt der Niederschrift des *Römerbriefes* bereits seit zehn Jahren als Pfarrer in Genf und vor allem in Safenwil, „einer Bauern- und Arbeitergegend im Kanton Aargau", tätig gewesen. Der Schweizer Theologe Ulrich Neuenschwander konstatiert bei Barth einen „charakteristisch *autoritären* Zug. Er ruft zum Gehorsam und zur Anerkennung seiner Voraussetzungen auf, die nicht weiter kritisch befragt werden dürfen" (Neuenschwander 1974a: 71). Insofern verwundert es nicht, dass Barths Abhandlung einen stark predigthaften, persuasiven Duktus aufweist, wobei die Predigt als Textsorte mit Appellfunktion, bei der „der Emittent [...] dem Rezipienten zu verstehen [gibt], dass er ihn dazu bewegen will, eine bestimmte Einstellung einer Sache gegenüber einzunehmen" (Brinker 2001: 112), in erster Linie mit Sprechhandlungen der Verkündigung, Überzeugung bis hin zur Bekehrung, Mahnung und eventuell Drohung verbunden ist, auch wenn der wissenschaftlich-exegetische Text im eigentlichen Sinne eher einer objektiven, assertiv-analytischen Sprechhaltung verpflichtet sein sollte.

Barths Text steht jedoch – und darin besteht das für ihn Charakteristische – nicht nur durch die aufgezeigte graphische Hervorhebungstechnik, sondern auch durch eine Reihe weiterer Kennzeichen auf lexikalischer und morphosyntaktischer Ebene dem Predigtgenre äußerst nahe; folgende weitere Merkmale lassen den monologischen Text zu einem mittels rhetorischer Redetechnik überzeugen wollenden, auch autoritär belehrenden, einen imaginären Zuhörer ansprechenden, der als Kanzelpredigt gesprochenen Rede nachgebildeten Diskurs werden: Dazu gehören Fragen und Frageketten, auf die oft apodiktische Antworten folgen, anaphorische, kataphorische und generell repetitive Stilfiguren, archaisierende, die Bibelsprache imitierende Redeformen sowie interpunktorische Elemente:

13) Was soll mir der Geist? Was soll mir das aus ihm kommende Gesetz? Was soll mir meine „Frömmigkeit"? Was soll mir Gottes Überreden und Überwältigen? Ist es nicht offenkundig, daß keine Kraft da ist zum Gebären? [...] Gott und der Mensch, der ich bin, das geht *nicht* zusammen. (264)

14) Wir reden vom Geist. Aber kann man denn das? Nein, das kann man nicht; (279)

15) Werden uns da vielleicht alle Knochen im Leib zerbrochen? Jawohl, gerade darum handelt es sich. (491)

16) Ordnung! Was heißt *bestehende* Ordnung? Daß der Mensch heuchlerischerweise wieder einmal mit sich ins Reine gekommen ist. Daß er, der Feigling, sich vor dem Geheimnis seines Daseins wieder einmal in Sicherheit gebracht hat. (503)

17) Und unzweideutig, unwiderruflich, unumkehrbar ist dieses Geschehen [die Auferstehung, J.G.]. Gerechtigkeit ist nicht eine Möglichkeit des begnadigten Menschen, sondern seine Notwendigkeit. Nicht eine veränderliche Gesinnung, sondern der unveränderliche Sinn seines Lebens. Nicht eine Stimmung [...], sondern die Bestimmung, unter der er steht. Nicht ein Eigenes des Menschen, sondern sein Zueigensein. (219)

18) Gnade heißt göttliche Unduldsamkeit, Ungenügsamkeit, Unersättlichkeit. Gnade heißt, daß weniger als alles nicht angenommen wird. Gnade ist der Feind jedes, auch des unentbehrlichsten Interims. Gnade ist die Axt an der Wurzel des guten Gewissens [...] (453)

19) Gott erkennen [...], der in einem Lichte wohnt, da niemand zu kann. (445)

20) Darum: *Freuet* euch mit den Fröhlichen, *weinet* mit den Weinenden! (484)

21) Darum: Speise, tränke ihn [den Feind, J.G.]! Mit dem von *Gott geschlagenen* Feind bist du solidarisch. Sein Böses ist dein Böses, sein Leid ist dein Leid, seine Rechtfertigung ist deine Rechtfertigung, und nur was *ihn* erlöst, kann auch *dich* erlösen. (499–500)

In (13–16) wird der beschwörende Kanzelton durch suggestive Fragen nachgebildet, wobei der rhetorische Charakter durch anaphorische Wiederholung der Fragestruktur („Was soll mir ... ?"), den repetitiven Einsatz des Negationspräfixes *Un-* oder den eine negative Beantwortung nahelegenden Modalpartikel *denn* verstärkt wird. Der Autor gibt die schon vorausindizierte Antwort jeweils selbst, wobei er deren apodiktische Bestimmtheit noch durch graphische Kennzeichnung (*nicht*) oder affirmative Wiederholung der Frage als Aussagesatz (... das kann man nicht) unterstreicht. In (15) und (16) werden die Antworten nicht eindeutig mit sprachlichen Mitteln vorgegeben; hier werden deshalb die Antworten umso emphatischer gestaltet: in (15) durch das verstärkende, militärische *jawohl*, das jedes eventuell gedachte *nein* gedanklich ‚niederbrüllt'; in (16) geschieht dasselbe durch drastische Wortwahl, wenn der Mensch als Adressat des Textes als „heuchlerischer Feigling" beschimpft wird, sofern er die bestehende Ordnung nicht verachtet".

Anaphorische Redefiguren wie die alliteratorischen Negationspräfixe, Adjektiv- und Substantivreihungen (17–18) sowie Parallelismen, in denen die Oppositionen (17) jeweils zusätzlich durch Assonanzen klanglich akzentuiert werden („nicht Möglich<u>keit</u>, sondern Notwendig<u>keit</u>; nicht G<u>esinnung</u>, sondern <u>Sinn</u>; nicht <u>Stimmung</u>, sondern Be<u>stimmung</u>; nicht <u>Eigenes</u>, sondern Zu<u>eigen</u>sein" [meine Hervorhebungen, J.G.]), zeigen, mit welcher sprachlichen Raffinesse hier Inhalte durch rhetorische Ornamentierung emphatisiert, aber gleichzeitig auch verundeutlicht werden. Es entsteht der Eindruck, dass relativ eindeutige Kernaussagen wie die verbindliche Verpflichtung des Christen zur Gerechtigkeit durch aufwendig gestaltete sprachliche Einkleidung eingängiger und suggestiver gestaltet werden sollen, wodurch sie jedoch in etlichen Fällen eher an Eindeutigkeit und Klarheit einbüßen. An solchen für den gesamten *Römerbrief* charakteristischen Textstellen, die den Stil von Barths Werk prägen, überlagert der persuasive Sprachduktus des Predigers den objektiven Ton des um Erkenntnisgewinn bemühten Wissenschaftlers. Als Residuen aus der homiletischen Praxis finden sich darüber hinaus in den Autorentext ungekennzeichnet eingeflossene Bibelzitate und an solche angelehnte Formulierungen, wie in (19) „da niemand zu kann", das als Übersetzung von 1 Ti 6,16 mit der Bedeutung „unzugänglich" (Elberfelder Bibel 2015 [1905], Zürcher Bibel 1972) in der sogenannten *Textbibel 1899* von Emil Kautzsch verwendet wird[3]. Häufig werden Zitate aus dem *Römerbrief*, den Barth einer wissenschaftlichen Exegese unterzieht, ohne Kennzeichnung in den Text integriert (20–21), so dass häufig keine eindeutige Trennung zwischen zitierter Bibelrede und Autorenrede gewährleistet ist.

Am Beispiel des Sperrdrucks bzw. der Kursivschreibung in späteren Auflagen wurde bereits auf typographische Elemente zur Emphatisierung des schriftlichen Textes eingegangen. Eine vergleichbare Funktion kann auch mit interpunktorischen Mitteln erzielt werden, und Barth bedient sich ausgiebig dieser Möglichkeit:

> „Heilsgewißheit" (wenn denn dieses fragliche Wort gebraucht sein soll) ist jedenfalls nicht eine Eigenschaft, die von irgend jemand irgendwoher gegen (oder auch für!) eine Kirche ins Feld geführt werden könnte. Es gibt kein furchtbareres Mißverständnis der Reformatoren! Gott entscheidet, und wie seine Güte, so ist auch seine Strenge (als seine Güte, als seine Strenge!) alle Morgen neu. Die schau an! Gnadenwahl gilt! „Heilsgewiß-

---

[3] http://textbibel.de/ (letzter Zugriff 20.10.2021).

heit" ohne exklusivste doppelte Prädestination, Heilsgewißheit im Sinn des neuen Protestantismus ist schlimmer als Heidentum! (Barth 1989 [1922]: 432)

Am obigen Textabschnitt kann die Lesesteuerung mit Hilfe von Klammern und Ausrufezeichen exemplarisch illustriert werden: Die in Klammern gesetzten Parenthesen sind jeweils als Selbstunterbrechungen, wie sie für die gesprochene Sprache konstitutiv sind, zu verstehen, wobei sie unterschiedliche Funktionen haben können. Im ersten Fall handelt es sich um eine rückwirkende Ad-hoc-Belehrung des Lesers, dass das hier verwendete Wort „Heilsgewissheit" eigentlich zu missbilligen sei. Im zweiten Fall wird eine als spontane Eingebung stilisierte Antithese vor dem Abschluss der eigentlichen These eingefügt, so dass, noch bevor der Leser den Gedanken vollständig erfassen kann, eventuelle gegenläufige Schlussfolgerungen unterbunden werden, wobei das Ausrufezeichen die mögliche Antithese mit noch größerem Nachdruck ausschließt. Mit diesen interpunktorischen Mitteln wird eine These-Antithese-Struktur konstruiert, die eigentlich keine ist: Die „Heilsgewissheit" kann Barth zufolge nicht als Argument gegen die katholische Kirche ins Feld geführt werden, aber erst recht nicht als Argument zugunsten bestimmter Strömungen in der protestantischen Kirche, d. h. der Begriff wird als für eine theologische Argumentation untauglich disqualifiziert, unabhängig von der Art und Weise, wofür oder wogegen mit ihm argumentiert wird. Die dritte Klammer erscheint ebenfalls als Mittel zur Evozierung rhetorischer Effekte, die der gesprochenen Rede entlehnt sind. In diesem Fall wird eine vorher geäußerte Aussage in fast identischem Wortlaut mit hinzugefügtem Ausrufezeichen wiederholt. Wenn der Vergleich „wie seine Güte, so ist auch seine Strenge" mit elliptischen Präpositionalphrasen „als seine Güte, als seine Strenge!" unmittelbar gedoppelt wird, so wird inhaltlich nichts hinzugefügt; vielmehr werden die antithetischen Substantive und der Kontrast zwischen ihnen lediglich eindringlicher hervorgehoben: Beim Lesen hört man förmlich die Stimmhebung des Kanzelredners. An die dritte Klammer schließen sich eine Reihe von Kurzsätzen an: „Die schau an!" ist ein Imperativsatz mit deiktisch auf den Vortext verweisendem Demonstrativpronomen – eine syntaktische Figur, die in der Wissenschaftssprache unüblich ist, sowohl was die direkte Ansprache des Lesers betrifft als auch die Verwendung der Befehlsform. Hier spricht der Prediger zu seiner Gemeinde im generischen Singular, wenn nicht gar der Prophet zu seinen Jüngern. Der Satz „Gnadenwahl gilt!" ist offenbar eine Anleihe aus der Sprache des Gesellschaftsspiels und des Wettwesens, wo Regeln und Wetten für einen begrenzten Zeitraum gelten und jeweils durch einen deklarativen Sprechakt angekündigt oder ausgerufen werden können. Derartige Strukturübernahmen aus anderen, teils volkstümlichen Sprachdomänen sind ebenfalls aus der Predigtsprache entlehnt und haben persuasive Funktion, indem sie sich ähnlich wie Werbeslogans aufgrund struktureller Analogien leichter im Gedächtnis einprägen.

Die linguistische Analyse einiger signifikanter Textelemente in Barths epochemachendem *Römerbrief* kann hier paradigmatisch für den Stil der progressiven, antibürgerlichen protestantischen Theologie der ersten Nachkriegszeit des 20. Jahrhunderts stehen: Der streng wissenschaftliche, sprachlich und textuell klar strukturierte, didaktisierende Stil der traditionellen protestantischen Universitätstheologie eines Harnack weicht nun einem appellativen Stil, der unmittelbar aus der homiletischen Praxis übernommen zu sein scheint. Der Adressat eines solchen Textes ist erkennbar nicht mehr in erster Linie der Universitätsstudent und theologisch interessierte Bürger, der an didaktisch adäquat aufbereiteter Vermittlung von nicht weiter hinterfragten Glaubenswahrheiten orientiert ist, sondern vorrangig ein zu überzeugender, auf Persuasion und Emphase reagierender, inspirierter, wenn nicht religiös ergriffener Leser. Damit knüpft Barth an seine eigene Predigerpraxis an, orientiert sich aber generell am sprachlichen Duktus des spätbiedermeierlichen, von rhetorischem Dekor geprägten Predigttons, wie er z. B. in den frühen volkstümlichen *Dorfpredigten* eines Gustav Frenssen aufscheint, für die dieser 1903 mit der Ehrendoktorwürde der Universität Heidelberg prämiert wurde:

> Zu einem hellen Hause gehört, daß ihr alle reine Leute seid. Aber das seid ihr nicht. Du mußt selbst sagen: wenn meine Rede rein sein sollte, so müßte *der* Gedanke heraus und *der* auch. Das ist klar: in Sachen der Reinlichkeit muß es noch besser werden. Fröhlich und selig sind – das ist alte Menschenerfahrung – die, welche reinen Herzens sind. Es ist noch dunkel in deinem Hause. Rede nicht dagegen! Es fehlt an allem Guten, es fehlt an allen Ecken und Enden. Es ist noch dunkel. Man muß sich beeilen und Licht machen! Es ist ein Licht erschienen. Hörst du es? Laß des Heilands Gottvertrauen hinein! Dazu seine Barmherzigkeit; und seine Reinheit! (Frenssen 1903: 420)

Etliche der für Barths Fachstil charakteristischen sprachlichen Besonderheiten finden sich in Frenssens Predigtstelle wieder, die dazu dienen, den Zuhörer durch Zueignung einer aktiven Rolle stärker in den Diskurs einzubeziehen. Es wird ein Dialog simuliert, an dem der Adressat durch Fragen, Aufforderungen, Zurechtweisungen und kontinuierliche direkte Ansprache scheinbar teilnimmt, der aber einen autoritären, bevormundenden Grundzug hat. Zu den sprachlichen Mitteln der Dialogsimulation gehören Parenthesen, Hervorhebungen durch Intonation in der mündlichen Rede oder graphische Hervorhebung in schriftlichen Texten, Selbstunterbrechungen, Wiederholungen, Ellipsen, rhetorische Fragen, Exklamationen und eine scheinbar unkoordinierte thematische Progression. Eine weitere Parallele zeigt sich in der häufigen Übernahme eines biblisch-archaischen Tons in die Autorenrede, so dass dem Zuhörer, aber auch dem Leser die Trennung von zitiertem Bibelwort und Predigerwort erschwert wird:

> Haben wir nicht ein Herz so groß und leer wie ein großes, leeres Haus, daß wir alles Gute und Schöne der ganzen Welt ernten und hineinfahren? Haben wir nicht einen Geist, wie ein gutes Gewehr, um als ferne und nahe Beute uns zu holen, was zu entdecken und zu ergrübeln ist? Haben wir nicht Menschen zum Lieben und Hände zum Helfen? Aber nun? Was hast du mit diesen wahrhaft königlichen Gütern gemacht? Und sind die Menschen, die neben dir gehn, an deiner Seite gediehen, sagen sie von dir, du seist die Liebe und die Treue selber? Und was hast du mit deinen Augen gemacht? Sie sehen schon lange nicht mehr so fröhlich in die Welt wie Jenes Augen, als er sechsmal nacheinander sagte: Selig sind! Selig sind! Deine Seele, die Königin, ist eine Bettelfrau geworden und schlägt sich ohne Freude mühsam durchs Leben, und deine beiden Hände sind Notknechte der Sorgen geworden. O, du stolze Krone der Schöpfung! (Frenssen 1903: 383)

Das von Frenssen hier angewandte Verfahren der Akkumulierung von mehr oder weniger suggestiven Fragen kann auf das biblische Vorbild der Ansprachen Jesu an seine Jünger und Zuhörer in den Evangelientexten zurückgeführt werden, in denen ebenfalls an vielen Stellen eine oder mehrere um ein bestimmtes Thema gruppierte rhetorische Fragen aneinandergereiht werden, die dann in proklamatorischen Maximen von ihm selbst oder auch vom Volk oder von den Jüngern beantwortet werden. Als Beispiel seien zwei Jesuszitate aus dem Matthäus- und dem Markusevangelium angeführt:

> Was meint ihr? Wenn ein Mensch hundert Schafe hat und es verirrt sich eins von ihnen, wird er nicht die 99 auf den Bergen lassen, und geht er nicht hin und sucht das verirrte? Und wenn es sich ergibt, dass er es findet, wahrlich ich sage euch: Er freut sich über dasselbe mehr als über die 99, die nicht verirrt waren. (Zürcher Bibel, Mt. 18, 12–13)

> Wer ist also der treue und kluge Knecht, der den sein Herr dazu über sein Gesinde gesetzt hat, ihnen die Speise zur rechten Zeit zu geben? Wohl jenem Knecht, den sein Herr, wenn er kommt bei solchem Tun finden wird! Wahrlich, ich sage euch: Er wird ihn über sein ganzes Besitztum setzen. (Zürcher Bibel, Mk 24, 45–47)

Charakteristisch ist ferner die biblisch-metaphorische Redeweise (Hirt-Schafe-Metapher, Herr-Knecht-Metapher). Frenssen verwendet auch diese Stilfigur ausgiebig, wenn er Vergleiche und Metaphern kontinuierlich aneinanderreiht. Dieser an den Stil der neutestamentlichen Jesusrede anknüpfende Predigtstil, der offenbar nicht nur bei einem stark von der wilhelminischen und postbiedermeierlichen Nationalromantik geprägten Prediger wie Frenssen charakteristisch ist, erscheint in etwas weniger ostentativer Aufmachung auch in Barths *Römerbrief* von 1922, womit der ‚Praxisstil' der Predigt(fach)sprache von der Anwendungsebene auf die wissenschaftliche Ebene der theoretischen, neutestamentlichen und systematischen Theologie überführt wird und sich dadurch von einem objektiven, neutralen und informativen Stil mit hohem Fachlichkeitsgrad auffällig entfernt. Während Barth sich später von der Schweiz aus ausdrücklich vom Nationalsozialismus distanziert, wird Frenssen, der als erfolgreicher Heimatschriftsteller seinen Pastorenberuf aufgeben konnte, zum glühenden Parteigänger der Nationalsozialisten und verficht mit denselben sprachlichen und rhetorischen Mitteln einen neuheidnischen, nationalchauvinistischen Germanenglauben, so etwa in *Der Glaube der Nordmark* (1936). Der persuasive Predigtton als Merkmal der Fachsprache der „völkischen" Theologie hat somit Vorläufer sowohl auf der progressiven Seite (Barth) als auch auf der reaktionären Seite (Frenssen).

4.2 „Christliche Rede heißt, dass Gott selber das Wort nehme" – Mittlertun und Werkzeugwort

Als bekanntester Mitstreiter Karl Barths (bis zum Zerwürfnis 1934) und als Mitbegründer der „Dialektischen Theologie" gilt vor allem der Schweizer reformierte Theologe Emil Brunner (1889–1966), Professor für Systematische und Praktische Theologie an der Universität Zürich; zu den renommierteren Weggefährten Barths gehört neben anderen ferner der Basler Praktische Theologe Eduard Thurneysen (1888–1974). Ein kursorischer Blick in Werke dieser Schweizer Theologen aus dem wissenschaftlichen Umfeld Karl Barths zeigt, dass Barths radikaler Stilwandel in der theologischen Fachsprache keine individuelle Vorliebe geblieben ist, sondern erkennbare Wirkung auf die sprachliche Gestaltung theologischer Fachtexte auch anderer Theologen, zunächst der Schweizer reformierten Theologie, aber auch der lutherischen Theologie in Deutschland, ausgeübt hat. So ist vor allem Brunners Werken die stilistische Verwandtschaft zu Barths Sprache anzumerken. *Der Mittler* von 1927 beginnt unmittelbar mit einer rhetorischen Figur:

> 1) Es gibt nur *eine* Frage, die ganz ernst ist: Die Gottesfrage. Denn aus ihr gewinnt jede andere ihren Sinn und ihr Gewicht. Sie ist heute und jederzeit und für jedermann die Entscheidungsfrage. (Brunner 1927: V)[4]

Die graphisch im unbestimmten Artikel *eine* durch Sperrsatz gekennzeichnete Ausschließlichkeit der einzigen wirklich „ernsten Frage" (1) erinnert stark an Barths apodiktischen Ton im *Römerbrief*. Ebenso erscheint die selbst gegebene Antwort auf die im ersten Satz implizit gestellte Frage nach der „*eine*[n] Frage" als eine Reminiszenz an Barths predigtartige *Römerbrief*-Rhetorik. Dasselbe gilt für die alliterierende Wiederholung von „jede andere [...], jederzeit und für jedermann", Stilfiguren, die der Satzaussage etwas Unbedingtes verleihen, das keinen

---

4 Die Seitenangaben in Klammern am Ende der Beispiele (1)–(19) beziehen sich auf Brunner 1927. In der 2. Auflage von 1930 ist *Der Mittler* in Antiqua-Schrift gedruckt; Hervorhebungen durch Brunner erscheinen im Sperrsatz und werden hier kursiv wiedergegeben.

Widerspruch duldet. Diese bereits bei Barth beobachtete Art von graphisch stimulierter Leserlenkung ist auch Brunners Sprache eigen. Dieser kennzeichnet zahlreiche Elemente des schriftlichen Diskurses, die im Satz bei natürlicher Lesart ohne Akzent gesprochen würden, ebenfalls mit Vorliebe durch Sperrsatz:

2) [...] dieser Schöpfer *gibt* sich bekannt, indem er seinen eigenen Namen nennt [...]. (238)

3) Dieses Doppelte muss in der Bewegung bleiben: Gott ist die *Liebe*; aber auch: *Gott* ist die Liebe. Nur in dieser Weise denken wir die Persönlichkeit Gottes. (250)

4) Kein *Prophet* hat je das Wort ausgesprochen: selig wer sich nicht *an mir ärgert*. Das ist das Wort des Mittlers. [...] Die Person, an der man sich entscheiden muß, zum Glauben oder zum Aergernis, ist der Mittler, der, *vor* dem, *an* dem man sich *vor* Gott und *an* Gott selbst entscheidet. (305)

5) Ist das die Bedeutung des Kreuzes, dann ist das Kreuz, und also die Versöhnung und Offenbarung, *das absolut Einmalige*. Ist hier wirklich von Gott aus gehandelt worden, und ist wirklich *hier* gehandelt worden, im Kreuz, so ist *das* geschehen, was seinem Wesen nach weder einer Wiederholung, noch einer Ausbreitung im geschichtlichen Raum fähig ist. Es ist ein *Moment* und nur *ein* Moment. Es ist schlechterdings die *Entscheidung*, neben der es keine andere mehr gibt. (456)

6) Es ist der *Herr*, der redet; und es ist der Herr, der *redet*. (504)

Brunner hebt semantisch irrelevante Teile von Verbalausdrücken, wie auch Präpositionen oder Artikel graphisch hervor, die den Sätzen eine unkonventionelle Intonation und damit Semantik verleihen. So wird im Funktionsverbgefüge *bekannt geben* durch die Hervorhebung des eigentlich unbetonten konjugierten Verbstammes *gibt* die Semantik abgewandelt (2), da zum Bedeutungsaspekt des bloßen Mitteilens oder Informierens die Nebenbedeutung des sich Gebens, Auslieferns oder Zurverfügungstellens in den Mittelpunkt gerückt wird, das offenbar mit der Bekanntgabe des Gottesnamens einhergeht.

Dem Satz „Gott ist die Liebe" (3) werden durch graphische und damit intonatorische Variation unterschiedliche semantische Schwerpunkte zugeeignet, wobei die Aufspaltung der Satzsemantik die Doppelbedeutung des Satzes nicht wirklich eindeutig werden lässt. Möglicherweise ist gemeint, dass Gott einerseits nur aus Liebe besteht (Gott ist die *Liebe*), andererseits die irdische Liebe Erscheinungsform Gottes im Leben ist (*Gott* ist die Liebe). Brunner bemüht häufig derartige wortspielerische Chiasmen und Parallelismen, wie in „der *Herr* redet" / „der Herr *redet*" (6), die der Gemeinverständlichkeit seiner Aussagen abträglich sind; insgesamt durchzieht eine Tendenz zu hermetischen Formulierungen seine Texte, womit sich ein von Barth ausgelöster neuer spirituell-enigmatischer Ton in der theologischen Fachsprache durchsetzt, der bis in die 40er Jahre prägend sein wird. In (4) sind es die Präpositionen *an* und *vor*, die, bereits in der Konstellation „*vor* Gott und *an* Gott" semantisch vage, durch die Hervorhebung eine größere Bedeutungsschwere erhalten, bei der schwer zu erkennen ist, ob es sich um rhetorische Ausschmückungen oder eine tatsächliche semantische Differenz handelt. Letzteres wäre bei einem wissenschaftlichen Text zu erwarten, so dass etwa eine Interpretation nahe läge, der zufolge der Mensch gleichzeitig vor Gott als Richter und vor dem Mittler (Jesus) als Richter eine Entscheidung für oder gegen Gott bzw. gegen oder für den Mittler treffen müsse. Dies wird jedoch nicht expliziert und bleibt damit offen. Durch sprachliche Raffung und graphisch-syntaktische Stilfiguren dieser Art enthalten zahlreiche Passagen Verrätselungen, die vom Leser durch aufmerksame Textexegese philologisch und semantisch gedeutet werden müssen; insbesondere in diesem Punkt steht die Fachsprache der ‚Theologie der Krise' in deutlichem Widerspruch zur aufklärerisch-volkstümlichen Fachsprache der „kulturprotestantischen" Vorgänger.

Ein weiteres Beispiel für diese Art der semantischen Vagheit findet sich im Chiasmus „ein *Moment* und nur *ein* Moment" (5), wo wiederum durch Kursivkennzeichnung eine scheinbare Doppelbedeutung in eine Nominalphrase implantiert wird, obwohl durch die unterschiedliche intonatorische Beschwerung von Substantiv und Artikel keine wirkliche semantische Differenz erzeugt wird; es wird möglicherweise in semantischer Hinsicht lediglich die Kürze des Zeitraums (des Moments) der Einmaligkeit des Ereignisses gegenübergestellt; dabei handelt es sich um Bedeutungsnuancen, die jedoch im Wortlaut selbst schon enthalten sind und besser durch attributive Erweiterung verdeutlicht werden könnten, wie etwa „ein kurzer Moment", „ein einziger Moment" o. Ä. An anderem Ort evoziert Brunner semantische Mehrdeutigkeiten durch Sperrsatz von ganzen Wortgruppen, so z. B. „*an mir ärgert*" (Brunner 1927: 305) oder „*das absolut Einmalige*" (Brunner 1927: 456). In ähnlicher Weise finden sich in Brunners Schriften immer wieder komplette Teilsätze oder auch mehrteilige Satzkonstruktionen in durchgehendem Sperrsatz. In diesen Fällen wird die Technik der Hervorhebung zu einer Art Hilfestellung für den Leser zum Zweck der Markierung inhaltlich besonders bedeutsamer Passagen. Da die Hervorhebung von einzelnen Wörtern, Wortgruppen oder Teilsätzen sich abwechselt, ist es für den Leser oft nicht klar ersichtlich, ob die kursiven Textteile als intonatorische Beschwerung zur besseren Kenntlichmachung der intendierten Satzaussage oder als inhaltliche Wegweisungen zur Auffindung besonders wesentlicher Textteile gedeutet werden sollen.

Zur semantischen Hermetik tragen in Brunners Text darüber hinaus einige weitere graphische wie auch morphologische Kunstgriffe bei:

7) Das ist nicht mehr bloß ein Prophaten*wort* von jenseits der Kreaturgrenze, aus dem Innern, dem Geheimnis Gottes gekommen, sondern eine Person; eine persönliche Existenz ist dieses Jenseits gekommene Wort [sic!]. (210)

8) Es handelt sich durchaus um das Gott*sein* des Christus, nicht bloß um seine ethisch zu beurteilende gottentsprechende *Gesinnung*. (214)

9) Das göttliche Wunder lässt es nicht zu, daß wir es teilweise erklären. *Es muß uns am Daß genug sein. Das Wie ist Gottes Geheimnis.* [...] Wir wollen nichts vom *Wie* des göttlichen Wunders erklären, sondern stehen mit Staunen vor dem *Daß* [...]. (290–291)

10) Der Mensch [...] ist ja *Mit*besitzer des Göttlichen, er ist frei und autonom, *Mit*gesetzgeber des Gesetzes, *Mit*wisser der Wahrheit. Im Glauben aber [...] wird er vernichtet [...], damit Gott ihm das Seine wirklich *mitteilen*, schenken könne, er allein, sich selbst durch sich selbst. (305)

11) *Das Andere*, das Jenseitige ist in seiner Person [Jesus, J.G.] da. (383)

12) Von keinem Christenzustand aus würde als Ursache ein Absolutes, ein schlechthin Entscheidendes rückzuschließen sein. (457)

Der Sperrsatz wird auch zur nur teilweisen Markierung einzelner Wortbestandteile wie Präfixe und Determinata in Komposita genutzt. In den Zitaten (7) und (8) wird durch den Sperrsatz eine vom regulären Wortakzent abweichende Akzentuierung eingeführt, da statt des Modifikators das Determinatum den Akzent erhält, wodurch die Komposita einer semantischen Modifizierung unterworfen werden: Der eigentlich semantisch wie intonatorisch hervorgehobene Modifikator wird zum untergeordneten Bestandteil, während das Determinatum die rhematische Zusatzinformation erhält. Umgekehrt wird das Präfix mit- in (10), das als präpositionales Präfix in „*mit*teilen" oder als Erstglied der Komposita „*Mit*besitzer", „*Mit*gesetzgeber" und „*Mit*wisser" ohnehin den Wortakzent trägt, durch die gesperrte Hervorhebung des Parallelismus der anaphorischen Begriffe graphisch und intonatorisch stärker markiert. Dadurch erhält das Verb „*mit*teilen" eine semantische Erweiterung, indem das Präfix parallel zu den Substantivpräfixen die ursprüngliche präpositionale Grundbedeutung wiedergewinnt, die in „*mit*teilen" in der lexikalischen Bedeutung „kommunizieren" eigentlich verblasst ist, so dass das Verb die Bedeutung „mit jemandem etwas teilen" im Sinne des im Zitat nachgeschobenen „schenken" bekommt. „Prophaten*wort*" und „Gott*sein*" (7, 8) werden in Gegensatz zu „Person" bzw. „*Gesinnung*" gestellt, wodurch die Modifikatoren in den Hintergrund rücken und auf diese Weise durch graphische Operationen die Gegensatzpaare „Prophaten*wort*" / *prophetische Person* und „Gott*sein*" / *göttliche Gesinnung* impliziert werden, die aus den bloßen Wortbedeutungen von „Prophaten*wort*" und „Gott*sein*" nicht hervorgehen. Derartige typographische Verfahren erschweren bei der Lektüre ein unmittelbares Verständnis, indem sie den Lesefluss unterbrechen und den Aussagegehalt eher verundeutlichen.

Solcherart sprachliche Techniken, die auf Kosten der inhaltlichen Klarheit gehen, scheinen bei Brunner Teil einer Strategie zu sein, mit deren Hilfe der Sachlichkeit des wissenschaftlichen Textes ein ekstatischer Aspekt beigemischt werden soll, der offenbar das übersinnliche Element der Textaussagen mit formalen Mitteln stützen soll. Auf diese Weise entsteht ein Spannungsverhältnis zwischen logischer Grundstruktur und irrationaler Ergriffenheit, das für Brunners Texte insgesamt charakteristisch ist.

Ein ähnlicher Effekt wird auch durch eine Vorliebe für die Substantivierung unterschiedlicher, insbesondere funktionaler, eigentlich nicht inhaltstragender Wortarten hervorgerufen: Durch Substantivierung von Konnektoren wie „Dass" und „Wie" (9), insbesondere aber von Possessiva und Adjektiven (11, 12), die dadurch ihre attributive Funktion verlieren und ohne Bezugswort eingesetzt werden (das „Göttliche", das „Seine", das „Andere", das „Jenseitige", ein „Absolutes", ein „Entscheidendes"), wird eine semantische Vagheit erzeugt, da Eigenschaften ohne Bezug auf Inhaltswörter verselbständigt auftreten. Auf diese Weise bleibt z. B. unklar, was das Ereignis des nicht ausgesprochenen, von „Dass" hypothetisch eingeleiteten Objektsatzes sei (5), was das „Seine" bezeichnen soll (10), das Gott dem Menschen gebe, was unter dem „Anderen" zu verstehen sei, das in Jesu Person vorhanden sei (11), was das „Absolute" oder das „Entscheidende" darstellen sollen (12), die nicht als Ursache des Christseins erschlossen werden könnten etc.

Unschärfen und Mehrdeutigkeiten dieser Art werden von Brunner auch mit syntaktischen und lexikalischen Mitteln erzeugt:

13) *Wo das Wort nicht kraft seines Einleuchtens* als göttlich erkannt wird sondern rein nur *kraft seines Göttlichseins* einleuchtet; wo dieser Mensch Jesus nicht kraft seiner vollkommen sittlichen Erscheinung als Gottessohn „beurteilt" wird, sondern wo nur das unbegreifliche Innewerden *seines von Gott Kommens* die Göttlichkeit seiner Erscheinung erkennen lässt; wo kein vermittelndes Medium mehr zwischen der persönlichen Gottautorität und dem persönlichen Glaubensgehorsam verbindend, hinleitend zwischeninneliegt, sondern der Funke direkt hinüberspringt, ohne Leitung, der Blitz vom göttlichen Auge zum menschlichen, von der Gottautorität zum Menschengehorsam: da ist Glaube, da erst ist wahre Entscheidung. (303)

14) Dabei wissen wir jetzt, daß wir diesen Herrschaftswillen nicht bloß da suchen müssen, wo er uns direkt, im königlichen Aufruf und Befehl, entgegentritt, sondern auch da, ja vor allem da, in seinem Vollsinn nur da, wo der König *herrscht als der Gebende*, der Hingebende, der sich Hingebende. (503)

In (13) zeigen sich in einem einzigen Satz eine Reihe von für Brunners enthusiastisch-ekstatischen Ton charakteristische Merkmale, die seiner Sprache gleichzeitig aber auch den bereits dargestellten hermetischen Tenor verleihen: Neben den notorischen graphischen Hervorhebungen ist die komplexe Satzstruktur auffällig, in der fünf ihrerseits umfangreiche Konditionalsätze auf einen kurzen abschließenden Hauptsatz hinführen („da ist Glaube, [...] wahre Entscheidung"), in dem die Formulierung des durch die vorher genannten Bedingungen zu erfüllenden Tatbestandes so weit von den ersten Bedingungssätzen entfernt positioniert ist, dass die Gesamtsemantik des Satzes schwer nachvollziehbar ist. Der gedankliche Spannungsbogen des Lesers erschöpft sich lange vor dem erwarteten, auflösenden Hauptsatz. Der Autor befrachtet hier – ebenso wie an vielen anderen Textstellen – einzelne Satzteile oder Teilsätze mit einem Übermaß an Information und beeinträchtigt dadurch die logische Struktur der Satzkonstruktionen. Diese Methode der mitteilsam-atemlosen Anhäufung von Aussagen zeigt sich auch in (14), wo insistierende Wiederholungen mit minimalen Variationen eingesetzt werden („sondern auch da, ja vor allem da, in seinem Vollsinn nur da"), die gelegentlich minimale, semantisch unerhebliche graduelle Veränderungen implizieren („der Gebende, der Hingebende, der sich Hingebende"). Derartige Partikel- oder Wortvariationen („auch / vor allem / nur; geben / hingeben / sich hingeben") sind aus der gesprochenen Sprache entlehnte Reparaturen bzw. Selbstkorrekturen, die in geschriebenen Fachtexten äußerst ungewöhnlich und unzweckmäßig sind. Es handelt sich bei diesen Redefiguren zumeist um Steigerungen, bei denen graduell von allgemeinen Aussagen zu absoluten Aussagen hingeführt wird; Brunner erzielt damit einen rhetorischen Effekt, indem er wesentliche Aussagen nicht unmittelbar ausformuliert, sondern durch ein verbales Crescendo einleitet. Verstärkt wird diese Art ekstatischer Sprache außerdem durch eine Fülle semantisch vager, meist durch Komposition geschaffener Okkasionalismen: In den oben zitierten Textstellen finden sich Substantivkomposita wie „Gottautorität" (13), „Glaubensgehorsam" (13), „Menschengehorsam" (13), „Kreaturgrenze" (7), „Christenzustand" (12); ebenso erscheinen gelegentlich Verbkomposita wie „zwischeninneliegen" (13) oder „zusammenbestehen" (Brunner 1927: 367). Einige weitere Beispiele sind „Vollmachtstat" (383), „Selbstgeltendmachung" (383), „Alleingottsein" (416), „Selbstigkeit" (416), „Lichtkommen" (424), „Zweckidee" (441), „Mittlertun" (447), „Ansichwirklichkeit" (471), „Zornwirklichkeit" (471), „Todesverderben" (508). In vielen dieser Lemmata ist das semantische Verhältnis zwischen den Kompositionselementen nicht eindeutig; darüber hinaus ist häufig nicht erkennbar, ob es sich um Determinativ- oder Kopulativkomposita handelt; etliche dieser Komposita haben offenbar tautologischen Charakter („Ansichwirklichkeit", „Todesverderben") oder sind schlichte Zusammenschreibungen („zusammenbestehen", „Selbstgeltendmachung"). Hinzu kommen Kunstwörter wie „Selbstigkeit", bei denen unklar ist, ob sie semantische Innovationen enthalten oder lediglich synonymische Neuschöpfungen zu bereits bestehenden Begriffen darstellen sollen, im vorliegenden Fall der „Selbstigkeit Gottes" handelt es sich möglicherweise um ein Neosynonym zu „Alleinherrschaft", „Entscheidungsfreiheit", „Eigenständigkeit" oder „Unbeeinflussbarkeit".

Erhellend ist ferner eine Betrachtung der Definitionen einiger theologischer Grundbegriffe, die seit Barth zunehmend in der Diskussion stehen, neu festgelegt werden und somit zu multiperspektivischen Begriffswörtern werden. Dies ist ein entscheidender Entwicklungsschritt in der Geschichte der protestantisch-theologischen Fachsprache. Denn die Theologie des 19. Jahrhunderts bedurfte in ihren Fachtexten weniger einer Selbstbesinnung auf die Bedeutung theologischer Grundbegriffe, weil diese im Allgemeinen unter Bezug auf biblische Quellen, Jesus- und Pauluswort, kanonisierte Texte von Kirchenvätern und insgesamt aufgrund eines generellen Konsenses festgelegt waren, der keiner Hinterfragung bedurfte und zumindest als allgemeingültig anerkannt wurde. Mit der Krisentheologie Barths, Brunners und ihrer Nachfolger greift ein dialektisches Zweifeln an der Eindeutigkeit und am richtigen Verständnis theologischer Grundbegriffe auch in der wissenschaftlichen Fachsprache um sich. Dieser Tatbestand wird im Weiteren eine maßgebliche Rolle für die theologische Fachsprache während der nationalsozialistischen Diktatur und auch in der zweiten Nachkriegszeit spielen. Zur Illustration sollen hier stellvertretend die Begriffe *Sünde* und *Schuld* bei Brunner beleuchtet werden.

15) Sünde ist Widerspruch gegen den Schöpfer- und Herrenwillen. [...] Sünde ist das Nichtanerkennen der Begrenzung meines Willens durch den göttlichen Willen in der Existenz des Mitmenschen. [Meine Hervorhebungen in den Beispielen 15–19, J.G.] (118)

16) Sünde ist nicht nur ein Akzessorisches, sondern ein Wesentliches. Sie betrifft, ebensowohl wie unsere Gottgeschaffenheit, den Kern unserer Persönlichkeit. Darum sind wir auch in der Sünde – als im *Wesentlichen* mit unseren Mitmenschen verbunden – solidarisch. (120)

17) [...] die Sünde, christlich verstanden, ist der Riß, der durch die ganze Existenz geht. (122)

18) *Die Ehre Gottes* ist der unbedingte, der oberste Zweck, den es geben kann, weil er die Voraussetzung aller Zweckhaftigkeit überhaupt ist. Er ist das Objektivste, weil auf ihm alle Objektivität, alle Norm und Gültigkeit beruht. [...] Die Ehre Gottes ist der Grund aller Gesetzmäßigkeit. [...] Die Sünde aber ist die Antastung dieser Ehre. [...] Sünde ist der Gegenstoß gegen diese normale, schöpfungsgemäße Lebensrichtung. Sünde ist das sich selbst zur Geltung bringen des Menschen, der *Eigenwille*, also die Auflehnung gegen die göttliche Urordnung, Negation des Gottprinzips, nämlich der Alleingeltung Gottes, also Verletzung der göttlichen Heiligkeit und Ehre. [...] Das Böse als Sünde ist *Losbruch*, Sündenfall, Empörung, Lüge und Undankbarkeit. Verneinung der Urwahrheit, die die Urordnung ist, der Faustschlag des Sohnes in das Gesicht des Vaters, oder doch – da dies das dämonisch Böse, also nicht die *menschliche* Sünde ist – die freche Hinwegsetzung des Sohnes über den Willen des Vaters. (417–418)

> 19) [...] schuldig sein heißt dem göttlichen Strafgericht verfallen sein, so verfallen, daß jede menschliche Flucht unmöglich ist. [...] denn Schuld ist unabänderliche Vergangenheit. Schuld ist unausweichliche *Strafnotwendigkeit* schlechthin. (424)

Am Begriff der Sünde und seiner Definitionen in Brunners *Mittler* wird deutlich, dass eine terminologisch einigermaßen präzise begriffliche Festlegung des Fachterminus einer Vielzahl von teils wortreichen Explikationen gewichen ist. Dabei stehen metaphorische Erklärungen („Riß durch die Existenz", „Faustschlag des Sohnes" etc.) neben synonymischen Einwortdefinitionen („Eigenwille", „Losbruch", „Empörung", „Lüge", „Undankbarkeit" etc.) bis hin zu tautologischen Definitionen („Sündenfall") und substantivierten Adjektiven ohne Inhaltswort („ein Akzessorisches", „Wesentliches"); hinzu kommen eine Reihe von gleichgeordneten Definitionen in Form von Nominalphrasen mit Adjektiv-, Genitiv- oder Präpositionalattributen. Diese und zahlreiche vergleichbare Definitionen von „Sünde" durchziehen die gesamte Schrift und zergliedern den Grundbegriff „Sünde" in eine Vielzahl von interpretierenden Erklärungen, die nicht ohne Widersprüchlichkeiten sind. Die allen aufgeführten Definitionen gemeinsame Grundidee ist eine irgendwie geartete Auflehnung gegen Gott; dabei wird spezifiziert, dass es sich um Widerspruch gegen den Willen Gottes handelt; an anderer Stelle ist dann von „Antastung der Ehre Gottes" die Rede; die Auflehnung gegen Gottes Willen wird genauer als „Nichtanerkennen des göttlichen Willens in der Existenz des Mitmenschen" eingegrenzt, womit die Sünde gegen Gott sich in der Sünde gegen den Mitmenschen manifestiere. Im vorletzten Textauszug ist es hingegen in erster Linie die *Ehre* Gottes, gegen die die Sünde sich richte. Diese wird wiederum durch eine Aufzählung von Erklärungen definiert („der unbedingte, oberste Zweck"; „das Objektivste"; „der Grund aller Gesetzmäßigkeit"; „die normale, schöpfungsmäßige Lebensrichtung"), die ihrerseits von einer weitgehenden semantischen Unbestimmtheit geprägt sind. Insgesamt entsteht eine Verzweigung paralleler, konkurrierender und untereinander vernetzter Definitionen, die keine objektive, wissenschaftlichen Kriterien angemessene Begrifflichkeit erzeugen. Ähnlich verfährt Brunner mit dem Begriff der *Schuld*, der in zwei begrifflich (im Übrigen auch juristisch) völlig unterschiedliche Definitionen aufgegliedert wird: *Schuld* als vergangener Tatbestand, also faktische Schuld, und *Schuld* als Strafnotwendigkeit, also gesetzliche Schuld. Im ersten Fall besteht die Schuld in der Schuldhaftigkeit jedes menschlichen Handelns, das in der Zeit nicht wieder rückgängig gemacht werden kann. Im zweiten Fall besteht die Schuld im Verstoß gegen Gesetz und Regel und eine dadurch ausgelöste Strafzumessung.

In anderen Werken Brunners, wie z. B. in *Gott und Mensch* aus dem Jahr 1930, finden sich weitere, inhaltlich abweichende Definitionen des Begriffs *Sünde*:

20) Sünde ist Irrtum, Schwachheit, Geistlosigkeit, Trägheit, Unvollkommenheit, Nochnichtgeistigkeit usw. (Brunner 1930: 18)

21) [...] durch die Sünde ist, eben darum weil sie das Wesen des Menschen verändert, die Freiheit im ursprünglichen Sinne verloren. Der Sünder ist ein Mensch, der nicht mehr nicht sündigen kann. Die Freiheit ist also wohl das Prius jeder Sünde, aber von keiner einzelnen Sünde kann gesagt werden, daß sie in Freiheit geschehe, sondern daß sie unter dem Zwang der Sünde geschehe. „Wer Sünde tut, ist der Sünde Sklave." Eben darum ist die Sünde keine zufällige, sondern eine Wesensbestimmtheit des Menschen, wie wir ihn kennen. (Brunner 1930: 18)

Während in den Definitionen von *Sünde* in *Der Mittler* das Element der willentlichen Auflehnung gegen die göttliche Ordnung bzw. deren selbstbestimmte Negation den Hauptakzent trägt, rückt in *Gott und Mensch* vielmehr der Aspekt der unfreiwilligen, unausweichlichen bzw. der unwillentlichen („Irrtum") oder aus passiver Willenlosigkeit erwachsenen Sündenhandlung („Schwachheit", „Trägheit") oder auch der Aspekt der Unwissenheit („Geistlosigkeit", „Nochnichtgeistigkeit") in den Vordergrund (Brunner 1930: 19). Die begrifflich-definitorische Vagheit und Vieldeutigkeit, die bei Barth, Brunner und anderen Vertretern der „Dialektischen Theologie" auftreten, ist ein den Geisteswissenschaften nicht ganz fremdes Phänomen, verblüfft aber dennoch aufgrund ihrer programmatischen Merkmalhaftigkeit im Werk eines einzelnen Autors und sogar innerhalb einzelner Schriften desselben Autors.

Ein weiterer enger Freund und Schüler Karl Barths, der Basler Praktische Theologe Eduard Thurneysen (1888–1974), ist ebenfalls dem engeren Kreis der Vertreter der „Dialektischen Theologie" zuzurechnen. Thurneysen nimmt in seinem Aufsatz *Schrift und Offenbarung* von 1924 zur grundsätzlichen Problematik des theologischen Sprechens und Schreibens Stellung:

Die Bibel ist zunächst ein Literaturdenkmal wie ein anderes und steht unter keinen andern Gesetzen der Erforschung als alle Literatur. Aber eben in dem Augenblicke, wo jener jenseits dessen, was die Bibel als Literaturdenkmal ist, auftauchende Anspruch auftritt, der in der Form einer apodiktischen Behauptung, daß hier *Gottes Wort* unter all dem Schutt oder Glanz der Menschenworte schlummere, durch die ganze Bibel sich hindurchzieht und sie zu dem macht, was sie ist: in diesem Augenblick wird mit einem Schlage alles anders. Dieser Anspruch stellt uns, wenn wir ihn hören, vor eine Schranke, bei der wir uns nicht mehr beruhigen können, weil er nichts anderes besagt, als exakt jenseits dessen, was wir menschlich-vernünftigerweise mehr oder weniger verstanden zu haben glauben, erst das eigentliche Geheimnis des Textes vor uns aufgehen würde. [...] Alles was wir zum Texte zu sagen wissen [...], verhält sich zu dem, was jenseits dieser Schranke sich zu Worte melden möchte, wie das Vorfeld zur eigentlichen Festung. Daß wir mit allem unseren Auslegen, Reden und Predigen zunächst immer im Vorfeld uns bewegen und nicht an das eigentliche Thema der Bibel heranzukommen vermögen, das ist unsere Not, die eigentümliche Schwierigkeit, mit der wir als Theologen beladen sind.

(Thurneysen 1971: 62–63)

Thurneysens Einlassung klingt zunächst durchaus plausibel und entbehrt nicht einer gewissen Ehrlichkeit, wenn er hier die theologische Sprachlosigkeit gegenüber transzendenten, religiösen Inhalten einräumt. „Auslegen, Reden und Predigen" ist zumindest mit wissenschaftlichem Anspruch schwierig, wenn von „Geheimnisvollem" die Rede sein soll, das – wie Thurneysen metaphorisch feststellt – hinter einer uneinnehmbaren Festung unzugänglich verschanzt liege. Dennoch sei dies für den Theologen nicht unmöglich, worauf Thurneysen mit dem unauffälligen Temporaladverb „zunächst" im letzten Satz des Zitats hinweist. An dieser Stelle tritt die sprachlich-konzeptuelle Attitüde der „Theologie der Krise" auf den Plan, die Harnack in seinen *Fünfzehn Fragen* scharf kritisiert, da diese sich vom vernunftbasierten wissenschaftlichen Diskurs abgewandt habe, um sich dem subjektiv-numinosen Ansatz einer Rede der Ergriffenheit und der unmittelbaren Erleuchtung zuzuwenden. In der Tat ist es auch Thurneysens Bestreben, die von ihm in durchaus sachlicher Analyse konstatierte fachsprachliche „Not" und „eigentliche Schwierigkeit" der Theologen durch eine neue Form des theologischen Sprechens, Predigens und Schreibens zu überwinden.

In der Aufsatzsammlung *Die Aufgabe der Theologie* präzisiert Thurneysen das Problem der Theologie als wissenschaftlicher Disziplin noch einmal explizit:

> Sollte es sich aber zeigen, daß im Grunde ein solcher eigener, nur der Theologie gehöriger Gegenstand gar nicht existiert, oder daß er, falls er existiert, unserem Erkennen nicht zugänglich wäre, so wäre damit die Theologie als Wissenschaft aufgelöst.
>
> (Thurneysen 1971: 66)

Einer solchen Selbstauflösung oder -auslöschung der theologischen Wissenschaft kommt Thurneysen jedoch zuvor, indem er ihr eine spezifische, sich von allen anderen Wissenschaftsgebieten unterscheidende Sprache zuweist, in der der Gegenstand der wissenschaftlichen Theologie „zu Worte kommen [will], er ergreift selber das Wort, und so entsteht immer neu eine bestimmte, eben durch diesen Gegenstand bestimmte Rede" (Thurneysen 1971: 71). Thurneysen redet, so scheint es hier, einer Art intuitiver, nicht vernunftgesteuerter Rede das Wort, bei der der Gegenstand der Rede aus dem Sprecher bzw. aus dem Theologen heraus spricht, und zwar in Form einer spirituellen Kommunikation, in der Individuen als bloße Medien fungieren, um höhere, über die Verstandesfunktionen hinausgehende Wahrheiten mitzuteilen. Thurneysen spricht von so genannten „Werkzeugworten", deren sich Gott in seiner Offenbarung bediene oder die er erwähle und die zu „er-kennen" und nicht zu „ver-kennen" Aufgabe der Theologie sei (Thurneysen 1971: 79). Wenn er postuliert, dass wir unsere Aufmerksamkeit auf diese Worte zu richten hätten „wie auf keine anderen Worte mehr in der Welt" (Thurneysen 1971: 79), weist er dem Theologen damit gleichzeitig die Aufgabe zu, diese Worte stellvertretend für die Gemeinde von anderen zu unterscheiden, zu erkennen und weiterzuvermitteln. Moderne Theologie sei nicht Theologie des Offenbarungs*wortes*, sondern des Offenbarungs*bewusstseins* (Thurneysen 1971: 81), so dass rationale Vorgänge des Relativierens und Objektivierens einer von der biblischen Offenbarung ausgehenden Inspiration weichen müssten. Prägnant wird diese Haltung noch einmal im folgenden Zitat zusammengefasst:

> Ihr Gegenstand [der Theologie, J.G.] ist nicht die Rede überhaupt, sondern die christliche Rede. Christliche Rede heißt aber: ein Mensch redet von Gott auf Grund der Schrift, und er und seine Hörer sind dabei der Erwartung, daß nicht nur er rede, sondern daß Gott selber in seinem Worte das Wort nehme. Was für eine unerhörte Erwartung! Was für eine unerhörte Lage, in die man sich begibt, wenn man diese Erwartung hegen möchte, hegen müßte! (Thurneysen 1971: 92)

Der Anspruch, dass in der Rede des Theologen „Gott selber in seinem Wort das Wort nehme", worin nach Thurneysen die Aufgabe der Theologie liege, klingt gleichermaßen vermessen und unwissenschaftlich, bringt aber dennoch den innovativen Kern der „Theologie der Krise" unmittelbar zum Ausdruck, die nicht mehr in der Art der „Liberalen Theologie" rational analysieren und kausal begründen soll, sondern in der Person des in seiner intensiven Beschäftigung mit der Glaubensthematik inspirierten und ergriffenen Theologen selbst Zeugnis der Offenbarung ablegen soll. Dieses ehrgeizige Programm versuchen die Verfechter der „Dialektischen Theologie" auch fachsprachlich umzusetzen.

4.3 „Als Deutsche haben wir nur eine Ehre und eine Schande" – Begriffe am Scheideweg

Wenn auch die vorwiegend von Karl Barth und anderen zum größeren Teil Schweizer Theologen wie Emil Brunner oder Eduard Thurneysen vorangetriebene „Theologie der Krise" in den 20er Jahren und in der Zwischenkriegszeit die vorherrschende Strömung in der protestantischen Theologie darstellte, wirkten in dieser Epoche eine Reihe zu Lebzeiten nicht weniger illustrer Theologen, darunter fachliche Koryphäen, die, wie Rudolf Bultmann (1884–1976) oder Friedrich Gogarten (1887–1967), zunächst Barths „Dialektischer Theologie" nahe standen oder die, wie der Kirchenhistoriker und Systematiker Emanuel Hirsch (1888–1972) oder der Systematiker und Neutestamentler Paul Althaus (1888–1966), die „Theologie der Krise" aus kritischer Distanz betrachteten. Auffällig ist, dass bei diesen Theologen in den 20er Jahren in sprachlicher Hinsicht trotz fachlicher Differenzen und Kontroversen etliche Gemeinsamkeiten erkennbar sind; Barths expressive Erneuerung der theologischen Fachsprache scheint in formaler Hinsicht eine enorme Wirkung auf die theologische Fachkommunikation der Weimarer Epoche ausgeübt zu haben, die über inhaltlich-ideologische Einflüsse weit hinausgeht und den Stil der theologischen Fachpublikationen, unabhängig von Schulen oder Strömungen, nahezu revolutioniert zu haben scheint.

Es empfiehlt sich daher, einige wissenschaftliche Schriften von der „Dialektischen Theologie" kritisch gegenüberstehenden theologischen Autoren der Zwischenkriegszeit auf Besonderheiten in der sprachlich-stilistischen Gestaltung hin zu betrachten, um ein Gesamtbild der fachsprachlichen Charakteristika der Epoche in Grundzügen skizzieren zu können. Dabei soll zunächst an das Phänomen der definitorischen Vagheit angeknüpft werden.

Friedrich Gogarten setzt sich in seiner Schrift *Die Selbstverständlichkeiten unserer Zeit und der christliche Glaube* von 1932 ebenfalls ausführlich mit dem Begriff der *Sünde* auseinander. Dabei wird deutlich, dass auch bei diesem Theologen, der sich später von Karl Barth distanziert und den regimetreuen *Deutschen Christen* beitritt, zumindest in sprachlicher Hinsicht zu diesem Zeitpunkt noch die „Dialektische Theologie" nachwirkt:

> Das will sagen, man erkennt dann nicht die Sünde in ihrer Macht, in ihrer für menschliche Kräfte unüberwindlichen Herrschaft über uns Menschen. Und dann erkennt man die Sünde gerade nicht in dem, was ihr eigentliches Wesen ausmacht, eben in ihrer Macht. Man versteht dann das Verhältnis von Gesetz und Sünde so, daß wir mit dem Gesetz der Sünde Herr werden können, während es in Wahrheit gerade umgekehrt ist. Die Sünde macht sich just durch das Gesetz zu unserer Herrin [...]. Mit der Sünde kommt der Tod in die Welt. Aber nicht die Sünde selbst tötet, sondern sie tötet durchs Gesetz. Und sie tötet mich durchs Gesetz, indem sie mich dabei betrügt. Der Betrug liegt darin, daß die Sünde, indem sie mich dazu treibt, das Gesetz zu erfüllen, mir das Leben verspricht, mich aber in Wahrheit tötet. [Meine Hervorhebungen, J.G.] (Gogarten 1932: 31)

Gogartens komplexe Definition erschließt sich dem Leser nur mühsam: Gogarten konstatiert, dass das Wesen der *Sünde* ihre Macht sei, aufgrund derer sie sich den Menschen durch das Gesetz unterwerfe. Die *Sünde* bringe den Tod in die Welt, wobei sie sich des Gesetzes bediene und den Menschen dabei betrüge, indem sie ihm vorgaukele, dass er durch Erfüllung des Gesetzes das Leben erlange oder bewahre, während sie ihn in Wahrheit mittels des Gesetzes töte. Um die Definition deuten zu können, müsste wiederum der Begriff des *Gesetzes*, wie Gogarten ihn versteht, erfasst werden. Gogarten definiert an anderer Stelle das Gesetz als „nicht nur das, was wir im engeren Sinne das Gesetz Gottes nennen, nämlich das biblische Gesetz. Sondern jegliches Gesetz, jede gesetzartige Ordnung, die es in der Welt gibt" (Gogarten 1932: 31–32). Zusätzlich präzisiert er: „Nur weil die Sünde in der Welt ist, gibt es das Gesetz. Um der Sünde willen hat Gott der Welt das Gesetz gegeben" (Gogarten 1932: 31). Fasst man die verschiedenen Teildefinitionen zusammen, ergibt sich eine Art Zirkelschluss: *Sünde* bedeutet Tod, der durch die Macht ins Leben tritt, die sich in Gesetzen manifestiert, wobei religiöse und weltliche Gesetze von Gott in die Welt gesetzt würden, der damit gegen die *Sünde* vorgehe, die ihrerseits den Menschen aber zur Erfüllung des Gesetzes ansporne. Noch weiter komprimiert heißt dies, dass die *Sünde* sich des von Gott zu ihrer eigenen Bekämpfung gegebenen Gesetzes bedient, um den Menschen zu betrügen und zu töten. Wenn in dieser Definition die *Sünde* noch als eine autonome Macht erscheint, die sich den von Gott abtrünnigen Menschen zu unterwerfen sucht, wird die *Sünde* in derselben Schrift von Gogarten dagegen auch abweichend als eine Art Zusammenwirken göttlicher und menschlicher Eigenschaften definiert und schließlich sogar als Werk Gottes:

1) Die Herrschaft der Sünde über den Menschen stellt sich dar in der Herrschaft eines „Man", das aus der Begegnung mit der aus Gottes Zorn und der Sünde des Menschen sich ergebenden Unheimlichkeit der Welt stammt. (40)[5]

2) Aber damit der Mensch in Wahrheit er selbst sein kann, muß er die Lüge seines Selbstseins, so wie er es unter der Herrschaft der Sünde behauptet, durchschauen. Dann aber muß er Gottes Zorn erkennen, so wie er sich in der Herrschaft der Sünde offenbart. Anders ausgedrückt: er muß erkennen, daß es Gottes Zorn ist, der in der Herrschaft der Sünde wirkt. (42)

3) Die Enthüllung der Herrschaft der Sünde über den Menschen und damit ihre Vollendung kann aber nur so geschehen, daß Gott nicht nur das „Daß" der Herrschaft der Sünde in seiner Hand behält, sondern auch das „Wie". (46)

In (1) ist die *Sünde*, auch im Gegensatz zum weiter oben zitierten Textabschnitt (Gogarten 1932: 31), in dem sie als autonome Macht (des Bösen) erscheint, eine rein menschliche Eigenschaft, wenn sie diesem hier als determinierendes Genitivattribut nachgestellt wird. In Wechselwirkung mit Gottes Zorn gegenüber der *Sünde* entsteht eine überpersönliche „Unheimlichkeit der Welt" – offenbar handelt es sich um die im weltlichen Leben vom Menschen empfundene Bedrohung und Grundangst –, die Gogarten als Herrschaft eines unpersönlichen „Man" beschreibt, also einer Entfremdung des Individuums von sich selbst und von Gott in Richtung auf ein allgemeines Sein im Sinne von Gottferne und Entfernung von der eigenen menschlichen Verantwortlichkeit. Im Gegensatz zur Autonomie der *Sünde* und zu ihrer Zugehörigkeit zum menschlichen Sein erscheint die *Sünde* in (2) und (3) als von Gott maßgeblich (mit)bestimmtes Phänomen. In der *Sünde* „wirkt" und offenbart sich Gottes Zorn, Gott hält die *Sünde* selbst (das „Dass") wie auch ihre Erscheinungsformen und Wirkungsweisen (das „Wie") in der Hand und herrscht somit indirekt vermittelst der *Sünde* über den Menschen. Die Widersprüchlichkeiten der unterschiedlichen Definitionen, die

---

5 Die Seitenangaben in Klammern am Ende der Beispiele (1)–(3) beziehen sich auf Gogarten 1932. In (1)–(3) meine Hervorhebungen, J.G.

sich in Gogartens Schrift aneinanderreihen, ließen sich durch logische Verknüpfungen zu Aussagen verbinden wie etwa: ‚Gott beherrscht den Menschen durch die *Sünde*, derentwegen er das *Gesetz* in die Welt bringt, mit dessen Hilfe die *Sünde* unter Gottes Aufsicht den Menschen betrügt und damit tötet etc.' Es wäre müßig, weitere logische Schlussfolgerungen zu ziehen; es wird jedoch deutlich, dass die Definitionen sich bei aufmerksamer Lektüre als inkompatibel erweisen und zu keiner wissenschaftlich tragfähigen Begriffsbildung führen.

Eklatanter tritt die wissenschaftlich unzureichende Begrifflichkeit bei Gogartens Zeitgenossen und Göttinger Kollegen Emanuel Hirsch zutage, der dem Sündenbegriff 1931 eine eigenständige, schmale Fachschrift mit dem Titel *Schöpfung und Sünde in der natürlich-geschichtlichen Wirklichkeit des einzelnen Menschen* widmet (Hirsch 1931). Auf Hirsch wird über dieses Kapitel hinaus in den beiden nachfolgenden Kapiteln mehrfach ausführlich zurückzukommen sein; an dieser Stelle kann bereits eine Besonderheit der theologischen Fachsprache Hirschs einführend erwähnt werden. Dieser gibt in Vorreden zu etlichen seiner Werke explizit an, an welche Leserschaft er sich wendet und wie er den Fachlichkeitsgrad seiner Ausführungen und deren Verständlichkeit bei theologischen Laien und Wissenschaftlern jeweils einschätzt. Hirsch bedient sich in vielen seiner Fachschriften einer Mehrfachadressierung, indem er bekräftigt, dass seine Sprache auch für Nichttheologen verständlich sein solle, und bestimmte Abschnitte explizit kennzeichnet, die sich nur an Fachkollegen richten sollten und somit vom theologischen Laienleser ignoriert werden könnten. So beteuert Hirsch in der Vorrede zu *Schöpfung und Sünde*:

> Es ist das Ziel dieser Schrift, aus der denkenden Klärung des Verhältnisses von Schöpfung und Sünde heraus für eine der heutigen Lage gemäße christliche Lebensweisung die Grundlegung zu finden. Inwiefern mir gerade die Lösung dieser Aufgabe durch die allgemeine Geistes- und Wirklichkeitslage heut gefordert zu sein scheint, habe ich dem nichttheologischen Leser – den ich auch bei dieser wie überhaupt bei meinen Schriften mit systematischem Einschlag ungern entbehren würde – in der Hinführung zur Fragestellung zu sagen gesucht. Der Theolog, der darüber hinaus noch gern eine Beziehung auf die besondre Lage unsrer Wissenschaft [...] zu empfangen wünscht, ist gebeten, Anmerkung 36a und 57 statt einer Einleitung im Voraus zu lesen. (Hirsch 1931: V)

Die zwei von Hirsch hier genannten Anmerkungen umfassen jeweils knappe zwei Seiten, unterscheiden sich aber in Stil, Sprache und Verständlichkeitsgrad nicht wesentlich vom Haupttext. Der in der Vorrede angekündigte „Bezug zur Wissenschaft" scheint sich neben vereinzelten Latinismen wie „per differentiam specificam", „Christus totus" etc. in erster Linie in der häufigeren Zitierung von dem Laien möglicherweise nicht bekannten zeitgenössischen Theologen zu manifestieren, vor allem aber in kleineren Spitzfindigkeiten gegen die Theologenzunft, wie z. B.: „Neben den großen Gestalten der ihr Leben hinopfernden Zeugen und Liebeshelden stehn die kleinen Gestalten der Reflektöre und Theologieprofessoren. Neben dem außerordentlichen Dienst steht der alltägliche" (Hirsch 1931: 95). In Anmerkung 57 polemisiert Hirsch gegen die „dialektische Theologie" in einer Schärfe, derer er sich im Haupttext enthält:

> In der sogenannten dialektischen Theologie ist das reformatorische Urteil mit der äußersten Entschlossenheit gegen jede gestaltete christliche Lebensführung und Lebensweisung gekehrt worden, und es ist nichts übrig geblieben als ein Glaube, der [...] nur mäßig für seine religiöse und ethische Ohnmacht zu entschädigen vermag. Die Folge ist Wirrnis in allen Fragen, die konkretes Handeln in Volkstum, Wirtschaft, Staat und Kirche betreffen. [...] Nun gibt es in der Tat so viel menschliche und christliche Erbärmlichkeit, daß man die Zuchtrute solcher entschlossenen Haltung [...] gern hat tanzen sehen. Aber, die eignen dürftigen ethischen Versuche der Dialektiker haben gezeigt, daß sie aus der damit geschaffenen Lage heraus verantwortliches Handeln nicht zu begründen vermögen [...].
> (Hirsch 1931: 97)

Hier zeigt sich, dass es Hirsch keinesfalls um eine Trennung in graduell mehr oder weniger fachsprachliches Schreiben und Formulieren geht, sondern vielmehr um fachtheologische Polemiken und ‚Insiderdiskurse', die er offenbar aus der eigentlichen theologischen Abhandlung heraushalten möchte. Die von Hirsch explizit beanspruchte Mehrfachadressierung seiner Schriften an Laien und Fachwissenschaftler besteht demnach nicht in einer unterschiedlich fachspezifischen Sprache, sondern lediglich in der Voraussetzung unterschiedlicher Kenntnisse hinsichtlich fachbezogener Lektüren und Diskurse. Das heißt, dass es für Hirsch keine theologische Fachsprache im Sinne eines nur an Experten gerichteten, hermetischen, lexikalisch und strukturell von der Gemeinsprache deutlich unterscheidbaren Kommunikationsmediums gibt. Vielmehr – so lässt sich folgendes Zitat aus *Jesus Christus der Herr* (Hirsch 1929a) verstehen – bestehen vor allem inhaltliche Unterschiede zwischen der wissenschaftlichen Fachsprachenebene und der im Austausch mit theologischen Laien verwendeten Sprachebene:

> Nichttheologen bitte ich, beim Lesen die nur Theologen vom Fach verständlichen S. 43–53 zu überschlagen. Was aus ihnen für das Ganze wichtig ist, ist da wo es gebraucht wurde noch einmal gesagt. Bei den Fachgenossen mußte ich fürchten, ohne ein Wort über die Methode, wie es jene Seiten bieten, als unklar zu gelten. Bei den übrigen Lesern habe ich diese Sorge nicht.
> (Hirsch 1929a: 7)

Beim Vergleich der im Zitat genannten Seiten 43–53 mit dem übrigen Text zeigen sich keine evidenten fachsprachlich begründeten Unterschiede zu anderen Textteilen, so dass der Leser sich fragt, aus welchem Grund diese Seiten „nur Theologen vom Fach verständlich" sein sollten. In der Tat geht es nicht um fachsprachliche Komplexität, sondern vielmehr um eine Art fachspezifische Blindheit für prämissenfrei dargestellte Sachverhalte. Dies verdeutlicht Hirsch mit dem abschließenden Satz, in dem er nicht ohne feine Ironie konstatiert, keine Sorgen darüber zu hegen, dass die nicht theologisch vorgebildeten Leser Verständnisschwierigkeiten haben könnten, während die „Fachgenossen" zusätzlicher Erläuterungen bedürften: Die zehn „nur Theologen vom Fach verständlichen" Seiten unterscheiden sich vom übrigen Text dann auch lediglich durch eine Art ‚Namedropping' sowie Bezugnahmen auf theologische Strömungen („die kritische Dogmatik Schleiermachers", „die traditionalistische Dogmatik", „die Theologie des 19. Jahrhunderts", „die spekulative Dogmatik der Schüler Hegels", „die Kenosislehre der deutschen Lutheraner", „Kierkegaards Restaurationsfrömmigkeit" etc.), die dem Laien nur insofern unverständlich sein dürften, als er über weniger fachthemenbezogene Belesenheit verfügt, nicht aber aufgrund eines höheren Fachsprachlichkeitsgrades.

Die theologische Fachsprache ist bei Hirsch somit keine Fachsprache im eigentlichen Sinne eines Kommunikationsmediums zwischen Experten mit einem hohen Anteil an fachspezifischer Lexik, sondern teilt sich in die eigentliche theologische Fachsprache, die dem Laien unmittelbar verständlich sein soll, und eine spezifische ‚Theologensprache', die sich durch stärkere Bezugnahmen auf Lektüre- und Bildungsvorwissen der Fachexperten auszeichnet, aber keine zusätzlichen im engeren Sinne linguistischen, fachsprachlichen Merkmale aufweist. Mit diesen Einlassungen formuliert Hirsch ein Fachsprachenverständnis, mit dem er in der theologischen Zunft nicht allein steht; im Gegensatz zu seinen Fachkollegen weist er in seinen Vorreden jedoch explizit auf die Mehrfachadressierung seiner Schriften hin. Damit drückt er einen Anspruch an wissenschaftliche Fachsprachlichkeit aus, der in den Publikationen der Vorgängergenerationen schon implizit beherzigt wurde (s. Kap. 3), nämlich eine Absage an sprachliche Exklusivität der wissenschaftlichen Theologie zugunsten eines an die interessierte Allgemeinheit gerichteten, volkstümlichen Bildungsauftrages. Gleichzeitig wendet sich Hirsch damit gegen die sprachliche Revolution der „Dialektischen Theologie" um Barth, Brunner, Thurneysen und andere, durch die eine verklausulierte, hermetische Sprache in den theologischen Fachdiskurs eingeführt wurde, die sowohl für Laien schwer zugänglich ist, durch ihren expressiven Charakter aber auch den Kriterien wissenschaftlicher Fachsprachlichkeit kaum entspricht.

Die laienfreundliche, verständliche Sprache, die Hirsch in seinen Vorreden ankündigt, wird nichtsdestotrotz im Textkorpus keinesfalls eingelöst. Vielmehr ist seine Sprache, anders als etwa die Sprache Barths, nicht durch graphische und interpunktorische Mittel oder durch appellative Redefiguren gekennzeichnet, sondern durch eine kreative Morphosyntax und eine Tendenz zu Archaismen und Poetisierungen; insgesamt handelt es sich um eine weniger am Predigtton als eher an neoromantischen und neoklassizistischen literarischen Vorbildern orientierte Sprache, in der häufig ein sakraler Grundton die Gemeinverständlichkeit kompromittiert. Dies sei zunächst wiederum anhand der Definitionen des Begriffs *Sünde* aufgezeigt:

> [...] Sünde [ist...] in der Tat eine *religiöse Ganzheitsbestimmung* [...] und als solche unabhängig von dem bestimmten Stand unseres Führens in Freiheit. Alle Führungsstörungen und Führungsfehler, die wir an unserm uns tatend Verwirklichen wahrnehmen, sind nicht die Sünde selbst, denn wir sind die Sünde, sie sind allein Zeichen, daran wir uns in unsrer Sündigkeit erkennen. [...] Das gibt die innere Verbundenheit zwischen Mensch und Mensch her, daß beide wissen: jede bestimmte Entscheidung und Besinnung, aus der heraus wir uns auf Gestalt und Ziel zu bewegen, ist Sünde allein um der Grundentscheidung und Grundbesinnung willen, in der wir uns in und an Gott finden. [Kursivdruck in beiden Zitaten im Original, meine Untestreichungen, J.G.]   (Hirsch 1931: 32)

> *Schöpfung und* Sünde *sind eines und das gleiche, unter zwei einander fordernde und zugleich widereinander sich kehrende Urteile aus dem Gottesverhältnis gestellt.* [...] In der Gestalt, die unser schöpfungsmäßiges Gottesverhältnis unter dem Sichfinden als Sünde hat, erfahren wir, daß *die Einheit von Schöpfung und Sünde der uns im Wirbel umtreibende Existenzwiderspruch ist, in dem wir uns mit unsrer Lebendigkeit an Gott verzehren.* [...] *Die Gnade der Versöhnung, in welcher das Rätsel des in* Sünde *Schöpfung, in Schöpfung* Sünde *Seins seine Antwort findet, ist als solche nicht mehr Glied der Geschichte*, als Glied der Geschichte müsste sie ja sofort der Dialektik von Schöpfung und Sünde verfallen.
> (Hirsch 1931: 33–36)

In beiden Textstellen scheint deutlich Hirschs Bestreben auf, ungeachtet seiner kritischen Haltung gegenüber der ‚Dialektischen Theologie' und ihrer Sprache ebenfalls eine innovative Sprache zu schaffen, die sich von der Sprache der liberalen Theologie absetzt, indem sie auch formal neue Akzente setzt. Dazu gehören bei Hirsch aus der zeitgenössischen neoklassizistischen Poesie und Prosa etwa eines Stefan George oder eines Friedrich Georg Jünger entlehnte manieristisch anmutende Archaismen, wie etwa „unser uns tatend Verwirklichen" oder „der uns im Wirbel umtreibende Existenzwiderspruch, an dem wir uns [...] an Gott verzehren". Hinzu kommt auch bei Hirsch eine teils dem poetischen Neoklassizismus verpflichtete, teils einer Orientierung an der Sprache des spekulativen deutschen Idealismus geschuldete stilistische Verworrenheit, die sich häufig an der Grenze zur Unverständlichkeit bewegt. So bleibt in den zitierten Beispielen weitgehend im Dunkeln, ob es sich beim „Führen in Freiheit", bei „Führungsstörungen" und „Führungsfehlern" um individuelle Lebensführung, gesellschaftlich-politische Prozesse der Menschenführung oder etwa um Vorgänge im Kontext der religiös-christlichen Erziehung handelt. Der Begriff der *Sünde* wird in scheinbar philosophisch exakter Sprache hintereinander als „religiöse Ganzheitsbestimmung", „wir [die Menschheit]", „jede bestimmte Entscheidung und Besinnung, aus der heraus wir uns auf Gestalt und Ziel zu bewegen" und „Schöpfung" definiert; *Sünde* ist also gleichzeitig Daseinsvoraussetzung des Menschen, identisch mit der Schöpfung und der Menschheit, sowie menschliche Handlung und menschlicher Gedanke. Eine derartige definitorische Mehrstimmigkeit von nebeneinandergestellten Aussagen wird einem Anspruch auf wissenschaftliche Logik und Eindeutigkeit nicht gerecht. Hier manifestiert sich bereits beim frühen Hirsch eine starke Beeinflussung nicht nur durch Hegels dialektische Philosophie, sondern vor allem durch Kierkegaards theologische Philosophie des Paradoxons. Formulierungen wie „sich in und an Gott befinden" sind rhetorische Figuren des paradoxalen Sprechens, wenn hier zwei unterschiedliche Lokalpräpositionen auf dasselbe Substantiv bezogen werden. Zwar sind Formulierungen wie „in Gott sein", „an Gott sein" „bei Gott sein" etc. im theologischen Diskurs durchaus üblich, insofern sie sich auf transzendente Redeinhalte beziehen. Die Lust am rational nur schwer nachvollziehbaren paradox-widersprüchlichen Argumentieren wird aber im zweiten Zitat besonders deutlich, wenn Hirsch hier disparate Begriffe wie *Sünde* und *Schöpfung* kurzerhand gleichsetzt und, statt diese Gleichung verdeutlichend zu erläutern, weitere Paradoxa anfügt: „zwei einander fordernde und zugleich widereinander kehrende Urteile", „das Rätsel des in Sünde Schöpfung, in Schöpfung Sünde Seins". Zwar wird diese Gleichsetzung zweier theologischer Schlüsselbegriffe explizit als „Existenzwiderspruch" und als „Rätsel" bezeichnet, ohne aber zu einer klärenden Auflösung vorzudringen. Diese Art der Diskursstrukturierung in Form von in sich widersprüchlichen Aussagen als Grundlage für komplexe Gedankengänge beruft sich einerseits auf die Lizenz des Theologen als Erforscher des Unbeweisbaren und daher nur bedingt mit wissenschaftlicher Exaktheit Beschreibbaren, andererseits übt sich Hirsch hier in einer Technik der terminologischen Vagheit, die er am Zenit seiner Karriere während der nationalsozialistischen Herrschaft perfektionieren wird und zur von ihm propagierten Harmonisierung protestantisch-theologischer Dogmatik mit der nationalsozialistischen Ideologie einsetzen wird.

Das zentrale Thema der *Sünde* findet sich auch in Werken des Marburger Neutestamentlers Rudolf Bultmann, der während der nationalsozialistischen Diktatur der *Bekennenden Kirche* beitrat und der herrschenden Ideologie distanziert gegenüberstand. Eine Auswahl von Bultmanns Einlassungen zur Definition des Sündenbegriffes sei hier den obigen Zitaten gegenübergestellt, da an ihnen gezeigt werden kann, dass eine Sprache der Ergriffenheit, der terminologischen Vagheit, des Paradoxen oder gewollten Widersprüchlichkeit durchaus nicht als unausweichlich angesehen werden müssen. Die folgenden drei Textausschnitte entstammen Bultmanns 1927 erschienenem Buch mit dem Titel *Jesus*:

4) Ein Verfehlen, ein Fall des Menschen im Jetzt hat für ihn also nicht den relativen Charakter einer Entwicklungsstufe, sondern den absoluten Charakter der Sünde; denn Jesus sieht den Menschen vor Gott gestellt. (66–67)[6]

5) Der Gedanke der Sünde ist nicht radikal gedacht, solange neben ihm der Gedanke an die Möglichkeit guter Werke besteht, solange auch nur das Sündenbekenntnis als etwas gelten kann, das die Sünde verzeihlich macht, solange nicht der Mensch als ganzer und in allem als Sünder gilt, sofern er vor Gott steht. Der Gedanke der Sünde ist nicht radikal gedacht, wenn neben ihm der Gedanke Raum hat: man kann nicht wissen, wie groß die Sünden sind im Verhältnis zu den guten Werken; wenn der Gedanke herrscht, daß im Gericht der Zukunft gute und böse Werke gegeneinander abgewogen werden. (102)

6) Und zwar ist Sünde eben der Charakter, der dem gottfernen Menschen eigen ist, der den Anspruch Gottes verleugnet. [...] Wie die Entscheidung im Hier und Jetzt dem Menschen seinen Charakter gibt, so kann sich der Mensch nicht trösten oder rechtfertigen, indem er seine Sünde als eine Schwäche ansieht, die angesichts seines wahren Wesens nicht in Betracht komme, oder als einen Fehltritt, der eine Ausnahme wäre, der gegenüber sich der Mensch auf sein normales Wesen berufen könne. [...] Er steht vor Gott als Sünder, d. h. seine Sünde hat nicht relativen, sondern absoluten Charakter; er ist gerichtet und kann nicht auf etwas hinweisen, was er wäre oder leistete. (135)

Aus den Zitaten geht hervor, dass eine zumindest formal wissenschaftlich objektivierende und rational nachvollziehbare Sprache auch in der Umbruchphase der Weimarer Republik vernehmbar war. Hier finden sich eindeutige Definitionen des Sündenbegriffs wie „Verfehlen des Menschen im Jetzt", „etwas, das nicht durch Bekenntnis verzeihlich gemacht wird", etwas, das nicht durch die Möglichkeit „guter Werke aufgewogen" werden kann, „der Charakter, der dem gottfernen Menschen eigen ist"; *Sünde* wird ferner als keine Schwäche, also kein „Fehltritt, der eine Ausnahme wäre" definiert; darüber hinaus wird der Sünde ein „nicht relativer, sondern absoluter Charakter" zugewiesen. Bultmann extrapoliert hier den Gehalt des durchaus schwer zu fassenden Sündenbegriffs durch ein systematisches Verfahren des Ausschlusses dessen, was nicht zum Begriffsinhalt gehört, so dass ein weitgehend klar umrissenes Konzept zu Tage tritt: *Sünde* wird als Eigenschaft des Menschen und seines Handelns definiert, die aber nicht mit verzeihlicher Schwäche als Ausnahmeerscheinung gleichgesetzt werden darf, sondern vielmehr wesenhafter Zug des Menschen ist. Hier kann der Sinn der von Hirsch formulierten Paradoxie der Identität von Sünde und Schöpfung erahnt werden. Bultmanns Sprache ist bei aller der Thematik geschuldeten Spekulativität dabei aber sehr viel klarer und logisch konsistenter.

---

[6] Die Seitenangaben in Klammern am Ende der Beispiele (4)–(6) beziehen sich auf Bultmann 1964 [1927]. In (4)–(6) meine Hervorhebungen, J.G.

Die Politisierung des theologischen Diskurses setzt insbesondere bei Hirsch, weniger explizit bei Gogarten, bereits in den Jahren vor 1933 ein. Während sich etliche namhafte Theologen der ersten Jahrzehnte des 20. Jahrhunderts, wie z. B. Schlatter, Althaus oder Kittel, erst infolge der Machtergreifung ab 1933 thematisch und sprachlich ideologisch vereinnahmen ließen, erscheint bei Hirsch die nationalistische politische Komponente seines theologischen Denkens schon in Publikationen der 20er Jahre explizit. Dies kann am Begriff der *Ehre* gezeigt werden, der zu einem Schlüsselbegriff der politischen Lexik der NS-Ideologie avancieren wird[7], aber schon vorher Thema politischer und offenbar auch theologischer Diskurse war. Gogarten widmet sich dem Begriff der „Ehre" ausführlich in einer Schrift mit dem Titel *Die Selbstverständlichkeiten unserer Zeit und der christliche Glaube* von 1932:

> [...] Ehre hat man nicht als Mensch, als Person schlechthin, sondern als Amtsperson; man hat sie in dem bestimmten Stand, in dem man steht, als Mann, Frau, Richter, Pfarrer, Arzt usw. Und in dem Beruf, in der Arbeit, die man tut. Wichtig ist, sich klarzumachen, daß die Ehre die Existenz des Menschen, also den Menschen selbst betrifft. Ehre betrifft nicht etwas am Menschen, nicht diese oder jene Tat. [...] Die Ehre hat man nicht für sich, und man kann auch nicht gut sich selbst Ehre geben. Sondern Ehre erhält man vom andern und gibt man dem andern. So erhält man auch seine Existenz, die mit der Ehre gegeben ist, von andern. [Meine Hervorhebungen, J.G.] (Gogarten 1932: 55)

Gogarten versucht hier, den Ehrbegriff an institutionelle Instanzen zu knüpfen, indem er ihn als durch gesellschaftlich-berufliches Engagement von außen zugewiesene soziale Tugend definiert, die schließlich gemeinsam mit der von Gott gegebenen Existenz auch eine religiöse Dimension hat. Bei Hirsch betrifft der Ehrbegriff dagegen nicht nur die Dimension der individuellen Existenz, sondern erhält darüber hinaus einen historisch-nationalen Aspekt, der explizit auf Deutschland bezogen wird:

> [...] als Glieder eines Staats, als Deutsche, haben wir nur eine Ehre und eine Schande; und jeder, der mit uns in einem Willen unserm Staate sich hingibt, hat gleichen Teil an ihr. Das schafft eine wirkliche Einheit des Lebens. [Meine Hervorhebung, J.G.] (Hirsch 1924: 11)

> Es ist aber Pflicht jeder Nation, für die Aufgabe, die sie in dem ihr gegebnen Leben und der ihr gegebnen Kraft von Gott empfangen hat, einzustehen bis aufs äußerste. Tut sie das nicht, so verliert sie ihre Ehre, so läßt sie die unmittelbare Verbindung mit dem Herrn der Geschichte fahren, in der ihr ganzes Ethos ruht. Grauenvoll ist der Krieg immer. Wo aber der Wille zu ihm aus der Heiligkeit der Verantwortung entspringt, da wird der Krieg zum Ausdruck des tiefsten Wesens des Ethischen, zum Ausdruck der Entscheidung selbst.

---

7 Vgl. Schmitz-Berning 2000: 163: „In nationalsozialistischer Rhetorik der Grundwert der *nordischen Rasse* und damit der *deutschen Volksgemeinschaft*, der seine Norm von dem Ziel der ‚Reinerhaltung des Blutes' erhalten soll."

> [...] Solche Gesinnung weiß sich nicht gestört, wenn auch der Feind den gleichen Geist in sich trägt. Sie freut sich vielmehr dieser abstrakten Gemeinsamkeit im Höchsten, die macht, daß man nun auch den Feind <u>ehren</u> kann. Uns Deutschen sind leider im Weltkrieg Gegner, die das hätten verstehen können, nicht beschieden gewesen. [Meine Hervorhebungen, J.G.]
> (Hirsch 1924: 28)

In dieser Schrift von 1924, die ungeachtet ihres Titels *Die Liebe zum Vaterlande* eine in erster Linie theologische Abhandlung ist, die aber gleichzeitig, wie es bei Hirsch nicht selten der Fall ist, politisch-historische Aspekte einbezieht, erläutert Hirsch den Begriff *Ehre* sowohl theologisch als auch politisch, indem er Gott als dem „Herrn der Geschichte" unmittelbaren Anteil an historischen Konstellationen der politischen Geschichte zuschreibt. In diesem Vorgehen manifestiert sich bereits auch in sprachlicher Hinsicht das ab 1933 nicht nur von Hirsch immer wieder umgesetzte Verfahren, mithilfe syntaktisch-semantischer Strategien logisch nicht miteinander zu vereinbarende Aussagen in einen scheinbar kohärenten Zusammenhang zu bringen. So wird in den obigen Textauszügen zunächst der Begriff der *Ehre* antinomisch mit dem Begriff der *Schande* kontrastiert, der im politischen Diskurs der Weimarer Republik durch Schlagworte wie „Versailler Schandfriede" (vgl. Mell und Seidenglanz 2017: 18) bereits politisch besetzt ist. Im Anschlusssatz wird eine bewusst zweideutige Anaphorik evoziert, indem der Bezug des femininen Personalpronomens „ihr" offengelassen wird, so dass nicht eindeutig ist, ob die gemeinsame *Ehre* oder die gemeinsame *Schande* eine „Einheit des Lebens" herstelle, hier offenbar auf das deutsche Volk als sogenannte „Schicksalsgemeinschaft" bezogen. Die Auflösung folgt einige Seiten später, wenn Hirsch den Begriff in direkten Bezug zur politischen Geschichte und zum Krieg setzt. *Ehre* wird hier mittels einer scheinlogischen semantischen Operation zur Rechtfertigung des von Gott gewollten „guten" Krieges eingesetzt; *Ehre* werde einem Volk zuteil, das für die ihm von Gott zugeteilten Pflichten eintrete, wozu auch der Krieg als „tiefster Ausdruck des Ethischen" gehöre. *Ehre* entspreche demnach der Gottgefälligkeit auf kollektiver Ebene, die für Hirsch offenbar auch Kampf und Zerstörung als von Gott auferlegte Pflichten einschließt. Da dies für alle Völker gleichermaßen gelte, gebühre, so Hirsch, auch dem Feind die *Ehr*erbietung, dies aber nur, so schränkt er wiederum ein, sofern der Feind „den gleichen Geist in sich trägt". Ein solcher *ehrenhafter* Feind sei dem deutschen Volk jedoch nicht beschieden gewesen. Hier bezieht sich Hirsch unmittelbar auf den Ersten Weltkrieg und den von der nationalistischen und nationalsozialistischen Propaganda so bezeichneten „Schandfrieden" von Versailles sowie auf die vermeintliche Diskrepanz zwischen Deutschland und seinem vorgeblich „ehrenvollen" Krieg auf der einen und Frankreich und seinem von der zeitgenössischen politischen Rechten viel zitierten „schändlichen Friedensdiktat" auf der anderen Seite. Das sprachliche Geschick, das diesen Operationen innewohnt, besteht darin, von theologischen Begriffsbestimmungen nahezu unmerklich auf politische Positionierungen überzugehen und diese dadurch als gottgewollt und ethisch-religiös verpflichtend zu rechtfertigen. Diese Technik deutet bereits auf (fach)sprachliche Verfahren voraus, die Hirsch und etliche seiner Fachkollegen zwischen 1933 und 1945 zur Anwendung bringen werden, um theologisches Denken und totalitäre, politische Ideologie miteinander in Einklang zu bringen. Fachsprachliche Diktion und terminologische Unschärfe dienen hier einer vordergründigen Harmonisierung von christlicher Religion und politischer Ideologie.

4.4 Fazit

Thomas Mergel stellt fest, dass die Sprache des öffentlichen Diskurses in der Zeit der Weimarer Republik „eigentümlich pathetisch und hypertroph" sei und erklärt diese Sprache im Weiteren durch Verweis auf einen zeittypischen Sprachduktus, der „moralische und existenzielle Horizonte vielleicht nicht deshalb setzt, weil die Sprecher selbst so emphatisch empfinden [...], sondern der maximalistisch ausgestaltet sein muss, um verstanden zu werden" (Mergel 2002: 292–293). Es ist sicherlich zutreffend, dass die Sprache der Weimarer Republik allgemein betrachtet, da sie in eine Übergangsperiode zwischen Kaiserreich und NS-Regime fällt, nur eingeschränkt spezifische Eigenschaften aufweist, die nicht auch als Nachwirkungen des kaiserzeitlichen Schwulstes bzw. als Vorzeichen der nationalsozialistischen Sprach-Megalomanie gedeutet werden können, und dies umso mehr, als die Sprache der NS-Zeit unmittelbar an die Sprache der imperialen Nationalromantik anknüpft und diese ideologisch weiter aufbläht. Dass die Sprache der Weimarer Republik nur wenig erforscht wurde (vgl. Haß-Zumkehr 1998: 226), überrascht insofern nicht, als die Weimarer Republik in vielen gesellschaftlichen Bereichen als historische Fehlentwicklung oder als Resultat des verlorenen Weltkriegs betrachtet wurde, die es zu überwinden gegolten habe oder die von Beginn an zum Scheitern verurteilt gewesen sei. Für die theologische Fachsprache bedeutet die Reaktion auf Krieg und Versailler Friedensschluss, dass sich zwar fortschrittliche und konservativ-reaktionäre Kräfte in unterschiedliche Richtungen bewegen, dass aber dessen ungeachtet die sprachlich-terminologische Gestaltung von Fachtexten in einiger Hinsicht formale Parallelen aufweisen.

Die von Karl Barth und Schülern vorangetriebene „Theologie der Krise" bestimmt als radikale Wende und Abkehr von der bürgerlich-liberalen Vorkriegstheologie zunächst den vorherrschenden theologischen Diskurs der Zeit und ist insofern emblematisch für die zeittypische Fachsprache. Letztere wird insofern revolutioniert, als Elemente der emphatischen Predigtsprache, der expressionistischen Unmittelbarkeitssprache und der graphisch-interpunktorischen Rhetorisierung schriftlicher Texte Eingang in die wissenschaftliche Textgestaltung finden. Dass dieselben sprachlichen Mittel auch von der konkurrierenden Seite der national-konservativen, gegenrevolutionären Theologie eingesetzt werden, beruht ebenso auf deren Verwurzelung im pathetischen Ton der Kaiserzeit wie in der Erhabenheitsrhetorik der Kriegsbeschreibungen eines Walter Flex, eines Gorch Fock, eines Ernst Jünger und vieler anderer. Während für Erstere die Katastrophe des Weltkrieges und seiner Unmenschlichkeit als kausale Folge der verwässerten, selbstzufriedenen Bürgertheologie anzusehen ist, ist man auf der anderen Seite des theologischen Spektrums bestrebt, die als überkommen angesehene Theologie des in seiner passiven Haltung vermeintlich defätistischen Bürgertums zu überwinden. Dazu dient auch auf der konservativ-nationalistischen Seite eine Fachsprache, die über ihre eigentlichen Aufgaben hinaus auch politische Wirkung entfalten und ebenso ‚wachrütteln' soll wie die Sprache der „Dialektischen Theologie".

Eine charakteristische Eigenschaft, die dieser Art von Wissenschaftssprache eigen ist, ist eine frappierende terminologische Vagheit, bis hin zu Paradoxien, Widersprüchlichkeiten und offenbar gewollten Ambiguitäten und logischen Brüchen. Während diese Tendenz auf der einen Seite zu einer theologischen Fachsprache der unmittelbaren zeugnishaften Betroffenheit führt, die weit in die zweite Nachkriegszeit weiterwirkt und insbesondere für die Theologie nach dem Umbruchsjahr 1968 Pate stand, bereitet sie auf der anderen Seite der ideologisierten Fachsprache der NS-Theologie den Boden, die mittels ekstatisch aufgeladener Schlagworte und rhetorisch vernebelnder Beweisführungen die wissenschaftliche Seriosität ihrer Zunft in die schwerste Krise ihrer Geschichte führt. Horst Dieter Schlosser skizziert diesen Prozess der Begriffsaufladung unter Verweis auf sogenannte „Hochwertbegriffe„ folgendermaßen:

> Gerade die politisch-semantische Verengung der Begriffstrias „deutsches Volk" – „deutsches Vaterland" – „deutsche Nation" mit ihrer gleichzeitigen rassenideologischen und imperialistischen Überhöhung erlebte bei allen, die sich mit dem gründlichen Scheitern dieser Visionen nicht abfinden wollten, einen ungeheuren Aufschwung, ja bildete geradezu das Fundament eines neuen, noch monströseren Zukunftsentwurfs, der seine brutale Realisierung mit der NS-Machtübernahme erfahren sollte. Die Berufungen auf die tradierten Hochwertbegriffe, die sich von der imperialistischen Deutung, die in die Katastrophe geführt hatte, freihalten wollten und eine Versöhnung mit den demokratischen Leitbildern der Weimarer Republik anstrebten, waren dagegen von vornherein im Nachteil. (Schlosser 2016: 275–276)

Die semantische Um- und Aufwertung dieser „Hochwertbegriffe" infiziert auch die theologische Fachdiskussion. Hier sind es – außer bei Hirsch, der von Anfang an eine Synthese theologischer und politisch-historischer Betrachtung anstrebt – weniger politische Begriffe wie *Volk*, *Nation*, *Ehre*, sondern eher theologische

Schlüsselbegriffe wie *Schöpfung*, *Ordnung*, *Bestimmung*, *Gehorsam*, *Schuld*, *Sünde*, *Gnade*, *Rechtfertigung* usw., die aus ihrem spezifisch theologischen Bedeutungszusammenhang heraustreten und einer Politisierung des Transzendentalen den Weg ebnen. Schlosser konstatiert, dass solche Schlüsselwörter charakteristischerweise „dem Handeln oft sogar weit vorauslaufen und Handlungen in Richtungen lenken können, die sich aus den ‚objektiven' historischen Gegebenheiten allein nicht hinlänglich erklären lassen" (Schlosser 2016: 283). Diese Feststellung bezieht sich zwar in erster Linie auf politisch-propagandistische Schlüsselbegriffe, trifft aber in der Übergangszeit von der Weimarer Demokratie zur Diktatur zunehmend auch für theologische Fachdiskurse zu, wenn Termini der theologischen Dogmatik zur wissenschaftlich verbrämten Apologie politischer Ideologie umdefiniert werden.

5 Höflinge und Hetzer – die Fachsprache der protestantischen Theologie unter der nationalsozialistischen Diktatur

Wie jede totalitäre Ideologie beanspruchte auch der Nationalsozialismus den Status einer Ersatzreligion und duldete Religionsausübung im von ihm ideologisch dominierten Staat widerwillig und gegebenenfalls unter strengen Voraussetzungen. Umgekehrt stehen Vertreter der Religionen, ob Wissenschaftler, Repräsentanten der Kirche oder Gläubige, grundsätzlich unter totalitärer Gewaltherrschaft, die öffentlicher religiöser Tätigkeit nicht wohlgesonnen ist, vor dem Dilemma, sich der herrschenden Ideologie unterwerfen zu müssen oder ihr unter Gefährdung von Leib und Leben mehr oder weniger aktiven Widerstand entgegenzusetzen. Im ersteren Fall gibt es wiederum zwei Optionen: dem Glauben abzuschwören oder sich einer eventuell offiziell geduldeten, gleichgeschalteten Staatskirche zu unterwerfen. Im letzteren Fall ist eine Entscheidung zwischen offenem Widerstand oder innerer Emigration und Rückzug ins Private erforderlich. In der Epoche der nationalsozialistischen Diktatur in Deutschland 1933–1945 fungierten die bereits 1932 gegründeten sogenannten *Deutschen Christen* als staatlich tolerierte Dachorganisation der lutherisch-protestantischen Kirche, die sich aufgrund innerer Zwistigkeiten in immer kleinere Gruppierungen aufspaltete. Als oppositionelle Gegenkirche gegen die Bestrebungen zur Gleichschaltung und staatlich-ideologischen Vereinnahmung der protestantischen Kirche bildete sich 1934 die *Bekennende Kirche*, die sich der nationalsozialistischen Irrlehre relativ offen entgegenstellte. Zu den bekanntesten in der *Bekennenden Kirche* aktiven Theologen gehörten Martin Niemöller und Dietrich Bonhoeffer. Den *Deutschen Christen* standen hingegen etliche an theologischen Fakultäten der staatlichen Universitäten tätige Wissenschaftler nahe, darunter Emanuel Hirsch, Gerhard Kittel, Paul Althaus und zahlreiche andere. Robert P. Ericksen stellt zu diesen drei renommierten ‚Staatstheologen' fest:

> Jeder dieser drei Männer war ein bedeutender und international anerkannter Wissenschaftler. Keiner von ihnen war vor 1933 Nazi, und keiner kann dem radikalen, fanatischen Nazismus zugerechnet werden. Und doch gibt es etwas, das sie miteinander verbindet: Jeder von ihnen hat Hitler öffentlich unterstützt, begeistert und mit wenig Zurückhaltung. (Ericksen 1986: 8)

Ericksens erstaunte Beobachtung, für die er in seiner Monographie zur protestantischen Theologie im NS-Staat Erklärungen zu finden versucht, fasst in wenigen Worten das Paradox der protestantischen Theologie im Nationalsozialismus zusammen: Auf der einen Seite ist Deutschland nicht zuletzt als das Mutterland der lutherischen Reformation auch Zentrum der wissenschaftlich-theologischen Forschung mit traditionell internationalem Renommee; viele der anerkanntesten Theologen waren schon lange vor Hitlers Machtergreifung unumstrittene Koryphäen auf ihrem Gebiet. Auf der anderen Seite sind es gerade einige der bedeutendsten Wissenschaftler, die, offenbar nicht in erster Linie aus kleinlichem Opportunismus oder aus Angst um Amt und Lehrstuhl, sondern durchaus aus innerer Überzeugung und mit rhetorischem Aplomb, die nationalsozialistische Sache unterstützen.

Victor Klemperer beleuchtet in *Lingua Tertii Imperii* (1975[4] [1947]) die religiöse Seite der ideologisch-politischen Sprache der Diktatur:

> Daß die LTI auf ihren Höhepunkten eine Sprache des Glaubens sein muß, versteht sich von selber, da sie auf Fanatismus abzielt. Doch das Eigentümliche hierbei ist, daß sie als Glaubenssprache sich eng an das Christentum, genauer: an den Katholizismus lehnt, obwohl der Nationalsozialismus das Christentum, und gerade die katholische Kirche, bald offen, bald heimlich, bald theoretisch, bald praktisch, aber von allem Anfang an bekämpft.
> (Klemperer 1975[4] [1947]: 142)

Klemperers Beobachtung bringt einerseits eins der fundamentalen Merkmale totalitärer, auf die Unfehlbarkeit einer autokratischen Führerfigur ausgerichteten Ideologien auf den Punkt, nämlich die mehr oder weniger bewusste und explizite Imitation religiöser Sprache. Andererseits thematisiert er damit auch das zentrale Problem theologischer Fachsprache unter der Diktatur: Durch die Vereinnahmung religiöser Redefiguren, sprachlicher Bilder aus der Glaubenswelt und kultischer Ausdrucksformen durch Politik und Staatsideologie rückt die Sprache der Theologie und der Verkündigung unwillkürlich in die Nähe der sie missbrauchenden und sie besetzenden politischen Macht und ist somit in der schwierigen Lage, ihre Inhalte ohne zweideutige Rhetorik vermitteln zu müssen, um nicht in den Sog der propagandistischen und demagogischen Staatssprache zu geraten. Dass dies ein besonders schwieriges Unterfangen ist, wird bei der Analyse der theologischen Fachsprache im NS-Staat im Folgenden deutlich. Dabei ist zwischen der Fachsprache von Theologen zu unterscheiden, die sich uneingeschränkt in den Dienst des Regimes gestellt haben, und der Fachsprache derjenigen, die es sich zum Anliegen gemacht haben, den christlichen Glauben durch Verbindung von Tradition und neuer Ideologie mit letzterer in Einklang zu bringen und dies, wenn auch erfolglos, theologisch-wissenschaftlich zu begründen versuchten. Theologen des Widerstands, die sich konsequent gegen die Gleichschaltung der protestantischen Kirche und Theologie gestellt haben und damit zwangsläufig auch sprachlich andere Wege gegangen sind (Bonhoeffer, Tillich u. a.), werden im anschließenden Kapitel 4 behandelt. Im vorliegenden Kapitel geht es zunächst um die beiden oben skizzierten Typologien, sowohl um die ideologisch angepasste Sprache linientreuer

Theologen wie Walter Grundmann, Martin Redeker und Wilhelm Stapel als auch vor 1933 unpolitischer Wissenschaftler, die nach 1933 zu willigen Mitläufern wurden, wie Adolf Schlatter, Gustav Adolf Deissmann oder vorübergehend auch Friedrich Gogarten. Anschließend erfolgt eine Analyse der weitaus komplexeren Sprache bereits vor 1933 renommierter Theologen, die die zum Scheitern verurteilte Gratwanderung unternahmen, gleichzeitig den Ansprüchen des totalitären Regimes und ihren eigenen Grundsätzen wissenschaftlich-theologischer Seriosität gerecht werden zu wollen: Im Vordergrund stehen dabei die anerkannten ‚Koryphäen' ihrer Zeit, Emanuel Hirsch, Gerhard Kittel und Paul Althaus.

Zur Affinität von religiöser Sprache und nationalsozialistischem Sprachgebrauch konstatiert Klemperer, hier im Hinblick auf die politische Sprache der Diktatur:

> Die mannigfachen ans Jenseitige rührenden Ausdrücke und Wendungen der LTI bilden in ihrer Gemeinsamkeit ein Netz, das der Phantasie des Hörers übergeworfen wird und das sie in die Sphäre des Glaubens hinüberzieht [...]; der Nazismus wurde von vielen als Evangelium hingenommen, weil er sich der Sprache des Evangeliums bediente.
> (Klemperer 1975[4] [1947]: 152–153)

Es wird zu prüfen sein, inwieweit umgekehrt die Fachsprache der Theologie sich von politisch-ideologischer Umklammerung vereinnahmen ließ oder mit welchem Erfolg sie sich bemühte, ihre Eigenständigkeit zu bewahren. Wenn der Rezipient in der politisch-ideologischen Sprache bewusst „in die Sphäre des Glaubens hinübergezogen" werden soll, geht es in der theologischen Fachsprache darum, die politische Sprache in den Glaubensdiskurs hinüberzuziehen, um diesen vor den ideologischen ‚Glaubenswächtern' zu rechtfertigen, ohne sich zu offensichtlich instrumentalisieren zu lassen, um die religiöse Botschaft nicht zu sehr zu kompromittieren. Dass diese doppelte Zielsetzung nicht gelingen kann, wird im Folgenden mittels einer linguistischen Analyse gezeigt.

5.1 „Wo bleibt da der Glaube an das Blut?" – Sprache als Medium eines Probehandelns

Eine Analyse der protestantischen theologischen Fachsprache unter der Diktatur kommt nicht umhin, sich mit Formen des Umgangs mit dem totalitären Machtapparat wie Mitläufertum, Widerstandsgeist, Opportunismus oder serviler Willfährigkeit auseinanderzusetzen. Am Anfang des Kapitels erscheint es daher folgerichtig, einen Blick auf späte Äußerungen bereits im Wissenschaftsdiskurs etablierter Theologen zu werfen, die ihre produktive Schaffensperiode weitgehend abgeschlossen hatten, die aber offenbar der Wucht der nationalsozialistischen Ideologisierung aller Gesellschaftsbereiche wie auch der totalitären Sprachpolitik nicht widerstehen konnten oder wollten und ihr unbestrittenes wissenschaftliches Renommee durch fragwürdige Äußerungen gefährdeten. Interessant ist in diesem Zusammenhang eine Einlassung Gustav Adolf Deissmanns in seinem bereits 1925 erschienenen *Paulus. Eine kultur- und religionsgeschichtliche Skizze*:

> Wir wollen nun die ermittelbaren Züge seiner menschlichen Persönlichkeit betrachten; sie werden uns zeigen, daß Paulus, wesens- und blutsverwandt den unliterarischen Schichten seiner Welt, in dem Menschengewimmel der Kleinen nicht untergeht, sondern, in der antiken Masse wurzelnd, über die Masse als Großer, als Führer weit emporragt. [Meine Hervorhebungen, J.G.] (Deissmann 1925: 43)

Hier zeigt sich am Beispiel der *Führer-* und *Blut*-Begriffe, dass politische Schlüsselwörter bereits vor der Einführung einer verbindlichen ideologisch kanonisierten Sprachpolitik durch die NS-Propaganda ein Eigenleben führen. Was Deissmann an dieser Stelle noch als „unliterarische Schichten", „Menschengewimmel der Kleinen" und „Masse" paraphrasiert, gerinnt später zum politischen Schlagwort des (deutschen) „Volkes" und wird hier bereits in unmittelbare Verbindung zur „Wesens- und Blutsverwandtschaft" gebracht.

Ein politisch-ideologisch bis heute weitgehend unverdächtiger Theologe wie der Mitbegründer der Dialektischen Theologie Friedrich Gogarten reiht sich in den Chor der frühen Befürworter der neuen staatlichen Machtstrukturen ein, wenn er folgende Ausführungen über die neue politisch-religiöse Position des christlichen Staatsbürgers mit einer Polemik gegenüber der Kirche verbindet:

> Der neue Staat [...] steht nicht mehr einem privaten Menschen gegenüber [...]. Er beansprucht den Menschen ganz und gar und läßt ihn nur gelten, insofern er sich als völkisch bestimmter Mensch mit seiner ganzen Existenz dem Staate zur Verfügung stellt. Dieser Anspruch [...] meint nicht nur die äußere Existenz des Menschen, [...] sondern sie meint sein höchstes irdisches Gut, die Ehre. [...] Denn Staat und Volk und die Ordnungen, die mit ihnen verbunden sind, sind die Grundfesten der menschlichen Existenz, die sie allein bewahren können vor der Gefahr der Zerstörung und Entartung, die sie von innen sowohl wie von außen ständig bedrohen. [Meine Hervorhebungen, J.G.] (Gogarten 1933: 8–10)

Gogarten bedient sich in seiner Analyse der politischen Situation nach Hitlers Machtergreifung 1933 unübersehbar der ideologisch neu definierten offiziellen Lexik, darunter „Ehre", „völkisch bestimmter Mensch", „Entartung", und es geht ihm darum, ein ganzes Bündel von semantisch ideologisierten, zeittypischen ‚Hochwertwörtern' in einen theologischen Kontext zu stellen. Das wird umso deutlicher, wenn er einige Seiten weiter die Rolle der Kirche im neuen Staat thematisiert und gegen deren Vorbehalte gegenüber ihrer Vereinnahmung seitens der neuen Machthaber polemisiert:

> Die Ängstlichkeit, mit der die Kirche, und gar nicht nur die theologisch unbelehrtesten Kreise in ihr, dem nationalsozialistischen Staat und dem politischen Geschehen gegenübersteht, ist wahrhaftig kein Ruhmestitel für sie. Wenn irgendwo, dann sollte man in ihr um Herrschaft wissen und darum, daß Herrschaft zur menschlichen Existenz gehört. [...] Wo aber darum auch ihre Predigt von der Herrschaft Jesu Christi und von seiner Überwindung der Mächte dieser Welt wieder den objektiven Ernst und die Realität erhält, ohne die sie kein wirkliches Kerygma, keine wirkliche Ausrichtung der Botschaft ihres Herrn sein kann. Man sollte in der Kirche wissen, daß da, wo die Härte der menschlichen Existenz wieder sichtbar und spürbar wird, auch die Mythologumena von den Scheinmächten und Scheinherrschaften wieder aufkommen, durch die man sich zu allen Zeiten der wirklichen Herrschaft, der irdischen des Staates und der himmlischen Jesu Christi, zu entziehen sucht. Aber der private Mensch [...] weiß darum nichts von einer echten Herrschaft des Staates, und wo sie ihm begegnet, da meint er nicht anders, als daß Barbarei und Sklaverei beginnt. Daß nur unter echter staatlicher Herrschaft auch echte Freiheit möglich ist, begreift er nicht, da er nur die Scheinfreiheit des abstrakten Individuums kennt. Er weiß darum aber auch nichts von der Herrschaft Christi. Denn er kann auch nichts verstehen von der Herrschaft und der Macht, die Sünde, Tod und Gesetz über ihn und die ganze Welt haben. [Meine Hervorhebungen, J.G.]   (Gogarten 1933: 13)

Die Ausführungen des renommierten Breslauer (1931–35) und Göttinger (1935–55) Systematikers Friedrich Gogarten sind ein frühes Beispiel für die Technik der terminologischen Verschränkung von politischen Schlagworten und theologischen Fachbegriffen, die die theologische Fachsprache zwischen 1933 und 1945 maßgeblich prägt. Im ersten Textauszug wird die *Ehre*, als höchstes irdisches Gut des völkisch bestimmten, dem neuen politischen System verpflichteten Staatsbürgers, dem religiösen Bereich nebengeordnet, insofern als diese *Ehre* die Grundlage der menschlichen Existenz sei, die sie vor *Entartung* bewahre, worunter offenbar nicht nur eine vom Autor als negativ bewertete Entwicklung im rassenideologischen Sinn, sondern im theologischen Kontext gleichzeitig auch eine sittlich-moralische Abweichung vom Pfad der christlichen Tugend zu verstehen ist. Im zweiten Zitat wird diese Verknüpfung des politischen Credos und des religiösen Glaubens dann mittels terminologischer Ambiguitäten weiter vorangetrieben. Im Mittelpunkt steht eine Kritik an der Kirche, da diese sich nur zögerlich den neuen Machtverhältnissen unterordnen wolle. Die Verpflichtung der Kirche, den Herrschaftsanspruch des NS-Regimes zu unterstützen und gutzuheißen, wird mit dem Begriffspaar *Herrschaft* / *Freiheit* begründet: Der theologische Topos der Herrschaft Christi wird von Gogarten umrissen als „himmlische Herrschaft" und als „Überwindung der Mächte dieser Welt", die erst die individuelle *Freiheit* ermögliche, da sie sich der Herrschaft der *Sünde*, des *Todes* und des *Gesetzes* entgegenstelle. Bis hierhin handelt es sich um einen theologischen Diskurs, der fachsprachlich konsistent wäre, wenn Gogarten nicht den theologischen Herrschaftsbegriff mit einem säkularen Herrschaftsbegriff verknüpfen würde und dessen Polysemie damit als sprachlichen Kunstgriff zur Begründung einer Notwendigkeit der kirchlich-christlichen

Gutheißung auch der weltlichen Macht instrumentalisieren würde. Der Begriff *Herrschaft* erscheint im zitierten Text insgesamt neun Mal: Die ersten drei Textstellen verweisen auf die Herrschaft Jesu Christi, dann ist von „Scheinherrschaften" die Rede, als welche christliche und staatliche Herrschaft von ihren Gegnern bezeichnet würden, um sich ihnen zu entziehen, um dann schließlich religiöse und weltliche *Herrschaft* als parallele Phänomene mehr oder weniger gleichzusetzen und beide abschließend mit der *Herrschaft* des Bösen, des Todes und des Gesetzes in Kontrast zu setzen, womit offenbar die im Christentum überwundene und als heidnisch verurteilte Gesetzesgläubigkeit der alttestamentlichen jüdischen Religion gemeint ist. Die terminologische Operation erweist sich als ein geschicktes Verfahren zur Selbstrechtfertigung theologischer Wissenschaft im Dienst des totalitären Staates. *Herrschaft* wird wiederholt als zentrales Element des christlichen Glaubens in Erinnerung gerufen, insofern als die „Herrschaft Jesu Christi" Grundkonsens der christlichen Religion sei; das Verständnis der „himmlischen Herrschaft", so argumentiert Gogarten, sei nur demjenigen möglich, der auch die weltliche Herrschaft, die als „Härte der menschlichen Existenz [...] sichtbar und spürbar" sei, kenne und sich ihr unterwerfe, wie es von ihm auch gegenüber der religiösen Autorität verlangt werde. So wie die Herrschaft Jesu aus theologischer Sicht zur wahren geistigen Freiheit führe, so garantiere auch nur die „echte staatliche Herrschaft" dem Untertanen „echte Freiheit". Darüber hinaus argumentiert Gogarten mit Begriffen wie „Scheinherrschaft" und „Scheinmacht"; diese seien sogenannte „Mythologumena" (narrative / mythische Texte), die das nicht in die religiöse Gemeinschaft eingebundene und damit geistig irrlichternde Individuum dazu verleiteten, die staatliche Herrschaft als „Barbarei und Sklaverei" zu missdeuten. Neben den „Mythologumena" wird der theologische Fachbegriff *Kerygma* (christliche Botschaft / Predigt) eingestreut, um der eigentlich politischen Aussage des Textes eine stärker theologische Gestalt zu verleihen. Diese scheinbar logische argumentative Parallelordnung von religiöser und weltlicher Herrschaft funktioniert in der Tat nur auf der begrifflich-semantischen Oberflächenebene, hält aber einer sachlichen Analyse kaum stand. Wenn aufgrund der Wortidentität des *Herrschafts*-Begriffes, unabhängig von seinem Kotext und von den jeweils mit ihm verbundenen Attributen, eine semantische Übereinstimmung unterstellt wird, dann missachtet Gogarten bewusst nicht nur die Polysemie des Begriffs, einerseits im Sinne göttlicher *Herrschaft* als Glaubensinhalt und andererseits im Sinne weltlicher *Herrschaft* als politische Realität, sondern auch polysemische Differenzen zwischen unterschiedlichen Herrschaftsarten, von der tatsächlichen oder nur angemaßten *Volksherrschaft* bis hin zur totalitären *Gewaltherrschaft* oder zur *Sünden- oder Todesherrschaft*. Mittels einer relativ einfachen semantischen Gleichung leistet Gogarten somit am Beginn der Diktatur durch eine scheinwissenschaftliche Apologie der neuen Staatsmacht und ihrer autokratischen Regierungsform theologische und religiöse Schützenhilfe.

Ein weiteres Beispiel für die ideologische Neubewertung von Begriffen, die bereits lange vor der nationalsozialistischen Machtübernahme eine feste terminologische Position im theologischen Fachdiskurs innehatten, zeigt sich bei dem 1938 mit 85 Jahren verstorbenen Tübinger Neutestamentler Adolf Schlatter, der lediglich die ersten Jahre der Diktatur als emeritierter Theologe erlebte. In einem erratischen Text mit dem Titel *Wird der Jude über uns siegen? Ein Wort für die Weihnachtszeit* bemüht sich Schlatter, in Bezug auf das von den Nationalsozialisten zum „Fest der aufsteigenden Sonne" umgewidmete Weihnachtsfest deutlich zu machen, dass die nationalsozialistische Politik hier den jüdischen Gegnern des Christentums ungewollt in die Hände spiele, indem sie die traditionelle Feier der Geburt Christi säkularisiere (Schlatter 1935: 11). Bezeichnend ist an dieser Abhandlung von 1935 die Verwendung von Schlüsselbegriffen der nationalsozialistischen Rassenideologie, wie *Jude, Judenschaft, Rasse, Rassenseele, Blut, Art*, die durch ihre sicher nicht ganz zufällige Verwendung in einem theologischen Fachtext vor verändertem politisch-historischem Hintergrund der neuen NS-Diktatur ein kompromittierendes, verändertes semantisches Gewicht bekommen:

> Wenn dem Juden vorgeworfen wird, daß er durch die Art seiner Rassenseele gezwungen sei zu lügen, wird zwar durch die Verallgemeinerung dieses Urteil selbst zu einer Lüge [...]. Dies aber ist gewiß, daß der Jude dann lügt, wenn sein Haß gegen Jesus und die Christenheit aus ihm spricht. [Meine Hervorhebungen in Schlatter 1935: 8, 12, 17-18, 21, 25, J.G.] (Schlatter 1935: 8)

> Haben wir denn wirklich Grund, unsere Rasse so ängstlich vor der Berührung mit dem, was menschlich ist, zu hüten? Wo bleibt da der Glaube an das Blut? [...] Keiner hat je in anderer Weise Weihnacht gefeiert, als es für ihn artgemäß war. Denn immer, wenn wir von anderen ein neues Vorstellen und neues Wollen empfangen, wird es von unserer Art aufgenommen und so angeeignet, wie unsere Art es uns erlaubt. (Schlatter 1935: 12)

> Darum ist das Bestehen der völkischen Gemeinschaft die unentbehrliche Grundlage für das Dasein und das Gedeihen der Kirche, und das Christentum ist in jeder Zeit und an jedem Ort der natürlichen Art eines jeden gemäß. (Schlatter 1935: 17–18)

> Die Geschichte, rühmt der Jude, habe ihr Urteil gesprochen; zwar scheue sich der Deutsche noch, dem russischen Juden zu folgen und gegen den Teil des Volkes, der noch christlich denke, mit Gewalt zu wüten. (Schlatter 1935: 18)

> Aus der Verehrung der eigenen Rasse braucht nicht notwendig die Feindschaft gegen die anderen Rassen zu entstehen; es kann ihnen, weil auch sie naturhaft begründet sind, das Recht des Daseins zugestanden werden. [...] Duldung kann der Staat nur der Judenschaft, nicht aber der Kirche gewähren; denn nur die Judenschaft kann er als einen Fremdkörper von sich absondern und neben sich ertragen. (Schlatter 1935: 21)

> Nun haben wir auch eine mit uns verwachsene Natur, ein Blut, das wir ehren, weil es uns belebt, und einen Boden, an den wir uns klammern, weil er uns trägt. Daran wird die königliche Art der Wirksamkeit Jesu offenbar [...]. (Schlatter 1935: 25)

> Es ist freilich möglich, daß der Jude zunächst einen machtvollen Sieg über uns gewinnt; aber dieser Sieg wird nicht endgültig sein. Denn den Glauben an Gott hat nicht der Jude in die Welt gebracht, und ebensowenig können die Juden und Judengenossen ihn zerstören. (Schlatter 1935: 25)

Im Falle Schlatters, der ähnlich wie Gogarten nur in den Anfangsjahren der NS-Herrschaft als Unterstützer oder Verfechter der nationalsozialistischen Ideologie in Erscheinung getreten ist, ist anhand der oben repräsentativ zusammengestellten Zitate dennoch zu erkennen, wie theologisch womöglich vorher als unverfänglich betrachtete Begriffe, in einen neuen Kontext gestellt, zu Kampfbegriffen werden. Darüber hinaus legen die Textstellen nahe, dass eine ideologisch-politische Konnotation bereits in den theologischen Diskursen der Vorhitlerzeit mitgeschwungen haben dürfte. In erster Linie geht es im gesamten Text um die Rolle der Juden in der deutschen Gesellschaft, die hier abwechselnd singularisch als „der Jude" oder kollektiv als „die Judenschaft" bezeichnet werden. Es ist offensichtlich, dass die Juden als biblisches Volk und deren Nachfahren in der Diaspora eine zentrale Rolle in der theologischen Wissenschaft spielen, während Begriffe wie „Rasse" und „Blut" im ethnologischen Sinn eher politisch-propagandistisch markierte Begriffe sind, die hier zunächst gleichbedeutend mit „Volk" als ethnische Einheit verwendet werden. Das Kompositum „Rassenseele" ist eine semantische Hybridbildung, in der der ideologisch markierte Begriff der „Rasse" mit dem theologischen Terminus der „Seele" in unmittelbare Verbindung gebracht wird und ein unhaltbarer direkter Zusammenhang zwischen ethnischer Identität und religiöser Prädisposition hergestellt wird.

Auf der Grundlage dieser politisch-ideologischen definitorischen Festlegungen erscheinen Schlatters Ausführungen in einem anderen Licht. „Jude" wird zum Zeitpunkt des Erscheinens der Schrift nicht mehr in theologisch-neutraler bzw. konfessionell-abgrenzender Absicht benutzt, sondern zum diskriminierenden Pejorativ, zum „kollektiven Feindsymbol, meist in der Singular-Form" bzw. zum „Schimpfnamen für alle dem NS-Regime verhaßten Personen, auch wenn sie keine Juden waren" (Brackmann und Birkenauer 1988: 103). Dass Schlatter hier die Juden als alttestamentliches Volk Israel und die jüdischen Mitbürger seiner Zeit nur zufällig ohne bewusste Intention terminologisch gleichsetzt, erscheint eher unwahrscheinlich, wenn im selben Atemzug die Rede ist von der „Art seiner [jüdischen, J.G.] Rassenseele", „der Jude lügt ...", „dem russischen Juden" oder den „Judengenossen" als Synonym für die sowjetische Regierung, der (nicht nur) in der NS-Ideologie unterstellt wird, Teil einer vermeintlichen sogenannten ‚jüdischen

Weltverschwörung' zu sein; vielmehr scheint er hier bewusst die biblischen Juden mit den vom NS-Regime marginalisierten und verfolgten, von der NS-Propaganda so bezeichneten „jüdischen Staatsfeinden" zu verschmelzen. Wenn Schlatter schließlich zugestehen will, dass „der Jude" als „Fremdkörper" vom Staat „abgesondert", „geduldet" und „ertragen" werden könne und ihm ein „Recht des Daseins zugestanden" werden könne, dann spielt dies mehr als unzweideutig auf die nicht explizit genannte Option an, ihm dieses Recht eben auch nicht zu gewähren und ihn als „Fremdkörper" nicht nur gesellschaftlich auszugrenzen, sondern auch in jeder denkbaren Weise bis hin zur physischen Vernichtung aus dem Staat „abzusondern". Der Begriff *Art* wird hingegen allgemein auf die Christen bezogen, die sich ihrerseits auf die „königliche Art" Jesu berufen, und wird im historischen Kontext nur auf das deutsche Volk und dessen „völkische Gemeinschaft" bezogen. Ebenso spielen „Blut, das wir ehren, weil es uns belebt", der „Boden, der uns trägt" und die „Natur" im Kontext der Zitate eindeutig auf nationalsozialistische Schlüsselbegriffe an. Schlatter lässt sich auf diese Weise auch durch eine fachsprachliche Neuorientierung als vermeintlich unverdächtiger Patriarch der akademischen Theologie noch im hohen Alter als Repräsentant der „völkischen" Theologie instrumentalisieren.

Die Ausführungen der hier exemplarisch angeführten „Mitläufer" Deissmann, Gogarten und Schlatter, die nicht einmal zu den Wortführern der linientreuen NS-Theologie gehörten, machen deutlich, dass die Weiterverwendung im Vorfeld in Teilen unverfänglicher Fach- und Sachwörter, wofern sie im neuen historisch-politischen Kontext zu Schlüssel-, Kampf- und Hetzwörtern geworden sind, zu einer ideologischen Vereinnahmung der wissenschaftlichen Theologie und ihrer Repräsentanten führt. Schlosser beschreibt die Bedeutung von Schlüsselwörtern im Kontext sich wandelnder politisch-historischer Rahmenbedingungen folgendermaßen:

> [...] [P]olitische Leitbilder, die ihre Basis in bewusstseinslenkenden Schlüsselwörtern haben, [können] in historischen Analysen oft unterschätzte, tatsächlich aber entscheidende Faktoren für das politische Handeln sein. Für sie ist geradezu charakteristisch, dass sie dem Handeln oft sogar weit vorauslaufen und Handlungen in Richtungen lenken können, die sich aus den „objektiven" historischen Gegebenheiten allein nicht hinlänglich erklären lassen. Wie die klassischen Utopien, aber auch jedes politische Programm erschaffen die Schlüsselwörter von Leitbildern zunächst eine nur-sprachliche Wirklichkeit, die im weiteren Verlauf entweder erreicht oder verfehlt wird. Sprache ist in diesen Prozessen Medium eines „Probehandelns". Eine der fatalen „Verfehlungen" ereignet sich immer dann, wenn eine ideale Vision und seine tatsächliche Verwirklichung immer weiter auseinanderdriften, das sprachliche Symbol des ursprünglichen Ideals aber unverändert weiter benutzt wird. Aus solchen Situationen entstehen Ideologien, die dann endgültig nur noch als sprachliche Konstrukte funktionieren, vor allem, wenn sie jede Bodenhaftung in der Realität verloren haben. (Schlosser 2016: 283)

Die Rhetorik des *Blutes*, der *Rasse*, der *Art*, der *Ehre*, der *Herrschaft*, des *Führertums* und schließlich auch der *Judenschaft* und des in Gegensatz zum *deutschen Volk* bzw. zum *Deutschen* gestellten paradigmatischen, immer mit den gleichen Eigenschaften stigmatisieren *Juden* ist für diesen Vorgang der Bedeutungsverschiebung beispielhaft: Wenn die aufgeführten Begriffe in den zwanziger Jahren schon zumindest eine nationalromantische, deutschtümelnde, martialisch-reaktionäre und nicht zuletzt auch rassistisch-antisemitische Semantik besaßen, so werden sie in den dreißiger Jahren zu ideologisch starren Kampfbegriffen der nationalsozialistischen Ideologie zugespitzt. Es sind Schlüsselwörter national-konservativer Diskurse der Kaiser- und Zwischenkriegszeit, die als sprachliches Inventar von utopischen Idealvorstellungen eines wiedererstandenen, starken, selbst- und traditionsbewussten, ethnisch einheitlichen deutschen Großreiches ihr Eigenleben führen und zu Beginn des nationalsozialistischen Regimes als politische ‚Hochwertwörter' (vgl. Janich 1999: 120–121) in historischen, gesellschaftspolitischen, aber auch in theologischen Kontexten weiterverwendet werden, wobei sie die neue Wirklichkeit durch die von ihnen transportierten, überlieferten Konnotationen aufwerten sollen. Wie in den folgenden zwei Kapiteln zu zeigen sein wird, wird die semantische Umdeutung von Schlüsselbegriffen auch in der wissenschaftlichen Theologie zum probaten Mittel der regimefreundlichen Argumentation. Dabei machen sich die Autoren hier wie dort die fließende Grenze der theologischen Fachterminologie zur politisch-ideologischen Terminologie zunutze.

5.2 „Religion ist durchaus als Frage und Ringen rassisch gebunden" – Mystifizierung, Archaisierung, Ideologisierung

Vorläufer und Mitläufer, die nicht unmittelbar zu den Protagonisten der regimetreuen Theologie zu zählen sind, werden von Beginn an flankiert von Theologen, die durch ihre vollständige Indienstnahme seitens der nationalsozialistischen Politik für einen kurzen Zeitraum aus der Bedeutungslosigkeit emportauchen und zu Vorreitern der politisierten protestantischen Theologie und zu deren Wortführern aufsteigen. Diese 1933 noch jungen Theologen, die hier paradigmatisch für eine große Anzahl opportunistischer Karrieristen stehen, machen keinen Hehl aus ihrer Gesinnung und setzen die theologische Fachsprache gezielt zur Verbreitung nationalsozialistischen Gedankengutes ein.

Der theologisch dilettierende Publizist Wilhelm Stapel (1882–1954) kann hier an erster Stelle genannt werden, da er bereits vor 1933 eine Reihe von programmatischen Schriften veröffentlichte, die für die terminologische Umorientierung und argumentative Neuausrichtung der protestantischen theologischen Fachsprache wegweisende Akzente gesetzt haben. Zu nennen sind in erster Linie die Publikationen *Antisemitismus und Antigermanismus – Über das seelische Problem der Symbiose des deutschen und des jüdischen Volkes* (Stapel 1928), *Sechs Kapitel über Christentum und Nationalsozialismus* (Stapel 1931) und *Der christliche Staatsmann: Eine Theologie des Nationalismus* (Stapel 1932). Stapel gehört mit diesen Schriften in seiner Eigenschaft als Herausgeber der Zeitschrift *Deutsches Volkstum* (bis 1938), in der zahlreiche renommierte Theologen zu zeitaktuellen politischen Fragen Stellung nahmen, zu den Wegbereitern der regimetreuen protestantischen Theologie und den Vorreitern einer Symbiose von theologischer Fachsprache und ideologischer Propagandasprache. Dabei sind es in erster Linie zwei Aspekte, durch die Stapels Schriften wegweisend für die spätere wissenschaftlich autorisierte Gleichschaltung von universitärer Theologie und Staatsideologie werden. Zum einen handelt es sich um Stapels Reflexionen zur Semantik und Terminologie, die für die theologische Fachsprache relevant sind. Zum anderen vertritt er eine von bedeutenden Theologen in der Folge weiterentwickelte kompromisslose Version der bereits unter Berufung auf Luthers Schriften im Kontext der „Dialektischen Theologie" verwendeten „Zwei-Reiche-Lehre", die die jeweilige aktuelle Staatsmacht grundsätzlich als gottgewollt rechtfertigt und insbesondere während der nationalsozialistischen Diktatur eine maßgebliche Rolle zur Rechtfertigung regimetreuer Haltungen gegenüber der Gewaltherrschaft spielte.

Stapels theoretische Reflexionen zur Sprache können mithin als eine Art Vademecum für eine spezifische theologische Fachsprache gelesen werden, die es ermöglicht, unter der NS-Diktatur eine politisch unauffällige Theologie zu vertreten, ohne Gefahr zu laufen, in begriffliche Konflikte mit der herrschenden Ideologie zu geraten. Dabei kommt eine Strategie zur Anwendung, die einerseits eine strikte Trennung von Staatsräson und religiöser Dogmatik fordert, andererseits aber immer wieder durch Begriffsumdeutungen und terminologische Vagheit staatliches Handeln theologisch legitimiert. Zunächst geht es Stapel um eine allgemeine Definition der Sprache und deren gesellschaftlicher Funktion, wobei er zwischen einer ineffektiven, unheiligen, säkularisierten und mehrstimmigen Sprache unterscheidet, die er mit dem von ihm negativ konnotierten Schlagwort „Diskussion" etikettiert, und einer „Sprache der entschlossenen Verkündigung", die „ewig", „elementar" und „instinktsicher" sei:

> Man kann unserer Zeit nicht nachdrücklich genug Pauli Worte gegen die moras kai apaideutous zeteseis (die albernen und undisziplinierten Diskussionen) (2. Tim. 2, 23), gegen das eitle logomachein (mit Worten streiten) (14) einschärfen. Denn auf diesem Felde siegt notwendig immer die Morologia und Eutrapelia (Geschwätz und Gewitzel) (Eph. 5,4). Man trifft damit auch nicht die *wirklichen* Kräfte der Bewegung. [...] Weil der Nationalsozialis-

> mus eine *elementare* Bewegung ist, darum kann man ihm nicht mit „Argumenten" beikommen. Argumente würden nur wirken, wenn die Bewegung durch Argumente groß geworden wäre. [...] Die Kirche steht also nicht einer „geistigen", sondern einer elementaren, einer aus dem Instinkt kommenden Bewegung gegenüber, die sich gar nicht auf Diskussionen einläßt, sondern die den Gegner niederwalzen will, einer Bewegung, die das Wort nicht zum Diskutieren, sondern zum Aufrufen, zum Fordern, zum Anstacheln und zum Befehlen gebraucht [...]. Der Stil der Diskussion als der Stil der liberalen Epoche ist hier nicht nur unpassend, sondern komisch. Hier gibt es für die Kirche nur den Stil der Verkündigung (Kerygma).
>
> (Stapel 1931: 6–10)

Stapel macht unmissverständlich deutlich, dass das Zeitalter der demokratischen „Diskussionen", die er unter pseudowissenschaftlicher Berufung auf Zitate aus den Paulusbriefen als „albern und undiszipliniert" oder als „Geschwätz und Gewitzel" verunglimpft, vergangen sei und dass die Sprache in der neuen politischen Kräfteordnung vorrangig die Aufgabe habe, „aufzurufen, zu fordern, anzustacheln und zu befehlen", sogar den Gegner verbal „niederzuwalzen". Aus zahlreichen Ausführungen Stapels in derselben Schrift und in anderen Publikationen wird deutlich, dass solche aggressiv-direktiven Sprechhandlungen von ihm keinesfalls negativ bewertet werden. Die weitgehend auf direktive Sprechakte des Befehlens und Verordnens beschränkte Rhetorik der nationalsozialistischen „Bewegung" wird somit zum legitimen Vorbild der kirchlich-theologischen Sprachpolitik, die sich ihrerseits auf das monodirektionale, autoritäre „Verkündigen" konzentrieren solle. Mit dem Fachbegriff des *Kerygmas* als Hauptaufgabe der kirchlichen Rede wird gleichzeitig die christliche Theologie dazu aufgerufen, sich nicht mehr auf vermeintlich fruchtlose, weltliche Diskussionen einzulassen, sondern die von ihr gewissermaßen verwaltete höhere Wahrheit in Form von feststehenden Einsichten zu kommunizieren und als aus ihr abgeleitete Handlungsvorgaben zu propagieren, wodurch sie gleichzeitig der neuen politisch-historischen Realität sprachlich angepasst würden:

> Auch unsere Sprache ist säkularisiert worden, wir müssen erst wieder Gefühl dafür bekommen, daß die Worte Gottes nicht moralische Ermahnungen, in abstruse Vorstellungen einer vergangenen Zeit gekleidet, sind, sondern daß sie heiligende und geheiligte Worte der Ewigkeit sind, die bestehen bleiben, ob auch Himmel und Erde vergehen.
>
> (Stapel 1931: 3)

„Unsere Sprache" ist im obigen Zitat eindeutig als die Sprache der Kirche und der christlichen Theologie zu verstehen, die nach Stapels Auffassung wieder zeitlos, ewig, „heiligend" und „heilig" werden müsse, also, so muss man ihn hier verstehen, autoritär und apodiktisch, unwidersprochen und kompromisslos. Wie dies in der diskursiven, wissenschaftlichen Praxis umzusetzen ist, legt Stapel in einer vor allem in der Hetzschrift *Antigermanismus und Antisemitismus – Über das seelische Problem der Symbiose des deutschen und des jüdischen Volkes* von 1928 ausformulierten Theorie der semantischen Begriffslehre dar, die hier zusammengefasst werden soll, da sie den Umgang mit fachspezifischen Begriffswörtern seitens der theologischen Wissenschaft unter dem NS-Regime vorwegnimmt. Stapel führt über Begriffe und deren Referenten in der außersprachlichen Realität aus:

> Erst das menschliche Denken in seiner „diskursiven" Art trennt die Erscheinungen durch Begriffe voneinander, und umso schärfer, je klarer es denkt. Das wirkliche Leben ist nicht in die Kästen der Begriffe restlos einzuordnen. Gibt es nun darum in der Wirklichkeit keine verschiedenen Gebilde? Erstens: lebende Gebilde können sich zusammenleben, können „eins werden". Der Unterschied zwischen Apfel- und Birnbaum wird aber nicht dadurch wegbewiesen, daß man Birnenreiser auf Apfelbäume pfropfen kann. Zweitens: Verschiedenes Leben kann sich einander Lebenshilfe leisten, kann „auf einander angewiesen sein". Die Glucke wird jedoch nicht dadurch zur Ente, daß sie die untergelegten Enteneier ausbrütet. [...] Und drittens: Es gibt Lebensformen, die man keiner der vorhandenen Gruppen einordnen kann. Beispielsweise: Das Lebensprinzip der Tiere ist ein anderes als das der Pflanzen, obwohl es Wesen gibt, die beides, Tier und Pflanze, sind. Entsprechen darum die Begriffe „Tier" und „Pflanze" nicht der Wirklichkeit? Also sind die Begriffe deutsches Volk und jüdisches Volk nicht bloß *erdacht*, sondern sie sind Begriffe von wirklichen Gebilden, auch wenn es Zwischenformen zwischen den beiden Gebilden gibt.
> (Stapel 1928: 32–33)

Stapel führt seine Überlegungen zunächst mit einem Verweis auf die platonische Begriffslehre ein, um dann festzustellen, dass die unterschiedlichen Erscheinungsformen der Gegenstände und Sachverhalte in der Wirklichkeit in allen ihren Merkmalen nicht immer vollständig von den abstrakten Begriffen als Einheiten des menschlichen Denkens erfasst werden können. Zum Beweis führt er drei Beispiele aus der Biologie an, mit deren Hilfe er seine politisch-theologische Begriffssemantik zu erläutern sucht: die Obstbaumveredelung, das Fremdbrüten und weder der Pflanzen- noch der Tierwelt zugehörige Lebewesen. Allen drei Beispielen ist gemeinsam, dass es sich um Phänomene handelt, bei denen die außersprachliche Realität von hybrider Gestalt ist und sich daher durch keinen eindeutigen abstrakten Begriff beschreiben lässt; weder der veredelte Baum lässt sich eindeutig einer Spezies zuordnen, noch lässt sich etwa der Pilz eindeutig als Pflanze oder als Tier klassifizieren; etwas anders verhält es sich bei Fremdsozialisierungen wie z. B. dem Kuckuck oder dem hier indirekt zitierten Andersenschen „hässlichen Entlein": hier findet nur scheinbar, vorübergehend oder in der Selbstwahrnehmung ein Identitätswechsel statt. Entscheidend in Stapels Argumentation ist jedoch, dass er die auf den ersten Blick nachvollziehbaren Bilder aus der Natur als Beweise für eine im weiteren politischen und theologischen Diskurs charakteristische Begriffssemantik heranzieht. Ihm geht es darum, deutlich zu machen, dass auch abstrakte Begriffe streng voneinander unterschieden werden müssten, um die außersprachliche Realität unverstellt wahrnehmen zu können. Dazu sei es notwendig, Begriffe, die eindeutigen Referenten zuzuordnen seien, definitorisch und rhetorisch ausschließlich auf diese zu beziehen und keiner unverbindlichen Mehrdeutigkeit auszusetzen. Dies würde, Stapels Argumentation zufolge, geschehen, wenn hybride Naturphänomene wie die zitierten Beispiele unzutreffend mit einer Kategorie identifiziert würden, der sie nur teilweise, scheinbar oder nicht eindeutig angehörten. Hier findet der Übergang zur politischen Sprache statt, die in der ‚völkischen' Theologie der Fachsprache Pate steht: In entsprechender Weise sei Stapel zufolge auch der Begriff „deutsches Volk" zu behandeln; dieser sei gleichzusetzen mit einem hypothetischen Konstrukt einer ethnisch einheitlichen Konfiguration, die keine Anteile anderer Ethnien mitbezeichnen soll. Es liegt nahe, dass es dem Antisemiten Stapel in erster Linie um das „jüdische Volk" geht, einen Begriff, den er seinerseits als gedankliche Repräsentation einer homogenen und monolithischen Ethnie verstanden wissen will. Die scheinbar abstrakt-linguistische Operation, die Stapel durchführt, birgt aber in Wahrheit ein nicht zu unterschätzendes Bedrohungspotenzial. Durch seine Monosemierung der Begriffe, die in den exakten Wissenschaften legitim sein mag, in politisch-historischen Diskursen aber auf Konvention und Empirie beruht, betritt er einen antiwissenschaftlichen Argumentationspfad, der in letzter Konsequenz dazu führen muss, die außersprachliche Realität den von ihm präskriptiv verwendeten, abstrakten Begriffen anpassen zu wollen, statt die Phänomene der Welt mit Begriffen und dazugehörigen sprachlichen Etiketten möglichst exakt deskriptiv zu erfassen. Stapels naturwissenschaftlicher Vergleich ist insofern auch bewusst irreführend, als es im Bereich der exakten Wissenschaften im Allgemeinen in der Tat keine uneindeutigen Zuordnungen gibt, insofern eine Ente immer eine Ente bleibt, ein Schwan immer ein Schwan und ein Apfelbaum immer ein Apfelbaum, unabhängig davon, in welchen Umgebungen sie existieren. Bei historischen, politischen und auch bei theologischen Begriffen ist diese geforderte Eindeutigkeit jedoch problematisch. Das „deutsche Volk" ist in dieser Begriffslehre nicht mehr das, was es in der historischen Realität oder auch im allgemeinen Sprachgebrauch tatsächlich ist, sondern ein Gedankenkonstrukt, das auf ideologischen Prämissen beruht. Damit implizieren Stapels Ausführungen eine künstlich herbeigeführte Notwendigkeit der Anpassung der Wirklichkeit an den gedanklichen Idealbegriff, was in letzter Konsequenz zu Gewalt führen muss, wie es Giuseppe Pontiggia prägnant auf den Punkt bringt: „Seit Jahrhunderten tötet man aus terminologischen Gründen und man fährt fort, dies zu tun." (1989: 266).[1] An anderer Stelle führt Stapel zur Terminologie- und Begriffstheorie aus:

---

[1] Eigene Übersetzung aus dem Italienischen. Im italienischen Original: „Si uccide da secoli per questioni di terminologia e si continua a farlo".

> [...] [D]ie Begriffe erhalten ihr Leben erst aus dem Inhalt und Gehalt der *Seele*, und die Erscheinungen des Lebens muß ein jeder sich aus dem deuten, was er in Blut und Seele mit auf die Welt bekommen hat. (Stapel 1928: 21)

> Die Wörter haben nicht nur eine *begriffliche* Bedeutung, sondern auch einen mitklingenden *Gefühls*wert, es schwingt Sympathisches und Unsympathisches, Stolzes oder Peinliches, Freudiges oder Trauriges usw. mit. Bestimmte Worte, Begriffe, Gedanken haben nicht nur für verschiedene Menschen, sondern auch für verschiedene Völker verschiedene seelische Reaktionswerte, die durch gemeinsame geschichtliche Vergangenheit bedingt sind. Dieselben Wörter sind also nicht nur individuell, sondern auch volkhaft verschiedenwertig. Das ist eine sekundäre (geschichtliche) Verschiedenartigkeit, die zu der primären (natürlichen) Verschiedenartigkeit hinzukommt. (Stapel 1928: 49–50)

Mit der in diesen beiden Zitaten ausgeführten Erweiterung seiner Begriffstheorie fügt Stapel der bereits dargestellten Forderung nach Eindeutigkeit insbesondere politisch-ideologischer Schlüsselbegriffe eine weitere, diesmal sehr viel spekulativere Dimension hinzu. Die monosemantische Definition der Begriffe, so führt Stapel aus, entspringe nicht einer empirischen, deskriptiven Erfassung der von ihnen bezeichneten außersprachlichen Wirklichkeit, sondern erwachse „aus dem Inhalt und Gehalt der *Seele*", aus dem, was jeder „in Blut und Seele mit auf die Welt bekommen hat". Der scheinbar wissenschaftliche Ansatz wird nun wiederum ins Hochspekulative, Intuitive gewendet, wenn einerseits begriffliche Eindeutigkeit gefordert wird, andererseits aber keine empirisch nachvollziehbare, sondern eine weitgehend instinktive, gefühlsmäßige Bestimmung des Begriffsinhalts propagiert wird. Auf diese Weise öffnet Stapel der terminologischen Willkür Tür und Tor und legt damit gleichzeitig für die protestantische theologische Wissenschaft das Fundament zu einer ideologisch konnotierten Fachterminologie.

Im zweiten Zitat ergänzt Stapel die denotative Begriffsbedeutung durch konnotative Nebenbedeutungen, die er vage als „Gefühlswert" bezeichnet, den er darüber hinaus nicht nur an die „seelischen Reaktionswerte" einzelner Menschen koppelt, sondern auch für unterschiedliche Völker als „volkhaft verschiedenwertig" darstellt. Es geht ihm hier keinesfalls um übersetzungswissenschaftliche Reflexionen zum unterschiedlichen konnotativen Gehalt äquivalenter Begriffe in verschiedenen Sprachen, sondern vielmehr um in derselben (hier deutschen) Sprache vermeintlich unterschiedliche Begriffsinhalte je nach ethnischer Zugehörigkeit des Sprechers bzw. Sprachnutzers. Den Begriffsinhalten entsprechen dann offenbar wieder, zumindest bei abstrakten Begriffen, unterschiedliche Realitäten:

> Deutsche und Juden haben beide Haß und Liebe. Die *Begriffe* Haß und Liebe sind für beide gleich. Und dennoch ist es ein anderes, wenn ein Deutscher liebt oder haßt, als wenn ein Jude liebt oder haßt. Der Efeu wächst aus demselben Boden wie die Eiche, an der er sich aufrankt. Er gedeiht unter demselben Regen, er kann von demselben Blitze

> vernichtet werden. Auch er hat Wurzeln, Stamm, Blätter, Säfte. Aber der Efeu wäre närrisch, wenn er sagen wollte: Siehe, bin ich nicht auch Eiche? (Stapel 1928: 19)

Mit dem perfiden Vergleich unterschiedlicher Pflanzenspezies, mit denen hier verschiedene Völker gleichgesetzt werden, versucht Stapel im Weiteren deutlich zu machen, dass beim Sprachgebrauch eines Individuums ein Zusammenhang zwischen ethnischer Zugehörigkeit und Begriffsreferenz bestehe. Anders gesagt bestimme Stapel zufolge die ethnische Zugehörigkeit, im nationalsozialistischen Jargon das „Blut", über die außersprachlichen Referenten, auf die ein Sprecher sich mit seinen Aussagen beziehe.

Die hier skizzierten sprachtheoretischen Einlassungen Stapels implizieren für die theologische Wissenschaftssprache Folgendes: Ähnlich wie die politische wird auch die theologisch-wissenschaftliche Begrifflichkeit im Zuge dieser Methode von einer ideologisch bedingten Doppelbödigkeit erfasst: Auf der einen Seite herrscht auch hier die in der Wissenschaft im Prinzip legitime, in den nicht-exakten Wissenschaften eher problematische Anspruchshaltung einer monosemischen Fachterminologie vor. Auf der anderen Seite greift eine an Volk, Kultur und „Blut" gebundene, irrationale exklusive Deutungshoheit Raum, die die Begriffsinhalte weder empirisch noch konventionell oder durch argumentatives Aushandeln festlegt, sondern vielmehr in Form einer apodiktischen, nach ideologischen Maßstäben festgelegten Semantik. Inwieweit diese Methode in die theologische Fachsprache Einzug hält, hängt von den einzelnen Wissenschaftlern ab; in diesem und im folgenden Kapitel kann gezeigt werden, dass eine Reihe der renommiertesten Fachvertreter im Sinne von Stapels terminologisch-semantischer Methode agieren.

Es seien einige weitere Einlassungen Stapels zu Sprache, Terminologie und auch theologischer Begriffssemantik aufgeführt, die merkmalhaft für die Handhabung von Fachbegrifflichkeiten der protestantischen Theologie zwischen 1933 und 1945 sind. So definiert er einige Begriffe aus dem zeittypischen Vokabular damals gängiger ‚Hochwertwörter' wie *Volk* oder *Frieden*:

> Das eigentümliche Gebilde „Volk" ist nicht ein wesenloser *Begriff*, ist auch nicht wie ein Verein oder Staat nur ein Werk menschlichen Willens; sondern es ist eine naturhafte, gewachsene oder zusammengewachsene Einheit, wie der Baum, das Korallenriff, der Bienenschwarm. Volk ist ein Stück *Wirklichkeit*, genau so wirklich wie der einzelne Mensch. (Stapel 1928: 14)

> Aus diesem biologischen Verhältnis erklärt es sich auch, daß das politische Wort „Frieden" bei den Franzosen eine andere Bedeutung hat als bei den Deutschen. [...] Für den Franzosen ist der Frieden ein System von Bindungen, die das unheimliche große Nachbarvolk in Schranken halten. Für den Deutschen ist der Frieden die Freiheit, seine inneren Kräfte zu entfalten. (Stapel 1932: 265–266)

> Hat nicht der Apostel gewarnt vor denen, die Eirene und Asphaleia, paix und fûreté, Frieden und Sicherheit sagen? „Das Verderben wird sie überfallen." (I. Thess. 5,3.) Man muß das Wort Frieden genau nehmen, genau wie man das Wort Feind genau nehmen muß; denn es gehen die Hypokriten allezeit um in der Welt, um unsere Herzen mit den Stricken des Wortes zu fangen.   (Stapel 1931: 20)

> Es genügt nicht, den einen oder anderen „Vers" aus der Bergpredigt herauszusuchen und etwa durch die fälschende Verwandlung des „Liebet eure Echthrous" in „Liebet eure Polemious" die natürliche Sittlichkeit der Völker als erledigt zu erklären. [...] „Liebet eure persönlichen Feinde, liebt die Verhaßten" in „Liebet eure Staats- und Landesfeinde". Staatsfeinde pflegt man nicht zu „hassen", man ist rein sachlich ihr „Feind", weil sie anders wollen und müssen als wir. [...] Menschlich können kämpfende Soldaten einander nicht nur achtungswert, sondern sogar liebenswert finden. Ein ritterlicher Krieg wird persönliche Freundschaften nicht aufheben.   (Stapel 1931: 18–19)

In der Definition des Begriffs *Volk* manifestiert sich ein weiteres Mal die Methode der intuitiv-assoziativen semantischen Begriffsfüllung, wenn mit einer Reihe von Metaphern unter Bezug auf eine vorgeblich *wahrnehmbare Wirklichkeit* der Begriff „Volk" semantisch zugeordnet wird. Der Gegensatz zwischen „ein Werk menschlichen Willens" und „ein Stück Wirklichkeit" soll dabei die außersprachliche Realität dessen, was man als „Volk" bezeichnet, klären, täuscht aber darüber hinweg, dass ein Begriff als abstrakte Denkeinheit eine willkürliche und verhandelbare mentale Operation ist. Eine ebensolche definitorische Operation führt Stapel am Beispiel des Begriffs „Frieden" durch, dem er in verschiedenen natürlichen Sprachen willkürlich völlig unterschiedliche, kulturell bedingte Begriffsinhalte zuordnet, die offenbar ebenfalls auf außersprachlichen realen Fakten beruhen sollten, folgt man Stapels semantischer Theorie. Stapel vollzieht dann auch den Übergang von der Definition des Friedensbegriffs in politischer Hinsicht zum theologischen Friedensbegriff, indem er die griechischen Vokabeln „Eirene" (Frieden) und „Asphaleia" (Schutz, Sicherheit) einander gegenüberstellt und ferner die Unterscheidung „Echthrous" (persönliche Feinde) und „Polemious" (Kriegsfeinde) in die Überlegung einbezieht. Hier wird eine Verbindung zwischen biblischen, theologischen Begriffsdefinitionen und ihren vermeintlichen Begriffsinhalten in der Gemeinsprache hergestellt, wodurch politische Deutungen der Begriffe theologisch legitimiert werden sollen. Die Zuordnungen von Begriff und Definition werden unter Berufung auf Bibelzitate, die zwecks zusätzlicher Beglaubigung mit originalsprachlichem Vokabular ergänzt werden, nach politisch-ideologischen Prämissen vollzogen, so dass etwa das deutsche Wort „Frieden" zu einem aggressiven Expansionsfrieden verzerrt wird. Der Begriff „Feind" wird zu einem ambigen Begriff zwischen politischem Feind und persönlichem Feind, den der Christ lieben soll, statt ihn zu hassen. Da die protestantische Theologie im Laufe der 30er Jahre zwangsläufig auch politische Theologie wird, wird sie diese politischen Umdeutungen biblischer Begriffe weitgehend übernehmen müssen.

Stapels Sprach- und Semantiktheorie ist insofern als Modell für eine theologische Fachsprache ebenso relevant wie verhängnisvoll, als er im Einklang mit propagandistischen Maximen der Goebbelsschen Sprachlenkungspolitik und Sprachplanung (vgl. Schmitz-Berning 2000: IX; Scholten 2000: 19–21) eine unmittelbare Verknüpfung von Wort- und Begriffs*äquivalenz*, ethischer Gleich*wertigkeit* und politisch-sozialer Gleich*berechtigung* postuliert, wie aus folgenden Zitaten hervorgeht:

> Die *formallogische* Gleichheit der *Begriffe* begründet nicht eine *wirkliche* Gleichheit der *Werte*. Die Nationalisten haben mit ihrem die Wirklichkeit überfliegenden Pathos ohne zureichende Begründung aus der Gleichheit der Begriffe eine Gleichwertigkeit und Gleichberechtigung der lebendigen Wesen, von denen diese Begriffe abgezogen sind, gefolgert. Sobald aber das Wesen des Formallogischen erkannt und der Nationalismus überwunden ist, leuchtet diese Folgerung und Forderung nicht mehr ein. Der Wert hängt vom Sein und von der Leistung ab. (Stapel 1932: 247)

> Was nicht gleich*wertig* ist, ist auch nicht gleich*berechtigt*. Wenn Friederike Kempner sich auf eine Stufe mit Goethe, wenn Gustav Nagel sich auf eine Stufe mit dem heiligen Franziskus, wenn die polnische Nation sich auf eine Stufe mit der deutschen stellen würde, so wäre das nicht „gerecht", sondern unsinnig. Immer müssen die geringeren Werte den höheren weichen. Anders ist das Leben nicht möglich. (Stapel 1932: 247)

Auch wenn Begriffe, wie es hier heißt, „formallogisch" gleich, also semantisch äquivalent bzw. synonym sind, weisen sie nach Stapels Auffassung unterschiedliche Wertgehalte auf. Die unterschiedlichen Wertzuordnungen setzt er in einem weiteren Schritt mit einem ‚Mehr' oder einem ‚Weniger' an „Gleichberechtigung" in unmittelbare Verbindung. Was das bedeutet, zeigt sich deutlich im Vergleich der deutschen und der polnischen „Nation". Auch wenn der Begriff *Nation* hier Stapel zufolge identisch sei, habe er in Bezug auf Deutschland einen vermeintlich höheren Wert und damit das angemaßte Recht auf Dominanz und Unterdrückung anderer außersprachlicher Referenten desselben Begriffs. Diese von einer Ideologie der totalitären Willkür geprägte, rational nicht begründbare Begriffstheorie wird am Beispiel des Begriffs der Sprache selbst im Folgenden auf die Spitze getrieben:

> Nun wird es uns deutlich, warum es *Sprachen* und nicht bloß eine einzige Menschheitssprache gibt. Der „Geist" könnte sich mit einer einzigen Sprache begnügen, sowie er sich mit einem einzigen konventionellen mathematischen Zeichensystem begnügt. Aber die *Seele* braucht da sie in jedem Menschen besonders ist, genau so viele besondere Ausdrucksweisen. [...] Weil Völker seelisch verschieden sind, lassen sich die individuellen Sprachen zusammenordnen und abgrenzen zu und gegen Volkssprachen. (Stapel 1928: 47)

> Dichtet nun ein jüdischer Dichter in deutscher Sprache, so kann sein Dichten nie ein natürliches Quellen, ein unmittelbares Laut-werden der Seele sein; denn die Sprache, in der er dichtet, stammt aus einer anderen volkhaften Individuation als er selbst, seine Seele, seine Körperlichkeit. Beide „stimmen" nicht „zusammen". [...] Er gestaltet nicht *aus* der Sprache, sondern *mit Hilfe* der Sprache. Es fehlt seinem „Sprachgebrauch" ein Doppeltes: Erstens das Verhältnis zu dem ursprünglichen, unvermittelten Klangempfinden, aus dem heraus die Sprache so geworden ist, wie sie ist, zweitens das Verhältnis zu der unbewußt mitklingenden Volksgeschichte. (Stapel 1928: 47–49)

Anhand obiger Ausführungen kann Stapels unwissenschaftliche Sprachideologie noch einmal prägnant auf den Punkt gebracht werden, zumal dieser hier erkennen lässt, was in seiner Überzeugung für Begriffsinhalt, Begriffswert und damit Existenzberechtigung der außersprachlichen Referenzen eigentlich bestimmend ist. Es ist nicht die terminologische Semstruktur und nicht einmal die konventionsgemäße Inhaltsseite eines Begriffswortes, sondern offenbar eine vage, im Begriff „unbewusst mitklingende" Repräsentation der „Seele", ja sogar der „Körperlichkeit". Zweck von Stapels Argumentation ist, jüdischen deutschen Schriftstellern die Fähigkeit zum sprachadäquaten Dichten abzusprechen. Unter dem Deckmantel wissenschaftlicher Analyse wird hier mit unpräzisen Kategorien operiert, wenn immer wieder die „Seele", die ihrerseits wiederum von der jeweiligen Volkszugehörigkeit determiniert sei, als Maßstab begrifflicher Bedeutungszuordnung ins Feld geführt wird oder wenn als Voraussetzung für eine adäquate Sprachverwendung ein nebulöses „unvermitteltes Klangempfinden" zu einem vermeintlich indirekten oder mittelbaren Verhältnis zum Klang der Sprache in Gegensatz gesetzt wird. Charakteristisch für die bewusst mehrdeutige Fachsprache der regimetreuen Theologie ist schließlich auch eine künstliche semantische Kontrastierung von eigentlich gleichbedeutenden Funktionswörtern, wie hier z. B. Präpositionen; so unterscheidet Stapel zwischen Textgestaltung *„aus der Sprache"* und *„mit Hilfe* der Sprache", um die Sprache von deutschen Dichtern unterschiedlicher genealogischer Provenienz zu bewerten. Auf diese Weise wird eine Scheindiskrepanz zwischen zwei im vorliegenden Kontext semantisch identischen Syntagmen suggeriert; denn ob ein Schriftsteller *aus* der Sprache, *durch* die Sprache, *mit* deren *Hilfe* oder *mittels* der Sprache Texte verfasst, ist irrelevant. Solche nur auf der Textoberfläche scheinbar divergierenden Spitzfindigkeiten haben jedoch den Zweck, eine besonders sprachsensible und lexikalisch exakte Formulierungskunst vorzuspiegeln.

Charakteristisch für die von etlichen Theologen vollzogene Rechtfertigung des in vielen Punkten auch von ihnen selbst nicht zu bestreitenden Abweichens der nationalsozialistischen Ideologie von Grundprinzipien der christlichen Lehre ist schließlich deren Berufung auf die Luther zugeschriebene sogenannte „Zwei-Reiche-Lehre". In diesem Punkt erweist sich Stapel als ein vehementer Befürworter einer grundsätzlichen Trennung von theologischer Lehre und politischer Realität, um offensichtlich der christlichen Glaubenslehre widersprechende historisch-politische Realitäten nicht im Einzelnen wissenschaftlich-theologisch werten oder verwerfen zu müssen, sondern sie der Sphäre der weltlichen Herrschaft zuordnen zu können, die die Domäne des Glaubens und der Religion nicht unmittelbar betreffe.

> Die Historisierung und Kulturisierung bedeutet ein Hinabziehen des Christentums in den Widerstreit der Kulturwerte. [...] Die Würde des Königs ist weltlich, die des Verkünders Gottes aber ist ewig. Jener hat die Majestät der irdischen Macht, dieser die des Berufenen der Megalosyne en Hypselois (der Majestät im Himmel). (Hebr. 1,3.) So steht die Kirche gegenüber dem Staat. (Stapel 1931: 26–27)

> Besonders beachtet werden muß das Schicksalswort „Houtos die genésthai". Es bedeutet: Im Heilsplan Gottes ist das Strafrecht des Staates eine vorgesehene, eine notwendige Macht. (Stapel 1931: 27)

> Manche haben freilich versucht, Pauli Wort von der „Obrigkeit, die Gewalt über ihn hat" – „denn es ist keine Obrigkeit ohne von Gott; wo aber Obrigkeit ist, die ist von Gott verordnet" – so auszudeuten, als ob mit der Exousia nur eine „Regierung von sittlicher Autorität" gemeint sei. Die Exousia erleidet bei Paulus *keinerlei* Einschränkung: „ou gar estin exousia ei mè hypo theoû." (Stapel 1932: 37)

Wiederum unter Verwendung griechischen Fachvokabulars aus Quellentexten, das auch hier zur bildungssprachlichen Demonstration besonderer Fachkompetenz beitragen soll, propagiert Stapel eine strikte Trennung von politischer und weltlicher Kultur auf der einen Seite und der theoretisch-theologischen Beschäftigung mit christlichen Glaubensinhalten auf der anderen Seite. Die Sprachregelung, die dabei für die Universitätstheologie der NS-Zeit grundlegend sein wird, wird bei Stapel in Grundzügen skizziert: Das Christentum sei als Religion überzeitlich und ewig, überkulturell und überpolitisch. Die Kirche und mit ihr die Theologie stünden damit über dem Staat und den Niederungen des politischen Tagesgeschäftes. Der Staat sei aber dennoch, in welcher Form er sich auch immer manifestiere, Teil des göttlichen ‚Heilsplans', und insofern stehe es Kirche und Theologie nicht an, sich durch Einmischung in die Domäne der staatlichen Macht ‚hinabziehen' zu lassen. Im dritten Zitat versichert Stapel ausdrücklich, dass die von Gott zugelassene staatliche Herrschaft nicht auf christliche Werte gegründet sein müsse, sondern „*keinerlei* Einschränkung" aufweisen müsse, womit gewissermaßen ein Freibrief für kirchliche und theologische Betätigung im Einklang mit jeder denkbaren, auch totalitären, Gewalt verherrlichenden und verbrecherischen Staatslenkung ausgestellt wird.

Mit Martin Redeker (1900–1970) richten wir das Augenmerk auf einen institutionell im Universitätsbetrieb verankerten Fachtheologen, der als typischer

Vertreter des ideologisch gleichgeschalteten, protestantisch-theologischen Mitläufertums, das die zahlreichen theologischen Fachinstitute ab 1933 zu großen Teilen prägt, gelten kann. Redeker war ab 1936 Inhaber des Lehrstuhls für Systematische Theologie an der Universität Kiel als Nachfolger von Hermann Mulert, der aufgrund seiner regimekritischen Haltung seine Lehrtätigkeit aufgeben musste und in den unfreiwilligen Ruhestand gezwungen worden war. Redeker wurde 1945 des Amtes enthoben, konnte aber ab 1949 zunächst an der Pädagogischen Hochschule Kiel eine Professur antreten und auch wieder an der Kieler Christian-Albrechts-Universität Systematische Theologie lehren. Redeker kann als systemtreuer Theologe par excellence gesehen werden, insofern er politisch-ideologische Vorgaben des Regimes explizit und massiv in seine theologische Lehr- und Forschungstätigkeit inhaltlich und begrifflich integrierte.

Redeker gehörte zu einer jungen Theologengeneration, die ihre wissenschaftliche Karriere im NS-Staat durch bedingungslosen Opportunismus voranzutreiben bemüht waren und sich nach 1945 neu orientieren mussten, was ihnen durch vollständige Umwandlung ihres fachlichen Habitus vom politischen Bannerträger einer politisch stark engagierten Theologie zu einem vollständigen Rückzug in eine gesellschaftspolitisch unbeteiligte Forscherhaltung weitgehend gelang. Bezeichnend dafür ist in Redekers Schriften aus den 30er Jahren die ideologische Anpassung der theologischen Fachsprache durch Verwendung von zeittypischen gesellschaftspolitischen Schlagworten und propagandistischem Vokabular. Dies wird bereits in seiner 1929 eingereichten Inaugural-Dissertation mit dem Titel *Humanität, Volkstum, Christentum in der Erziehung* deutlich:

> Es ist ein Kennzeichen für die Tiefe der gegenwärtigen Wandlung unseres gesamten Volkslebens, daß neben den anderen Lebensbereichen auch die Erziehung einen Umbruch von elementarer Gewalt erfährt. Es handelt sich dabei nicht um eine bloße Reform, die die Erziehung einer neuen Situation anpaßt, sie gewissermaßen gleichschaltet, sondern um eine radikale, d. h. bis an die Wurzeln gehende Wendung und Neubesinnung der Erziehung. Deshalb ist der neue erzieherische Wille von dem leidenschaftlichen Forschen nach den letzten Wesenstiefen der Erziehung und ihren eigentlich tragenden Kräften erfüllt. [Meine Hervorhebungen, J.G.] (Redeker 1934: 5)

> Sinnlos und verantwortungslos wäre es aber, wenn der christliche Glaube und seine Theologie dieselbe kulturkritisch-nihilistische Haltung, die gegenüber der selbstgenügsamen liberalistischen Kultur berechtigt war, gegenüber dem neuwerdenden deutschen Volksleben und der neu sich bildenden völkischen Kultur einnehmen wollte. Es geht in unserem Volk jetzt um die Erziehung zur Verantwortlichkeit gegenüber dem Volksganzen. Die Selbstsucht und Icheinsamkeit des liberalistischen Menschen soll durch die Bereitschaft zum Opfer und den restlosen Einsatz für die Volksganzheit überwunden werden. Diese Haltung begründet ein neues Verhältnis der werdenden Volksganzheit zur christlichen Verkündigung. Wo überhaupt wieder Verantwortung für die Ganzheit als Pflicht und Schicksal empfunden wird, entsteht eine neue Empfangsbereitschaft für den

Gehalt des Evangeliums. Denn das Evangelium ist die Botschaft von der Offenbarung Gottes in Christus und stiftet eine neue Gemeinsamkeit der agape. [Meine Hervorhebungen, J.G.]

(Redeker 1934: 16)

Redeker präsentiert sich in seiner Promotionsschrift früh als ausdruckssicherer Vasall einer nationalen Theologie im Sinne der aktuellen Staatsideologie. Die in den zitierten Textpassagen gekennzeichneten Nominalphrasen entsprechen etwa dem, was Klemperer in LTI als das „Volkstümliche" in der Rede bezeichnet: „je sinnlicher eine Rede ist, umso volkstümlicher ist sie". Klemperer fügt hinzu: „Von der Volkstümlichkeit zur Demagogie oder Volksverführung überschreitet sie die Grenze, sobald sie von der Entlastung des Intellekts zu seiner gewollten Ausschaltung und Betäubung übergeht" (1975 [1947]: 70). Die Abwendung Redekers von einer Sprache, die den Intellekt anspricht, ist unübersehbar: Emphatisierende, hyperbolische Adjektive wie *elementar, radikal, leidenschaftlich, restlos* etc. werden mit Substantiven verknüpft, die das omnipräsente „Völkische" repetitiv mit Ausdrücken der Dynamik wie *Wandlung, Umbruch, Wendung, Neubesinnung* verbinden. Im zweiten Zitat kommen stereotype Partizipialbildungen wie *werdend, neuwerdend, neu sich bildend* hinzu. Das Ganze wird mit martialisch-heroischem Vokabular verknüpft wie *(Wesens)Tiefe, Gewalt, Bereitschaft zum Opfer, Einsatz, Schicksal*, das aus der Kriegsrhetorik des Weltkrieges noch geläufig ist und auch einen Bogen zu religiös-kultischen Wortfeldern schlägt. Dabei wird ein unmittelbarer Bezug zur christlichen Religion hergestellt, ohne dass es besonderer Begründungen für diese Vorgehensweise bedarf. Die geballte Rhetorik des „völkischen" Wandels und der nationalen Neuausrichtung des Denkens und Lebens fügt sich geschmeidig an ähnlich klingende, im theologischen Kontext übliche religiös-theologische Formulierungen: Auch hier gehört zu den fundamentalen persuasiven Redefiguren der Ausdruck der Hoffnung auf etwas Neues, das in Form der *Offenbarung* angekündigt wird; zudem werden Aspekte der Gemeinschaftlichkeit und der *Empfangsbereitschaft* für das Neue bzw. für die kommende Heilsperiode hinzugesetzt. Durch diese Gleichsetzung völkisch-nationalistischer Entwicklung in Richtung auf ungeteilte und gleichgeschaltete *Volksganzheit* und christlicher Heilserwartung, die gleichzeitig durch das Schlagwort des *liberalistischen Menschen* in Kontrast zu Individualismus und Vereinzelung gesetzt wird, entsteht ein Parallelismus zwischen Politik und Geschichte auf der einen Seite und Religion und Glauben auf der anderen Seite, der durch sachliche Argumentation kaum begründet werden könnte. Dass es sich hier bereits um rhetorische Strategien des faschistischen Redners handelt, erläutert Volmer einleuchtend in einem Aufsatz zur Rhetorik des Nationalsozialismus:

> Für die lexikalische Erstarrung sind vor allem die hohen Gebrauchsfrequenzen verantwortlich; die inflationäre Verwendung führt darüber hinaus zu einer Entwertung der Adjektive als attributive Qualifikatoren. Bei vielen Rhetoren, vor allem bei Hitler selbst, ist dementsprechend ein Prozeß der Desensibilisierung gegenüber dem semantischen Wert und der syntaktischen Leistung von Adjektiv-Attributionen zu beobachten. Eine der Strategien, mit der die faschistischen Redner diese Verarmung ihrer Ausdrucksmittel zu kompensieren suchen, liegt in der Vermehrung der attributiven Glieder, d. h. einer Verdoppelung oder Verdreifachung der qualifizierenden Adjektive. (Volmer 1995: 143)

Inflationäre Verwendung, semantische Entwertung und semantische Desensibilisierung nicht nur der Adjektivattribute, sondern auch der den Textsinn konstituierenden Substantive sind in Redekers Fachtext deutlich zu beobachtende Redemittel. Dieser Text kann paradigmatisch für eine umfassende rhetorische Neuausrichtung der theologischen Fachsprache im Dienst des Regimes stehen. Im Falle Redekers ändert sich der bereits vor der Machtergreifung vorweggenommene Sprachduktus während der Diktatur nicht wesentlich; er wird nur noch deutlich expliziter und martialischer, womit der Theologe Redeker ebenfalls exemplarisch für eine ganze Generation seiner Zunft stehen kann. So heißt es in 1938 und 1939 gehaltenen und im ersten Kriegsjahr veröffentlichten *Rundfunkpredigten aus der Universitätskirche in Kiel* nunmehr unzweideutig und in vollständigem Einklang mit der rassistischen, totalitären Staatsideologie:

> Das deutsche Volk der Gegenwart lebt in dem Bewußtsein, daß wir in ganz großen weltgeschichtlichen Auseinandersetzungen stehen. Wir gehen diesem Kampf unseres Volkes um <u>Lebensraum</u> und eine bessere Zukunft bewusst und entschlossen entgegen. [Meine Hervorhebungen, J.G.] (Redeker 1939: 17)

> Was im <u>Weltjudentum</u> und im Materialismus an <u>satanischer Kraft der Zersetzung</u> sich zusammenballt, sehen wir allzu deutlich. Aber darüber hinaus: bei uns selbst ist dieser Feind. Was in früheren Jahrzehnten durch freidenkerischen Spott über Religion und Christentum an seelischen Werten in unserem Volke vernichtet worden ist, das ist das Werk des <u>altbösen Feindes</u>, der sich heute geschickt zu tarnen versteht. [Meine Hervorhebungen, J.G.] (Redeker 1939: 18–19)

> Heute ist unser Volk in einen <u>ungeheuer schweren Daseinskampf</u> verstrickt. Wir können ihn nur bestehen, wenn wir stark sind und vor allen Dingen die seelischen, die sittlichen und die religiösen Kräfte entfalten und fördern. [...] Hier tritt das hervor, was große deutsche Männer bei Christus gesucht haben. [...] Wahrhaft stark, tapfer, heldisch ist derjenige, der seiner Berufung unter allen Umständen treu bleibt und um dieser <u>Treue und Ehre</u> willen einen <u>Kampf</u> mit einer Welt von Feinden nicht scheut. [...] So schildern uns alte germanische Sagen <u>die starken Helden</u>. Das sind <u>die Recken</u>, die den <u>Kampf gegen die Dämonen</u> aufnehmen [...]. Solche <u>heldische Größe</u> in <u>Treue gegen seine Berufung</u> sehen wir in letzter Vollendung und Herrlichkeit bei Jesus Christus. Das ist Stärke in Gott. [Meine Hervorhebungen, J.G.] (Redeker 1939: 19–20)

> Die Herzenshärtigkeit, überlieferte Fehler und Schwächen, die Sünde muß verbrannt werden. Jesus nahm in letzter Schärfe den Kampf mit dem Judentum auf. [...] Das Feuer des Lebens Jesu ist Liebe, und diese Liebe ist nicht etwas Weiches und Rührseliges, sie ist Wille und Macht. [Meine Hervorhebungen, J.G.] (Redeker 1939: 25)

> Das Edelste, der metallene Kern der Seele unseres Volkes, soll aufglühen in dem Feuer, das Jesus auf die *Erde gebracht hat, wie einst an den Höhepunkten der Geschichte unseres Volkes.* Jüdischer Pharisäismus und seine Selbstgerechtigkeit wird sich diesem Läuterungsfeuer verschließen. Aber die deutsche Seele soll ihm begegnen. Lasset uns darum ringen und beten, daß dieses Feuer Jesu Macht in unserem Leben gewinne. [Meine Hervorhebungen (Unterstreichungen), J.G.] (Redeker 1939: 27)

Die zitierten Textstellen verdeutlichen aufgrund einer Reihe von Merkmalen die nunmehr vollständige Gleichschaltung auch der protestantisch-theologischen Fachsprache bei Redeker, die hier an der Schnittstelle von Wissenschaft und Verkündigung in öffentlich gehaltenen und durch das Radio weite Verbreitung erzielenden Predigten in Universitätsgottesdiensten in den bedingungslosen Dienst der Politik getreten ist. Eine Reihe von propagandistischen Schlagworten der nationalsozialistischen Ideologie haben Einzug in den theologischen Diskurs gehalten, darunter z. B. *Lebensraum, Zersetzung, Weltjudentum, Daseinskampf, Treue* und *Ehre*. Bezeichnend sind auch hier wieder die bewusst gestreuten Parallelismen von politisch-ideologischer und theologischer Lexik. So wird der propagandistische Begriff *Weltjudentum* mit Attributen wie *satanisch* und *altböser Feind* in Verbindung gebracht, letzteres ein Zitat aus Luthers Kirchenlied „Ein feste Burg ist unser Gott", das den Zuhörern geläufig gewesen sein dürfte. Darüber hinaus werden durch gezielt eingesetzte Begriffspaare völkische und christliche Werte miteinander identifiziert:

> seelische Werte im Volk – seelische, sittliche, religiöse Kräfte
> Helden/Recken – Christus
> heldische Größe / Treue – Herrlichkeit bei Jesus (Redeker 1939)

Mit derselben Funktion erscheint auch der Parallelismus *ringen - beten*, ersteres Verb ein Hochwertwort, das in der NS-Ideologie inflationär im Zusammenhang mit Begriffen wie *Daseinskampf* und vergleichbaren Etikettierungen für die Zielsetzungen totalitärer Politik verwendet wird, während *beten* in den Bereich religiöser Innerlichkeit zurückverweist.

In der theologischen Fachsprache ist die Identifizierung der modernen Juden mit den alttestamentlichen Juden und Pharisäern, wie bereits gesehen, ein naheliegendes rhetorisches Verfahren, mit dem die rassistische Politik des NS-Regimes auch theologisch gerechtfertigt werden soll. Hinzu kommt eine mit Mitteln einer märchenhaft-heroischen, archaisierenden Sprache vollzogene

Gleichsetzung der christlichen Deutschen mit Helden der germanischen Sagenwelt. Diese rhetorisch geschickte Verflechtung von Versatzstücken aus der germanischen, eigentlich heidnischen Überlieferung mit christlicher Semantik stellt eine Tendenz der theologischen Rhetorik im NS-Staat dar, die besonders durch den Schriftsteller und Pastor Gustav Frenssen in seiner nationalistisch-antisemitischen Hetzschrift *Der Glauben der Nordmark* (1936) auf die Spitze getrieben wurde und offenbar in Teilen auch in die universitäre Wissenschaftssprache eingeflossen ist.

Martin Redeker gelangte nach einer Unterbrechung von wenigen Jahren 1949 wieder in Amt und Würden und lehrte als Ordinarius für Theologie weitere 20 Jahre bis zu seiner Emeritierung im Jahre 1968, nicht ohne am Ende seiner akademischen Karriere im Zuge der politischen Unruhen der ausgehenden sechziger Jahre massiven Anfeindungen seitens der kritischen Studentenschaft aufgrund seines Wirkens zwischen 1933 und 1945 ausgesetzt gewesen zu sein. Seine wissenschaftliche Nachkriegsproduktion beschränkt sich auf unverfängliche Veröffentlichungen lokalgeschichtlicher Art wie *Das Kieler Kloster in der Geschichte Schleswig-Holsteins und seiner Landesuniversität: Zur 10. Jahresfeier des Theologischen Studienhauses Kieler Kloster* (Redeker 1960) oder biographischer Art wie *Friedrich Schleiermacher: Leben u. Werk (1768–1834)* (Redeker 1968). Darüber hinaus beschäftigte sich Redeker nach 1945 mit der Theologie des beginnenden 19. Jahrhunderts und trat als Herausgeber der Werke Friedrich Schleiermachers im Rahmen einer neu begründeten Schleiermacher-Forschungsstelle an der Kieler Fakultät in Erscheinung. Es zeigt sich hier, dass eine abrupte Neuausrichtung der Forschungsthematiken und, damit einhergehend, eine ideologisch-politisch unauffällige Fachsprache einen wissenschaftlichen Neubeginn an einer wenn auch formal entnazifizierten bundesdeutschen Universität ermöglichten, und Redeker ist in dieser Hinsicht offenbar kein Einzelfall. Fachterminologie und Fachbegrifflichkeit erscheinen hier als willkürlich adaptierbare Ausdrucksmittel, die je nach ideologischem Überbau modifizierbar sind, ohne ein solides wissenschaftlich-sachliches Fundament zu haben, das sich gegenüber zeit- und zeitgeistgebundenen Tendenzen zu behaupten in der Lage wäre.

Ähnlich wie Martin Redeker gehört auch Walter Grundmann (1906–1976) zu den in der Zeit des nationalsozialistischen Regimes stark kompromittierten Wissenschaftlern, die dennoch nach 1945 als Universitätstheologen ihre Karrieren fortsetzen konnten, letzterer in der DDR an verschiedenen theologischen Ausbildungsstätten. Grundmann lehrte ab 1936 als Neutestamentler an der Universität Jena und war darüber hinaus von 1939 bis 1945 Leiter eines in Eisenach neu gegründeten *Instituts zur Erforschung und Beseitigung des jüdischen Einflusses auf das deutsche kirchliche Leben*, dem neben zahlreichen Pfarrern und Kirchenbeamten über 25 Theologieprofessoren von zahlreichen deutschen Universitäten, darunter auch Martin Redeker, angehörten. Grundmann, mit offiziellem akademischem Titel „Professor für Völkische Theologie und Neues Testament" an der Universität Jena, war wissenschaftlicher Leiter des Instituts, für dessen wissenschaftliche Arbeit

> [...] bis 1941 ca. 180 Mitarbeiter, darunter 24 Universitätsprofessoren von 14 evangelisch-theologischen Fakultäten sowie kirchliche Würdenträger und aufstrebende Gelehrte zur ehrenamtlichen Gemeinschaftsarbeit in Arbeitskreisen und an Forschungsaufträgen sowie zu Publikationstätigkeiten gewonnen [wurden]. (Arnold und Lenhard 2015: 42)

Grundmann war ferner einer der Mitbegründer und Theoretiker der regimetreuen Organisation der *Deutschen Christen* und wirkte an deren Programm mit. Er entwarf die *28 Thesen der sächsischen Volkskirche zum inneren Aufbau der Deutschen Evangelischen Christen*, die 1933 für die Gesamtbewegung der *Deutschen Christen* übernommen wurden (Grundmann 1935, vgl. Scholder 2000: 28). Insofern gehört Grundmann zu den politisch aktivsten protestantischen Theologen, die die menschenverachtende Politik des NS-Staates wie auch die Gleichschaltung von Kirche und institutionalisierter Theologie in Schriften und anderen Forschungsaktivitäten federführend vorangetrieben haben.

Grundmann begann seine Universitäts- und Wissenschaftlerkarriere erst während des NS-Regimes und beförderte diese durch aktive Verbreitung der neuen Staatsideologie im theologischen Umfeld. Während etwa Hirsch und Althaus bereits den Gipfel ihrer Wissenschaftskarriere erreicht hatten, ist die Ideologie der neuen Zeit für Grundmann Mittel zum Zweck für eine erfolgreiche Professorenlaufbahn. Seine Schriften aus dem Zeitraum von 1933 bis 1945 haben somit auch unzweideutige Titel wie *Gott und Nation. Ein evangelisches Wort zum Wollen des Nationalsozialismus und zu Rosenbergs Sinndeutung* (1933a), *Religion und Rasse. Ein Beitrag zur Frage „nationaler Aufbruch" und „lebendiger Christusglaube"* (1933b), *Totale Kirche im totalen Staat* (1934), *Völkische Theologie* (1937), *Die Entjudung des religiösen Lebens als Aufgabe deutscher Theologie und Kirche* (1939) etc. Bereits die Titel verdeutlichen, dass hier von Fachsprache kaum noch die Rede sein kann, sondern eine vollständige Übernahme des politisch-ideologischen Jargons der Nationalsozialisten vollzogen wurde.

Kämper-Jensen stellt generell in Bezug auf die geisteswissenschaftliche Fachsprache im NS-Staat und auf eine „Beschreibungssprache, die mystifiziert und verdunkelt, statt zu klären und zu erhellen", fest:

> Unter diesen Voraussetzungen kann sich eine ‚Wissenschaftssprache' entfalten, die Mystizismen an die Stelle von Termini setzt, Archaismen an die Stelle durchsichtiger Beschreibungssprache, unerträgliches lautes Pathos an die Stelle wissenschaftlichen schlichten Realismus. [...] Die Beschreibungssprache aus diesem Geist hat nichts mit wissenschaftlicher

> Objektivität und Prägnanz zu tun, kann sie, soll sie auch gar nicht. Denn die Wertung ist ja der eigentliche Zweck - gute Sprache ist die volkstümliche Sprache, Soldatensprache, Sportsprache.
> (Kämper-Jensen 1993: 180)

Im Falle der theologisch-wissenschaftlichen Fachsprache kommt ein entscheidender Aspekt hinzu: Wie bereits Frind feststellt, zeichnet sich die nationalsozialistische Propagandasprache durch zahlreiche lexikalische und phraseologische Entlehnungen aus dem religiösen Bereich aus, wobei religiöse Termini „teilweise [...] ihrer ursprünglichen Bedeutung entkleidet und mit neuen Inhalten erfüllt, zum anderen Teil mit ihrem Sinngehalt übernommen und in ein neues Beziehungsgefüge gestellt [werden]" (Frind 1966: 133). Dies führt umgekehrt in der theologischen Fachsprache zwangsläufig dazu, dass bereits vorhandene Fachbegriffe neben ihrer theologischen Bedeutung eine zusätzliche politische Konnotation erhalten oder sogar vollständig politisiert und ideologisiert werden.

So ist bei Grundmann das biblische *Judentum* identisch mit den damaligen jüdischen Mitbürgern, wenn er propagiert:

> Die Frage Jesus und das Judentum muss zur Klärung gebracht werden. [...] Die Selbstverständlichkeit, mit der man bisher die Frage nach dem inneren und äußeren Zusammenhang Jesu mit dem Judentum bejaht hat, wird unter dem Druck des Tatsachenmaterials mehr als fragwürdig.
> (Grundmann 1939: 17–19)

In derselben Schrift, die auf der Grundlage einer Rede anlässlich der Institutseröffnung 1939 auf der Wartburg in Eisenach publiziert wurde, fügt Grundmann hinzu, „dass aus Liturgie und Liedgut die Zionismen verschwinden müssen [...]" (Grundmann 1939: 19). Heschel bestätigt, dass Grundmanns Schriften im Weiteren „christlich-theologische Grundlagen für den Antisemitismus der Nationalsozialisten [liefern]", und weist anhand zahlreicher Schriften des Theologen nach, dass „zum größten Teil [...] seine Behauptungen und die des nationalsozialistischen Antisemitismus gleich" seien (Heschel 1994: 153). Bei der Betrachtung der Werke Grundmanns, die während der Aktivität des Eisenacher Instituts entstanden sind, zeigt sich nicht nur in den explizit propagandistischen Veröffentlichungen, sondern auch in den stärker fachtheologisch konzipierten Schriften des „Instituts zur Erforschung und Beseitigung des jüdischen Einflusses auf das deutsche kirchliche Leben" eine wenig subtile semantische Strategie zur begrifflichen Bedeutungsverschiebung, die dann jeweils für konkrete politische Deutungen im Zuge der zeitgenössischen Religionspolitik umgesetzt werden.

Im Vorwort einer Aufsatzsammlung umreißt Grundmann die theologische Zielsetzung der Forschungsarbeit des Instituts:

> Die Arbeit des Instituts dient dem deutschen Volk, dem Suchen und Kämpfen der deutschen Seele. [...] Zu den Fragen der Seele und des Gemütes gehört die religiöse Frage.

> Hier zu prüfen, was uns die Vergangenheit an Werten überliefert hat und was an Gefahren in ihr liegt, um den Weg in die Zukunft in echter Verbundenheit mit den Werken der Vergangenheit und in klarer Überwindung der in ihr liegenden Gefahren gehen zu können, ist der eigentliche Sinn unserer Arbeit. (Grundmann 1940: o. S.)

Es geht offenbar um eine angeblich überfällige „Prüfung" der „Werte der Vergangenheit", also der christlichen Überlieferung, die vermeintliche „Gefahren" enthalte, die es zu überwinden gelte. So finden sich im Artikel *Die Arbeit des ersten Evangelisten am Bilde Jesu* eine Reihe von Gegensatzpaaren, die die neue theologische Grundtendenz umreißen:

Matthäusevangelium	Johannesevangelium
↓	↓
Schriftgelehrter palästinischer Herkunft	vierter Evangelist, Christ
judenchristliche Gemeinden	Weg des Christentums in die hellenistische Welt
juden-christlich bestimmtes Bild Jesu	wirkliches Bild Jesu
Juden: gegen Jesus stehende Welt	kommendes Äon, Wiederkunft Christi
jüdischer Messiasbegriff	das Gottesgeheimnis Jesu enthaltender Logosbegriff
judenchristliche Dogmatik	Umwandlung /Überwindung
Davidsohnschaft / Bethlehemgeburt	durchdachtes Vater-Sohn-Verhältnis
↓	↓
modernes Judentum (Grundmann 1940: 77–78)	deutsche Christenheit der Gegenwart

Jeweils nach dem Muster exegetischer, neutestamentlicher Bibelphilologie setzt Grundmann in seinem Text Aussagen des Matthäusevangeliums und des Johannesevangeliums konkordanzartig in Kontrast zueinander, wobei, seiner Argumentation folgend, das Matthäusevangelium weitgehend ein Produkt traditionellen, alttestamentlichen, also jüdischen Denkens sei, wobei sich der Begriff „jüdisch" hier zunächst noch auf das historische jüdische Volk der Bibelüberlieferung bezieht. Das jüngere Johannesevangelium stellt Grundmann als die eigentliche christliche Urschrift dar, mit der sich das neutestamentliche Christentum vom jüdischen Glauben des Alten Testaments endgültig emanzipiert habe. Aufschlussreich ist hier die Zuordnung von Begriffen zu den jeweiligen semantischen Feldern „jüdisch-alttestamentlich-palästinisch" (Matthäus) auf der einen und „christlich-hellenistisch-zukünftig" (Johannes) auf der anderen Seite. Dabei werden ersterem semantischen Feld jeweils eher negativ konnotierte Attribute zugeordnet, letzterem durchweg positive und im zeithistorischen Kontext der 1930er und 1940er Jahre ideologisch geläufige Hochwertbegriffe. So ist Matthäus lediglich ein „Schriftgelehrter", Johannes hingegen ein „Christ". Das erste Evangelium ist noch in einer „gegen Jesus stehenden Welt" befangen, Jesus ist Nachfahre des alttestamentlichen Königs David und das dem ‚wahren' Christentum vermeintlich entgegengesetzte Attribut „judenchristlich" wird monoton repetiert. Als positives Gegenmodell wird die Jesusdarstellung des vierten Evangelisten beschrieben, die mit Attributen wie „wirklich", „kommend", „durchdacht" ausgestattet wird sowie mit Substantiven wie „Überwindung", „Umwandlung" usw., die den Moment eines historisch-kultischen Neubeginns kennzeichnen sollen. Soweit scheint es sich zunächst um einen theologischen Diskurs zur Evangelienexegese zu handeln; als Konsequenz aus den neutestamentlichen Lektüren wird aber jeweils ein Bogen zur politisch-gesellschaftlichen Gegenwart des NS-Staates geschlagen, wodurch die theologische Begrifflichkeit in ein ganz anderes Licht gerückt wird:

> So offenbart der Gegensatz zwischen Matthäusevangelium und Johannesevangelium, [...] daß in der Urchristenheit bereits jenes Ringen um das wirkliche Bild Jesu angehoben hat, das in der deutschen Christenheit der Gegenwart unter dem Eindruck des neu lebendig gewordenen Gegensatzes gegen das Judentum erneut aufgebrochen ist.
> (Grundmann 1940: 78)

Die in obigem Zitat vollführte Gleichsetzung eines Gegensatzes zwischen biblischem Judentum und neu entstehendem Christentum hier und dem von der nationalsozialistischen Propaganda instrumentalisierten Gegensatz zwischen Deutschen und Juden dort hat rückwirkende Konsequenzen für die vorher noch ansatzweise wissenschaftlich-neutral erscheinende Begrifflichkeit der exegetisch-theologischen Fachsprache. Alles, was im theologischen oder bibelkundlichen Zusammenhang über biblisches Judentum, biblisch-jüdische Geschichte, Religion, Gesellschaft und Tradition ausgesagt wird, wird unmittelbar mit einem argumentativ nicht nachvollziehbaren Aktualitätsbezug flankiert; dasselbe gilt für die Gleichsetzung der Überwindung des alttestamentlichen Gesetzesglaubens durch das auf Jesu Leben und Lehre zurückgehende Christentum mit der historisch-ideologischen Wende des Jahres 1933. In einer programmatischen Schrift von 1933 führt Grundmann unter Bezugnahme auf Alfred Rosenbergs Rassentheorien aus:

> Religion ist durchaus als Frage und Ringen um Antwort rassisch gebunden. [...] Germanisches Christentum ist anders als romanisches oder slawisches. Die Art und Form des Christuserlebens, der Ausdruck dieses Erlebens in Theologie und Kunst, die Gestaltung dieses Erlebens in Kultur und Sitte, das alles ist rassisch bedingt und soll sich von den rassischen Gegebenheiten aus entfalten.   (Grundmann 1933a: 89)

Die Überzeugung von der nationalen und völkischen Exklusivität des deutschen Christentums dient bis 1945 weitgehend als spezifisches Grundaxiom für theologisches akademisches Schreiben. Nicht alle Theologen befleißigen sich dabei einer expliziten Ausdrucksweise wie Grundmann und andere Vorreiter der gleichgeschalteten protestantischen Universitätstheologie und Kirche im Gefolge der Deutschen Christen. Dennoch zeichnet sich hier eine Strategie ab, hinter deren semantisch-begriffliche Konsequenzen zurückzugehen auch für ideologisch gemäßigtere Wissenschaftler nur schwer möglich ist:

> Im Lichte einer prophetisch-biblischen Geschichtswelt erscheint die Zerstörung rassischer Kräfte und ihre Nichtachtung zugleich als eine Sünde gegen Gott als den Schöpfer der Rasse. Die Hochachtung der Rasse steht unter dem Gesichtspunkt des Gehorsams gegen Gott. [...] Gott, der ein Gott der Kräfte ist, kann schwindende rassische Kräfte erneuern. Es liegt am Volk und den Menschen, wie es sich zu Gott stellt. Zu Gott zu rufen, auf diese letzte entscheidende Frage hinzuweisen, das ist die Aufgabe der christlichen Kirche, der Christen an der nationalsozialistischen Bewegung. (Grundmann 1933a: 98–99)

> Die Frage des Verhältnisses, das Jesus zum Judentum hat, ist keine Frage, die erst in der deutschen Gegenwart und durch sie lebendig geworden wäre. Es ist vielmehr eine in den Grund einer geschichtlichen Entwicklung eingesenkte Wesensfrage. [...] In seinem Kreuz ist seine Verwerfung von Seiten des Judentums erfolgt. Und die Geschichte des jungen Christentums erweist, daß man sich dieses Gegensatzes bewußt gewesen ist und im Juden den eigentlichen Feind des Christentums sah. (Grundmann 1940: 1–2)

> Aus der unserer Zeit geschenkten Erkenntnis der Einheit seelischer Haltung und blutsmäßigen Erbes ergibt sich mit Notwendigkeit, daß aller Wahrscheinlichkeit nach Jesus, da er aufgrund seiner seelischen Artung kein Jude gewesen sein kann, es auch blutsmäßig nicht war, wofür wir bei der Frage nach seiner völkischen Zugehörigkeit einige wichtige Gesichtspunkte gewannen, die diese Beobachtung unterstützten. (Grundmann 1940: 205)

Die drei Zitate veranschaulichen Grundmanns Verfahrensweise der traditionellen, scheinbar historisch-kritischen Bibelexegese, die hier aber letztlich als Fundament eines politischen Manifestes dient, mit dessen Hilfe die protestantische Theologie und ihre Fachterminologie ‚völkisch'-nationalsozialistisch ausgerichtet werden sollen. Im Text von 1933 wird zunächst der nationalsozialistische Rassenbegriff im Sinne der Rosenbergschen Rassentheorien in den theologisch-protestantischen Diskurs eingeführt. Der christliche Gott als Schöpfergott wird als Schöpfer der Menschheit zugleich auch zum Schöpfer der unterschiedlichen Ethnien erklärt, woraus als eine der Gehorsamspflichten des Gläubigen gegenüber Gott die Verpflichtung zum Schutz und zur Separation der Ethnien voneinander geschlossen wird. Diskriminierung und Verfolgung von ethnischen Minderheiten wird dadurch von Grundmann auch theologisch legitimiert und zur Tugend des gläubigen Christen erhoben. Das daraus für ihn erwachsende Problem der Provenienz der gesamten christlichen Religion aus dem jüdischen Kulturkreis und dessen untrennbare Verflechtung mit der jüdischen Geschichte wird im zweiten Zitat thematisiert, das der Vorrede der Schrift *Jesus der Galiläer und das Judentum* von 1940 entnommen ist. Es handelt sich dabei um einen Aufsatz, der eine philologisch-exegetische Analyse enthält, die sich mit Jesu Volkszugehörigkeit auseinandersetzt und dessen „völkische" Vereinnahmung zum Ziel hat. Dies funktioniert bei Grundmann durch die Instrumentalisierung der Kreuzigung als Moment nicht nur des spirituell-religiösen Ausgangspunktes für die Etablierung der christlichen Religion, sondern auch des endgültigen Auseinanderdriftens des jüdischen Volkes auf der einen Seite und einer fiktiv-mystischen, sich vom Judentum unterscheidenden ethnischen Zugehörigkeit auf der anderen Seite, die mit vagen Begriffen beschrieben wird, die im dritten Zitat als Quintessenz der Untersuchung genannt werden. Diese „seelische Haltung" oder „seelische Artung", die in der Schrift auf mehr als 200 Seiten mit zahlreichen minutiösen philologischen Einzelheiten, neutestamentlichen Belegstellen und historischen Deutungen gestützt wird, demonstriert den Missbrauch simulierter fachsprachlicher Seriosität zur Herleitung durch die ideologische Zielsetzung bereits vorgegebener Forschungsergebnisse. Sind schon „seelische Haltung" und „seelische Artung" keine wissenschaftlich haltbaren Begriffe, so handelt es sich umso mehr bei der abschließenden Schlussfolgerung um eine frei assoziierte These, die weder auf Kausalität noch auf einer irgendwie nachvollziehbaren logischen Konklusion beruht. Wenn Grundmann hier aus der Spiritualität Jesu, die im nationalsozialistischen Wortgebrauch mit „Art" oder „Artung" gleichgesetzt wird (vgl. Kap. V.3.), auf eine ethnische Komponente schließt, die im ideologischen Jargon wiederum mit der auf die gemeinsame ethnische Zugehörigkeit bezogenen „Blut"-Metapher verbunden wird, verlässt er endgültig und in drastischer Weise den Rahmen wissenschaftlicher Methodik und terminologischer Präzision.

5.3 „Ein echtes, gemeinsames, unverbildetes, volkhaftes Deutsch" – Die Sprache der völkischen Theologie

Eine außergewöhnliche Rolle spielten drei Wissenschaftler, die auf eine Weise an der Korrumpierung der theologischen Wissenschaft mitgewirkt haben, die insofern als besonders schwerwiegend angesehen werden kann, als es sich bei ihnen weder um willfährige Opportunisten handelte, die die Gunst der Stunde auch auf Kosten kritischer und oppositioneller Kollegen für ihre Universitätskarrieren nutzten, noch um unauffällige Mitläufer, die sich im Hintergrund hielten, sondern um anerkannte Fachwissenschaftler, die innerhalb ihrer Zunft ein hohes Ansehen genossen und sich dessen ungeachtet aktiv und enthusiastisch von den Ideologen des NS-Regimes in Dienst nehmen ließen. So stellt Ericksen in der Einleitung zu seiner Monographie über Theologen im NS-Staat fest:

> Auf den ersten Blick sollte man meinen, daß Professoren zu intelligent waren und Pastoren eine zu sensible Empfindung für geistige Werte haben mußten, als daß sie Hitler hätten billigen können. Das aber war nicht der Fall. Dieses Buch handelt von drei angesehenen Professoren. Jeder von ihnen war auch evangelischer Theologe. Und jeder unterstütze Hitler.
>
> (Ericksen 1986: 7)

Im Folgenden sollen fachsprachliche Aspekte im Werk dieser drei Gelehrten beleuchtet werden, insofern sie für die fachterminologische Wende von 1933 charakteristisch sind.

Emanuel Hirsch (1888–1972), wissenschaftlich hoch qualifizierte Autorität der protestantischen Theologie und bedeutendstes Mitglied der gegenüber dem NS-Regime loyalen Kirchenbewegung der *Deutschen Christen*, wurde 1921 auf den Lehrstuhl für Kirchengeschichte der Universität Göttingen berufen. 1936 wechselte er auf den Lehrstuhl für Systematische Theologie. Hirsch veröffentlichte u. a. zahlreiche Werke zum Deutschen Idealismus, zum Neuen Testament und über den dänischen Philosophen Søren Kierkegaard, dessen Werke er größtenteils ins Deutsche übersetzte. 1945–1946 erschien erstmals seine umfangreiche *Geschichte der neuern evangelischen Theologie* in fünf Bänden. Bei Hirsch handelt es sich zweifellos um eine außerordentlich widersprüchliche Persönlichkeit. Auf der einen Seite wird er als eine der zentralen Figuren der protestantischen Theologie des 20. Jahrhunderts und als bedeutendster Kierkegaardforscher seiner Generation angesehen, andererseits aber war er ein radikaler und aktiver Befürworter des Nationalsozialismus und eines weitestmöglichen Zusammenwirkens der protestantischen Kirche wie auch der protestantischen universitären Theologie mit dem nationalsozialistischen Staat.

Mit der 1934 veröffentlichten politisch-theologischen Abhandlung *Deutsches Volkstum und evangelischer Glaube* bemüht sich Hirsch, das Verhältnis zwischen lutherisch-christlichem Glauben und der nationalsozialistischen Ideologie zu klären. Am Ende des Buches findet sich folgende Aussage, die als Fazit der nicht sehr umfangreichen Publikation zu verstehen ist:

> Die Menschen [...] haben einen Dienst an unserem Volke gerade in der gegenwärtigen Stunde. Die Lebenstiefen, die in dieser Stunde rauschen und brausen, rufen nach dem Evangelium als dem sie in ihrem Höchsten und Tiefsten aufschließenden gnädigen göttlichen Willen. Es ist *Ein* Gott, der hier zu uns spricht und dort. Es ist *Eine* Verantwortung, *Ein* Dienst, *Eine* Gefolgschaft, in der die stehen, welche Gottes Stimme, des wirklichen Gottes Stimme, mit beidem erreicht. (Hirsch 1934a: 40)

Betrachtet man das Zitat in sprachlich-graphischer Hinsicht, springt sofort der unbestimmte Artikel der Nominalphrase „*Ein* Gott" ins Auge, dessen Funktion als Numerale durch Großschreibung und Sperrdruck deutlich gemacht wird. Dasselbe Phänomen wiederholt sich im Fall der drei auf diese Weise zu Numeralen umfunktionierten, parallelen Artikel, die im Weiteren die Einheit der *Verantwortung*, des *Dienstes* und der *Gefolgschaft* gegenüber Gott unterstreichen sollen. Der Abschnitt scheint auf den ersten Blick eine theologische Belehrung über die Einheit des monotheistischen Gottes und die Unteilbarkeit des Verhältnisses des Gläubigen zum einzigen Gott; bei genauerem Hinsehen wird deutlich, dass der Absatz – wenn auch weniger auffällige – Verweise auf eine implizite Dualität Gottes enthält: Im ersten Satz ist die Rede vom „Dienst an unserem Volke". In einem theologischen Kontext, in dem das Wort „Gott" wiederholt auftritt, evoziert das Wort „Dienst" unweigerlich die Konnotation des „Gottesdienstes". Es handelt sich offenbar nicht um einen einzigen Dienst, sondern um zwei unterschiedliche, demselben Gott geleistete Dienste – einerseits der direkte Dienst im Rahmen des religiösen Gottesdienstes, andererseits ein indirekter Dienst, der durch den Dienst an der Gemeinschaft bzw. am Volk geleistet wird. Tatsächlich wird im Folgenden diese Dualität des „Dienstes" aufgegriffen, indem darauf verwiesen wird, dass Gott „hier [...] und dort" zu uns spreche und dass uns seine Stimme „mit beidem" erreiche, d. h. durch das Evangelium und durch die Geschichte. Die geforderte Unterwerfung unter Gottes Willen wird somit auf die Unterordnung unter die politisch-staatliche Gewalt ausgedehnt. Mit subtilen sprachlichen Mitteln, die vorwiegend auf semantischen Unschärfen beruhen, gelingt es Hirsch, den theologischen Grundsatz von der Einheit Gottes nahezu unmerklich zu untergraben. Die Tatsache, dass Hirsch in erster Linie mit Hilfe sprachlicher Mittel von theologischen zu politischen Aussagen überleitet, wird auch hier wieder durch die Nähe der nationalsozialistischen Ideologiesprache zur Sprache des Kultes und der Religion erleichtert (vgl. Klemperer 1975 [1947]: 142). Hirsch bemüht sich in umgekehrter Richtung um eine Anpassung der theologischen Sprache an die damals aktuelle Herrschaftssprache. Durch ein solches sprachlich-semantisches Verfahren sucht er eine uneingeschränkte Loyalität der protestantischen Christen gegenüber Hitlers Regierung und deren Ideologie sprachlich zu vermitteln, ohne den Rahmen der theologischen Fachsprache aufgeben zu müssen. Beim Vergleich der Publikation von 1934 mit einer der frühesten politisch-theologischen Schriften Hirschs, einem 1922 veröffentlichten Essay über die aktuelle Lage und Zukunft Deutschlands nach der Niederlage des Ersten Weltkrieges mit dem Titel *Deutschlands Schicksal, Staat, Volk und Menschheit im Lichte einer ethischen Geschichtsansicht*, zeigt sich in linguistischer Hinsicht ein fundamentaler Wandel: In der nach 1933 verfassten Schrift weist Hirschs Sprache in erheblichem Maße Merkmale der nationalsozialistischen Diktion auf.

Klemperer verweist darauf, dass der Gebrauch des Wortes „Volk" und seiner Komposita wie „Volksgemeinschaft, volksnah" etc. sich inflationiere (1975 [1947]: 45). Im *Lexikon Nationalsozialismus* finden sich 9 Komposita des Lexems „Volk" (Kammer und Bartsch 2002: 259–269), im Wörterbuch *NS-Deutsch* nicht weniger als 40 (Brackmann und Birkenauer 1988: 193–198). So verwundert es nicht, wenn in *Deutsches Volkstum und evangelischer Glaube* von 1934 auf 37 Seiten 76 Nennungen des Wortes auftreten, in erster Linie in Form von Substantivkomposita oder Adjektivableitungen. Häufigste Verwendung findet „Volk" im

Derivat „Volkstum", das auf den Beginn des 19. Jahrhunderts zurückgeht[2], in der nationalsozialistischen Ideologiesprache aber eine spezifische, zentrale Bedeutung annimmt, da das Volk hier als „schicksalhafte Blutgemeinschaft" im politischen, kulturellen und rassischen Sinne angesehen wird. Ferner finden sich bei Hirsch Nominalkomposita wie „Volkserneuerung", „Volksgeschehen" (Hirsch 1934a: 7, 39), „Volksgemeinschaft" (22, 28), Partizipialkonstruktionen wie „volkserneuernd", „volks-aufbauend", und schließlich die übliche Neubildung „volklich"[3] mit der entsprechenden Substantivierung „Volklichkeit" (41) oder schließlich auch „Volkhaftigkeit" (20). Die prompte sprachliche Wandlung Hirschs bereits in den ersten Jahren der nationalsozialistischen Ära ist unübersehbar, stellt man den Text von 1934 dem zur Zeit der Weimarer Republik veröffentlichten Artikel gegenüber: Im letzten und in politischer Hinsicht explizitesten Kapitel dieses Textes von 1922 taucht das Wort „Volk" auf 13 Seiten in 28 Fällen auf, hier aber fast ausschließlich in seiner Grundform ohne angefügte Kompositions- oder Derivationselemente; als Komposita von „Volk" treten hier lediglich „Volkskraft" und „Weltvolk" (Hirsch 1922: 142–143, 153) auf. Während im Artikel von 1922 allgemeinere Attribute vorherrschen, wie etwa „Volk der Innerlichkeit" (142), „ein armes und dienstbares Volk", „ein adeliges Volk" (143), „das vernichtete und verschleppte Volk Israel", „ein tapferes Volk" (146f.), „ein frohes Volk", „ein frommes Volk" (152–153) etc., treten die Substantive „Volk" und „Volkstum" im Text von 1934 nahezu ausschließlich in Kombination mit dem Attribut „deutsch" auf. Hirsch befolgt demnach offenbar die nationalsozialistische propagandistische Maxime, der zufolge das Wort „Volk" ausnahmslos auf das deutsche Volk zu beziehen und in anderen, auch theologischen Zusammenhängen zu vermeiden war:

> Die Formulierungen ‚katholisches Volk', ‚Kirchenvolk', ‚evangelisches Volk' sind unbedingt zu vermeiden. Es gibt nur ein deutsches Volk [...]. Diese Anweisung ist ausdrücklich vom Propagandaministerium ergangen.
> (*NS-Presseanweisungen der Vorkriegszeit*, in Schmitz-Berning 1998: 644)

Hirsch verwendet das ideologisierte Wort „Volkstum" wiederholt in direktem Zusammenhang mit dem älteren und ideologisch unerwünschten Begriff „Christentum": „[...] das künftige Verhältnis von deutschem Volkstum und evangelischem Christentum" (Hirsch 1934a: 6), „Der Weg des deutschen Volkstums und des evangelischen Christentums" (ebd.) u. a. Der Parallelismus der mit „-tum" suffigier-

---

[2] Neubildung von Friedrich Ludwig Jahn aus dem Jahre 1809, die den Begriff *Nationalität* mit einem etymologisch deutschen Wort ersetzen sollte.
[3] Vgl. Brackmann und Birkenauer 1988: 193–194: „im Hinblick auf Bestand und Weiterentwicklung des Volkes".

ten Substantivderivate legt dem Konzept der Gesamtheit des Volkes durch diese wiederholten Begriffspaare in subtiler Weise eine religiöse Konnotation bei. Die sprachliche Angleichung des „deutschen Volkstums" und des protestantischen Christentums mittels wiederholter Substantivparallelismen zielt auf eine Sakralisierung der deutschen Nationalität ab. Hirsch selbst umreißt seine Auffassung von einer dem religiösen Schriftsteller angemessenen Sprache in der Zeitschrift *Deutsches Volkstum*:

> Er [der Verkündiger] lernt von allen anderen Schriftstellern und steht immer fragwürdiger da als sie, seine Lehrmeister, die eine sprachlich strenger bestimmbare und klarer erkannte Aufgabe haben. Aber, er steht näher an der heiligen Schwelle zwischen Leben und Tod [in seiner] übersprachliche[n] Aufgabe mit ihrer schweren sprachlichen Schicksalhaftigkeit. (Hirsch 1935a: 380)

In diesen Ausführungen begründet Hirsch die begrifflichen Unschärfen sprachlicher Ausdrücke mit dem „übersprachlichen" Charakter der theologischen Fachsprache, d. h. er beruft sich auf seine in gewisser Hinsicht übermenschliche Aufgabe als Theologe, metaphysische Wahrheit in konkrete, dem Diesseitigen verhaftete Sprache kleiden zu müssen. Damit sichert er sich gegen den Vorwurf der unzureichenden wissenschaftlichen Klarheit ab.

Erhellend ist weiterhin eine Analyse des Begriffes *Art* und seiner Komposita bei Hirsch. *Art*, das auf eine mittelhochdeutsche Wurzel zurückgeht, die Bedeutungen wie ‚Ursprung', ‚Natur', ‚Wesen', ‚Weise' trägt, erfährt in der nationalsozialistischen Rassenkunde eine Bedeutungserweiterung, die sich auf die besondere Einheit eines rassisch homogenen Volkes bezieht (Schmitz-Berning 1998: 63–64). Kammer und Bartsch führen einige Adjektivkomposita des Wortes auf, die charakteristisch für dessen nationalsozialistische Sonderbedeutung sind:

> *Artfremd, artverwandt* waren Begriffe, die von den Nationalsozialisten – ausgehend von ihrer wissenschaftlich eindeutig widerlegten *Rassenkunde* – auch in Gesetzen angewendet wurden, um Menschen als höherstehend oder minderwertig zu kennzeichnen. [...] Der Begriff wurde von den Nationalsozialisten nicht nur im Sinne der rassischen Abstammung verwendet. Als *artfremd* wurde alles bezeichnet, was als fremd, schädlich oder unerwünscht angesehen wurde. (Kammer und Bartsch 2002: 27)

Brackmann und Birkenhauer präsentieren 19 Komposita des Substantivs *Art*, das im Kontext der nationalsozialistischen Rassenkunde die spezifische Bedeutung „Geprägtsein durch Blut und Rasse" annimmt, während *artfremd* genereller als „alles, was dem Geschmack und der Ideologie der NS zuwiderlief" definiert wird. (Brackmann und Birkenauer 1988: 24–25)

Auch Hirsch verwendet die Wortwurzel *Art* in *Deutsches Volkstum und evangelischer Glaube* in 47 Fällen (Hirsch 1934a), darunter finden sich beispielsweise „deutsche Art" (14, 16, 21, 25 f., 32, 39, 40), „germanische Art" (32–33),

„preußische Art" (28), wie auch die notorischen „artfremd" (11–13) und „artgemäß" / „arteigen" (14) usw. Es wird deutlich, dass der Theologe Hirsch den Begriff *Art* mit seinen diversen Komposita und Derivaten in diesem Text beinahe ausnahmslos auf seinen biologistischen Aspekt im rassenideologischen Sinn des Nationalsozialismus bezieht; so fallen zahlreiche weitere Ausdrücke ins Auge, die noch eindeutiger auf Rosenbergs und Günthers Rassenlehre verweisen (vgl. Günther 1933, Rosenberg 1938), wie z. B. „natürlich-geschichtliche Artung", „ein Blut bestimmter Art", „die schlecht Gearteten, Minderwertigen", „Art und Blut" usw. (Hirsch 1934a: 11, 18, 26f, 35). Im Referenztext von 1922 hingegen, der ebenfalls das Schicksal und die jüngere Geschichte des deutschen Volkes, die Zukunft der deutschen Nation sowie die Vorzüge des deutschen Nationalcharakters behandelt, taucht das Wort *Art* so gut wie gar nicht auf, abgesehen von zwei Textstellen, in beiden Fällen jedoch mit der allgemeinen ideologiefreien Bedeutung „Art und Weise" (Hirsch 1922: 151–152).

Im Artikel von 1934 wird die enorme Zunahme der Verwendung des nun ideologisch aufgeladenen Wortfeldes – wie schon im Fall des Wortfeldes *Volk* – geschickt von ähnlich lautenden theologisch konnotierten Ausdrücken flankiert, die allerdings im theologischen Kontext durchaus gebräuchlich sind: Es ist daher wohl kaum Zufall, wenn es sich bei dem ersten Vorkommen des Lemmas *Art* in Hirschs Text, „[...] Gott, [...] der die Völker ruft, daß sie ihm dienen, ein jegliches nach seiner Art" (Hirsch 1934a: 6), um ein kombiniertes Zitat aus dem Alten Testament handelt, das die bekannten Worte der Genesis „ein jegliches nach seiner Art", die sich auf die Erschaffung der Pflanzen und Tiere beziehen, mit Textfragmenten aus den Psalmen 72 und 102 verbindet, wo von den Völkern die Rede ist, die Gott ruft, damit sie ihm dienen. Auf diese Weise wird *Art* mit der Denotation „Charakter / Natur" in den Text eingeführt, und zwar mit einem konnotativen Bezug zur Autorität der Heiligen Schrift und zur dem Christen bzw. Theologen vertrauten biblischen Sprache. Der Übergang vom biblischen zum politisch-ideologischen Kontext findet im Weiteren schrittweise mit Hilfe von mehrdeutigen Ausdrücken statt, die auf den ersten Blick nicht unbedingt politisch ideologisiert erscheinen. So erscheint *Art* in: „überlieferte Art evangelischen Christentums und Kirchentums", ferner „evangelisches Christentum, artlich bedingtes Gotteszeugnis", „Wille und Art seines Herrn" oder „Gott [...] braucht die Menschen, [...] jeden nach seiner Art" (Hirsch 1934a: 9, 14, 19, 27). Im historisch-propagandistischen Kontext des Textes sind solche scheinbar theologischen, politisch neutralen Ausdrücke jedoch zwangsläufig durch eine unvermeidliche politisch-ideologische Konnotation belastet. *Art* nimmt eine Nebenbedeutung im Sinne von „besondere, in der rassisch bedingten Überlegenheit begründete Eigenschaft" an, auch wenn es hier im theologischen Kontext verwendet wird. Insbesondere „artlich bedingtes Gotteszeugnis" unterstellt die göttliche Offenbarung einer speziell auf das deutsche Volk bezogenen Exklusivität. Ebenso verweist auch „Art seines Herrn" indirekt auf einen spezifischen, der germanischen Rasse zugehörigen Gott. Im letzten Beispiel evoziert „jeden nach seiner Art" erneut den Ton der biblischen Sprache, wobei der Begriff *Art* mitsamt seinen Komposita und Derivaten an dieser Stelle aufgrund zahlreicher entsprechender Kontextualisierungen im Artikel bereits vollständig in das semantische Feld seiner biologistisch-rassenideologischen Interpretation übergegangen ist. Dieses Verständnis des Begriffs *Art* ideologisiert im Verlauf des Textes in zunehmender Weise auch dessen theologische Bezüge. Umgekehrt sollen die ideologisch-rassistischen Inhalte mittels einer sprachlich geschickten Verflechtung mit theologischen Versatzstücken offenbar unmerklich religiös ‚geadelt' und theologisiert werden.

In enger Verbindung mit dem Begriff *Art* steht der Begriff *Blut*, der ebenfalls unmittelbar auf die nationalsozialistische Rassenlehre zu beziehen ist: Brackmann und Birkenauer definieren *Blut* schlicht als „Abstammung, einer Rasse zugehörig" (1988: 39), während Schmitz-Berning es als Synonym von „Rasse" deutet, genauer als „rassisch geprägte Erbmasse eines Volkes" (1998: 109). Dieser biologistischen Deutung fügt Schmitz-Berning eine weitere, eher metaphysisch-quasireligiöse Bedeutungsvariante hinzu, nämlich die des Blutes als mythischen Symbols, dem Rosenberg selbst ausdrücklich eine Ersatzfunktion im Hinblick auf die christliche Religion zuweist:

> ein neuer Glaube [...], der Mythos des Blutes, [...], jenes Mysterium [...], welches die alten Sakramente ersetzt und überwunden hat. (Rosenberg 1938: 114)

Auch Klemperer erkennt die mystifizierende Funktion des Begriffs:

> Die gesamte nationalsozialistische Angelegenheit wird durch das eine Wort [Blutfahne] aus der politischen in die religiöse Sphäre gehoben. [...] Der Parteitag eine kultische Handlung, der Nationalsozialismus eine Religion. (Klemperer 1975 [1947]: 49)

Eine aufmerksame Analyse der Verwendung des Begriffs *Blut* in Hirschs Abhandlung erweist sich wiederum als aufschlussreich, zumal dieser auch hier offensichtlich zwischen einem theologischen Verständnis des Wortes mit seinen religiösen Konnotationen und dessen neuem politisch-ideologischem Gehalt in seiner pseudoreligiösen und rassistischen Gestalt oszilliert. Das Wort erscheint in der Schrift von 1934 siebzehn Mal, darunter fünfzehn Mal in einfacher Form und zweimal als Determinativum des Partizipialkompositums „blutgebunden" (Hirsch 1934a: 11, 18). Auch hier ist ein deutlicher Zuwachs des ideologisch geprägten Wortschatzes zu beobachten, insofern das Wort *Blut* im Vergleichstext von 1922 nicht ein einziges Mal vorkommt. Hier zeigt sich das hartnäckige Bemühen Hirschs, die zentralen Begriffe der neuen politischen ‚Religion' der spezifisch christlichen (protestantischen) theologischen Sprache einzuverleiben, und zwar mit dem Ziel, die geistige Vereinbarkeit der traditionellen Religion mit den ideologischen Grundsätzen der nationalsozialistischen Politik zu untermauern.

Hirsch hatte sicher nicht die Absicht, die christliche Religion durch den von Rosenberg und seinen Gefolgsleuten entworfenen mystisch-nationalen Glauben zu ersetzen, so wie es etwa der Schriftsteller und protestantische Pfarrer Gustav Frenssen in *Der Glaube der Nordmark* fordert:

> [...] dass auch die Religion, [...] je nach der Rasse, das heißt nach der Art des Blutes eines Volkes, eines Menschen, verschieden wäre. Und dass der christliche Glaube, dies jüdisch-orientalisch-spätgriechische Gebilde, dem deutschen Blut und Wesen widerspräche.
> (Frenssen 1936: 77)

Hirsch setzt sich dagegen für eine Art Harmonisierung der *Art des Blutes* des deutschen Volkes im ideologisch-nationalsozialistischen Sinne und für ein nicht ausdrücklich den christlichen Glaubensgrundsätzen entgegenstehendes Verständnis des *Blutes* ein. Er sucht, mit anderen Worten, nach einer Synthese aus einem ‚Glauben an die Rasse' bzw. an das ‚Mysterium der Blutgemeinschaft des auserwählten Volkes' auf der einen Seite und der Geistigkeit der protestantischen Dogmatik auf der anderen Seite, was er vorwiegend mit rhetorischen Mitteln und weniger auf der Ebene seriöser Argumentation zu erreichen sucht.

Tatsächlich führt Hirsch den Begriff *Blut* zunächst in direktem Zusammenhang mit geistig-religiöser Erleuchtung in den Text ein: „[...] nur *blut*gebundner, dem Blute treuer Geist ist wahrhaft lebendig und wahrhaft Geist" (1934a: 11). Damit wird insinuiert, dass spirituelles Leben und also auch Religion sich nur über die Treue zum *Blut* des eigenen *Volkes* in wahrhaftiger Weise offenbaren. Dennoch wendet sich Hirsch gegen die Vorstellung von einem Gott, der ausschließlich der sogenannten ‚arischen Rasse' oder dem ‚Volk deutschen Blutes' vorbehalten sei (Hirsch 1934a: 12), denn das wäre offenbar eine zu weitgehende und damit inakzeptable Abweichung vom christlichen Gottesbegriff; Hirsch löst die Unvereinbarkeit der Exklusivität eines politisch instrumentalisierten Gottes mit der Universalität des christlichen Gottes, indem er auch hier eine Dualität der göttlichen Offenbarung unterstellt: „Dieser wirkliche Gott [...] offenbart sich mir zweifach". Einerseits manifestiert sich, Hirsch zufolge, die Offenbarung „in der großen und gewaltigen Geschichte meines Volkes", wodurch der „wirkliche Gott sich [...] heute meinem Volke und damit auch mir bezeugt" (Hirsch 1934a: 12). Im Folgenden spricht er dann aber von einer „anderen entscheidenden Offenbarung eben dieses gleichen wirklichen Gottes" (1934a: 13), in der Gott sich in seiner Eigenschaft als „mein Herr und Vater" in Christus, dem Menschen aus Fleisch und Blut, offenbart, d. h. als Gott des Evangeliums. Zusammenfassend erläutert Hirsch die zweifache Offenbarung in folgender Weise:

> Gott, der wirkliche Gott, der über uns Menschen allen ist, der seine eigene Art hat, er hat uns Blut und Leben geheiligt dadurch, dass er uns trotz unser zu uns selbst gerufen hat. [...] Weil ich ein Deutscher bin, redet er *zu* mir in meine deutsche Menschlichkeit hinein, aber *aus* ihr, *von* ihr ist er nicht. [...] (Hirsch 1934a: 13)

In dieser Textstelle zeigt sich Hirschs Geschick in der subtilen Formulierung ambivalenter sprachlicher Strukturen: Auf der semantischen und syntaktischen Oberfläche scheint die Aussage ideologisch unangreifbar, indem sie die *Art* Gottes hervorhebt, die im Kontext nur im Sinn etwa der „germanischen Art" interpretiert werden kann, zumal auf die Heiligung des *Blutes* angespielt wird, das ebenfalls aufgrund des Kontextes als „rassisch reines Blut" zu verstehen ist und da schließlich auch betont wird, dass Gott sich an den einzelnen Deutschen ausschließlich aufgrund seines Deutschseins und damit seiner Zugehörigkeit zum vermeintlich ‚auserwählten Volk' wende. Auf der Ebene der semantischen Tiefenstruktur hingegen zeigt sich gleichzeitig die Tendenz, in theologischer Hinsicht plausibel zu bleiben, was Hirsch durch eine Dialektik des Paradoxen offenbar Kierkegaardscher Provenienz zu erreichen versucht. Alle ideologisch notwendigen Konkretisierungen werden mit Hilfe paradoxaler Dichotomien relativiert, die der theologischen Sprache allerdings nicht ganz fremd sind, da diese sich generell häufig in einer Grauzone zwischen Wissenschaft und Metaphysik bewegen muss: Gott heiligt das (deutsche) *Blut* in besonderer Weise, steht aber paradoxerweise gleichzeitig über „allen Menschen". Gott ruft uns zu uns selbst, indem er sich in der (deutschen) historischen Wende zu erkennen gibt, aber er tut dies „trotz unser", d. h. ungeachtet unserer gottvergessenen Anmaßung „im Sturm der gegenwärtigen Bewegung, in der Freude des neuen Aufbruchs" (Hirsch 1934a: 12). Gott spricht zu den Deutschen, eben weil sie Deutsche und damit für ihn in der historischen Situation vermeintlich Auserwählte sind, aber indem er zum Einzelnen spricht, richtet er sich an die „deutsche Menschlichkeit", d. h. an die allgemeine Menschheit, die hier durch das deutsche Volk repräsentiert wird. Auch dieses Oxymoron, in dem ein spezifisches Attribut mit einem Substantiv kombiniert wird, das die Menschheit in ihrer Gesamtheit betrifft und nicht auf eine einzelne Nation reduziert werden kann, illustriert die Sprache des Paradoxons, derer Hirsch sich bedient, um inhaltlich unvereinbare theologische und politische Vorstellungen in scheinbare Übereinstimmung zu bringen.

Insbesondere der Begriff *Blut* bekommt hier eine doppeldeutige Konnotation zwischen ideologisch aufgeladenem *Rassen*begriff und religiöser Bedeutung im Hinblick auf die Gemeinschaft des Gläubigen mit Christus durch die Transsubstantiation seines Blutes und seines Fleisches in der Eucharistie. Schließlich unterstreicht Hirsch durch die Aneinanderreihung der im Originaltext graphisch hervorgehobenen Präpositionen *zu*, *aus* und *von*, dass der von ihm dargestellte Gott in sehr persönlicher Weise *zu* den Individuen einer bestimmten Nation bzw.

zu den Repräsentanten einer besonderen Rasse spricht, die fortwährend durch Etiketten wie „deutsches Volk", „deutsche Art", „deutsches Blut" etc., gekennzeichnet wird; zugleich sei dieser Gott aber eine Idee, die nicht ausschließlich „aus" bzw. „von" der Existenz dieser Rasse herzuleiten ist. Gott bleibt vielmehr paradoxerweise auch bei Hirsch immer ein universaler, transzendenter und unteilbarer Gott. Mittels rhetorischer Figuren wie Oxymoron und Paradox bemüht sich Hirsch hier, sich die der theologischen Reflexion wesenseigene sprachliche Ambivalenz für die politische Argumentation zunutze zu machen, um den Konsens von Kirche und universitärer Theologie mit den aktuellen politischen Entwicklungen in Einklang zu bringen.

In der Tat ist es Hirschs ausdrückliche Intention, sich um eine Umwandlung der (Fach)sprache auch im theologisch-religiösen Bereich zu bemühen, um auf diese Weise zur Unterstützung der durch die Nationalsozialisten herbeigeführten politischen Wende theologisch uneingeschränkt legitimiert zu sein, wie aus folgender Äußerung hervorgeht:

> Ich weiß, dass die politische Erneuerung […] den Boden in der Wirklichkeit her[stellt], auf dem allein um ein echtes, gemeinsames, unverbildetes, volkhaftes Deutsch gerungen werden kann […]. Ich glaube […], dass die politische Bewegung ihr Ziel auf diesem Gebiete nur erreichen wird, wenn die christliche Verkündigung sich ihrer sprachlichen Verantwortung bewusst wird. (Hirsch 1935a: 379)

Es ist bereits darauf hingewiesen worden, dass im Zusammenhang mit dem symbolischen Verständnis des Begriffs des *Blutes* der Parallelismus von Blutmythos im rassenideologischen Sinne und der Idee des christlichen Abendmahls von Hirsch instrumentalisiert wird. So liest man bei Hirsch im Anschluss an den Verweis auf die Offenbarung Gottes durch das Leben Christi:

> Ich weiß wohl, daß weder ich noch irgend jemand sonst von dieser Offenbarung des wirklichen Gottes in Jesus Christus reden kann, ohne daß er Gedanken und Worte braucht, die aus seinem Blut und seiner Art und seinem Geiste kommen. (Hirsch 1934a: 13)

Bei der Analyse der syntaktischen Kohäsion des Satzes springt eine unauflösliche, vermutlich beabsichtigte referentielle Ambivalenz des Possessivpronomens in der Nominalphrase „seinem Blut" ins Auge, das sowohl direkt auf Jesus Christus bezogen werden kann als auch auf das vorausgehende Personalpronomen „er", das seinerseits auf „ich / irgend jemand sonst" zurückverweist, also auf den Autor bzw. jede Person, die von der göttlichen Offenbarung durch Christus spricht. In syntaktischer Hinsicht ist der Bezug auf das näher positionierte „er" wahrscheinlicher. Allerdings lässt die Tatsache, dass „Jesus Christus" das am nächsten stehende nicht pronominalisierte nominale Element vor „seinem Blut" darstellt, dessen Bezug auf „Jesus Christus" ebenso plausibel erscheinen; dazu kommt der rhythmischanaphorische Charakter der dreifachen Wiederholung des Possessivpronomens „sein", die einen biblisch-emphatischen Tonfall evoziert. Der Satz weist somit einen Doppelsinn auf: Eine mögliche Interpretation wäre, dass über die göttliche Offenbarung in Christus nicht reflektiert werden könne, ohne Gedanken und Worte zu verwenden, die dem *Blut*, der *Art* oder dem *Geist* der ‚germanischen Rasse' inhärent seien; eine zweite, nicht weniger plausible Interpretation müsste implizieren, dass über die Offenbarung durch Christus nicht reflektiert werden könne, ohne sich auf *Blut*, *Art* und *Geist* Christi selbst zu berufen. Die sprachliche Doppeldeutigkeit verbindet hier auf linguistischer Ebene das Blut der Eucharistie mit dem der ‚germanischen Rasse', wodurch letztere mit christlichen Wertvorstellungen identifiziert wird und der sakrale Symbolwert des christlichen Abendmahls gleichzeitig zur Aufwertung des politischen Engagements der protestantischen Theologie vereinnahmt wird. Nicht zuletzt in Anbetracht der außerordentlichen Ausdrucksvirtuosität Hirschs handelt es sich auch hier kaum um eine rein zufällige, sondern eher um eine wohlüberlegte Doppeldeutigkeit, umso mehr, als sie sich nahtlos in die dem Artikel innewohnende Tendenz einfügt, mit sprachlichen Mitteln wie Parallelismen, Gleichklängen, Synonymien und anderen Stilfiguren inhaltlich divergierende Elemente in vordergründige Übereinstimmung zu bringen.

Der Begriff des *Blutes* steht in unmittelbarer Verbindung zum Begriff der *Ehre*. Hirsch bietet eine Erläuterung des Begriffes mit Bezugnahme auf die bereits diskutierten Begriffe *Volk*, *Art* und *Blut*:

> Für keinen echten Deutschen heute ist deutsche Ehre etwas naturhaft mit Art und Blut Gegebnes. Groß denken von deutscher Art heißt uns ganz allein: groß denken von dem, was der Deutsche werden kann aus Gott in strenger Zucht. Mit Art und Blut, mit dem schicksalhaften Eingegliedertsein in das deutsche Volk und seine Geschichte empfängt keiner von uns die Ehre selbst, sondern allein eine natürlich-geschichtliche Voraussetzung, durch Dienst und Opfer Ehre zu verwirklichen. Ehre ist gnadenhaft entsprungne Entscheidung und in Zucht vollbrachte Tat. Wer das nicht versteht, der kennt den Gott, der zur Ehre ruft, ebensowenig wie den Gott des Evangeliums. (Hirsch 1934a: 26)

Eine kontextgebundene Deutung von Hirschs Aussage erfordert eine Reflexion über die Bedeutung von *Ehre* in der Sprache der nationalsozialistischen Ideologie. Brackmann und Birkenhauer erklären *Ehre* zusammenfassend als „Pflege der eigenen Art als moralische Verpflichtung der einzelnen Volksgenossen" (1988: 56), während Schmitz-Berning die Bedeutung des Begriffes als „Grundwert der nordischen Rasse und damit der deutschen Volksgemeinschaft, der seine Norm von dem Ziel der ‚Reinerhaltung des deutschen Blutes' erhalten soll", präzisiert (2000: 163). In *Meyers Großem Konversations-Lexikon* von 1936 wird ferner der Opferaspekt der *Ehre* betont, auf den auch Hirsch verweist; darüber hinaus wird die Doppelbödigkeit des Begriffes festgestellt, da dieser sowohl die konkrete Handlung als auch die geistige Einstellung betrifft, was auch für Hirschs Definition gilt, insofern er in einem Atemzug von „Entscheidung" und „Tat" spricht:

> Eintreten und notfalls Sichopfern für die eigene Art und für deren höchste Werte Reinerhaltung des Blutes, Bewahrung der Rasse [der germanischen, nordischen, deutschen Menschen, J.G.] in leiblich-instinktiver, seelisch-gemüthafter, geistig-weltanschaulicher Beziehung, das ist ihre Ehre. (Meyers Großes Konversationslexikon 1936: 949)

Es ist unzweifelhaft, dass Hirschs Aussagen auf dem nationalsozialistischen Verständnis des Wortes basieren, insofern er es in ein dichtes Geflecht von Anspielungen und Verweisen auf dessen ideologisch vorher festgelegte Bedeutung einfügt; im Umfeld seiner Erläuterung des Begriffes der *Ehre* erscheinen dreimal „Art", zweimal „Blut", einmal „Volk", viermal „deutsch" und darüber hinaus etliche weitere für die martialische Sprache der Nationalsozialisten charakteristische Ausdrücke wie „Zucht", „Dienst", „Opfer", die zugleich als Verbindungsglied zur theologischen Sprache fungieren, die auch hier als sprachliche Parallelebene erkennbar ist.

Beim aufmerksamen Lesen von Hirschs Definition wird deutlich, dass er einen leicht abweichenden Akzent setzt, indem er dem Begriff der *Ehre* eine metaphysische Dimension hinzufügt und somit einen deutlichen Unterschied zum nationalsozialistischen, lediglich auf das im rassenideologischen Sinne verlangte Handeln bezogenen Begriff konstatiert. Hirsch zufolge kann die notwendige Bedingung zum Erreichen des Zustandes der *Ehre* nicht auf die rassischen und nationalen Voraussetzungen reduziert werden. In seiner Sicht kann *Ehre* ausschließlich durch ein Handeln Gottes erlangt werden. Davon ausgehend werden die Begriffe *Zucht*, *Dienst*, *Opfer*, aber auch *Entscheidung* und *Tat* semantisch ambivalent: In erster Linie sind dies typische Ausdrücke, die im Zusammenhang mit den charakteristischen Tugenden der von der nationalsozialistischen Ideologie als überlegen angesehenen zur Herrschaft über die Völker ausersehenen „nordischen Rasse" Verwendung finden (Brackmann und Birkenhauer 1988: 135). *Dienst* enthält die Idee der Treue des Volksangehörigen zur Nation und zur Ideologie, *Opfer* die Vorstellung von dessen Bereitschaft zur bedingungslosen Treue bis hin zur Selbstaufgabe. Auf der anderen Seite weisen dieselben Lemmata explizit theologische Konnotationen auf: *Zucht* nimmt hier die Bedeutung von Disziplin im Sinne des Gehorsams gegenüber Gott an; *Dienst* wird gleichbedeutend mit „Gottesdienst"; *Opfer* wird zum Geist der Entsagung im religiösen Sinn; alle drei sind Voraussetzungen dafür, der *Ehre* vor Gott teilhaftig zu sein; die Ausdrücke „gnadenhaft entsprungene Entscheidung" und „in Zucht vollbrachte Tat" lassen schließlich einen existenzialtheologischen Ansatz Kierkegaardscher Prägung erkennen, indem sie auf die paradoxale Entscheidung zur freiwilligen Wahl der unvermeidlichen individuellen Existenzbedingungen verweisen, und zwar mit dem

Ziel, die Verantwortung für die eigene Existenz zu akzeptieren. Ohne an dieser Stelle den theologischen Diskurs vertiefen zu wollen, wird hier die Möglichkeit der Anpassung einer solchen existenzialistisch-theologischen Auffassung an die Erfordernisse der theoretisch-wissenschaftlichen Rechtfertigung der Akzeptanz der jeweiligen politischen Herrschaftsideologie deutlich. Die Unausweichlichkeit der vom Regime geforderten absoluten Unterwerfung kann so durch die Idee von der eigenverantwortlichen und demütigen Entscheidung gerechtfertigt werden, den in der Form des historischen Schicksals zugewiesenen Willen Gottes bedingungslos zu akzeptieren.

Hirsch ist sich der Schwierigkeiten bewusst, die das Nachvollziehen dieser paradoxalen Konzepte mit sich bringt, und weist deshalb drohend darauf hin, dass deren Leugnung sowohl das Nichtverstehen des Gottes der Geschichte als auch des Gottes des Evangeliums impliziert. Mit anderen Worten verweist, so Hirsch, die scheinbare Zweigeteiltheit der göttlichen Offenbarung im Grunde auf einen einheitlichen göttlichen Willen, die Menschen gleichzeitig über die religiöse Spiritualität und über die historisch-existenzielle Realität zu erreichen. Das heißt für Hirsch, dass die Geschichte nicht vom universellen Willen Gottes abgekoppelt werden könne. Er unterstellt, dass das Individuum, das das Zeugnis Gottes in der Geschichte leugne, umso weniger das Zeugnis Gottes im Evangelium begreifen könne, da es sich um zwei nur scheinbar disparate Erscheinungsformen derselben göttlichen Existenz handele. Hierin liegt die Grundaussage der Hirschschen Schrift, die den roten Faden des gesamten Gedankenganges ausmacht. Die stichhaltige Formulierung eines wissenschaftlich-theologischen Fundamentes für den Gedanken der in der Disparität von Religion und Geschichte bzw. in der Vielheit historischer, politischer und gesellschaftlicher Prozesse sich manifestierenden Einheit Gottes ist sicherlich kein einfaches Unterfangen, insbesondere wenn die historisch-politische Realität in vielerlei Hinsicht in eklatantem Widerspruch zu den Grundsätzen des christlichen Glaubens steht. Hirsch scheint sich dieses Dilemmas durchaus bewusst zu sein, weshalb er seine Argumentation von der wissenschaftlich-sachbezogenen Ebene auf eine propagandistisch-rhetorische Ebene verlagert. Indem er oben bereits erwähnte Stilfiguren, wie u. a. Parallelismen, Assonanzen und anaphorische Wiederholungen, einsetzt und gewandt mit der den abstrakten Begriffen innewohnenden Polysemie operiert, bewegt er sich vornehmlich auf der sprachlichen Textoberfläche bei gleichzeitiger Wahrung des Anscheines inhaltlicher Tiefe. Zahlreiche Textstellen aus dem Artikel belegen dies, wie aus folgenden Beispielen hervorgeht:

> [...] Aufwachen des Glaubens an den deutschen Gott [...], Aufwachen des Glaubens an den Christengott. (Hirsch 1934a: 10)

> Der evangelische Christ gehört einem und dem gleichen Gotte, wenn ihn der Ruf des Gottes des Evangeliums trifft, und wenn ihn im großen und heiligen Sturm gegenwärtigen Volksgeschehens der Ruf des Herrn der Geschichte trifft. (Hirsch 1934a: 10)

> [...] die Gottesbegegnung im Evangelium entbindet und vollendet erst die Gottesbegegnung in Volkstum und Geschichte. (Hirsch 1934a: 10)

Die Tatsache, dass Hirschs Text von zahlreichen rhetorischen Parallelismen durchzogen ist, lässt nun auch den Sinn der in theologischer Hinsicht kaum haltbaren, aber politisch opportunen These von der einzigen und unteilbaren „*einen* Verantwortung", des „*einen* Dienstes" und der „*einen* Gefolgschaft" gegenüber Gott und gegenüber dem nationalsozialistischen Staat deutlich werden. Es ist sicherlich kaum Zufall, dass diese in Hirschs Artikel zentrale Wortfolge strukturell sehr deutlich auf den Slogan „*Ein* Volk, *ein* Reich, *ein* Führer" (vgl. Brackmann und Birkenhauer 1988: 193) anspielt, der seinerseits die unteilbare Einheit von deutschem Volk und nationalsozialistischem Staat und der unteilbaren Allmacht seines Führers propagiert.

Emanuel Hirsch, für den der Zeitraum von 1933 bis 1945 nur einen Bruchteil seiner Jahrzehnte überdauernden Laufbahn als theologischer Fachwissenschaftler ausmachte, steht hier jedoch für den Typus des hochgelehrten deutschen Intellektuellen, der vermutlich wider besseres Wissen und Gewissen nicht nur Kompromisse mit der wissenschafts- und religionsfeindlichen Kultur- und Bildungspolitik des nationalsozialistischen Regimes eingegangen ist, sondern sich in seinem Fachbereich auch an die Spitze einer regimekonformen Professorenschaft gesetzt hat. In seiner Fachsprache und wissenschaftlichen Terminologie schlägt sich diese opportunistische Grundhaltung, wie gezeigt werden konnte, bis in lexikalische und syntaktische Details nieder. Dass Hirsch mit dieser Haltung keineswegs einen Einzelfall darstellte, verdeutlichen Analysen von Schriften der ebenfalls bereits vor 1933 renommierten Theologen Paul Althaus und Gerhard Kittel.

Paul Althaus (1888–1966), 1919–1925 Professor für Systematische Theologie an der Universität Rostock und 1925–1956 Inhaber des Lehrstuhls für Neutestamentliche und Systematische Theologie an der Friedrich-Alexander-Universität Erlangen, gehörte neben Emanuel Hirsch und Gerhard Kittel zu den bekanntesten protestantischen Unterstützern des nationalsozialistischen Regimes auf Seiten der institutionalisierten Universitätstheologie. Er gilt als bedeutender Lutherforscher und war 1926–1964 Präsident der 1918 in Wittenberg gegründeten Luther-Gesellschaft. Nach 1945 gehörte er zunächst der Entnazifizierungskommission der Erlanger Friedrich-Alexander-Universität an, wurde dann aber aufgrund seiner eigenen aktiven Rolle im NS-Staat des Dienstes enthoben, 1948 wurde ihm seine Lehrbefugnis jedoch wieder zuerkannt. Ericksen bemüht sich, Althaus' ambivalente Haltung ausgewogen darzustellen, insofern er konstatiert, dass dieser sich durch eine ausgleichendere Grundhaltung von den radikaleren Kollegen Hirsch und Kittel distanziert habe. Ericksen fragt sich aber, „ob diese modifizierenden Einschränkungen und Absagen an gewisse Programmpunkte in den Köpfen seiner Leser ebenso hängengeblieben sind wie seine allgemeine Unterstützung von völkischer Idee, totalitärem Staat und Führerprinzip" (152). Dies begründet Ericksen auch mit einem Hinweis auf die von Althaus in wissenschaftlichen Publikationen verwendete Sprache: „Gelegentlich verwandte er die nationalsozialistische Rhetorik recht bedenkenlos und akzeptierte zum Beispiel die rassistische Terminologie" (Ericksen 1986: 153). Gotthard Jasper konstatiert in seiner 2013 erschienenen Althaus-Biographie, dieser sei durch ideologisch kompromittierende Texte aus der Zeit der Weimarer Republik und des NS-Staates „gleichsam ‚stigmatisiert' und in der allgemeinen Wahrnehmung vielfach auf diesen Vorgang reduziert". Ziel seiner Biographie sei es daher auch, „Schwierigkeiten im Begreifen der komplexen Vorbedingungen und Umstände der Etablierung der NS-Herrschaft und auch die Probleme ihrer historischen ‚Bewältigung', die durch ‚kontroverse Deutungen'" dieser Schriften des Theologen Althaus entstünden, im echten Sinne ‚aufzuheben'" (Jasper 2013: 9). Jaspers Biographie, deren zentrales Anliegen eine Würdigung des wissenschaftlichen Schaffens des Theologen Althaus insbesondere vor und nach der NS-Diktatur ist, reiht sich damit in eine Reihe von jüngeren Ansätzen ein, die Hauptrepräsentanten der regimetreuen protestantischen Theologen der NS-Zeit durch Hervorhebung ihrer beträchtlichen wissenschaftlichen Leistungen für die protestantische Theologie als bedeutende Geistesgrößen zu rehabilitieren. Diese Tendenz hängt sicherlich auch mit aktuellen gesellschaftspolitischen und historiographischen Entwicklungen zusammen, die eine historisierende Relativierung von Einstellungen und Haltungen von Intellektuellen während der Hitler-Diktatur anstreben. Da es in der vorliegenden Arbeit vorrangig um Sprachanalyse geht, steht die Frage, ob christlich-theologisches Denken vorübergehend durch zeitgeschichtliche und politische Gegebenheiten kompromittiert sein kann, ohne dadurch in seiner Glaubwürdigkeit insgesamt Schaden zu nehmen, nicht im Mittelpunkt. Dennoch kann die Sprache nicht als vom Denken losgelöste Größe betrachtet werden, und insofern erscheint es aufschlussreich, die sprachliche Totalanpassung regimefreundlicher Theologen zu analysieren und anschließend deren Sprachwende nach 1945 zu betrachten; denn die unumwundene Eingliederung in sprachliche, semantisch-lexikalische, pragmatische und stilistische Muster lässt die Sprache dieser Wissenschaftler sonst gewissermaßen als eine nur äußerliche Hülle erscheinen, die je nach Bedarf übergeworfen oder abgestreift werden kann.

Ähnlich wie Hirsch wendet sich auch Althaus schon vor der Machtergreifung 1933 aus kirchlich-theologischer Perspektive ‚völkischen' und nationalen Themengebieten zu. So publiziert er bereits im Jahr 1928 eine Schrift mit dem Titel *Kirche und Volkstum. Der völkische Wille im Lichte des Evangeliums*, bei der es sich um die Publikation der überarbeiteten Schriftversion einer auf dem Evangelischen Kirchentag in Königsberg 1927 gehaltene Rede handelt (Althaus 1928). Auch in Althaus' Schrift sind Elemente der später zur offiziellen staatlichen Propagandasprache erhobenen ideologisch durchtränkten Redeweise bereits früh erstaunlich manifest. So erscheint bereits auf den ersten drei Seiten, die eine Art Einleitung und Gegenstandsbestimmung der Abhandlung enthalten (Althaus 1928: 5–7), das Lexem *Volk* einschließlich zahlreicher Ableitungen und Komposita insgesamt nicht weniger als 32 Mal, darunter in 16 Fällen in Form des Substantivs „Volkstum", dreimal als Simplex „Volk", jeweils einmal als Adjektiv „völkisch" bzw. „volklich", darüber hinaus in Zusammensetzungen wie „Volkstreue", „Volkstumseinheit", „Volkstumsgrenzen", „Volkserlebnis", „Volksgenossen, „Volksgeschichte", „Volksleben", „Volksart", „Volksgeist". Dabei wird deutlich, dass der Begriff des *Volkes*, auch wenn dies erst in den 30er Jahren zur verbindlichen Sprachvorschrift wird, grundsätzlich auf das deutsche Volk bezogen wird; so ist durchgehend von „deutschem Volkstum", „deutscher Volkstreue", „Wiedergeburt unseres Volkes", „volkliche Verwurzelung [...] unseres Lebens", „deutscher Volksgeschichte" usw. die Rede. Darüber hinaus setzt auch Althaus, ähnlich wie Hirsch, stilistische Mittel ein, um eine implizite Verbindung zwischen theologisch-religiösen, spirituellen und politischen Diskursen zu insinuieren. So bedient er sich zahlreicher Parallelismen, in denen beide Domänen unmittelbar in Zusammenhang gebracht werden: „Kirchentreue und deutsche Volkstreue", „Volkstum nennen wir das besondere [...] Seelentum", „Volkstumseinheit [...] kirchliche Gemeinschaft" usw. Gleichzeitig wird der Begriff des *Volkes* auch hier durch entsprechende Lexik unzweideutig in Zusammenhang mit der Rassenideologie gebracht, wenn von „Volksart", von „neue[r] Liebe zum Volkstum, neue[r] Besinnung auf seine Art und Verantwortung, leidenschaftliche[m] Wille[n] zur Wiedergeburt unseres Volkes aus der Zeugungsmacht des Volkstums" die Rede ist oder: „Volkstum nennen wir [...] den Mutterschoß arteigenen geistig-seelischen Wesens". *Art* erscheint auch bei Althaus in seiner ideologisch gebundenen Semantik im Sinne von „Geprägtsein durch Blut und Rasse" (Brackmann und Birkenauer 1988: 24) und wird zusätzlich mit in diesem Zusammenhang charakteristischen biologistischen Schlüsselbegriffen wie „Geburt", „Mutterschoß", „Zeugung" in einen unmittelbaren Kontext gestellt. Es überrascht insofern nicht, dass auch bei Althaus die *Blut*-Metapher nicht fehlt, wenn er von der „Blutsgemeinschaft", von der „Blutseinheit" als „Voraussetzung für das Werden des Volkstums" spricht.

Die auf diese Weise rassenideologisch motivierte Exklusivität des „Deutschtums" dehnt Althaus dann auch auf die Sprache aus, wenn er den kurz zuvor propagierten Gedanken der Blutsgemeinschaft aufgreift und konstatiert:

5.3 „Ein echtes, gemeinsames, unverbildetes, volkhaftes Deutsch" — 121

> Wie groß immer die Bedeutung des Blutes in der Geistesgeschichte sein mag, das Herrschende ist doch, wenn einmal als Volkstum geboren, der Geist und nicht das Blut. In der Geschichte entwickelt und entfaltet sich das Volkstum, in ihr, durch sie. Seinen deutlichsten Ausdruck findet es in der Sprache. Da schlägt sich die geistige Eigenart eines Volkes nieder. Aber darüber hinaus erscheint sie in seinem Dichten und Denken, Bilden und Bauen, Singen und Sagen, Mythen und Märchen, in Sitte und Brauch, Recht und Verfassung.
>
> (Althaus 1928: 7–8)

Die Hervorhebung der Sprache als eigentlichen Sitzes des „Ausdrucks des Volkstums" und „Niederschlag[s] der Eigenart eines Volkes" ist insofern interessant, als Althaus hier die Sprache, in der er selbst „denkt" und „sagt", einerseits als eigenständiges Element vom *Blut* und damit von der „Rasse" trennt, andererseits damit aber sich selbst widerspricht, wenn für ihn die Sprache willfähriges Mittel zur rassenideologisch ausgerichteten Definition von „Volk", „Volkstum" und „Deutschtum" ist. In seiner Schrift bemüht sich Althaus fortwährend, die Allgemeingültigkeit der biblischen und jüdischen Geschichte für das Weltchristentum herauszustellen, kommt dann aber immer wieder zu Schlussfolgerungen wie: „Die Einheit ‚deutsch-christlich', ‚christlich-deutsch' steht als klare, helle, breite Tatsache da" (Althaus 1928: 19) oder „An der Volkstumstreue übt sich die Treue im Ewigen" (Althaus 1928: 30); durch solche und ähnliche wiederkehrende Ausdrucksmuster nutzt er die Sprache selbst zum Vehikel für eine oxymorische Rechtfertigungsrhetorik im Hinblick auf eine exklusive, an das damalige deutsche Volk gebundene Sonderreligion, wie sie auch von vielen anderen zeitgenössischen Ideologen wie Frenssen, Stapel u. a. propagiert wurde.

In vieler Hinsicht unterscheidet sich Althaus' Wissenschaftssprache insofern nicht maßgeblich von der Fachsprache seiner Fachkollegen. Sie alle passen sich in Wortwahl (qualitativ wie quantitativ), stilistischer und rhetorischer Textgestaltung, Idiomatik und Verwendung von mehrgliedrigen Versatzstücken und Chunks an die schon vor 1933 virulenten Sprachmuster an, so dass ihre wissenschaftlichen Publikationen einander ähneln und gleichzeitig deutliche Parallelen zu Propagandatexten aus anderen gesellschaftlichen Bereichen aufweisen. Nill formuliert einleuchtend in Bezug auf Goebbels' Sprachgebrauch:

> [...] die Funktion des Argumentierens ist dabei keine heuristische und sie liegt auch nicht im Interessenausgleich zwischen Andersdenkenden. [...] es [geht] hierbei um die Bestätigung der eigenen Position, um die Erkenntnis des immer gleichen, um Festigung des ‚Glaubens'. Damit tritt das Argumentieren in den Dienst der Vereinfachung.
>
> (Nill 1991: 361)

Die Argumentation wird damit zu einer rhetorischen Technik, die im Widerspruch zu wissenschaftlicher Sprachverwendung und zur objektiven Fachsprachlichkeit steht. Eine Besonderheit, die jedoch speziell für Althaus' Sprache charakteristisch ist, ist die besonders insistierende Verwendung von Begriffen aus einem Wortfeld, das vielleicht am treffendsten mit dem Etikett „Recht und Ordnung" bezeichnet werden könnte. In einer Schrift von 1933 mit dem Titel *Die deutsche Stunde der Kirche* setzt sich Althaus mit der Bedeutung der Machtergreifung Hitlers für Kirche und Christentum in Deutschland auseinander. In diesem programmatischen Artikel, in dem Althaus sich für eine Anerkennung der neuen politischen Konstellation seitens der Kirche und der Theologie einsetzt, ist dessen Ordnungsrhetorik bereits besonders evident. So wird im Kapitel *Das Ja der Kirche zur deutschen Wende* (gemeint ist die die nationalsozialistische Machtergreifung) durch ein Netz von Lexemen aus dem Wortfeld *Recht und Ordnung* eine Begründung des „dankbaren Ja[s]" der Kirche zur Diktatur mit einem Bekenntnis zu etlichen dem Staat zugeordneten Attributen wie „Gesetz und Ordnungen", „Gerechtigkeit", „Gehorsam", „Strafrecht" geliefert. Es wird hervorgehoben, dass Strafe „wieder im Ernste Vergeltung sein solle", dass der Staat es wieder „wagt [...], das Richtschwert zu tragen", dieser lasse „wieder sehen, was Verantwortung heißt". Diesen Begriffen werden als Gegenpole Ausdrücke wie „schauerliche Verantwortungslosigkeit der Parlamente", „Auflösung des Strafrechts in Sozialtherapie", „Verkennen der Ordnungen" (Althaus 1933: 6–7) gegenübergestellt. Die so skizzierte Aufgabe des Staates wird dann jeweils durch gleichlautende Formulierungen auf die Aufgabe der Kirche übertragen, wie etwa in folgendem Zitat erkennbar ist:

> Der Kirche ist das Evangelium befohlen. [...] Aber die Verkündigung des Evangeliums kann niemals gleichgültig machen gegen die Aufgabe, auch das Gesetz und die Ordnungen zu verkündigen – der Kirche ist nicht nur das Evangelium, sondern auch das Gesetz und die Ordnung befohlen. (Althaus 1933: 7)

Dabei hütet sich Althaus vor einer zu offensichtlich vereinfachenden unmittelbaren Gleichsetzung beider Sphären, indem er immer wieder auch Unterschiede zwischen Staatsordnung und religiöser Ordnung und der Pflicht zum Gehorsam gegenüber beiden Instanzen deutlich macht:

> Es ist etwas Großes um den Geist der Männlichkeit, Kameradschaft, Disziplin und Hingabe an den Führer in unserer Jungmannschaft – auch er ist Gottes Gebot und Gottes Gabe. Aber der heilige Geist, den wir im Glauben an Christus empfangen, der Geist der Kraft und Liebe und Zucht [...] ist noch etwas anderes. [...] zwischen beiden liegt die Erfahrung des Kreuzes Christi. Das heroische, opfermutige, todesbereite Ethos des um seines Volkes Zukunft kämpfenden Mannes ist nicht dasselbe wie das tägliche ‚Sterben in Christo'. Und der Opfertod Jesu als Sterben für uns Sünder hat keine Entsprechungen und duldet keine Nachfolge [...]. (Althaus 1933: 7–8)

Der obige Textauszug kann hier paradigmatisch für Althaus' argumentativ-suggestive Sprachinstrumentalisierung stehen: Während er einerseits auf der argumentativen Ebene eine klare Trennung zwischen Staatstreue und christlicher Religiosität propagiert, betont er gleichzeitig, dass auch die „Hingabe" an

Staat und Führer „Gottes Gebot" sei und somit Teil der göttlichen Ordnung und der Verpflichtung zum Gehorsam. Daneben weist Althaus aber immer wieder darauf hin, dass der religiöse Glauben über die geforderte Gefolgschaft gegenüber Staat, Volk und Führerherrschaft hinausgehe; gleichzeitig widerspricht er dieser Differenzierung aber auf semantisch-konnotativer Ebene: Auf der staatlichen Seite stünden „Hingabe" und „Disziplin", auf der religiösen Seite „Liebe" und „Zucht"; bezogen auf die politisch-gesellschaftliche Moral spricht er von „Opfermut" und „Todesbereitschaft", auf die religiöse Sphäre gerichtet von Jesu „Opfertod" und „Sterben". Auf diese Weise werden einander entgegengesetzte oder zumindest der Satzaussage zufolge voneinander zu unterscheidende Haltungen durch sich deckende oder synonymische Wortwahl implizit doch wieder miteinander gleichgesetzt, so dass Gehorsam gegenüber dem Führerstaat bis hin zur idealisierten Selbstaufopferung implizit in gleicher Weise nicht nur als Untertanenpflicht, sondern ebenso auch als Glaubensauftrag verstanden werden müssen. Denn der substanzielle Unterschied zwischen „Liebe" und „Hingabe" oder zwischen „Disziplin" und „Zucht" wird nicht weiter thematisiert oder definitorisch unterschieden.

Solche textgestalterischen Verfahrensweisen einer diskursiven Differenzierung bei gleichzeitiger impliziter Identifizierung der staatlichen und der christlich-religiösen *Ordnungen* sind auch in späteren Schriften Althaus' als „Kompromiss" zwischen rhetorischer Anpassung an den Zeitgeist und eher verdeckter Hinterfragung der Gleichschaltung des Glaubens zu beobachten. In einer Schrift aus dem Jahr 1936 mit dem programmatischen Titel *Obrigkeit und Führertum* erreicht diese Tendenz bei Althaus ihren Höhepunkt. Unter Berufung in erster Linie auf Luther, aber auch auf zahlreiche weitere lutherische Theologen, diskutiert Althaus hier das Verhältnis von Herrschenden und Untertanen im christlich-lutherischen Kontext. Zunächst fasst er Luthers Auffassung von der Legitimität der weltlichen Herrschaft folgendermaßen zusammen:

> Die Untertanen schulden dem Amte der Oberkeit nach der Heiligen Schrift Gehorsam. Die klare Pflicht des Gehorsams hört auch dann nicht auf, wenn die politische Gewalt Unrecht tut, denn die Oberkeit hört damit nicht auf Oberkeit zu sein. An seine Grenze kommt der Gehorsam allein in dem Falle, daß die politische Gewalt etwas befiehlt, zu etwas zwingen will, was Sünde wider Gott ist. [...] Auch in diesem Falle ist jedoch nur der Gehorsam zu verweigern, dagegen aktiver Widerstand noch erlaubt [...] Im übrigen sollen die Christen auch einer schlechten tyrannischen Oberkeit, die Land und Volk verdirbt, gehorchen und sie erleiden, als Plage Gottes, die wir mit unseren Sünden immer schon im voraus verdient haben. [Meine Hervorhebungen, J.G.]   (Althaus 1936b: 9)

Durch eine wiederholte Identifizierung des abstrakten Staatsbegriffes mit dem im historisch-linguistischen Kontext auf das deutsche Volk zu beziehenden nationalistischen Volksbegriff überträgt Althaus die lutherische „Zwei-Reiche-

Lehre" auf das zeitgenössische rassen- und volksideologisch untermauerte Führerstaatprinzip: „In der Staatslehre des alten Luthertums fehlt die Beziehung des Staates auf das *Volk*" (Althaus 1936b: 15); „Seit dem Kriege werden Volk und Volkstum in steigendem Maße Gegenstand theologischer Besinnung" (Althaus 1936b: 38). Mit dieser semantischen Identifizierungsstrategie bemüht sich Althaus, die Obrigkeitsdoktrin Luthers von einer abstrakten Unterordnungsmaxime zu einer vermeintlich historisch zu rechtfertigenden, da dem (hier immer implizit gemeinten deutschen) Volk dienenden Gehorsamslehre umzuwandeln:

> Zu diesen Ordnungen gehört für uns auch das Volkstum. In der bewussten Erkenntnis dieser Ordnung neben den anderen Ordnungen besteht unser neuer Ansatz der Lehre von der Obrigkeit. Wir können hiervon in unserer Staatslehre nicht mehr absehen. Denn wir sind gewiß, daß das Volkstum uns von Gott als eine echte Ordnung bereitet und anvertraut ist [...]. Zur Autorität, die aus der bloßen Gewalt Obrigkeit macht, gehört für uns der Schutz und die Wahrung auch dieser Ordnung hinzu. Wie eine herrschende Macht ihren Charakter als Obrigkeit verletzt und verliert, wenn sie die Ordnung der Ehe verkommen läßt und das geschlechtliche Leben freigibt, so verletzt und verliert sie ihren Charakter auch dann, wenn sie die ihr anvertraute Ordnung des Volkstums zertritt. Die Obrigkeit steht unter der Norm der Ordnungen, sie empfängt von der Wirklichkeit der Ordnungen Normen für ihr Handeln. Ihr Recht, Gehorsam zu fordern, hängt an ihrem Gehorsam gegen die Wirklichkeit der Ordnungen. Das alles gilt auch mit Bezug auf die Ordnung des Volkes. [Meine Hervorhebungen, J.G.] (Althaus 1936b: 40)

Der Schlüsselbegriff der *Ordnung* wird hier kontinuierlich in direkte Verbindung mit den Begriffen *Volk* und *Volkstum* gebracht. Durch diese syntaktisch-semantische Operation wird die lutherische Herrschaftstheorie zeittypisch ‚modernisiert', indem sie unmittelbar auf den sich auf die Legitimierung durch den sogenannten „Volkswillen" berufenden Führerstaat übertragen wird. Die von Luther zugestandenen Einschränkungen der Zulässigkeit des Ungehorsams bei Verstößen der „Oberkeit" gegen göttliche Gebote wird dabei insofern geschickt unterlaufen, als so bezeichnete „Ordnungen der Wirklichkeit", zu denen neben der „Heiligkeit der elterlichen Autorität, [...] des Lebens, [...] der Ehe" (Althaus 1936b: 39) auch die gottgewollte Ordnung des „Volkstums" gehöre, den abstrakten staatlich-politischen Ordnungen übergeordnet werden, so dass ein Staat, der sich – mit welchen Mitteln auch immer – der Erhaltung dieser Ordnung annehme, Gottes Wille erfülle. Althaus wendet, ähnlich wie Hirsch, semantisch-syntaktische Strategien an, mit deren Hilfe er dissoziierte Begriffe zu apodiktischen Aussagen gerinnen lässt. „Ordnungen der Wirklichkeit" werden so etwa mit „Normen" gleichgesetzt. Dieser „Norm der Ordnungen" unterstehe wiederum die „Obrigkeit" und sei dadurch in ihrem Handeln gerechtfertigt. Dass es sich bei der Idee des „Volkstums" um einen nicht weniger abstrakten Begriff als den des Staates oder der lutherischen „Obrigkeit" handelt, wird dabei unterschlagen.

In späteren vor 1945 erschienenen Schriften, zumeist verschriftlichten Predigten, scheint Althaus sich von der martialischen Sprache der 30er Jahre abgewandt zu haben und sich zunehmend Privates betreffenden Themengebieten wie christlichen Festen oder Tod und Auferstehungshoffnung zuzuwenden, so etwa in einem 1941 veröffentlichen Text:

> Uns graut vor dem Tode als Ende, vor dem Vergehen, der Auflösung der Lebendigkeit, dem Ausgelöschtwerden des Ich, vor dem Abgrunde des Nichts, vor dem Untergange, der Ohnmacht, der Preisgabe des Lebensinhaltes und Lebensertrages. Das Sterbenmüssen steht in schneidendem Widerspruch zu unserem Menschsein. Es quält uns wegen seiner tiefen Unnatur. [...] Wir sind zur Freiheit berufen, zum Gebieten: wir haben die Freiheit, ein Stück Welt zu beherrschen [...]. Was liegt in unserer Hand an Macht, Natur zu lenken, zu gestalten, zu bezwingen in Technik und Kunst – und wir, wir gehen der Ohnmacht entgegen und fallen den Naturmächten zum Opfer; wir, die Herrscher über die Dinge und Kräfte der Natur, verwesen – furchtbarer Widerspruch, wir wehren uns mit jeder Faser dagegen! (Althaus 1941: 8)

Zwar herrscht auch hier noch der pathetische Ton vor, die Diktion hat sich jedoch merklich gewandelt: Möglicherweise vor dem Hintergrund des Weltkrieges und der militärischen Massenmobilisierung wendet sich Althaus hier dem Tod als für seine Leser gegenwartsrelevantem Thema zu und nimmt dabei eine auffällige semantische Verschiebung vor. Einerseits wird das „Sterbenmüssen" und „Ausgelöschtwerden" mittels einer umfangreichen Aufzählung von Umschreibungen des Sterbens bildhaft und drastisch dem „Menschsein" bzw. dem Leben entgegengesetzt. Andererseits sind es hier aber nicht mehr *Volk*, *Führer* oder staatliche *Ordnung* und *Obrigkeit*, die den Einzelnen als Teil einer amorphen Masse beherrschen, sondern ist es der Einzelne selbst, der als Herrscher über Objekte und Naturkräfte benannt wird. Mit dieser Wendung richtet sich Althaus' noch immer hyperbolisch und redundant verwendete Lexik offenbar nicht mehr auf die theologische Rechtfertigung der weltlichen Herrschaft, sondern fokussiert stärker das Individuum, das in dieser Phase der Geschichte in vielfältiger Weise mit dem Tod von Angehörigen oder dem bedrohten eigenen Leben konfrontiert ist. An dieser Stelle wird somit auch die Fachsprache der theologischen Wissenschaft angesichts von Krieg sowie allgegenwärtiger Zerstörung und Gewalt zurückhaltender und zieht sich trotz evidenter sprachlicher Relikte der ‚völkischen' Theologie auf das genuine Terrain der theologischen, in diesem Fall auch seelsorgerlichen Themenkreise zurück.

Der Neutestamentler Gerhard Kittel (1888–1948) lehrte 1921–1926 an der Universität Greifswald, 1926–1945 an der Universität Tübingen und 1939–1943 zusätzlich an der Universität Wien. Kittel war zweifellos der entschiedenste und verbal radikalste Antisemit unter den bekannteren Universitätstheologen: 1935 gehörte er zu den Mitbegründern des von der NSDAP als Propagandainstrument eingerichteten *Reichsinstituts für Geschichte des neuen Deutschlands* in München, das sich vorwiegend mit der sogenannten ‚Judenfrage' beschäftigte. Ferner war Kittel Mitarbeiter der Münchner Dependance des sogenannten *Instituts zur Erforschung der Judenfrage*, einer ebenfalls der NS-Rassenideologie und ihrer Verbreitung dienenden Einrichtung. Kittels politisch-ideologische Kompromittierung durch seine publizistische und wissenschaftspolitische Tätigkeit während der NS-Herrschaft und seine indirekte Mitwirkung an der Vernichtung jüdischen Lebens und jüdischer Kultur in Deutschland und Europa als „wissenschaftlicher Gutachter" war so eklatant, dass ihm eine Rückkehr in den Universitätsdienst nach 1945 verwehrt wurde. Siegele-Wenschkewitz, die sich in ihrer Monographie über Kittel wenn nicht um eine Rechtfertigung, so doch um eine wenig überzeugende theologische Erklärung von Kittels Haltung während der Diktatur bemüht, stellt dessen Position folgendermaßen dar:

> Im April 1933 richtete er [Kittel J.G.] an das württembergische Staatsministerium eine Denkschrift, in der er sich gegen den Judenboykott des 1. April wendet; zugleich aber billigt er die gesetzgeberischen antisemitischen Maßnahmen des neuen Staats und wird auch die in der Konsequenz des Parteiprogramms der NSDAP liegenden „Nürnberger Gesetze" für berechtigt halten. Wohl wendet er sich gegen einen Radau-Antisemitismus der Straße, unterstützt aber eine Politik der Apartheid. [...] Er glaubte ihn [den Nationalsozialismus, J.G.] als eine nationale Erneuerungsbewegung auf christlich-sittlicher Grundlage ansehen zu können. Der bisherige religiös indifferente Staat, der eine Trennung von Staat und Kirche herbeigeführt hatte, wird nun restauriert zu einem christlichen Staat. [...] Kittel [...] sieht [...] die Voraussetzung, seine Vorbehalte und seine kritische Distanz gegenüber dem Staat aufzugeben, indem er die Ziele von christlichem Staat und christlichen Kirchen für identisch hält. So kann er einer völkischen, an den Nationalsozialismus gebundenen Theologie verfallen. (Siegele-Wenschkewitz 1980: 89–91)

Aus der Darstellung, die mit zahlreichen Textauszügen belegt wird, geht hervor, dass Kittel, wie viele seiner Kollegen, in der nationalsozialistischen Machtübernahme eine Möglichkeit für die Errichtung eines explizit auf christliche Werte gegründeten Staatswesens sah, worin gleichzeitig der ideologische Ausschluss anderer Religionsgemeinschaften inbegriffen war. Auf diese Weise erscheint Kittel als antisemitischer Ideologe, der sich lediglich gegen die Anwendung brachialer Gewalt wendet, gleichzeitig aber die ‚völkische' Erneuerung von Staat und Gesellschaft in seinem theologischen Wirkungsbereich aktiv mitträgt. Dass Kittel, wie Siegele-Wenschkewitz nachzuweisen versucht, dennoch kein Antisemit, sondern lediglich eine Art theologischer Purist gewesen sei, der die gesellschaftliche Emanzipation und Assimilierung der Juden mit dem Ziel einer Wiedererrichtung einer reinen christlichen Religionsgemeinschaft rückgängig zu machen bestrebt gewesen sei, ist auszuschließen, wie die Analyse zweier zentraler theologisch-programmatischer Schriften Gerhard Kittels aus den 30er Jahren, *Die Judenfrage* von 1933 und *Die historischen Voraussetzungen der jüdischen Rassenmischung* von 1939, nachweist.

In *Die Judenfrage* von 1933, einer politisch-theologischen Streitschrift, die erst nach den Anweisungen Hitlers zum „Judenboykott" vom April 1933 und nach der ebenfalls im April 1933 erfolgten Verabschiedung der rassistischen, antisemitischen Gesetzgebungen des „Gesetzes zur Wiederherstellung des Berufsbeamtentums" und des „Gesetzes gegen die Überfüllung der deutschen Schulen und Hochschulen" entstanden sein kann, behandelt Kittel ausführlich die titelgebende sogenannte „Judenfrage". Es handelt sich dabei um einen Begriff, der bereits Mitte des 19. Jahrhunderts entstanden war, in antisemitischen Schriften seit Ende des 19. Jahrhunderts immer wieder Verwendung fand und von Hitler in *Mein Kampf* mit dem Begriff des „Rasseproblems" gleichgesetzt wurde. Mit dem Beginn des Hitlerregimes wird der Begriff semantisch auf „die von den Nationalsozialisten behauptete, angeblich *rassisch* bedingte Unmöglichkeit des Zusammenlebens von Juden und Nichtjuden" reduziert (Schmitz-Berning 2000: 330–331). Bereits in der Einleitung thematisiert Kittel den Begriff der „Frage" und konstatiert, dass es sich bei der „Judenfrage" um eine aktuelle politische Frage handele, die insbesondere für „ernste" Menschen relevant sei und die nur in Form einer „christliche[n] Sinndeutung" behandelt werden könne (Kittel 1933: 7–8). Mit dem Hinweis auf „ernste Menschen" und den „Ernst der Frage" beabsichtigt Kittel offenbar, sich von dem von Siegele-Wenschkewitz so bezeichneten „Radau-Antisemitismus der Straße" zu distanzieren, um seinen judenfeindlichen Überlegungen den Charakter einer theologisch-wissenschaftlichen Reflexion zu verleihen. Die politische Relevanz der „Judenfrage" wird von Kittel auf die religiöse Sphäre übertragen, wodurch die Kompetenz des Theologen in dieser Diskussion reklamiert wird. Eine „Frage" impliziert als Sprechakt pragmatisch die Erwartung einer Antwort, von der Kittel in der Tat auf der zweiten Seite der Einleitung spricht, um dann zunächst von einer „ungebrochenen Entscheidung" zu schreiben und schließlich auf der Folgeseite den berüchtigten Begriff der „Lösung" zu verwenden, der ab 1941 zur sogenannten „Endlösung" als verschleiernder Euphemismus für den Völkermord an den Juden erweitert wird.

In lexikalischer Hinsicht entwirft Kittel in der Einleitung Gruppierungen von semantischen Oppositionen, in denen er auf der einen Seite zunächst Attitüden eines seiner Auffassung nach zu verurteilenden, weil oberflächlichen Antisemitismus dem von ihm propagierten „ernsten" Antisemitismus gegenüberstellt, den er als „an sich berechtigte Bewegung" bezeichnet; darüber hinaus spricht er aber auch mehrfach ganz explizit vom „Kampf gegen das Judentum" (Kittel 1933: 8). Auf der einen Seite stehen Begriffe wie „Übertreibung und Auswuchs", „rassische und stimmungsmäßige Gesichtspunkte", „Mangel einer klaren, grundsätzlichen Erkenntnis", „gefühlsmäßige Stimmung", „reichlich Schlagworte" (Kittel 1933: 8–9). Diesem Kittel zufolge in die Irre führenden, da von Emotionen, Manipulation und irrationaler „Stimmung" dominierten Antisemitismus stellt er eine Phalanx von Gegenbegriffen folgender Art gegenüber, die dem „Kreise der Ernsten" als notwendige Alternative zur Rechtfertigung des „Kampfes gegen das Judentum" angeboten werden: „religiöse Unterbauung", „christliche Sinndeutung", „ein klarer Weg", „zielbewusstes Handeln", „scharfe, sachliche Gründe", „gegebene Tatsachen", aus denen „die notwendigen Folgerungen gezogen werden" und insgesamt eine „klare, grundsätzliche Erkenntnis". Die Semantik dieser letztgenannten Begrifflichkeiten lässt sich zusammenfassen als Triade aus empirischer Wahrnehmung, rationaler Reflexion und religiöser Dogmatik sowie daraus abgeleiteter Handlungsmaximen. Auf diese Weise wird das aus christlich-ethischer Perspektive Suspekte als irrational gebrandmarkt und diesem das vermeintlich Rationale und Christliche als positiver Gegenpol entgegengesetzt. Die „ungebrochene Entscheidung" als Antwort auf die „Judenfrage" bedeute, so Kittel, zudem, *„zugleich deutsch und zugleich christlich* zu denken und zu handeln" (Kittel 1933: 8–9). Die so subsumierten auf rationaler und theologischer Betrachtung fundierten Maximen werden im selben Einleitungstext dann aber überraschenderweise als Grundlage für den „Kampf gegen das Judentum" dargestellt, der „von dem Boden eines bewußten und klaren Christentums zu führen sei"; sie rechtfertigten Kittel zufolge sogar „eine so radikale Gesetzgebung gegen das Judentum" und „antisemitische Angriffe gegen die jüdischen Bestandteile der neutestamentlichen Religion" (ebd., 7 f.), womit offenbar die antijüdischen Gesetze vom April 1933 und die Bestrebungen zur „Beseitigung des jüdischen Einflusses auf das kirchliche Leben", die 1939 in der Gründung des Eisenacher Instituts gipfeln, gemeint sind. In dem hier analysierten kurzen Einleitungsteil wird mittels eines Geflechts aus semantischen Oppositionen eine vorgebliche Rationalität, Sachbezogenheit und Faktizität eines vermeintlich wissenschaftlich begründeten Antisemitismus statt eines irrationalen, „stimmungs-" bzw. „gefühlsmäßigen" Antisemitismus konstruiert.

Unter dieser Prämisse begründet Kittel dann auf über 70 Seiten die Aussonderung, Diskriminierung und Bekämpfung der jüdischen Mitbürger scheinwissenschaftlich. Liest man den Text linear, enthält er eine Argumentation, die sich folgendermaßen zusammenfassen lässt: Die Juden seien, so Kittel, „Fremdlinge" innerhalb des deutschen Volkes und müssten auch als solche behandelt werden. Dieser Status entspreche Kittel zufolge im Übrigen auch ihrem eigenen religiösen und traditionellen Selbstverständnis. Daher projektiert Kittel eine Art Parallelgesellschaft der deutschen Juden, die von allen beruflichen, kulturellen und politisch-wirtschaftlichen Bereichen der sogenannten ‚arischen' Bevölkerung ausgeschlossen werden sollten und innerhalb ihrer eigenen jüdischen Volksgruppe leben sollten. Um dieses Ziel zu erreichen, müsse insbesondere das sogenannte „Assimilationsjudentum" bekämpft werden und müssten die „assimilierten" Juden gezwungen werden, wieder zu ihren jüdischen Wurzeln zurückzukehren, was Berufsverbote, Ächtung von jüdisch-nichtjüdischen Eheschließungen, Ausschluss der Juden aus allen gesellschaftlichen Bereichen bis hin zu Literatur, Kultur und allen Bildungsinstitutionen einschließe.

Liest man den Text jedoch mit besonderem Augenmerk auf dominante Wortfelder und semantische Zuordnungen, ergibt sich ein noch weitaus radikaleres, explizit diskriminatorisches und ideologisch verfestigtes Gesamtbild. Im Text finden sich neben dem bereits erläuterten omnipräsenten Begriff der „Judenfrage" eine große Menge von antijüdischen und antisemitischen Begriffen, bei denen es sich teils um individuelle Formulierungen, teils um dem nationalsozialistischen Jargon entlehnte Ausdrücke (types) handelt, die jeweils durch häufige Wiederholungen den Text semantisch beherrschen (tokens). Im Folgenden werden die verwendeten Begriffe thematisch geordnet aufgelistet und kommentiert.

Eins der zentralen, den gesamten Text durchziehenden Wortfelder ist das der Fremdheit, das auf alle in Deutschland lebenden Juden bezogen wird:

- (Stellung des Juden als eines) (lästigen) Fremden
- (ruhe- und heimatlos über die Erde wandernder) Fremdling
- Fremdlingschaft
- Fremdartigkeit
- Fremdrassigkeit
- Andersrassigkeit
- fremde Rasse
- fremde Art
- fremdvölkische Menschen
- fremdrassige Menschen
- instinktive Abneigung gegen den Fremdrassigen
- Fremdenrecht
- Fremdengesetz
- Gastrecht
- Gastverhältnis
- (anständiger) Gast
- Entwurzelung
- Entwurzelte
- der entwurzelte Jude
- seelische Heimatlosigkeit,
- keine Verwurzelung in einem Volkstum
(Kittel 1933)

Mit diesem dichten Netz aus Ableitungen und Komposita, die die Morpheme *fremd*, *Gast* oder *Wurzel* enthalten, erzeugt Kittel ein den gesamten Text durchziehenden konnotativen Bedeutungszusammenhang, der die jüdischstämmigen Deutschen generell von nicht-jüdischen Deutschen künstlich absondert und semantisch als homogene, isolierbare und nicht integrierbare Gruppe in Kontrast zur Mehrheit der sogenannten „Volksdeutschen" setzt. Für die auf diese Weise artifiziell rhetorisch-semantisch konstituierte Ethnie müsse demnach wie für alle übrigen Ausländer ein „Fremdenrecht" gelten, da sie zu den „Volksdeutschen" lediglich in einem „Gastverhältnis" stünden. Die so mit lexikalischen Mitteln kreierte, eigentlich ‚erfundene' jüdische Minderheit wird dann zusätzlich aufgefordert, sich als „anständige Gäste" zu verhalten, um nicht auch das „Gastrecht" oder „Fremdenrecht" zu verwirken. Hinzu kommen etliche Formulierungen, die die vorgebliche mangelnde „Verwurzelung" der Juden thematisieren.

Die strikte Trennung der unterschiedlichen Ethnien wird zudem, ganz im Sinne der nationalsozialistischen Rassenideologie, mit der Notwendigkeit begründet, keine „(Ver)mischung" der vermeintlich unterschiedlichen Rassen zuzulassen. Auch zu diesem semantischen Feld enthält der Text eine Unmenge von Komposita sowie Nominalphrasen mit Adjektiv-, Partizipial-, Genitiv- und Präpositionalattributen, von denen hier einige Beispiele zitiert werden:

- (beständig sich steigernde, biologische Folgen der) Rassenmischung
- (Prozeß der) Rassen(ver)mischung
- hemmungslose Vermischung der Rassen
- Blutmischung
- Blut- und Rassenmischung
- Volksvermischung
- (ungehemmte) Mischehe
- (verhängnisvolles) Konnubium
- Mischling
- völkische Unmöglichkeit und sittliche Verirrung
- schwere und kaum zu tragende Belastung
- Durchsetzung des deutschen Volkskörpers mit zahllosen Mischlingen
- Einfluss (des jüdischen Elements) auf den (deutschen) Volkskörper
- ein Jahrhundert lang empfangener Einschlag jüdischen Blutes im deutschen Volkskörper
- Vermischung mit den anderen Völkern
- Belastung der Völker
(Kittel 1933)

Insbesondere Schlüsselbegriffe wie „Rassenmischung", „Blutmischung", „Volksmischung" sowie Kombinationen mit den Lexemen „Einfluss", „Einschlag", „Durchsetzung", „Belastung" spielen eine zentrale Rolle und gehören zum Grundbestand der nationalsozialistischen Rassenideologie (vgl. Schmitz-Berning: 514–515). Durch den übermäßigen Gebrauch solcher Begrifflichkeiten dient sich der Theologe Kittel als überzeugter Parteigänger der nationalsozialistischen Staatsideologie an. Darüber hinaus äußert er sich an zahlreichen Textstellen noch sehr viel deutlicher über seine negative Haltung gegenüber jüdischstämmigen Deutschen, wenn er den seiner Auffassung nach durch diese verursachten Schaden polemisch mit Etikettierungen wie „Gift", „Dekadenz", „Zersetzung", „Gefahr", „Auflösung", „Missbrauch", „Verirrung", „Vergehen" etc. auflädt:

- das die Volkskörper wie eine unheimliche Krankheit durchfressende Gift
- gefährliche Resignation die das Mark eines Volkes zerfrißt
- Dekadenz(frage)
- unabgegrenzte, assimilierte, verwischende Dekadenz
- Zersetzung
- (unheimliches) Gift
- (schwere) Gefahr
- Auflösung, auflösen, Auflösung der Religion
- ungeheuerliche Mißbräuche
- Verirrung
- völlig abnorme und unmögliche Verhältnisse
- schlechthinnige Ungeheuerlichkeiten und Unerträglichkeiten
- hemmungslose Volksverführung
- im deutschen Volk sich als Juden einnisten
- als Juden [...] über die Deutschen herrschen
- die Juden haben in Deutschland eine [...] aggressive, erobernde, herrschende Stellung errungen
- in eine Stellung hineingelebt [...], die [... dem jüdischen Volk] geschichtlich nicht zustand
- die deutsche Nation [...] von den Juden verjudet
- Vergehen an der deutschen Nation
- Mangel der ihm als Nichtdeutschen gegebenen Begrenztheit
- satte, materiell wohlhabende, intellektualistisch selbstzufriedene Bourgeoisie
- kalter, rechnender, [...] sich selbst zerquälender und zerfleischender Relativismus (Kittel 1933)

Aus den zitierten Textbelegen geht ein weiteres Mal unmissverständlich hervor, dass hier ein protestantischer Theologe unter dem Deckmantel der wissenschaftlichen Fachsprachlichkeit, die bei seinen Schriften kraft seiner Autorität als renommierter Universitätsprofessor und Fachexperte vorausgesetzt wird, eine aus Sicht der christlichen Ethik nicht zu rechtfertigende rassistische und menschenverachtende Wortwahl trifft.

Über die allgemeine antisemitische ‚Hassrede' hinaus lässt sich Kittel auch zu einer detaillierten Aufzählung unterschiedlicher Berufsstände und kultureller und gesellschaftlicher Bereiche hinreißen, in denen er jeweils schädliche jüdische Einflüsse feststellt:

- vor nichts Heiligem haltmachendes Geschwätz
- literarischer und journalistischer Schmutz
- als jüdisch markierte Literatur

- den deutschen Geist, die deutsche Kultur, die deutsche Politik beeinflussen und verjuden
- Einfluß des jüdischen Arztes
- Frage des jüdischen Rechtsanwaltes, [...] Beruf vielerorts [...] von Juden durchsetzt
- Problem des jüdischen Kaufmanns [...] der Mittel und Wege gefunden hat [...] den deutschen Bauern und den deutschen Handwerker zu vernichten
- Überflutung akademischer und geistiger Berufe
- zu Unrecht und in schädlicher Weise jene Berufe überflutet
- die jüdische Bevölkerung [hat sich] in einer ungesunden Weise intellektuell übersteigert
- Arroganz des Überlegenen
- Behendigkeit
- Fixigkeit des Geistes
(Kittel 1933)

Kittel zählt hier Literatur, Journalismus, Kultur, Politik, Gesundheitswesen, Rechtswesen, Handel, Landwirtschaft, Handwerk, akademische Berufe auf und prangert deren „Beeinflussung", „Durchsetzung", „Vernichtung", „Überflutung" und schließlich immer wieder „Verjudung" an. Kittels Detailbesessenheit und systematische Auflistung soll offenbar den Anschein einer wissenschaftlichen Vorgehensweise zusätzlich untermauern, wodurch die Schrift zu einer hybriden Textsortenkombination aus Propagandaschrift und wissenschaftlicher Abhandlung wird, zu einer Verschmelzung von zwei einander pragmatisch entgegengesetzten Texttypologien.

Bei der Extraktion besonders charakteristischer semantischer Felder im Textganzen lassen sich drei weitere Lexemkomplexe isolieren: „Assimilation", „Lösung" und „Kampf". Kittel legt in seiner Argumentationsführung großen Wert darauf, dass er die Juden als historisches, in der Bibelüberlieferung präsentes und gegenwärtiges Volk respektiere und dessen Existenzrecht anerkenne – er tut dies zumindest in Form eines formellen Lippenbekenntnisses. In seinem Verständnis der so genannten „Judenfrage" gehe es daher in erster Linie um die Bekämpfung der „Assimilation" der deutschen Juden mit Nichtjuden in Deutschland, weniger um die Bekämpfung sich zu ihrer Religion und ethnischen Zugehörigkeit bekennender Juden oder des sogenannten „Weltjudentums". In der Tat fällt letzterer Begriff nur ein einziges Mal im gesamten Text (Kittel 1933: 16). Auf diese Weise wird im Artikel eine sprachlich und lexikalisch äußerst manifeste artifizielle Trennung nicht nur von Juden und Nichtjuden, sondern darüber hinaus von Staatsbürgern mit und ohne jüdische Angehörige oder Vorfahren gezogen. So ist für ihn die „Judenfrage" im Grunde identisch mit dem „Problem der Assimilation". Zum Wortfeld der *Assimilation* finden sich dementsprechend im Text zahlreiche Belege, in denen der Begriff thematisiert wird und zumeist in einen

Kontext pejorativer Attribute wie „Maske", „Problem", „Sünde", „Fluch", „Dekadenz", „depraviert", „untreu", „grotesk" etc. gestellt wird.

- Assimilation
- Judenassimilation
- der sich assimilierende Jude
- (der moderne) Assimilationsjude
- die Maske seiner Assimilation
- Traum einer Assimilation
- Problem der Assimilation
- Sünde der Assimilation
- Abbruch der Assimilation
- Fluch der Assimilation
- Dekadenz-Assimilation
- Assimilationsjudentum
- Assimilatorisches jüdisches Bürgertum
- das depravierte und seiner eigenen Sendung untreu gewordene, von der Geschichte des echten Judentums gelöste Assimilationsjudentum
- Assimilationsepoche des deutschen Judentums
- breiter Ausstrom / Einstrom eines assimilationshungrigen (Ost)Judentums
- Ostjudenproblem
- groteske Übersteigerung des Assimilationsprozesses
- das unfromme liberale Judentum, das [...] mit feineren Mordwaffen die Völker verdirbt
- ungehorsames, gegen Gott sich auflehnendes Judentum
- äußerliche gottlose Übertritte vom Judentum zum Christentum
- vermeintliche Rechtsansprüche des „Deutschen Staatsbürgers jüdischen Glaubens" (Kittel 1933)

Im Zusammenhang mit dem Begriff der *Assimilation* fallen wiederholt Begriffe aus dem religiös-theologischen Fachwortschatz wie „Sünde", „Fluch", „unfromm", „ungehorsam", „sich gegen Gott auflehnen", „gottlos" etc. In Kittels Argumentation sind es jedoch nicht die Christen, sondern die zum Christentum übergetretenen oder in die deutsch-christliche Gesellschaft integrierten jüdischstämmigen Bürger, die sich der Sünde, der Gottlosigkeit und der Auflehnung gegen ihren Gott schuldig gemacht hätten. Diese ruft er in seinem Text dazu auf, wieder zu ihrem eigenen Glauben zurückzukehren.

Der berüchtigte Euphemismus der „Lösung" im Zusammenhang mit der „Judenfrage" spielt darüber hinaus ebenfalls eine zentrale Rolle in Kittels Text, wenn dieser zahlreiche „Lösungsmöglichkeiten" wiederum in äußerlich wissenschaftlich erscheinender Akribie diskutiert und dabei einerseits die radikaleren Optionen der „Ausrottung" oder „Deportation" zwar nennt, diese aber verwirft, sich aber andererseits gegen „halbe" oder „Teillösungen" zugunsten einer „restlosen", „absoluten", „entschiedenen" Lösung etc. ausspricht:

- Lösung (der Judenfrage)
- Lösungsversuch
- halbe Lösung
- restlose Lösung
- absolute Lösung
- eine nur politische, nur wirtschaftliche, nur rassische Lösung,
- eine einzige Lösung
- revolutionäre Lösung
- praktisch unlösbares Problem
- Judenfrage [ist] zu erledigen
- die Judenfrage meistern
- Juden totschlagen, ausrotten
- gewaltsame Ausrottung des Judentums
- Ausrottung des Volkes
- das Übel mit der Wurzel ausrotten
- mit Entschiedenheit zu Leibe gehen,
- unbarmherzig die Türe weisen
- klar und entschlossen den Weg in die Zukunft gehen
- Pogrom, nötigenfalls Scheiterhaufen errichten, Stinkbomben werfen
- ein Teil des Judentums […] wird Deutschland verlassen,
- Juden […] in ein unbewohntes Stück Wüste abschieben
- radikale Ausrottung des verfehlten Schlagwortes vom „Deutschen Staatsbürger jüdischen Glaubens"
(Kittel 1933)

Hier zeigt sich eine enorme Vielfalt von Lexik teils metaphorischer Art wie „mit der Wurzel ausrotten", „zu Leibe gehen", „die Türe weisen", die den Begriff der „Lösung" jeweils mit Konnotationen der Endgültigkeit, Vernichtung und schließlich immer wieder „Ausrottung" in Verbindung bringen, sodass, auch wenn Kittel die radikaleren „Lösungen" vordergründig verwirft und eine Art Apartheidsmodell propagiert, hier ein explizit menschenverachtendes Assoziationsgeflecht erzeugt wird. Abschließend ist der „Kampf" als Schlüsselbegriff des Textes zu nennen, der ein „antisemitischer" Kampf sei, ein „Existenzkampf", der „notwendig" und „berechtigt" sei, der zwar „nicht barbarisch", aber „mit aller Entschlossenheit", „mit restloser Konsequenz", mit „unerbittlich(st)er Härte" etc. geführt werden müsse:

- unser antisemitischer Kampf
- Kampf um die Judenfrage
- Hauptangriff des deutschen Antisemitismus
- um unseres Volkes willen nötiger Kampf, notwendiger und sachlich richtiger Kampf
- berechtigter Kampf meines Volkes um seine Existenz
- rechtlich und nicht barbarisch geführter Kampf / Krieg
- mit aller Entschlossenheit und restloser Konsequenz,
- mit unerbittlicher Härte und radikaler Konsequenz

– mit der unerbittlichsten Härte und Folgerichtigkeit
– in unerbittlicher Konsequenz
(Kittel 1933)

Kittels politisch-theologische Abhandlung lässt sich somit auch als antisemitische Kampfschrift lesen; sie will eine wissenschaftliche Darstellung der Situation der jüdischen Volksgruppe in Deutschland aufgrund historischer und theologischer Analysen sein, gleichzeitig aber auch ein appellativer Text, der zu einer Spaltung in zwei klar voneinander getrennte Bevölkerungsgruppen aufruft, indem er die eine („Deutsche") zum aktiven Kampf gegen die Integration der anderen („Juden") aufhetzt und letztere gleichzeitig zum Rückzug in ihre in Kittels Sichtweise traditionelle religiöse und ethnische Sphäre auffordert.

Die Sprache dieses Textes ist durch eine Überfülle von politisch-polemischem Vokabular der nationalsozialistischen Rassenideologie durchzogen, enthält aber im Kern ein theologisch-wissenschaftliches Substrat. Durch Kapitelüberschriften wie „Israels Zerstreuung", „Veräußerlichung der Religion", „Ehrfurcht vor dem frommen Judentum", „Das religiöse Problem des Judentums" entsteht der Eindruck, dass ein theologischer Fachexperte hier eine streng wissenschaftliche Analyse der Geschichte des Judentums vorlegt; letztlich ist der theologische Diskurs jedoch nur Form und Deckmantel für eine hetzerische Kampfschrift zur Unterstützung der menschenverachtenden antisemitischen NS-Politik. Ferner bemüht sich Kittel darum, die „Judenfrage" auf eine allgemeingültige, nicht nur Deutschland betreffende Ebene zu transferieren und zu „internationalisieren", wenn er sie mit einer „Zigeunerfrage", einer „Nordamerikanischen Negerfrage" (Kittel 1933: 11) sowie mit einer „Slawenfrage im Osten Deutschlands" (Kittel 1933: 60) gleichsetzt. Der Text eines der renommiertesten Theologen der Vorhitlerzeit steht exemplarisch für eine dramatische Vereinnahmung und Ideologisierung der protestantischen Universitätstheologie, die sich besonders deutlich auch in einer immensen lexikalischen und pragmatischen Kompromittierung der theologischen Fachsprache manifestiert.

In einer weiteren Schrift aus dem Jahr 1939, die den Titel *Die historischen Voraussetzung der jüdischen Rassenmischung* trägt, nimmt Kittel seinen Gedankengang von 1933 wieder auf: Nach sechs Jahren antisemitischer Politik und Gesetzgebung sowie staatlich verordneter Ächtung und Verfolgung der jüdischen Mitbürger publiziert er einen Text, der oberflächlich betrachtet deutlich theologischer und weniger politisch als der Vorgängertext ausgerichtet ist. So konzentriert sich der Artikel inhaltlich vor allem auf die altisraelische Geschichte bis zur Zerstörung Jerusalems im Jahr 587. Auch hier fungiert die theologische Beschäftigung mit der Geschichte Israels jedoch nur als wissenschaftliche Legitimation für eine antisemitische Auseinandersetzung mit der politischen Situation seiner Gegenwart. Es scheint, dass Kittel es angesichts der massiven Judenverfolgung in Deutschland als opportun empfindet, die theologisch-wissenschaftliche Seriosität seiner Schrift durch einen scheinbaren Rückzug auf das Terrain der alttestamentlichen Forschung unter Beweis zu stellen. Bei einer aufmerksamen Sprachanalyse stellt sich dennoch heraus, dass der spätere Text sich in seiner semantisch-lexikalischen Gestalt nur oberflächlich vom Vorgängertext unterscheidet, diesen sogar im Hinblick auf die Engmaschigkeit des propagandistischen Vokabulars noch übertrifft. Es soll an dieser Stelle ausreichen, zwei exemplarisch herausgegriffene Passagen des Textes zu betrachten, in denen es vordergründig um altisraelische Geschichte, bei näherem Hinsehen aber um rassenideologische Betrachtungen zur jüdischen Bevölkerung in Deutschland geht. Auf den analysierten Seiten erscheinen zahlreiche Komposita und Ableitungen des Hetzbegriffes *Rasse*, der im Sinne der nationalsozialistischen Diskriminierungspropaganda eingesetzt wird:

- Rasse
- rassisch [adverbialer Gebrauch]
- rassenmäßig
- jüdische Rassenmischung
- rassenkundlich
- Rassenentstehung
- Rassengeschichte
- Völker- und Rassenbrei
- vorderasiatische Rasse,
- orientalische Rasse
- Rasse der Semiten
- Hauptrassen
- rassische Verwandtschaften
(Kittel 1939: 1–40)

Kittels Artikel schließt folgendermaßen mit einer explizit antisemitischen an Hitler gerichteten Huldigung:

> Dort, in jener antiken Vermischungsperiode, strömte das Mischblut in den Körper des Judentums ein und machte aus ihm selber die Issah, den Brei, das Rassengemisch. Jetzt, im 19. Jahrhundert, machte sich das Judentum auf den Weg, seinerseits in die Völker einzudringen und ihr Blut zu durchsetzen und aus ihnen die Issah, den Brei, den Rassenmischmasch zu machen; – bis ihm die Macht entgegentrat, die dem Treiben nochmals ein Ende bereitete, eine neue Gesetzgebung aufrichtete und zum letztenmal den Juden in die Schranken wies: das nationalsozialistische Deutschland und sein Führer Adolf Hitler!
> (Kittel 1939: 43–44)

Der Schlussabsatz bedarf keines weiteren Kommentars und zeigt in erschütternder Unverhohlenheit, in welche Abgründe fachsprachliches Schreiben sich selbst bei anerkannten Forschern verirren kann, wenn politischer Opportunismus wissenschaftliches Erkenntnisstreben verdrängt. In diesem Schlusssatz tritt Kittel aus der

Rolle des seriösen Forschers vollständig heraus und lässt sowohl in Wortwahl als auch pragmatisch im Hinblick auf illokutionäre Sprechhandlungen die wissenschaftliche Maske fallen. Die Diktion wird umgangssprachlicher und aggressiver („Brei", „Mischmasch", „Treiben") und die Illokution der Schlussaussage, die nur scheinbar eine Feststellung ist, erweist sich als indirekte Drohung, wenn von „Ende bereiten", „zum letztenmal" die Rede ist und diese Endgültigkeit durch das emphatisierende Ausrufezeichen unterstrichen wird.

Kittels Sprache weicht in den hier besprochenen Fachtexten so weit von einer wissenschaftlich objektiven und nüchternen Sprache ab und nähert sich so stark an hetzerische Propagandasprache an, dass von Fachsprache im eigentlichen Sinn kaum noch die Rede sein kann. Unter Ausnutzung der Tatsache, dass die protestantisch-theologische Fachsprache zum Teil auch der Verkündigung, der Persuasion und dem Bekenntnis dient und nicht ausschließlich als exakte Wissenschaftssprache charakterisiert werden kann, werden hier hybride Texttypologien produziert, die formal und strukturell Fachtexten entfernt ähneln, inhaltlich und semantisch-pragmatisch aber propagandistische Pamphlete sind.

5.4 Fazit

Im Kapitel zur theologischen Fachsprache im NS-Staat richtete sich der Fokus weitgehend auf regimefreundliche Theologen und apologetische Texte, die die protestantische theologische Wissenschaft mehr oder weniger unverhohlen in den Dienst der Staatsideologie und der nationalsozialistischen Gleichschaltungspolitik stellen. Hier könnte der Einwand erhoben werden, dass im selben Zeitraum ebenfalls eine große Menge an wissenschaftlich seriösen Texten zur Bibelexegese, zur Kirchengeschichte, zur systematischen Theologie und zu anderen Fachrichtungen publiziert wurden. So haben auch Kittel, Hirsch, Althaus und andere zwischen 1933 und 1945 Bücher veröffentlicht, die ideologisch weniger kompromittierend sind. Bei den exemplarisch analysierten Texten könnte es sich um Schriften handeln, die als eine Art ideologisches Feigenblatt gegenüber dem Regime der Existenzsicherung und Sicherung der akademischen Position dienten. Auf der anderen Seite haben jedoch etliche Theologen keinerlei propagandistisch ausgerichtete Schriften verfasst, sondern sich entweder auf rein theologische Diskurse ohne politische Stellungnahmen beschränkt oder sich sogar kritisch gegenüber der nationalsozialistischen Ideologie geäußert. Letztere, unter denen Namen wie Friedrich Delekat, Heinrich Hermelink, Rudolf Bultmann, Helmut Thielicke und zahlreiche andere zu nennen wären, haben sich zu politischen Fragen während des Hitlerregimes zurückhaltend kritisch oder gar nicht geäußert, hatten zum Teil mit beruflichen Einschränkungen zu kämpfen, haben sich aber nicht als Unterstützer oder Apologeten der nationalsozialistischen Ideologie hervorgetan. Anders verhält es sich bei den im vorliegenden Kapitel behandelten Wissenschaftlern, die sich bewusst und mit Enthusiasmus zugunsten der neuen Führung politisch zu Wort gemeldet haben. Diese verfolgten dabei offenbar eine doppelte Strategie: Einerseits verfassten sie eine beträchtliche Anzahl von regimefreundlichen Schriften, die jedoch aufgrund des Ansehens ihrer Autoren und ihrer textuellen Struktur gleichzeitig zwangsläufig als Beiträge zur theologisch-wissenschaftlichen Gegenwartsdiskussion der Zeit wahrgenommen wurden. Andererseits publizierten sie weiterhin wissenschaftliche Werke, die kaum oder gar nicht durch ideologische Diktion gekennzeichnet sind. Es erscheint jedoch widersprüchlich, theologische Erkenntnis und wissenschaftliche Reflexion im Bereich von Glaubens- und Religionsfragen strikt von weltanschaulichen Meinungsäußerungen trennen zu wollen. Weniger propagandistische Schriften der regimetreuen Theologen stehen daher unweigerlich unter der Prämisse der zumeist vielfach geäußerten ‚völkischen', nationalistischen, auch rassistischen, antisemitischen und diskriminatorischen Grundhaltungen ihrer Verfasser.

Es erscheint insofern folgerichtig, in einer Zeit, in der eine offizielle „Sprachpolitik" alle gesellschaftlichen Bereiche ideologisch gleichzuschalten bestrebt war, deren Auswirkung auf die theologische Fachsprache in den Vordergrund zu stellen. Zudem beherrscht die regimefreundliche Wissenschaft den theologischen Diskurs der Zeit weitgehend, so dass sie als charakteristisch für die Epoche angesehen werden kann. Dass daneben auch eine kritische, ideologisch nicht kompromittierte und wissenschaftlich objektive theologische Fachsprachlichkeit existierte, wird im folgenden Kapitel dargestellt und gewürdigt.

Abschließend sei noch einmal auf Victor Klemperers *Lingua Tertii Imperii* verwiesen. Dieser setzt, wie oben gezeigt, eindrucksvoll auseinander, in welchem Maße die Sprache des Nationalsozialismus sich an der Sprache des christlichen Glaubens und der Sprache der religiösen Verkündigung und Reflexion orientiert hat und diese für ihre ideologischen Zwecke geradezu usurpiert hat. Er berichtet vom überall präsenten „Glaubensbekenntnis zu Hitler", das von „beiden Volksschichten, der intellektuellen und der im engeren Sinn volksmäßigen" abgelegt werde; ferner spricht er die „Vernichtung des Christentums in seinen hebräischen und [...] ‚syrischen' Wurzeln" an, die „dechristianisierte Weihnacht", Elemente wie „Mystik der Weihnacht, Martyrium, Auferstehung" und andere der „christlichen Transzendenz entliehene Elemente, darüber hinaus den Ewigkeitsbegriff als „Attribut einzig des Göttlichen" und „oberste Sprosse an der langen Leiter der nazistischen Zahlensuperlative"; schließlich erläutert er Hitlers „Selbstvergottung und stilistische Selbstangleichung an den Christus des Neuen Testaments" und die Tatsache, dass dieser „sein besonders nahes Verhältnis zur Gottheit unterstrichen hat, seine besondere Auserwähltheit, seine besondere Gotteskindschaft, seine religiöse Mission" (1975 [1947]: 142–144). Es ist offensichtlich, dass sich die nationalsozialistische Ideologie und Hitler selbst massiv in Konkurrenz zum ‚Markenkern' des christlichen Glaubens stellt und ein Verdrängungskampf stattfand. Ulrich Nill schildert dieses Phänomen in seiner Abhandlung über Goebbels' Sprachgebrauch:

> Der wichtigste politikferne Bereich, aus dem Goebbels den Wortschatz für seine Darstellung politischer Zusammenhänge schöpft, ist die Religion. [...] Alle Kritik richtet sich ausschließlich gegen die Kirchen, die ‚Konfessionen' [...]. Die Nazis gebärden sich als die wahren Vertreter [...] der Religion, während diejenigen, aus deren Argumentation die jeweiligen Leitworte stammen, als falsche Vertreter und Götzenpriester abqualifiziert werden. [...] Für Goebbels ist seine Heilslehre der Nationalsozialismus. In einem als Brief an Hitler deklarierten Aufsatz bezeichnet er dessen Botschaft als den ‚Katechismus neuen politischen Glaubens in der Verzweiflung einer zusammenbrechenden, entgötterten Welt'. [...] Den Verkünder dieser Heilslehre, Adolf Hitler, stilisiert er zum neuen Messias.
> (Nill 1991: 329–331)

Johannes Volmer formuliert einige „konstitutive Merkmale der politischen Rhetorik des Faschismus, die auffällige Ähnlichkeiten mit der Funktionalität der Textsorte Predigt und dem illokutionären Akt der Verkündigung und Bekehrung aufweisen". So nennt er u. a. die „Ritualisierung des Textvortrags [...] im Hinblick auf die Situation und ihre Inszenierung [...] eine institutionelle bzw. organisatorische Einbindung [...] als wesentliche Verstehenskomponente der Konstitution des Textsinns" sowie eine „Gesamtintention, die darauf abzielt, bei den Adressaten eine Bestätigung oder Veränderung ihrer Verhaltensweisen zu bewirken" (1995: 139–140). Die hier exemplarisch aufgeführten Zitate zeigen, dass Kirche und Theologie zweifelsohne unter einem enormen Konkurrenzdruck standen und neben ihrer politisch-gesellschaftlichen Ächtung und Unterdrückung auch Gefahr liefen, einer weitgehenden Vereinnahmung im Hinblick auf ihre Fachsprache auf allen Ebenen von der Sprache der Predigt und Seelsorge bis hin zur Wissenschaftssprache zu unterliegen. Wie das vorliegende Kapitel gezeigt hat, ist die Reaktion eines beträchtlichen Teils der institutionellen Universitätstheologie angesichts dieser existenziellen Bedrohung durch Besetzung von Schlüsselterminologien durch staatlich-politische Instanzen ambivalent. Dabei geht es den Theologen in erster Linie darum, inhaltlich und sprachlich eine Distinktion zwischen politischer Ideologie und theologischer Erkenntnisvermittlung wiederherzustellen bzw. aufrecht zu erhalten, ohne sich in Widerspruch zur Staatsideologie und ihrer Sprachpolitik zu stellen. Dieses nahezu unmögliche Unterfangen erzeugt eine doppelbödige und semantisch ambige Sprache, die sich bei den zitierten Autoren unterschiedlich stark und mehr oder weniger explizit regimefreundlich manifestiert.

Entschiedene Befürworter und Mitläufer wie Stapel, Redeker, Kittel und Grundmann passen ihre Sprache weitgehend der herrschenden Sprachpolitik an und verschmelzen damit christlich-protestantische Lexik und Semantik zu einer übergreifenden Einheit, die das protestantische Christentum zu einer Art Staatsreligion gerinnen lässt, die sich in ihrer Rhetorik nicht maßgeblich von der zeitgenössischen politischen Heilsrhetorik unterscheidet. Differenzierter und geschickter gehen Hirsch und Althaus vor, indem sie sich bemühen, trotz grundsätzlicher Befürwortung des Hitlerregimes eine Trennung von politischer Ideologie und Glauben aufrecht zu erhalten und die Alleinstellungsmerkmale der Theologie gegenüber der politischen Heilslehre der Nationalsozialisten wissenschaftlich zu begründen. Emanuel Hirsch beruft sich zu diesem Zweck auf die lutherische Tradition der Trennung zwischen kirchlicher und staatlicher Sphäre. Auf diese Weise begründet er sein Eintreten für eine Koexistenz von ‚völkischer' Politik und christlich-protestantischer Theologie, die sich gegenseitig respektieren und nicht in den Kompetenzbereich der jeweils anderen Seite eingreifen sollten. Diese auf Luthers „Zwei-Reiche-Lehre" aufbauende ‚Zwei-Sphären-Strategie' hält Hirsch jedoch nicht davon ab, Begriffe der nationalsozialistischen Ideologie in seine Fachsprache zu übernehmen, ohne jeweils eindeutige semantische Klärungen vorzunehmen. Dadurch entwickelt er eine hybride Sprache, in der Begrifflichkeiten an der Grenze zwischen politischer Ideologie und Theologie bewusst ambig eingesetzt werden und einerseits eine Politisierung der theologischen Fachsprache, andererseits eine theologische Vereinnahmung ideologischer Kampfbegriffe vorgenommen wird. Ähnlich verfährt Paul Althaus, bei dem jedoch stärker als bei Hirsch nationalsozialistische Schlüsselthemen wie der Ordnungsbegriff und die Thematik des ‚Volkstums' zu theologischen Kategorien umgewandelt werden, wodurch auch hier nationalsozialistische Kernbegrifflichkeiten zu theologisch-wissenschaftlichen Hauptdiskursen aufgewertet werden. Gerhard Kittel übernimmt in seinen theologischen Streitschriften unverblümt die nationalsozialistische Ideologiesprache und geriert sich gleichzeitig als vehementer Verfechter einer theologisch begründeten ethnischen Diskriminierung. Alle hier aufgezeigten mehr oder weniger eklatanten Beispiele für eine Durchdringung der theologischen Fachsprache durch nationalsozialistische Ideologiesprache zeigen, in wie starkem Maße die Wissenschaftssprache der protestantischen Universitätstheologie die nationalsozialistische geistig-sprachliche Gleichschaltung mitvollzogen hat und sich damit zum Werkzeug ideologischer Indoktrinierung und Propaganda hat instrumentalisieren lassen.

6 Widerstand und Widerspruch – die Sprache der protestantischen Theologie der Auflehnung und der Opposition

Die theologische Fachsprache im NS-Staat ist nicht nur eine Sprache der Unterwerfung, des Mitläufertums, des Kompromisses oder der Komplizenschaft; denn auf der Gegenseite bemühten sich kritische Forscher um Aufklärung und Aufdeckung des Faktums, dass es sich bei nationalsozialistischen, deutschnationalen oder auch nur mit diesen Tendenzen sympathisierenden Lehren um Irrwege handelte. Herausragende Persönlichkeiten sind in diesem Umfeld zweifellos der Barth-Schüler Dietrich Bonhoeffer, der sich als prominentestes Mitglied der *Bekennenden Kirche* auch dem politischen Widerstand anschloss und im April 1945 hingerichtet wurde, sowie der Mitbegründer der *Bekennenden Kirche*, Martin Niemöller, dessen Haltung zur NS-Politik allerdings in Teilen ambivalent war. Insbesondere Bonhoeffer ist oftmals als ein moderner christlicher Märtyrer dargestellt worden, der eine Sprache des offenen Widerstandes verwendet habe. Durch ihre prekären Entstehungsbedingungen haben seine Werke fragmentarischen Charakter, so dass vollendete Systemhaftigkeit erst rückwirkend in seine Werke hineininterpretiert werden konnte:

> An solchen Aussagen spüren wir deutlich, daß hinter den scheinbar spontan hingeworfenen fragmentarischen Briefzeilen eine neue, geschlossene Schau des ganzen Glaubens steht, die um ihren Ausdruck ringt. [...] Er konnte die schon fertigen Kapitel aber vor seiner Hinrichtung nicht mehr in Sicherheit bringen; sie sind verschollen. [...] in seiner Fragment gebliebenen Ethik [...]. (Neuenschwander 1974a: 144–146)

Das Fragmentarische der Fachsprache im Widerstand, das bei Bonhoeffer offenbar auch dazu führt, dass „verschiedene Tendenzen [...] sich auf ihn berufen, ihn aber nur partiell übernehmen" (Neuenschwander, 1974a: 155), kontrastiert mit der Sprache Paul Tillichs, der nach Berufsverbot 1933 in die USA emigrierte und dort eine wissenschaftlich-theologische Karriere vorantreiben und ein in sich geschlossenes systematisches Werk hinterlassen konnte. Auch wenn Bonhoeffer und Tillich in vieler Hinsicht als Hauptrepräsentanten einer Theologie des Widerstands und der Auflehnung angesehen werden, sind die Voraussetzungen ihrer wissenschaftlichen Tätigkeit sehr unterschiedlich. Denn Tillich war nicht der Gefahr um Leib und Leben ausgesetzt. Tillich galt und gilt auch im Nachkriegsdeutschland bis heute als bedeutende Wissenschaftlerpersönlichkeit, steht aber durch seine Außenseiterstellung als US-amerikanischer Theologe und aufgrund seines späteren Wechsels in die englische Sprache in Deutschland eher am Rande der wissenschaftlichen Diskussion. In diesem Kapitel wird auf die beiden wohl bedeutendsten theologischen Denker des antinationalsozialistischen Widerstands sowie auf den im Widerstand auch in Form von zahlreichen Publikationen aktiven Pastor Martin Niemöller eingegangen, auch wenn die Reflexion über die theologische Fachsprache sich in erster Linie an den Entwicklungen der vorherrschenden universitären und wissenschaftshistorischen Hauptströmungen orientieren sollte, da diese im Fall des nationalsozialistischen Jahrzwölftes die offiziell verordnete und geduldete staatstragende Theologie war. Dennoch ist die Sprache insbesondere Bonhoeffers, Niemöllers, aber auch Tillichs relevant, da sie Impulse für eine erneuerte protestantisch-theologische Fachsprache nach dem Zusammenbruch des NS-Staates und im Rahmen des Neuaufbaus der theologischen Fakultäten gegeben hat und als nicht kompromittierte Sprache Wiederanknüpfungspunkte bot. Als exemplarischer Repräsentant eines stillen Widerstandes soll schließlich auch der Religionswissenschaftler Friedrich Delekat Erwähnung finden, der 1935 mit Berufsverbot belegt wurde.

Zu erwähnen sind der Vollständigkeit halber einige weitere oppositionelle oder im Widerstand aktive evangelische Theologen, die im Lexikon des deutschen Widerstands genannt werden, hier aber nicht näher behandelt werden können (Vgl. Benz und Pehle 2001): Friedrich von Bodelschwingh, Leiter der Bodelschwinghschen Anstalten in Bethel, von Januar 1933 bis zu seinem Rücktritt im Mai 1933 Reichsbischof der Deutschen Evangelischen Kirche; Emil Fuchs, bis zu seiner Entlassung 1933 Professor an der Pädagogischen Akademie Kiel; Eugen Gerstenmaier, Theologe und Beamter im Auswärtigen Amt, 1944 verhaftet und zu 7 Jahren Freiheitsentzug verurteilt; Heinrich Grüber, Pfarrer in Berlin, 1940 Verhaftung, KZ Sachsenhausen und Dachau; Heinrich Held, Pfarrer in Essen, mehrfache Verhaftungen; Hermann Albert Hesse, Pfarrer in Wuppertal-Elberfeld, Studiendirektor des Predigerseminars der Bekennenden Kirche in Elberfeld, 1943 verhaftet, KZ Dachau; Erich Kürschner, Gefängnispfarrer in Berlin-Tegel, 1938 Verhaftung und Verurteilung zu 7 Jahren Freiheitsentzug; Hanns Lilje, Pastor in Berlin, Generalsekretär der Deutschen Christlichen Studentenvereinigung und des Lutherischen Weltkonzils; Hermann Mulert, Professor für Systematische Theologie an der Universität Kiel, 1935 als Vorgänger von Martin Redeker vorzeitig emeritiert; Harald Poelchau, Gefängnispfarrer in Berlin-Tegel, Plötzensee und Brandenburg; Martin Rade, Professor in Heidelberg und Marburg, 1933 Entlassung aus der Universität; Hermann Sasse, Professor für Kirchen- und Dogmengeschichte in Erlangen; Paul Schneider, Pfarrer in Hessen und im Rheinland, 1937 verhaftet und 1939 im KZ Buchenwald ermordet; Katharina Staritz, Leiterin der „Kirchlichen Hilfsstelle für evangelische Nichtarier" in Breslau, 1943 verhaftet, KZ Ravensbrück; Werner Sylten, Pfarrer in Hildesheim und Thüringen, 1936 als „Halbjude" aus dem Dienst entlassen, 1941 verhaftet, KZ Dachau, 1942 ermordet; Horst Thurmann, Pfarrer im Rheinland, 1940 verhaftet, KZ Dachau; Theophil

Wurm, Pfarrer für Gefangenenseelsorge in Württemberg, Landesbischof in Württemberg, Hausarrest 1944, Schreib- und Redeverbot.

Etliche protestantische Theologen, die sich dem NS-Regime gegenüber kritisch geäußert haben, wurden zwischen 1933 und 1945 durch Schreibverbote, Drohungen, Verhaftungen und in einigen Fällen auch Mord oder Hinrichtung (Bonhoeffer, Sylten, Schneider) zum Schweigen gebracht. Andere entzogen sich der Verfolgung durch den Gang ins Exil (Tillich, Barth, Theodor Heinrich Mützelfeldt und andere). Insofern ist die Beschäftigung mit der theologischen Fachsprache des Widerstands und des Exils nur eingeschränkt möglich. Anhand ausgewählter Schriften von Bonhoeffer, Niemöller, Tillich und Delekat soll dennoch der Versuch unternommen werden, Charakteristika der kritischen und politisch unabhängigen theologischen Fachsprache zu ermitteln, zumal die genannten Autoren sich im Gegensatz zu ihren linientreuen und regimefreundlichen Kollegen schon vor der Machtergreifung im Jahr 1933 nicht von der völkisch-nationalen Begeisterung haben mitreißen lassen.

6.1 „Hier ist keine Verschleierung, keine Verstellung mehr" – Theologische Begriffsbildung in der Erkenntnis der Abgründigkeit des Mündigseins

Dietrich Bonhoeffer (1906–1945), 1931–33 Pfarrer und Assistent für Systematische Theologie an der Friedrich-Wilhelms-Universität Berlin, 1933–35 Auslandspfarrer in London, 1935–1940 Dozent in der Pastorenausbildung am Predigerseminar Finkenwalde bei Stettin, später in Köslin und anderenorts, bis zu dessen Auflösung durch die Gestapo, wurde vom NS-Staat 1940 mit einem Redeverbot, 1941 mit einem Schreib- und Veröffentlichungsverbot belegt. 1943 wurde Bonhoeffer verhaftet und am 5. April 1945 auf persönlichen Befehl Hitlers als Mitverschwörer und Beteiligter am Stauffenberg-Attentat vom 20. Juli 1944 im Konzentrationslager Flossenbürg hingerichtet.

Bonhoeffer wird generell als Hauptrepräsentant des protestantischen Widerstands gegen das NS-Regime betrachtet, zumal er der einzige international bekannte Theologe war, der seinen Widerstand mit dem Leben bezahlt hat. Denzler und Fabricius konstatieren: „Das seinem christlichen Glauben entwachsene Eintreten für andere – Stellvertretung und Schuldübernahme mitten ins Leben geholt – war die überzeugende Stärke des Bonhoefferschen Widerstandes" (1995: 215). In theologischer Hinsicht ist Bonhoeffers Sichtweise zweifellos von der Erfahrung der Opposition, des Widerstandes und schließlich der Verfolgung und Bedrohung geprägt. So stellt Neuenschwander zu Bonhoeffers theologischer Denkweise hinsichtlich der Verantwortung des Menschen in der aufklärerischen Welt der fortschrittsgläubigen Selbstgewissheit fest:

> Das Besondere an Bonhoeffers Sicht der mündigen Welt aber tritt erst da ganz zutage, wo er [...] der ganzen Abgründigkeit in der mündigen Welt ansichtig wird. An dieser Stelle spüren wir nun das Denken des Gefangenen in der Grenzsituation des Märtyrers im totalen Staat, im Angesicht der Kriegsleiden und des ungezügelten Sadismus gegenüber Juden und Konzentrationshäftlingen. Zuwenig tief hat die Aufklärung die Mündigkeit der Welt durchdacht, wenn sie nur ihrer Tagseite sich erfreute und den Gott, der die autonome Vernunft gab, zugleich als den vorsehenden Vater pries, der in prästabilierter Harmonie gütig und weise die Welt lenkt. [...] Genau an dieser Stelle beginnt die unheimliche Nachtseite der Mündigkeit, die ebenso mit dazu gehört. Nicht nur können und dürfen wir mit der Welt und uns selber fertig werden, wir müssen es auch. Der Mündige hat die Konsequenzen seines Tuns zu tragen. Gott greift nicht in letzter Minute ein, wenn es schiefgeht. Die Mündigkeit muss bis zu Ende gedacht werden. [...] Und eben dieses Erretten aus der Not leistet der Gott der mündigen Welt nicht. [...] Der Gott der mündigen Welt aber ist der Gott, der auch in der Todesnot nicht eingreift, sondern uns verlässt, so dass sich unser Schicksal vollzieht, als ob es überhaupt keinen Gott gäbe. [...] Es ist die Erfahrung Jesu am Kreuz, und Bonhoeffer legt den letzten Schrei Jesu in dem Sinne aus, dass Gott uns damit die Mündigkeit der Welt, in der wir leben müssen ohne sein Eingreifen, bis zum bitteren Ende erfahren lässt. Das ist die Erkenntnis der Abgründigkeit des Mündigseins. Für Bonhoeffer ist es nicht ein Schritt zum Atheismus hin, sondern eine Erkenntnis, die Gott selbst uns aufdrängt. [...] Er verbindet den Glauben an Gott mit der Erfahrung der Welt ohne Gott. (Neuenschwander 1974b: 141–143)

Die zusammenfassende Würdigung eines zentralen Aspektes der Bonhoefferschen Theologie dient an dieser Stelle als Basis für die Analyse seiner wissenschaftlichen Sprache: Der Widerspruch zwischen Transzendenz und Glaube hier und Gottferne der „mündigen Welt" dort steht im Mittelpunkt dieses Ansatzes und unterscheidet ihn grundlegend von der ‚völkischen' Theologie, die ein Wirken Gottes in Geschichte, Politik und Volksleben bis hin zur ‚Erwählung' des Führers propagiert. Die Analyse der theologischen Fachsprache Bonhoeffers fußt auf den zwei am Vorabend der Machtergreifung entstandenen Hauptwerken *Akt und Sein. Transzendentalphilosophie und Ontologie in der systematischen Theologie* von 1930 sowie *Schöpfung und Fall. Versuchung*, Niederschrift einer Vorlesung von 1932/33 und Arbeitsvorlage für ein Predigerseminar von 1938. Diese Werke entstehen als Habilitationsschrift bzw. als theologische Vorlesung zu einer Zeit, in der ein beträchtlicher Teil der theologischen Professorenschaft sich in Wort und Schrift bereits explizit zugunsten einer ‚völkischen', nationalistischen oder sogar rassistischen und antisemitischen protestantischen Universitätslehre und -forschung einsetzen. Insofern ist es naheliegend, an dieser Stelle einen Vergleich zu ziehen und die im Widerstandskampf und in der Haft entstandenen späteren Schriften unberücksichtigt zu lassen, da sie unter besonderen Bedingungen außerhalb der akademischen Lehr- und Forschungseinrichtungen entstanden sind.

Es sei ferner darauf hingewiesen, dass Bonhoeffer sich bereits 1933 in einem in der Zeitschrift *Der Vormarsch: unabhängige Monatsschrift für reformatorisches Christentum* erschienenen Aufsatz mit dem Titel *Die Kirche vor der Judenfrage* explizit gegen eine Diskriminierung und Andersbehandlung der Juden ausspricht. Es sei eine „beispiellose Tatsache, daß der Jude unabhängig von seiner Religionszugehörigkeit allein um seiner Rassenzugehörigkeit vom Staat unter Sonderrecht gestellt" werde (Bonhoeffer 1997, Bd. 12: 350). Bei Bonhoeffer verschmilzt die der christlichen Tradition in Teilen eigene antisemitische Tendenz nicht mit der rassistischen Staatsideologie, sondern religiöse Differenz bedeutet für ihn keine Rechtfertigung für eine politisch motivierte Diskriminierung wie bei vielen seiner Fachkollegen.

Bonhoeffers wissenschaftliche Sprache weist aufgrund einer stark philosophischen, an Kant und Heidegger geschulten Ausrichtung eine syntaktisch und lexikalisch äußerst komplexe Struktur auf. Im Gegensatz zur ekstatischen Sprache der „Dialektischen Theologie" um Barth und Brunner wie auch zur völkisch-nationalen Theologie eines Hirsch oder Althaus bedient sich Bonhoeffer dezidiert einer philosophisch-abstrakten Sprachebene, die auf appellative, persuasive oder explikative Elemente vollständig verzichtet. Das wird schon im an den Anfang der Habilitationsschrift gestellten Forschungsüberblick deutlich, der in einen einzigen komplexen Satz zusammengedrängt ist, der hier trotz seiner Länge exemplarisch zitiert sei:

> <u>Ob</u> Karl Barth durch seinen „kritischen Vorbehalt" die Freiheit der Gnade Gottes wahren und so die menschliche Existenz begründen will, <u>ob</u> Fr. Gogarten und R. Bultmann in der „konkreten Situation" in der „Geschichtlichkeit den Menschen seiner eigenen Verfügbarkeit entheben wollen, <u>ob</u> H. M. Müller in der Kontingenz der Anfechtung die Entscheidung je und je durch das *propter Christum* fallen läßt, <u>ob</u> F. K. Schumann der idealistischen Erkenntnistheorie die Schuld an der Verderbnis der Theologie bis einschließlich Barth zuweist, um selbst zu einem gegenständlichen Gottesgedanken durchzudringen; <u>ob</u> auf der anderen Seite P. Althaus eine Theologie des Glaubens aus dem Zusammenbruch der Bewußtseinstheologie retten will, <u>ob</u> in der Richtung der Lutherforschung R. Seebergs und K. Holls E. Hirsch das „Sein" des Christen im Bewußtsein als Gewissen, als neuen Willen begründen will; <u>ob</u> Brunstäd in der „unbedingten Persönlichkeit Gott und Mensch zur Einheit bringt; <u>ob</u> E. Peterson in der reinen Phänomenologie das Rüstzeug gegen die dialektische Theologie zu finden meint und sich die theologischen Begriffe für ihn als reine Wesens- und Seinsbegriffe darstellen; <u>ob</u> weiter aus der Philosophie her M. Heideggers ontologisch-phänomenologische Analyse des Daseins als *existentia* und dem radikal entgegengesetzt Grisebachs „kritische Philosophie" der Kontingenz der Gegenwart in der Theologie Gehör finden; <u>ob</u> schließlich der die gegenwärtige theologische Lage beider Lager erstaunlich klar beurteilende Katholik und Thomist E. Przywara der Auflösung der Theologie in Aktbegriffe durch die dialektische Theologie seine Ontologie der *analogia entis* entgegenbaut – es ist zutiefst überall das Ringen mit derselben Fragestellung, nämlich der, die Kant und der Idealismus der Theologie aufgegeben haben. [Meine Hervorhebungen, J.G.]
>
> (Bonhoeffer 1988 [1932]: 8 f.)

Der Einleitungssatz besteht aus nicht weniger als zehn aneinandergereihten Irrelevanzkonditionalen, die von einem auf einen Gedankenstrich folgenden Hauptsatz aufgelöst werden, wobei der Gedankenstrich die Verbindung der in den Nebensätzen aufgereihten theologischen Ansätze zur Problemstellung von Bonhoeffers Arbeit, der von Kant „aufgegebenen" Fragestellung, unterstreicht. Bonhoeffer gelingt es somit in einem einzigen Satz einen Überblick über die systematisch-theologischen Hauptströmungen seiner Zeit zu komprimieren, diese gleichzeitig quasi im selben Atemzug als unterschiedliche Antworten auf ein und dieselbe Fragestellung zu qualifizieren und sie unausgesprochen, allein durch die grammatische Irrelevanzkondition als mehr oder minder vergebliches „Ringen" zu bewerten. Der Satz ist in seiner Gesamtheit ein Meisterstück kritischer Wissenschaftsprosa: Schlüsselbegriffe der besprochenen Forscher werden zitiert, Latinismen (propter Christum, existentia) und Gräzismen (analogia entis) und andere philosophisch-theologische Fachbegriffe werden eingestreut, so dass von Beginn an die Wissenschaftlichkeit des Textes auch sprachlich angekündigt wird. Die kritische Auseinandersetzung mit unterschiedlichen wissenschaftlichen Ansätzen der zeitgenössischen Theologie und Philosophie ist dabei keineswegs frei von Differenzierungen. Die Hypothesen der extremeren oder innovativen Strömungen (Barth, Bultmann, Hirsch, Althaus) zitiert Bonhoeffer mit distanzierenden Ausdrücken wie „will [...] begründen", „wollen [...] entheben", „[...] retten will", „[...] zu finden meint", „für ihn als ... darstellen"; zu anderen Theorien wird weniger Abstand genommen, wenn von „[...] zur Einheit bringen" (Brunstäd) bis hin zu „[...] erstaunlich klar beurteilen" (Przywara) die Rede ist. Auf diese Weise positioniert sich Bonhoeffer bereits im Einleitungssatz als souveräner Wissenschaftler, dem es gelingt, in komprimierter Form Forschungsüberblick, kritische Auseinandersetzung mit zeitgenössischen Forschungsrichtungen und Einführung in die Thematik in fachsprachlich nüchterner Form zu synthetisieren, ohne dabei predigthafte Formeln, politisch-ideologisch ambige Begrifflichkeiten oder rhetorische Redundanzen zum Einsatz zu bringen.

Seine Darstellung der bereits zitierten übergreifenden Fragestellung ist im Folgenden sprachlich und inhaltlich nicht weniger komplex:

> Es geht um echte theologische Begriffsbildung, um Entscheidung in der Alternative, vor die eine transzendentalphilosophische und eine ontologische Auslegung theologischer Begriffe stellt; es geht um die „Gegenständlichkeit" des Gottesbegriffs und einen adäquaten Erkenntnisbegriff, um die Verhältnisbestimmung von „Sein Gottes" und dem dies erfassenden geistigen Akt, d. h. es soll theologisch interpretiert werden, was „Sein Gottes in der Offenbarung" bedeutet und wie es erkannt wird, wie sich Glaube als Akt und Offenbarung als Sein zueinander verhalten und dementsprechend, wie der Mensch von der Offenbarung aus gesehen zu stehen kommt, ob ihm je nur im Aktvollzug Offenbarung „gegeben" sei oder ob es für ihn ein „Sein" in der Offenbarung gäbe. (Bonhoeffer 1988 [1932]: 9)

6.1 „Hier ist keine Verschleierung, keine Verstellung mehr"   147

Die Fragestellung wird mit zunächst drei parallel angeordneten Präpositionalobjekten umschrieben; an diese schließen weitere sechs Subjektsätze, die das Korrelat-„es" des Satzes „es soll theologisch interpretiert werden" einlösen. „Dieselbe Fragestellung" aus dem vorhergehenden Satz, um die von zahlreichen Theologen und Philosophen „gerungen" werde, wird hier mit nicht weniger als neun Umschreibungen illustriert: Zunächst benennt Bonhoeffer die Fragestellung allgemein, wenn er feststellt, es gehe um theologische Begriffsbildung sowie um die Alternative zwischen zwei philosophischen Auslegungen; dann folgen sechs konkrete Beschreibungen des Forschungsproblems, und zwar der Analyse des Verhältnisses zwischen „Gegenständlichkeit bzw. Sein Gottes in der Offenbarung" und dem „geistigen Akt der Gotteserkenntnis bzw. des Glaubens"; diese Fragestellung wird in sechs sprachlich jeweils abgewandelten Versionen wiederholt. Damit legt Bonhoeffer mit einer gewissen, wenn auch sprachlich differenzierten Redundanz das Thema seiner Untersuchung fest, wobei bereits in den parallel angeordneten unterschiedlichen Formulierungen derselben Fragestellung der hochgradig abstrakte und an Begrifflichkeit geschulte Sprachduktus des Theologen deutlich wird. Bonhoeffers Fachsprache bewegt sich auf einem lexikalisch, syntaktisch und pragmatisch hohen Niveau, das er so gut wie nie verlässt; veranschaulichende Beispiele, konkrete Diskurse mit Bezügen zu praktischen Lebensthemen oder Verweise auf biblische Geschichte(n) bleiben fast völlig aus, ebenso Einlassungen zum politisch-historischen Zeitgeschehen. Bonhoeffer bewegt sich nahezu ausschließlich im ‚Elfenbeinturm' des ‚reinen Denkens', womit er auf der unmittelbaren politischen Ebene unangreifbar bleibt. Zur Verdeutlichung sei eine weitere Textstelle zitiert:

> Solange hier der Widerstand der Transzendenz gegenüber dem Denken ausgehalten wird, d. h. solange das Ding an sich und die transzendentale Apperzeption als reine Grenzbegriffe verstanden werden, von denen nicht das eine das andere verschlingt, kann von echtem Transzendentalismus geredet werden. Im Erkennen weiß sich das menschliche Dasein eingespannt zwischen zwei ihm transzendenten Polen und dieses „Sein zwischen" Transzendentem ist „Dasein". Dies aber bekommt durch das Denken noch einen besonderen Sinn. Alles Seiende, in dem das menschliche Dasein sich vorfindet, ist durch das Denken „in bezug auf" das menschliche Dasein, durch eben dasselbe Denken, das das Dasein sich als zwischen Transzendentem seiend verstehen läßt, bzw. das sich selbst so versteht. Dadurch bekommt das menschliche Dasein eine vor anderm Seienden ausgezeichnete Seinsart. [Meine Hervorhebungen, J.G.]   (Bonhoeffer 1988 [1932]: 14)

Der Textauszug zeigt deutlich, dass Bonhoeffers Sprache stark philosophisch geprägt ist; insbesondere Begrifflichkeiten der kantischen und idealistischen Philosophie treten gehäuft auf (*Transzendenz, Transzendentalismus, Dasein, das Seiende, das Ding an sich* etc.). Der philosophische Ansatz des Theologen zeigt sich darüber hinaus in der fast vollständigen Abstraktheit der Textaussagen, die kaum explizit theologische Begrifflichkeiten enthalten. Auf diese Weise weist sich der Text durch eine gewisse Hermetik aus und ist ohne profunde philosophische Kenntnisse schwer erschließbar. In diesem Text fehlt jede Art von appellativen, persuasiven oder in irgendeiner Weise direktiven Sprechhandlungen; es handelt sich der Form nach um pure Wissenschaftsprosa, deren Aussage aufgrund ihrer Theorielastigkeit für Laien schwer nachvollziehbar ist. Anhand des folgenden Absatzes kann diese Tendenz zur Sprache der reinen Metareflexion ein weiteres Mal illustriert werden:

> „Sein" ist <u>Sein</u> zwischen <u>Transzendenz</u>; das aber ist es nur durch das <u>Sich-verstehen-Wollen</u>, das <u>Bezogenheit auf Transzendenz</u> ist. Das sich in der <u>Bezogenheit auf Transzendenz</u> und sich darum auch als <u>Beziehungspunkt der Welt</u> <u>Wissen</u> ist für den <u>Transzendentalismus</u> das menschliche <u>Dasein</u>. Aus diesem <u>Inschrankengesetztsein</u> des sich selbst verstehenden Menschen, d. h. der <u>Vernunft</u>, bricht nun die radikale <u>Kritik der Vernunft</u> hervor. Indem aber die <u>Vernunft</u> selbst der <u>Vernunft</u> zur Krisis wird, wird sie in ihr ursprüngliches Recht gesetzt; d. h. der Mensch versteht sich letztlich nicht aus dem <u>Transzendenten</u>, sondern aus sich selbst, aus der <u>Vernunft</u> bzw. aus den Grenzen, die sich die <u>Vernunft</u> selbst gesetzt hat, seien sie nun rationaler oder ethischer Art. [Meine Hervorhebungen, J.G.]
>
> (Bonhoeffer 1988 [1932]: 15)

Hier fallen insbesondere die gewagten Substantivierungen mittels Konversion von Wortgruppen („Inschrankengesetztsein", „Sich-verstehen-Wollen") oder sogar Linksattribute ohne adjektivischen oder partizipialen Kopf („das sich in der Bezogenheit auf Transzendenz und sich darum auch als Beziehungspunkt der Welt Wissen") ins Auge. Im Fall von „Inschrankengesetztsein" handelt es sich um eine substantivierte Infinitivform eines Zustandspassivs mit vom Vollverb abhängiger Direktivergänzung, das „Sich-verstehen-wollen" ist ein substantiviertes Modalverb mit abhängigem reflexivem Vollverb. Im dritten Fall der Objektergänzung zum substantivierten Infinitiv „Wissen" verwendet Bonhoeffer eine besonders ungewöhnliche Konstruktion, wenn er das Reflexivpronomen *sich* als Akkusativergänzung, die Lokativergänzung „in der Bezogenheit auf Transzendenz" sowie die parallel angeordnete und durch die Kausalergänzung „darum" zusätzlich verknüpfte Modalergänzung „als Beziehungspunkt der Welt" unverbunden zwischen Artikel und Substantiv einfügt. Eine Verwendung von Genitivattributen oder Präpositionalattributen wäre normkonformer gewesen, hätte aber einen größeren Aufwand an Wörtern und verdeutlichenden Strukturelementen erfordert: „das Wissen von der eigenen Bezogenheit auf Transzendenz und von dem dadurch begründeten Status des Beziehungspunktes der Welt".

Bonhoeffer bemüht sich mit den morphologischen Methoden der Komposition und Konversion um eine bis zum Äußersten getriebene Sprachökonomie, durch die komplexe Denkstrukturen auf möglichst knappe Weise präzise zum

Ausdruck gebracht werden sollen. Es finden sich zahlreiche ähnliche Konstrukte im Text, von denen einige hier exemplarisch aufgeführt seien:

- Beisichselbstbleiben
- Aussichheraustreten
- Frei-sich-gebunden-Haben
- Sich-dem-Menschen-zur-Verfügung-Geben
- Sich-der-Entscheidung-Entziehen
- Immer-schon-schuldig-sein
- Immer-schon-sein-in-der-Schuld
(Bonhoeffer 1988 [1932]: 67–70)

Durch die bis zum Äußersten komprimierte Sprache vermeidet Bonhoeffer Redundanz, explikative Abschweifungen, Paraphrasen oder verdeutlichende Vereinfachungen. Auf diese Weise ist seine Sprache gegen die omnipräsenten politisch-ideologischen Bezugnahmen imprägniert und etabliert sich als Idiom der reinen Geistigkeit, das im Gegensatz zu allgegenwärtigen Zeitströmungen steht, die sich auch in den Wissenschaftssprachen massiv ausbreiten.

Die zweite Schrift, die hier betrachtet werden soll, ist die von Bonhoeffer selbst vorgenommene Niederschrift einer an der Universität unmittelbar zeitnah zur nationalsozialistischen Machtergreifung gehaltenen Vorlesungsreihe aus den Jahren 1932/33 mit dem Titel *Schöpfung und Fall. Die Versuchung* [Bonhoeffer 1968 [1933]), die posthum veröffentlicht wurde und der Bibelauslegung im subversiven Finkenwalder Predigerseminar mit illegalen jungen Pastoren der *Bekennenden Kirche* diente. Es handelt sich um eine Auslegung der alttestamentlichen Schöpfungsgeschichte und um eine Auseinandersetzung mit Matthäus 6,13, der bekannten Bitte um Bewahrung vor Versuchung aus dem *Vaterunser*-Gebet. Die Schrift steht in der Kontinuität von *Akt und Sein* von 1931, insofern sie inhaltlich und sprachlich an keiner Stelle vom streng theologischen Diskurs abrückt und sich durchgehend auf einem hohen Abstraktheitsgrad bewegt. Dabei scheint Bonhoeffer seine Sprache zunehmend doppelbödig zu gestalten und sich indirekt auch auf gesellschaftspolitische Zustände der Zeit zu beziehen. Das wird bereits aus der auf den ersten Blick enigmatisch formulierten Einleitung deutlich:

> Die Kirche redet in der alten Welt von der neuen Welt. Und weil ihr die neue Welt gewisser ist als alles andere, darum erkennt sie die alte Welt allein aus dem Licht der neuen Welt. Die alte Welt kann an der Kirche keinen Gefallen finden, weil diese von ihrem Ende redet, als sei es schon geschehen, weil sie spricht, als sei die Welt schon gerichtet. Die alte Welt läßt sich nicht gern totsagen. Darüber hat sich die Kirche nie gewundert. Auch das wundert sie nicht, daß sich bei ihr immer wieder solche einstellen, die die Gedanken der alten Welt denken; und wer dächte diese Gedanken gar nicht mehr? Aber das andere muß die Kirche freilich in hellen Aufruhr bringen, daß diese Kinder der vergangenen

> Welt die Kirche, das Neue, für sich in Anspruch nehmen wollen. Sie wollen das Neue und kennen nur das Alte. Und sie verleugnen so Christus, den Herrn. Allein die Kirche, die vom Ende weiß, weiß auch vom Anfang, weiß, daß zwischen Anfang und Jetzt derselbe Bruch liegt wie zwischen Jetzt und dem Ende, daß Anfang und Jetzt sich verhalten wie das Leben zum Tod, das Neue zum Alten. (Bonhoeffer 1968 [1933]: 11)

Auffällig ist in dieser Vorrede zur bibelexegetischen Vorlesungsniederschrift ein geradezu rhythmisch wiederholter Dualismus zwischen „alt" und „neu" sowie „alter Welt" und „neuer Welt" oder „Anfang" und „Ende", die jedoch ohne konkreten Bezug gewissermaßen frei schwebend nur durch das Textgewebe selbst semantisch bestimmt sind. So erscheint die „alte Welt" zunächst im Kontext von Kirche und biblischer Überlieferung als die Welt der Antike und der Kirchengeschichte und die „neue Welt" als die durch Christus befreite Welt der christlichen Offenbarung. Im Laufe des Textes wird aber deutlich, dass mit der „alten" und der „neuen Welt" keineswegs nur historische oder geistesgeschichtliche Dimensionen gemeint sind, sondern vielmehr die Dualität zwischen diesseitiger und jenseitiger Welt. Das vermeintlich „Neue" kann im Diesseits nichts anderes sein als das in unterschiedlicher Gestalt immer wiederkehrende und immer gleiche „Alte". Für den christlichen Theologen kann das „Neue" nur der eschatologische Anbruch der jenseitigen Welt, des Reiches Gottes, sein. Durch diese begriffliche Mehrdeutigkeit gelingt es Bonhoeffer, eine implizite, in theologische Terminologie gekleidete Kritik am „neuen" Regime und der sich selbst als fortschrittlich und revolutionär verstehenden Ideologie zu formulieren. Gleichzeitig richtet sich die Kritik gegen Kirchenvertreter und Theologen, die gemeinsame Sache mit der neuen Staatsführung machen, gegen „solche [...], die die Gedanken der alten Welt denken", die glauben, mit der Zeit zu gehen, sich in Wahrheit aber im letztlich unveränderlichen historischen Kreislauf der Diesseitigkeit befinden. In entgegengesetzter Weise wie etwa Emanuel Hirsch, der durch bewusst eingesetzte semantische Vagheit theologische Begrifflichkeit politisiert und politisch-ideologische Begrifflichkeit in theologische Kontexte einbezieht, bleibt Bonhoeffer terminologisch scheinbar im Themenkreis der reinen theologischen Lehre, bezieht sich aber dennoch auf einer nicht expliziten Bedeutungsebene kritisch auf aktuelles Zeitgeschehen und Abwege der kirchlichen und theologischen Entscheidungsträger. Ähnlich verfährt Bonhoeffer in seiner Darstellung der Versuchung Jesu durch den Satan (Lk 4,1–13):

> Zum dritten Mal kommt der Satan anders als vorher [...] ohne Gotteswort. Er kommt nun – und das ist das Entscheidende – in seiner ganzen unverhüllten Machtentfaltung als Fürst dieser Welt. Nun kämpft der Satan mit seinen eigensten Waffen. Hier ist keine Verschleierung, keine Verstellung mehr. Die Macht des Satans stellt sich der Macht Gottes unmittelbar gegenüber. Satan wagt das Letzte. Seine Gabe ist unermeßlich groß und schön und verlockend; und er fordert für diese Gabe – die Anbetung. Er fordert für den offenen Abfall von Gott, der keine Rechtfertigung mehr hat als eben die Größe und die

> Schönheit des Reiches Satans. Es geht in dieser Versuchung um die in voller Klarheit und Erkenntnis vollzogene endgültige Absage an Gott und die Unterwerfung unter den Satan. Es ist die Versuchung zur Sünde wider den Heiligen Geist. (Bonhoeffer 1968 [1933]: 126)

Hier geht Bonhoeffer in ähnlicher Weise vor wie in den weiter oben zitierten Textpassagen: „Satan", „Fürst dieser Welt", „Anbetung", „Abfall von Gott", „Versuchung zur Sünde" sind theologische Begriffe, die den Text dominieren und an keiner Stelle durch unmittelbare politisch-historische Zeitbezüge aus dem fachsprachlichen Kontext herausgehoben werden. Dennoch kann auch dieser Textausschnitt auf zwei semantischen Ebenen gelesen werden und ohne besonderen interpretatorischen Aufwand auf den weltlich-politischen Kontext der Zeit bezogen werden. Es sind Worte und Begriffe, die aus Predigten, Gottesdiensten, theologischen Lektüren durchaus vertraut sind, die aber vor dem zeitgeschichtlichen Hintergrund einen unübersehbaren Doppelsinn erhalten. Fachsprache dient hier auch der geschickten Verkleidung (kirchen)politischer Fundamentalkritik. Ähnlich doppelbödig gestaltet Bonhoeffer die Semantik folgenden Zitats:

> Der Betrug, die Lüge des Teufels liegt darin, daß er den Menschen glauben machen will, er könne auch ohne Gottes Wort leben. So spiegelt er seiner Phantasie ein Reich des Glaubens, der Macht und des Friedens vor, in das nur der eintreten kann, der in die Versuchungen einwilligt, und er verbirgt den Menschen, daß er, als Teufel, das allerunseligste und unglücklichste Wesen ist, weil er endgültig auf ewig verworfen ist von Gott.
> (Bonhoeffer 1968 [1933]: 132)

Das der Phantasie des Menschen vorgespiegelte „Reich des Glaubens, der Macht und des Friedens" erweist sich letztlich als unterschiedlich interpretierbarer Vexierbegriff, der nicht nur das „Reich des Satans" in theologischer Sichtweise bezeichnet, sondern gleichzeitig auch die weltliche Macht, die mit den Kirchen zum Schein eine Einigung erwirkt (Glauben), gleichzeitig aber die gesamte politische Macht an sich gerissen hat (Macht) und Wohlstand und Prosperität verspricht (Frieden). Auch hier sind terminologisch rein fachtheologische Diskurse nur durch die verdeckte semantische Ambiguität auf politische Realitäten übertragbar. Im abschließenden Kapitel des Werks, das mit „Der legitime Kampf" überschrieben ist, bedient sich Bonhoeffer einer für ihn sonst eher ungewöhnlichen martialischen Metaphorik, die in ihrer Begrifflichkeit entfernt an die Rhetorik seiner Gegner erinnert, hier aber eng in den theologischen Diskurs eingebettet bleibt:

> Wehrlos erleiden die Gläubigen die Stunde der Versuchung. Ihr Schutz ist Jesus Christus. Und erst wenn das ganz klar erfaßt ist, daß den Gottverlassenen die Versuchung geschehen muß, kann nun zuletzt davon gesprochen werden, daß die Schrift auch vom *Kampf* der Christen redet. Vom Himmel herab gibt der Herr dem Wehrlosen das himmlische Waffenkleid, das zwar Menschenaugen nicht sehen, vor dem aber der Satan flieht. *Er* legt uns den Harnisch Gottes an, *Er* gibt uns den Schild des Glaubens in die Hand, *Er*

> setzt uns den Helm des Heils aufs Haupt, *Er* gibt uns das Schwert des Geistes in die Rechte. Es ist das Christuskleid, das Kleid seines Sieges, das er seiner kämpfenden Gemeinde anlegt.
> (Bonhoeffer 1968 [1933]: 156)

In der Tat sind sämtliche in diesem Zitat auftauchenden Lexeme und Syntagmen des semantischen Feldes des *Kampfes* und der *Schlacht* unmittelbare Bibelzitate, die insofern kohärente Elemente eines bibelexegetischen Textes sind. So ist der „Kampf der Christen" tatsächlich ein abgewandelter Begriff u. a. aus den Paulusbriefen 1 Ti 6,12 „Kämpfe den guten Kampf des Glaubens" oder 2 Ti 4,7 „Ich habe den guten Kampf gekämpft". Die „Waffenrüstung Gottes" findet sich ebenfalls bei Paulus in Eph 6,11; der „Schild des Glaubens" ist ein an vielen Stellen besonders in den Psalmen in unterschiedlichen Variationen auftauchender Topos, wie z. B. Ps 18,36 „Du gibst mir den Schild deines Heils", Ps 28,7 „Der Herr ist meine Stärke und mein Schild" oder Eph 6,16 „Ergreifet den Schild des Glaubens"; bei Paulus findet sich auch das „Schwert des Geistes" in Eph 6,17. Es handelt sich bei diesem Zitat somit vordergründig um eine zusammenfassende, auf Bibelzitaten basierte Beschreibung der Auseinandersetzung des Christen mit dem Bösen, Satanischen. Auch hier ist die semantische Ambiguität jedoch unübersehbar: Der Text kann sowohl als spirituelle Reflexion als auch ebenso schlüssig als appellativer Ermutigungsdiskurs gelesen werden, der sich an Christen richtet, die der aktuellen politischen Umwälzung kritisch gegenüberstehen, sie als Manifestation des christlichen Werten zuwiderlaufenden Bösen erkannt haben und es als ihre religiöse Pflicht ansehen, dieser durch einen ‚guten Kampf' entgegenzutreten. Theologische Fachsprache erscheint bei Bonhoeffer im historischen Kontext seiner Zeit als Medium einer bifunktionalen Kommunikation: In erster Linie und zweifellos als zentrale Funktion dient sie in der Substanz der wissenschaftlichen Kommunikation, und zwar einer auch im Vergleich mit anderen zeitgenössischen Theologen durchaus rigiden und abstrakten, der Sprache der spekulativen Philosophie und auch der unmittelbaren Bibelexegese dienenden Mitteilung. Darüber hinaus transportiert diese Sprache jedoch eine aufgrund ihrer ostentativen Wissenschaftlichkeit zwar scheinbar verborgene, bei aufmerksamer Lektüre unter Berücksichtigung der historischen und biographischen Zeitumstände Bonhoeffers aber dennoch mit deutlichem Nachdruck versehene kritische Stellungnahme zu politisch-zeitgeschichtlichen Verweltlichungs- und Verrohungstendenzen in Kirche und Gesellschaft. Es ist eine Fachsprache, die sich zum Schein in den ‚Elfenbeinturm' des Bibelforschers und Philosophen zurückzieht, um aus dieser Position der Unangreifbarkeit umso gezielter eine kämpferische Position beziehen zu können.

6.2 „Rettet, was noch zu retten ist!" – Der Weckruf zum Glauben

Der evangelische Pastor und Theologe Martin Niemöller (1892–1984) verdient im Kontext des Kapitels zur Fachsprache des theologischen Widerstands besondere Berücksichtigung, da er auf Seiten der praktischen Theologie die wohl öffentlichkeitswirksamste Figur der 1934 gegründeten *Bekennenden Kirche* war, die sich als Opposition zur regimetreuen Organisation der *Deutschen Christen* verstand und betätigte. Zudem ist Niemöller insofern ein paradigmatischer Fall für viele am Widerstand beteiligte Zeitgenossen, als er sich im Laufe der NS-Herrschaft vom überzeugten Nationalsozialisten zum erbitterten Regimegegner wandelte. Das Bekenntnis der Barmer Gründungssynode der *Bekennenden Kirche* stellte die ewiggültige Wahrheit des Evangeliums den neuen Lehren der *Deutschen Christen* entgegen und richtete sich insbesondere gegen die Vorstellung, dass es neben der christlichen Offenbarung eine andere als bindend angesehene Offenbarung, nämlich die des ‚gottgesandten' Führers, geben könne (vgl. Benz und Pehle 1995: 70–71). Martin Niemöller, der 1924 zum Pfarrer ordiniert worden war und im gleichen Jahr in die NSDAP eingetreten war, „begrüßte 1933 die Errichtung des autoritären Führerstaates unter Hitler"[1], engagierte sich dennoch von Beginn an gegen die *Deutschen Christen*, da er jede Art von gegenseitiger Einflussnahme zwischen Kirche und Staat grundsätzlich ablehnte. So äußert er sich in einer Predigt von 1935 noch durchaus ‚völkisch':

> Völker sind Lebewesen mit Leib und Seele, Völker haben nur ein Leben, sie werden und vergehen; sie werden auf mannigfache Weise; aber sie vergehen immer und notwendig dann, wenn die Kräfte, die sie werden ließen, in Verfall geraten. Als unser deutsches Volk Volk wurde, da gab ihm Gott den Christenglauben als Seele mit; unsere Volkwerdung ist nun einmal – ob uns das gefällt oder nicht – innerlich vom Christentum getragen gewesen, und aus diesem Christentum der deutschen Volksseele sind alle Kräfte gekommen, die unser Volk werden und wachsen ließen. [...] Darum darf, darum muß unser Volk von seinen staatlichen Führern verlangen, daß sie diesem Lebensinteresse Rechnung tragen, daß sie sich nicht von der Täuschung fangen lassen, als könnte die Frage der Religion für unser Volk Privatsache sein. [...] Aber – und nun kommt das Aber: Wir sagen das alles nicht, damit der Eindruck entstehe, mit einer Regierung, welche die Schicksalsverbundenheit von Volkstum und Christentum bejaht und schützt, sei demnach alles in Ordnung, und wir hätten nun eine Garantie für äußeren Aufstieg und innere Gesundung [...]. Die Parole „Volkstum und Christentum" ist gegeben, und es läßt sich bei einigem Geschick schon etwas damit machen! [...] Ob es nicht doch gut ist [...], wenn der heutige Tag, von dem unser Volk die Wendung zu neuem Leben erhofft, uns als Gemeinde Jesu vor die Notwendigkeit des Kreuzesweges stellt? Es ist gut [...], damit wir sehen, daß an

---

[1] https://www.deutsche-biographie.de/sfz71923.html (letzter Zugriff: 20.10.2021).

diesem Wendepunkt eine ungeheure Gefahr, eine teuflische Versuchung lauert.
(*daß wir an Ihm bleiben. Sechzehn Dahlemer Predigten*,
Berlin 1935. In Niemöller 1987: 35–37)

Dieser Predigttext von 1935 aus einer Zeit, in der Niemöller noch nicht offen Widerstand gegen die Kirchenpolitik des Regimes betrieb, dokumentiert unmissverständlich seine grundsätzliche Bejahung eines ‚völkischen' Politikverständnisses und einer Anerkennung des Christentums als dem deutschen Volk historisch und „naturhaft" eigene Staatsreligion. Dennoch schwingt von Anfang an bei ihm ein explizites „Aber", „Doch" oder „Dennoch" mit, das einer bedingungslosen Unterordnung der christlichen Kirche und ihrer Glaubensgemeinschaft unter die Allmachtansprüche der neuen Staatsführung skeptisch gegenübersteht. Der „Volkskörper", die Gleichsetzung des Volkes mit einem beseelten Lebewesen, die „Volksseele" und die „Schicksalsverbundenheit von Volkstum und Christentum" sind eindeutig Termini, die der ‚völkischen' Ideologie der Nationalsozialisten unmittelbar entlehnt sind. Gleichzeitig erscheinen diese von Niemöller hier befürworteten politischen Begriffe zweitrangig und dem Primat des christlichen Gewissens nachgeordnet. Trotz seiner Hoffnung, sogar in Hitler selbst einen Garanten für eine von der kompletten ideologischen Gleichschaltung verschonte, unabhängige christlich-protestantische Kirche als Repräsentantin des genuinen deutschen Volksglaubens sehen zu können (vgl. Scholder 2000: 433), wurde „besonders Martin Niemöller [...] wegen seiner regimekritischen Äußerungen in Predigten und Vorträgen zum Symbol für die Widersetzlichkeit der Bekennenden Kirche" (Benz und Pehle 1995: 180). Insbesondere richtet sich Niemöllers Widerspruch gegen den sogenannten „Arierparagraphen" (§ 3 des NS-Gesetzes zur Wiederherstellung des Berufsbeamtentums von 1933), der seiner Auffassung nach aufgrund der Ausgrenzung von konvertierten Juden im Widerspruch zu christlichen Grundwerten stand und zum „Status confessionis" führte, dem Bekenntnisnotstand aufgrund von politischen Verhältnissen oder Gesetzeslagen, die mit christlichen Grundsätzen unvereinbar sind. Niemöller gründete aus diesem Grund bereits 1933 einen *Pfarrernotbund*.

Trotz antisemitischer Einstellungen und teilweiser Übereinstimmung mit der nationalsozialistischen Ideologie wurde er durch sein Engagement in der *Bekennenden Kirche* zu einem der öffentlich präsentesten Gegner der *Deutschen Christen* und der Gleichschaltung von protestantischer Kirche und Theologie, was bereits 1937 zu Niemöllers Verhaftung und Internierung im Konzentrationslager Sachsenhausen und ab 1941 in Dachau führte. Erst 1945 wurde er aus der Haft befreit. Martin Niemöller hat die nationalsozialistische Ideologie über einen langen Zeitraum nicht als grundsätzlich inhuman und unchristlich verworfen, hat gleichzeitig aber einzelne Aspekte der Kirchenpolitik in unerbittlicher Konsequenz bekämpft, so dass er von Hitler selbst zur Persona non grata erklärt wurde und, ohne ein echter Regimegegner zu sein, zum Widerstandskämpfer und Opfer der NS-Willkürherrschaft wurde. Noch 1945 stellt Niemöller in einer Rede auf der ersten Tagung der *Bekennenden Kirche* nach Kriegsende fest:

> Unsere heutige Situation ist aber auch nicht in erster Linie die Schuld unseres Volkes und der Nazis. Wie hätten sie den Weg gehen sollen, den sie nicht kannten! Sie haben doch einfach geglaubt, auf dem rechten Weg zu sein! Nein, die eigentliche Schuld liegt auf der Kirche; denn sie allein wußte, daß der eingeschlagene Weg ins Verderben führte, und sie hat unser Volk nicht gewarnt, sie hat das geschehene Unrecht nicht aufgedeckt oder erst, wenn es zu spät war. Und hier trägt die Bekennende Kirche ein besonders großes Maß von Schuld; denn sie sah am klarsten, was vor sich ging und was sich entwickelte; sie hat sogar dazu gesprochen und ist dann doch müde geworden und hat sich vor Menschen mehr gefürchtet als vor dem lebendigen Gott. So ist die Katastrophe über uns alle hereingebrochen und hat uns mit in ihren Strudel gerissen. Wir aber, die Kirche, haben an unsere Brust zu schlagen und zu bekennen: meine Schuld, meine Schuld, meine übergroße Schuld! [...] Wir haben jetzt nicht die Nazis anzuklagen, die finden schon ihre Kläger und Richter, wir haben allein uns selber anzuklagen und daraus die Folgerungen zu ziehen.
> (*Rede auf der Tagung des Reichsbruderrates der Bekennenden Kirche in Frankfurt/Main 1945*. In Niemöller 1987: 101)

Der Redeauszug zeigt, dass Niemöller auch nach dem Untergang des nationalsozialistischen Unrechtsregimes ein zweideutiges Verhältnis zu Schuld und Verantwortung behält. Indem er der Kirche und insbesondere der regimekritischen *Bekennenden Kirche* die Hauptschuld an der Katastrophe von Diktatur und Krieg zuschreibt, da sie nicht konsequent genug gegen Unrecht und Irrglauben vorgegangen sei, obwohl sie dies „am klarsten" erkannt habe, entlastet er gleichzeitig „das Volk", das er offenbar weiterhin als kollektives Ganzes im Sinne eines unteilbaren Organismus versteht und bezeichnet sogar die Nationalsozialisten undifferenziert als schuldlos, weil niemand ihnen den rechten Weg gewiesen habe, den weder sie noch das Volk hätten erkennen können. Auf diese Weise propagiert Niemöller einen an christliche Würdenträger gerichteten dogmatischen Maximalismus, mit dem er bereits während der Hitlerdiktatur bestimmte Gesetzesmaßnahmen unerschrocken und öffentlich bekämpfte, ohne die inhumane Ideologie der Machthaber insgesamt in Frage zu stellen. Im Rückblick äußert er sich 1945 apologetisch zugunsten der Volksgesamtheit und der nationalsozialistischen Verantwortungs- und Amtsträger, da diese Verblendete und Verirrte gewesen seien. Den Kirchenvertretern und sich selbst wirft er retrospektiv vor, sich nicht durch offene Opposition zu Märtyrern des christlichen Widerstands gemacht zu haben, da sie mehr „Furcht vor Menschen als vor Gott" gehabt hätten. Martin Niemöller, Widerstandskämpfer und Apologet des Mitläufertums, NS-Opfer und Ideologe eines ‚völkischen' Christentums, erweist sich als ambivalente Figur zwischen radikaler protestantischer Opposition und unbedarfter Komplizenschaft, als gewissermaßen theologisch kompromissloser Ideologe mit unzulänglichem Urteilsvermögen im Hinblick auf politische und gesellschaftliche Irrwege. Vor dem Hintergrund dieser ambivalenten Einstellung des Theologen Niemöller soll dessen theologische Fachsprache im Folgenden beleuchtet werden. Wir konzentrieren uns auf drei Schriften, die noch vor Niemöllers Verhaftung am 1.7.1937 erschienen, die ihn bis Kriegsende zum Verstummen brachte: *Ein Wort zur kirchlichen Lage* (Niemöller 1935a) und *Dienst der Kirche am Volk* (Niemöller 1935b) sowie die gemeinsam mit dem Berliner Generalsuperintendenten Otto Dibelius herausgegebene Schrift *Wir rufen Deutschland zu Gott* (Dibelius und Niemöller 1937).

In *Dienst der Kirche am Volk* (Niemöller 1935b) verweist bereits der Titel auf Niemöllers zunächst ‚völkische' Einstellung. Am Beginn des Textes stellt Niemöller die Unbedingtheit der Dienstpflicht der Kirche am Volk aus theologischer Perspektive in Frage:

> Was ist das eigentlich „Dienst der Kirche am Volk"? Wozu ist die Kirche dem Volk gegenüber berufen und verpflichtet? Stimmt die hergebrachte Anschauung, daß ihr die Erhaltung, Pflege und Nutzbarmachung des religiösen Gutes in unserem Volke obliegt? Worin besteht denn das religiöse Gut, das im Interesse des Volkes gehütet zu werden verdient? – Und während die einen hier lediglich das lockende Ziel in greifbarer Nähe winken sahen, daß nämlich die religiös-kirchliche Vielgestaltigkeit und Zerrissenheit unseres Volkes im großen Zuge des völkisch-nationalen Aufbruchs mit einem Schlage überwunden werden könnte, sah sich die christliche Kirche vor der Frage, ob diese scheinbar so günstige Gelegenheit für sie überhaupt eine Gelegenheit und nicht vielmehr eine große Versuchung sei, bei der sie allenfalls die Welt gewinnen könnte, aber doch nur um den Preis ihrer Seele und damit ihrer wirklichen Existenz?! (Niemöller 1935b: 5)

Allem zeittypischen nationalpathetischen Überschwang zum Trotz durchzieht Niemöllers Sprache bereits hier ein Grundtenor skeptisch-kritischer Widerständigkeit, die auf einer Reihe von theologischen Begriffswörtern aufbaut. Zunächst durchbricht er aber die Apodiktizität der vermeintlichen Notwendigkeit der Gleichschaltung theologisch-kirchlicher Institutionen, wie sie von den *Deutschen Christen* gefordert wurden, durch eine Reihe rhetorischer Fragen, die zu einer unvoreingenommenen Reflexion über Aufgaben der Kirche im Staat auffordern. Die Satzform der rhetorischen, in einem monologischen Text gestellten Frage erhält in Verbindung mit den zum Ausdruck des Zweifels eingefügten Modalpartikeln „eigentlich" und „denn" die pragmatische Funktion einer Aufforderung zur eindringlichen Reflexion. Die rhetorische Frage, die die Antwort im Allgemeinen bereits impliziert, bleibt hier offen, da sie in offensichtlicher Abwandlung der im zeithistorischen Kontext inflationär gestellten Frage nach der Verpflichtung aller gesellschaftlichen Kräfte gegenüber dem Volk formuliert wird. Die Frage ist hier kein rhetorisches Mittel zur Bestätigung und Untermauerung des diktatorischen Führungsanspruches Hitlers und seiner Vasallen, sondern ermutigt zur erneuten und unvoreingenommenen Überprüfung möglicher Antworten. Während etwa Emanuel Hirsch „einen einzigen" ungeteilten Dienst am Volk und „eine einzige" bedingungslose Gefolgschaft gegenüber Hitler und dessen politischer Agenda fordert (Hirsch 1934a: 40, s. Kap. 5), stellt Niemöller mit seinen vier Fragen den vermeintlichen Konsens der kirchlichen und theologischen Verpflichtungen gegenüber dem Volk und der „völkischen Sache" als rhetorischer Generalrechtfertigung des Regimes grundsätzlich zur Disposition, und zwar mit der Objektfrage „Was ist der Dienst am Volk", einer Frage nach der Finalität („Wozu ist die Kirche verpflichtet"), einer Entscheidungsfrage nach der Richtigkeit traditioneller Vorstellungen vom Dienst der Kirche am Volk und schließlich einer Frage nach dem Inhalt dieser Vorstellungen. In sprachlicher Hinsicht nicht weniger geschickt, gibt Niemöller keine konkrete Antwort auf die von ihm gestellten Fragen, sondern beschreibt vielmehr zwei mögliche Tendenzen einer Beantwortung, d. h. eine Bejahung der Unterordnung der Kirche und der Theologie unter die ‚völkische' Gleichschaltungspolitik auf der einen Seite oder deren Hinterfragung auf der anderen Seite. Dabei wird die regimefreundliche Beantwortung der Frage nach dem *Dienst der Kirche am Volk* semantisch geschickt durch eine Kette von theologischen Begriffen in Zweifel gezogen: Das Mittragen des „völkisch-nationalen Aufbruchs" durch die protestantische Kirche wird zunächst als „günstige Gelegenheit" und „lockendes Ziel" bezeichnet, dann als „große Versuchung" und schließlich sogar implizit als „Verkauf der eigenen Seele" und damit Veräußerung der „wirklichen Existenz" der Seele, wobei im theologischen Kontext als Käufer der Seele, wenn auch nicht explizit benannt, so doch unzweideutig, der Antichrist zu verstehen ist. Insgesamt zeigt sich am Beispiel dieser Textstelle deutlich, wie Niemöller auf subtile Weise einen Text mit einem scheinbar politisch willfährigen Titel durch den Einsatz theologischen (Fach)vokabulars zu einem kritischen Manifest werden lässt, das sich in seinen Aussagen als unerschrocken erweist, auch wenn es seiner sprachlichen Gestalt nach unverfänglich erscheint.

Im folgenden Absatz zitiert Niemöller Schlagworte aus der nationalsozialistischen Ideologiesprache, ohne sich diese anzueignen, sondern indem er sie als Präsuppositionen in hypothetische und kontrafaktische Umgebungen einbettet:

> Wir verstehen es, wenn man im Namen des Volkes von der Kirche eben den Dienst am Volk fordern zu sollen glaubte, daß sie dem Streben nach völkischer Einheit auf dem Gebiet des religiösen Lebens Rechnung tragen sollte. [...] Denn hier galt es eigentlich nur, einen bereits vorhandenen Zustand zu legalisieren und in eine rechtliche Form zu bringen. Hier war infolgedessen auch noch kein Anlaß gegeben, die Frage nach dem Dienst der Kirche am Volk grundsätzlich neu zu stellen. Dieser Anlaß ergab sich erst, als immer lauter die Forderung nach einer artgemäßen religiösen Botschaft der Kirche und immer deutlicher der Ruf nach einer einheitlichen, alle Konfessionen in sich vereinigenden Nati-

onalkirche erhoben wurde und als man weiter für die äußere Gestalt der Kirche Formen verlangte, wie sie sich bei der Neugestaltung unseres völkischen Staates in allen Lebensgebieten durchsetzten. (Niemöller 1935b: 6–7)

Neben unpersönlichen Formen wie „man", „es galt" und Passivkonstruktionen („die Forderung wurde lauter", „der Ruf wurde immer deutlicher") verwendet Niemöller unbelebte Subjekte wie „Formen [...] setzten sich durch", um die explizite Nennung der NS-Staatsführung als Agens geschickt zu umgehen. Mit diesem sprachlichen Kunstgriff wird der Gegner der verbalen Auseinandersetzung depersonalisiert und indirekt hinter grammatischen Konstruktionen eingehegt, wodurch ein expliziter Angriff auf die Machthaber und die diesen ergebenen theologischen und Kirchenrepräsentanten nicht unmittelbar erkennbar ist. Bemerkenswert sind ferner die sprachlichen Strategien, mit deren Hilfe Niemöller eine deutliche Distanz gegenüber politisch-propagandistischen Begriffen wie „völkische Einheit", „artgemäße religiöse Botschaft" oder „vereinigende Nationalkirche" wahrt: So wird mit der Konstruktion des Einleitungssatzes „wir verstehen es, wenn man [...] fordern zu sollen glaubte, daß sie [...] sollte" zwar vordergründig Verständnis simuliert. Durch die komplexe Struktur des Objektsatzes, der nicht durch ein affirmatives „dass", sondern durch ein hypothetisierendes „wenn" eingeleitet wird, und durch die Formulierung „fordern zu sollen glaubte", in der die Forderung durch das Modalverb „sollen" relativiert wird, das den Wunsch einer äußeren Autorität ausdrückt und das seinerseits wiederum vom vagen Einstellungsverb „glauben" abhängt, erscheint die Dringlichkeit und Notwendigkeit der ‚Gefolgschaft' der Kirche und der Theologie gegenüber dem Staat alles andere als verbindlich oder erforderlich: Der „Dienst der Kirche am Volk" wurde nicht „gefordert", „sollte nicht gefordert" werden, sondern man „glaubte" lediglich, ihn „fordern zu sollen". Niemöllers sprachlich geschickt verklausulierte Skepsis zeigt sich hier besonders deutlich.

Niemöllers Text *Ein Wort zur kirchlichen Lage* (Niemöller 1935a) schließt mit einem deutlich eindringlicheren Appell an die Verantwortungsträger in Kirche und Theologie:

> Wir stehen mit der ganzen christlichen Kirche in unserem Volk unter dem Druck einer besonders schweren Versuchung: Rettet, was noch zu retten ist! – Aber solange wir nicht aus dem Zeugnis des Wortes annehmen müssen, daß dieser Ruf von dem Herrn Christus kommt, solange wir vielmehr aus dem Zeugnis des Wortes wissen, daß es eben nicht der Herr ist, der so spricht, sondern unser trotziges und verzagtes Herz, solange ist es gefährlich, rückwärts zu schauen. Es möchte uns gehen wie Lots Weib! Und solange ist es gefährlich zur Seite zu blicken: wir möchten sinken wie Petrus! Wir haben unseren Blick auf den einen Herrn zu richten und zu glauben, daß er es ist, dem alle Gewalt gehört im Himmel und auf Erden. Das ist heute das Bild der bekennenden Kirche mit ihrem Auftrag und mit ihrem Zweifel, mit ihrer Not und mit ihrer Hilfe, was geschrieben steht Matthäus 14, 22–33. (Niemöller 1935a: 7–8)

Es folgt ein langes Bibelzitat zur Wundererzählung vom auf dem Wasser gehenden Jesus, das sich direkt auf die Textstelle „Wir möchten sinken wie Petrus!" bezieht. Mit der in dieser Schrift verwendeten Sprache wagt sich Niemöller einerseits weiter aus der Deckung hervor, setzt andererseits aber in noch größerem Umfang biblische Anspielungen und Zitate ein. Die sprachliche Doppelstrategie der politischen Warnung und deren Einkleidung in theologisches Vor- und Fachwissen wird damit potenziert. Inhaltlich geht es im Zitat um Widerstand gegen die Gleichschaltung der Kirche und der theologischen Lehre, der aber an keiner Stelle konkret benannt, sondern mit theologischen Begriffswörtern und biblischen Zitaten umschrieben wird. Auch hier ist erneut von „Versuchung" die Rede. Wenn Niemöller darauf hinweist, dass „es eben nicht der Herr ist, der so spricht, sondern unser trotziges und verzagtes Herz", bezieht er sich damit auf die religiöse Vorstellung vom Versucher, der sich ins Herz des Sünders einschleicht und ihn zur Abwendung von Gott verleitet. Der Begriff „trotziges und verzagtes Herz" ist ein Zitat aus Jeremia 17,9, wo vom Abfall des Menschen von Gott und der Verführbarkeit des menschlichen Herzens als Sitz der Seele die Rede ist:

> So spricht der Herr: Verflucht ist der Mann, der sich auf Menschen verlässt und hält Fleisch für seinen Arm und weicht mit seinem Herzen vom Herrn. Die Sünde Judas ist geschrieben mit eisernem Griffel und mit diamantener Spitze gegraben auf die Tafel ihres Herzens und auf die Hörner an ihren Altären; denn ihre Söhne denken an ihre Altäre und Ascherabilder unter den grünen Bäumen und auf den hohen Hügeln. Aber ich will deine Opferhöhen auf Bergen und Feldern samt deiner Habe und allen deinen Schätzen zum Raube geben um der Sünde willen, die in deinem ganzen Gebiet begangen ist. [...] Gesegnet ist der Mann, der sich auf den Herrn verlässt und dessen Zuversicht der Herr ist. [...] Es ist das Herz ein trotzig und verzagt Ding; wer kann es ergründen?[2]

Darüber hinaus spielt Niemöller auf „Lots Weib" an, die sich unter Missachtung des Gottesbefehls nach dem Inferno der zerstörten Stadt Sodom umblickt, und auf Petri Angst vor dem Unwetter während der Bootsfahrt auf dem See Genezareth. Für den profanen Leser erscheint die Textstelle als ein theologischer Predigtdiskurs mit Bibelzitaten und Appellen an das ‚Christenvolk', für den theologischen oder bibelkundigen Leser enthält der Text eine versteckte Botschaft, die teils explizit, teils in Anspielungen dazu aufruft, „den Blick auf den einen Herrn zu richten" und nicht rückwärts (Lots Frau), seitwärts (Petrus) oder in uns (trotziges, verzagtes Herz) zu schauen, wohin der Antichrist den Blick zu lenken trachtet, um den Menschen zum Ungehorsam zu verleiten. Offensichtlich handelt es sich auch hier um einen verklei-

---

[2] https://www.die-bibel.de/bibeln/online-bibeln/lutherbibel-2017/bibeltext/bibel/text/lesen/stelle/24/170001/179999/ (letzter Zugriff: 20.10.2021).

deten Aufruf zum Widerstand gegen den Allmachtsanspruch der weltlichen „Herren". Bei Berücksichtigung der Zweigleisigkeit in Niemöllers Diktion erscheint seine Sprache keinesfalls zurückhaltend in ihren regimekritischen Aussagen, ruft sie doch, wenn auch nicht explizit, geradezu zum zivilen bzw. kirchlichen Widerstand auf. Die Einkleidung politischer Inhalte in ein dichtes Gewebe theologischer Fachdiskurse dient dabei als probates Schutzmittel für Autor und Leser. Theologische Fachsprache wird dadurch zu einer Art subversivem Insidercode, ohne in ihren Aussagen grundsätzlich von üblichen Predigtdiskursen abweichen zu müssen.

Im Jahr seiner Verhaftung erschien Niemöllers Schrift *Wir rufen Deutschland zu Gott*, für die auch Otto Dibelius als Autor zeichnet (Dibelius und Niemöller 1937). Hier scheint die noch 1935 waltende Vorsicht in der sprachlichen Gestaltung weitgehend einer sprachlichen Eindringlichkeit und begrifflichen Unmissverständlichkeit gewichen zu sein, möglicherweise aufgrund der besorgniserregenden Verschärfung der Juden- und Dissidentenverfolgung, von der auch viele Repräsentanten der katholischen und protestantischen, vor allem der *Bekennenden Kirche* betroffen waren. So ist der Text von im Sperrsatz gedruckten Absätzen durchzogen, die in ihrer graphischen Gestalt optisch auffällig, eindringlich und aufmerksamkeitssteuernd wirken:

> *Der Weckruf zu neuem Glauben geht durch das deutsche Land. [...] Es ist die Pflicht derer, die wissen, daß in keinem anderen Heil ist als in Jesus Christus, dem deutschen Volk zu dieser Klarheit zu helfen, soweit Menschen das können. Aus dem Weckruf zum Glauben muß die klare Losung werden: Zurück zu Jesus Christus!*[3] (Dibelius und Niemöller 1937: 19)

> *Deutschland wird in der großen Entscheidung nicht mit Religiositäten und Gläubigkeiten standhalten, auch nicht mit einem neu angefertigten Glauben, er mag aussehen wie er will. Deutschland wird nur standhalten, wenn es den Mut hat vor Gott zu treten. Gott aber ist nicht der Unbekannte, den wir erfühlen müßten in Natur und Blut und Geschichte. Er ist der Gott, der sich offenbart hat. Seine Offenbarung heißt Jesus Christus! Es ist in keinem andern Heil!* (Dibelius und Niemöller 1937: 23)

> *Die Feindschaft um uns her gilt ja gar nicht der Kirche, ihren Gliedern und Hirten, sondern dem Herrn der Kirche; der Haß, der uns entgegenschlägt, meint ja nicht uns armselige Zeitgenossen, sondern den Jesus Christus, dessen Namen wir tragen; hier ringen nicht Menschen mit Menschen; hier kämpft der Teufel mit dem Erlöser um Verdammnis und Seligkeit.* (Dibelius und Niemöller 1937: 45)

> *Es hat noch niemals einen Staat gereut, wenn er die Verkündigung der evangelischen Kirche in großzügigem Vertrauen freigegeben hat. Daraus folgt dann noch zweierlei [...]. Zunächst das, daß der Staat, indem er die Verkündigung der christlichen Botschaft freigibt, nicht eine*

---

[3] Die kursiv gedruckten Textteile in diesem und in den folgenden drei Zitaten im Original in Sperrsatz.

> *christusfeindliche Verkündigung mit Mitteln seiner Macht unterstützt. [...] Das andere ist das, daß der Staat darauf verzichten muß, selber Kirche zu sein und eine eigene Religion zu proklamieren.* (Dibelius und Niemöller 1937: 87–88)

Die repräsentative Auswahl der hervorgehobenen Textstellen verdeutlicht eindrucksvoll, dass theologische Erbitterung und eine damit einhergehende, sich steigernde sprachliche Unvermitteltheit in proportionalem Verhältnis zur Verschärfung der Lage von Kirche und Glaubensfreiheit stehen. Hier greifen die Autoren Niemöller und Dibelius thematische Schlüsseldiskurse des Regimes wie „deutsches Volk", „große Entscheidung", „Natur, Blut, Geschichte" und nicht zuletzt das allgegenwärtige „Heil" auf, um diese dann in einen völlig anderen Kontext zu stellen: Das „Heil" des „deutschen Volkes" wird ausschließlich auf Christus bezogen; der „großen Entscheidung" könne Deutschland nur mithilfe des christlichen Gottes standhalten. Interessant sind hier zwei Neologismen, die die Autoren zur Bezeichnung des im Text nicht näher spezifizierten Irrglaubens der nationalsozialistischen Ideologie und ihres Germanenkultes durch Suffigierung bilden: „Religiositäten" und „Gläubigkeiten" sind aus den Adjektiven „religiös" und „gläubig" abgeleitete Abstrakta, die mit den Begriffen der eigentlichen „Religion" und des wahren „Glaubens" als Produkte subjektiver pseudoreligiöser Ergriffenheit kontrastieren sollen; diese Art von Religiosität wird dann auch als „neu angefertigter Glauben" und „erfühlter Gott" bezeichnet und syntaktisch in direkte Verbindung mit den Schlagworten *Natur, Blut* und *Geschichte* gebracht. Der auf Christus bezogene und interpunktorisch gekennzeichnete Ausruf „Es ist in keinem anderen Heil!" erweist sich schließlich als weitere Steigerung einer unverhohlenen Kontrastierung des christlichen Gottes (Vater und Sohn) mit dem Versucher in der Person Hitlers und seiner Vasallen. Dieser „unbekannte Gott der Natur, des Blutes und der Geschichte" wird dann im dritten Zitat unmittelbar mit „Feindschaft", „Haß" und schließlich sogar mit dem „Teufel" selbst in Verbindung gebracht. Der Gesamttext präsentiert sich zwar zweifellos als theologischer Fachtext und die in ihm verwendeten Begriffe weichen nur marginal vom Fachwortschatz ab. Dennoch erscheint er in seiner pragmatischen Gestalt als eine vehemente Äußerung erbitterten Protestes mit appellativ-direktiver Illokution. Im letzten oben zitierten Absatz nehmen die Autoren unmittelbar zum Verhältnis zwischen Staat und Kirche Stellung und sprechen schließlich in kaum noch theologisch bemäntelter Klarheit dem Staat sowohl das Recht ab, andere Kulte neben der christlichen Kirche zu privilegieren, als auch den Bürgern die politische Staatsideologie als Religionssubstitut aufzuoktroyieren.

Insgesamt zeigt sich bei Betrachtung der Schriften Martin Niemöllers eine sukzessive Abwendung von einer Sprache des mit Fachbegrifflichkeit maskierten kritischen Widerstands hin zu einer immer expliziteren und unmittelbareren Sprache der kritischen Polemik und des aufrüttelnden Appells, die 1937 unweigerlich zur Unterdrückung seiner dem NS-Regime unbequemen Stimme führen musste.

6.3 „Die aufgestauten Wasser seiner Wahrheit auf die ausgedörrten Fluren sich ergießen lassen" – Das Symbol als angemessene Form der Religionssprache

Die Theologen Friedrich Delekat und Paul Tillich sollen hier als jeweils prominente Vertreter der sogenannten ‚inneren Emigration' und der Entscheidung zur Auswanderung ins Exil behandelt werden, insofern ersterer vom nationalsozialistischen Regime mit einem Redeverbot belegt wurde und ab 1936 als Theologe nicht mehr öffentlich in Erscheinung treten durfte und letzterer bereits 1933 ins US-amerikanische Exil emigrierte.

Friedrich Delekat (1892–1970) lehrte ab 1929 als Nachfolger Paul Tillichs Religionswissenschaft an der Technischen Hochschule Dresden. Delekat war Mitglied der *Bekennenden Kirche*; zunächst der nationalsozialistischen Machtübernahme wohlwollend gegenüberstehend, wurde er aufgrund regimekritischer öffentlicher Äußerungen 1936 jedoch zwangspensioniert, durfte sich öffentlich nicht mehr äußern und lebte bis Kriegsende als stellvertretender Stadtpfarrer in Stuttgart, bis er 1946 wieder an der Universität Mainz die Universitätslehre aufnehmen konnte, wo er bis 1961 als Professor für Systematische Theologie, Philosophie und Pädagogik lehrte. Paul Tillich (1886–1965) lehrte an den Universitäten Berlin und Marburg, an der Technischen Hochschule Dresden und an der Universität Frankfurt am Main. Nach seiner Entlassung aus dem Staatsdienst aufgrund der regierungskritischen Publikation *Die sozialistische Entscheidung* (Tillich 1933) emigrierte er 1933 in die USA, wo er zunächst fast 20 Jahre am Union Theological Seminar in New York, später an der Harvard University sowie ab 1962 an der Divinity School der Chicago University Systematische Theologie lehrte.

Unter den noch vor seiner Zwangspensionierung veröffentlichten Schriften Friedrich Delekats ist ein 1933 publizierter Band mit dem Titel *Die Kirche Jesu Christi und der Staat* hervorzuheben. In dieser Schrift setzt sich Delekat in drei groß angelegten Kapiteln mit den Begriffen der *Sünde*, der *Kirche* und des *Staates* auseinander. Auch in diesem Text aus dem Jahr der nationalsozialistischen Machtergreifung geht es wie bei vielen bereits behandelten Theologen um das Verhältnis von Kirche und Staat, um den absoluten Machtanspruch des Staates gegenüber der Kirche und auch um das Verhältnis zwischen Christen und Juden.

In *Die Kirche Christi und der Staat* (Delekat 1933) stechen zunächst die geradezu barock anmutenden Kapitelüberschriften hervor: So lauten die jeweils ersten, im Sperrsatz gedruckten Unterkapitel des 2. und des 3. Großkapitels (*Von der Kirche*; *Vom Staate*):

> *Der in unserer wechselseitigen Verantwortung enthaltene Widerstreit von Freiheit und Unfreiheit ist nicht von einem Begriff der Schöpfungsordnung aus, auch nicht von der Idee der Gerechtigkeit aus, sondern nur vom Boden der Kirche aus innerlich zu lösen.*
>
> *Alle philosophischen Begriffe vom Wesen des Staates, soweit sie nicht bewusst antichristlich sind, sind dialektisch-zweideutig; eine eindeutige Erkenntnis der Staatsnotwendigkeit gibt es nur auf dem Boden der christlichen Botschaft.* [Im Original Sperrsatz]   (Delekat 1933: 8)

Tatsächlich handelt es sich bei diesen Kapitelüberschriften um komprimierte Thesen zum theologischen Problem der *Freiheit* des *Handelns* und zum Begriff des *Staates* aus theologischer Sicht, wobei die erste Überschrift zusätzlich zwei zu verwerfende Gegenthesen enthält. Auch die Überschriften zahlreicher weiterer Unterkapitel sind in die Form von vollständigen Aussagesätzen gekleidete Thesen (1–5) oder als indirekte Ergänzungsfragen formulierte theologische Lehrsätze (6–7), wenn sie durch ihre syntaktische Form auch weniger apodiktisch wirken. Dabei handelt es sich grundsätzlich, ähnlich wie in den oben zitierten Kapiteln, um Hypothesen zur Differenzierung zwischen Erkenntnissen der philosophischen Ethik und christlichen Glaubensdogmen:

1) Philosophische Ethik und christliche Botschaft schließen sich aus
2) Jede ethische Prinzipienlehre unterliegt der Gefahr ihrer skeptischen Auflösung
3) Die Lehre von den Schöpfungsordnungen entspringt aus der vermeintlichen Selbstverständlichkeit des Christentums
4) Die Frage nach dem „Wesen" der Kirche übersieht, daß die Kirche vom Ende der Welt her verstanden werden muß
5) Der Sinn des christlichen Glaubens an das Ende der Welt
6) Die liberalistische und sozialistische Lehre von der endlichen Nicht-mehr-Notwendigkeit des Staates schlägt heute in ihr genaues Gegenteil um
7) Wodurch die christliche Lehre von der Sünde sich von den philosophischen Lehren über die Nichtigkeit der Welt und die Sinnlosigkeit des menschlichen Daseins unterscheidet.
8) Inwiefern in der Kirche alle Menschen einander gleich, in der Welt dagegen voneinander verschieden sind (Delekat 1933: 7–9)

Die Lektüre des gesamten Inhaltsverzeichnisses ergibt somit eine Art Übersicht über den Inhalt der Publikation in Form von Kurzthesen. Dadurch entsteht eine entwaffnende Transparenz, durch die der Autor seine theologische Grundhaltung der differenzierten und detaillierten Rezeption des Gesamttextes vorausschickt. Dieses Verfahren dürfte Delekats Intention geschuldet sein, sich von der in der Fachliteratur üblichen Vagheit der Kapitelüberschriften zu distanzieren, um seine Intention einer möglichst klaren Stellungnahme zu politisch-theologischen Implikationen von Beginn an zu dokumentieren. Dabei ist offensichtlich, dass es sich um keine politische Schrift im eigentlichen Sinne handelt, sondern vordergründig um die Auseinandersetzung eines Theologen mit philosophischen Theorien über theologisch relevante abstrakte Begriffe. Dennoch lassen sich bereits aus der Inhaltsübersicht eine Reihe von keinesfalls neutralen politischen Standpunkten herauslesen:

- zu 1: Wer christlich sein will, kann sich keinen Ideologien oder Philosophien anderer Provenienz verschreiben;
- zu 2: alle nicht christlichen weltanschaulichen Modelle sind zeitlich begrenzt;
- zu 4, 5: Kirche und christlicher Glauben sind immer auf das Jüngste Gericht und den Anbruch des Reiches Gottes bezogen und stehen damit zwangsläufig im Widerspruch zu Vorstellungen von tausendjährigen bzw. ewigen weltlichen Reichen;
- zu 6: philosophisch-ethische Staatslehren von der Ersetzung autokratischer Monarchien und Oligarchien durch Anarchie und Volksherrschaft verkehren sich ihrerseits in totalitäre Gewaltregime;
- zu 7: das christliche Sündenverständnis ist mit Vergebung und Hoffnung verbunden und widerspricht damit Kausalitäten wie Verfehlung, Bestrafung, Ausgrenzung, Verstoßung;
- zu 8: die Kirche unterteilt die Menschheit nicht in Freund und Feind, gut und böse, höherwertig und minderwertig, deutsch und undeutsch etc., vor ihr sind alle Menschen gleich.

So gelesen enthält bereits die Inhaltsübersicht eine Reihe von regimekritischen Thesen, die auch bei Delekat nicht ganz ohne fachsprachliche ‚Tarnung' erscheinen. In Delekats Fall handelt es sich nicht wie bei Niemöller um eine Kodierung der Aussagen mittels theologischer und vor allem biblischer Fachbegrifflichkeit, die vor allem Bibelkenntnisse und theologisches Vorwissen verlangt, ohne die der politisch-kritische Aussagehalt schwer zu erfassen ist. Delekat stützt sich hingegen vielmehr auf einen Vergleich christlicher und philosophisch-ethischer Positionen zu *Sünde* und *Gewissen*, Kultgemeinschaft und politischer Gemeinschaft. Auf diese Weise kleidet er regimekritische Auffassungen in ein sprachliches Gewand von ethisch-philosophischen Positionen, die er mit christlichen Grundüberzeugungen kontrastiert und aus wissenschaftlich-theologischer Perspektive zugleich verwirft. Was inkriminiert wird, erscheint somit als philosophische Gegenposition und kann dem Autor nur schwerlich als oppositionelle Staats- oder Ideologiekritik angelastet werden. Diese Verfahrensweise kann anhand zweier Textzitate weiter veranschaulicht werden:

> Die Welt ist also für uns weder schlechthin unerkennbar noch schlechthin erkennbar, sie ist weder mit Gott eins, noch ist sie ein Nichts. Es ist ferner nicht richtig zu meinen, daß der weltverneinende philosophische Idealismus den Anspruch aufgibt, von sich aus definieren zu können, was gut und böse ist. Er tut es zwar nicht mehr so, daß er ein positives Ideal aufstellt, wohl aber so, daß er die ganze Welt und das ganze menschliche Dasein in ihr mit einem negativen Vorzeichen versieht und nun behauptet, der „entschlossene" Radikalismus dieser generellen Verneinung sei „das Gute", und da „jedes faktische Handeln notwendig ‚gewissenlos' sei, ... so werde „das Gewissen-haben-wollen zur Übernahme der wesenhaften Gewissenlosigkeit, innerhalb der allein die existenzielle Möglichkeit bestehe, ‚gut' zu sein" [...]. Im Gegensatz dazu sagt die christliche Botschaft, daß auch die gefallene Schöpfung immer noch Gottes Schöpfung bleibt und daß deshalb kein Mensch das Recht hat, sein Dasein in ihr zu verfluchen oder für existenziell schuldhaft zu erklären. Ein „Verfallen" an die Welt tritt erst dann ein, wenn der Mensch etwas Geschaffenes zu seinem Schöpfer macht, wenn also zwischen Schöpfer und Geschöpf nicht mehr unterschieden wird. (Delekat 1933: 62–63)

Der Abschnitt illustriert Delekats sprachliche Vorgehensweise: In eine syntaktisch komplexe Struktur bettet er hier, wie auch an vielen weiteren Textstellen, Vergleichskonstellationen zwischen christlich-theologischen Einstellungen und philosophischen Betrachtungsweisen ein, wobei letztere jeweils mehr oder weniger verborgene Anspielungen auf Standpunkte der nationalsozialistischen Ideologie enthalten. In diesem speziellen Fall zitiert Delekat vermutlich nicht zufällig den dem Nationalsozialismus nahestehenden Philosophen Martin Heidegger (*Sein und Zeit*, Heidegger 2006 [1927]); etliche Formulierungen verweisen auf Haltungen des philosophischen Existenzialismus, die als Rechtfertigungen des totalitären Staats- und Gesellschaftsmodells interpretiert werden können, so etwa der „Anspruch, von sich aus definieren zu können, was gut und böse ist", „der entschlossene Radikalismus einer generellen Verneinung, die als das Gute angesehen werde", die Überzeugung, „jedes faktische Handeln sei notwendig gewissenlos", die daraus folgende Auffassung, die „Übernahme der wesenhaften Gewissenlosigkeit" sei „die existenzielle Möglichkeit [...] gut zu sein", die „Verfallenheit an die Welt durch Erhebung des vom Menschen Geschaffenen zum Schöpfer" etc. All diese Aspekte beschreiben unmissverständlich die politisch-ethische Hybris der nationalsozialistischen Machthaber, wobei sich Delekats Polemik aber auf der textuellen Oberflächenebene gegen die Fundamentalontologie und Existenzphilosophie Heideggers richtet. Ähnlich geht Delekat in folgendem Textauszug vor, in dem er sich mit der Vorstellung des Gottesreiches auseinandersetzt:

> August Bebel [...] hat dem deutschen Arbeiter mit der ihm eigenen bildreichen Phantasie den Zukunftsstaat [...] geschildert. [...] Diese weltlichen Reich-Gottes-Hoffnungen werden

> natürlich immer farbloser und ärmer an ethischem Schwung je mehr der „moderne" Mensch durch fortgesetzte Enttäuschungen mit seinen Neutralisierungshoffnungen von einem Lebensgebiet zum andern getrieben wurde. [...] Seitdem die abendländische Menschheit von der christlichen Botschaft berührt worden ist, sucht sie [...] nach jenem „Reich", in dem es in der Offenbarung d. J. heißt, daß Gott in ihm alle Tränen von den Augen der Menschen abwischen werde, in dem also das, was im Leben ungerecht, bedrückend und hart ist, aufgehoben ist. Der Gebildete mag [...] darüber ironisch lächeln; der einfache Mann [...] sucht mit seiner Seele das Reich, in dem sich „Gerechtigkeit und Friede küssen", wie es in der Bibel heißt, und wenn er es auf dem Wege der Entpolitisierung des Lebens nicht hat erreichen können, dann versucht er es auf dem Wege der Politisierung zu erreichen. Ist ihm die außenpolitische Neutralisierung des Staates nicht gelungen, dann verlangt er nun seine innenpolitische Totalisierung; aber das Ziel und die Hoffnung bleiben dieselben. Denn daß es im Staate nur noch *einen* Willen, *eine* Meinung, *ein* Volk und *eine* Gesinnung geben soll, was ist das anderes als auch ein Reich-Gottes-Ideal? Nur daß die politischen „Reichs"-Hoffnungen jetzt nach innen geschlagen sind. [...] Und ist es nicht vielleicht so, daß erst der Glaube an die Möglichkeit der Neutralisierung des Staates die faktischen Voraussetzungen dafür geschaffen hat, daß das Ideal der Totalisierung des Staates entstehen konnte? (Delekat 1933: 208–210)

Auch hier bedient sich Delekat des Instruments der semantisch-pragmatischen Mehrdeutigkeit, diesmal am Übergang zwischen theologischer Fachsprache und politischer Polemik. Im Zitat ist fortwährend vom „Reich" die Rede, das nicht nur im historischen Rückblick, sondern insbesondere auch im Erscheinungsjahr des Fachtextes einen klaren Bezug zum sogenannten „Dritten Reich" erkennen lässt und das mit diesem von Dietrich Eckart geprägten Begriff bereits seit den 20er Jahren an die rechtsnationale Machtübernahme geknüpft war (vgl. Schmitz-Berning 2000: 156–157) – im breiteren öffentlichen Bewusstsein spätestens seit Erscheinen des Romans *Das Dritte Reich* von Moeller van den Bruck (1923). Andererseits ist der Begriff des „Reiches" in der theologischen Terminologie unmittelbar mit Begriffen wie der *Zwei-Reiche-Lehre* und vor allem mit dem explizit genannten *Reich Gottes* verbunden, dem *Himmelreich* sowie ferner mit zahlreichen geläufigen Kollokationen wie „Dein Reich komme", „Mein Reich ist nicht von dieser Welt" usw. Mit dieser semantischen Ambiguität operiert Delekat in dem Ausschnitt geschickt, indem er an keiner Stelle den Anschein erweckt, sich auf das *Dritte Reich* beziehen zu wollen. Dennoch ist dieses als Subtext omnipräsent: Bebels weltliche „Reich-Gottes-Hoffnungen" seien, so Delekat, sozialistische Utopien, deren Nachfolger für den „modernen Menschen" nichts anderes als der Sowjetkommunismus und der Nationalsozialismus sein könnten, die „immer farbloser und ärmer an ethischem Schwung" würden. Das romantisch-utopische *Reich*, nach dem die Menschen seit der Verbreitung der christlichen Botschaft irrigerweise im Diesseits suchten, fänden sie weder in der „Entpolitisierung" des Lebens noch in dessen „Politisierung" – Begriffe, die im ersten Fall (Entpolitisierung) offenbar auf die bürgerliche Selbstzufriedenheit der wilhelminischen Zeit oder auf die epikureische Politikferne weiter gesellschaftlicher Kreise in der Zwischenkriegszeit sowie im letzten Fall (Politisierung) auf die Radikalisierungen der politischen Rechten und Linken, die zur gesellschaftlichen Spaltung und zur nationalsozialistischen Machtergreifung geführt haben, anspielen. Schließlich erwähnt Delekat die „nicht gelungene außenpolitische Neutralisierung", womit er sich offensichtlich auf den missglückten Versuch Wilhelms II. und der kriegsbegeisterten Bevölkerung bezieht, durch den Waffengang und durch äußere Aggression Einheit und Harmonie im inneren des Reiches zu erzielen. Die letzte Phase, die Delekat „innenpolitische Totalisierung" nennt, spielt unzweideutig auf die Gegenwart von 1933 an, zumal unmittelbar anschließend der schon von Hirsch als politisches Ideal bemühte Einheitszwang („*ein* Wille, *eine* Meinung, *ein* Volk, *eine* Gesinnung") bei Delekat allerdings als fehlgeleitete Pervertierung des Wunsches nach dem „Gottesreich-Ideal" angeführt wird. Die klarsichtige und kritische Analyse der politischen Zeitumstände ist hier ein weiteres Mal umsichtig unter Ausnutzung von Polysemien in einen theologischen Zusammenhang gestellt, der durch semantische Disambiguierung als politisch-kritische Polemik gelesen werden kann.

In ähnlicher Weise verfährt Delekat auch mit Äußerungen zur Situation der jüdischen Mitbürger in Deutschland. In einem kurzen Kapitel, das den angesichts der Zeitumstände brisanten Titel *Christliche Botschaft und jüdische Ethik* trägt, diskutiert Delekat das unterschiedliche Sündenverständnis der jüdischen und der christlichen Religion. Dabei beschränkt er sich auf den drei Seiten des Kapitels auf eine genuin historisch-theologische Betrachtung und kennzeichnet die alttestamentlichen Juden zur klaren Abgrenzung von den zeitgenössischen jüdischen Mitbürgern mit Anführungszeichen („Wir sind als ‚Ethiker' keine ‚Juden' sondern ‚Griechen', Delekat 1933: 53) oder spricht zur Differenzierung von „gläubigen Juden" (ebd., 51). Zu deren aktueller Lage nimmt er in einer längeren Fußnote Stellung, die allerdings durch ihre Ausklammerung aus dem Text bewusst als thematisch sekundärer Exkurs gekennzeichnet ist. Hier bezieht Delekat ebenfalls klar Position, stellt das Verhältnis von Juden und Christen in einen theologisch-historischen Zusammenhang, der allerdings auch bei ihm in der Wahl der Lexik nicht frei von antijüdischen Ressentiments ist:

> Der uralte, offenbar immer wieder aufbrechende Gegensatz zwischen Juden und Christen ist nicht aus einer Bluts- und Rassenmetaphysik zu erklären, sondern daraus, daß das Christentum dem Judentum seine Tradition genommen hat. [...] Es ist darum oft das Bestreben der Juden gewesen, die Christen „zu Schanden" zu machen, auch im geistigen Leben. Das können sie aber nur, wenn die Christen ihnen dazu Anlaß geben. Deshalb überwindet blinder Judenhaß das Judentum nicht, sondern beweist dem Juden nur, was er bewiesen haben will, daß wir nämlich keine wirklichen Christen sind, also in *Wahrheit* auch kein Recht auf seine große religiöse Tradition haben. Rassenhaß ist ein Bestandteil vorchristlicher jüdischer Reli-

giosität. Wer dem Rassenhaß nachgibt, fällt also auf diese Religionsstufe zurück, er ist seinem Glauben nach Jude. Wir können uns nur dadurch vom Juden und zugleich den Juden von seiner Rolle des advocatus diaboli befreien, daß wir ihm als rechte Christen keinen Grund zur Anklage geben. Die Juden sind sehr scharfsichtige Psychologen, die unsere Schwächen durchschauen, die also genau wissen, ob unser Glaube und unsere Liebe echt sind oder nicht. Das ist die innere Seite der Judenfrage. (Delekat 1933: 51)

Aus dieser Fußnote erhellt eindringlich das auch fachbegriffliche Dilemma der christlichen Theologen bei der wissenschaftlichen Beschäftigung mit der jüdischen Vorgängerreligion und der zeitgenössischen jüdischen Bevölkerungsminderheit. Einerseits verwendet Delekat hier den zeittypischen Politjargon, wenn er von „Judentum" und „dem Juden" im generischen Singular und von „Überwindung des Judentums" spricht. Andererseits richtet er sich vehement gegen „blinden Judenhaß" und „Rassenhaß" und verwirft die Praxis, den jüdisch-christlichen Gegensatz mit „Bluts- und Rassenmetaphysik" zu begründen. Diese offene Absage an antisemitische Ideologien wird in paradoxer Weise wiederum konterkariert, indem der „Rassenhaß" als typisch jüdische, vorchristliche Haltung denunziert wird, wodurch Christen sich also ihrerseits durch Rassenhass mit einer vermeintlichen jüdischen Eigenschaft gemein machen würden. Es scheint, als dienten solche antisemitischen Aussagen Delekat hier gewissermaßen zur ideologischen Absicherung, um die ebenfalls explizite, durchaus regimekritische Stellungnahme gegen Rassismus zu relativieren, indem er die Juden selbst zu dessen Urhebern erklärt. Es handelt sich um eine rhetorische Volte, mit der ein theologischer Forscher hier versucht, Staatsideologie und christliche Ethik miteinander zu vereinbaren, indem er sich paradoxer Redefiguren bedient, um den antisemitischen Rassismus mit antisemitischen Argumenten zu bekämpfen.

Nach der Verhängung des Redeverbots tritt Delekat als wissenschaftlicher theologischer Autor kaum noch in Erscheinung und publiziert lediglich politisch unverfängliche Schriften wie etwa den Band *Die heiligen Sakramente und die Ordnungen der Kirche. Ein Beitrag zur Lehre von der Sichtbarkeit der Kirche* (Delekat 1940), in dem er eher Themen des praktischen kirchlichen Lebens wie die Sakramente, die Taufe und das Abendmahl, Beichte, Konfirmation, Trauung, Begräbnis und Priesterordination vorwiegend in berufspraktischer Perspektive erörtert. Tatsächlich wirkt die Sprache der Einleitung verhalten, fast eingeschüchtert, und vermittelt deutlich den Eindruck vom Rückzug des Theologen in die ‚innere Emigration':

Dieses Vorwort soll den Untertitel rechtfertigen, der der Überschrift dieses Buches beigegeben ist. Er will nichts anderes sein als ein bescheidener Beitrag zur Lehre von der Sichtbarkeit der Kirche. Bescheiden ist dieser Beitrag deshalb, weil viele, wenn sie dies Buch zu Ende gelesen haben, denken oder auch sagen werden: Was hilft es mir, daß ich über Sakramente und Ordnungen der Kirche nun besser Bescheid weiß als vorher? Was nützt mir eine Lehre darüber? Hier müßte weniger geredet und geschrieben werden als vielmehr gehandelt werden! [...] Wir sehen heute den Weg nicht, wie dies oder jenes geändert oder gebessert werden könnte; unsere Hände sind vielfältig gebunden. Aber deshalb brauchen unser Glaube und unsere Hoffnung nicht gebunden zu sein. Kann Gott nicht über Nacht die Schotte aufziehen und die aufgestauten Wasser seiner Wahrheit auf die ausgedörrten Fluren sich ergießen lassen? Gibt es dann nicht auch Möglichkeiten zu handeln? Gott segne alle, die solchen Glauben und solche Hoffnung haben [...].

(Delekat 1940: 5–6)

Der Autor rechtfertigt sich im Vorwort für sein anscheinend irrelevantes Buch und unterstreicht zweimal die „Bescheidenheit" des Projektes, um dann aber dem Leser zu insinuieren, dass dieser eigentlich konkrete Handlung statt bloßer Rede verlangen könne oder müsse. In biblisch-metaphorischer Sprache äußert er daher die Hoffnung, dass sich neue Möglichkeiten zum Handeln ergeben würden, sofern Gott es zulasse. Hinter rhetorischen Fragen, Gedanken, die einem imaginierten Leser in den Mund gelegt werden, sowie hinter gleichnishaften Sprachbildern verbirgt der Autor hier sehr viel vorsichtiger als in früheren Schriften seine Kritik an den Zeitumständen und seine Hoffnung auf eine politisch-historische Wende. Seine „bescheidene" Absicht besteht aber nicht mehr in direktiven Sprechhandlungen, sondern in einer assertiven sprachlichen Handlung, der Sichtbarmachung der Existenz der Kirche in ihren Sakramenten und Riten, die ihr Weiterbestehen dokumentieren und Hoffnung auf Wiedererstehen der christlichen Moral in der Gesellschaft wecken soll.

Grundlegend anders als Delekats behutsame Sprache des vorsichtigen Rückzugs erscheint die Sprache in den Fachschriften des 1933 aus dem Staatsdienst entlassenen und in die Vereinigten Staaten ausgewanderten Theologen Paul Tillich, der im Exil eine erfolgreiche Universitätskarriere durchlaufen hat und dessen Werke ab den 30er Jahren vorwiegend in englischer Sprache verfasst und gedruckt wurden. Für die deutsche theologische Fachsprache sind seine Werke somit nur bis 1933 von Belang, die späteren Werke liegen in Übersetzung aus dem Englischen vor. Tillichs theologische Fachsprache bis 1933 lässt sich vor allem anhand zweier Publikationen dokumentieren: der 2013 erschienenen *Frankfurter Vorlesungen* von 1930 bis 1933 (Tillich 2013) und der 1933 publizierte Schrift *Die sozialistische Entscheidung* (Tillich 1933). Anhand dieser beiden Veröffentlichungen kann die Wissenschaftssprache Tillichs beschrieben werden, der zunächst als Philosoph lehrte und forschte und sich in Sprache und Begrifflichkeit vorwiegend in philosophischen Dimensionen wie auch im Bereich der Soziologie und Politologie bewegt. Folgendes Zitat entstammt der Vorlesungsreihe vom Wintersemester 1932/33 zu *Fragen der systematischen Philosophie*, die Tillich an der Universität Frankfurt am Main gehalten hat:

> Die Einschränkung der Wir-Einheit auf die souverän handelnde Menschengruppe macht zum Kriterium der Wir-Fähigkeit die Selbst-Fähigkeit, die Möglichkeit der Selbstbegegnung, von Selbstbewußtsein und Freiheit. Diese Möglichkeit aber, je schärfer und damit formaler sie gefaßt wird, ist generell. Sie konstituiert das Wesen des Menschen als Menschen. Daraus ergibt sich zunächst eine Auflösung der Vergegenständlichung derjenigen Wesen, die an sich der Selbstbegegnung fähig sind. Es entsteht der stoisch-bürgerliche Humanismus, der anstelle einer konkreten Wir-Einheit die allgemeine und formale Teilnahme an einer abstrakten Möglichkeit setzt. Anstelle der universalen Wir-Einheit tritt die humanistische Ich-Gleichheit. Von hier aus dringt nun die Vergegenständlichung in die Wir-Einheit ein. Jedem einzelnen als abstraktem Subjekt steht jeder andere als Objekt gegenüber. Die Auflösung des Wir in einzelne Träger abstrakter Subjektivität schlägt um in Objektivierung. Man hat diese Objektivierung in der bürgerlichen Gesellschaft Atomisierung genannt und hat damit die Auflösung der Wir-Einheit in der Gesellschaft in Analogie gesetzt zu der Auflösungsform der Allgemein-Einheit in die Elemente der vollkommenen Ding-Werdung.
>
> (Tillich 2013: 653–654)

Die philosophische Provenienz von Tillichs Denken zeigt sich in diesen Zeilen deutlich. Es handelt sich hier um eine für die philosophische Wissenschaft charakteristische Fachsprache, die durch starke Abstraktion und kreative Wortbildungsverfahren der Bildung von Komposita aus unterschiedlichen Wortarten gekennzeichnet ist. So ist der Text durchzogen von Begriffen wie „Wir-Einheit", „Wir-Fähigkeit", „Ich-Gleichheit", „Allgemein-Einheit", „Selbstfähigkeit", „Selbstbegegnung", „Ding-Werdung". Weitere Wortbildungsprodukte ähnlicher Art sind „das Zu-sich-selbst-Kommen" (Tillich 2013: 642), „das nach-außen-gegenüber-Stellen", „Wir-Mächte", „Wir-Raum" (643), „das Nicht-Strukturierte", „das Sich-Selbst-Haben", „die Wir-Qualität" (645), „der Es-Charakter", „die Seins-Einheit", „das Nicht-Subjektive", „das Es-hafte" (647), „das Nicht-Wir", „die Wir-Gruppe", „das Wir-Centrum", „der Wir-Gegner" (650 f.), „das Quasi-Selbst", „die Quasi-Selbstheit" (659), „die Gegenmacht", „die Selbst-Macht", „die Raum-Mächtigkeit", „die Zeit-Mächtigkeit", „das Auf-Zu", „das Wir-Existential" (665) etc. Diese Art von Begriffsschöpfung durch Zusammenrückung, Komposition heterogener Wortklassen (Pronomen, Adverbien, Verben, Adjektive, Substantive), Konversion von Wortgruppen, Pronomen und Infinitiven zu Substantiven und Kombination beider Methoden ist hinlänglich aus der philosophischen Fachsprache bekannt, insbesondere aus der Martin Heideggers. Auf diese Weise werden in sich geschlossene Begriffssysteme erschaffen, die in sich stimmig, für mit dem jeweiligen semantischen Diskurs nicht vertraute Leser jedoch schwer verständlich sind. Tillich verwendet in den Vorlesungen ein weitgehend hermetisches Geflecht von aufeinander bezogenen Okkasionalismen, das seine Sprache nach außen hin hermetisch und sicher politisch unverdächtig erscheinen lässt.

Ganz anders präsentiert sich Tillichs Sprache in seiner Schrift *Die sozialistische Entscheidung*, in der er politisch und historisch, gesellschaftstheoretisch und soziologisch ausgesprochen konkret und verständlich argumentiert, so dass es nicht verwundert, dass dieser Text zu seiner Amtsenthebung und Entlassung aus dem Universitätsdienst geführt hat. Die Schrift weist auch erste Anhaltspunkte der für Tillichs spätere Theologie maßgeblichen Theorie der „Symbolsprache" auf, deren Ausrichtung Neuenschwander wie folgt subsumiert:

> Ein wörtliches Verständnis des Mythus führt zu Absurdität und Aberglauben. Wird der Mythus wörtlich [...] verstanden, so sinkt er zu einer vorwissenschaftlichen Welterklärung herab und wird zum Material der atheistischen Religionskritik. [...] Für Tillich ist dieser Weg, Gott und das Überweltliche in abstrakte, religionsphilosophische Begriffe zu fassen, ebenso verfehlt wie der naive Weg des Mythus, das Überweltliche anschaulich darzustellen. Er stellt vielmehr den Grundsatz auf, daß wir vom Überweltlichen nie direkt, sondern jederzeit ausschließlich in *Symbolen* sprechen können. Das Symbol ist die angemessene Sprache der Religion. [...] Mythus wie Begriffssprache sind nämlich, als Symbole genommen, durchaus taugliche Formen der religiösen Aussage. Symbolisch verstanden beginnt der Mythus auch für denjenigen wieder zu sprechen, der durch die rationale Kritik hindurchgegangen ist und den Mythus „gebrochen" hat. [...] Ein Mythus, ein Wort, ein Begriff, aber auch eine Sache, ein Geschehen können symbolische Bedeutung erlangen. Dadurch, daß etwas zum Symbol wird, gewinnt es eine Bedeutungsdimension hinzu; es ist eine verkehrte Redeweise, von etwas zu sagen, es sei „nur" Symbol. Denn das Symbol öffnet eine Wirklichkeitsschicht, die der nichtsymbolischen Rede verschlossen ist. [...] Die falsche Verabsolutierung der Symbole des Heiligen, ihre Identifizierung mit dem Heiligen selbst bedeutet [...] die Vergötzung des Symbols, ebenso wie das Symbol zum Aberglauben wird, wenn es wörtlich genommen wird. So bewegt sich das Symbol zwischen der verflüchtigenden Abstraktion und der vergegenständlichenden Identität, die beide sein Wesen zerstören würden. Es beharrt in der Gleichzeitigkeit von Uneigentlichkeit und Anschaulichkeit. (Neuenschwander 1974b: 67–69)

Tillichs generelle Hervorhebung der Bedeutung des Symbols für die religiöse Sprache im Allgemeinen hat auch Konsequenzen für die theologische Fachsprache im Besonderen. Im Verständnis der Symbolsprache als Bindeglied zwischen vorrationalem Mythos und abstrakter religionsphilosophischer Systematik liegt einerseits eine Abwendung von der oben aufgezeigten hermetischen philosophischen Wissenschaftssprache. Andererseits bedeutet sie auch eine unmissverständliche Abwendung von jeder Art der Remythisierung religiöser oder auch weltlicher Begriffe, wie es in der nationalsozialistischen Ideologie massiv erfolgt, man denke nur an die bereits hinreichend behandelten Begriffe wie *Blut, Volk, Ehre, Art* etc. Tillichs Entwurf einer Sprache zwischen Abstraktion und Vergegenständlichung bzw. der „Gleichzeitigkeit von Uneigentlichkeit und Anschaulichkeit", wie Neuenschwander es formuliert, wird erst in der Theologie im Nachkriegsdeutschland, insbesondere der 60er und 70er Jahre, erheblichen Einfluss gewinnen. In einer Zeit der alles dominierenden Staatsideologie, die christliche Symbole nicht nur an den Rand drängt, sondern einen neuen Symbolkult schafft, in dem Symbolwörter mit mythischen Realitäten gleichgesetzt werden und ein atavistischer Symbolkult zur Staatsreligion erklärt wird, kann diese Art der theologischen Sprachtheorie nicht Fuß fassen. So ist bei Tillich dann auch im Kapitel „Der Bruch mit dem Ursprungsmythos im Judentum" (Tillich 1933: 34–36) die Interpretation des jüdisch-christlichen Verhältnisses, die in der Theologie der 30er Jahre immer wieder thematisiert wird, schon zu diesem Zeitpunkt vor dem Hintergrund des Verständnisses der „Symbolsprache" als Mittelweg zwischen vorwissenschaftlichem Mythenverständnis und weltferner Abstraktion zu betrachten:

> Demgegenüber bleibt es die *Funktion des jüdischen Geistes*, in Judentum und Christentum den prophetischen Protest gegen jede neu entstehende ursprungsmythische Bindung zu erheben, der Zeit, der unbedingten Forderung, dem Wozu zum Sieg zu verhelfen gegen den Raum, das bloße Sein und das Woher. Der Geist des Judentums ist darum der notwendige und ewige Feind der politischen Romantik. Der Antisemitismus ist wesentlich mit ihr gesetzt. Das Christentum aber gehört seinem Prinzip nach in diesem Gegensatz radikal und eindeutig auf die Seite des Judentums: Jedes Schwanken in dieser Entscheidung ist Abfall von sich selbst, Kompromiß und Verleugnung der im „Kreuz" angeschauten Brechung aller Heiligkeit des Seins, auch des höchsten religiösen Seins. Ein Christentum, das im Bunde mit der politischen Romantik seine prophetische Grundlage preisgibt, hat sich selbst verloren [...]. [...] Dieses Negative, die kritische Auflösung des Ursprungsmythos statt seiner prophetischen Umformung gibt dem Antisemitismus und der politischen Romantik ein scheinbares Recht der Abwehr. Aber das Recht wird zum Unrecht, weil die Abwehr, statt das prophetische Element im Judentum gegen das auflösende zu stärken, gerade das prophetische Element bekämpft und dadurch dessen Kraft im Judentum selbst schwächt. Das jüdische Problem kann nur gelöst werden durch entschlossene Bejahung des prophetischen Angriffs auf die Herrschaft des Ursprungsmythos und des raumgebundenen Denkens. Nur so kann das Heidnische der christlichen Völker und das Negativ-Kritische des Judentums gleichzeitig überwunden werden. Eine „sezessio judaica" dagegen würde den Rückfall in die Barbarei und Dämonie einer nur raumgebundenen Existenz bedeuten. (Tillich 1933: 38–40)

Tillich operiert hier sprachlich äußerst diffizil mit Periphrasen, mit deren Hilfe er die nationalsozialistische Ideologie radikal diskreditiert, ohne diese unmittelbar zu benennen. Dies gelingt ihm, indem er zunächst Christentum und Judentum als gemeinsame Gegner der „politischen Romantik" klassifiziert. Dass er damit die nationalsozialistische Ideologie implizit umschreibt, kann aus den Zuschreibungen „ursprungsmythische Bindung" und „der Raum, das bloße Sein und das Woher", „nur raumgebundene Existenz", „das Heidnische" implizit geschlossen werden. Von diesen abstrakten Begriffen, von denen lediglich der „Raum" explizit auf einen ideologischen Schlüsselbegriff verweist (vgl. Hans Grimm 1926, *Volk ohne Raum* u. a.), bezieht sich das „Sein" auf die Ideologie des *Bodens* und der quasireligiösen Überhöhung des Nationalen und das „Woher" nimmt Bezug auf den pangermanischen ‚arischen' ethnischen Überlegenheitswahn, also auf die Glorifizierung der idealisierten ‚völkischen' Vergangenheit, aus der eine „politische Romantik" im Sinne einer verabsolutierenden Rückbesinnung auf eine autochthone Geschichte und Mythologie erwächst. Der Antisemitismus kann somit als Teil dieser alles ‚Ungermanische' ausschließenden politischen Romantik verstanden werden. Als protestantischer Theologe definiert Tillich dann aber, nachdem er Judentum und Christentum als gemeinsamen Gegner der „politischen Romantik", also der Staatsideologie, zusammengefasst hat, das Christentum als den eigentlichen goldenen Mittelweg zwischen „politischer Romantik" mit ihrer Ausgrenzung alles Fremden auf der einen Seite und der „negativen" Verwerfung des im Christentum präsenten prophetischen Elementes seitens des Judentums. Abschließend weist er aber fast prophetisch erneut auf die besondere Gefährlichkeit der „nur raumgebundenen Existenz" hin, die einem „Rückfall in Barbarei und Dämonie" gleichkomme. Der komplexe theologische Diskurs dient hier gleichzeitig einer politischen Positionierung, die mit fachsprachlicher und historisch-philosophischer Fachterminologie agiert, so dass die Fundamentalkritik an bestehenden politischen Verhältnissen einerseits unübersehbar ist, andererseits aber nur schwer in zitierbaren regimekritischen Aussagen extrahiert werden kann.

6.4 Fazit

Als Gegenpol zur dominierenden und alles überschattenden Fachsprache der gleichgeschalteten, regimetreuen institutionalisierten Universitätstheologie erscheint es notwendig, auch Gegner und Opfer der nationalsozialistischen Diktatur und ihre teils offen kritische, teils diplomatische, teils doppelbödige, teils nur zum Schein angepasste Wissenschaftssprache zu Wort kommen zu lassen. Bei der Betrachtung fachsprachlicher Strukturen bei unterschiedlichen Repräsentanten der protestantisch-theologischen Opposition und des Widerstandes zeigt sich vor allem eine Tendenz zur semantisch-pragmatischen Ambiguität zum Zweck einer nicht unmittelbar nachweisbaren politischen Kritik. Zu diesem Zweck werden theologische und philosophische Fachterminologie sowie Bibelverweise und Bibelzitate mit doppeldeutigen Signifikaten eingesetzt. Auf diese Weise können in wissenschaftlichen Texten politisch-gesellschaftskritische Stellungnahmen verdeckt zur Sprache gebracht werden, indem vordergründig als Fachdiskurse gestaltete Aussagen durch semantische Ambiguitäten außerfachliche Deutungen ermöglichen. Dieses Vorgehen ist bei Dietrich Bonhoeffer in erster Linie durch eine streng wissenschaftliche Diktion geprägt, die äußerlich wenige über den wissenschaftlichen Diskurs hinausgehende Bezüge zu beinhalten scheint, auf einer impliziten Ebene aber entschieden politisch Stellung bezieht. Martin Niemöller setzt verstärkt Bibelstellen und Anspielungen auf biblische Erzählungen und Figuren ein, womit er dem religiös bewanderten oder theologisch gebildeten Leser die Möglichkeit eröffnet, einen regimekritischen und gegen die Politik der regimefreundlichen *Deutschen Christen* gerichteten Subtext zu dechiffrieren, der beim oberflächlichen, bibelunkundigen Lesen nicht unmittelbar zu entschlüsseln ist. Friedrich Delekat zieht sich nach Konflikten mit der Zensur hinter politisch unverfängliche Formaltheologie zurück und maskiert seine vorsichtige Kritik in Form von abstrakten, generellen Fragen nach Sinn und Aufgabe von Kirche und Theologie. Paul Tillich schließlich operiert mit philosophisch-dogmatischen theoretischen Modellen, die er in Kontrast zu historisch-anthropologischen Konstrukten stellt, die sich nur mittelbar als Repräsentationen der herrschenden totalitären Ideologie identifizieren lassen.

Die oppositionellen Theologen, die die nationalsozialistische Terminologie nicht als Mittel zur opportunistischen Anpassung sinnverwandter oder semantisch vager theologischer Begrifflichkeiten verwenden, sondern umgekehrt theologische Termini und Aussagen zur Tarnung regimekritischer Positionierungen nutzen, konnten ihre Stimme dennoch nicht nachhaltig gegen die Unterdrückung abweichender Standpunkte geltend machen: Bonhoeffer wurde ermordet, Niemöller in Konzentrationshaft gezwungen, Delekat zum Verstummen gebracht und Tillich zog bereits 1933 ins Exil. Das Dilemma der theologischen Fachsprache zwischen 1933 und 1945 besteht in der Unmöglichkeit, sich über formale, liturgische, philologisch-exegetische, kirchenhistorische und ähnliche Themengebiete hinaus zu aktuellen für das christliche Selbstverständnis relevanten Lebensfragen zu äußern, ohne entweder in den Sog ideologischer Vereinnahmung zu geraten, die mit christlicher Ethik, Moral und christlich-jüdisch-abendländischen Gesellschaftsidealen nicht vereinbar ist und diesen sogar offen feindlich begegnet, oder zu passiver Apathie, zu Rede- und Schreibverbot, Berufsverbot, Exil verurteilt zu sein und mit Haft und physischer Vernichtung bedroht zu werden. Beschneidung der Rede- und Meinungsfreiheit, Gleichschaltung der Wissenschaften sind Phänomene, die für Diktatur und Gewaltherrschaft charakteristisch sind und zwangsläufig zu erheblichen Deformationen in der Freiheit der Lehre und der fachlichen Diskussionskultur führen, die in den zwei Kapiteln über die theologische Fachsprache unter der NS-Diktatur nur oberflächlich erörtert werden konnten. Dennoch sind die problematischen Jahre der protestantischen Theologie im Schatten der Diktatur eine aufschlussreiche Ära im Hinblick auf fachsprachliche Entwicklungen und Verheerungen, nicht zuletzt auch aufgrund der Einbettung dieser Phase in bereits während der 20er Jahre sich abzeichnende fachsprachliche Tendenzen sowie sprachliche Folgeerscheinungen, die bis weit in die zweite Jahrhunderthälfte und die Gegenwart hinein festzustellen sind.

7 Belastete und Besorgte – die Sprache der protestantischen Theologie der Nachkriegszeit

In der Zeit nach dem Zusammenbruch der nationalsozialistischen Diktatur, nach dem Ende des selbst verschuldeten Krieges, nach Zerstörung und vollständiger Diskreditierung Deutschlands in Europa und der Welt, steht auch die protestantische Theologie vor einem Neuanfang. Zahlreiche Theologen, die während der NS-Herrschaft eine tragende universitätspolitische und öffentliche Rolle, sei es als Akteure, sei es als schweigende Mitläufer, gespielt haben, müssen sich im Rahmen der Entnazifizierung verantworten, werden mit Berufsverboten belegt (Johannes Behm, Walter Birnbaum, Herbert Grabert, Gerhard Kittel u. a.), gehen freiwillig in den Ruhestand, um eventuellen Lehrverboten zuvorzukommen (Emanuel Hirsch), oder besitzen ausreichend Geschick und Unverfrorenheit, um weiter an theologischen Fakultäten wirken zu können (Paul Althaus, Werner Elert, Walter Grundmann, Johannes Hempel, Karl Georg Kuhn, Martin Redeker u. a.).

Theologen im Exil, wie Paul Tillich, oder im deutschsprachigen Ausland, wie Karl Barth, erleben im Laufe der Nachkriegsjahrzehnte eine zögerliche Renaissance in der theologischen Fachdiskussion. In der unmittelbaren Nachkriegszeit und in den Aufbaujahren der Bundesrepublik und vor dem Hintergrund der weit problematischeren politischen Bedingungen in der DDR sind es häufig noch oder wieder in Amt und Würden befindliche Opportunisten, die die Fachdiskussionen und das protestantisch-wissenschaftliche Publikationswesen dominieren. Insofern theologische Lehrstühle und Kirche per definitionem traditionsverhaftete Einrichtungen sind, nimmt es nicht wunder, dass Tendenzen eines radikalen Neuanfanges zunächst kaum erkennbar sind und man trotz aller Irrwege versucht, an Vergangenes anzuknüpfen, und sich bemüht, einen Weg zu beschreiten, der einen Kompromiss zwischen unvermeidlicher Aufarbeitung der jüngsten Vergangenheit und Bewahrung alles dessen sucht, was nicht zu eindeutig im Ruch ideologischer Verblendung bzw. gedanklicher Nähe zur Staatsdoktrin der mörderischen Diktatur steht. Zwar bekennen sich die großen Kirchen im sogenannten *Stuttgarter Schuldbekenntnis* auf einer Sitzung des Rates der Evangelischen Kirchen in Stuttgart im Oktober 1945, an der auch eine Delegation des Ökumenischen Rates der Kirchen teilnimmt, zu ihrer Mitverantwortung:

> Durch uns ist unendliches Leid über viele Völker und Länder gebracht worden. [...] Wohl haben wir lange Jahre hindurch im Namen Jesu Christi gegen den Geist gekämpft, der im nationalsozialistischen Gewaltregiment seinen furchtbaren Ausdruck gefunden hat; aber

> wir klagen uns an, daß wir nicht mutiger bekannt, nicht treuer gebetet, nicht fröhlicher geglaubt und nicht brennender geliebt haben. (in Zahrnt 1986: 187)

Dennoch erscheint das *Schuldbekenntnis* angesichts der Ungeheuerlichkeit dessen, was in großen Teilen auch unter wohlwollender Duldung seitens der Kirchen und der institutionalisierten Theologie geschehen konnte, verharmlosend, wenn hier statt von versäumter tätiger Hilfe für die Opfer der Diktatur oder ausgebliebenem wie auch immer geartetem aktivem oder passivem Widerstand von Bekennen, Beten, Glauben und Lieben die Rede ist. Es entsteht der Eindruck, dass die Flucht in die Innerlichkeit als unvermeidliche Haltung legitimiert werden soll, insofern sie angesichts der Gewaltherrschaft als einziger legitimer Ausweg aus dem Dilemma des zwischen Loyalität gegenüber dem Staat und gegenüber der Kirche zerrissenen Gläubigen erscheine. Rückblickend wird im *Schuldbekenntnis* lediglich die Intensität des privaten Bekenntnisses als zu wenig nachdrücklich getadelt. Zahrnt verteidigt das *Stuttgarter Schuldbekenntnis*:

> Das „Stuttgarter Schuldbekenntnis" ist bis auf den heutigen Tag viel kritisiert worden; man hat es politisch unklug und würdelos genannt. In Wahrheit jedoch ist es ein weiser und würdiger Akt gewesen, einer der weisesten und würdigsten in unserer an weisen und würdigen Akten nicht gerade reichen Nachkriegsgeschichte. (Zahrnt 1986: 188)

Zahrnt bezieht sich darauf, dass das *Schuldbekenntnis* seitens der Zeitgenossen erwartungsgemäß äußerst heftige Kritik von unterschiedlicher Seite erntete; so wurde es von Historikern als Dokument des Selbstmitleides und der Selbstrechtfertigung angegriffen, vor allem aber wurde es von teils hohen kirchlichen Würdenträgern als „Entwürdigung unseres Volkes" vehement abgelehnt.[1] Anhand dieser hier nur angedeuteten Kontroverse um Schuldeingeständnis und Selbstrechtfertigung lässt sich das Dilemma erkennen, vor dem in der Konsequenz auch die wissenschaftliche Theologie der Nachkriegszeit stand. Hierin lag zweifelsohne auch in sprachlicher Hinsicht eine besondere Herausforderung: In der theologischen Wissenschaftssprache musste ein Weg gefunden werden, an die unbelastete Wissenschaftstradition der Zeit vor der Diktatur anzuknüpfen, ohne aber die Universitätstheologie im Schatten des totalitären Regimes zu sehr anzuprangern, da ja in großen Teilen weiterhin dieselben wissenschaftlichen Autoritäten wirkten, die schon lange vor 1933 Rang und Namen hatten und die auch nach 1945 nur in Teilen zum Verzicht auf Ämter und Professuren bereit waren oder dazu gezwungen wurden. Diese Gratwanderung zwischen dem Bemühen um Kontinuität und Traditionsbewahrung auf der einen und der Vermeidung

---

[1] https://www.deutschlandfunkkultur.de/stuttgarter-schuldbekenntnis-der-ekd-wie-die-kirche-ihre-100.html (letzter Zugriff 20.10.2021).

von allzu evidenter Beibehaltung völkisch-nationaler Töne auf der anderen Seite spiegelt sich in der Fachsprache der protestantischen Nachkriegstheologie wider.

Im Folgenden wird daher zunächst auf einige Mitläufer und Repräsentanten der staatstreuen Universitätstheologie und ihre wissenschaftliche Tätigkeit nach 1945 einzugehen sein. Im Anschluss sollen jüngere Vertreter des Neuanfangs in der protestantischen Theologie einer linguistischen Analyse unterzogen werden. Als herausragende und über ihren engeren universitären Wirkungsrahmen hinaus bekannte theologische Wissenschaftler werden dazu ausgewählte Schriften des Tübinger und Züricher Systematikers Gerhard Ebeling sowie des Hamburger Systematikers Helmut Thielicke untersucht, die beide für eine Neuorientierung und entschiedene Abkehr von der oft problematischen Traditionswahrung stehen.

7.1 „Man wolle das nicht als ein theologisches Schuldbekenntnis missverstehen" – Rehabilitierung, Relativierung, Verdrängung

Gerhard Kittel wurde nach Haft, Entnazifizierungsprozess, Berufsverbot und Reiseverbot 1948 rehabilitiert und konnte an seine frühere Wirkungsstätte in Tübingen zurückkehren, wo er jedoch im selben Jahr verstarb. In einem Brief an den US-amerikanischen Theologen Herman A. Preus, der sich für seine Befreiung eingesetzt hatte, stellt er zu seiner Rehabilitierung fest: „Den Denunziationen meiner deutschen Gegner gegenüber hat Ihre Haltung tiefen Eindruck gemacht und sie ist der wesentliche Faktor meiner Rehabilitation." (in Ericksen 1986: 114). Es verwundert, dass ein Theologe, der durch pseudowissenschaftliche Gutachten an der Judenverfolgung und -vernichtung nicht unerheblichen Anteil hatte, sich hier selbst als Opfer von Denunziationen sieht, scheint aber im Kontext der Rechtfertigungs- und Verdrängungsmechanismen, die in der Nachkriegszeit um sich greifen, symptomatisch zu sein. Paul Althaus war zunächst Mitglied einer Dreierkommission zur Entnazifizierung der Universität Erlangen, wurde 1947 aber aufgrund seiner eigenen Schriften und Äußerungen während der NS-Herrschaft entlassen, im selben Jahr jedoch rehabilitiert und wieder mit der Lehrbefugnis ausgestattet, die er bis zu seiner Emeritierung 1956 ausübte. Das Kapitel zu Althaus' letztem Lebensabschnitt in Gotthard Jaspers Biographie trägt die Überschrift „Paul Althaus 1948–1966 – Der hochgeschätzte, ebenso lernbereite wie konservativ orientierte Professor, Prediger und Publizist" (Jasper 2013: 7). Die in dieser Kapitelüberschrift enthaltene Programmatik einer fachlichen Rehabilitierung ist symptomatisch für die Nachkriegsrealität in den fünfziger und beginnenden sechziger Jahren. In einer Nachkriegspredigt von 1946 beschäftigt Althaus sich intensiv mit dem Thema der *Schuld* als einem zentralen Begriff der christlichen Theologie:

> Wir wollen im Angesicht Gottes unerbittlich nach unserer Schuld fragen. Wer sich dessen weigert, der nimmt die gewaltige Hand, die auf uns liegt, nicht wirklich ernst. [...] Sicher, wir sind nicht alle im gleichen Maße schuldig. Vielleicht könnte die christliche Kirche in Deutschland sagen: Wir sind am wenigsten schuldig, wir haben nicht mitgemacht. Aber wir wollen doch nicht so reden. Wir Christen können uns nicht abseits stellen und sprechen: Wir haben es immer schon gesagt [...]. Hat es uns nicht längst gedrückt, daß wir Christen nicht lauter warnen konnten, daß wir zu viel geschwiegen haben? Das alles hat gewiß seine Gründe gehabt, auch in der Lage unseres Volkes; aber diese Ohnmacht und Gebundenheit der Christen, wir empfinden sie doch nicht nur als Schicksal, sondern – ich spreche vor allem auch für meine Brüder im Amte – als Schuld, die uns drückt. Wir bekennen es heute vor Gott und Menschen. Auch wir, die Christenheit, grade auch wir wollen uns demütigen unter die gewaltige Hand Gottes. Es werden in der Zeit, die jetzt angebrochen ist, noch manche Schuldbücher für unser Volk aufgetan und manche schlimme Rechnung uns präsentiert werden. Wir wissen vieles noch gar nicht. Wir ahnen es nur. [Meine Hervorhebungen, J.G.]　　　　　　　　　(Althaus 1946: 225–226)

Der hier zitierte Textabschnitt entstammt einer Predigt, also einer Textsorte, für die neben der persuasiven Funktion auch das inklusive „wir" charakteristisch ist. Im vorliegenden Fall fällt auf, dass ausschließlich dieses einbeziehende „wir" oder auch vergemeinschaftende Syntagmen wie „wir Christen" oder „wir, die Christenheit" mit dem Begriff der *Schuld* oder davon abgeleiteten Formen wie „schuldig" oder „Schuldbuch" in Verbindung gebracht werden, wie die von mir in den Text eingefügten Unterstreichungen zeigen. Die Schuld an den Ereignissen der jüngsten Vergangenheit im ethisch-moralischen und religiösen Sinn wird hier in stetiger Wiederholung der Volksgemeinschaft insgesamt, speziell der Gemeinschaft der Christen oder auch der Teilgruppe der christlichen Amtsträger zugewiesen; von Individualschuld oder ethischer Verantwortung des Einzelnen ist an keiner Stelle die Rede. Mit diesem Repetitionsverfahren der anaphorischen insistierenden Wiederholung des inklusiven „wir" in Verbindung mit dem Schuldbegriff als Proposition insinuiert der Autor oder Prediger eine gleichmäßige Verteilung der Verantwortung und Schuld auf das gesamte Volk, wodurch er rhetorisch nachhaltig das Gewissen des Einzelnen und seiner selbst zu entlasten sucht. Ericksen interpretiert die Grundaussagen der Nachkriegspredigten als Versuche der Selbstrechtfertigung, wie sie auch aus anderen nach 1945 verfassten Texten von Althaus hervorgeht:

> Diese Predigten sind eindrucksvolle Schulderklärungen. Sie zeigen Althaus' Verurteilung des Dritten Reiches, und diese Verurteilung erscheint ebenso einleuchtend wie aufrichtig. Bei diesem Schuldbekenntnis gibt es nur ein Problem. [...] Althaus gibt nirgendwo offen und geradeheraus zu, daß er einen Fehler gemacht hätte. Für sein Entnazifizierungsverfahren bereitete er eine mehrseitige Aussage vor, in der er seine Schriften der dreißiger

> Jahre verteidigt. Auf diesen Seiten findet sich nicht die selbstgerechte Verteidigungshaltung Kittels, es ist aber auch keine Reue zu spüren. [...] Auch sei vieles in *Die deutsche Stunde der Kirche* viel zu sehr dem Augenblick verhaftet gewesen und daher verfrüht und falsch. Trotzdem schäme er sich dessen auch nicht am heutigen Tage. [...] Althaus hat niemals offen widerrufen. Die Öffentlichkeit, die seine Lobpreisungen des Nationalsozialismus gelesen hatte, erhielt niemals eine korrigierte Aussage und hatte zu keiner Zeit Grund zu der Annahme, er habe seine Meinung geändert.   (Ericksen 1986: 162–163)

Diese Feststellung lässt sich durch eine kursorische Betrachtung weiterer Nachkriegspublikationen von Althaus stützen. So schreibt er in der Einleitung zur 1953 erschienenen Neuausgabe seines *Grundrisses der Ethik* (1953), deren Erstausgabe 1931 veröffentlicht worden war:

> [...] in seiner Grundhaltung ist das Buch das alte geblieben. [...] Viele Abschnitte kehren allerdings nicht wieder oder sind völlig neu gestaltet. Man wolle das nicht als ein theologisches Schuldbekenntnis im Blick auf die frühere Auflage missverstehen. Was fortgefallen ist [...], dessen kann ich mich im Ganzen auch heute nicht schämen – so gewiss im Einzelnen manches unzulänglich und einseitig gewesen sein mag. Als die alte Auflage verfasst wurde, stand unser deutsches Leben im Schatten von Versailles. Inzwischen ist viel geschehen, [...] und wir haben viel Neues lernen müssen. Manches was damals zu sagen war, hat heute seine Aktualität verloren. Eine Ethik veraltet in unseren Zeitläuften noch schneller als eine Dogmatik.   (Althaus 1953: 4–5)

Auch hier bedient sich Althaus einer Sprache der unpersönlichen Vagheit, indem er selten das Personalpronomen der ersten Person verwendet und sich stattdessen auf Passivformen, Passivsatzformen oder das unpersönliche Pronomen „man" zurückzieht. Hinzu kommen zahlreiche abschwächende Formulierungen, die ein Ausweichen vor einem konkreten persönlichen Schuldbekenntnis in unverfängliche sprachliche Formen gießen. Teile seiner *Ethik*, in denen er das nationalsozialistische Regime und seine Ideologie begrüßte, würden „nicht zurückkehren" oder seien „völlig neugestaltet"; es scheint nicht um das Eingeständnis verhängnisvoller Fehleinschätzungen, sondern um eine routinemäßig überarbeitete Neuausgabe zu gehen. Das Buch sei das „alte" geblieben und es handele sich um kein „theologisches Schuldbekenntnis", er könne sich „im Ganzen auch heute nicht schämen", räumt der Autor unverblümt ein. Die Neubearbeitung beruht somit aus Althaus' Sicht nicht auf schuldhafter Verfehlung, sondern auf zeitbedingter „Einseitigkeit" und „Unzulänglichkeit"; insbesondere seien die inkriminierten Aussagen schlichtweg veraltet und nicht mehr aktuell. An dieser Stelle gerät die theologische Fachsprache vorübergehend an eine Bruchlinie: Wo es im Allgemeinen um Jahrtausende überdauernde Erkenntnisse, immer wieder neu zu interpretierende und für die jeweilige Gegenwart angemessen zu formulierende, aber letztlich für die Ewigkeit geltende Wertmaßstäbe geht, zieht sich der Wissenschaftler plötzlich aus der Affäre, indem er Ethik und Dogmatik, also die

Lehre von der Theorie und Umsetzung christlicher Moralvorstellungen, als „schnell veraltend" bezeichnet. Die Etikettierung von moralisch und ethisch Verwerflichem als „veraltet", „nicht mehr aktuell", „unzulänglich" etc. erscheint als eine in der Nachkriegsfachsprache virulente sprachliche Strategie zur Selbstrechtfertigung. Diese beschränkt sich sicher nicht auf die protestantische Theologie, sondern taucht auch in anderen Bereichen bei der Aufarbeitung der jüngeren Vergangenheit auf. So trägt etwa Klaus Neumann eine Reihe von Beispielen zusammen, bei denen auf an die NS-Opfer erinnernden Mahnmalen aus den 50er Jahren ebenfalls verallgemeinernde, unpersönliche, pluralische und ähnliche verschleiernde Sprachmittel verwendet wurden, ohne Täter und Opfer explizit zu benennen (Neumann 2001: 622–632). Solche Sprachregelungen der Selbstrechtfertigung sind über die Fachsprache hinaus bis in die sechziger Jahre offenbar verbreitet gewesen. Althaus' Biograph beobachtet diese Haltung des behutsamen Herausschleichens aus kompromittierenden Begrifflichkeiten noch in der Neuausgabe von *Der Brief an die Römer*, einem der letzten Werke des Theologen (Althaus 1966):

> [...] 1966 erschien dann die 10. Auflage seines Römerbriefkommentars. Das ist deshalb besonders bemerkenswert, weil Althaus hier entscheidende Passagen über das Volk Israel korrigierte [...] die Passagen, die die Geschichte des Volkes Israel nach Golgatha als Strafe Gottes an dem Volk, das Jesus ans Kreuz gehängt habe, interpretieren. [...] Jetzt war von der besonderen Schuld des Volkes Israel am Tode Jesu, die Jahrhunderte lang eine feste Denkfigur in der Christenheit gewesen war und die Althaus auch in den früheren Auflagen des Römerbriefkommentars vertreten hatte, nichts mehr zu finden. [...] Paul Althaus lernte nicht aus, so darf man diese Sätze gerade im Vergleich zu den früheren Formulierungen interpretieren, er blieb bis ins hohe Lebensalter aufnahme- und selbstkorrekturfähig. Ob diese neuen Formulierungen auch als implizite Distanzierung vom Gutachten zum Arierparagraphen gelesen werden darf, ist schwer zu entscheiden.
>
> (Jasper 2013: 375–376)

Die späte ‚Selbstzensur' im Hinblick auf das 1938 erstmalig erschienene Werk, die Althaus zur Tilgung von politisch und sprachlich kompromittierenden Formulierungen veranlasst, wird vom offensichtlich wohlwollenden Biographen als „Aufnahme- und Selbstkorrekturfähigkeit" positiv gedeutet; dieser versteigt sich sogar zur Vermutung, dass die Neubearbeitung und Modifizierung israelkritischer Passagen (Israel im Sinne des alttestamentlichen Volkes Israel) als eine „implizite Distanzierung" Althaus' von seiner Mitwirkung am Gutachten der Erlanger Theologischen Fakultät zum Gesetz zur Wiederherstellung des Berufsbeamtentums (sogenannter „Arierparagraph") der Reichskirche, in dem gefordert wird, „nichtarische" Bewerber nicht für ein kirchliches Amt zuzulassen, gelesen werden könne. Es verwundert, dass eine 1966 hypothetisch vollzogene, nicht einmal explizite Distanzierung des Theologen von einer vermeintlich wissenschaftlich fundierten, geistig-intellektuellen Mitwirkung an der Judenverfolgung gewürdigt wird, statt das Ausbleiben eines ausdrücklichen Schuldbekenntnisses zu beklagen. Im *Römerbriefkommentar* nimmt Althaus anerkennend in folgender Weise zur Rolle des Volkes Israel Stellung, indem er antisemitische oder anderweitig kompromittierende Aussagen aus der Erstausgabe modifiziert:

> [...] das machte es unendlich rätselvoll und bedrückend, dass Israel im Ganzen sich Jesus Christus verschlossen hat. Der Schmerz des Paulus um Israel ist zugleich das Leid der ganzen Christenheit. Sie wird auch mit Scham bekennen, dass sie als die Zeugin Jesu Christi Mitschuld trägt an der Verschlossenheit Israels durch ihre Haltung dem jüdischen Volk gegenüber. Mit dem Apostel (10, 1) wird sie ständig Fürbitte tun für Israel um sein Heil. [...] Über Israel liegt ein Geheimnis, auch für das profane Urteil dessen, der seine Geschichte bedenkt.
> (Althaus 1966: 122)

„Judentum", „der Jude" etc. wird jetzt grundsätzlich historisierend und fachsprachlich korrekt als „Israel" bezeichnet, negative Attribuierungen sind durch neutralere Prädikationen wie „bedrückend", „rätselvoll", „verschlossen", „Geheimnis" ersetzt worden. Den Christen wird eine „Mitschuld" an der „Verschlossenheit Israels" zugewiesen. Was vorher unmissverständlich rassistisch, antisemitisch und völkisch-nationalistisch formuliert wurde, weicht hier einem theologisch verkleideten Diskurs, der jedoch nicht darüber hinwegtäuschen kann, dass in der Substanz nur Nuancen verändert worden sind, wenn „Schmerz" und „Leid" der ganzen Christenheit" sowie deren „Scham" sich offenbar auf den ‚Irrweg' der Juden beziehen den die Christen nicht hätten verhindern können. Wenn Althaus von „Mitschuld" der Christen am aus seiner Sicht vermeintlich ‚verfehlten Schicksal' der Juden spricht, dann ist darin keine implizite Distanzierung von antisemitischen Haltungen, sondern eher eine geschickt verklausulierte Schuldzuweisung an das jüdische Volk enthalten, das, so muss man Althaus hier verstehen, an seinem Geschick die eigentliche ‚Hauptschuld' selbst trage. Althaus passt seine Sprache mit neuen Benennungen und Etikettierungen an die politischen und wissenschaftlichen Rahmenbedingungen an, ohne dabei von den begrifflichen Konstruktionen seiner früheren Werke maßgeblich abzurücken.

In einer Kurzbiografie, die Ulrich Neuenschwander in seiner Darstellung der bedeutendsten theologischen Denker des 20. Jahrhunderts dem Artikel über Emanuel Hirsch voranstellt, bleibt dessen politisches und theologisches Wirken von 1933 bis 1945 völlig unberücksichtigt. Neuenschwander stellt lediglich fest, Hirsch sei 1945 aufgrund seiner politischen Aktivitäten im NS-Staat vorzeitig pensioniert worden (1974b: 9–10). Der Historiker Ericksen dokumentiert hingegen ausführlich, dass Hirsch selbst bereits im Mai 1945 seine Pensionierung aus Gesundheitsgründen beantragt habe, um einer Entlassung im Zuge der Entnazifizierung zuvorzukommen, zumal diese für ihn schwerwiegendere finanzielle sowie juristische Folgen verursacht hätte (Ericksen 1986: 260–261). Hirsch starb 1972 in Göttingen. Er galt noch in der Nachkriegszeit als einer der bedeutendsten Vertreter der deutschen protestantischen Theologie des 20. Jahrhunderts, hat sich jedoch der Veröffentlichung von Schriften zu politischen Themen nach 1945 vollständig enthalten. Bei der Betrachtung von Hirschs zwischen 1945 und 1972 erschienenen Schriften finden sich in erster Linie kritische Übersetzungen der Werke Søren Kierkegaards, eine fünfbändige *Geschichte der neuern evangelischen Theologie im Zusammenhang mit den allgemeinen Bewegungen des europäischen Denkens* (1949–54), Lutherstudien, eine Reihe von belletristischen Romanen erbaulicher Art im neoromantischen Stil sowie etliche unterschiedlich umfangreiche Schriften zu diversen theologischen Themen. Hirsch tritt somit nach einer ca. zehnjährigen Unterbrechung (1940/41–1950) mit einem umfangreichen Oeuvre von fachspezifischen, übersetzerischen und auch schöngeistigen Publikationen wieder an die Öffentlichkeit, offenbar im Bemühen, seine politische Rolle und seine dienstbare wissenschaftliche Verfassertätigkeit unter der NS-Diktatur durch intensive Produktion in verschiedenen politisch weitgehend unverfänglichen Bereichen dem Vergessen anheimfallen zu lassen. Ericksen stellt unter Berufung auf diverse Quellen fest, „daß Hirsch auch nach 1945 seine politischen Ansichten nicht geändert hatte und daß politische Gespräche mit ihm unmöglich waren" (Ericksen 1986: 263), sowie dass „weder Reue noch eine kooperative öffentliche Gesinnung [...] die Nachkriegsjahre von Emanuel Hirsch [ausgezeichnet]" hätten (Ericksen 1986: 267).

Zu Hirschs Auffassung von der (Fach)sprache in der Nachkriegszeit gibt eine kurze Schrift aus dem Jahr 1961 Auskunft. Es handelt sich um einen in der theologischen Fachzeitschrift *Die Spur* erschienenen Artikel mit dem Titel *Vom Geschichtenerzählen* (Hirsch 1961). Hier lassen einige Formulierungen aufhorchen. Hirsch spricht in diesem Text über das Erzählen von Geschichten im Allgemeinen, bezieht sich aber speziell auf die Wiedergabe von religiös erbaulichen Fiktionen, die auch für den christlichen Religionsunterricht geeignet sein sollen. Zunächst unterscheidet Hirsch dabei zwischen „Gauklern", die „sich auf das Blenden, das Täuschen, das Bestricken" verstünden und denen ihre Leser „gern und willig [...] auf den Leim" gingen, und „wahrhaftigen Erzählern", die an das von ihnen Erzählte „selber glauben" und zu denen er selbst sich offenbar zählt (Hirsch 1961: 1). Die Beschreibung der von ihm favorisierten Rolle des „wahrhaftigen Erzählers", der „als selber Glaubende[r] rede[t]", und des missbilligten „Gauklers" wird mit einer Reihe von Ausdrücken wortreich ausgestaltet:

Wahrhaftiger Erzähler

- träumendes Erahnen der Tiefen menschlichen Lebens
- inneres Geschütteltwerden und Erschauern
- geheimnisvolle Begegnungen zwischen Herz, Schicksal und Gott (4x)

- Tiefen des ahnenden Herzens
- ehrfürchtig dem verborgenen Heiligen dienen
- die Geschichten tragende Seelentümer
- unerbittliche Wahrheit
- unerbittliche Folgerichtigkeit
- letzte heilige Unerbittlichkeit
- unerbittlicher Ablauf der Notwendigkeit
- grenzzersprengende Wahrheit (vom Wunder des Herzens) (2x)
- Tiefe der ethischen und religiösen Schau
- Gewahren und Erleiden der verborgenen göttlichen Heiligkeit
- Geschichten ziehen den Menschen empor auf den Weg zum höheren Menschsein
- Ahnung von höherem Menschsein [...] erwecken
- Emporbildung zum Menschsein

Gaukler

- technisch hochbegabter Darsteller
- Kunst, den Leser oder Hörer hineinzubetören in das vom Erzähler Ersonnene
- Schönfärbung
- Umzeichnung
- Entartung
- vom Idealen unwahre, übertriebene Bilder entwerfen

(Hirsch 1960: 1–3)

Auf lexikalischer Ebene finden sich hier in Bezug auf den „Gaukler" Lemmata, die unmittelbar auf das Vokabular des Nationalsozialismus verweisen (wie z. B. „Entartung"). Die Definitionen des „wahrhaftigen Erzählers" sind hingegen reich an Stilfiguren, die der neoromantischen Belletristik der ersten Jahrhunderthälfte oder auch der Trivial- und Kitschliteratur entlehnt sind. Neben Pleonasmen wie „Geschütteltwerden und Erschauern" häufen sich semantische Konfigurationen, die vage Umschreibungen von ekstatisch-elegischen Gefühlslagen darstellen, wie etwa „träumendes Erahnen", „Tiefen des ahnenden Herzens"; darüber hinaus finden sich hermetische Begriffe wie „Seelentümer", das durch das abstrahierende Derivationssufix „-tum" an typische Wortbildungsprodukte des NS-Jargons erinnert und durch die eigentlich unzulässige Pluralform eines Abstraktums jeder semantischen Referenz entkleidet ist, oder auch das im NS-Jargon notorische „unerbittlich" als positives Wertadjektiv; auffällig sind ferner zahlreiche Kombinationen aus religiösen Vokabeln und Lemmata aus dem Wortfeld des Geheimnisvollen, Unerklärlichen, die eigentlich im Widerspruch zum Klarheitsanspruch einer Fachsprache stehen, so etwa „geheimnisvolle Begegnung zwischen Herz [...] und Gott", das „verborgene Heilige", „verborgene göttliche Heiligkeit" etc. Insgesamt tritt das „Herz" in romantischer Tradition hier an die Stelle des Verstandes oder der denkenden Auffassungsgabe. Die den gesamten Text durchziehende Bipolarität zwischen „wahrhaftigem", offenbar religiös inspiriertem

Autor und das Lesepublikum täuschendem „Gaukler" erinnert zudem unzweideutig an die Rhetorik der Rassendiskriminierung, wenn vom „Weg zum höheren Menschsein" oder von der „Emporbildung zum Menschsein" auf der einen Seite, also einer Art Ideal des Übermenschen, die Rede ist, auf der anderen Seite aber Autoren als „technisch hochbegabte Darsteller", „Betörer", „Schönfärber" diskriminiert werden, deren Werke dann als „Entartung", „unwahr" und „übertrieben" verworfen werden. Die Beschreibungen solcher „unwahrer", nur „ersonnener" literarischer Werke rufen die antisemitische Propaganda gegen die als „undeutsch" und damit als vermeintlich gehaltlos und wertlos verunglimpften jüdischen Schriftsteller in Erinnerung (vgl. z. B. Stapel 1928: 47–49). In der unterschwellig in Hirschs anachronistischer Rhetorik präsenten Ideologieverhaftung scheint bei diesem in den Jahrzehnten nach 1945 keine nennenswerte gedanklich-sprachliche Neuorientierung erfolgt zu sein. In rein theologisch ausgerichteten Fachpublikationen fällt diese Tendenz weniger ins Auge. Aber auch hier ist die Diktion nicht frei von kompromittierender Rhetorik, wenn etwa in der 1963 erschienenen auf einer Vorlesungsreihe basierenden Monographie *Das Wesen des reformatorischen Christentums*, einer Neuausgabe des 1939 erstmalig publizierten gleichnamigen Werkes, folgendermaßen argumentiert wird:[2]

> Die geistigen Bewegungen der abendländischen Menschheit [...] finden in den neuen Kirchentümern ein freieres Feld des sich Auswirkens als in der sich wider die Reformation verschließenden Papstkirche. Daher fällt die Führung im europäisch-amerikanischen Völker- und Kulturkreise gerade in dem Augenblick, da seine weltgeschichtliche Stunde schlägt, denjenigen Völkern und Ländern zu, welche sich der Neugestaltung des christliche Glaubens erschließen. [Meine Hervorhebungen in diesem und in den fünf folgenden Zitaten]
> (Hirsch 2000 [1963]: 9)

> Neuerwachen der Geisthaftigkeit urchristlicher Religion [...]. Jungwerden und Lebendigwerden natürlicher menschlicher Schaffensmacht und Innerlichkeit [...]. Aufs Ganze und Unbedingte sich richtende Art der Herzensbildung [...]. (Hirsch 2000 [1963]: 65)

> Gemeinschaft des Denkens, Wollens und Erlebens [...]. Eine alles belebende und bestimmende Herzmitte. (Hirsch 2000 [1963]: 76)

> [...] daß Gott selbst mit seinem wunderlichen Heischen und Geben und Fügen der eigentlich Bewegende, der das Herz in der Hand Haltende ist. Ob es nun gehorche oder trotze, komme oder fliehe, verzage in Angst oder aufjauchze in Freude, verwirrt sei oder der Wahrheit hingegeben: immerdar ist es das auf Gott bezogene Herz. (Hirsch 2000 [1963]: 147–148)

---

[2] Zur Neuausgabe dürfte Hirsch nach Angaben des Herausgebers Arnulf von Scheliha „die insbesondere in der letzten Vorlesung erkennbare Parteinahme für das nationalsozialistische Regime in Deutschland [...] veranlasst haben" (Scheliha 2000: VII).

[...] der Pietismus [ist...] der Muttergrund für ein neues Aufblühen des deutschen Geistes und der deutschen Seele geworden. Die Eigenheit der deutschen klassischen und romantischen Dichtung ist ihre dem Ewigen sich öffnende Innerlichkeit. Sie bezeugt es in ihrer Weise, daß diejenige Einbildungskraft, zu welcher der erbauliche Umgang mit den Gestalten der Bibel im Luthertum erzieht, das eigentliche Geheimnis alles edleren Dichtens und Denkens ist.
(Hirsch 2000 [1963]: 149)

Man möchte wohl am liebsten sagen dürfen, daß die Nachfolge Jesu – eine vom germanischen Christentum erzeugte Vorstellung – in der Frömmigkeit des Mittelalters die Gegenkraft wider die vielfältigen Entartungserscheinungen innerhalb der christlichen Frömmigkeit sei.
(Hirsch 2000 [1963]: 150)

Die zitierten Aussagen mögen genügen, um deutlich zu machen, dass trotz der Überarbeitung des Werkes und dem Bemühen, dieses „unter den politischen, religionspolitischen und religiösen Vorzeichen Nachkriegsdeutschlands neu zu bestimmen" (Scheliha 2000: VIII), der sprachlich-ideologische Grundtenor auch in einer an Fachtheologen gerichteten und fachsprachlich sehr viel rigideren Schrift nicht grundsätzlich modifiziert worden zu sein scheint. Germanozentrismus, der teils freilich durch euro-amerikanischen Kulturzentrismus ersetzt wurde, eine Vereinnahmung des Christentums durch die germanischstämmigen Völker, ein neoromantischer Gefühlskult, der mit einer autoritären Rhetorik des „Unbedingten" und „Unerbittlichen" unterfüttert ist, sowie eine elitäre Verherrlichung des „deutschen Geistes" und der „deutschen Seele" durchziehen diese Fachsprache weiterhin und lassen den Ungeist früherer, ideologisch engagierter Schriften Hirschs weiter deutlich durchscheinen.

7.2 „Das Einverständnis mit der christlichen Sprachüberlieferung ist gestört" – Sprachermächtigung, Sprachverantwortung, Verstehenszumutung

Der Göttinger systematische Theologe Friedrich Gogarten hat mit der Monographie *Verhängnis und Hoffnung der Neuzeit* (1953) einen für die protestantische Theologie der deutschen Nachkriegsperiode wegweisenden Text publiziert. Es sei daran erinnert, dass Gogarten sich nach einer vorübergehenden Phase der Solidarisierung mit der nationalsozialistischen Ideologie und Politik und mit den *Deutschen Christen* weitgehend von der NS-Ideologie distanziert hat und sich während des Hitler-Regimes weder durch Zugeständnisse an die NS-Ideologie noch durch nennenswerte Missfallenskundgebungen hervorgetan hat. Gogarten war Mitbegründer der Barthschen „Dialektischen Theologie"; er lehrte an der Universität Göttingen ohne Unterbrechung von 1935 bis zu seiner Emeritierung

1955. Gogarten ist sicherlich kein völlig unbescholtener Repräsentant eines Neuanfangs nach dem Zusammenbruch des Jahres 1945, steht aber zusammen mit Karl Barth für eine Wiederaufnahme der theologischen Diskurse der Epoche vor 1933 und somit für eine Synthese von Kontinuität und Neuausrichtung der systematischen protestantischen Theologie.

Gogartens zentrales Thema in *Verhängnis und Hoffnung der Neuzeit* ist das Phänomen der Säkularisierung von „etwas, was bis dahin sakralen, gottesdienstlichen Zwecken diente", das dann „für weltliche, säkulare Zwecke in Gebrauch genommen wird" (Gogarten 1953: 7). Gogarten geht es in seiner Schrift um einen „geistesgeschichtlichen Vorgang", nämlich den der „Verwandlung ursprünglich christlicher Ideen, Erkenntnisse und Erfahrungen in solche der allgemein menschlichen Vernunft" (Gogarten 1953: 7). Gogartens Diskurs über die Säkularisierung erscheint bei näherer Betrachtung als eine stark abstrahierende Abrechnung mit den Erfahrungen der Gewaltherrschaft und der Ideologisierung aller gesellschaftlichen Instanzen, deren Zeuge und aufmerksamer Beobachter er geworden war. Das geht aus zahlreichen Definitionen der „Säkularisierung" bereits in der Einleitung hervor: Diese wird mittels folgender Syntagmen semantisch umschrieben:

- Wirklichkeit, deren Urheber der Mensch kraft seiner Vernunft ist
- Selbständigkeit des Menschen
- Mensch wird zum selbständigen Herrn der Welt und seiner selbst
- Unheil
- Zersetzungserscheinung
- Form der Zersetzung und Zerstörung
- Entchristlichung christlicher Ideen
- heillose Erscheinung
- Verweltlichung der Welt
(Gogarten 1953: 8–12)

Bei dieser Auflistung muss einschränkend darauf hingewiesen werden, dass Gogarten die genannten Begriffe im weiteren Verlauf der Abhandlung zwei Teilmengen der „Säkularisierung" zuordnet, die er mit einem zunächst linguistisch-morphologischen Kunstgriff voneinander unterscheidet: Indem er die „Säkularisierung" in zwei Begriffe unterteilt, den „Säkularismus" und die „Säkularität", gelingt es ihm, die negativen Aspekte der Säkularisierung von den mit dem christlichen Glauben vereinbaren Aspekten derselben abzuspalten. Auf diese Weise kann die „Säkularisierung", die gemeinhin als Verweltlichung religiöser Inhalte und Ideen verstanden wird, in eine negative, areligiöse, unchristliche Tendenz, die als „Säkularismus" mit dem häufig distanzierend für Ideologien verwendeten Nominalisierungssuffix „-ismus" gekennzeichnet wird, sowie eine positive, mit dem Christentum vereinbare Auseinandersetzung mit äußerer Welt und Geschichte auseinanderdividiert werden. Letztere bezeichnet Gogarten als „Säkularität", womit durch die Ersetzung des Suffixes „-isierung", das etwas Prozesshaftes impliziert, durch das statische, einen Zustand anzeigende Suffix „-ität" ein Aspekt in den Begriff implantiert wird, der das Moment der Veränderung bzw. Verwässerung des christlichen Glaubens durch eine Hervorhebung der Standfestigkeit des Glaubens und seiner aktiven Konfrontation mit dem Phänomen der „Säkularität" als historischen Prozess ersetzt. Die Vorstellung von der schleichenden Wandlung des Christentums, das sich in der Neuzeit durch Anverwandlung an weltliche Ideologien schließlich auflöst, wird somit aus dem Begriff der „Säkularisierung" herausseziert, um die christliche Religion in ihrer protestantischen Ausprägung als Retterin aus dem vermeintlichen neuzeitlichen Zerfall der Religion heraustreten zu lassen. Linguistisch und fachsprachlich bemerkenswert ist bei dieser Operation in erster Linie die eigenwillige Schaffung eines Mikro-Begriffssystems, durch das der Begriff „Säkularisierung" zum Hyperonym zweier eigentlich einander widersprechender Hyponyme gemacht wird, wobei dieser selbst seines landläufigen Signifikats entäußert wird. Die Aufspaltung in zwei kontrastierende semantische Felder lässt sich etwa folgendermaßen umreißen (vgl. Abb. 1):

„Säkularismus" sei die „Entartung der Säkularisierung" (!), ein „Heraustreten aus dem fragenden Nichtwissen dem Ganzen gegenüber" und ein „das Ganze in einer Idee Denken, in dem es ihm verfügbar wird", also ein „Verständnis der Geschichte aus der planend vorweggenommenen Zukunft" (Gogarten 1953: 138–140). Gogarten unterscheidet weiterhin zwei Arten des Säkularismus: auf der einen Seite die „Heilslehren und Ideologien", die aus der „Preisgabe des Nichtwissens" erwüchsen und teils zu „geschichtlicher Wirkung und Macht" geführt hätten, teils von „ephemerer Bedeutung" geblieben seien; auf der anderen Seite den Nihilismus, also die Auffassung von der „Nutzlosigkeit jeder Frage, die über das Sichtbare und Greifbare hinausgeht" (Gogarten 1953: 139–140). Die „Säkularität" sei hingegen ein „Verbleiben im Säkularen", d. h. im „fragenden Nichtwissen", in dem die „Welt ‚nur' Welt" sei und die Vernunft „in der ihr in ihrem eigenen Wesen gesteckten Grenzen" gebraucht werde und „ihre Grenzen wahrt", wobei die „schlechthinnige Rätselhaftigkeit des Abgrundes der Zukünftigkeit" dem geschichtlichen Menschen bewusst bleibe und dieser „seiner selbst mächtig und für die Welt verantwortlich" sei (Gogarten 1953: 140–142). Auf dem Schutzumschlag des Buches wird der Unterschied zwischen „Säkularismus" und „Säkularität" noch etwas plakativer verdeutlicht, wenn der „Säkularismus" zusammenfassend als „Verhängnis", als ein „Ausweichen in die sogenannte Weltanschauung" definiert wird, als ein „seltsames, das geistige Gesicht der Neuzeit mit hundertfacher willkürlicher Wucherung bedeckendes und entstellendes Gebilde der Ideologien" sowie als „unheilvoller Versuch mit irgendwelchen Ideologien einer vollkommenen Welt die Geschichte vorwegzunehmen".

Dagegen wird die „Säkularität" mit der neuzeitlichen Wissenschaft identifiziert, die sich durch „methodische Strenge des Fragens und Forschens, ausschließliche Orientierung an der zugänglichen Wirklichkeit, Nüchternheit gegenüber ideologischen Anfechtungen" auszeichne sowie dadurch, dass sie sich „dem Wagnis der Geschichte in geschichtlicher Verantwortung" aussetze (Gogarten 1953, Innenseite Schutzumschlag). Im Schlussteil der Monographie fasst Gogarten den Unterschied noch einmal durch eine Tautologie zusammen, indem er feststellt, dass der Säkularismus das Christentum zu einem „säkularistischen Gebilde" werden lasse, da der Glaube „hoffnungslos dem moralischen Mißverständnis verfällt", während es – richtig verstanden – ein „säkularisiertes Gebilde" sei, das in der „Säkularität" bleibe und bei dem die Vernunft „sich nicht der Zukünftigkeit versagt, deren Geschick sie als die geschichtliche ausgesetzt ist, die durch den christlichen Glauben endgültig geworden ist" (Gogarten 1953: 317–319). Gogartens linguistische Operation der Bedeutungsaufspaltung eines im theologischen Diskurs verankerten Begriffswortes durch die Schaffung zweier Hyponyme ist ein geschicktes Verfahren zur semantischen Differenzierung durch Herstellung einer artifiziellen Polysemie, mit deren Hilfe positive Bedeutungsaspekte eines Begriffs für die eigene Argumentation vereinnahmt und von negativen Bedeutungsaspekten gleichzeitig Abstand genommen werden kann. In Abb. 1 ist das hier von Gogarten neu entworfene Begriffssystem schematisch dargestellt.

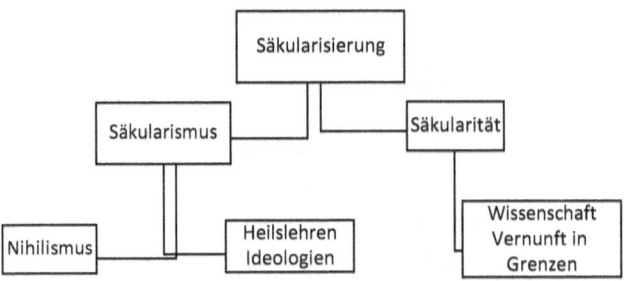

Abb. 1: Begriffssystem Säkularisierung bei Gogarten (1953).

Die Vorgehensweise Gogartens ist im Zusammenhang der wissenschaftlichen Fachsprache der protestantischen Nachkriegstheologie insofern interessant, als hier ein brisanter Fachbegriff in einem neuen politisch-gesellschaftlichen Kontext nicht einfach neu interpretiert wird, womit er dem neuen geistesgeschichtlichen Umfeld angepasst würde, sondern in einander widersprechende oder sogar sich gegenseitig ausschließende Unterbegriffe diversifiziert wird. Gogarten definiert „Säkularismus" u. a. als „Entartung der Säkularisierung", wobei er diese mit dem Kampfbegriff der NS-Ideologie selbst inkriminiert, während „Säkularität" als ein wis-

7.2 „Das Einverständnis mit der christlichen Sprachüberlieferung ist gestört" —— 189

senschaftlich-exaktes Weltbild erklärt wird, im Sinne einer vernunftgesteuerten Weltsicht, die aber die Religion nicht ausschließt. Beide sind demnach spezifische Formen der Säkularisierung, wobei Gogartens oben zitierte Definition der „Verwandlung ursprünglich christlicher Ideen, Erkenntnisse und Erfahrungen in solche der allgemein menschlichen Vernunft" im Fall des Hyponyms ‚Säkularismus' durch das semantische Merkmal „vollständige vermessene Ersetzung der christlichen Ideen" spezifiziert werden müsste, das Hyponym ‚Säkularität' hingegen durch „rationale, selbstbeschränkende Ergänzung der christlichen Ideen".

Der gesamte Diskurs erscheint äußerst abstrakt, lässt sich aber ohne Weiteres auf die politisch-historische Umbruchsituation von 1945 übertragen und kann für den Theologen zur Deutung der wissenschaftlichen Irrwege und Verwerfungen in den Jahren der Diktatur dienen. Nationalsozialismus und Kommunismus wie auch andere religiöse oder politische ‚Heilslehren' können auf diese Weise generell als Auswüchse einer fehlgeleiteten Säkularisierung etikettiert werden, wohingegen die von der entnazifizierten und geläuterten Nachkriegstheologie vertretene Denkweise als eine unkompromittierte und für einen Kompromiss zwischen Religion und Rationalität eintretende Sonderform der Säkularisierung zu verstehen wäre. So kann auf subtile und metasprachliche Weise die jüngere politische Geschichte und mit ihr die Gleichschaltung und Selbstanpassung der universitären Theologie letztlich als Resultat einer begrifflichen Unschärfe gedeutet werden: Das „entstellende Gebilde der Ideologien" und die „Nüchternheit gegenüber ideologischen Anfechtungen" sind in dieser Sichtweise begrifflich mehr oder weniger deutlich voneinander abweichende Sonderformen desselben Phänomens der „Säkularisierung", eines für die Neuzeit charakteristischen und in der theologischen Wissenschaft zentralen Begriffes. Damit sollen das verhängnisvolle Abirren in den „Säkularismus" der nationalsozialistischen Diktatur, in den Stalinismus und in andere ‚Heilslehren' und deren katastrophale Folgen für die Menschheit sicher nicht verharmlost werden. Dennoch erscheint Gogartens stark abstrahierender, historische Schuld in begrifflich-semantische Wortanalysen verlagernder Diskurs auch als Versuch einer Relativierung von Sachverhalten, bei denen es klarer Worte und expliziter Distanzierungen bedurft hätte. Wenn Gogarten den zu verwerfenden „Säkularismus" als „Entartung der Säkularisierung" bezeichnet, scheint er die mörderische Ideologie des Nationalsozialismus mit deren eigenen verbalen Mitteln rückwirkend bekämpfen zu wollen und fällt dabei selbst – bewusst formulierend oder einen nach wie vor zeittypischen Terminus fahrlässig verwendend – in den Jargon des Nazi-Regimes zurück. Sprachlich bewegt er sich dabei auf dünnem Eis, da der Gedankengang seiner sonst durchgehend in geschliffener Sprache ausformulierten Schrift an solchen Stellen ad absurdum geführt wird, wenn das im NS-Jargon als „entartet" und als der deutschen, germanischen *Art* nicht gemäß Bezeichnete nun zum Merkmal des verantwortungsbewussten Christentums umgedeutet wird und umgekehrt das ideologisch Verblendete nun seinerseits als „entartet" etikettiert wird. Dass all dies schließlich in Gestalt einer weitgehend von konkreten, realen Bezügen losgelösten Begriffsanalyse vollzogen wird, erweckt unweigerlich den Anschein des Versuches, sich der theologischen Fachterminologie hier nicht zuletzt zur Rekonstruktion einer den Zeitraum von 1933 bis 1945 überdauernden Kontinuität der protestantischen Universitätstheologie zu bedienen, deren Verfehlungen während der NS-Diktatur durch eine von der theologisch ‚zutreffenden' Begriffsdefinition und -bezeichnung abweichende terminologische Deutung zumindest in Teilen zu rechtfertigen sei. Auf diese Weise kann sich Gogarten aus möglicherweise heiklen Debatten heraushalten und muss betroffenen Kollegen nicht zu nahetreten, ohne sich dem Vorwurf der mangelnden theologischen Positionsbestimmung gegenüber NS-Herrschaft und Holocaust aussetzen zu müssen.

Gerhard Ebeling (1912–2001) und Helmut Thielicke (1908–1986) gehören zu einer jüngeren Theologengeneration, deren Karrieren durch Differenzen mit dem NS-Regime bereits in den Anfängen unterbrochen wurden und die erst nach 1945 als noch junge Theologen zu Rang und Namen kamen. Dabei gehören auch sie zur Generation von jüngeren Wissenschaftlern, die Diktatur und Krieg bereits im Berufsleben stehend miterlebt haben und deren theologisches Denken auch auf diesen Erfahrungen aufbaut. Ebeling war 1939 bis 1945 Pastor der *Bekennenden Kirche* und 1954 bis 1956 sowie 1965 bis 1968 Professor für Systematische Theologie in Tübingen, 1956–1965 und 1968–1979 für Dogmatik und Fundamentaltheologie in Zürich. Helmut Thielicke wurde bereits 1936 auf den Lehrstuhl für Systematische Theologie an die Universität Heidelberg berufen, wurde jedoch 1940 aus politischen Gründen entlassen und war bis 1945 in Ravensburg und in Stuttgart u. a. als Pastor im kirchlichen Dienst tätig. Thielicke konnte seine Lehrtätigkeit in Tübingen 1945 wieder aufnehmen und wurde 1954 Gründungsmitglied der theologischen Fakultät der Universität Hamburg, wo er bis zur Emeritierung im Jahr 1975 als Systematiker tätig blieb. Ebeling und Thielicke gehörten zu den einflussreichsten Theologen der Übergangsgeneration zwischen NS-Diktatur, Nachkriegszeit und bundesrepublikanischer Demokratie. Als junge Theologen befanden sie sich im passiven Widerstand, verfügten aus eigener Anschauung über Erfahrungen im Hinblick auf Krieg, Unterdrückung und Gewaltherrschaft, und konnten unbelastet in der Bundesrepublik ihre wissenschaftlichen Karrieren verwirklichen. Auch in fachsprachlicher Hinsicht repräsentieren sie den Übergang von einer noch vom autoritären Ton der 30er und 40er Jahre geprägten Diktion zu einer sachorientierteren, behutsameren und demokratischeren Sprache, die den Weg für neue Entwicklungen in der Fachsprache der 60er und 70er Jahre ebnete (vgl. Kap. 8).

Ein Blick in Publikationen aus der unmittelbaren Nachkriegszeit zeigt, dass beide Theologen noch deutlich unter dem Eindruck der äußerlich überwundenen historisch-gesellschaftlichen und moralischen Katastrophe stehen, inhaltlich Wege einer theologisch-kirchlichen Neubesinnung aufzeigen wollen, aber noch unübersehbare Abhängigkeiten von Ausdrucksformen der autoritären Sprache der NS-Ideologie erkennen lassen. So veröffentlicht Ebeling 1947 einen Vortrag mit dem Titel *Kirchenzucht*, in dem er die protestantisch-reformierte Form der Durchsetzung kirchlicher und religiöser Vorschriften und Normen in Abgrenzung zu deren Gestalt im katholischen und schwärmerischen Umfeld diskutiert. Beim Begriff der *Kirchenzucht* (Ebeling 1947) handelt es sich zwar um einen Terminus, der in der protestantischen Theologie geläufig ist, der aber in der jüngeren Theologie und kirchlichen Praxis eine nur noch marginale Rolle spielt. So stellt Traulsen zu diesem Fachbegriff fest:

> Ausgangspunkt ist die Überlegung, daß der christliche Glaube einen Gott wohlgefälligen Wandel des Christen bedinge. [...] Kirchenzucht ist dabei (im Gegensatz zum kanonischen Recht) nicht als Strafe zu verstehen. [...] Kirchenzucht soll dem einzelnen deutlich machen, daß er sich am Evangelium versündigt hat, und will ihn für Christus zurückgewinnen. Der Begriff ist freilich vielfach außer Gebrauch, ja sogar in Verruf geraten, da seine schriftgemäße Übung durch jahrhundertelangen Mißbrauch unglaubwürdig gemacht und zudem das Wort „Zucht" heute mißverständlich geworden sei, ohne daß dadurch die Sache als solche obsolet geworden wäre. (Traulsen 2008: 1)

In Ebelings mit dem Terminus *Kirchenzucht* überschriebener Publikation manifestiert sich genau diese Diskrepanz zwischen *Kirchenzucht* als theologischem Fachterminus und dem Lexem *Zucht* als einerseits obsoletem, an autoritäre Gesellschafts- und Erziehungssysteme gebundenem, andererseits, wie es Traulsen ausdrückt, „durch jahrhundertelangen Missbrauch unglaubwürdig gemachtem" und „heute missverständlichem" Begriff. Tatsächlich wird das Lemma im *Duden-Wörterbuch* in seiner nicht auf Pflanzen und Tiere, sondern auf Menschen bezogenen Bedeutung („strenge Erziehung, Disziplinierung") als „veraltend" markiert und mit Verwendungsbeispielen wie „strenge Zucht", „eiserne Zucht" illustriert. Darüber hinaus wird das Lemma mit einer zweiten, als „gehoben, oft abwertend" markierten Bedeutung „das Gewöhntsein an strenge Ordnung, Disziplin; das Diszipliniertsein, Gehorsamkeit" beschrieben, der wiederum als Anwendungsbeispiele „straffe, eiserne Zucht", „preußische Zucht", „Zucht und Ordnung" zugeordnet werden.[3] Zum Zeitpunkt des Erscheinens von Ebelings Artikel im Jahr 1947 dürfte der Begriff einerseits zwar weniger negativ konnotiert gewesen sein, andererseits ist es aber erstaunlich, dass er zwei Jahre nach dem Ende der nationalsozialistischen Gewaltherrschaft von einem nicht kompromittierten Theologen explizit und unkritisch zum zentralen Thema einer programmatischen Schrift herangezogen wird. Immerhin ist *Zucht* seit den 40er

---

3 https://www.duden.de/rechtschreibung/Zucht (letzter Zugriff 20.10.20221).

Jahren ein ‚kontaminierter' Begriff, insbesondere durch die morphologische Verwandtschaft zu Lexemen wie *Züchtung* („planvolle Zeugung rassisch wertvoller Menschen", Brackmann und Birkenauer 1988: 209; „Schaffung einer rassischen Elite mit Hilfe von Eugenik und Rassenhygiene", Schmitz-Berning 2000: 706) oder *Zuchtwart* („von NS-Ideologen vorgeschlagener [...] Beamten-Beruf", dessen Aufgabe es sein sollte, „die Erbgesundheit des deutschen Volkes [zu] überwachen", Schmitz-Berning 2000: 706).

Dass der Terminus *Kirchenzucht* im Text äußerst frequent ist und etwa auf den ersten zehn Seiten im Durchschnitt 4,5 Token pro Seite auftreten, kann auf die Thematik des Aufsatzes zurückgeführt werden. Darüber hinaus ist der Text jedoch durch ein dichtes Netz von synonymischen und dem semantischen Feld der interpersonellen, auf Autorität und Unterordnung basierenden Hierarchie durchzogen. Der Terminus *Kirchenzucht* selbst wird zunächst mittels verschiedener Wortbildungsverfahren, z. B. zu „Kirchenzuchtverfahren" (Ebeling 1947: 12), „kirchenzuchtlich" (12), „kirchenzuchtlos" (12) etc., variiert, tritt aber auch in Parallelkonstruktionen mit abgewandeltem Modifikator oder unterschiedlichen Attribuierungen auf, wie „Abendmahlszucht" (11), „theologische Zucht" (18), „Zucht in der Kirche" (53), „Zucht an ihren [der Kirche] Gliedern (53) usw., daneben in der lateinischen Form „disciplina ecclesiae" (18). Dass die häufige Verwendung des Terminus *Kirchenzucht* in Ebelings Text allerdings nicht allein durch die Fachsprachlichkeit dieses Begriffes begründet und damit neutralisiert werden kann, beweist das dichte Netz von synonymischen und sinnverwandten Ausdrücken, die im Folgenden in Auswahl aufgeführt werden:

- Autoritative Lösung der offenen Fragen
- Bann
- Disziplinierung
- Disziplinloser Individualismus
- Glaubensgehorsam
- Kirchenregiment
- Reinerhaltung
- Retention
- Statute und Gesetze
- Strafe
- Systematische Ordnung
- Taufbefehl
- Ungehorsam
- Uniformierung
- von Christus verliehene Vollmacht
  (Ebeling 1947: 11–12, 16–20, 54–59)

Die bis hierher auf die rein lexikalische Struktur beschränkte Betrachtung von Ebelings Schrift vermag zunächst zu zeigen, dass am Beginn einer auch fach-

7.2 „Das Einverständnis mit der christlichen Sprachüberlieferung ist gestört" — 193

sprachlichen Neuorientierung in der protestantischen Theologie ein Konflikt besteht zwischen usueller Wortbenutzung mit durch das autoritäre Gesellschaftssystem verfestigten lexikalischen Präferenzen und innovativen inhaltlichen Diskursen, die den Weg in eine demokratische, weniger autoritätsorientierte und auf breiter Partizipation beruhende Theologie ebnen sollen. Tatsächlich ist eine Diskrepanz zwischen einer autoritär-apodiktischen Tendenz in der Wahl der lexikalischen Mittel und der inhaltlichen Ausrichtung auf einen grundsätzlichen, an Wertvorstellungen der antinationalsozialistischen Opposition und der *Bekennenden Kirche* orientierten Neuanfang zu beobachten:

> Im Verlauf einer [...] Diagnostizierung unserer kirchlichen Verhältnisse müßte der Blick u. a. auf folgende Nöte gelenkt werden: daß [...] in der Praxis der uneingeschränkten Kindertaufe ein fortgesetzter Ungehorsam gegen den Taufbefehl Jesu Christi ist, daß die Abnahme des Konfirmationsgelübdes im Rahmen der Volkskirche diesen Ungehorsam mit einer fortgesetzten Lüge zu decken sucht, daß die fehlende Abendmahlszucht das Sakrament weithin nur den religiösen Bedürfnissen anonymer, zu nichts verpflichteter Individuen dienen läßt, statt der Erbauung der Gemeinde, daß die Verwaltung des Schlüsselamts zur Form der allgemeinen und darum unkonkreten und unpersönlichen Beichte und Absolution verkümmert ist und darum durch den Verlust der Privatbeichte den konkreten Trost der Absolution, durch das Fehlen eines geistlichen Kirchenzuchtverfahrens den Dienst brüderlicher Seelsorge und durch den grundsätzlichen Verzicht auf Retention und Bann den Ernst des Evangeliums verdunkelt hat, [...] und da gerade die Restbestände kirchenzuchtlichen Handelns bei diesen Anlässen das echte Wesen der Kirchenzucht nur entstellen und diskreditieren, daß ein disziplinloser Individualismus das geistige Amt ebensowenig wie eine gemeindeferne Bürokratie das Kirchenregiment Werkzeuge des heiligen Geistes sein lassen und wir so im Bereich des Amtes das getreue Spiegelbild einer kirchenzuchtlosen Kirche wiederentdecken, und schließlich daß der Kampf der Bekennenden Kirche, in dem doch im Grunde um die Frage der Kirchenzucht gestritten und gelitten wurde, so wenig Frucht gebracht hat, daß es ihr jetzt, wo ihr Gelegenheit zum Handeln gegeben ist, so sehr am klaren Selbstverständnis zu mangeln scheint, daß ihr Weg in eine Restauration der alten kirchlichen Verhältnisse auszumünden droht, statt daß nun mit der Frage der Kirchenzucht ernst gemacht würde. [Meine Hervorhebungen, J.G.] (Ebeling 1947: 11–12)

Das lange Zitat illustriert eindrücklich die oben skizzierte Asymmetrie zwischen dem vehementen Appell zur theologisch-kirchlichen Neubesinnung und dem sprachlichen Verhaftetsein in autoritären Begrifflichkeiten. Der diskreditierte Gehorsam der kirchlichen und theologischen Amts- und Würdenträger gegenüber einer weltlichen Macht soll durch bedingungslose Unterwerfung unter die spirituelle „Befehlsgewalt" von Theologie und Kirche ersetzt werden. Unter Berufung auf die *Bekennende Kirche*, die der erzwungenen Verweltlichung und Gleichschaltung des kirchlichen Lebens mit unterschiedlichen Maßnahmen zu widerstehen versucht hat, propagiert Ebeling hier eine Kontinuität der Selbstbesinnung der Kirche auf eigene Grundsätze und Bekenntnisse, die jetzt ohne staatliche Unterdrückung in Freiheit fortgeführt werden könnten. Anders als vielen seiner ehemals regimetreuen Kollegen geht es Ebeling hier um eine radikale und eindeutige Abkehr von der jüngsten Vergangenheit, aber auch ihm gelingt es hier noch nicht, sich von Diktion und Rhetorik der totalitären Epoche zu lösen. Die angestrebte *Kirchenzucht* wird etlichen Verfallserscheinungen wie „fortgesetzter Ungehorsam", „fortgesetzte Lüge", „zu nichts verpflichtete Individuen", „Verkümmerung", „Verdunkelung", „Entstellung", „Diskreditierung", „disziplinloser Individualismus" gegenübergestellt. Die *Kirchenzucht* steht all dem als hypothetisches, aber nicht mehr zum Einsatz gebrachtes autoritäres Erziehungsmittel mithilfe von „Retention", „Bann", „Befehl", „Disziplinierung" etc. gegenüber, das sich aber als unwirksam erweise, da mit ihm nicht mehr „ernst gemacht" werde. Das ganze Szenario wirkt somit wie eine Drohkulisse, die für eine Rückkehr zur nicht kompromittierten protestantischen Religiosität steht. Ebeling fordert im Grunde eine Verinnerlichung und Rückbesinnung auf wesentliche Inhalte der kirchlichen und theologischen Praxis, tut dies aber mit martialischen lexikalischen Mitteln, die das Inhaltliche hinter der semantisch-pragmatischen Form der sprachlichen Ausdrucksmittel in den Hintergrund treten lassen. Dass es ihm nicht eigentlich um eine autoritäre Wiedereinsetzung der *Kirchenzucht* als Instrument zur Bestrafung, Verfolgung oder Ausgrenzung geht, erhellt u. a. aus einem Vergleich mit der juristischen Strafverfolgung im Schlusskapitel:

> Beruhte die Kirchenzucht auf der Vollmacht menschlichen Rechts, dann eigneten ihr ebenfalls diese drei Kennzeichen: Gesetzlichkeit, Strafmittel und Gewaltanwendung unter dem Rechtsschutz des Staates als ultima ratio. Die Kirchenzucht ist oft genug in dieser Weise mißverstanden und entstellt worden. Der horror, den das bloße Wort Kirchenzucht allgemein, auch in kirchlichen Kreisen, hervorruft, beruht auf dieser Vorstellung. Nun geschieht aber die Kirchenzucht nicht kraft menschlicher Rechtssetzung, sondern in der der Kirche von Christus verliehenen Vollmacht. (Ebeling 1947: 54)

Kirchenzucht ist in der Tat ein Fachterminus, dessen Missverständlichkeit Ebeling hier selbst einräumt und den er resemantisieren und auf seinen eigentlichen begrifflichen Bedeutungsgehalt zurückführen will. Dass er das mit einer gegenläufigen Begrifflichkeit zu bewerkstelligen sucht, ist charakteristisch für eine Fachsprache im Umbruch, die sich noch vom Ballast einer alles durchdringenden Sprache der Gewalt und des autoritären Unterwerfungsgehorsams zu befreien bemüht ist.

Das Phänomen der Suche nach einer neuen, unbelasteten Fachsprache lässt sich auch in den frühen Nachkriegsschriften Helmut Thielickes beobachten. Im selben Jahr wie Ebelings Schrift zur *Kirchenzucht* erscheint dessen auf einer Vortragsreihe basierende Monographie *Fragen des Christentums an die moderne Welt* mit dem Untertitel *Untersuchungen zur geistigen und religiösen Krise des Abendlandes* (Thielicke 1947), in der dieser sich, ähnlich wie Barth

7.2 „Das Einverständnis mit der christlichen Sprachüberlieferung ist gestört" — 195

und andere Theologen der „Krisis" nach dem Ersten Weltkrieg, bemüht, die protestantische Theologie und Kirche im Moment des Neuanfangs nach dem Zusammenbruch zu positionieren. Thielicke bezieht sich ganz explizit und ohne Umschweife auf das verhängnisvolle Erbe der nationalsozialistischen Ideologie und räumt sogar deutlich ein, dass

> die Folgen, die das vergangene Regime durch Propaganda, durch „Schulung" und vor allem durch seine ganze Atmosphäre in den Menschen gezeitigt hat [...] nicht mit aufgehoben [sind], wenn das System dieser Menschenbehandlung sein Ende erreicht hat. Wir können auf Schritt und Tritt beobachten, wie unter der Decke veränderter Begriffe und Programme weithin dieselben Kategorien des Sehens wirksam sind und unser Blickfeld bestimmen. (Thielicke 1947: X)

Thielicke beklagt eine Tendenz zur Modifizierung von Benennungen auf rein sprachlicher Ebene unter Beibehaltung des semantischen Gehaltes oder anders gesagt eine Fortführung des von Diktatur und Ideologie deformierten Denkens bei dessen gleichzeitiger Maskierung durch veränderte Begrifflichkeiten, die durch sprachlich-formale Innovation auch eine Reformierung der Bedeutungsinhalte vorspiegeln sollen. Im Grunde geht es auf fachsprachlicher Ebene hier um die Frage nach dem Risiko der nur scheinbaren Neuausrichtung des Denkens und des Urteilens durch bloße sprachliche Umetikettierung – ein Phänomen, das heute etwa im Kontext der ‚politisch korrekten Sprache' diskutiert wird. In der theologischen Fachsprache als solcher dürfte diese Gefahr weniger relevant sein, da sich Fachsprache per se durch objektive Klarheit und definitorische Eindeutigkeit auszeichnet. Hier steht eher das Problem der ‚Kontaminierung' eigentlich unpolitischer Begriffe der theologischen Fachsprache durch Missbrauch seitens der nationalsozialistischen Propaganda im Raum. Dies konnte am Beispiel des Begriffs *Kirchenzucht* in Ebelings Text verdeutlicht werden, der trotz der ausführlichen definitorischen Klarstellungen des Autors kaum von ideologischen Konnotationen befreit werden konnte, die dessen unbelastetes Verständnis trüben. Es sind also eher lexikalische Einheiten, die, auch wenn sie nach 1945 mit neuer Stoßrichtung verwendet werden, aufgrund ihrer Vereinnahmung durch NS-Ideologie und NS-Propaganda zu viel konnotativen Ballast mit sich führen, als dass sie, auch bei Neufestlegung begrifflicher Inhalte, ohne weiteres in fachsprachliche Kontexte einer erneuerten demokratischen Theologie integriert werden könnten.

In der Einleitung zu Thielickes Schrift wird dies an einem gewissen Kontrast deutlich, der sich zwischen der expliziten inhaltlichen Abkehr von einer Theologie der ideologischen Unterwerfung, der Anpassung an staatliche Willkür, der Rechtfertigung von Unrecht sowie der autoritär verordneten Unmenschlichkeit auf der einen Seite zeigt und einem Stil, der auf der anderen Seite immer wieder dem Vokabular und den Ausdrucksformen der NS-Ideologie nahekommt:

> Der Baum, der sich in diesen giftigen Früchten verraten hat, ist mit der Liquidierung jenes Systems noch keineswegs selber tot. (Thielicke 1947: IX)

> So verfolgt dieses Buch [...] das ausgesprochen praktische Ziel, die Vergangenheit in einem echten Sinne liquidieren zu helfen und den Aufbruch zu neuen Ufern anzuregen. (Thielicke 1947: X)

> Vielleicht daß darin die tragische Mission unseres Vaterlandes in den vergangenen Jahren seine tiefsten Selbsterniedrigung zum Ausdruck kommt: jenes Verhängnis in allen seinen Formen ausgelebt zu haben und darin sichtbar zu machen, in welche Fremde und an welchen „Schweinetrog" es führt (Lukas-Evangelium 15,16). (Thielicke 1947: XI)

Wenn Thielicke hier zurecht einen „Aufbruch zu neuen Ufern" fordert, tut er das noch in einer sprachlichen Form, die sich nur mühselig von sprachlichen Gewohnheiten der jüngsten Vergangenheit zu lösen vermag. Auch wenn eine radikale Abkehr von der Vergangenheit in der Sache richtig ist, ist ein Vokabular, das Elemente wie „Liquidierung" oder „Schweinetrog" (trotz des Verweises auf biblische Provenienz im letzteren Fall) enthält, ein noch erkennbarer unmittelbarer Reflex der Propagandasprache. An anderer Stelle setzt sich Thielicke mit dem nationalsozialistischen Vokabular auseinander, das die protestantische Theologie der 30er und 40er Jahre stark geprägt hat, wie oben gezeigt werden konnte. So wird etwa der Schlüsselbegriff *Art* mit Ableitungen wie *artgemäß* etc., der in der Theologie der NS-Zeit omnipräsent war, von Thielicke aufgegriffen:

> *Ferner* ist hier die Wurzel für die These zu finden, Religionen müßten „artgemäß" sein. In der Tat: von hier aus gesehen, *können* sie in ihrer Eigenschaft als Spiegelbilder ja gar nichts anderes sein. Viel wichtiger dabei ist freilich, daß sie auch *menschengemäß* sein sollen. (Der Begriff artgemäß bedeutet nur eine Spezialisierung und in gewisser Weise auch eine Tarnung des Begriffes menschengemäß.) Damit, daß man sich die Religion „menschengemäß" wünscht, verfolgt man das innerste Interesse, daß es *ja* nichts geben möchte, was *über* mir steht und nicht von meinen Gnaden und in Abhängigkeit von meinen Wünschen und Werturteilen lebt! Daß es *ja* keinen Richter geben möchte, der mich in Frage stellen und über mich verfügen kann! Eine in sich identische Wirklichkeit – und Gott ist ja auf mir gewachsen! – kann sich aber nicht in Frage stellen. So hat sich der Mensch Gott vorher auf den Leib geschrieben, ehe er an ihn glaubte. So ist dieser zum Gott „nach Maß" geworden, der glatt anliegt und keine Druckstellen und Widerstände ergibt. (Thielicke 1949: 35)

Wenn Thielicke hier den Begriff *artgemäß* als Hyponym des Begriffes *menschengemäß* klassifiziert, ignoriert er dessen ideologische Provenienz, um ihn mit einer theologischen Argumentation zu widerlegen. In der Tat verwirft er einen Gott, der vom Menschen, sei es individuell, sei es im Rahmen einer überindividuellen Ideologie, „nach Maß" vorgestellt wird; allerdings überrascht es auch hier wieder, dass das Vokabular der nationalsozialistischen Rassentheorie weitgehend unkommen-

7.2 „Das Einverständnis mit der christlichen Sprachüberlieferung ist gestört" — 197

tiert in einen neuen Kontext gestellt und theologisch-fachintern diskutiert wird. Dass dies im Fall von Ebeling und Thielicke nicht geschieht, um eine ‚völkische' Theologie in die neue Zeit herüberzuretten, steht außer Zweifel; vielmehr beruht das Phänomen hier auf der Schwierigkeit, eine alle öffentlichen Diskurse für mehr als ein Jahrzehnt durchdringende Sprache aus dem theologischen Sprechen und Schreiben herauszuhalten, was nicht immer gelingt. Dennoch zeigt die grundsätzliche Einbettung der Ausführungen beider Theologen in einen fachsprachlich wie inhaltlich einen geläuterten Aufbruch markierenden Fachstil, dass es sich um lexikalisch-stilistische Divergenzen auf der sprachlichen Oberfläche handelt. So distanziert sich Thielicke dann auch vehement von einer Propagandisierung der Predigtsprache, was zweifellos umso mehr auch für die wissenschaftlich-theologische Fachsprache gilt:

> Propagandatreiben heißt zweckbestimmt und effekthaschend reden, ohne daß damit im geringsten gesagt ist, daß der Redner selbst daran glaubt. [...] Mit anderen Worten: Die sogenannten Propaganda-„Wahrheiten" sind unabhängig von der persönlichen Überzeugung des Redenden. Die einzige persönliche Überzeugung dabei ist die, daß jetzt im Reden eine bestimmte Absicht verwirklicht wird und – verhüllt werden muß. Auch verhüllt –; denn wenn sie herauskäme, „verstimmt" sie. [...] *Die furchtbarste Gefährdung der Predigt ist heute die Gefahr ihrer Verwechslung mit der Propagandarede.* Wenn [...] man sich bei Kasualien ganz unter den Eindruck der Feierlichkeit stellt und die Worte [...] nur den Sinn haben, diese Feierlichkeit zu erregen, so liegt diese Verwechslung von Predigt und Propaganda vor. (Thielicke 1947: 238–239)

Mit dieser auf die Predigtsprache als theologische Praxis-Fachsprache bezogenen terminologischen Klarstellung formuliert Thielicke gleichzeitig auch ein Programm für die wissenschaftliche Fachsprache der Nachkriegstheologie: Es soll nicht mehr wie bisher „zweckbestimmt" und „effekthaschend", außerdem nicht mehr „verhüllend" gesprochen (und geschrieben) werden. Mit anderen Worten sollen die Fachsprache und sogar die per se rhetorisch ausgerichtete Predigtsprache von Stilmitteln freigehalten werden, die primär auf rhetorische Wirkung abzielen; diese Wirkung, die im Dienst einer bestimmten Absicht stehe, die durch den Einsatz persuasiver und appellativer sprachlicher Mittel gleichzeitig auch verhüllt werden solle, muss nach Thielickes Aussage in den Hintergrund treten, um die eigentliche inhaltliche Aussage der fachsprachlichen Rede wieder deutlich erkennbar werden zu lassen. Es geht demnach nicht mehr um das sprachlich professionell gestaltete, mit rhetorischen Mitteln geschickt betriebene, also propagandistische Hervorrufen einer Überzeugung im Leser oder Zuhörer, unabhängig von der Überzeugung des Sprechers oder Autors, sondern vielmehr um das Ablegen eines authentischen Wahrheitszeugnisses ohne die vorherrschende Intention, im Adressaten eine spezifische Haltung zu evozieren. Damit distanziert sich Thielicke nicht nur vom nationalsozialistischen Propagandaton, sondern gleichzeitig auch von einem nicht auf wissenschaftlicher Erkenntnis beruhenden, lediglich suggestiv geprägten, mehr auf Überredung als auf argumentativer Überzeugung fußenden Predigtton. Mit dieser Tendenz bringt er somit neben der Abstandnahme von der ideologisch vereinnahmten Theologie der Hitlerzeit gleichzeitig seine Skepsis gegenüber der Rhetorik der Zwischenkriegsfachsprache Barths und seiner akademischen Gefolgsleute zum Ausdruck. Wenn er sich stellvertretend gegen die homiletische und fachsprachliche Verwendung von „Worten, die nur den Sinn haben, Feierlichkeit zu erregen" wendet, impliziert dies, dass der Einsatz sprachlicher Kunstmittel zur Evozierung emotionaler Gemütszustände grundsätzlich aus fachsprachlichen Diskursen herauszuhalten sei. Dies gilt demnach nicht nur für politische Ideologien, die zu Hass, Intoleranz, Nationalismus und Selbstüberhebung aufstacheln, sondern umgekehrt auch für theologische Diskurse, die bestimmte ekstatische, andachtsvolle oder gewissenssedierende Stimmungen hervorrufen sollen, ohne auf argumentativen Herleitungen aufzubauen. Thielicke plädiert damit für eine Rückbesinnung der theologischen Forschung auf eine wissenschaftlich fundierte Experten- und Praxissprache im eigentlichen Sinne, die sich weder von politischen Ideologien gängeln lässt noch sich von einer Rhetorik der empfindsamen Individualfrömmigkeit oder kollektiven Erweckungseuphorie mitreißen lässt.

Thielicke und Ebeling stehen somit für eine jüngere Theologengeneration, die eine konsequente Neuorientierung auf eine strenge Wissenschaftlichkeit und rationale Objektivitätsverpflichtung in der theologischen Fachsprache und darüber hinaus auch in der homiletischen Praxissprache anstreben. Anfängliche sprachliche Unschärfen, Kontinuitäten und ‚Rückfälle' in ideologische Sprachmuster sind bei ihnen symptomatisch für die Neuorientierungsphase der frühen Nachkriegszeit. Während aber andere Autoren bei einer restaurativen oder nur vordergründig geläuterten Begrifflichkeit verharren, zeigt die Lektüre späterer Schriften der beiden Theologen, dass ihnen an einem Aufbruch in Richtung einer exakteren Wissenschaftlichkeit gelegen ist, womit sie zu den maßgeblichen Wegbereitern einer sachlichen und objektivierbaren theologischen Wissenschaftssprache zu zählen sind, die nach einer mit anderen institutionalisierten universitären Fachbereichen vergleichbaren und auf allgemein anerkannten Kriterien akademischen Arbeitens fußenden Ausrichtung strebt.

Bei der Lektüre späterer Werke Ebelings und Thielickes ist diese Tendenz der fachsprachlichen Läuterung evident. So widmet Gerhard Ebeling eine ganze Monographie der *Einführung in die theologische Sprachlehre* (Ebeling 1971), die hier inhaltlich nicht ausführlich diskutiert werden kann, die aber, wie schon der Titel suggeriert, als eine programmatische Schrift zur Bewusstmachung der im-

7.2 „Das Einverständnis mit der christlichen Sprachüberlieferung ist gestört" —— 199

mensen Bedeutung einer aufmerksamen Sprachverwendung im theologisch-wissenschaftlichen Diskurs angesehen werden kann. Im Einzelnen geht es in Ebelings Werk um Wortsemantik, Sprachkritik, Referenz, Hermeneutik, Sprechhandlungen, Verständlichkeit, Verständigung, sprachliche Aspekte der kontroversen Auseinandersetzung und andere Themen einer explizit linguistischen Betrachtungsweise der theologischen Fachsprache. Ebeling leitet seine Schrift mit der Diagnose einer Krise in der theologischen Fachsprache und der christlichen „Sprachüberlieferung" insgesamt ein:

> Überdruß an der Sprache, Überdruß am Wort – so läßt sich formelhaft andeuten, was die heutige Krise des Christentums ausmacht, worin sie ihre tiefste Wurzel hat. Das Vertrauen auf das, was für das Leben des christlichen Glaubens, zumal in dessen reformatorischer Gestalt, konstitutiv ist: nämlich auf das Wort, ist weitgehend geschwunden. Im Gegenschlag zur dialektischen Theologie, die in bewußter Rückwendung zum reformatorischen Erbe sich selbst als Theologie des Wortes ausgab, herrscht heute geradezu eine Allergie gegenüber der anspruchsvollen, aber als inhaltsleer empfundenen Rede vom Worte Gottes. Sie erscheint als eine Art magischer Formel, als Ideologie oder als bloße Redewendung, deren verantwortlicher Vollzug nicht mehr erschwinglich ist. [...] Wir haben es nicht mit einer bloßen Augenblicksreaktion auf die Strapazierung eines theologischen Begriffs zu tun. War doch selbst die Theologie des Wortes aus der tief durchlittenen Erfahrung der Schwäche und Ohnmacht christlichen Wortes erwachsen, aus der Anfechtung durch Überdruß am herkömmlichen kirchlichen Wort, ja aus der Ergriffenheit durch die Paradoxie des Wortes Gottes im Menschenwort als einer unmöglichen Möglichkeit. Das entsprach mutatis mutandis dem Kampf [...] gegen den orthodoxen, rationalistischen oder einen traditionalistischen Wortoptimismus, dem gerade die um sich greifende Inflation des christlichen Wortes und damit der Schwund an Vertrauen zum Wort zur Last zu legen war. Es zeichnet sich hier ein Sachverhalt ab, mit dem die Theologie der Neuzeit sich von jeher auseinanderzusetzen hatte und der ein durchlaufendes Grundmotiv der neueren Theologiegeschichte darstellt: *Das Einverständnis mit der christlichen Sprachüberlieferung ist gestört.* (Ebeling 1971: 3–5)

Ebeling diagnostiziert hier am Anfang der 70er Jahre des 20. Jahrhunderts eine „Krise des Christentums", die seiner Auffassung nach auf einer Krise der theologischen Sprache und auf einem Vertrauensverlust gegenüber dem christlich-religiösen *Wort* beruhe. Er illustriert diese Beobachtung mit Formulierungen wie „Überdruss am Wort", „Überdruss an der Sprache", „Allergie gegenüber der [...] als inhaltsleer empfundenen Rede vom Worte Gottes", Wahrnehmung der religiösen Sprache als „eine Art magischer Formel, als Ideologie oder als bloße Redewendung" und schließlich als „Störung der christlichen Sprachüberlieferung". Er räumt ein, dass die „Theologie des Wortes" der Dialektischen Theologie ursprünglich eine Überwindung des Versagens des christlichen Wortes in der Katastrophe des Ersten Weltkrieges sowie aufgrund der Rationalisierung und unreflektierten Traditionsverhaftung der theologischen Sprache des 19. Jahrhunderts habe herbeiführen sollen, bemängelt aber, dass sich aus dieser vermeintlichen Überwindung des überkommenen „Wortoptimismus" dann wiederum eine Aversion gegen die „Wortergriffenheit" und die magisch-paradoxale Sprache der „Wort-Gottes-Theologie" der Zwischenkriegszeit entwickelt habe. Dass die Skepsis gegenüber dieser Sprache der formverliebten, oft hermetischen Rhetorik auch mit deren Vereinnahmung und Pervertierung durch die Sprache der ‚völkischen' Erwähltheitstheologie zu erklären ist, erwähnt Ebeling nicht explizit. Dies ist aber zweifellos eine weitere Ursache für die „Störung" des „Einverständnisses mit der christlichen Sprachüberlieferung" und damit auch für eine Suche nach einer Sprache, die einerseits dem rationalistischen Weltbild des ausgehenden 20. Jahrhunderts gerecht werden kann, andererseits aber auch dem Bedürfnis nach Verinnerlichung und Spiritualität Raum gibt.

Ebelings programmatische Schrift zur theologischen Sprachlehre stellt den Versuch einer theoretischen Grundlegung für eine zeitgemäße und angemessene theologische Fachsprache der zweiten Nachkriegstheologie mit ihren immensen Herausforderungen und unausweichlichen Widersprüchen dar, die für die theologische Fachsprache der zweiten Jahrhunderthälfte von beträchtlicher Bedeutung ist. Denn Ebeling versucht hier das Dilemma der modernen theologischen Wissenschaft, das für ihn in erster Linie eine Krise der Sprache ist, nicht nur zu beschreiben, sondern auch Wege zu dessen Überwindung aufzuzeigen, wobei die „theologische Sprachlehre", die ein „Krisensymptom und eine Notmaßnahme" sei, „bestenfalls sich selbst überflüssig [...] machen solle" (228), insofern als die Bewusstmachung der Krisenphänomene mit deren Behebung gleichgesetzt werden soll.

Ebelings Sprachlehre ähnelt in vielen Punkten in frappierender Weise den Konversationsmaximen (cooperative principles) von Paul Grice, die er im Abschnitt *Logic and Conversation* des Vorlesungskompendiums *Studies in the Way of Words* erstellt (Grice 1989: 24–28). So benennt Ebeling als Grundprinzipien einer theologischen Sprache die Begriffe „Sprachermächtigung", „Sprachverantwortung", „Verstehenszumutung" und „Verständigung".

Mit dem angesichts der historischen Konnotation immer noch reichlich unglücklich gewählten Begriff „Sprachermächtigung" spielt Ebeling zunächst auf die Notwendigkeit an, in der theologischen Sprache der Wahrheit verpflichtet zu sein: „Sprachermächtigung wäre ein Zur-Wahrheit-Kommen, das den Menschen dazu frei macht, ohne Selbstwiderspruch von der Sprache Gebrauch zu machen" (Ebeling 1971: 217); die Sprache müsse „uneingeschränkt der Wahrheit verpflichtet sein" (239), denn „Wahrheit ist das Reich der Sprache" (241). Damit bewegt sich Ebeling im Bereich einer der von Grice aufgestellten grundsätzlichen Konversationsmaximen, die eine erfolgreiche Kommunikation überhaupt erst ermöglichen, nämlich: „Try to make your contribution one that is true" bzw. „Do not say what you believe to be false" und "Do not say that for which you lack adequate experience" (Grice 1989: 27). Dieses für die menschliche Kommunikation grundlegende Prinzip spezifiziert Ebeling seinerseits für die theologische Sprachlehre, indem er – sicherlich auch unter Bezug auf die Sprachmissbräuche in der politisch vereinnahmten Theologie der Zeit vor 1945 – eine klare Abgrenzung von „Propaganda und Pseudowahrheiten" vornimmt, unter die er u. a. „ein pedantisches Haften an Teilwahrheiten; ein hartnäckiges Sichverschanzen hinter toten Richtigkeiten; ein bösartiges, lebenzerstörendes Umgehen mit Wahrheiten, die aus ihrem Lebenszusammenhang herausgerissen sind" zählt. Hier wird zunächst die Relativität des Wahrheitsbegriffs thematisiert, der Wahrheitswert einer ausschließlich objektiven Wahrheit in Frage gestellt und schließlich die Wahrheit demgemäß im Weiteren in objektive und subjektive Wahrheit ausdifferenziert. Aus dem „subjektiven Wahrheitsbewusstsein", das der objektiven Wahrheit nicht zum Opfer gebracht werden dürfe, resultiert bei Ebeling die Notwendigkeit der „Wahrhaftigkeit" und des „Wahrheitswillens", die die theologische Sprache somit gegenüber der weltlichen wissenschaftlichen Sprache auszeichne.

Zweitens spielt der Begriff der „Sprachverantwortung" eine entscheidende Rolle, der als „das Wahrnehmen der Sprachsituation und [...] das Wahrmachen dessen, wozu sie herausfordert", (Ebeling 1971: 217) erläutert wird. Hier geht es ebenfalls explizit um pragmatische Aspekte der Sprache, und zwar die situative Einbettung sprachlicher Handlungen sowie deren performative Dimension: Ebeling bezieht sich hier vorrangig auf die „Zeitgemäßheit" bzw. „Zeitbedingtheit", also auf eine Sprache, die „auf die Zeit eingeht, [...] ihr entspricht, [...] also an der Zeit ist" (Ebeling 1971: 253). Es geht um die referenzielle Dimension einer Sprache, die überlieferte Wahrheit auch sprachlich in einen neuen synchronen Kontext stellen muss. Auch in diesem Punkt erläutert Ebeling den Begriff der „Zeitgemäßheit" eingehender, indem er davor warnt, ihn mit einer Dimension zu verwechseln, „die sich der Zeit sklavisch unterwirft und gerade deshalb, weil sie so eilfertig im Gleichschritt der Zeit mitmarschiert, nüchtern besehen, alles beim alten läßt", und bringt seine Forderung auf die paradoxale Formel „Das wahrhaft Zeitgemäße ist oft genug das Unzeitgemäße" (Ebeling 1971: 253). Die Warnung vor einer zu unkritischen Unterwerfung unter den Zeitgeist oder vorübergehende unbeständige Moden und Ideologien, bei der in der Metapher des „im Gleichschritt Mitmarschierens" sicher ein weiteres Mal die Erinnerung an die jüngere deutsche Vergangenheit mitschwingt, verweist auf eine weitere Ambivalenz der theologischen Fachsprache: Sie muss ein Gleichgewicht zwischen Anpassung an synchrone Sprachformen und Vermittlung ursprünglich in gegenwartsfernen Zeiträumen formulierter Inhalte finden.

Ein drittes Grundprinzip in Ebelings theologischer Sprache ist das der sogenannten „Verstehenszumutung". Dieser Aspekt der theologischen Sprache kann in unmittelbaren Bezug zur Griceschen konversationellen Kooperationsmaxime der Relevanz bzw. *relation* gestellt werden: „I expect a partner's contribution to be appropriate to the immediate needs at each state of the transaction" (Grice 1989: 28). In Ebelings theologischer Sprache geht es um die Relation zwischen „Verborgenheit und Offenbarung". Er erläutert in diesem Zusammenhang die Besonderheit der theologischen und religiösen Sprache, die einerseits den jeder sprachlichen Äußerung innewohnenden Charakter der Benennung von außersprachlichen Objekten hat, die im Moment der Rede nicht erkennbar, also „verborgen" sind, sofern nicht durch deiktische Elemente unmittelbarer Bezug auf sinnlich Wahrnehmbares genommen wird. Andererseits ist die theologische Sprache gleichzeitig Offenbarungssprache, verweist also im Moment des Sprechens paradoxerweise auf eine weitere außersprachliche, wenn auch transzendente Realität, die in Form performativer Sprechakte im Moment der Äußerung Realität gewinnt. Diese „Polaritätsstruktur der Sprache des Glaubens" führe zu einer Überlagerung bzw. zu einem „Miteinander und Ineinander" von abstrakter Sprachäußerung und konkreter transzendenter Wirklichkeit (Ebeling 1971: 256). Auch hier erweist sich die theologische Fachsprache als im Gegensatz zu sonstigen Fachsprachen doppelbödiges Idiom, und die Gricesche Maxime der Relevanz gliedert sich damit in eine diskursbezogene Relevanz und eine zusätzliche performative Relevanz auf, die als Alleinstellungsmerkmal charakteristisch für den Sonderstatus der theologischen Fachsprache ist. Es wäre einzuwenden, dass die perlokutive Dimension in der Fachsprache per definitionem keine Rolle spielen kann. Dieses Dilemma manifestiert sich insbesondere an der Schnittstelle zwischen theologischer Fachsprache und homiletischer Praxissprache und stellt offenbar die größte Herausforderung für eine wissenschaftliche theologische Fachsprache in der rationalistischen und postideologischen Moderne dar.

Viertes und letztes Prinzip der theologischen Sprache ist bei Ebeling dasjenige der „Verständigung". Ebeling beklagt die „unüberbrückbaren Verständigungsschwierigkeiten und unüberbrückbaren Gegensätze" in der theologischen Diskussion und führt diese auf „die rabies theologorum und die Engstirnigkeit nicht weniger theologischer Laien" zurück (Ebeling 1971: 257). Auch in diesem Fall scheint eine Verletzung der Konversationsmaximen seitens der von Ebeling inkriminierten Fachkollegen und dilettierenden Laien vorzuliegen, nämlich eine Verletzung der Maxime der Art und Weise (*manner*): „I expect a partner to make it clear what contribution he is making and to execute his performance with reasonable dispatch" (Grice 1989: 28). Die Maxime impliziert die Notwendigkeit einer angemessenen und adressatenbezogenen Sprechweise, die eine erfolgreiche Dialogführung ermöglicht. Auch dieses Prinzip befinde sich, so Ebeling, in der Krise und müsse durch die „Sprache des Glaubens", die ihrerseits „Kampfsprache" sei, wie im Übrigen die Theologie auch „Kampflehre" sei, einen „Kampf um Verständigung" führen (Ebeling 1971: 257). Mit dieser wiederum martialischen Metapher bezeichnet Ebeling in seinen eigenen Worten einen „Kampf um Verständigung [...], und zwar als Eintreten für eine Verständigung, die an der Erscheinung Jesu ihren Grund, ihre Notwendigkeit und ihre Verheißung hat" (Ebeling 1971: 257). Die Gricesche Forderung einer vernunftorientierten und klaren Gestaltung von Äußerungen als Voraussetzung für eine erfolgreiche Konversation wird in der theologischen Sprachlehre als nur unzureichend eingelöst gebrandmarkt und auf „Sprachstörungen, Gefährdungen, Verdunkelungen, Zerstörungen" (Ebeling 1971: 217) zurückgeführt, die in den Einstellungen der Fachwissenschaftler und interessierten Laien begründet seien und durch „das menschliche Miteinander zur Wahrheit" gebracht werden müssten. Der „Kampf" ist somit kein Kampf gegeneinander, sondern ein Kampf der Worte zugunsten eines einvernehmlichen Miteinanders zur Bekämpfung des Ebeling zufolge „bedrohten und schon verdorbenen Sprachvorgangs" (Ebeling 1971: 217).

Mit seiner sprachkritischen Beurteilung der theologischen Kommunikation propagiert Ebeling am Beginn der 70er Jahre nicht mehr und nicht weniger als eine grundlegende Revision der theologischen Fachsprache im Hinblick auf eine aufmerksame Respektierung der Konversationsmaximen der Qualität (Wahrheit), der Relevanz und der Modalität, die um theologische Dispositionen der „Wahrhaftigkeit", der „unzeitgemäßen Zeitgemäßheit", der „Gleichzeitigkeit von Verborgenheit und Offenbarung" und des „glaubensbezogenem Miteinander" erweitert werden sollen. Diese spezifisch theologischen Sprachdimensionen lassen sich aufgrund von Ebelings Definition der theologischen Sprache insgesamt nachvollziehen, die dieser mit einer „Sprache des Glaubens" gleichsetzt, so dass seine Sprachlehre eine „Sprachlehre des Glaubens" sei (Ebeling 1971: 226). Diese „Sprache des Glaubens" werde nicht von der Theologie erzeugt, sondern sei ihr vorgegeben, sei aber nicht identisch mit dem „fixierten und konservierten Bibelwort" (Ebeling 1971: 228), sei also kein „Destillat, das durch Abtrennung von der übrigen Sprache der Welt" zustande komme, sondern vielmehr „ihrem Wesen nach in die Sprache der Welt tief eingesenkt", wobei „Sprache der Welt" eine „formelhafte Chiffre für das Sprachengewirr der Welt" sei (Ebeling 1971: 230). Die Unterschiede zwischen der theologischen Sprache als „Sprache des Glaubens" und den uneigentlichen Formen einer zu überwindenden, überholten und unglaubwürdigen Fachsprache, wie sie Ebeling vorschwebt, kann im Folgenden durch eine tabellarische Gegenüberstellung (vgl. Tabelle 1) illustriert werden (Ebeling 1971):

Bei der vergleichenden Betrachtung der Kriterien einer „Sprache des Glaubens" als Idealform einer theologischen Fachsprache und den dieser entgegengesetzten und also zu verwerfenden, als „Sprache der Ungläubigen" bezeichneten Sprachformen und Sprachverwendungen erscheinen letz-

Tabelle 1: Sprache des Glaubens und Sprache des Unglaubens bei Ebeling (1971).

Sprache des Glaubens	Sprache des Unglaubens
– Kritischer Wächter über kontinuierlichen Begegnungsvollzug inmitten des Sprachgewirrs der Welt	– Sprachregelung zur Einexerzierung einer bestimmten Sprache bis in Redewendungen und Vokabular hinein
– Dialog des Glaubens mit der Welterfahrung	– Kirchensprachen oder Frömmigkeitssprachen im Stil einer Zeitepoche
– Nur in der Begegnung mit dem Sprachgewirr der Welt existierend	– Kirchliche Richtungssprachen mit charakteristischen Schibboleths
– Uneingeschränkte Wahrheitsverpflichtung	– Kurzlebige theologische Schulsprachen
– Uneingeschränkte Verpflichtung der Liebe gegenüber, Sprachvorgang als Vollzug von Liebe	– Bestimmte vorfindliche Sprachtraditionen
– Liebe als Kriterium der Sprache des Glaubens	– Erscheinungen gewaltsamen Indoktrinierens, intoleranten Zensurierens und Imitierens
– Anwesenheit von Verborgenem als eigentliche Macht und Funktion der Sprache	– Verworrenes und verborgenes Streitgespräch um den Glauben
– Ausrichtung auf fundamentaltheologische Probleme	– Aus dem Dialog mit der Welterfahrung herausgefallene, der Welt ausweichende, in sich selbst entartete [!] Sprache des Glaubens
– Verkündigungssprache	– durch Verlust der Polarität verdorbene Sprache des Säkularismus und des Religionismus
– Gebetssprache	– Sprache, die das Evangelium als isolierte zeitlose Größe konserviert (Pseudogesetz)
– Menschenwürdige Sprache zur Befähigung der schlichten und treffenden Mitteilung darüber, was christlicher Glaube ist und zu sagen hat	– Sprache, die das christliche Wort als Gesetz in die gegenwärtige Welterfahrung einpasst (politischer Aktionismus)
	– Mißbrauch der Sprache als Mittel zur Vergewaltigung
	– Verkümmerung der Sprache zu bloß technischer Information

tere als sehr viel konkreter und eingrenzbarer als die eigentlichen positiven Definitionskriterien. Ebeling wendet sich mit seiner Sprachlehre gegen fossilisierte Sprachüberlieferungen, mechanisierte Formelhaftigkeiten, autoritäre Doktrinen, aber auch gegen unreflektierte Glorifizierungen, inadäquate Politisierungen oder rationalistische Entmythisierungen sowie jede Art weltfernen Theoretisierens. Auf der anderen Seite favorisiert er eine Sprache, die insgesamt eher durch Abgrenzung von dem, was sie nicht sein soll, als durch klare Bestimmung ihrer Merkmale gekennzeichnet ist. Deutlich wird in erster Linie, dass es Ebeling um eine Auseinandersetzung der theologischen Sprache mit dem „Sprachengewirr der Welt", also mit der Sprache der täglichen Lebenswelt des Menschen geht, womit er die theologische Sprache aus einer doktrinären, traditionalistischen, rückwärtsgewandten Selbstisolation heraushalten will, wobei er sie aber zugleich durch das, was er als Verpflichtung gegenüber der Wahrheit und der Liebe bezeichnet, vor Verstrickung im gegenwärtigen gesellschaftlichen und politischen Tagesgeschehen bewahren will. Dass er mit der konkreten Formulierung dieses Sprachprogramms trotz des großen Aufwandes an definitorischer Vielschichtigkeit erstaunlich vage bleibt, bezeugt die Schwierigkeit, der sich die theologische Fachsprache auf dem Weg aus einer historisch und ideologisch zutiefst kompromittierenden Sackgasse heraus in Richtung auf eine gegenüber anderen Fachsprachen konkurrenzfähige und zur Koexistenz geeignete Wissenschaftssprache stellen muss.

7.3 Fazit

Die von Ebeling geforderte Neuaufstellung der theologischen Sprache ist zwangsläufig in die Reform der politischen und gesellschaftlichen Sprache nach 1945 eingebettet, die in erster Linie die politische Sprache betraf. Schlosser bezeichnet diese verordnete und bis zu einem gewissen Grad überwachte Reform als einen „Sprachwechsel [...], bei dem alles tabuisiert wurde, was eine geistige Nähe zu dem soeben noch allmächtigen Leitbildkomplex hätte verraten können" (Schlosser 2016: 278). Ferner stellt Schlosser fest, dass man in Westdeutschland „mehr und mehr auf Distanz zu sprachlichen Symbolen ging, die durch die NS-Ideologie korrumpiert erschienen", wobei man im Vergleich zur Sowjetzone und späteren DDR den Westdeutschen „sehr viel mehr Zeit, die zunächst unvertrauten Schlüsselwörter einer neuen politischen Ordnung [...] zu verinnerlichen", gegeben habe (2016: 279). Auch Felbick spricht von einer „Tabuisierung der Nazi-Sprache" (2003: 65) nach 1945, die in erster Linie den Wortschatz betroffen habe, auch weil zahlreiche Referenzobjekte entfallen seien; die Tabuisierung habe aber auch Textsorten (Propagandarede, wertende Nachrichten), Kommunikationsmuster (monologische Rede), Sprechakttypen (Befehl, rhetorische Persuasionsformen) miteingeschlossen. Ferner verweist Felbick auf stilistisch-pragmatische Aspekte wie das „Irrationale und Emotionale der Nazi-Sprache, den Schwulst und das Militaristische", die in Teilen der Tabuisierung entgangen seien und Bereiche des öffentlichen Lebens weiterhin geprägt hätten wie etwa die Verwaltung, in denen die Kontinuität personell und damit auch sprachlich größer gewesen sei (Felbick 2003: 66–67).

Für die theologische Fachsprache sind diese Phänomene der Sprachreform und des verordneten Sprachwandels sicher nicht unerheblich. Denn im Bereich der religiösen, homiletischen und vor allem theologisch-wissenschaftlichen Sprache stellt sich das Dilemma der Notwendigkeit einer Abkehr vom inkriminierten Sprachgebrauch der Nazi-Diktatur und seiner Tabuisierung bei gleichzeitiger Kontinuität des Gebrauchs biblischer, kirchlicher, religiöser und theologischer Schlüsselbegriffe und traditionell etablierter sprachlicher Gebilde unterschiedlicher Art als besonders komplex dar. Das beruht auf der bereits erläuterten Affinität der Ideologiesprache zu religiösen Sprachmustern auf der einen Seite sowie auf der Vereinnahmung theologisch-kirchlich-kultischen Vokabulars durch die nationalsozialistischen Ideologen und NS-regimetreue Theologen auf der anderen Seite. Hinzu kommt, dass in theologischen Diskursen per se Phänomene wie direktive und kommissive Sprechhandlungen bzw. sprachliche Umsetzungen von Unterordnungsstrukturen, Verhältnisse von Befehl und Gehorsam, Autorität und Nachfolge etc. eine zentrale Rolle spielen. Eine Befreiung der wissenschaftlichen Fachsprache der protestantischen Theologie aus dieser ideologischen Zweideutigkeit in Richtung auf ein sachorientiertes, begrifflich eindeutiges Idiom erwies sich als komplexes Unterfangen. Ebelings *Theologische Sprachlehre* kann in diesem Zusammenhang als Reaktion auf eine Diagnose der Krise der Theologie als Krise der Sprache gewertet werden. Mit seiner *Sprachlehre* unternimmt er den ernsthaften, wenn auch weitgehend im Vagen verharrenden und vorwiegend durch abgrenzende und negative Definitionen charakterisierten Versuch, der Krise der Theologie durch die Behebung ihrer Sprachkrise entgegenzuwirken.

8 Entrüstete und Ernüchterte – die Sprache der protestantischen Theologie in der BRD zwischen Traditionsbruch und Politisierung

Eine tatsächliche sprachliche Neuorientierung der protestantischen Theologie setzt in der BRD erst allmählich und dann verstärkt mit dem politisch-gesellschaftlichen Umbruch der 60er Jahre ein. Die breite gesellschaftliche Debatte um die Aufarbeitung der jüngeren Vergangenheit, um die Übernahme von Verantwortung für Gewaltherrschaft, Genozid und Kriegsverbrechen sowie um eine konsequente Umsetzung der Prinzipien einer demokratischen Gesellschaft, die vorwiegend durch die nachgewachsene Generation ausgelöst wurde, die Krieg und Diktatur nicht am eigenen Leibe erlebt hatte, erreicht zwangsläufig auch die theologischen Laien- und Fachdebatten. Die umfassende Politisierung der Gesellschaft auf allen Ebenen, die durch die Infragestellung der vorherrschenden, seitens einer jüngeren, kritischen Generation als selbstgerecht und unkritisch empfundenen Haltung der Wiederaufbau- und Wirtschaftswunderzeit ausgelöst wurde, wurde bekanntlich zum großen Teil an Universitäten ausgetragen und hier stehen theologische Fakultäten nicht zufällig an vorderster Front, da die großen gesellschaftlichen Entwürfe und Grundfragen des *Guten* und des *Bösen*, des *richtigen* und des *falschen Lebens*, der *Rechtschaffenheit* und der *Immoralität* vor allem auch hier verhandelt werden müssen und können.

Die Sprache spielt in diesem Zusammenhang eine entscheidende Rolle; denn es sind die 60er und 70er Jahre, in denen auch der Sprachgebrauch als solcher kritisch hinterfragt wird und neue Themen wie sprachliche Geschlechtergerechtigkeit durch die Frauenbewegung in der Linguistik auch außerhalb von Universitätsseminaren enorme Aufmerksamkeit und auch vehementen Widerspruch finden, sich aber in den folgenden Jahrzehnten weitgehend als gesellschaftliches Gemeingut durchsetzen. Zu diesen neuen Themen gehören auch eine kritische Beleuchtung des nationalsozialistischen Vokabulars und seiner Residuen im bundesdeutschen Sprachgebrauch (vgl. Klemperer 1975 [1947], *LTI*; Sternberger / Storz / Süskind 1962, *Aus dem Wörterbuch des Unmenschen*; Ehlich 1995, *Sprache im Faschismus* u. a.), die Aushöhlung und Entmenschlichung der Sprache durch Bürokratisierung und Abstrahierung (Korn 1962, *Sprache in der verwalteten Welt*; Pörksen 1988, *Plastikwörter* u. a.) sowie eine generelle Demokratisierung der Sprache. Es ist naheliegend, dass solche Tendenzen einer erhöhten sprachlichen Sensibilität auf der einen Seite sowie eines Wunsches nach Freilegung und Bekämpfung überkommener antidemokratischer, Freiheit und Selbstbestimmung bedrohender Denkweisen und ihres

Niederschlags im sprachlichen Ausdruck auf der anderen Seite schnell Einzug in die theologische Fachsprache halten. Die renommierte Theologin Dorothee Sölle fasst diese Desiderate in einer 1970 in der Zeitschrift *Der Spiegel* erschienenen Rezension von Heinz Zahrnts 1966 publiziertem Buch *Die Sache mit Gott* (1974) im Kontext einer Distanzierung von „einer Theologie, die weithin in Parteichinesisch verfaßt ist" und in der „Un- oder Schwerverständlichkeit immer noch mit Wissenschaftlichkeit verwechselt wird", in sehr konkrete Forderungen:

> Parteilichkeit der Wahrheit; Fähigkeit, andere, weil sie Menschen betrügen, zu verurteilen; Leiden an dem, was der Fall ist; eine gewisse Ungerechtigkeit und ein langer Zorn; historisch-materialistisches Wissen, das zum Suchen nach Lösungen auffordert; Selbstkritik und Entwürfe der Zukunft.[1]

Was von Zahrnt in seinem Buch vertreten werde und nicht mehr zeitgemäß und daher in der gesellschaftlich-politischen und theologischen Diskussion verworfen werden müsse, sei hingegen:

> Toleranzbreite; Fähigkeit, andere zu verstehen; Abstand von den Dingen; eine gewisse Gerechtigkeit; historisches Wissen, das zum Einordnen und Urteilen befähigt; Skepsis und Vorsicht bei Prognosen.[2]

Sölles radikaler Aufruf zu einer neuen Grundhaltung ist deutlich erkennbar gleichzeitig auch ein Appell zu einer erneuerten Sprachverwendung: Elemente, die hier im Vordergrund stehen, sind: Parteilichkeit und Intoleranz im Dienste der Wahrheit, Schärfe und Unerbittlichkeit bis hin zur „Ungerechtigkeit" im Dienst einer Kritik an der bestehenden Ordnung, ferner ein moralischer Entrüstung entspringender „Zorn", problembewusstes und lösungsorientiertes Wissen sowie skeptische, selbstkritische Reformfreudigkeit, nicht aber traditionsbewahrendes und vorgefertigte Urteile rechtfertigendes Wissen. Dies bedeutet für die theologische Fachsprache nicht nur eine Abkehr von der abstrakten Wissenschaft als akribischer Philologie oder metaphysischer Dogmatik, sondern auch eine Hinwendung zu leidenschaftlich geführter, sich konkret einmischender Auseinandersetzung im Zusammenhang von politischen und gesellschaftlichen Konflikten und Missständen. Gewisse Parallelen zur Barthschen *Wende* nach dem Ersten Weltkrieg im Hinblick auf eine gesteigerte sprachliche Radikalität zeichnen sich auch hier ab. Inwieweit eine befreite, unmittelbare, auch aggressive und unduldsame Sprache in der wissenschaftlichen Theologie Schule macht, soll im vorliegenden Kapitel ermittelt werden.

---

[1] http://www.spiegel.de/spiegel/print/d-44906713.html (letzter Zugriff 20.10.2021).
[2] Vgl. Anm. 1.

Dabei steht außer Frage, dass die oben unter Berufung auf Sölle beschriebene ideologische und damit auch sprachliche Neuorientierung keineswegs unwidersprochen blieb. Die universitäre Theologie als strukturell konservative Institution wehrt sich in Gestalt zahlreicher Fakultäten und Wissenschaftlerpersönlichkeiten gegen die als ‚linksintellektuell' verpönte Radikalisierung der Sprache und der Inhalte, so dass sich eine apologetische, wissenschaftliche Tradition und historische Kontinuität restituierende Gegentendenz zu behaupten sucht. Dennoch lässt sich kaum bestreiten, dass die politisch engagierte Theologie in der Bundesrepublik der zweiten Jahrhunderthälfte, zu der unter anderem feministische Theologie, Befreiungstheologie, die sogenannte „Gott-ist-tot-Theologie" und andere Strömungen gehören, deutliche Spuren in der fachlichen Kommunikation hinterlassen hat, hinter die die aktuelle Disziplin der protestantischen Theologie kaum wieder zurückgehen kann. Dazu gehören eine größere Unmittelbarkeit der Sprache und eine hoch sensibilisierte Aufmerksamkeit für pragmatische, semantische, lexikalische und sogar morphologische Elemente einer als frauenfeindlich, rassistisch, homophob, kolonialistisch, inhuman, postfaschistisch oder sonst in irgendeiner Weise diskriminatorisch kritiserten Sprache, und dies gilt zweifellos im Konzert der nach wissenschaftlicher Objektivität und Glaubwürdigkeit strebenden humanwissenschaftlichen Fachsprachen in besonders drängender Weise für die protestantische theologische Fachsprache.

8.1 „Politisches und Theologisches mischen, wie es in der Sprache Jesu geschieht" – Revolution durch Sprache

Wollte man die öffentlichkeitswirksamsten und innovativsten Hauptströmungen der protestantischen Theologie der zweiten Jahrhunderthälfte unter ein prägnantes Schlagwort fassen, drängt sich zunächst die Bezeichnung „politische Theologie" auf. Die Entstehung einer „politischen Theologie" verdankt sich den gesellschaftspolitischen Umwälzungen in der Bundesrepublik Deutschland in den 60er, 70er und 80er Jahren, die sich, da sie in beträchtlichem Ausmaß von den Universitäten und deren Studentenorganisationen ausgingen, zwangsläufig auch auf Diskussionen, Reformen und wissenschaftliche Argumentationen in den protestantisch-theologischen Fakultäten auswirkten. Dies war umso mehr der Fall, als die protestantische Theologie zu denjenigen Fachbereichen gehörte, die sich einerseits auf eine jahrhundertelange Wissenschaftstradition beriefen, andererseits besonders stark von Repression, aber auch von Kollaboration während der nationalsozialistischen Herrschaft in Mitleidenschaft gezogen waren. Dadurch gehörten die theologischen Fakultäten zu den gesellschaftlich-öffentlichen Räumen, in denen demokratisch-fortschrittliche Reformen, Aufarbeitung problematischer obsoleter Strukturen und die Etablierung einer offenen, vorurteilsfreien Diskussionskultur besonders dringlich erschienen und sich daher vergleichsweise vehement Bahn brachen. Der Begriff der „Politischen Theologie" wurde ursprünglich durch den Staatsrechtler und Philosophen Carl Schmitt geprägt, der 1922 die Schrift *Politische Theologie. Vier Kapitel zur Lehre von der Souveränität* (Schmitt 1922) publizierte. Der Ausdruck, der sich bei Schmitt noch auf konservative politische Vorstellungen bezieht, nimmt jedoch in den 70er Jahren eine entgegengesetzte semantische Denotation an, wenn er jetzt eine politisch deutlich progressive, linksorientierte Theologie bezeichnet. Über die Themenbereiche der Vergangenheitsbewältigung und der gesellschaftlichen Demokratisierungsprozesse hinaus wendet sich die „Politische Theologie" auch Forderungen einer sogenannten „Theologie der Befreiung" zu, die den bislang germano- und eurozentrischen Blick der theologischen Auseinandersetzung auf eine weltweite Perspektive ausdehnt und eine theologische Debatte zu religiösen und politischen Fragen in zeitgenössischen Diktaturen und staatlichen Unterdrückungssystemen, insbesondere in Lateinamerika, anstößt. Bei dieser globalen Erweiterung des Blickwinkels spielt sicherlich die u. a. durch die Frankfurter Auschwitz-Prozesse, den Eichmann-Prozess in Israel und die historische Aufarbeitung des Holocaust ausgelöste gesellschaftliche Sensibilisierung in Deutschland eine entscheidende Rolle. Darüber hinaus weitet sich die „Politische Theologie" später zur gesellschafts- und sprachkritischen Etablierung der „Feministischen Theologie" aus, die ihrerseits an Entwicklungen der US-amerikanischen protestantischen Theologie anknüpft. Fischer bringt die so entstandene Neuorientierung auf den Punkt:

> Insgesamt ergeben sich so in den 70er und 80er Jahren, sicher nicht ohne Mitwirkung der damaligen revolutionären studentischen Bewegung, für die theologische Tagesordnung ganz neue Fragestellungen, und in Verbindung damit wird die Rangfolge der Themen neu geordnet. (Fischer 2002: 152)

Die veränderte Themenpräferenz, die Konzentration auf bisher in der theologischen Wissenschaft unberücksichtigte Problemstellungen sowie das vielerorts geforderte und praktizierte politisch-gesellschaftliche Engagement der theologischen Fakultäten führt zu einem Wandlungsprozess im Bereich der theologischen Fachsprache. Als besonders engagierte und einflussreiche Repräsentantin der „politischen Theologie" in allen ihren Facetten kann die Theologin Dorothee Sölle angesehen werden, der es zudem als erster Frau gelungen ist, sich in der bis heute maßgeblich von Männern dominierten Domäne der protestantischen Universitätstheologie einen international anerkannten Namen zu machen, obwohl sie nie einen Lehrstuhl an einer deutschen Universität innehatte.

Dorothee Steffensky-Sölle (1929–2003) ist in der theologischen Fachwelt weitgehend unter ihrem ersten Ehenamen Sölle bekannt und war von 1971 bis 1975 Privatdozentin für neuere deutsche Literaturgeschichte an der Universität Köln, von 1975 bis 1987 Professorin für Systematische Theologie am US-amerikanischen New Yorker Union Theological Seminary. Sölle war Mitgründerin der Kölner Journalistenschule. Darüber hinaus war sie in zahlreichen kirchlichen und ökumenischen Organisationen sowie in der Friedensbewegung aktiv und war maßgeblich an der Gründung und Durchführung des „Politischen Nachtgebets" in Köln 1968 bis 1972 beteiligt, einer Art politischen Gottesdienstes, der nach Sölles eigenen Worten „politische Information, [...] ihre Konfrontation mit biblischen Texten, eine kurze Ansprache, Aufrufe zur Aktion und schließlich die Diskussion mit der Gemeinde" (Sölle 1995: 71–72) umfasst habe.

Dorothee Sölle kann insofern als Hauptrepräsentantin der innovativen protestantischen Theologie der 60er bis 80er Jahre und der damit verbunden Erneuerung der theologischen Fachsprache innerhalb und außerhalb der theologischen Fakultäten betrachtet werden, als sie in ihrer Wissenschaftlerinnenpersönlichkeit und in ihrem umfassenden Werk mehrere der wirkungsvollsten Hauptströmungen ihrer Theologengeneration bündelt. Das wird allein schon an den Titeln vieler ihrer Werke deutlich, wie etwa *Stellvertretung. Ein Kapitel Theologie nach dem Tode Gottes* (Sölle 1982 [1965]), *Atheistisch an Gott glauben. Beiträge zur Theologie* (Sölle 1968), *Politische Theologie. Auseinandersetzung mit Rudolf Bultmann* (Sölle 1971), *Der Mann. Ansätze für ein neues Bewußtsein* (Sölle 1977), *Sympathie. Theologisch-politische Traktate* (Sölle 1978), *Im Hause des Menschenfressers. Texte zum Frieden* (Sölle 1981) etc. Dass die theologische Fachsprache allein schon aufgrund der teils provokativen neuen Inhalte einer radikalen Neuorientierung unterworfen ist, wird am Begriff der sogenannten „Gott-ist-tot-Theologie" oder provokativ-paradoxalen Fragestellungen wie dem Titel eines Aufsatzes *Atheistisch an Gott glauben*? (Sölle 1968) deutlich. Härle stellt in Bezug auf Sölles Theologie fest: „[...] wenn in der Theologie von ‚Gott' geredet werden soll, dann muss dies so geschehen, dass *klar* zum Ausdruck kommt, welche *weltverändernde* Bedeutung dieses Reden (und dieser Glaube) zu Gunsten des Menschen hat" (Härle 2012: XLV). Wenn Theologie die Wissenschaft von Gott ist, dann ist theologische Fachsprache wissenschaftliches ‚Reden von Gott'. Sölle fordert somit eine „nachtheistische Theologie" (Härle 2012: XLVI), in der jede konventionalisierte Selbstverständlichkeit in der wissenschaftlichen Reflexion und Diskussion über Gott in Frage gestellt und neu überdacht werden müsse. Ähnlich wie Barth sich in den 20er Jahren von der schul- und konventionsmäßigen Sprache des sogenannten „Kulturprotestantismus" durch eine neue Sprache der religiösen Unmittelbarkeit und Ergriffenheit im Glauben zu distanzieren sucht, geht es Sölle über 40 Jahre später um eine ebenso radikale Abkehr von einer institutionalisierten, auf allgemeinen Konsens gegründeten Sprache sowie um eine unvoreingenommene, von historisch-traditionellem Ballast befreite Sprache, die die Theologie in einer Welt mit bisher unvorstellbaren Herausforderungen vom „ethischen Engagement im Interesse des Menschen" (Härle 2012: XLV) her denkt und nicht aufgrund von Prämissen einer ausformulierten und erstarrten Gottesvorstellung.

Sölles Sprache wird von Fischer gleichzeitig positiv gewürdigt und scharf kritisiert, wenn er ihr „sprachlich beeindruckende Formulierungen und kühne Gedanken" attestiert, gleichzeitig aber „Vereinfachungen und plakative Entgegensetzungen, die die argumentative Rezeption behindern" vorwirft oder auch bemängelt, dass sie mit rhetorischen Mitteln „auf Wirkung zielt", ohne „sachlich begründet" zu argumentieren, durch einen „eher assoziativen Umgang mit dem Ausdruck ‚Tod Gottes' mehr zur Verwirrung als zur Klärung beiträgt". Die von ihm als „plakative Rede" inkriminierte Diskussion über den ‚Tod Gottes' sei insgesamt nur eine Vorstufe zur sehr viel umfassenderen „politischen Theologie" der 70er Jahre, mit deren Durchsetzung erstere dann auch „verstumme" (Fischer 2002: 162–163). Festzuhalten bleibt dessen ungeachtet, dass Sölles fachsprachliche Verve zumindest für das Umfeld der progressiven und politisch linken Überzeugungen zuneigenden theologischen Wissenschaft wegweisend war.

Um Sölles Fachsprache angemessen analysieren zu können, sollte zunächst der gesellschaftspolitische und sprachhistorische Kontext um 1968 ausgeleuchtet werden, der in seinen kultur- und kommunikationskritischen Aspekten den Hintergrund für ihr wissenschaftliches und publizistisches Wirken bildet. Dabei kann Dorothee Sölle als theologische Vermittlerin gesellschaftlich-linguistischer Diskurse der Umbruchphase um 1968 gesehen werden, wobei sie nicht nur im Bereich der theologischen Fachwissenschaft zu den einflussreicheren Protagonisten und Akteuren der Epoche zählt. Die germanistische Linguistik hat sich bereits eingehend mit sprachlichen Charakteristika der 1968er Bewegung und ihrer Epoche beschäftigt. Kämper, Scharloth und Wengeler geben dazu in ihrer Einleitung zu *1968. Eine sprachwissenschaftliche Zwischenbilanz* (2012) einen detaillierten Überblick. Als besonders kennzeichnend für den stilbildenden Sprachgebrauch der „Neuen Linken" im öffentlichen Diskurs werden in erster Linie häufiger Fremdwortgebrauch, inflationäre Verwendung von Fachbegriffen aus den Bereichen der (neo)marxistischen Philosophie und der Kritischen Theorie, der Psychologie, der Soziologie, der amerikanischen Bürgerrechts- und Studentenbewegungen betrachtet (5). Die von der Studentenbewegung ausgehenden Wandlungen im öffentlichen Sprachgebrauch beträfen außerdem grundsätzlich eine sprachliche „Entwicklung von konservativ-tabuisierender Akzentuierung hin zu progressiv-liberalistischen und sozio-personalen Akzentuierungen" (6), eine erhöhte Sprachsensibilisierung und reflektierte Wortverwendung im Zuge der von den Vereinigten Staaten ausgehenden Sprache der ‚political correctness'. Ferner wird der 68er-Bewegung ein „erheblicher Einfluss auf den Sprachgebrauch in den Debatten um die nationalsozialistische Vergangenheit" attestiert (6). Über lexikalische Aspekte hinaus seien in der Epoche auch traditionelle Textsortenmuster und kommunikative Stile radikal verändert und „aufgesprengt" worden (7) und umgangssprachliche Redeformen seien im Zuge einer „Informalisierung und Emotionalisierung des öffentlichen Sprachgebrauchs in großem Umfang in die Standardsprache eingezogen" (9).

Scharloth bezeichnet diese Tendenzen als „hedonistischen Selbstverwirklichungsstil", für den er den „Gebrauch von Umgangssprache (und dies in allen Domänen) und die häufige Signalisierung der Relativität und Ichbezogenheit von Aussagen" sowie den „Abbau formeller und distanzierender Praktiken" zugunsten eines „Ausbaus von Praktiken der Vertrautheit" als hervorstechende Kennzeichen ermittelt (2012: 38, 50). Verheyen weist ferner auf die Etablierung der Diskussionskultur und Face-to-Face-Kommunikation als zentrale Kommunikationsformen der 68er-Bewegung hin und stellt fest, dass dieser Art der Verständigung, der das „Potential der Herrschaftsfreiheit" zugeschrieben wird, Elemente der Entzeitlichung im Sinne der Tabuisierung zeitlicher Begrenzungen sowie eine komplette „Auflösung einer räumlichen Begrenzung der Gesprächsform" eigen waren. Die Kommunikationsform des (Aus-)Diskutierens und der Metadiskussion sei aus den universitären und wissenschaftlichen Zusammenhängen in die allgemeinen gesellschaftlichen Verständigungskontexte hinausgetragen worden und zum „dominanten Interaktionsmodus schlechthin" avanciert. Darüber hinaus, so gibt Verheyen zu bedenken, sei die neue Diskussionskultur, die zunächst autoritären und „vermachteten" Strukturen etwas habe entgegensetzen wollen, stark ritualisiert worden und mit „hohen normativen Ansprüchen" versehen worden, so dass emanzipatorische und demokratische Ideale bis zu einem gewissen Grade konterkariert worden seien (2012: 234–236). Weitere Aspekte der gesellschaftlichen, politischen, kulturellen und damit auch sprachlichen Umwälzungen der 60er und 70er Jahre, die unter dem vereinfachten Schlagwort „68er-Bewegung" zusammengefasst werden, sind Strategien, die Kämper, Scharloth und Wengeler als „Enthistorisierung" und „Analogisierung" bezeichnen (2012: 273–275). Mit „Enthistorisierung" beziehen sie sich auf „die Identifizierung von für autoritär-demokratiefeindlich gehaltenen gegenwärtigen Strukturen und Erscheinungen der Bundesrepublik mit Merkmalen faschistischer Provenienz" (274) und mit „Analogisierung" auf die „Behauptung ‚Merkmale des gegenwärtigen Staats und des Faschismus stehen in einer Ähnlichkeitsbeziehung zueinander'" (278). Sich in Kommunikationsformen, Wortschatz und gesellschaftlichen Diskursen niederschlagende Phänomene dieser Art verdeutlichen die Ambivalenz der sprachlichen Innovation der 68er-Bewegung: Sie ist auf der einen Seite um eine Abkehr von überkommenen, autoritär-hierarchischen Sprachmustern bemüht, auf der anderen Seite bedient sie sich selbst einer Sprache der Ab- und Ausgrenzung politisch-gesellschaftlicher

Gegner, die nicht vor radikalen Ausdrucksmitteln zurückschreckt, die denen ähneln, die sie gleichzeitig bekämpft. Kilian warnt jedoch vor einer Überbewertung der Alleinstellung der ‚68er-Sprache', wenn er die von der Studentenbewegung ausgehenden Sprachpraktiken in einen übergreifenden Kontext von studenten-, standes-, alters- und jugendsprachlichen Varietäten stellt und sie in erster Linie als „‚Gegen'-Sprache" klassifiziert bzw. als „gruppenspezifische Umgangssprache und akademisch gebildete, mithin theoriegesättigte und institutionell gebundene Fachsprache" (Kilian 2012: 292).

Für die theologische Fachsprache lässt sich aufgrund des sprachlichen Aufbruchs im Kontext der Protest- und Auflehnungstendenzen der Studentenschaft in der 68er-Zeit eine Beeinflussung des akademischen Fachdiskurses ‚von unten nach oben' konstatieren, insofern Elemente der systemkritischen Studentensprache oder auch des studentischen ‚Revolutionsjargons' in beträchtlichem Maße in die fachsprachliche Diktion einfließen. Gätje beschreibt die von den sich als revolutionär betrachtenden und entsprechend gerierenden Wortführern der Studentenschaft initiierte Spracherneuerung folgendermaßen:

> Die „totale Revolution" – Assoziationen an die Rede vom „Totalen Krieg" der Nazipropaganda drängen sich auf – könne also nicht erfolgreich sein, ohne die Sprache der kapitalistischen Gesellschaft von Grund auf zu erneuern. Diese Erneuerung wurde als notwendig angesehen, weil die herrschenden politischen und ökonomischen Instanzen das Bewusstsein der proletarischen Öffentlichkeit mit dieser Sprache vernebelten, um die längst überfällige Revolution zu verhindern. (Gätje 2012: 359)

Von einer „Revolution der Sprache" bzw. „Revolution in der Sprache" als Voraussetzung für eine „Revolution durch die Sprache" spricht auch Kopperschmidt (2000: 7) in Bezug auf das Wechselverhältnis von politischem Aufbruch und Sprache; ebenso weist Habermas der „‚Metainstitution Sprache' eine herausragende Bedeutung im Zusammenhang mit tief greifenden gesellschaftlichen Veränderungen" zu (in Gätje 2012: 360).

Die theologische Fachsprache Dorothee Sölles und etlicher ihrer im linken politischen Spektrum engagierten Fachkollegen muss vor dem Hintergrund der oben geschilderten allgemeinsprachlichen Transformationsprozesse gesehen werden, die vorrangig die Kommunikationsräume Universität und höhere Bildung betreffen. Sölle kommt in diesem Zusammenhang eine Art Brückenfunktion zu, da sie, insofern sie keine institutionalisierte universitäre Position in der deutschen Hochschullehre einnimmt, in ihrer Person die akademische Autorität der theologischen Wissenschaftlerin mit dem Impetus der außeruniversitären Aktivistin und intellektuellen Bannerträgerin progressiver gesellschaftlicher Reformforderungen vereinigt. Damit figuriert sie auch sprachlich als Bindeglied zwischen der system- und autoritätskritischen studentischen Innovationssprache und der traditionskonformen wissenschaftlich-theologischen Publikationssprache. In Vorworten einiger ihrer Bücher artikuliert sie diese Bemühungen um eine unmittelbare, innovative Sprache innerhalb des wissenschaftlichen Diskurses, wenn sie sich etwa von einem „patriarchal geprägten Sprachgebrauch" abgrenzen will und zur Forderung einer geschlechtergerechten Sprache in der theologischen Fachdiskussion feststellt:

> Das Nebeneinander verschiedener Sprachen spiegelt unsere derzeitige theologische Situation wider. Auch an diesen Fragen haben wir gemeinsam gearbeitet. [...] Während wir den Traum von der guten Arbeit träumten, haben wir ihn ein wenig realisiert und uns weniger individualistisch, mehr kooperativ auf die Suche nach einer allen Menschen gemeinsamen, niemanden ausschließenden Sprache gemacht.   (Sölle 1985: 8)

Über die sprachlich ausgewogene Einbeziehung von Männern und Frauen in den theologischen Diskurs hinaus fordert Sölle eine Sprache, die „niemanden ausschließt" und wendet sich damit implizit gegen jede Art der sprachlichen Diskriminierung, Herrschaftsausübung, Marginalisierung oder Ausgrenzung. Ein weiteres für Sölles Sprache charakteristisches Merkmal ist deren Provenienz aus der mündlichen Diskussion bzw. aus der unmittelbaren Face-to-Face-Kommunikation. Im Vorwort zur *Politischen Theologie* erläutert sie diesen Ansatz:

> Der zweite [...] Teil des Buches wäre undenkbar ohne die vielen Gespräche mit den Freunden vom ökumenischen Arbeitskreis Politisches Nachtgebet, Köln. Vieles, was wir gemeinsam und kontrovers dachten und hofften, wird hier nachträglich theologisch aufgearbeitet und rückbefragt. Dem Arbeitskreis zu danken, entspräche nicht ganz dem Stil unserer Kommunikation. Aber vielleicht schließt die Bitte um Weiterarbeit an der Politisierung des Gewissens in Köln und anderswo diesen Dank mit ein.   (Sölle 1971: 8)

Aus dem Zitat wird deutlich, dass die Form der theologischen Fachsprache, derer sich Sölle in ihren Publikationen bedient, aus der mündlichen kontroversen Auseinandersetzung hervorgeht und erst in einem zweiten Schritt „theologisch aufgearbeitet und rückbefragt" wird: Die fachwissenschaftliche Publikation soll nicht Ergebnis der Forschungsarbeit einer elitären, gesellschaftlich privilegierten Einzelperson sein, sondern demokratisch-pluralistische Auseinandersetzungen widerspiegeln, deren fachsprachliche Aufbereitung dem wissenschaftlichen Autor als einer Art vermittelndem Überbringer obliegt. Über diese Revision durch die sprachlich und herausgeberisch kompetente Fachtheologin hinaus hat diese außerdem die Aufgabe der „Rückbefragung", soll sich also in ständigem Kontakt zu den an den vorausgehenden Diskussionen Beteiligten bei diesen rückversichern und damit die Wahrheit und Relevanz der zu veröffentlichenden Aussagen demokratisch legitimieren. Diese Vergesellschaftung und Entindividualisierung des Wissens garantiert zusätzlich, dass sogenanntes „Herrschaftswissen" den Lesern vorenthalten wird, das Weiss in seiner kommentierten Auflistung von *Schlagwör*-

tern der Neuen Linken definiert als „Information, die nur wenigen Menschen kraft ihrer Stellung, ihrer Dienstobliegenheiten, ihres Fachwissens, ihrer Arbeit zugänglich ist, nicht allgemein bekannt gemacht werden kann, weil sich sonst Schäden für die Gesellschaft ergeben könnten" (1974: 116). Die Publikation soll kollektiv erarbeitetes, demokratisch geteiltes Wissen, nicht aber aufgrund von Bildungshierarchien und im Rahmen von institutionalisierten Wissensautoritäten entstandene Diskurse vermitteln. Bemerkenswert ist ferner, dass Sölle in der programmatischen Vorbemerkung zu ihrem Buch gar nicht von Diskussionen, Gesprächen oder verbalen Auseinandersetzungen spricht, sondern von „vielem, was wir gemeinsam und kontrovers dachten und hofften". Außerdem stellt sie fest, dass der expressive Sprechakt des Dankens nicht dem „Stil unserer Kommunikation" entspreche. Der Dank an die Mitglieder des Arbeitskreises, aus dessen mündlicher Auseinandersetzung die Schrift entstanden ist, sei vielmehr im direktiven Sprechakt einer Bitte einbegriffen, mit der um „Weiterarbeit an der Politik des Gewissens" ersucht wird. Die in diesen Aussagen enthaltene pragmalinguistische Paradoxie sei kurz kommentiert: Die für Diskussion, Argumentation, Streitgespräch und vergleichbare Kommunikationsformen charakteristischen assertiven Sprechhandlungen des Behauptens, Konstatierens, Feststellens bzw. Entgegnens, Erwiderns, Widersprechens werden hier durch expressive Sprechakte des offenbar verbalisierten Denkens und Hoffens ersetzt, also durch Verben, die im Fall von „denken" einen nonverbalen geistigen Prozess und im Fall von „hoffen" einen nonverbalen emotionalen bzw. psychischen Zustand bezeichnen. Dass diese eigentlich keine Sprechhandlungen bezeichnenden Verben hier an die Stelle von performativen Verben des Äußerns und Aussagens gesetzt werden, zeigt, dass mit den „Gesprächen mit den Freunden vom ökumenischen Arbeitskreis Politisches Nachtgebet" offenbar auf eine besondere Form der Kommunikation angespielt wird, die auch Elemente der individuellen Intuition und Introspektion zum Tragen kommen lässt, die dann jeweils kollektiv diskutiert und bestätigt werden. Darüber hinaus werden konventionelle Sprechhandlungstypen wie das Danken verworfen, da sie keinen Impetus zur unmittelbaren christlich motivierten und politisch relevanten Aktion enthalten. Der dennoch hier konzedierte Dank wird dementsprechend zum direktiven Sprechakt des Bittens im Hinblick auf eine handlungsorientierte Sensibilisierung des Gewissens umfunktioniert. Auch der Akt des Hoffens ist bei Sölle offenbar nicht als individuelle Gemütsbewegung zu verstehen, sondern als Initiation zur (politischen) Handlung, wodurch sich die Verwendung des Begriffes als Sprechhandlung erklären lässt. Es entstehen somit spezifische Sprechhandlungen, die gleichzeitig kooperativ, entindividualisiert und von einer politisch homogenen Gruppe autorisiert werden und gleichzeitig spontane und emotionale Äußerungen eines kollektiven Geistes- und Gefühlszustandes des präverbalen Denkens und des vorrationalen Hoffens versprachlichen. Die Paradoxie dieser

Äußerungsform ist bereits in der Bezeichnung „Politisches Nachtgebet" manifest, aus dem Sölles innovative theologische Sprachverwendung hervorgeht. Sölles Ehemann und Mitbegründer des „Nachtgebets", Fulbert Steffensky, stellt dazu fest:

> Der Begriff ‚Politisches Nachtgebet' [enthält] eine gewisse Ironie [...]: Also Nachtgebet, das privateste, stillste, was man sich denken kann und das Wort politisch, das öffentlichste, das man sich denken kann. [...] Zum ersten Mal hat man gesprochen in der Kirche, zum ersten Mal hat man diskutiert. Das war einerseits eine Befreiung, aber natürlich auch eine hochaufgeladene Stimmung.³

Aus Steffenskys Interviewaussage geht deutlich die Widersprüchlichkeit und Spannung, aber auch die im theologisch-kirchlichen Kontext ganz und gar ungewohnte Gestalt dieser innovativen theologischen Kommunikationsformen hervor. Spirituelle, nonverbale und persönlich-private Praktiken der Reflexion, der Emotion und des Gebets verbinden sich hier mit der politisch-öffentlichen, rational durchdachten und sprachlich ausgefeilten Rede zu einer hybriden Äußerungspraxis, die nicht nur die theologische Fachsprache in Teilen revolutioniert, sondern die theologische Praxis- und Fachsprache auch politisiert und umgekehrt Elemente der theologischen Sprache in den politisch-gesellschaftlichen Diskurs einfließen zu lassen bestrebt ist. Die Politisierung der Kirchen und theologischen Seminare wurde dabei von weiten Teilen der theologischen Fachelite, von denen nicht wenige ihre Position aus der Tradition der *Bekennenden Kirche* ableiteten, skeptisch beurteilt, da die *Bekennende Kirche* trotz aller späterer Selbstkritik eine explizite kirchlich-theologische Vereinnahmung durch politische Institutionen und Gruppierungen verwarf.⁴

Sölles Werk ist besonders relevant für eine fachsprachliche Neuorientierung, da sie an der Schnittstelle zwischen akademisch-wissenschaftlicher Theologie und politisch-gesellschaftlichem Engagement in der Zeit des Generationenkonfliktes und des antiautoritären Aufbegehrens der 60er Jahre verortet werden kann und damit einen erheblichen Einfluss auf fachsprachliche Ausrichtungen der theologischen Fachdiskussion in der Folge der Rebellionsjahre um 1968 ausgeübt hat.

An den Anfang ihrer *Politischen Theologie* von 1971 stellt Sölle unter Berufung auf Dietrich Bonhoeffer eine nachdrückliche fachsprachenkritische Reflexion in Form von an den Leser gerichteten Fragen:

---

3 Interview mit Fulbert Steffensky (2019): https://www.evangelisch.de/inhalte/155364/28-12-2019/fulbert-steffensky-wie-das-politische-nachtgebet-entstand-warum-streiten-spass-macht-7-wochen-ohne (letzter Zugriff 20.10.2021).
4 Vgl. Anm. 3.

> Haben wir wirklich ein neues Verhältnis von Denken und Handeln, von Theorie und Praxis gefunden? Hat sich nicht gerade das theologische Denken von dieser Notwendigkeit dispensiert? Welche Praxis hat es entwickelt? Was hat es aus der Praxis, auch aus der fehlgeschlagenen, gelernt? Bonhoeffer zitiert in diesem Zusammenhang ein Wort Jesu aus der Bergpredigt: „Es werden nicht alle, die zu mir sagen: Herr, Herr! In das Himmelreich kommen, sondern die den Willen tun meines Vaters im Himmel" (Matth. 7,21) – ein Wort, das man als Theologe nur unter der selbstkritischen Frage hören kann, ob nicht alle Theologie ein „Herr-Herr-Gerede" ist, das gerade die Funktion hat, vom Tun des Willens Gottes abzulenken. Bleibt die Theologie nicht trotz aufrichtiger Bemühungen um Weltlichkeit weiter in dem elfenbeinernen Turm ihres Herr-Sagens? (Sölle 1971: 9)

„Herr-Herr-Gerede" und „Herr-Sagen" sind Chiffren für die abstrakte, konsequenzlose theologische Fachsprache im „elfenbeinernen Turm", gegen die Sölle mit einer neuen handlungsorientierten Sprache vorgehen will, die nicht Ausdruck theologischen Denkens als „Luxus des Zuschauers" sein soll, sondern „im Dienste des Tuns" stehen soll (Bonhoeffer in Sölle 1971: 9). Dabei sei die zu fordernde Theologie eine solche, die „von einer Theologie, deren wichtigste Tätigkeitswörter ‚Glauben' und ‚Verstehen' sind, zu einer, die Glauben und Handeln zum Thema macht"', übergehe (Sölle 1971: 11). Die wissenschaftliche Theorie dürfe keinesfalls „die theologische Aufklärung zu einer bloß textkritischen Methode instrumentalisieren und sie von politischer isolieren wollen" (Sölle 1971: 13) und an jede Theologie sei schließlich die Frage zu stellen,

> ob sie die Menschen liebesfähiger macht, ob sie die Befreiung des einzelnen fördert oder verhindert, das ist das Verifikationskriterium, um mich wissenschaftstheoretisch, oder der Beweis des Geistes und der Kraft (1. Kor. 2,4), um mich biblisch auszudrücken.
> (Sölle 1971: 14)

Mit einer Differenzierung zwischen wissenschaftlicher Terminologie und kirchlich-biblischer Praxissprache auf der Ausdrucksebene benennt Sölle die beiden wesentlichen Handlungsziele, die der theologische Diskurs auch in die politische Sphäre einbringen müsse. Sie stellt fest, dass die mehr oder weniger an Konventionen der Wissenschaftssprache oder der homiletischen Sprache ausgerichtete Wahl der terminologischen Mittel dabei zweitrangig ist, solange das eigentliche Ziel der aufklärerischen Befreiung aus der „selbstverschuldeten Unmündigkeit" (Kant in Sölle 1971: 12) und die Erweiterung der menschlichen „Liebesfähigkeit" im spirituellen Sinn im Blick bleiben. So wendet sie sich gegen den „grassierenden Jargon des Kerygmas" (Sölle 1971: 16), also der Selbstmitteilung Gottes in der durch Theologie und Kirche vermittelten Verkündigung. Diese ihr zufolge depravierte Sprache des missverstandenen Kerygmas umschreibt sie kritisch:

> Kerygma [...] wird zu einer Summe von unkritisierbaren, unhinterfragbaren Lehrsätzen, die meist – und das wird für einen Fortschritt gehalten – nicht mehr mythologisch, sondern ideologisch formuliert werden. Unter Ideologie verstehe ich hier ein System von situationsunabhängigen Satzwahrheiten, einen Überbau, der auf die Praxis des Lebens, auf die Situation, auf die Fragen nicht mehr bezogen ist. Der Überbau hat [...] den Basisbezug verloren, er ist darum selber zu keiner Veränderung mehr fähig, und er ist auch nicht daran interessiert, auf die zugrundeliegende Situation verändernd einzuwirken.
>
> (Sölle 1971: 35)

Sölles Kritik am „Jargon des Kerygmas" richtet sich gegen einen Rückfall in eine statische, erstarrte Sprache, die sich an ‚fossilisierten' Dogmen, Glaubenssätzen und Sentenzen orientiert, die keinen für den Zeitgenossen erkennbaren Bezug zu dessen Lebenswirklichkeit haben und damit auch ungeeignet für die von ihr geforderte handlungsbezogene, auf die politisch-gesellschaftliche Jetztzeit und ihre ethischen Herausforderungen reagierende Fachsprache sind. Die theoretisch-abstrakte, erfahrungsferne und akademische Fachsprache, die sie polemisch als „Jargon" bezeichnet, metaphorisiert Sölle mit dem aus der marxistischen Theorie entlehnten „Überbau", der im theologischen Kontext mit einer realitätsfernen Dogmatik gleichzusetzen ist, die in akademischen oder traditionell überlieferten Formeln und Worthülsen besteht und nicht unmittelbar zur gewissensgesteuerten Tat im Jetzt anleitet. An anderer Stelle inkriminiert Sölle diese Sprache als „Textfetischismus der Exegeten", der einer „Fortführung des emanzipatorischen Ansatzes historisch-kritischer Methode" im Wege stehe, indem er kanonisierte, biblische Texte als nicht interpretatorisch verhandelbare, formelhafte Strukturen betrachte, die keiner Neuverortung im Hinblick auf konkrete Lebensherausforderungen bedürften. Weiterhin kritisiert sie die „‚Vergesetzlichung' der ‚Botschaft" unter Hinweis auf das Überhandnehmen von formelhaften Indikativen anstatt zur Befreiung ermutigender Imperativsätze:

> Nicht die Zumutung, die das Neue Testament in seiner Gesamtheit stellt, macht den Charakter des Gesetzes – als mortificatio – aus, nicht jede konkrete Überlegung des Handelns in der Gesellschaft ist mit dem Hinweis auf Gesetz abgetan, vielmehr kann die vivificatio des Evangeliums ja gerade in der Ermutigung, der Befreiung zum Handeln bestehen. Ob zum Beispiel die Aufforderung „Gehe und tue desgleichen!" als Gesetz oder als Evangelium verstanden wird, das hängt davon ab, was sie anrichtet, ob sie Menschen unter zusätzliche Sachzwänge knechtet, ob sie ihnen die eigene Ohnmacht und das selbstgemachte Verderben zuspricht. Der undialektische Gebrauch der Formeln von Gesetz und Evangelium (wie er heute von der Bekenntnisbewegung über die Kirchenleitungen bis zur Neuorthodoxie üblich ist) orientiert sich nicht an dem, was Gesetz und Evangelium tun, facere (vivificatio und mortificatio), sondern bleibt rein formal, indem Perfektsätze – es ist vollbracht, Christus hat befreit, der Gekreuzigte gibt zu verstehen – gegen Imperativsätze ausgespielt werden.
>
> (Sölle 1971: 44)

Das „Ausspielen von Perfektsätzen gegen Imperativsätze", das Sölle hier mit Beispielen illustriert und vehement verwirft, steht ebenfalls im Zusammenhang mit ihrer generellen Forderung nach einer zum Handeln instruierenden Fachsprache. Dabei bemüht sie sich darum, beim Imperativgebrauch Imperative des Gesetzes und Imperative des Evangeliums zu unterscheiden. Erstere werden mit „Knechtung", „Ohnmacht", „Verderben", „mortificatio" (Tod / Tötung) in Verbindung gebracht und sind – so muss man Sölle verstehen – sprachlicher Ausdruck sowohl der überkommenen alttestamentlichen Gesetzesreligion als auch der staatlich-totalitären Unterdrückung, und sie sind als solche abzulehnen. Der Imperativ des Evangeliums sei hingegen trotz seiner formal-sprachlich identischen Gestalt als Aufforderung zur Umsetzung der ‚guten Nachricht' zu verstehen, deren Ausführung zur „vivificatio (Wiederbelebung / Lebenserhaltung) führe. Im Gegensatz zu diesem Imperativ der Befreiung stünden „Perfektsätze", die abgeschlossene Handlungen und Ereignisse benennen und damit einen unveränderlichen Status quo sanktionieren, ohne einen Impuls zu revolutionären, lebenserhaltenden und lebensfeindliche Herrschaftsstrukturen durchbrechenden Taten zu vermitteln. Die formal-linguistische Verkürzung auf den Gegensatz „Perfektsätze / Imperativsätze" lässt sich auf die Ausrichtung der theologischen Fachsprache insgesamt übertragen, die demnach nicht mehr vorwiegend den Charakter einer Sprache der Archivierung, Bestandssicherung, konsequenzloser Überlieferung von kodifizierten Lehr- und Glaubenssätzen haben soll, sondern sich in Richtung auf eine direktive Sprache der Schärfung eines gesellschaftspolitischen Problembewusstseins und daraus abgeleiteter Ausübung eines aktiven Christseins in Bewegung setzt. Es ist nicht zu übersehen, dass diese vereinfachend als „imperative Sprache" zu bezeichnende Kommunikationsform in riskante Nähe zu autoritären Sprachfigurationen der unterdrückenden und entmachtenden Gesetzessprache gerät. So wie der 68er Bewegung insgesamt immer wieder kritisch attestiert wurde, in ihren progressiv-revolutionären, teils radikalen Forderungen nicht frei von einem totalitären Gestus zu sein, der sie mit umgekehrter Stoßrichtung in die sprachlich-habituelle Nähe der von ihnen bekämpften oppressiven Kräfte rückt, ist auch die von Sölle geforderte theologische Fachsprachenausrichtung dieser Gefahr ausgesetzt.

Eine weitere zentrale Forderung Sölles, die im direkten Zusammenhang mit dem bisher Ausgeführten steht, ist diejenige nach einer sprachlichen Orientierung an der „Sprache Jesu". Dazu führt sie aus:

> Je abstrakter die Theologie Begriffe, wie Erlösung, Sünde, Gnade, Auferstehung, gebraucht, je kerygmatisch reiner und weltloser sie selber denkt, umso weiter wird sie sich von den Worten und dem Handeln Jesu, von seiner Weltlichkeit, entfernen. Das ist keineswegs ein Problem des unterschiedlichen Sprachniveaus, bei dem die Wissenschaft für das höhere Abstraktionsniveau zu plädieren hätte, wohl aber das Problem außerordent-

8.1 „Politisches und Theologisches mischen, wie es in der Sprache Jesu geschieht" — 221

lich verschiedener Sprachbewegungen. Es scheint mir, daß eine deduktive Theologie, die von kerygmatisch fixierten oder fixierbaren Sätzen ausgeht, immer weniger Chancen der Verständlichkeit hat. Die heute zu fordernde induktive theologische Methode entspricht nicht einem modischen Bedürfnis, sondern dem Bewusstseinsstand des vergleichenden kritischen Prüfens, den die protestantische Theologie in der Entfaltung historischer Kritik bereits eingenommen hatte, aber durch den Rückschlag der Dialektischen Theologie wieder verlor. (Sölle 1971: 46)

Sölle unterstreicht, dass der Unterschied zwischen einer von ihr geforderten „Sprachbewegung" und der von ihr inkriminierten „kerygmatisch reinen und weltlosen" Sprache nicht in einem unterschiedlich hohen Abstraktionsgrad oder in einem mehr oder weniger ausgeprägten Wissenschaftlichkeitsgrad mit entsprechend höheren grammatischen und lexikalischen Gebrauchsfrequenzen von fachsprachlichen Merkmalen besteht; vielmehr gehe es um eine Sprache, in deren Mittelpunkt statt „fixierter oder fixierbarer Sätze", die zunehmend der Gefahr der Unverständlichkeit ausgesetzt seien, ein induktiver Ansatz stehe, demzufolge einzelne Aussagen Jesu historisch-kritisch hinterfragt und als Grundlage für allgemeingültige Denk- und Handlungsmaximen dienen sollten. Den Unterschied zwischen theologisch „reiner" Sprache und der „vermittelten", also bildhaften, gleichnishaften oder situationsgebundenen Sprache Jesu erläutert Sölle dementsprechend folgendermaßen:

Diese Sprache Jesu aufzugeben, weil in ihr das Kerygma ja nur vermittelt und nicht „rein" erscheint, bedeutet faktisch eine Entpolitisierung des Evangeliums, die wie jede vermeintliche Entpolitisierung nur scheinbar ist, weil sie in Wahrheit zumindest die bestehenden Zustände und die Politik der Herrschenden durch Schweigen rechtfertigt. Es ist eine gefährliche Einbildung, zu meinen, theologische Sätze seien zunächst „rein" theologisch zu verstehen und hätten keine politischen Voraussetzungen, Gehalte und Konsequenzen. In einer solchen Vorstellung wird die dualistische Zerspaltung der Wirklichkeit in zwei hierarchisch geordnete Bereiche – oben der Glaube, unten die Politik – gefördert. Zugleich wird übersehen, wie in scheinbar apolitischen Sätzen und Begriffen politisch erwünschte Haltungen verklärt und eingeübt werden. Demut, Anspruchslosigkeit, Aufgabe des eigenen Willens, Unterordnung sind solche Tugenden, die aus bestimmten „rein" theologischen Entscheidungen folgern [sic!]. [...] Je weltloser, je „reiner" theologisch gedacht wird, desto besser funktioniert Theologie als Mittel gesellschaftlicher Anpassung. [...] Der politische Gehalt solcher Sätze ist die Stabilisierung der Klassenherrschaft. [...] Daß gesellschaftliche Interessen in theologischen Formulierungen Ausdruck finden, bleibt verborgen, der affirmative Gehalt wird nicht durchschaut. (Sölle 1971: 47–49)

Einander gegenübergestellt werden hier wiederum die akademische, hier polemisch als „rein" titulierte, theoretische, auf Dogmenüberlieferung beruhende und vor allem scheinbar entpolitisierte, „weltlose" theologische Fach- und Lehrsprache auf der einen Seite und die Sölle zufolge politische und welthaltige Sprache Jesu auf der anderen Seite. Wie aus den letzten Sätzen des Zitats hervorgeht, handelt es sich bei der theologischen Fachsprache, die Sölle vorschwebt, um eine konkrete, explizite, auch ungehorsame, unangepasste und schließlich auch klassenkämpferische Sprache, die nicht durch Verschweigen, Beschwichtigen, Verklären etc. die bestehenden Herrschaftsverhältnisse und damit verbundene Ungerechtigkeiten zu sanktionieren und zu zementieren hilft. Hauptargument ist dabei die Feststellung, dass ein Rückzug in ein akademisches Vakuum oder eine ausschließliche Rückbesinnung auf eine kanonisierte und unhinterfragt weitervermittelte ‚reine Lehre' nicht unpolitisch seien, sondern vielmehr eine zwar nicht affirmative, dennoch aber unmissverständliche politische Position zum Ausdruck brächten, nämlich die einer Trennung in zwei Sphären der Politik und der Religion, wobei die Religion und die Theologie durch Nichteinmischung gesellschaftliche Missstände und politische Fehlentwicklungen nicht nur duldeten, sondern bewusst guthießen und aufrechterhielten. Dementsprechend bezeichnet Sölle die von ihr favorisierte Sprache Jesu ironisch als „unrein":

> Nur der höchste Grad von Bewußtsein, die vollzogene Identifikation mit den Interessen der Armen, könnte diesen ideologischen Schein reiner apolitischer Rede aufheben und „unrein" werden, Politisches und Theologisches mischen, wie es in der Sprache Jesu geschieht. Jesu Heilruf für die Armen (Luk. 6, 20), seine Parteilichkeit gegen die Reichen (Matth. 19,24) schließen selbstverständlich politisches Bewußtsein ein [...]. Seine Sprache war entsprechend „unrein", das heißt: nicht auf Bereiche verrechenbar, nicht auf ein sogenanntes „proprium" des Glaubens fixiert, mehrdeutig in ihren Anwendungsmöglichkeiten und darum umstritten, eindeutig nur in der Tendenz der Befreiung. Im Unterschied zu der theologischen Sprache, die sich vermeintlich entpolitisiert hat und damit den herrschenden Interessen dienstbar wurde, ist die Sprache Jesu immer zugleich religiöse und politische – nämlich den ganzen Menschen in seiner gesellschaftlichen Umwelt betreffende – Sprache. Anknüpfung an die Sprache Jesu würde daher heißen, die politische Relevanz des Evangeliums wieder aufzudecken; der Verzicht auf den historischen Jesus und die Ersetzung seiner Sprache durch die kerygmatischen Formulierungen fördert die Entpolitisierung des Evangeliums. (Sölle 1971: 50)

Damit formuliert Sölle einen Programmentwurf für eine zeitgemäße und innovative theologische Fachsprache. Das Vorbild der Sprache Jesu, so wie sie von Sölle gedeutet wird, wird zum Maßstab für theologische Rede und Fachsprache insgesamt deklariert, wobei die Gestalt dieser Sprache mit einer ganz spezifischen, eigenwilligen Definition versehen wird. Das in Anführungszeichen gesetzte provokatorische Attribut „unrein" umfasst dabei die zentralen Merkmale dieser rebellischen und gleichzeitig durch Identifizierung mit der Redeweise Jesu als Religionsstifter und Gottessohn legitimierten Sprache. Unter „unreiner" Sprache Jesu versteht Sölle ein Idiom, das in erster Linie nicht „rein" fachlich, „rein" theologisch oder in irgendeiner Weise „rein" akademisch ist, sondern eine „gemischte" theoretisch und gleichzeitig praktisch ausgerichtete, politische und ebenso spirituelle Sprache, die eben nicht aseptisch, steril, papieren, also einseitig und weltfremd, sondern ganzheitlich und politisch relevant ist. Dabei wird deutlich, dass die so definierte „Sprache Jesu", die im Gegensatz zu einer nur scheinbar „entpolitisierten", aber in Wahrheit hoch politischen Sprache der theologischen Wissenschaftstradition stehe, ihrerseits von den vorherrschenden Zeitmoden der revolutionären politischen Bewegung der 68er vereinnahmt wird. Damit wird die Fachsprache selbst instrumentalisiert und vereinfachend in zwei antagonistische Lager unterteilt, in der die traditionelle Sprache der theologischen Lehre und Verkündigung dem Bereich des konservativen, politisch rechten und auch oppressive Herrschaftsstrukturen unterstützenden Spektrums zugeordnet wird, wohingegen die als „Sprache Jesu" ‚geadelte' Sprache der Befreiung und der politischen Einmischung mit dem favorisierten linksrevolutionären, traditions- und autoritätskritischen Feld identifiziert wird. Inwieweit und in welcher Form sich diese „in ihren Anwendungsmöglichkeiten mehrdeutige und darum umstrittene, nur in der Tendenz der Befreiung eindeutige", also politisch engagierte, im Umgang mit theologischen Quellen ihre Interpretationen politischen Zwecken unterordnende Fachsprache in Sölles Werken niederschlägt, kann anhand einiger weiterer Beispiele illustriert werden.

Die von Sölle geforderte theologische Fachsprache, die sie mit der „Sprache Jesu" in Übereinstimmung sieht und u. a. als „Sprache der Befreiung" bezeichnet, prägt zahlreiche ihrer Werke sowohl in der Lexik als auch in der Sprachstruktur. So werden theologische Terminologie und politische Schlüssel- oder Schlagworte der Gegenwart durchgängig in unmittelbaren Zusammenhang gebracht, wie aus folgenden Zitaten am Beispiel des biblischen Begriffs der *Schöpfung* in *Lieben und arbeiten. Eine Theologie der Schöpfung* (Sölle 1985) hervorgeht:

> Partizipation, Anteilhabe, Kooperation oder Teilnahme an der Schöpfung? [Meine Hervorhebungen in diesem und in den folgenden fünf Zitaten, J.G.] (Sölle 1985: 9)

> Dem Gedanken der Schöpfung steht der Begriff des „Exterminismus", der Ausrottung gegenüber [...]. (Sölle 1985: 11)

> Exterminismus hat drei Dimensionen: die Vergewaltigung der Natur, den Krieg gegen die Armen [...] und die atomare Bedrohung durch die Aufrüstung. (Sölle 1985: 11)

> Die Erde ist heilig. [...] Die Verschwörung zur Vernichtung der Schöpfung – oder zumindest großer Teile von ihr in einem sogenannten „gewinnbaren Atomkrieg" – entzündet in uns ein neues Bewußtsein von der Heiligkeit [...]. (Sölle 1985: 12)

> Wir [brauchen] Befreiung, bevor wir an Schöpfung glauben können. Zumindest unterdrückte Menschen brauchen einen Gott, der ihnen gegen ihre Unterdrücker zur Seite steht. Die Schöpfungsordnung als solche – ohne Verbindung zu einer Befreiungstradition –

> kann Sklaven und Unterdrücker nicht versöhnen, weil sie ihnen die Kraft, sich zu befreien nicht zu geben vermag. (Sölle 1985: 20)

> Das Unvermögen, die Wahrheit der Befreiung im ontologischen Entwurf des Schöpfungsglaubens zu entdecken, ist dann gepaart mit dem Versuch, das Leben und Denken der Menschen unter Kontrolle zu bringen und ihre Kraft zur Selbstbestimmung zu schwächen. Die vulgarisierte Theologie der „moralischen Mehrheit" in den USA ist eine nationalistisch-religiöse Ideologie, die das biblische Motiv der Befreiung um jeden Preis vermeidet. Aber die biblische Zusage „Unsere Hilfe steht im Namen des Herrn, der Himmel und Erde gemacht hat" (Psalm 124,8) nimmt die Befreiung, die hier schlicht „Hilfe" genannt wird, zum Ausgangspunkt, als Erfahrung, von der aus wir zur Erkenntnis von Gottes Schöpfung kommen. Im Anfang war Befreiung – im Sinn dieses Anfangs nähern wir uns den Dimensionen unseres Geschaffenseins. Wir müssen eine Synthese von Schöpfungs- und Befreiungstraditionen finden, die die Befreiungstraditionen nicht entwertet, sondern die Schöpfungstradition aus der Befreiungsperspektive begreift. (Sölle 1985: 23–24)

Die zitierten Auszüge veranschaulichen exemplarisch Sölles sprachliche Vorgehensweise: Ein theologischer Terminus, in diesem Fall der zentrale christliche Begriff der *Schöpfung*, wird mit Begriffen aus politisch-weltanschaulichen Diskursen der aktuellen, zeittypischen gesellschaftlichen Debatten in direkte Verbindung gebracht, um in einer reziproken Argumentationsbewegung theologische Konstellationen in die politische Domäne zu überführen und umgekehrt politisch-ideologische Gegenwartsbegrifflichkeiten in die theologische Domäne hineinzuprojizieren. So wird der Begriff *Schöpfung* zunächst durch Verbindung mit politischen Schlüsselbegriffen wie „Partizipation", „Anteilhabe", „Kooperation" und „Selbstbestimmung" mit zeitüblichen Diskursen der grundlegenden gesellschaftlichen Demokratisierung und Überwindung von Herrschaftsprivilegien in Zusammenhang gebracht. In einem weiteren Schritt wird die auf diese Weise ‚vergesellschaftete' *Schöpfung* in Gegensatz zu Phänomenen gestellt, die in der politisch-revolutionären Auseinandersetzung des Umfelds der 68er-Bewegung Feindbilder repräsentieren und von progressiven gesellschaftlichen Kräften bekämpft werden, darunter „Unterdrücker", „Krieg gegen die Armen", „Verschwörung", „Aufrüstung", „Atomkrieg" etc. Mit dem politischen Fachterminus des „Exterminismus" werden diese zu bekämpfenden Phänomene einem abstrakten Hyperonym untergeordnet, um die stark politisierte Argumentation wissenschaftlich zu legitimieren. „Exterminismus" erscheint hier als von „Extermination" (Zerstörung) abgeleitetes lateinischstämmiges Abstraktum, das eine Vernichtungsideologie bezeichnet. Der Begriff wird im Allgemeinen im Zusammenhang mit der nationalsozialistischen Rassenideologie oder seltener mit Stalinismus, Maoismus und vergleichbaren totalitären und menschenverachtenden politischen Ideologien verwendet. Sölle verwendet ihn hier explizit gegen demokratisch-kapitalistische

Systeme unter Führung der Vereinigten Staaten, die sich gegenüber wirtschaftlich abhängigen, ärmeren Ländern imperialistisch und ausbeuterisch gebärdeten. Damit stellt die Theologin implizit die Demokratien des westlichen Bündnisses in eine Reihe mit den menschenverachtenden Diktaturen des 20. Jahrhunderts; eine solche Gleichsetzung war im politischen Diskurs der 60er und 70er Jahre innerhalb des linken Spektrums durchaus üblich, unterscheidet sich im hier vorliegenden Rahmen des theologischen Fachtextes aber insofern von allgemeinen gesellschaftspolitischen Debatten, als ein politisch relativ radikaler Standpunkt christlich und theologisch gerechtfertigt wird und mit Verweisen auf Bibelstellen und die „Sprache Jesu" untermauert wird. Durch derartige sprachliche Operationen der semantischen Opposition (Schöpfung vs. Exterminismus, Unterdrückung, nationalistisch-religiöse Ideologie etc.) werden theologisch-biblische Dimensionen auf die politische Tagesdiskussion übertragen und für politisch-parteiische Stellungnahmen instrumentalisiert; gleichzeitig werden in biblische und theologische Überlieferungen aktuelle ideologische Gegenwartsbezüge implementiert. Zur Technik der semantischen Identifizierung kann anhand der zitierten Textauszüge insbesondere die Gleichung *Schöpfung = Befreiung* exemplarisch angeführt werden: Sölle knüpft den Begriff der *Befreiung* unmittelbar an den der *Schöpfung*, indem sie *Befreiung* als Voraussetzung für einen Schöpfungsglauben bezeichnet, darüber hinaus eine „Schöpfungsordnung" ohne „Befreiungstradition" als unwirksam darstellt und außerdem konstatiert, dass die „Wahrheit der Befreiung" im „ontologischen Entwurf des Schöpfungsglaubens" enthalten sei. Es werden auf diese Weise zunächst fachsprachlich verklausulierte Abhängigkeitsbezüge zwischen den beiden Begriffen hergestellt, um dann im Anschluss den Begriff der *Befreiung* direkt in den Wortlaut von Bibelstellen einzufügen, indem das Syntagma „unsere Hilfe" im Psalm 124 kurzerhand apodiktisch zu *Befreiung* umgedeutet wird, obwohl das Lexem „Hilfe" hier durchaus anders verstanden werden kann, etwa als „Rettung", „Verschonung" oder auch symbolisch als geistig-spirituelle Freiheit (Sölle 1985: 24). Darüber hinaus formuliert Sölle den Beginn des Johannesevangeliums zur Sentenz „Im Anfang war Befreiung" um, womit das „Wort Gottes" zur „Befreiung durch Gott" umgedeutet wird. Die Synonymisierung oder zumindest Parallelsetzung von *Befreiung* mit *Schöpfung*, „Wort Gottes" und „Rettung vor dem Untergang" stellt insofern eine dezidierte Politisierung der theologischen Fachterminologie dar, als der Begriff der *Befreiung* im politisch-gesellschaftlichen Diskurs der 60er und 70er Jahre eine ideologisch enorm aufgeladene Konnotation besitzt. Weiss führt den Begriff der *Befreiung* im ideologiekritischen Glossar *Schlagwörter der Neuen Linken* mehrfach auf, und zwar in den Zusammensetzungen „Befreiungsbewegung", „Befreiungskampf" und in der Kollokation „Befreiung der kolonialen und halbkolonialen Völker" (1974: 231), und bezeichnet das Lexem als „ungefähr bedeutungsgleich" mit „Emanzipation des Menschen" (148), die wiederum als „eine wesentliche Zielsetzung der Revolution [...], d. h. die Abschaffung der Herrschaft des Menschen über den Menschen" bis hin zu einer „Abschaffung des Staates" definiert wird (113). Die theologische Fachsprache wird, wie gezeigt werden konnte, in beträchtlichem Maße zu einem Vehikel der zeitaktuellen politischen Auseinandersetzung, verlässt damit die Sphäre der hermetisch-wissenschaftlichen Abkapselung und tritt in einen aktiven Austausch mit der außeruniversitären kritischen Gesellschaft. Dabei ist eine interessengesteuerte und politischen Prämissen verhaftete Neuinterpretation theologischer Grundbegriffe dem Risiko ausgesetzt, wissenschaftliche Erkenntnis den Zielsetzungen gesellschaftspolitischen Engagements unterzuordnen.

In *Im Hause des Menschenfressers. Texte zum Frieden* (Sölle 1981) werden politische Schlagworte der revolutionären Linken („gewaltfreie Illegalität", „herrschender Militarismus", „privates Eigentum an Produktionsmitteln" etc.) in unmittelbaren Bezug zu Haltungen und Handlungen Jesu und seiner Jünger gebracht:

> Christsein im Kontext des über uns herrschenden Militarismus bedeutet nicht, ein vorpolitisches Weihnachtsliedchen zu summen, wir müssen schon etwas deutlicher werden Mit „deutlich" meine ich: so militant, so gewaltfrei und so illegal wie Jesus und seine Freunde. [Meine Hervorhebungen in diesem und im folgenden Zitat, J.G.] (Sölle 1981: 10)

> Der demokratische Charakter gewaltfreier Illegalität muß sichtbar werden. Wir müssen endlich anfangen, auch am Sabbat ein paar Ähren auszuraufen. Die Jünger Jesu, die das taten, verstießen gegen ein religiöses Gesetz. Sie handelten illegal; [...], sie verletzten eine Grenze, die in ihrer Gesellschaft als heilig anerkannt war. Das Heiligste in unserem Land ist das private Eigentum an den Produktionsmitteln; dient es dem Tod, so ist es noch heiliger, noch schützenswerter, noch mehr tabuiert [sic!]. (Sölle 1981: 11)

Der „militante, gewaltfreie, illegale" Jesus und die „illegal" handelnden Jünger stehen in solchen Argumentationen zeitgenössischen aufbegehrenden oder mehr oder weniger gewaltfrei in der Illegalität operierenden, herrschaftskritischen oder staatsfeindlichen Kräften durch identische Attribuierungen Pate, die auf diese Weise theologisch legitimiert und sprachlich auf die gleiche Ebene gestellt werden. Unabhängig davon, inwieweit man der systemkritischen Argumentation inhaltlich folgen will, kommen hier rhetorische Figuren wie Vergleich und Parallelismus zum Einsatz, um zeitlich, kulturell und semantisch weit voneinander entfernte Begriffsinhalte in einen unmittelbaren gemeinsamen Kontext zu stellen. In *Stellvertretung. Ein Kapitel Theologie nach dem „Tode Gottes"* (Sölle 1982 [1965]) werden in ähnlicher Vorgehensweise Elemente der jüngeren Geschichte und der zeitgenössischen Weltpolitik in Bezug zu Bibelaussagen gestellt:

> Den Anfang der Freiheit besingt zum Beispiel das Christuslied im Philipperbrief, das Paulus von der Urgemeinde übernahm: die kosmischen Mächte unter, über und auf der Erde haben dem Christus gehuldigt (Phil. 2, 10). Seitdem sie den Christus anerkannt haben, sind sie als Mächte, als mythisch-schicksalhafte Gewalten, erledigt. Sie können niemanden mehr ängstigen. Wo immer sie noch beschworen werden, wo immer an ihre <u>Herrschaft</u> appelliert wird – in <u>Blut und Boden</u>, <u>Partei oder Staat</u>, in <u>Amt oder Hierarchie</u> –, da kann auf ihre <u>Entmächtigung</u> hingewiesen werden [...]. Die einst Herren der Welt waren, haben nichts mehr zu sagen. [Meine Hervorhebungen in diesem und im folgenden Zitat, J.G.] (Sölle 1982 [1965]: 104)

> Denn jener Gott, der wegen des Leidens der Unschuldigen angeklagt wird, ist der Gott der Allmacht, der König, Vater und Herrscher über die Welt. Ihn klagt die Moderne mit Recht an – und alle theologischen Kunststücke, sie zum Schweigen zu bringen durch die bloße autoritative Setzung Gottes, der uns verstummen heißt, weil nur er das Recht des Fragens und der Anklage hätte, können die Wahrheit dieser Frage an den allmächtigen Gott nicht ersticken. Will man sie nicht zum Schweigen bringen oder religiös verdrängen, so führt sie zur <u>Absetzung</u> des theistisch verstandenen Gottes. [...] nur in Christus erscheint die Auffassung vom leidenden Gott, nur hier sind es Gottes eigene Leiden, die von einem Menschen übernommen werden, erst seit Christus ist deutlich geworden, daß wir <u>Gott töten</u> können, weil er sich uns ausgeliefert hat. [...] Daß Gott in der Welt <u>beleidigt und gefoltert, verbrannt und vergast</u> wurde und wird, das ist der Fels des christlichen Glaubens, dessen Hoffnung darauf geht, dass Gott zu seiner <u>Identität</u> komme. [...] Als die Zeit erfüllt war, hatte Gott lange genug etwas für uns getan. Er setzte sich selber aufs Spiel, machte sich abhängig von uns und identifizierte sich mit dem Nichtidentischen. Es ist nunmehr an der Zeit, etwas für Gott zu tun. (Sölle 1982 [1965]: 153–154)

Wiederum sind es direkte oder indirekte Bibelzitate oder, wie im zweiten Zitat, theologische Einlassungen zu zentralen Glaubensthematiken (Leiden und Tod Jesu), von denen aus kühne Bögen zu Zeitgeschichte und Tagespolitik geschlagen werden. So wird das indirekte Zitat aus dem Philipperbrief („[...] in dem Namen Jesu [beuge] sich [...] jedes Knie derer, die im Himmel und auf Erden und unter der Erde sind [...]") als Argument gegen weltliche Herrschaft ins Feld geführt, wobei auf die nationalsozialistische Diktatur („Blut und Boden"), sozialistische Parteidiktaturen („Partei und Staat") und jede Art der diesseitigen Herrschaftsausübung („Amt oder Hierarchie") angespielt wird. Mit dem Begriff „Entmächtigung" wird auf die ‚Ermächtigung' der NS-Herrscher verwiesen, deren Macht in der Welt zerronnen sei. Mit dem Menschen Jesus, der gleichzeitig „leidender Gott" ist, identifiziert Sölle erneut innerhalb von gedrängten, sentenzartigen Satzgefügen den biblischen Gottessohn mit Menschen, die „beleidigt, gefoltert, verbrannt und vergast" wurden; auch hier drängt sich der unmissverständliche Gegenwartsbezug zu Folterregimen in Lateinamerika, zur Shoah und zu Napalmeinsätzen im Vietnamkrieg sowie zur Rassendiskriminierung in den USA und im Apartheidsregime in Südafrika auf. In diesem Fall wird die Theorie vom Tod Gottes mit den Morden an mit dem göttlichen Menschensohn oder menschlichen Gottessohn identifizierten in der Gegenwart lebenden Menschen untermauert; auch hier handelt es sich um eine (fach)sprachliche Operation, deren theologische Begründung ausbleibt und auf eine sprachliche Oberflächenebene verlagert wird.

In vergleichbarer Weise werden feministische Argumentationen bei Sölle auf theologische Dimensionen zurückgeführt:

> Die meisten bildenden Künstler haben Jesus weibliche Züge mitgegeben, diese Künstler wollten den Menschen, dessen Gestalt das Bild Gottes so klar spiegelt, nicht zum Mann verkürzen. So näherten sie sich dem androgynen Mythos der Einheit der Geschlechter. Ich weiß nicht, ob Jesus ein Feminist war, aber daß er heute einer wäre, der im Widerspruch zum Kult des Männischen steht, ist außer Frage. [Meine Hervorhebungen, J.G.]
> (Sölle 1977: 14)

Im Zitat aus dem Aufsatz *Der Mann. Ansätze für ein neues Bewußtsein* (Sölle 1977) bezieht sich Sölle auf kunsthistorische Aspekte der Christusdarstellungen, um in diesem Fall eine apodiktische Behauptung („Jesus war ein Feminist") nicht nur theologisch, sondern auch durch Verweis auf sakrale Kunst zu stützen.

Als abschließendes Beispiel führen wir zwei Zitate aus *Sympathie. Theologisch-politische Traktate* (Sölle 1978) an, in denen es um Deutungen der Mutter Gottes und der Person Jesus Christus geht, die wiederum durch Bezugnahme auf Schlüsselbegriffe der Gegenwartspolitik aktualisiert werden:

> Maria lehnt das Leistungsprinzip ab: Nicht weil du schön, klug, erfolgreich musikalisch, potent oder was immer bist, stehe ich zu dir, sondern – ohne Bedingungen. [...] Maria unterläuft die Einteilung der Menschen in Schafe und Böcke. Dieser anarchistische Zug der Maria hat sich nie ganz ausrotten lassen. [...] So ist die Gestalt der Maria ebenso doppeldeutig wie alle religiösen Inhalte und Symbole. Sie funktioniert im Interesse religiös verklärter Unterwerfung, aber auch im Interesse von Trost, Schutz und Rettung der Opfer. Maria ist submissiv, ist unterwürfig. Aber sie ist auch subversiv in dem Sinn, wie die lateinamerikanische Polizei das Wort benutzt: Sie zersetzt die Macht der Herrschenden, Im neuesten Vokabular der Bundesrepublik unserer Tage würde man sagen: Maria ist eine Sympathisantin. [Meine Hervorhebungen in diesem und im folgenden Zitat, J.G.]
> (Sölle 1978: 59)

> Die schärfsten Worte Jesu sprechen von der Notwendigkeit des Hasses um der neuen Welt willen, von der Entzweiung innerhalb der Familien, die seine Botschaft bringt: „Meinet nicht, daß ich gekommen sei, Friede auf die Erde zu bringen. Ich bin nicht gekommen, Friede zu bringen, sondern das Schwert" (Matthäus 10, 34). Es läßt sich nicht weginterpretieren oder verschleiern, daß es in Jesu Predigt einen revolutionären Haß gibt, ein eindeutiges und radikales Nein, das aus dem Ja zur Sache, um die es Jesus geht, folgt.
> (Sölle 1978: 85)

Maria wird als Gegnerin des „Leistungsprinzips" bezeichnet, als „anarchistisch", als gleichzeitig „submissiv" und „subversiv", als „Zersetzerin der herrschenden Macht" und schließlich als „Sympathisantin"; Jesus wird unter Verweis auf eine

Stelle aus dem Matthäusevangelium als Träger eines „revolutionäre Hasses" und Verfechter eines „radikalen Neins" dargestellt. All dies sind sprachliche Etiketten, die denotativ an Phänomene des politischen Gegenwartsgeschehens gebunden sind und konnotativ auf ideologische Auseinandersetzungen in aktuellen gesellschaftlichen Debatten verweisen. Durch derartige ahistorische sprachliche Identifizierungen erzielt Sölle eine gleichzeitige Aktualisierung theologischer Basiskonzepte und eine historisierende Sakralisierung jetztzeitgebundener schlagwortartiger Begrifflichkeiten. Wenn auch die Inhalte entgegengesetzt sind, erinnert das Verfahren an ideologische Aktualisierungen theologischer Begriffe seitens der gleichgeschalteten Wissenschaftler während des NS-Regimes. Der Unterschied besteht vor allem darin, dass in Sölles Fall im Gegensatz zu Hirsch, Grundmann, Kittel und anderen keinem diktatorischen Regime sekundiert werden soll, sondern umgekehrt demokratisch legitimierter Herrschaft kritisch begegnet werden soll und deren Nähe zu totalitärem Machtverständnis sowie Kontinuität im Hinblick auf nazifaschistisches Gedankengut aufgedeckt werden soll.

Der 1926 geborene Theologe Jürgen Moltmann gehört wie Sölle zur Generation der sogenannten ‚68er', repräsentiert aber im Gegensatz zu ihr die universitär-institutionalisierte wissenschaftliche Theologie der mittlerweile zu politischem Selbstbewusstsein und wirtschaftlicher Stärke herangereiften Bundesrepublik. Moltmann war 1958–1963 zunächst Professor für Dogmatik und Dogmengeschichte an der Kirchlichen Hochschule Wuppertal, 1963–1967 an der Universität Bonn und schließlich 1967–1994 an der Universität Tübingen. Moltmanns zentrales Thema ist seine „Theologie der Hoffnung" (vgl. Moltmann 1964), mit der er, ähnlich wie Sölle, einen Impetus zum gesellschaftlich engagierten Handeln begründet und durch die er, wie Härle feststellt, weltweit bekannt wurde (Härle 2012: XLIV). Fischer zufolge „entspricht Moltmanns ‚Theologie der Hoffnung' in hohem Maße dem Zeitgeist. In den 60er Jahren haben Publikationen zu Stichworten wie Zukunft, Futurologie oder Hoffnung Konjunktur" (2002: 180). Damit unterstellt Fischer dem Theologen eine gewisse Nähe zu modegebundenen Tendenzen der öffentlichen Debatte und konstatiert: „Mit seiner Hoffnungstheologie in ihrer ursprünglichen Fassung hat Moltmann den Anstoß zu Konzeptionen ‚politischer Theologie' gegeben. Mehr noch: seine ‚Theologie der Hoffnung' ist selbst verkappte politische Theologie" (Fischer 2002: 189). Zahrnt stellt zur Sprache dieser von der christlichen Eschatologie ausgehenden und vorwiegend auf die Zukunft der Menschheit ausgerichteten „Theologie der Hoffnung" fest: „Alle theologischen Sätze sind ‚Hoffnungssätze' und alle theologischen Begriffe sind ‚Vorgriffe'" (Zahrnt 1984: 217) und fügt im Hinblick auf die aus der theologischen Hoffnung erwachsenden Handlungsmaximen hinzu:

> Wenn die Christen wirklich an die Auferstehung Jesu Christi von den Toten glauben, dann können sie sich nicht damit begnügen, diese Welt nur so zu erhalten, wie sie nun einmal ist, sondern dann müssen sie sie auch bereits verändern und erneuern, und zwar nicht nur die Personen, sondern auch die Verhältnisse. Das ist das echte Pathos, das bei Moltmann auch durch die Pathetik seiner Sprache spürbar wird. (Zahrnt 1984: 219)

In Jürgen Moltmanns wissenschaftlichen Texten ist die zeittypische Gestalt einer objektivierenden, aber gleichzeitig auch enthusiasmierenden und emotionalisierten Fachsprache allgegenwärtig. In einem Aufsatz mit dem Titel *Wort Gottes und Sprache* (Moltmann 1968) äußert sich Moltmann ausführlich zu seinem Sprachverständnis im Hinblick auf die christliche Predigt und auf die Aufgabe religiöser und theologischer Fachsprache insgesamt:

> Die allgemein-menschliche Sprachfähigkeit ist doch kein abgeschlossener Kreis von Möglichkeiten. Sprache ist kein Werk (ἔργον), kein totes Erzeugtes, sondern ein offener, lebendiger Prozeß [...]. Die christliche Gottesrede erscheint darin als eine durchaus neue Möglichkeit, die neue Möglichkeiten und Freiheiten eröffnet. Die christliche Predigt hat sich darum nicht an vorhandene Möglichkeiten zu assimilieren, sondern den vorhandenen neue zu eröffnen. Sie darf auf der anderen Seite auch nicht als Zungenrede draußen vor der Tür bleiben. Das Sprechen und Denken der Menschen ist geschichtlich und darum offen für das, was Menschen im Sprechen und Denken eigentlich intendieren. In Worten und Sätzen suchen Menschen „das Wort" und „den Satz", die sie aus ihrer Uneindeutigkeit befreien, die lösen, die aufklären und in die Wahrheit bringen. Die Erinnerung, daß es ein solches Wort geben müßte und das es kommen müßte, hat sich tief in den Erwartungszusammenhang unseres Redens eingegraben. Sie zeigt sich noch darin, daß das Bewußtsein von der Unerreichbarkeit der wahren Welt lebendig ist. (Moltmann 1968: 111)

Moltmanns Plädoyer für eine kreative, „offene", „lebendige" Sprache der Verkündigung und der wissenschaftlichen Auseinandersetzung steht im Zusammenhang mit seiner neoeschatologischen Ausrichtung auf ein zukünftiges Heilsgeschehen. Wenn die religiöse und theologische Auseinandersetzung in der zentralen Erkenntnis auf Zukunftshoffnung und zukunftsgerichtetes Handeln ihre Kernaussage wahrnimmt, dann muss das auch Konsequenzen für ein homiletisches und wissenschaftliches Sprachbewusstsein haben. Eine erstarrte Sprache, die auf kanonisierten, „toten" Erzeugnissen basiert, wie Moltmann es nennt, ist nicht geeignet, eine christliche Zukunftsperspektive angemessen auszudrücken. Moltmann schwebt eine ‚zur Erkenntnis der Wahrheit befreite Sprache' vor. Diese Sprache, für die die Ausstattung mit „neuen Möglichkeiten und Freiheiten" die zentrale Forderung darstellt, dürfte als eine Kommunikationsform zu imaginieren sein, die zu drängenden gesellschaftlichen Zukunftsfragen Stellung bezieht und dabei gleichzeitig aus dem messianischen Fundus der christlichen Überlieferung schöpft. Sie sucht damit direkten Anschluss an soziale und naturwissenschaftlich-technische wie auch politische Problematiken der Gegenwartsdiskurse, insofern sie für eine menschenwürdige Zukunft relevant sind, greift aber gleichzeitig auf die Erinnerung an die auf Wahrheitssuche und Erlösungshoffnung ausgerichtete Sprache der christlichen Überlieferung zurück. Dass es dabei nicht um eine Sprache der inspiratorischen Ergriffenheit geht, wird mit dem ablehnenden Hinweis auf die Praxis des ekstatischen und hermetischen „Zungenredens" deutlich gemacht; vielmehr sucht Moltmann nach einer Synthese aus rationaler Verstandessprache und emotionaler Hoffnungssprache. In einer programmatischen Einlassung zur Predigtsprache im selben Text wird diese Forderung präzisiert:

> Sollte die christliche Predigt sich nicht von der Bestätigungsneurose des Positivismus befreien und schöpferisch mit der Möglichkeit rechnen, daß sich die Wirklichkeit wandelt, wo das Wort ihr voranleuchtet? Die christliche Predigt kann die Zukunft als Macht in die Gegenwart bringen, so daß man im Zerfall von Sprache und Realität, von Zeichen und Sache, von Namen und Person beharrlich nach Wahrheit, Übereinstimmung und Identität fragen muß und nicht resigniert. Daß den Armen das Evangelium gepredigt wird, daß Gottlose gerecht gesprochen werden, daß Sterbende zur Hoffnung erhöht werden und die Grenzen der Erwählung, der Kultur, der Rassen, Klassen und Sprachen gesprengt werden, sind die Zeichen messianischer Zeit. Diese Aura messianischer Erfüllung des armen und wartenden Lebens sollte die christliche Predigt wieder umgeben. Nimmt man ihr diese Atmosphäre, so wird sie steril und stirbt. Vergißt man die Bedeutung der Zeit, in der dies gesagt werden darf, so muß man schweigen. (Moltmann 1968: 112)

In Moltmanns Ausführung ist es die Sprache des christlichen Verkündigungswortes, die eine mentale Verbindung zwischen Gegenwart und Zukunft herstellen kann. Zu dieser optimistischen Einschätzung gelangt er mittels einer sprachkritischen Analyse, der zufolge die Identität von Signifikant und Signifikat, von Nomen proprium und realer Person, insgesamt zwischen sprachlicher Begrifflichkeit und außersprachlicher Referenz, nicht mehr garantiert sei. Was Moltmann hier „Zerfall" von Sprache und Realität nennt, ist im Grunde eine Fundamentalkritik an der Kommunikationsfunktion der Sprache. Wenn die Begriffe der Sprache bzw. die ihnen jeweils zugeordneten Benennungen nicht mehr geeignet sind, die außersprachliche Realität mental zu repräsentieren, wird die Sprache auf ihre phatische Funktion reduziert, in der es nicht mehr um Bezugnahme auf Inhalte, sondern nur um die Aufrechterhaltung einer verbalen Verbindung zwischen den Sprachteilnehmern geht. Dieser anti-positivistischen, äußerst pessimistischen Sprachauffassung, die an Positionen des Deutschen Idealismus, insbesondere Johann Gottlieb Fichtes, zur Wahrnehmung als bloßem Zustand unserer Sinne gemahnt (vgl. Fichte 1962 [1800]) und in letzter Konsequenz eine weitgehende Sprachlosigkeit im empirisch-rationalen Feld unterstellt, stellt Moltmann eine Reihe von anzustrebenden theologischen Sprachverwendungen gegenüber. Die „schöpferischen", „voranleuchtenden", nicht „sterilen" und nicht „bestätigungsneurotischen" Sprechakte seien geeignet, das Vertrauen in die Sprache und insbesondere die Bedeutungshaltigkeit der

Sprache wiederherzustellen. Als konkrete Beispiele führt er einige Äußerungsformen an, die sich an der Grenze von assertiven und deklarativen Sprechakten verorten lassen, wie die Verkündigung der ‚guten Botschaft' des Evangeliums gegenüber Bedürftigen, die Tröstung von Sterbenden, die verbale Aufhebung von Diskriminierung unterschiedlicher Art sowie die Sprechhandlung der Vergebung der Sünden. Bei letzterer handelt es sich eindeutig um einen performativen, deklarativen Akt, insofern, wenn der Sprecher ihn ernst meint, Aussage und außersprachliche Handlung ideell zusammenfallen. Wenn der Prediger oder Theologe die Vergebung der Sünden durch Gott verkündet, vollzieht er gewissermaßen stellvertretend für die metaphysische Instanz diesen performativen Sprechakt kraft seiner Qualifikation als irdisches Sprachrohr Gottes. Dasselbe gilt für die Rechtfertigung des Sünders, dem vergeben wird, sowie im weitesten Sinne für Trostspendung im Hinblick auf ein Leben nach dem Tod oder ein Leben jenseits des irdischen Elends. Die Legitimation zur Äußerung solcher transzendenten Sprechakte zieht Moltmann einerseits aus seiner Kritik an der Ohnmacht der Sprache angesichts der Menschheitsherausforderungen der technischen Moderne, andererseits aus seiner Proklamation der Zukunftshoffnung als maßgebliches Movens der religiösen Sprachinnovation, also einer eschatologischen Sprache der erkenntniskritischen Heilserwartung. Moltmanns zugleich skeptizistischer und optimistischer Ansatz unterscheidet sich nur insofern von Sölles Sprache des theologisch motivierten Handlungsappells, als Moltmann stärker aus einer sprachresignativen Haltung im Hinblick auf nichttheologische Kommunikation heraus argumentiert, während letztere ein dezidiertes Vertrauen in die Kraft und die Macht der Sprache auch in der außertheologischen Welt setzt.

In Moltmanns Schriften lassen sich die Spuren dieses (Fach)sprachverständnisses nachverfolgen. Der Titel der Schrift *Umkehr in die Zukunft* (1970) bringt Moltmanns charakteristische Kombination aus eschatologischer Zukunftshoffnung und Untermauerung dieser Hoffnung durch die Erfahrung der neutestamentlichen Erlösungsverkündigung in einem prägnanten Syntagma auf den Punkt. Moltmanns Sprache zeichnet sich hier wie auch andernorts durch die zeittypische Kombination von theologischen Fachdiskursen mit Einlassungen zu politischen Gegenwartsbetrachtungen aus. Charakteristisch sind ferner zwei weitere Tendenzen: einerseits das von Zahrnt konstatierte sprachliche Pathos, sowohl bei der negativen Darstellung der bedrohlichen Herausforderungen der Jetztzeit als auch bei der Ausmalung der eschatologisch begründeten optimistischen Zukunftsvision; andererseits zeichnet sich Moltmanns Fachstil durch eine in modernen Predigten übliche Volkstümlichkeit der Sprache aus, die durch zahlreiche sprichwörtliche Redensarten, Alltagsredewendungen und Phraseologismen gekennzeichnet ist. Auch dies ist ein zeittypisches Element des theologischen Fachstils, der, allgemeinen öffentlichen Forderungen folgend, demokratischer und der gesellschaftlichen Teilhabe zugänglicher sein soll, was auch mit der Öffnung der Universitäten während der Zeit der sozialliberalen Regierung in den 70er Jahren für breitere Bevölkerungskreise und niedrigere Bildungsschichten zusammenhängt. In theologischen Fachtexten traditioneller Art sind, abgesehen von der nationalistischen und nationalsozialistischen Theologie der 20er, 30 und 40er Jahre, unmittelbare konkrete Bezüge zur Tagespolitik und zum historischen Gegenwartsgeschehen Ausnahmen. Moltmann nimmt hingegen Stellung zu „Kriegen in Korea und Vietnam", „der russischen Invasion in Ungarn und der Tschechoslowakei", zu „Napalmbomben", „ABC-Waffen", „riesigen Arsenalen von Kernwaffen", „riesigen Komplexen von Industrie und Militär", „Raketenabwehrsystemen" usw. Er verwendet politisch, historisch und ideologisch konnotierte Schlagworte wie „internationale Solidarität", „totaler Krieg", „Zeitalter des kalten Krieges", „früher Kriegsministerium heute euphemistisch ‚Verteidigungsministerium'", „Krebsgeschwür der Rüstungsspirale im ganzen Sozialkörper", „außer Kontrolle geratene Eskalation", „Kampf gegen den Todestrieb in unseren Gesellschaften" usw. (Moltmann 1970: 47–50). Als Gegensatz dazu skizziert er in leidenschaftlichem Pathos die christliche Erlösungshoffnung als Gegenentwurf zur Selbstzerstörung des Menschen:

> Es ist der Gott vor uns, der, wie die Bilder der geschichtlichen Erinnerung sagen, voranzieht wie die Feuersäule in der Nacht. Es ist der Gott im Advent einer heimatlichen Zukunft, die verwandelnd und umstürzend in die versteinerten, unmenschlichen Verhältnisse der Gegenwart einbricht. Als die Macht solcher Zukunft wirkt er in die Gegenwart, macht die Gegenwart zur Geschichte, weckt das Leiden am verlassenen und verächtlichen Leben des Menschen, erregt die Leidenschaft der Hoffnung auf Überwindung. Es ist also nicht ein Gott der Natur oder der Seele, sondern der Geschichte, denn in den zukunftseröffnenden Ereignissen der Geschichte wird seine Macht erkannt: [...] Es ist bekannt, daß der Exodus zum unauslöschlichen und immer wiederholten Symbol abendländischer Freiheitsbewegungen wurde, von den Bauernkriegen angefangen bis zur [sic!] Negro-freedom-movement, aber auch von den mönchischen Reformationen der Kirche angefangen bis zur protestantischen und der puritanischen Reformation. (Moltmann 1970: 32)

Die schon in Sölles Texten zu beobachtende Verflechtung von Zivilisationskritik und Glaubenshoffnung manifestiert sich bei Moltmann in noch deutlich bildhafteren, emotionsgeladeneren Sprachfigurationen. Gegensatzpaare wie „verwandelnd, umstürzend" vs. „versteinert, unmenschlich" oder „verlassen, verächtlich" vs. „Leidenschaft der Hoffnung, Überwindung" und Bilder wie „Feuersäule in der Nacht" oder „unauslöschliches [...] Symbol" verweisen eher auf einen emphatisierenden Predigtstil als auf wissenschaftliche Fachsprache. Während Sölle in Ton und Stil weitgehend der wissenschaftlichen Diktion treu bleibt, gesellt sich bei Moltmann der schwärmerische Tenor des religiös Erweckten hinzu. Daraus entsteht eine eigenartige Mischung aus Zivilisationspessimismus und religiösem Missionseifer, die sich in teils verwegenen apodiktischen, teils repetitiven Formulierungen niederschlagen:

> Der moderne Mensch wurde durch Wissenschaft und Technik zum Herrn der Naturkräfte, aber er wurde im gleichen Augenblick zum Knecht seiner eigenen Werke und Organisationen. Die Ausgeburten seines Kopfes und die Werke seiner Hände haben sich gegen ihn verselbständigt. Die Macht seines Lebens wurde übermächtig über ihn. Er hat technisch und politisch Kräfte freigesetzt, die ihm kraft ihrer Eigengesetzlichkeit davonlaufen. Der Herr der Natur wurde zum Knecht seiner eigenen Werke. Die Schöpfer der Technik beugen sich vor ihren eigenen Geschöpfen. Das ist der moderne Götzendienst. Das ist die Entfremdung. (Moltmann 1970: 59)

Neben einem Hang zur Pathetik illustriert der Textabschnitt auch eine Tendenz zur vereinfachenden, popularisierenden Sprache. Im Aufsatz *Der Gott der Hoffnung* ist dieser Popularisierungsstil besonders auffällig, da in diesem Text zahlreiche Alltagsfloskeln und volkstümliche Vergleiche ergänzend oder explizierend eingeschoben werden:

- Wie die Luft, in der wir atmen und wie das Brot, das wir essen
- Wie ein Fisch, der auf Land geworfen wird und dort verdorrt
- In den Tag hinein leben wie das liebe Vieh
- der Stachel der Zukunft mitten im Leben
- das Leben geht, wie man sagt, weiter
- wer sich ständig nur selber auf die Schulter klopft
- Hoffen und Harren macht manchen zum Narren
- Das Licht eines neuen Morgens sehen
- Jesus von Nazareth [ist] gar nicht die Trennmauer zwischen Christen und Juden [...], sondern [...] die Brücke
- Die Macht dieser Zukunft, in der das Krumme gerade, das Zerrissene heil [...] werden
- Alles [...] gerät in das Licht der Morgenröte eines neuen Tages
  (Moltmann 1967: 116–133)

In Moltmanns Werk verbinden sich drei zeittypische Tendenzen: eine nicht nur inhaltlich, sondern auch in der Form sich manifestierende Politisierung der Fachsprache, die vor allem im Wortschatz, aber auch in der Verzahnung theologischer und gesellschaftspolitischer Redeweise insgesamt erkennbar ist; an zweiter Stelle ist ein im technischen, säkularisierten Zeitalter auch für die theologische Fachsprache ungewöhnliches neues Pathos zu konstatieren, das im Falle Moltmanns dessen eschatologischer Hoffnungstheologie geschuldet ist, das aber in seiner erratischen Unbedingtheit Anklänge an die „Wort-Gottes-Theologie" der 20er Jahre aufweist; der dritte Aspekt, der sich in eine weitere epochenspezifische Entwicklung in der theologischen Fachsprache fügt, ist die verstärkte Bemühung um Demokratisierung der Wissenschaft zwecks weitestmöglicher Partizipation auch fachfremder und nicht akademischer gesellschaftlicher Gruppen an der fachinternen Diskussion.

Diese Aspekte spielen auch bei dem Systematiker Helmut Gollwitzer (1908–1993), 1950–1957 Professor an der Universität Bonn, 1957–1975 an der Freien Universität Berlin, eine zentrale Rolle. Gollwitzer war als noch junger

Pastor aktives Mitglied der *Bekennenden Kirche* gewesen und zählte zu den in der bundesdeutschen Öffentlichkeit bekanntesten protestantischen Theologen, insofern er sich seit den 50er Jahren gegen Wiederaufrüstung und atomare Bewaffnung engagierte und in den 60er Jahren als einer von wenigen Universitätsprofessoren in intensiven Dialog mit den studentischen Protagonisten der 68er-Bewegung trat und deren Forderungen vehement unterstützte. Gollwitzer engagierte sich als Mitglied der Internationale der Kriegsdienstgegner (IDK) gegen Aufrüstung und Kriege, darunter den Vietnamkrieg.

Härle umreißt Gollwitzers „Theologie der Revolution", die noch unverblümter als eine zumindest denotativ unspezifische „politische Theologie" eine ideologische Parteinahme insinuiert, indem er konstatiert:

> Während die Tod-Gottes-Theologie ihre stärksten Anstöße aus Säkularisierungsphänomenen der modernen nordamerikanischen Gesellschaft empfing, erhielt die Theologie der Revolution [...] ihre Anstöße aus dem lateinamerikanischen Kontext, genauer: aus seinen ökonomischen, politischen und militärischen Konflikten. [...] Gollwitzer befürwortet ebenso wenig [...] eine Theologie der Revolution, die als ideologische Rechtfertigung der Revolution fungiert, aber er sieht keine Schwierigkeit, dem Programm einer Theologie zuzustimmen, die Revolution zum Gegenstand ihrer Überlegungen macht. [...] Von da aus kommt Gollwitzer zwar nicht zu einer theologischen Überhöhung oder grundsätzlichen Rechtfertigung aller Revolutionen, wohl aber zu einer *prinzipiellen* ethischen Bejahung gerechter Revolutionen. (Härle 2012: XLIX–L)

Tatsächlich macht Gollwitzer noch deutlicher als Moltmann und Sölle keinen Hehl aus seinem politischen Standpunkt. Dies schlägt sich in seiner fachsprachlichen Diktion unmittelbar nieder, die sowohl hinsichtlich der verwendeten Lexik als auch textueller Gestaltungselemente explizite Annäherungen an politische Texte und Textsorten aufweist. Ein dafür besonders symptomatischer Text ist Gollwitzers Aufsatz *Revolution als theologisches Problem* (Gollwitzer 1969), der ein komprimiertes Programm seines Verständnisses der „Theologie der Revolution" enthält und in dem er sein Verständnis des *Revolutions*-Begriffes folgendermaßen definiert:

> Unter „Revolution" wird hier nicht der weitere Sinn des Begriffes gemeint (Revolution als tiefgreifender historischer Prozess der Umwälzung von Lebensbedingungen: kopernikanische Revolution, industrielle Revolution u. ä.), sondern der von Menschen geplante und unternommene Umsturz der Staatsgewalt mit dem Ziel einer Veränderung der Lebensbedingungen (zum Beispiel Französische Revolution, mit Unterscheidung von Putsch, Staatsstreich u.ä.). (Gollwitzer 1969: 59)

Gollwitzers *Revolutions*-Begriff ist kein theologisches Konzept im Sinne einer spirituellen Strömung oder vom Glauben ausgehenden Erneuerungsbewegung, sondern vielmehr eines politisch-historischen Phänomens und bezieht sich auf Revolutionen, die durch Aufbegehren einer unterdrückten Bevölkerung gegen ein unterdrückerisches Regime gekennzeichnet sind. Dadurch bleibt es nicht aus, dass bei ihm eine pragmatische und lexikalische Annäherung an die politische Sprache stattfindet, und zwar insbesondere an diejenige der sozialrevolutionären Linken. Als sachliche Grundlage für die die Schrift beherrschende Lexik fungiert eine generelle Zweiteilung der „Theologie der Revolution" in eine „traditionelle Theologie der Revolution" und eine Theologie der „revolutio iusta" (Gollwitzer 1969: 59–61). Von dieser Dichotomie ausgehend operiert Gollwitzer mit einem stark von der politischen Gegenwartsdiskussion geprägten Vokabular, um die beiden gegensätzlichen Formen des theologischen Revolutionsverständnisses voneinander abzugrenzen. Insbesondere die Folgen der von ihm so bezeichneten „traditionellen Revolutionstheologie" und ihrer „prinzipiellen Verwerfung der Revolution" inkriminiert er unter Aufbietung zahlreicher aus der kontroversen gesellschaftspolitischen Diskussion der 68er-Bewegung entlehnter Begriffe:

- Versagen der Kirche in der sozialen Frage
- Entfremdung von Kirche und Proletariat
- Kirche wurde [...] Hilfsorganisation für die Erhaltung der bestehenden Machtverhältnisse
- Überfahren des Nebenmenschen in der Konkurrenz
- Unterdrückung der Schwächeren
- Individualistische[r] [...] und [...] kollektivistische[r] Egoismus (Gruppenhass, Nationalismus, Rassismus)
- Gruppenvorurteile und -aggressionen
- Umwandlung der Theologie in konservative Ideologie
- Moralische Diskriminierung der Gewalt von unten
- Gewalt, auf der alle bestehenden politischen Systeme beruhen
(Gollwitzer 1969: 59–66)

Begriffe wie „Entfremdung", „Proletariat", „bestehende Machtverhältnisse", „Konkurrenzkampf (der Unternehmer)", „Unterdrückung", „Nationalismus", „Rassismus", „Diskriminierung" sind in der vorliegenden Verwendungsweise als Begriffsnetz oder als semantisches Feld der Klassenunterschiede, des Klassenkampfes als Kontinuum der Unterdrückung und Auflehnung dem lexikalischen Inventar der zeittypischen öffentlichen Debatten entlehnt. Viele von ihnen sind in Weiss' Wörterbuch der *Schlagwörter der Neuen Linken* (1974) verzeichnet und werden zu erheblichen Teilen auf marxistische oder neomarxistische Denkschulen zurückgeführt. So wird etwa der Begriff „Entfremdung" als „Zentralbegriff der neomarxistischen Renaissance" klassifiziert und folgendermaßen definiert:

> Zustand des Menschen, in dem er sich selbst und anderen fremd geworden ist, in dem er kein voller Mensch mehr ist. [...] er ist als Arbeitskraft entseelte Ware, und in seelenloser Arbeitsteilung hergestellte Produkte wenden sich gegen ihn oder werden gegen ihn verwandt [...]. (Weiss 1974: 141–142)

8.1 „Politisches und Theologisches mischen, wie es in der Sprache Jesu geschieht" — 237

Ausgehend von dieser Verwerfung der traditionellen Ablehnung jeder Art von Revolution seitens der traditionellen Kirche und Theologie argumentiert Gollwitzer weiter zugunsten einer theologisch untermauerten Befürwortung einer „gerechten Revolution", bei der er sich auf „Lenins Begriff des bellum iustum" (Gollwitzer 1969: 62) beruft. Auch zu diesem Zweck bedient er sich politisch-ideologischer Begriffswörter, deren approximative Begriffsevidenz dann jeweils von der politischen in die theologische Sphäre überführt wird:

- Demokratie, Rechtsgleichheit und Rechtssicherheit
- Freiheit von materieller Not und von Angst vor der Staatsmacht
- Gleichheit der Bildungschancen, Minoritätenschutz
- Verwerfung von Krieg und Militärwesen
- Approximative Verwirklichung der irdisch-sozialen Utopie
(Gollwitzer 1969: 62)

Die Rechtfertigung einer „revolutio iusta" im nicht traditionellen theologischen Verständnis stützt Gollwitzer dabei wiederum auf terminologische Identifizierungen von Lexemen des Wortfeldes der gerechten Revolution mit biblischen Begriffen. So wird zunächst die kategorische Ablehnung von Gewalt ihrerseits verworfen, denn diese könne nur begründet werden „entweder mit der früheren Obrigkeitsmetaphysik, die heute in der evangelischen Theologie nicht mehr ernsthaft vertreten wird und die heute eo ipso antidemokratischen Effekt hätte, oder mit dem christlichen Abscheu gegenüber der Gewalt" (Gollwitzer 1969: 62–63). Eine pazifistische Argumentation gegen die Revolution bei gleichzeitiger Rechtfertigung des Militärs sei aber eine Argumentation, die sich als „Ideologie der herrschenden Klasse" selbst ad absurdum führe (Gollwitzer 1969: 63). Gollwitzer kommt zu dem Schluss, Gewaltanwendung könne, solange sie nicht Selbstzweck sei, unter der Voraussetzung der Unmöglichkeit evolutionärer Änderung der bestehenden Herrschaftsverhältnisse „fremde, paradoxe Gestalt der Liebe sein, Liebe in der Selbstentäußerung" (Gollwitzer 1969: 61–63). Mit der Gleichung „Gewalt = Liebe" postuliert der Theologe damit eine radikale Synonymisierungsformel, in der er mit terminologischen Mitteln eine exponierte politische Forderung zu einer theologischen Maxime umdeutet. Dies gelingt ihm durch eine politisch befangene Begriffsbestimmung des Terminus „Gewalt" als „ultima ratio und Fremdgestalt" (Gollwitzer 1969: 63) und eine theologisch untermauerte Begriffsbestimmung von „Liebe": Der Begriffsinhalt von „Gewalt" ist dieser Definition zufolge, sofern sie als „zweite Art der Gewalt" verstanden wird, „geringere, der freien Entfaltung des Menschen dienlichere Gewalt" des „sich selbst zum Mitverantwortlichen für die Änderung des Bestehenden" bestimmt habenden Menschen, dem es „um die bessere, humanere, freiere Ordnung zu tun ist" (Gollwitzer 1969: 62). Diese Gewalt sei „ultima ratio, die er [der Mensch, J.G.] nicht verherrlicht, sondern bedauert und am liebsten vermeidet" (Gollwitzer 1969: 63). Der Begriff der *Liebe* ist hingegen ein zentraler Schlüsselbegriff der christlichen Religion, in der Gott selbst mit der Liebe gleichgesetzt wird und Gottes Sohn als Inkarnation der bedingungslosen Liebe verstanden wird, der selbst die Liebe als zentrale Forderung der von ihm verkündeten Religion predigt. Die zentrale Funktion der *Liebe* im Sinne der griechischen αγάπη im christlichen Glaubensverständnis als *Nächstenliebe, Feindesliebe,* alles umfassende *Liebe* etc. braucht hier nicht weiter erläutert zu werden. Sein Verständnis dieser Liebe erläutert Gollwitzer folgendermaßen:

> Der Liebe ist die Methode der Gewalt fremd. Unter den Bedingungen des alten Äons kann es aber vorkommen, dass die Liebe ihren Dienst am Nächsten nur verrichten kann, wenn sie sich zur Gewaltanwendung (einschließlich der Anwendung von tötender Gewalt) entschließt. Weil sie die Gewalt verabschiedet, kostet dieser Entschluss sie Überwindung. Ob das Subjekt der Gewaltanwendung Liebe ist oder nicht, wird am Maßstab dieser Überwindung zu messen sein. Mit ihr wird die Gewalt auf das nötigste Minimum reduziert [...].
> (Gollwitzer 1969: 61)

Die semantische Formel für diese Deutung der christlichen Liebe, die hier in christlicher Diktion mit dem die Liebe ausübenden Subjekt gleichgesetzt wird, kann auf die folgende Kurzformel gebracht werden [(Subjekt + größtmögliche Überwindung ≙ geringstmögliche Gewalt) = Liebe]. Mit dieser semantischen Operation bemüht sich Gollwitzer, gegensätzliche Begriffe zu harmonisieren und zur terminologischen Grundlage seiner Revolutionstheologie zu machen.

In einem Standardwerk mit dem Untertitel *Einführung in die Evangelische Theologie* verweist bereits der Titel *Befreiung zur Solidarität* (Gollwitzer 1978) auf die politische Komponente der Theologie Gollwitzers. Die Begriffe *Befreiung* und *Solidarität* sind in denotativer Hinsicht durchaus kompatibel mit traditionellen theologischen Diskursen, wenn man sie standardsprachlich als „Freiwerden, Befreitwerden von Unterdrückung, Erlösung" bzw. als „unbedingtes Zusammenhalten mit jemandem aufgrund gleicher Anschauungen und Ziele; auf das Zusammengehörigkeitsgefühl und das Eintreten füreinander sich gründende Unterstützung"[5] definiert. In ihrer konnotativen, zeitgeistbedingten Semantik gehen sie jedoch weit über diese nüchternen Signifikate hinaus, insofern sie zu politischen Schlagworten mit ideologischen Nebenbedeutungen avancieren, die auch im theologischen Kontext nicht semantisch neutral verwendet werden können. So ist der Begriff *Befreiung*, wie ein erneuter Blick in Weiss' Glossar zeigt, ein zentraler Begriff der 68er-Bewegung und ihrer sozialrevolutionären Forderungen (Weiss 1974: 90, 113, 147, 153, 173); dasselbe gilt für den Begriff *Solidarität*, der insbesondere in Verbin-

---

5 Vgl. die entsprechenden Einträge auf https://www.duden.de.

dung mit dem Attribut „international" genannt wird und als „Haltung, auf die sich die Vorstellungen gründen, die mit den Schlagwörtern ‚Einheitsfront' und ‚Aktionseinheit' verbunden werden", definiert wird (Weiss 1974: 166). In jedem Fall evoziert der Titel von Gollwitzers Studieneinführung im gesellschaftlich-diskursiven Kontext ein eindeutiges politisches Statement, das sich in ein Netz von politisch konnotierten Begriffen nahtlos einfügt, das dann auch in der Sprache der Monographie weiter aufgefächert wird, wie aus folgenden Textauszügen exemplarisch hervorgeht:

> Offenbarung und Lehramt sind hier in gleicher Autoritätsstruktur gedacht. Sie sprechen in Sätzen und wenn sie gesprochen haben, gibt es nur noch Unterwerfung. [...] Wenn nun die altprotestantische Theologie anstelle des Papsttums [...] die verbalinspirierte Bibel setzte [...], dann bleibt [...] die gleiche Autoritätsstruktur erhalten. [Meine Hervorhebungen in diesem und in den folgenden zwei Zitaten, J.G.] (Gollwitzer 1978: 29)

> Die theologischen Fakultäten sind Anstalten für die Ausbildung von Inhabern des Verkündigungsmonopols gewesen, – eines Monopols, das seine Funktion in der Kontrollierbarkeit dieser Inhaber seitens der kirchlichen und staatlichen Obrigkeit hatte und verhindern sollte, daß eigenes theologisches Denken der „Laien" die Gemeinden zu Unruhezellen in der gesellschaftlichen Ordnung machten. (Gollwitzer 1978: 41)

> Die Theologen waren und sind auf dem Boden des katholischen Priester- und protestantischen Predigermonopols den Wirkungen der Arbeitsteilung besonders wehrlos ausgesetzt. Diese ist aber zugleich immer auch (wenigstens in jeder Privilegiengesellschaft) Zuteilung oder Verweigerung von Privilegien, und zwar auch sehr materiellen Privilegien. Elitär gegenüber den nichtakademischen Massen und materiell abgesichert werden Theologen und Theologie exterritorial gegenüber den Daseinskämpfen um sie her und zugleich Teil der privilegierten Schicht [...]. (Gollwitzer 1978: 42)

Die in den Zitaten von mir markierten Lexeme sind Beispiele für Korrelate, die für Gollwitzers Fachsprache symptomatische Verbindungen zur Sprache der Politik und insbesondere zu gesellschaftspolitischen Debatten um die marxistischen und sozialrevolutionären Forderungen der Studentenbewegung herstellen. So werden in diesen Textauszügen die hierarchischen Strukturen von Kirche und institutionalisierter Theologie dezidiert mit der Terminologie der marxistischen Klassenkampftheorie etikettiert: Katholische und protestantische Kirche und Theologie werden gleichermaßen als autoritär durchorganisierte Klassenstrukturen angeprangert, wobei jeweils „Elite" „Obrigkeit", Autorität", „privilegierte Schicht" den Unterprivilegierten, „Laien", „nichtakademischen Massen" und potenziellen, unter Kontrolle zu haltenden „Unruhezellen" gegenübergestellt werden, ähnlich wie es in der marxistischen Klassentheorie auf die gesamte Gesellschaft appliziert wird. Das Monopol auf Produktionsmittel und wirtschaftliche Erträge auf Seiten der privilegierten Klassen im Marxismus wird hier von Gollwitzer umfunktioniert zum „Verkündigungsmonopol" und zum „Predigermonopol", durch das die theologische und kirchliche Elite für sich einen religiösen Alleinvertretungsanspruch reklamiere, um ein demokratisches Mitspracherecht in der religiösen Debatte im Keim ersticken zu können. Dieses „Verkündigungsmonopol" werde durch „materielle Privilegien" abgesichert und die Theologen und kirchlichen Würdenträger dadurch aus den „Daseinskämpfen" der Klassengesellschaft herausgehalten, wodurch sie zur bequemen Lebensweise einer „exterritorialen Elite" korrumpiert würden. Es wird deutlich, dass Gollwitzer das Vokabular der sozialrevolutionären Fortschrittsideologien, die in der gesellschaftlichen Diskussion der 60er Jahre ihre philosophisch-soziologischen Fachsprachenkernbereiche verlassen und zu Schlagworten der gesamtgesellschaftlichen Auseinandersetzung werden, en gros für die theologische Fachdebatte übernimmt und die Fachsprache dadurch massiv politisiert.

Über die Übertragung klassentheoretischer Modelle auf Theologie und Kirche hinaus lässt sich Gollwitzer in seiner *Einführung in die Evangelische Theologie* auch unmittelbar auf marxistisch und kapitalismuskritisch geprägte politische und staatsphilosophische Diskussionen ein:

> Menschliche Moral [...] enthält, wie sehr auch von Klassengesellschaft geprägt und für Klassenherrschaft ausgenützt, ein Plus über das Bestehende hinaus, eine Ahnung vom guten Leben, ein kritisches Moment gegen das Bestehende [...]. [Meine Hervorhebungen in diesem und in den folgenden drei Zitaten, J.G.] (Gollwitzer 1978: 183)

> Für meinen Vorteil kämpfen die Interessengruppen, denen ich angehöre, ob ich will oder nicht, und zu ihnen gehört auch mein Staat in seinem nationalen Konkurrenzkampf mit anderen Staaten, z. B. als kolonialistischer und imperialistischer, in seinen Kriegen, zu denen ich eingezogen werde und die ich jedenfalls durch meine Berufstätigkeit und als Glied eines mobilisierten Volkes unterstütze. (Gollwitzer 1978: 191)

> Innerhalb der Produktion stellt der Vorsprung der Kapitalbesitzer und die Abhängigkeit derer, die nur ihre Arbeitskraft besitzen, einen durch die Gewaltstruktur der Gesellschaft befestigten Herrschaftszustand dar von fehlendem suum cuique, also von fehlender Rechtsverwirklichung, die auch eine fehlende Freiheitsverwirklichung ist – eben infolge des Mangels an Mitbestimmung über die Produktionsgestaltung. Solange das kapitalistische System andauert, stellt sich also der politischen Mitarbeit der Christen die Aufgabe der Überwindung der kapitalistischen Lebensweise der Gesellschaft zugunsten einer Gesetzgebung, die diese fundamentalen Ungleichheiten, die alle Gesellschaftsmitglieder an ihrer gemeinschaftlichen Selbstverwirklichung hindern, beseitigt. Das wird dann noch nicht das Reich Gottes sein; denn es ist immer noch eine Ordnung für Sünder, durch Gesetze und Gewalt durchgesetzt. (Gollwitzer 1978: 202)

> Gegen den Totalitarismus in anderen Weltteilen protestierend, leben wir schon im totalitären Zwang der Todesrüstung. Wir sagen zu der gottlosen Produktion des von uns er-

> fundenen in der Natur nicht vorkommenden Giftes Plutonium [...] praktisch Ja durch unseren Energieverbrauch, mit dem <u>die Machthabenden</u> dieses Gift rechtfertigen.
>
> (Gollwitzer 1978: 223)

In diesen Aussagen überwiegt eine kaum noch theologisch unterfütterte kritische Stellungnahme zu gesellschaftspolitischen und wirtschaftlich-historischen Gegebenheiten. Gollwitzer skizziert auf vielen Seiten ein zeittypisches Bild von einer aus seiner Sicht nationalistischen, imperialistischen, kolonialistischen, kapitalistischen und bellizistischen Klassengesellschaft, die es zu bekämpfen gelte. Die Analyse der zeitgenössischen politischen und gesellschaftlichen Zustände und die daraus abgeleiteten Forderungen entbehren weitgehend einer theologischen Dimension und kommen ohne theologische Fachbegrifflichkeit aus. Lediglich andeutungsweise werden vom Autor Bezüge zu theologischen Diskursen hergestellt, wenn er von der „Mitarbeit der Christen" bei der großen gesellschaftlichen Umwälzung spricht und einräumt, dass die Überwindung der kapitalistischen Klassengesellschaft noch nicht zur Errichtung des „Reiches Gottes" auf Erden führe, da auch die revolutionierte Gesellschaft zunächst nicht ohne „Gesetze und Gewalt" auskomme und sich nach wie vor nicht von der Prämisse der Sündhaftigkeit des Menschen lösen könne. Die Produktion des künstlichen, nicht in der Natur auftretenden Plutoniums bezeichnet Gollwitzer als „gottlos", nicht unmittelbar wegen dessen Einsatzes in der Atomrüstung, sondern aufgrund von dessen Abwesenheit in der ursprünglichen göttlichen Schöpfung; Menschenwerk erscheint so als gottlose Hybris. Insgesamt entbehrt Gollwitzers revolutionäre, politisch interessengesteuerte Sprache nicht eines gewissen utopischen Moments, wenn er impliziert, dass die Veränderung der materiellen Welt zu einer gottgefälligeren und christlichen Daseinsweise führe. An einigen Stellen rekurriert er dennoch explizit auf die theologische Dimension des christlichen Lebens in einer selbstzerstörerischen und ausbeuterischen Welt:

> Daran, daß Gottes <u>Solidarität</u> mit uns auch in dieser Einseitigkeit sich bewährt, ergibt sich [...] eine Brücke von chesed zu den Worten ‚Gnade' und ‚Barmherzigkeit. [...] Gnade gewährt gegenseitige <u>Solidarität</u>, und diese hebt meine Isolation, mein verzweifeltes Auf-mich-selbst-Gestelltsein, mein arrogantes, monadisches Keinen-anderen-nötig-Haben samt der unüberbrückbaren Distanz und Fremdheit von Ich und Du auf. [Meine Hervorhebungen in diesem und im folgenden Zitat, J.G.] (Gollwitzer 1978: 167)

> Das Mißverhältnis der scheinbaren Ohnmacht dieser Verheißung gegenüber der <u>riesigen Macht der Vernichtungskräfte</u> ist das gleiche Mißverhältnis, in dem der Gekreuzigte steht gegen die Macht derer, für deren <u>politisches Spiel</u> er nur eine winzige Schachfigur ist. Das gleiche Mißverhältnis auch, in dem die das Evangelium Hörenden sich zu allen Zeiten gegenüber dem Morden und Vergewaltigen um sie herum befanden, das sie nicht verhindern konnten. (Gollwitzer 1978: 224)

Die Erwähnung von „Gottes Solidarität mit uns" und der Gestalt des „Gekreuzigten" als scheinbar ohnmächtigen Gegengewichtes gegen die „riesige Macht der Vernichtungskräfte" signalisieren Gollwitzers Rückbezug auf den eigentlichen theologischen Kontext seines Einführungswerkes. Dabei wird auch Gott selbst mit dem politisch konnotierten Begriff der Solidarität (internationale Solidarität, Volkssolidarität, Solidarität mit der Arbeiterklasse) in einen terminologischen Kontext mit Begrifflichkeiten der sozialrevolutionären politischen Philosophie gestellt, während Jesus in eine Reihe mit den gegen militärische und totalitäre Gewalt aufbegehrenden, machtlosen Unterprivilegierten gestellt wird. Politische Fachsprache und politische Propagandasprache werden damit bei Gollwitzer, mehr noch als bei Sölle, zum Vehikel für eine hybride theologische Fachterminologie, womit nicht zum ersten Mal in der Geschichte der protestantischen theologischen Fachsprache eine epochenspezifische Vermengung von Fachterminologie und außerfachlicher ideologischer Lexik zu beobachten ist.

8.2 „Hier werden wirklich Mücken geseiht und Kamele verschluckt" – Freiheitsruf, Universalwissenschaft, Sprachereignis

Bei einer ausgewogenen Betrachtung der protestantisch-theologischen Fachsprache in der Bundesrepublik im Zeitraum zwischen Nachkriegs- und Wiederaufbauepoche und Wiedervereinigung kann nicht unberücksichtigt bleiben, dass jenseits von politischer, revolutionärer Theologie oder Hoffnungs- und Zukunftstheologie an den protestantisch-theologischen Fakultäten eine weniger auf Außenwirkung bedachte, wohl aber in der Fachdiskussion selbst einflussreiche Phalanx von Theologen lehrte und forschte, deren Werke ebenfalls relevant für die theologische Wissenschaftssprache waren. Im Folgenden werden exemplarisch die Schriften von Wolfhart Pannenberg, Ernst Käsemann und Eberhard Jüngel betrachtet, die zu den einflussreicheren protestantischen Theologen in der bundesrepublikanischen Universitätslandschaft zählten und daher als repräsentativ für die Wissenschaftssprache ihrer Zeit gelten dürfen.

Wolfhart Pannenberg (1928–2014) war zunächst für jeweils kurze Zeit Professor für Systematische Theologie an der Kirchlichen Hochschule Wuppertal und an der Universität Mainz, dann von 1967 bis 1994 an der Ludwig-Maximilians-Universität München, wo er das Institut für Fundamentaltheologie und Ökumene gründete. Pannenberg unterscheidet sich einerseits insofern diametral von seinen gesellschafts- und sozialpolitisch um Einmischung und aktive Einflussnahme bemühten Kollegen, als er sprachlich und inhaltlich im imprägnierten

Raum der streng fachlichen Diskussion blieb, ohne explizite Bezüge zu zeitgeschichtlichen und tagespolitischen Diskursen herzustellen. Dennoch geht der Gesamtentwurf seines theologischen Selbstverständnisses deutlich über eine Forschungstätigkeit in engen fachdisziplinären Grenzen hinaus und strebt einen universellen Geltungsanspruch an, mit dem er auf anderem Weg und mit anderen Mitteln die Vision einer weltumspannenden Heilsutopie vermittelt. Pannenberg konstatiert in einem Aufsatz von 1962 mit dem Titel *Die Krise des Schriftprinzips* (1971b):

> Eine Theologie, die sich der intellektuellen Verpflichtung bewußt bleibt, die der Gebrauch des Wortes „Gott" mit sich bringt, wird sich tunlichst darum bemühen, alle Wahrheit und daher nicht zuletzt die Erkenntnisse der außertheologischen Wissenschaften auf den Gott der Bibel zu beziehen und von ihm her neu zu verstehen. Das mag wie Anmaßung aussehen, aber es ist die unabdingbare Last, die einem Reden von Gott, sofern es bedenkt, wovon es spricht, auferlegt ist. Mit dieser Aufgabe wird sicherlich keine Theologie je zuende kommen, aber ihre Last zu tragen, macht nicht nur die Not, sondern auch die Würde der Theologie aus, zumal in einer geistigen Situation, die sonst auf allen Seiten durch spezialistische Zersplitterung gekennzeichnet ist. (Pannenberg 1971b: 11)

Theologische Fachsprache ist Pannenberg zufolge letztlich „Reden von Gott", und das impliziert seiner Auffassung nach eine Reihe von fundamentalen Voraussetzungen, um seiner Relevanz oder der durch es bedingten „unabdingbaren Last" gerecht zu werden: Die theologische Wissenschaft habe die Aufgabe, „alle Wahrheit" und damit auch „die Erkenntnisse der außertheologischen Wissenschaft" von Gott her zu verstehen. Das heißt, dass die Theologie und damit auch ihre Sprache wieder den Status einer Universalwissenschaft für sich in Anspruch nehmen müsse, die das gesamte menschliche Weltwissen in einer Disziplin umgreifen solle, und nicht, wie es in der jüngeren Geschichte der theologischen Forschung der Fall ist, wie die nomothetischen Wissenschaften „spezialistischer Zersplitterung" zum Opfer fallen dürfe. Pannenberg ist sich dessen bewusst, dass dies eine „Anmaßung" sei, es sei dem Theologen aber „auferlegt" und mache die „Würde" dieses außergewöhnlichen geistigen Betätigungsfeldes aus, die sich aus dem privilegierten und ihrer Zielsetzung eigenen zentralen Gebrauch des Gottesbegriffes ableite. Pannenberg führt weiter aus, dass es ein „verführerischer Gedanke" wäre, wenn die Theologie „sich auf einen Sonderbereich göttlicher Offenbarung zurückzieht und zu einer Wissenschaft neben anderen wird". Die „Universalität, die mit dem Gedanken Gottes verbunden ist", gerate dabei jedoch in den Hintergrund (Pannenberg 1971b: 12). Pannenberg konstatiert, dass die „schön klingende Versicherung einer Konzentration der Theologie auf ihre besondere Aufgabe" Verrat am ersten Gebot sei und damit einem Abfall von Gott gleichkomme (Pannenberg 1971b: 12). Die Universalität des theologischen Themas beruhe dabei grundsätzlich auf der monotheistischen Gottesvorstellung der christlichen Religion. Pannenberg wendet sich mit seiner Argumentation in erster Linie gegen eine Beschränkung der theologischen Forschung auf Bibelauslegung und Schrifthermeneutik, da auch diese letztlich „von der Schöpfung der Welt und des Menschen und von der Geschichte Gottes mit der Menschheit, die alles Geschehen von den Anfängen der Welt bis zu ihrem künftigen Ende umspannt", rede (Pannenberg 1971b: 12). Die Beschäftigung mit den in der Heiligen Schrift kodifizierten christlichen Glaubensgrundlagen sei demnach nicht auf eine spezialisierte Nischenwissenschaft bzw. auf deren Verständnis als einer nicht mehr universellen, sondern untergeordneten Fachdisziplin zu reduzieren, sondern müsse einen menschheitsumgreifenden und geschichts- wie welterklärenden Deutungsanspruch erheben. In diesem Sinn fasst Pannenberg seine Auffassung von der Rolle der Theologie im Zusammenspiel mit anderen Wissenschaften folgendermaßen zusammen:

> Wenn Theologie und profane Wissenschaften über die Welt, den Menschen, die Geschichte verschiedene und gar gegensätzliche Aussagen machen, so ist die Frage unabweisbar, welche dieser Behauptungen als die wahren zu gelten haben. Die Beantwortung solcher Fragen im Sinne der neuzeitlichen Wissenschaften mußte sich gegen die Glaubwürdigkeit der Theologie und der Heiligen Schrift selbst kehren. Das Selbstverständnis der Theologie als einer positiven Einzelwissenschaft für den Sonderbereich der Offenbarung erwies sich als unhaltbar, indem im Verlaufe der neuzeitlichen Geschichte die Grundlage solcher Theologie, die Schrift selbst, von der Kritik erfaßt wurde, und zwar als Rückwirkung des neuen Wirklichkeitsverständnisses, das die aus dem universalen Thema der Theologie entlassenen Einzelwissenschaften ausgearbeitet hatten.
>
> (Pannenberg 1971b: 13)

Aus Pannenbergs Ausführungen wird deutlich, dass er der Theologie als Wissenschaft von Gott ihren angestammten Sonderstatus als übergreifende Lehre von den ‚ersten und letzten Dingen' wieder zurückzugeben beabsichtigt und sie nicht als eine unter vielen gleichberechtigten Wissenschaften oder akademischen Disziplinen eingeordnet verstehen will. Die Konkurrenz zu empirischen oder, wie Pannenberg sie nennt, „profanen" Wissenschaften und die damit verbundene Marginalisierung der Theologie bei der Welterklärung und bei der Beantwortung der fundamentalen Menschheitsfragen führe zur Reduzierung der Glaubens- und Religionsgrundlagen auf einen verhandelbaren und bezweifelbaren Forschungsgegenstand und entziehe der Theologie ihre angestammte Rechtfertigung aufgrund ihres überzeitlichen und transzendenten Deutungsanspruches. Die Affirmation der so begründeten Sonderstellung der theologischen Wissenschaft als Disziplin, die sich einen weitgehenden Alleinvertretungsanspruch gegenüber allen anderen Fachrichtungen auf die Fahnen schreibt, entbehrt nicht einer gewissen Hybris. Dennoch kann Pannenbergs Argumentation nicht ganz von der Hand gewiesen werden, wenn die traditionelle Aufgabe der

Theologie als Wissenschaft von Gott und seiner Offenbarung sowie aller daraus resultierenden Konsequenzen für den Menschen und sein historisches und soziales Selbstverständnis noch ernst genommen werden soll. Damit erweist sich Pannenbergs theologische Grundhaltung schließlich auch als weniger konträr zu den Positionen der politischen und revolutionären, insgesamt handlungsorientierten Theologen, als es zunächst scheinen mag; denn auch sie leiten aus einem Alleinstellungsanspruch der protestantischen Glaubens- und Gotteslehre historische, politische, sozialrevolutionäre, schöpfungsbewahrende, systemkritische und andere mehr oder weniger radikale Handlungsmaximen ab, die mit dem Primat der theologischen Einsicht vor Erkenntnissen aus „profanen" Wissenschaften gerechtfertigt werden. Auch Pannenberg leitet, durchaus vergleichbar mit der Forschungshaltung der „politischen Theologie", aus der dogmatisch-exegetischen Beschäftigung mit christlich-protestantischen Glaubensfragen einen allgemeingültigen Missionsauftrag für die außertheologische Wirklichkeit ab; nur bleibt er dabei im Gegensatz zu den spektakuläreren theologischen Zeitströmungen konsequent im Bereich der wissenschaftlichen Terminologie und der weitgehend abstrakten fachsprachlichen Rede, die kaum Bezüge zur aktuellen Gegenwartsrealität herstellt.

Ein Beispiel für den allumfassenden Welterklärungsanspruch sind in Pannenbergs theologischer Fachsprache erwartungsgemäß umfangreiche Exkurse in außertheologische Bereiche, wodurch zahlreiche terminologische Elemente aus unterschiedlichen akademischen Disziplinen in seine Argumentation einfließen, darunter Geschichtswissenschaften, Rechtswissenschaften und Politikwissenschaft. So findet sich etwa im Aufsatz *Heilsgeschehen und Geschichte* (Pannenberg 1971a) eine ausführliche Auseinandersetzung mit Aspekten der Geschichtswissenschaften, speziell der Geschichtsphilosophie, wie unmittelbar schon aus den Titeln der Teilkapitel hervorgeht:

I. Die Erschlossenheit der Wirklichkeit als Geschichte durch die biblische Gottesoffenbarung

II. Die Geschichte Gottes und die historisch-kritische Forschung

    1. Die Anthropozentrik der historischen Kritik

    2. Das Monopol der historischen Methode für die Geschichtserkenntnis

    3. Die theologische Problematik historischer Erhellung des Glaubensgrundes

    4. Offenbarungsgeschichte als Problem historischer Methode

    (Pannenberg 1971a: 23–25)

Anhand der Kapitelüberschriften wird deutlich, dass eine beachtliche terminologische und konzeptuelle Grenzüberschreitung in den Bereich der Historiographie vorgenommen wird. Noch deutlicher wird dies bei einem Blick in den Einführungsteil des Aufsatzes. Im Einleitungssatz umreißt Pannenberg die Bedeutung der Geschichte und damit der Geschichtswissenschaft für die christliche protestantische Theologie:

> Geschichte ist der umfassendste Horizont christlicher Theologie. Alle theologischen Fragen und Antworten haben ihren Sinn nur innerhalb des Rahmens der Geschichte, die Gott mit der Menschheit und durch sie mit seiner ganzen Schöpfung hat, auf eine Zukunft hin, die von der Welt noch verborgen, an Jesu Christus jedoch schon offenbar ist.
>
> (Pannenberg 1971a: 22)

Der Anspruch, Erkenntnisse und Methoden der Geschichtswissenschaft für die theologische Forschung in Dienst zu nehmen, ist deutlich erkennbar, wobei die Deutungshoheit der historischen Teleologie und der epochenübergreifenden Interpretation historischer Diskurse seitens der theologischen Wissenschaft zweifellos nicht aus der Hand gegeben werden soll, da nur aus deren Perspektive der Sinn der Geschichte unter Berufung auf den göttlichen Willen und auf die eschatologische Zukunftshoffnung im Kontext der christlichen Offenbarung angemessen gedeutet werden könne. In einer einführenden Reflexion verdichtet Pannenberg seine terminologisch-fachsprachliche Gratwanderung an der Grenze zwischen Theologie und Geschichtswissenschaft dann noch einmal massiv, um seine Forderung nach historiographischem Vorrang der theologischen Betrachtungsweise gegenüber der „profanen" wissenschaftlichen Betrachtung zu konsolidieren. Unter den auf nur zwei Seiten zusammengedrängten Fachbegriffen finden sich folgende teils genuin geschichtswissenschaftliche, teils hybride, teils vom Autor selbst geprägte adjektivische und substantivische Termini:

- Übergeschichte, übergeschichtlich
- übergeschichtlicher Kern der Geschichte
- übergeschichtlicher Glaubensgrund
- heilsgeschichtlich
- eigentliche Geschichte
- Geschichtlichkeit der Existenz
- Reduktion der Geschichte auf Geschichtlichkeit
- reine Geschichtlichkeit
- Erfahrung der Bedeutsamkeit der Geschichte der „Geschichtlichkeit" des einzelnen
- Urgeschichte
- wissenschaftliche Feststellung des Geschehenen
- sinn- und heilloser „objektiver" Geschehensablauf
- Heilsgeschehen
- heilsgeschichtliche Theologie
- Geschichtshaftigkeit des Heilsgeschehens

- historisch-kritische Forschung
- Historiographie
- Historie

(Pannenberg 1971a: 22–23)

Aus dieser Fülle von Termini, die die historiographische Kompetenz des theologischen Forschers unter Beweis stellen sollen, seien für eine eingehendere Betrachtung nur einige herausgegriffen: Pannenberg spricht abwechselnd von „Geschichte", „Geschichtlichkeit", „dem Geschehenen", „Geschehensablauf", „Geschichtshaftigkeit" und „Historie"; ferner verwendet er die präfigierten Substantivableitungen „Urgeschichte", „Übergeschichte" sowie die Komposita „Heilsgeschehen" und „Heilsgeschichte". Während die letzten beiden Begriffe genuin theologische Fachtermini sind, die sich auf die neutestamentliche Geschichte des Lebens Jesu bzw. auf die christliche Erlösungshoffnung als Zielpunkt der Menschheitsgeschichte beziehen, sind die anderen Begriffe hybrid oder eindeutig aus dem Inventar der Geschichtswissenschaften entlehnt. So bezeichnen Begriffe wie „Übergeschichte" oder „übergeschichtlicher Kern der Geschichte" offenbar die theologische Sichtweise eines universellen Geschichtsverständnisses, bei dem vom historischen Einzelgeschehen abgesehen wird bzw. dieses jeweils in einen teleologischen göttlichen Gesamtplan einbezogen und damit gewissermaßen in seinen Einzelaspekten als irrelevant deklariert wird. Im Gegensatz zu dieser eschatologischen „eigentlichen Geschichte" steht die „reine Geschichtlichkeit", unter der die empirischen Tatsachenabläufe zu verstehen sind, mit denen sich die außertheologische historische Forschung befasst, also die „wissenschaftliche Feststellung des Geschehenen" bzw. die „Historiographie". Tatsächlich lehnt Pannenberg beide Betrachtungsweisen für seine theologische Reflexion ab:

> Collingwood meint mit Historie die methodische Feststellung vergangenen Geschehens, eben Historie und nicht Geschichte. Wenn ich so Geschichte und Historie unterscheide, verstehe ich als Historie [...] „nicht die geschehene Geschichte selbst" mit der ihr als solche eigenen Wirklichkeitsstruktur, „sondern das ἱστορεῖν derselben" im Sinne des „Kennenlernens und In-Erfahrung-Bringens und Berichtens über das Erfahrene".
>
> (Pannenberg 1971a: 27)

Damit nimmt Pannenberg für seine Wissenschaft die Beschäftigung mit der eigentlichen, ‚wirklichen' Geschichte in Anspruch und weist der „Historie", die Gegenstand der Geschichtswissenschaften als ‚Historiographie' sei, eine nachrangige Relevanz zu, da sie sich nur mit dem subjektiven ‚Berichten' von Erlebtem und Erfahrenem beschäftige und somit nicht in das ‚wirklich Geschehene' eindringen könne. Diese Vereinnahmung der Geschichtswissenschaft ist nicht folgenlos für den Status von Pannenbergs theologischer Fachsprache. Wenn der zur lediglich historisches Quellenmaterial inventarisierenden und ordnenden Hilfswissenschaft degradierten Historiographie der Rang einer hermeneutischen Geistes- und Kulturwissenschaft streitig gemacht wird, dann übernimmt die theologische Fachsprache die Zuständigkeit für die ‚eigentliche' wissenschaftliche Fachsprache der Geschichtswissenschaften. Damit führt Pannenberg die Tradition der Völker- oder Nationengeschichtsschreibung des 19. und der ersten Hälfte des 20. Jahrhunderts fort, während sich in den Geschichtswissenschaften heute „Makro- und Mikrohistorie herausgebildet [haben], Multikulturalität, eine unübersichtliche Globalisierung und zugleich das Ende globaler Systemkonfrontationen [...] einheitsstiftende Kategorien von Geschichtswissenschaft aus[höhlen]", wie Bruch feststellt und daraus folgert: „‚Geschichte' zerfällt erneut und neuartig in Geschichten" (2007: 129). Pannenbergs „Übergeschichte" oder „eigentliche Geschichte" wird damit im Gegensatz zur „Historie" als bloßer „Geschichtlichkeit" und als „sinn- und heillosem ‚objektiven' Geschehensablauf" zum mit „Geschichtshaftigkeit" versehenen Gegenstand einer erklärbaren, deutbaren und teleologisch sinnhaften Geschichtswissenschaft, die jedoch nur im Kontext einer theologischen Betrachtungsweise möglich sei. So konstatiert Pannenberg konsequenterweise:

> Die historische Forschung und die von den biblischen Schriften gehören für die heute gewöhnliche Sicht zwei ganz verschiedenen geistigen Ebenen an. Historische Forschung erscheint wesentlich als Methode zur Entdeckung und Rekonstruktion beliebiger vergangener Geschehnisse am Leitfaden der gegenwärtigen Wirklichkeitserfahrung. Dagegen ist die Geschichte, von der die biblischen Zeugnisse berichten, ein Zusammenhang von Ereignissen einmaligen Charakters, die alltäglichen Maßstäben überlegen sind und daher nicht an ihnen gemessen werden können. (Pannenberg 1971a: 44)

Die „Überlegenheit" der theologisch fundierten, eschatologisch ausgerichteten Geschichtswissenschaft legitimiert den Theologen somit zu umfangreichen Exkursen in geschichtswissenschaftliche Hoheitsgebiete. Charakteristische Begriffswörter der Geschichtswissenschaften – im theologischen Kontext eigentlich fachfremde Terminologie –, darunter *Kausalität*, *Kulturgeschichte*, *Periodisierung*, *Weltgeschichte* u. a., finden auf diese Weise Eingang in theologische Diskurse und werden im Kontext der theologischen Fachsprache diskutiert. So werden grundsätzliche Problemstellungen der Geschichtswissenschaften und der Geschichtsphilosophie reflektiert, wie etwa folgendes Zitat beweist:

> Nur unter Voraussetzung eines universalgeschichtlichen Horizontes [...] kann die Frage sinnvoll gestellt werden, ob der Eine Gott sich in der Geschichte hier oder dort offenbart hat. [...] Historisches Denken wird auf die Voraussetzung einer Einheit der Geschichte schwerlich verzichten können. Die philosophischen Voraussetzungen, die jeder zu historischem Forschen schon mitbringt, beschränken sich ja nicht auf ein bestimmtes Existenzverständnis, sondern schließen immer auch Modelle von Geschehensabläufen ein. Da nun

in der Geschichte alles unter übergreifenden Zusammenhängen steht, läßt sich keine partikulare Geschehenseinheit aus sich selbst heraus abschließend verstehen. [...] Erst im Horizont einer Weltgeschichte kann auch das Einzelgeschehen in seiner vollen Bedeutung gewürdigt werden. [...] Das zeigt sich besonders deutlich bei den Problemen historischer Periodenbildung. Nur eine weltgeschichtliche Sicht vermag eine Einteilung des Geschichtsablaufes in Perioden zureichend zu begründen. (Pannenberg 1971a: 68–69)

Im Gegensatz zur modernen Auffassung von Weltgeschichte, an der nach Osterhammel „die postmoderne und mikrohistorische Kritik an ‚großen Erzählungen' nicht spurlos [...] vorüber[ging]" und die sich „weniger durch den Umfang der betrachteten Gegenstände und den Allgemeinheitsgrad der über sie getroffenen Aussagen als durch die Reichweite der untersuchten Beziehungen [definiert]" (Osterhammel 2007: 324–325), geht Pannenberg hinter Marx' weltgeschichtlich konzipierten historischen Materialismus und Hegels teleologische Geschichtsphilosophie zurück und weist dem Begriff der *Weltgeschichte* eine genuin theologische, heilsgeschichtliche Definition zu. Damit wird auch der Begriff der *Periodisierung* gewissermaßen zweckentfremdet und theologieterminologisch vereinnahmt. Aus heutiger geschichtswissenschaftlicher Sicht spricht gegen eine Periodisierung der Geschichte im Sinne des „Gedanken[s] einer fortschreitenden Entwicklung zu einer wie auch immer gedachten Vollendung [...] die Unmöglichkeit, sie wissenschaftlich zu belegen: Der Gang der Menschheitsgeschichte lässt ich nicht empirisch nachweisen. Über Anfang und Ende der Geschichte sind keine gesicherten Erkenntnisse möglich" (Becher 2007: 234–235). Hier setzt wiederum Pannenbergs Übernahme geschichtswissenschaftlicher Terminologie ein, wenn dieser die „Periodenbildung" rehabilitiert und im Zuge der Welt- und heilsgeschichtlichen Sichtweise auch wieder einen postmarxistischen und posthegelianischen Geschichtssinn konstatiert, bis hin zur Neubehauptung der Existenz eines Anfangs und eines Endes der Geschichte.

Pannenbergs Anspruch, die theologische Fachsprache als eine wissenschaftliche Universalsprache zu betrachten, beschränkt sich freilich nicht auf die Einbeziehung und Neudefinierung geschichtswissenschaftlicher Terminologie, die hier exemplarisch verhandelt wurde, sondern erstreckt sich auch auf weitere Wissenschaftsbereiche. Als Beispiele können hier ohne Anspruch auf Vollständigkeit Philosophie, Politikwissenschaften, Rechtswissenschaften und Naturwissenschaften ins Feld geführt werden. Insbesondere die Aufsatzsammlung *Ethik und Ekklesiologie* (Pannenberg 1977) bietet dafür einige Anhaltspunkte. Im Vorwort kündigt Pannenberg an, „daß eine sachlich angemessene Erörterung und Darstellung der Lehre von der Kirche sich in den weiteren Zusammenhang der ethischen Fragen nach Gesellschaft, Staat und Recht einordnen sollte" (Pannenberg 1977: 5). Mit diesen drei Begriffen umreißt er seine Forderung, dass die theologische Wissenschaft auf den Feldern der Sozial-, Politik- und Rechtswissenschaft fachliche Kompetenz zu beanspruchen habe. Es versteht sich, dass damit keine Rechts-, Politik- oder Gesellschaftswissenschaft im eigentlichen Sinne betrieben werden soll. Wohl aber ist dies der Fall in den Grenzbereichen der Rechtsphilosophie und Rechtsethik, der politischen Ethik und der Gesellschaftsethik. So kündigt Pannenberg im Vorwort an, dass der erste Beitrag des Bandes sich im Themenbereich der „Theologie des Rechtes" bewege und sich im Zusammenhang der „Diskussion von der christologischen Rechtsbegründung auf der einen, naturrechtlichen Ansätzen auf der anderen Seite" zum Ziel setze, „ein christliches Prinzip der geschichtlichen Wandelbarkeit des Rechtes zu gewinnen" (Pannenberg 1977: 5). Es ist offensichtlich, dass eine „Theologie des Rechtes" sowohl inhaltlich als auch terminologisch in die Sphäre der Rechtswissenschaft eindringt und sich deren fachsprachliche Begrifflichkeit zu eigen macht. Die bereits im Vorwort zitierten Termini sind Spezifika der juristischen Fachsprache. Das *Naturrecht*, definiert als „Gesamtheit der in der Natur begründeten Rechtssätze, wobei diese Natur meist als von Gott geschaffen und der Vernunft entsprechend gedacht ist, oft unterschieden vom geschriebenen oder positiven Recht"[6], kann noch als Scharnierbegriff angesehen werden, der am Übergang zwischen Ethik, Theologie und Rechtswissenschaft eine wesentliche Rolle für alle genannten Disziplinen spielt. Mit dem Begriff der *Rechtsbegründung* bewegt sich Pannenberg jedoch weit in die fachspezifische Domäne der Rechtswissenschaft, genauer gesagt der Rechtsgeschichte hinein. Willoweit stellt zu dem Begriff fest:

> Die historisch verifizierbaren Modelle der Rechtsbegründung müssen das willkürliche Handeln eines Despoten nicht abdecken. Speziell die historische Last des 20. Jahrhunderts muß sich nicht aufladen, wer rückblickend danach fragt, wo die verschiedenen Ansätze der Rechtsbegründung eventuell konvergieren. Denn an dieser Frage nach den Gemeinsamkeiten legitimierenden Rechtsdenkens über Epochen hinweg wird die rechtsgeschichtliche Forschung und überhaupt die Rechtswissenschaft nicht vorbeikommen.
> (Willoweit 2000: 321–322)

Pannenberg setzt sich in seinem Aufsatz mit diesen und anderen fundamentalen Themen der Rechtswissenschaft und zu dieser zugehörigen Fachdisziplinen auseinander, womit er einen weiteren akademischen Wissenschaftskomplex in die theologische Auseinandersetzung implementiert.

---

[6] https://drw-www.adw.uni-heidelberg.de/drw-cgi/zeige?index=lemmata&term=Naturrecht (letzter Zugriff 20.10.2021).

8.2 „Hier werden wirklich Mücken geseiht und Kamele verschluckt" — 251

Ähnliches gilt auch für Themenfelder der Philosophie, die allerdings per se, vor allem hinsichtlich der systematischen Theologie, traditionell mit dem theologischen Denken Hand in Hand geht. Pannenberg geriert sich in seinen Publikationen auch hier raumgreifend als philosophierender Theologe bzw. als theologisch versierter Philosoph. In zwei Aufsätzen desselben Bandes geht es um „die Angewiesenheit der Ethik auf die Fundierung in einem vorgängigen Wirklichkeitsverständnis, anders gesagt: um das Verhältnis von Ethik und Dogmatik" (Pannenberg 1977: 6). Pannenberg beansprucht auch hier eine wegweisende Autorität des Theologen als Ethiker, womit er der Ethik als genuin philosophischer Teildisziplin einen bloß sekundären Rang zuweist. Aus theologischer Perspektive verhandelt er eine der Grundfragen der philosophischen Ethik, nämlich die Frage nach dem *Guten* an sich:

> Sie [die Ethik, J.G.] wird [...] am Gedanken der Gottesherrschaft als der Individuum und Gesellschaft konfrontierenden Zukunft Gottes orientiert sein, aber diesen Ausgangspunkt nicht als postulierte Theozentrik, sondern durch Vermittlung einer Kritik der verschiedenen philosophischen Expositionen der ethischen Frage nach dem Guten gewinnen müssen. In der Ausführung einer solchen Ethik wird [...] der „objektiven" Ethik der sozialen Institutionen ein Vorrang gebühren gegenüber den sonst abstrakt bleibenden Themen einer individualistischen Persönlichkeitsethik. (Pannenberg 1977: 6)

Aus dem Zitat geht deutlich hervor, dass Pannenberg sich die philosophische Perspektive auf zentrale Themen der Ethik aneignet, wenn er ankündigt, von der „objektiven", also der prämissefreien Ethik auszugehen und nicht von der glaubensgesteuerten Ethik des persönlichen Gottesverhältnisses, um von hier aus die theologische Sichtweise der „Zukunft Gottes" zu entfalten. Von der philosophischen Ethik und der „Ethik der sozialen Institutionen" ausgehend, bewegt sich Pannenberg dann auch auf dem Terrain der „politischen Ethik" und der politischen Wissenschaften allgemein.

In mehreren Aufsätzen setzt sich Pannenberg mit genuin politischen und politologischen Themenbereichen wie der deutschen Ostpolitik, dem Friedensbegriff und dem Weltfrieden, der Zukunft und Einheit der Menschheit, dem Begriff der Nation und schließlich der immer wieder in der politisch-theologischen Diskussion virulenten Lutherischen „Zwei-Reiche-Lehre" auseinander. Letztere relativiert er unter Hinweis auf deren Gebundenheit an den historischen Kontext und Luthers vom ausgehenden Mittelalter geprägtes Denken und bezeichnet sie als auf den heutigen politischen Diskurs nicht mehr anwendbar, womit er sich gleichzeitig von der opportunistischen Berufung auf Luthers Lehre durch die ‚völkische', nationalsozialistische Theologie distanziert. So wirft er Luther eine „Gleichgültigkeit der Prinzipien, auf denen der Staat beruht, gegen den religiösen Boden, auf dem das konkrete politische Gemeinwesen sich bildet", vor (Pannenberg 1977: 99) und bezeichnet seine „Zwei-Reiche-Lehre" als „eine sehr zeitbedingte Ausprägung politischen Denkens im Überlieferungszusammenhang christlicher Theologie" (Pannenberg 1977: 110). Ferner stellt er fest, dass Luther den Staat als politisches Gebilde lediglich als „bloße Notordnung gegen die Sünde" (Pannenberg 1977: 110) betrachtet habe und somit eine „Inspiration zur Veränderung der politischen Verhältnisse aus der Kraft der [...] Vision der eschatologischen Gottesherrschaft" bei diesem nicht erkennbar sei (Pannenberg 1977: 113). Die Bedeutung von Luthers Auffassung von der staatlich-politischen Gewalt bestünde heute nur noch in ihrer Eignung zum „Korrektiv [...] gegen den schwärmerischen Enthusiasmus, der sich mit der Idee der Freiheit so leicht verbindet" (Pannenberg 1977: 114). Mit dieser historisch-politologischen Einordnung der „Zwei-Reiche-Lehre" und der Verwendung von Begriffen wie *politisches Gemeinwesen, Notordnung, Veränderung politischer Verhältnisse*, die hier nur stellvertretend für zahlreiche weitere aufgelistet seien, entlehnt Pannenberg Termini der Politologie, die in der theologischen Debatte fachfremd erscheinen. In einer Reihe weiterer Aufsätze wird dieses Verfahren potenziert, sodass sich eine Art theologisch-politologische Hybridfachsprache herausbildet: Im Aufsatz *Christlicher Glaube und Gesellschaft* diskutiert Pannenberg das Problem der „politischen Ordnung der gemeinschaftlichen Angelegenheiten aller Bürger" als Kritik an der marxistischen Forderung nach einer „Änderung der bestehenden gesellschaftlichen Strukturen" (Pannenberg 1977: 119). Mit diesem Eintauchen in die ureigene Sphäre der politischen Theorie fährt der Autor dann ein umfängliches Arsenal von politologischen und gesellschaftswissenschaftlichen Termini auf, die von *politischem Handeln, Institutionalisierung der politischen Ordnung, Loyalität der Individuen gegenüber dem Staat* über die *Idee der Freiheit*, den neuzeitlichen *Verfassungsstaat, die Menschenrechte* bis hin zum *ideologischen Totalengagement, dem politischen Verfall, dem Ruf nach Umsturz der politischen Ordnung* usw. reichen (Pannenberg 1977: 119–123). Pannenberg führt seine Ausführungen zur politischen Theorie dann jedoch jeweils wieder auf eine theologische Ebene zurück, womit die Unterlegenheit auch der politischen Wissenschaften gegenüber dem transzendenten Erkenntnisanspruch der Theologie unter Beweis gestellt werden soll. Zum politologischen Fachwortschatz gesellen sich somit theologische Begrifflichkeiten, die den Anspruch auf die definitive Wahrheitserkenntnis jeweils auch terminologisch sicherstellen sollen:

> Die Bestimmung des Menschen ist also politisch nicht definitiv realisiert und auch nicht durch politisches Handeln definitiv realisierbar. Das ändert nichts daran, daß die Bestimmung des Menschen in der Tat politisch ist, nämlich nur gemeinschaftlich von allen Individuen und für alle Individuen verwirklicht werden kann. Das ist aber nur da möglich, wo die Einheit der Individuen nicht durch menschliche Herrschaft, sondern durch die Herrschaft Gottes begründet wird. Erst wenn Gottes Herrschaft über die Menschen kommt, wer-

den alle Individuen in der Weise von einem gemeinsamen Geist beseelt sein, daß sie einander unverkürzt respektieren und jeder in der Beziehung zu allen andern die Erfüllung seines Lebens finden wird. Daher wird erst mit dem Kommen der Gottesherrschaft [...] die Menschlichkeit des Menschen volle Wirklichkeit werden. (Pannenberg 1977: 119–120)

Durch das Prinzip der religiösen Neutralität des Staates ist in der Neuzeit das Bewußtsein davon verdrängt worden, daß politische Ordnung ohne Religion gar nicht möglich ist. Nur eine dem Belieben aller Individuen und insbesondere auch der die politische Herrschaft ausübenden Individuen entzogene, allgemein überzeugende „Wahrheit" über den Menschen und seine Bestimmung vermag die Loyalität der Individuen gegenüber dem Staat zu begründen. Insofern beruht die These von der Neutralität des Staates gegenüber der Religion auf einer Selbsttäuschung, wenn sie nicht im Einzelfall bewußte Heuchelei darstellt. (Pannenberg 1977: 121)

[...] diese politischen Ideen [ziehen] ihre Kräfte aus dem Fortgang christlicher Überlieferung. Darum vernachlässigt eine auf Freiheit begründete politische Ordnung die Grundlagen ihrer eigenen Existenz, wenn sie sich oberflächlich im Sinne der Trennung von Staat und Religion versteht. (Pannenberg 1977: 123)

Indem etwa die „menschliche Herrschaft" durch „Gottesherrschaft" ersetzt wird oder „Loyalität der Individuen gegenüber dem Staat" durch „Beseelung durch einen gemeinsamen Geist", wird mittels einer terminologischen Substituierung das Primat der theologischen Deutung auch politikwissenschaftlicher Domänen besetzt. Dabei agiert Pannenberg einerseits auf einer historisch orientierten und anderseits auf einer auf die Zukunft ausgerichteten Achse, wenn er die modernen politischen und staatlichen Institutionen und juristisch-administrativen Grundprinzipien pauschal zu notwendigen Konsequenzen der religiösen, christlich-abendländischen Geschichte deklariert, gleichzeitig aber auch die religiöse Untermauerung gesellschaftspolitischer Maximen und herrschaftsbezogener Praktiken apodiktisch als fundamental für ein funktionierendes Staatswesen bezeichnet. Auf diese Weise instrumentalisiert Pannenberg Teile des fachfremden politologischen Fachwortschatzes für seine theologisch-eschatologische Argumentation. Ähnlich verfährt er im Aufsatz *Nation und Menschheit* (Pannenberg 1977), in dem ebenfalls eine große Anzahl von politologischen und historisch-politischen Fachbegriffen herangezogen werden, darunter:

- Nationalstaat
- politische Selbstbestimmung
- nationale Selbstbestimmung
- Menschenwürde
- Freiheit und Gleichheit
- Nationalitätenstaat
- Vaterland
- nationale Zusammengehörigkeit
- Sprache, Kultur und Sitte

- Pflege der nationalen Besonderheiten
- übernationale Rechts- und Friedensordnung
- gemeinsame politische und wirtschaftliche Aufgaben
- europäische Integration
- umfassende Friedensordnung
  (Pannenberg 1977: 142–158)

Auch in diesem Fall folgt auf eine ausführliche fachsprachenfremde Auseinandersetzung mit universalhistorischen, welt-, kontinental- und regionalpolitischen Fragestellungen die bei Pannenberg unweigerliche Kehrtwende in Richtung auf eine theologische ‚Metawissenschaft', wenn es resümierend heißt:

> So ist die angedeutete Stufenreihe partikularer Zusammenschlüsse [...] ausgerichtet auf das universale Ziel einer die Menschheit umfassenden Friedensordnung. Wegen seiner Verbindung mit der biblischen Reich-Gottes-Hoffnung muß dieser Gedanke das Kriterium einer christlichen politischen Ethik sein. [...] Für die nationalen Probleme Deutschlands bedeutet das angegebene Kriterium der biblischen Reich-Gottes-Hoffnung, daß unsere nationalen Interessen nicht als Selbstzweck behandelt werden dürfen, sondern nur im Zusammenhang übergeordneter Ziele zu behandeln sind [...]. (Pannenberg 1977: 143)

Insgesamt leitet Pannenberg in seinen Schriften aus einer fundamentalen Zivilisationskritik, die er unter anderem am „Legitimitätsverlust der institutionellen Ordnung der Gesellschaft" (1988: 46), am „Verfall der Allgemeingültigkeit von traditioneller Moral" (49) und am „Verlust verbindlicher Sinnorientierung" aufgrund der „Säkularisierung der Kultur" (51–52) festmacht, eine umfassende Rückorientierung auf christlich-religiöse Formen und Maximen des gesellschaftlichen, staatlichen, rechtlichen, politischen und kulturellen Zusammenlebens ab. Um dies wissenschaftlich zu begründen, bedient er sich fachexterner Terminologien, wodurch in lexikalischer Hinsicht durch zahllose intralinguale Entlehnungen eine Art metadisziplinäre Hybridfachsprache entsteht, die insbesondere die Sonderwortschätze der Geistes- und Sozialwissenschaften zu Hilfsidiomen der systematischen Theologie umfunktioniert.

Deutlich anders gelagert, aber nicht weniger repräsentativ für die protestantische Theologie der zweiten Jahrhunderthälfte ist die Fachsprache des Neutestamentlers Ernst Käsemann (1906–1998), der 1946–1952 an der Johannes-Gutenberg-Universität Mainz lehrte, 1952–1959 an der Georg-August-Universität Göttingen und schließlich von 1959 bis zu seiner Emeritierung 1971 an der Eberhard-Karls-Universität Tübingen. Käsemann gilt als Anstoßgeber und Hauptvertreter der gegen Rudolf Bultmann gerichteten, von dessen Schülern ausgehenden Kritik an der Entmythologisierung der neutestamentlichen Erzählung und des historischen Jesus (vgl. Fischer 2002: 155). Käsemann ist damit bis zu einem gewissen Maße Wortführer einer Tendenz der Remythologisierung, wenn er, wie Zahrnt es formuliert, die Frage stellt, wie der „Übergang von der Verkündigung

Jesu zu der Verkündung von Jesus" zu erklären sei oder „wie und in welcher Weise sich in dieser Diskontinuität die Kontinuität erhalten hat und also ein geschichtlicher Zusammenhang zwischen Jesus von Nazareth und der Verkündigung der Urgemeinde besteht" (Zahrnt 1972: 282). Was Zahrnt als „nach-Bultmannsches Zeitalter" und als „Kurswechsel" bezeichnet (1972: 280–281), führt aufgrund der Neubewertung der historischen Jesusgestalt über dessen bloße historische Wirklichkeit hinausgehend zu einer zumindest partiellen Abkehr von Bultmanns Streben nach Konstituierung einer Kompatibilität zwischen modernem Weltbild und biblischer Geschichte. Daraus resultiert in der Fachsprache Käsemanns und anderer Theologen aus dem Umfeld der Schüler Bultmanns (Ernst Fuchs 1971, *Jesus: Wort und Tat*; Herbert Braun 1969, *Jesus – Der Mann aus Nazareth und seine Zeit* und andere) eine spürbare Zunahme metaphysischer, dem Spektrum des Irrationalen zuzurechnender Begrifflichkeiten. Die Grundfrage dieser theologischen Strömung einer Neubewertung des Lebens Jesu, die sich nicht nur von der liberalen Leben-Jesu-Forschung des 19. Jahrhunderts (vgl. Schweitzer 1966 [1913]) distanziert, sondern ebenso von Bultmanns Trennung von historischem Jesus und Kerygma, lautet in Zahrnts Zusammenfassung: „Hat der Glaube an Christus Anhalt an der Gestalt und Verkündigung Jesu selbst oder geht er nur auf den Glauben und die Verkündigung der ersten Gemeinde zurück?" (1972: 281). Die so postulierte Rückbesinnung auf ein über die historische Existenz hinausgehendes Jesusbild führt bei Käsemann zu einer bildhaften, metaphorischen, nicht vor Pathos zurückschreckenden, insgesamt passionierteren und illuminiert wirkenden Sprache, als es in der Sprache der Nachkriegstheologie üblich war, die in erster Linie zu einem wissenschaftlich-rationalen und jeder Nähe zu ideologischen Vereinnahmungen unverdächtigen Ton zurückfinden musste. Damit macht Käsemann nicht zuletzt auch den gesellschaftlich-kulturellen Tendenzen der 60er Jahre Zugeständnisse, die sich in vielen Bereichen in Form einer neuen Emotionalität, Passionalität, bis hin zu einer gewissen Irrationalität als Gegengewicht zur technisierten, ökonomisierten, rationalisierten Moderne Bahn brechen. Käsemanns metaphorische, emotionalisierte Sprache wird bereits in einem Kommentar zu der von ihm ausgelösten regen Fachdiskussion zur Leben-Jesu-Forschung deutlich, die er als „weltweiten Buschkrieg" bezeichnet und düster prophezeit: „Können wir unser Handwerk anders als in dem Wissen treiben, daß die Füße derer, die uns heraustragen werden, schon längst und jederzeit vor der Tür stehen?" (Käsemann 1964: 42). Der Begriff des *Buschkriegs* oder der bildliche Verweis auf Schergen, die Andersdenkende deportieren, oder Leichenträger, die auf den Abtransport von Todgeweihten warten, stehen für Käsemanns nicht vor extremen Formulierungen zurückschreckende Tonlage.

Einige weitere Käsemanns fachsprachliche Diktion verdeutlichende Beispiele können aus dem Band *Der Ruf der Freiheit* (Käsemann 1968) exzerpiert werden. So wird sein an rhetorischen Stilfiguren reicher, stark veranschaulichender Stil bereits im Vorwort deutlich, in dem er den Charakter der Abhandlung und die Selbsteinschätzung des Autors mit folgenden Metaphern beschreibt:

- leichtgeschürzte Abhandlung
- schwere Rüstung des akademischen Spezialisten
- auf den Marktplatz gehen und die eigene Ware feilhalten
- neues Gelände gewinnen
- die Früchte des Kampfes ernten
- Prügel wiederbekommen, die wir einst austeilten
- Vorfelder, in deren Gestrüpp sich der Einzelkampf immer wieder verfängt
(Käsemann 1968: 7–8, 10–11, 18)

Herkunftsdomänen der Metaphern sind in den zitierten Beispielen der Handel, vor allem aber Krieg, Kampf und Militär, die hier für akademische Debatte und theologische Argumentation stehen. Der sich andeutende Fachsprachduktus verweist auf Käsemanns bewusst popularisierende und unakademisch suggestive fachsprachliche Ausrichtung, mit der er sich in die Phalanx der zeitgenössischen Theologen einreiht, die sich jenseits theologischer Fachdiskurse in der gesellschaftlich-politischen Auseinandersetzung Gehör verschaffen wollen. Käsemann kleidet durchaus fachbezogene Argumentationen sprachlich-rhetorisch auffällig bildreich ein, um seinerseits über sein akademisches Publikum hinaus in der übergreifenden außerfachlichen Leserschaft wahrgenommen zu werden. Dies wird auch in Käsemanns engagierter und polemischer Kritik an Kirche und gegenwärtigem Christentum deutlich:

- das Gerüst, an das man alles Leben und Denken in der Kirche nagelt
- die getünchten Wände der Heilsgeschichte
- bis zur Unkenntlichkeit domestiziertes Christentum
- Auffanglager und Notbaracken für das christliche Abendland und die Volkskirche
- das Christentum stellt keine entscheidende Potenz dar
- farblos, bleichsüchtig, blutarm wirkende Repräsentanten der Christenheit
- Priestertum in homöopathischen Dosierungen
- Pannen im kirchlichen Betrieb
(Käsemann 1968: 19, 21–28, 72–76)

Hier sind es eher Bildbereiche des kranken oder unbehausten menschlichen Körpers oder auch des Hausbaus, der Wirtschaft und der Tierzucht, die zur metaphorischen Ausgestaltung der Darstellung des für den Autor unbefriedigenden Zustands der christlichen Institutionen herangezogen werden. Die Kriegs- und Nachkriegsmetaphorik ist beim Weltkriegsteilnehmer Käsemann sicher nicht zufällig besonders virulent, auffällig ist insgesamt aber eine assoziationsreiche Mischung der begrifflichen Herkunftsdomänen:

- den Strick um den Hals werfen
- sich als Sprengstoff enthüllen
- Gespenster beschwören
- Spielverderber sein
- wie ein rollender Ozean mitreißen
- ein langes Gängelband
- dem heiligen Geist die Zügel [...] überlassen
- hinter die Kulissen schauen
- vor der Bühne sitzen
- Schattenspiele zu sehen bekommen
- sich als Himmelsbürger fühlen
- für seinen alten Adam nicht voraussetzen
- mit der Stiefmutter zusammenleben
- der Weg führt über eine Höllenfahrt
- der dunkle Eingang zum Himmel
- vor den Kadi schleppen
- Talente vergraben, wobei Amtsträger schaufeln helfen
- vor lauter Heiligenschein den Schatten nicht mehr sehen
- im Handumdrehen Christ werden
- das Aufhören des Seufzen Hiobs
- zu schweifenden Nomaden werden
(Käsemann 1968: 31–33, 73–77, 88–92, 102, 124)

Ein solcherart ausgeprägter Einfallsreichtum im Hinblick auf plastische Sprachbilder mag in einem wissenschaftlichen Text überraschen und ist offenbar der von Käsemann selbst inkriminierten zunehmenden Entfernung der Glaubensinstitutionen von ihren potentiellen Adressaten geschuldet, der er eine verständlichere, volkstümliche Sprache als Antidoton entgegenzusetzen sich bemüht. Während Käsemanns Fachkollegen die allgemeinen gesellschaftspolitischen Diskurse unmittelbar oder über externe Fachsprachen in den theologischen Diskurs hineintragen, bemüht sich dieser um eine nicht nur allgemein verständliche, sondern auch stilistisch abwechslungsreiche Sprache. Das führt zwangsläufig zu begrifflichen Unschärfen. Denn ein stetiger Wechsel von veranschaulichenden Bildern und Metaphern, insbesondere von Metaphern aus dem religiösen Bereich („alter Adam", „Höllenfahrt", „Eingang zum Himmel", „Heiligenschein", „Hiobs Seufzen" etc.), erzeugt eine begriffliche Polysemie, infolge derer präzise semantische Zuordnungen leicht zu verschwimmen drohen. Im folgenden Zitat nimmt Käsemann unmittelbar zu generellen Zeitproblemen Stellung, wobei er auch hier eine teils an biblische Gleichnisse angelehnte, teils politischer Schmährede nahestehende bildliche Sprache verwendet:

Hier werden wirklich Mücken geseiht und Kamele verschluckt und Probleme geschaffen, welche die Christenheit noch immer als im mittelalterlichen Patriarchalismus befangen

> erweisen. Dabei brennt uns die Frage nach dem Verhältnis von Christ und Revolution überall nicht bloß auf den Fingern, seitdem die Herrschaft des weißen Mannes in der Welt vor ihrem Ende steht, und so viel Schrift, wie man sonst zur Deckung seiner Skrupel mißbraucht, ist hier reichlich zu finden. Zu verantworten ist von der Kirche auch das, was sie nicht getan hat, und es ist kein Entschuldigungsgrund, daß man in kindlicher Schlauheit rechtzeitig die Augen zukneift oder wehmütig die Verstrickungen der bösen Welt beklagt. Die Zeit der Atombombe ist tatsächlich barbarisch. Der Jünger Jesu, der in ihr bloß auf die eigene weiße Weste achtet und seine Hände zu beschmutzen scheut, spiegelt das Zerrbild jener Bürgerlichkeit, welche sich bei Alarm die Zipfelmütze über den Kopf zieht, und vergißt, daß sein Herr im irdischen Niemandsland zwischen Zeloten starb, ohne selber Zelot zu sein. [Meine Hervorhebungen, J.G.] (Käsemann 1968: 140)

Käsemann gelingt hier eine sprachlich kühne Kombination aus biblischer Sprache („Mücken seihen und Kamele verschlucken": Matth. 23,24; „Zeloten": 4. Mose, 25), auf christlich-mittelalterliche Sachverhalte zurückgehender Idiomatik („auf den Nägeln brennen / auf den Fingern brennen"), christlicher Bildsprache („weiße Weste": weiß als Farbe der Unschuld des Osterlamms), Bildern aus der nationalen, bürgerlichen Tradition („sich die Zipfelmütze über den Kopf ziehen"), einer der alltäglichen Lebenswelt entlehnten Metaphorik („in kindlicher Schlauheit die Augen zukneifen", „seine Hände beschmutzen", „ein Zerrbild spiegeln") und aktuellen gesellschafts- und kirchenpolitischen Bezugnahmen („Verhältnis von Christ und Revolution", „Herrschaft des weißen Mannes", „Zeit der Atombombe"). Diese Technik der engen Verschränkung von zeitlich, begrifflich und sprachlich disparaten Elementen ermöglicht Käsemann eine wissenschaftlich wirkende und gleichzeitig im natürlichen, anschauungsreichen Plauderton vorgetragene Argumentation, in der biblische Überlieferung als relevant für aktuelle außertheologische Sachverhalte erscheinen und auf diese Weise die Stimme des Theologen in den gesamtgesellschaftlichen Diskurs eingebracht werden kann, ohne dem Vorwurf der unmittelbaren Politisierung der Wissenschaft ausgesetzt zu sein.

Abschließend soll kursorisch auf die Fachsprache des 1934 geborenen Systematikers und Religionsphilosophen Eberhard Jüngel eingegangen werden, der 1969 bis 2003 an der Eberhard-Karls-Universität Tübingen lehrte. Jüngel gehört zu den Theologen der Übergangszeit zwischen gesellschaftlich engagierter Theologie der 70er und 80er Jahre und der Theologie der Jahrtausendwende (s. Kap. 10). Er wuchs in der DDR auf und folgte 1966 einem Ruf an die Universität Zürich, was ihm mit einer befristeten Ausreisegenehmigung ermöglicht wurde, blieb dann aber nach seinem Wechsel nach Tübingen in der Bundesrepublik. Insofern stellt er auch in zeithistorischer Hinsicht einen Zeugen des zweigeteilten Deutschlands dar, dessen politisch-historischer Sonderstatus Gesellschaft, öffentliche Debatten und nicht zuletzt auch Kirche und Theologie diesseits und jenseits des ‚Eisernen Vorhangs' im ausgehenden 20. Jahrhundert auch lange nach 1989/90 maßgeblich prägte. Jüngel gilt als Vertreter einer „Hermeneutischen Theologie", in der, wie Härle es formuliert, die „dynamische Interpretation von Gottes Schöpferwirken" im Mittelpunkt steht und somit insbesondere „die Bedeutung von Wort bzw. Sprache für die Konstituierung des Seins der Welt" zur Geltung komme (Härle 2012: XLIV). Härle verweist auf die Bedeutung der Kategorie des von Ebeling geprägten Begriffs des *Sprachereignisses*:

> Das Sprachereignis, das zwischen dem Möglichen und dem Unmöglichen unterscheidet, spricht die Wirklichkeit an und vermittelt *sich* so mit der Wirklichkeit. Diese Vermittlung wird aber dort noch nicht erreicht, wo das göttliche Wort als *Anspruch* verstanden wird, sondern erst dort, wo es als *Zuspruch* begegnet [...] und damit zugleich als Gewährung von Zeit, in der Vertrauen in Freiheit gelebt werden kann. [...] Während Ebeling vor allem von der Bedeutung der Sprache für das *Menschsein* ausgeht, nimmt Jüngel seinen Ansatz bei der *Rechtfertigungsbotschaft* und damit bei dem Heilswirken Gottes durch Jesus Christus, durch das in der Wirklichkeit Möglichkeit entsteht, indem sie *zugesprochen* wird. Aus dieser zugesprochenen Möglichkeit kann [...] im Bereich der Wirklichkeit ein radikal verändernder revolutionärer Handlungsimpuls folgen, aber *keine Theologie der Revolution*; denn damit würde die Wirklichkeit menschlichen Handelns in unzulässiger Weise theologisch überhöht. (Härle 2012: XLIV–XLV)

Es ist offensichtlich, dass in Jüngels Theologie, ähnlich wie bei Ebeling (Kap. 7.2), die Sprache in Form des von Härle zitierten „Sprachereignisses" als „Zuspruch einer Möglichkeit" eine zentrale Rolle spielt. Wenn somit die Glaubenswirklichkeit und der religiöse Diskurs wesentlich durch ein „sprachliches Ereignis" definiert sind, ist es naheliegend, dass auch in der theologischen Fachsprache dieser zentralen Stellung der Sprache in der Wissensvermittlung Rechnung getragen werden muss. Dies kann am Beispiel des programmatischen Aufsatzes *Die Welt als Möglichkeit und Wirklichkeit* (Jüngel 2012 [1969]) aufgezeigt werden, der sich durch eine stilistisch hochelaborierte, rhetorisch komplexe Sprache auszeichnet, die als hermeneutische Glaubensauslegung ihrerseits als ein ‚Sprachereignis' gelesen werden kann und offenbar auch als solches konzipiert ist; denn Jüngels Interpretation der Verheißung Gottes, die hier als „Zu*spruch*" bezeichnet wird und von einem göttlichen „An*spruch*" auf Gehorsam, Unterwerfung, Knechtschaft etc. unterschieden werden soll, soll ihrerseits offenbar durch ein linguistisch anspruchsvolles, rhetorisch aufwändiges und schließlich auch in pragmalinguistischer Hinsicht aussagekräftiges ‚Lektüre-Erlebnis' an den Leser herangetragen werden. So weist Jüngels Sprache einen dezidiert philologisch-wissenschaftlichen Charakter auf, insofern er seine Abhandlung mit zahlreichen lateinischen, griechischen und hebräischen Termini und Zitaten bestückt, wobei er letztere nicht transkribiert, sondern in Originalgraphemen wiedergibt. Lateinische Zitate umfassen vollständige Sätze oder sogar ganze Abschnitte.

- בראשית (Jüngel 2012 [1969]: 277, br'schjt: am Anfang)[7]
- יהוה כה אמר (Jüngel 2012 [1969]: 279, jhwh kh 'mr: so sprach Jahwe)
- βασιλεια του Θεου (Jüngel 2012 [1969]: 276, basileia tou Theou: Gottesherrschaft)
- εξ αναστασεως νεκρων (Jüngel 2012 [1969]: 277, ex anastaseōs nekrōn: durch die Auferstehung der Toten)
- φυσει μη οντες θεοι (Jüngel 2012 [1969]: 277, physei mē ontes theoi: Götter, die in Wirklichkeit keine sind)
- opus alienum / opus proprium (Jüngel 2012 [1969]: 276, fremdes Werk / eigenes Werk)
- ex nihilo facere / in nihilum redigere (Jüngel 2012 [1969]: 280, aus dem Nichts schaffen / vernichten)
- ut sit spes purissima in purissimum deum (Jüngel 2012 [1969]: 280, damit es die reinste Hoffnung auf den reinsten Gott gebe)
- per passionem consummatus et a deo – sc. omnipotente – derelictus. (Jüngel 2012 [1969]: 281, von Leidenschaft aufgezehrt und von Gott – dem Allmächtigen – verlassen)

Damit wird eine größere Authentizität und Unmittelbarkeit im Hinblick auf die Überlieferung der Zeugnisse der christlichen Glaubens suggeriert, gleichzeitig aber auch unterstrichen, dass sich der Text in einer symmetrischen Sender-Empfänger-Relation in erster Linie an Fachexperten richtet; zusätzlich wird aber auch an fachfremde Adressaten das Signal ausgesandt, dass der Autor philologisch-sprachlich über unbezweifelbare Kompetenz verfügt.

Das lexikalisch-graphemische ‚Sprachereignis' manifestiert sich jedoch darüber hinaus durch eine Unmenge von rhetorischen Figuren und stilistischen Auffälligkeiten, die den Text zu einer Art sprachlichem Vexierbild gerinnen lassen, insofern der theologische Gedankengang des Textes von einem Netz aus dualen Begrifflichkeiten in Form von Parallelismen, Chiasmen und Repetitionen überdeckt wird, die sich während der Lektüre unwillkürlich an die Oberfläche drängen. Dieses Geflecht aus sprachlichen Bipolarismen betrifft die Begriffspaare *möglich-unmöglich*, *Möglichkeit-Unmöglichkeit* sowie *Sein-Nichts* bzw. *wirklich-nichtwirklich* und ähnliche Figurationen. Jüngel kündigt in seinem Artikel einleitend an, dass er beabsichtige, die „kritische Funktion der ontologischen Implikationen des Rechtfertigungsereignisses", deren Geltendmachung „innerhalb des jeweiligen geschichtlichen Selbstverständnisses" Aufgabe der Theologie sei, „in Form einer ontologischen Andeutung" darzustellen (Jüngel 2012 [1969]: 276). Dazu setzt er zunächst, vom Gedanken der *creatio ex nihilo* (Schöpfung aus dem Nichts) ausgehend, die Begriffe der *Wirklichkeit* und des *Nichts* in Kontrast zueinander, um anschließend dieses Gegensatzpaar im Hinblick auf das gegenwärtige, von den exakten Naturwissenschaften

---

[7] Meine Übertragungen aus dem Hebräischen, Griechischen und Lateinischen ins Deutsche.

geprägte Wirklichkeitsverständnis des modernen Menschen durch den Gegensatz zwischen gegenwärtiger *Wirklichkeit* und dem „Noch-Nicht späterer Wirklichkeit" zu ersetzen (Jüngel 2012 [1969]: 276), der dann wiederum aus theologischer Perspektive dem Bipolarismus *Möglichkeit-Unmöglichkeit* weicht. Das wird folgendermaßen begründet:

> Die Absolutsetzung der Wirklichkeit und der Unterscheidung von wirklich und nicht wirklich als Maßstab der Welt unterliegt der fundamentalen Kritik durch das Ereignis der Rechtfertigung [...]. Die Theologie hat das radikale Nichts des ganz und gar nicht spekulativen Karfreitags im Zusammenhang des Seins dieser Welt als deren andere Dimension zur Geltung zu bringen [...]. Sie tut das, indem sie gegenüber der Unterscheidung von wirklich und noch nicht wirklich die Unterscheidung von möglich und unmöglich als die ungleich fundamentalere Differenz zur Geltung bringt. Da, wo zwischen möglich und unmöglich unterschieden wird, geht es um Wahrheit (im Unterschied zur Wirklichkeit). Die ungleich fundamentalere Differenz ist die Unterscheidung von möglich und unmöglich deshalb, weil mit ihr der Unterschied zwischen Gott und Welt berührt ist. [Meine Hervorhebungen, J.G.] (Jüngel 2012 [1969]: 277)

Die semantisch-begriffliche Struktur dieser komplexen Argumentation kann folgendermaßen schematisch dargestellt werden:

Creatio ex nihilo
 ≙
Wirklichkeit (Naturwissenschaften) ↔ Noch-Nicht-Wirklichkeit
 ≙
Wirklichkeit / Sein dieser Welt ↔ (radikales) Nichts / Nichtwirklichkeit
 ↕
(Theologie:) Unmöglichkeit ↔ Möglichkeit
 ≙
Wirklichkeit ↔ Wahrheit
 ≙
Welt ↔ Gott

Aus dem oben zitierten Absatz geht bereits hervor, dass das System von Gegensatzpaaren (*Wirklichkeit* vs. *Nichts*; *Wirklichkeit* vs. *Noch-Nicht-Wirklichkeit*; *Möglichkeit* vs. *Unmöglichkeit*; *Wahrheit* vs. *Wirklichkeit*; *Gott* vs. *Welt*) und impliziten Parallelsetzungen (*Nichts* ≙ *Noch-Nicht-Wirklichkeit*; *Wirklichkeit* ≙ *Unmöglichkeit*; *Noch-Nicht-Wirklichkeit* ≙ *Möglichkeit*; *Möglichkeit* ≙ *Wahrheit*; *Wirklichkeit* ≙ *Welt*; *Wahrheit* ≙ *Gott*) in Form von Wiederholungen, Parallelismen und Überkreuzungen immer wieder affirmativ positioniert wird. Dabei bedient sich Jüngel einer abstrakten Begrifflichkeit, in der zumeist aus substantivierten Adjektiven die oben skizzierten Bedeutungsstrukturen gebildet werden, die dann wiederum ausgiebig repetiert und immer wieder in Kontrast zueinander gesetzt werden, wie aus der folgenden Aufstellung am Beispiel der substantivierten Adjektive *möglich*, *unmöglich* und *wirklich* sowie den entsprechenden Substantiven hervorgeht (hinter den Types jeweils die Anzahl der Token und die Seitenangabe in Jüngel 2012 [1969]):

- Unterscheidung von möglich und unmöglich / Unterscheidung des Möglichen vom Unmöglichen (5x277, 7x278, 5x279, 5x281, 2x282, 283, 2x284, 2x285)
- Ineinssetzung von Möglichem und Unmöglichem (277)
- Das Mögliche möglich machen und das Unmögliche unmöglich machen (4x278, 2x279, 282)
- das möglich gemachte Unmögliche (278)
- Unmögliches und Mögliches durcheinander bringen (278)
- das Mögliche als Mögliches und das Unmögliche als Unmögliches konstituieren (278)
- Verifizierung des Möglichen als möglich (282)
- das Mögliche unterliegt dem Verdacht [...] unmöglich zu sein (282)
- Differenz von Möglichkeit und Wirklichkeit (279)
- Unterscheidung des Wirklichen vom Wirklichen (285)
- Unterscheidung des Wirklichen durch das Mögliche
- Unterscheidung von Wirklichem und Noch-Nicht-Wirklichem (279, 281, 282)
- die Macht des Möglichen besteht [...] darin, vom Unmöglichen so unterschieden zu sein, dass es auch im Wirklichen das Unmögliche unmöglich macht (283)
- Die Behauptung des Möglichen verlangt in der Wirklichkeit von dieser nichts Unmögliches (284)
- Angesichts der [...] Wirkliches verwandelnden Wirklichkeit Mögliches möglich werden lassen (279)
- Das in der Wirklichkeit wirkende Schon-Wirkliche (281)
- Aus Wirklichem Wirkliches machen (282)
(Jüngel 2012 [1969])

Die Extraktion obiger sprachlicher Figurationen aus dem relativ kurzen Text ist geeignet, die ‚Ereignishaftigkeit' von Jüngels Text selbst eindrucksvoll zu illustrieren. Mittels einer ausgefallenen, am ehesten mit einigen komplexen philosophischen Systemsprachen wie z. B. der elaborierten Begriffssprache Heideggers vergleichbaren Begriffsdichte bemüht der Autor sich, das in seiner Interpretation der christlichen Rechtfertigungslehre grundlegende „Sprachereignis" durch ein ebenso ‚radikales' Sprachereignis in Form einer in theologisch-wissenschaftlicher Fachsprache abgefassten Abhandlung zu erläutern. Jüngels Sprachfuror gipfelt dann in einigen von einer beträchtlichen semantischen Hermetik gekennzeichneten Schlussfolgerungen, von denen drei hier zur Veranschaulichung zitiert seien:

> Wenn das Mögliche im Ereignis des Wortes die Wirklichkeit der Welt unbedingt angeht, dann stellt sich für die Wirklichkeit allerdings die Frage, wie sich das Mögliche als möglich (und also als unterschieden vom Unmöglichen) am Wirklichen verifiziert. Denn als von außen und von nicht (aus der Tendenz des Wirklichen) resultierender Zukunft her die Wirk-

lichkeit unbedingt angehend unterliegt das Mögliche stets dem Verdacht, für das Wirkliche irrelevant oder aber überhaupt unmöglich zu sein. (Jüngel 2012 [1969]: 282)

Externität und die nicht aus dem Wirklichen schon resultierende Futurität des Möglichen geben diesem in seiner Unbedingtheit dem Wirklichen gegenüber den Anschein des Autoritären, das Unterwerfung statt Verifikation zu fordern scheint. (Jüngel 2012 [1969]: 283)

Die Behauptung des Möglichen, die in der Wirklichkeit von dieser nichts Unmögliches verlangt, muss aber, soll sie die Wirklichkeit dennoch unbedingt angehen, als Behauptung eines Anspruchs zugleich der Zuspruch dessen sein, was in der Wirklichkeit, durch diese nicht bedingt, dieselbe zurück auf das Mögliche transzendiert.
(Jüngel 2012 [1969]: 284)

Das fachsprachliche Anliegen besteht in einer größtmöglichen, bereits auf der sprachlichen Oberfläche erkennbaren Wissenschaftlichkeit, die sich in komplizierten syntaktischen und semantisch-begrifflichen Konstellationen und einem hohen Grad an terminologischer Abstraktion manifestiert. Die auf diese Weise geschaffene hochkomplexe sprachliche Struktur dient dabei einerseits offenbar der Deutung und Erklärung eines nahezu unbegreiflichen Ereignisses, nämlich der göttlichen Offenbarung, mit den begrenzten Mitteln der menschlichen Sprache, andererseits wird damit paradoxerweise gleichzeitig der Nachweis der letztlichen Unmöglichkeit einer Versprachlichung dieses religiösen Phänomens anhand eines sprachlich-gedanklichen ‚Kraftaktes' geführt, der die dahinter stehende Gratwanderung am Rand des Unsagbaren durch seine sprachliche Form selbst erkennbar werden lässt. Das hier mehrfach zitierte „Sprachereignis" stellt für Jüngel jedoch nicht nur ein spektakuläres Erweckungsgeschehen dar, das er in ein wissenschaftssprachlich extrem anspruchsvolles Reflexionsgeflecht überführt, sondern er bezieht sich mit dem Begriff auch auf diverse Sprechakte, die in der linguistischen Pragmatik als assertiv und erotativ beschrieben werden. So zählt er zur von ihm so bezeichneten „das Wirkliche wirklich angehenden Sprache", die „das vom Unmöglichen unterschiedene Mögliche als die Wirklichkeit unbedingt angehend verifiziert" (Jüngel 2012 [1969]: 283–284), die Sprechakte der *Behauptung (assertio)*, der *Bitte*, und der *Frage*, durch die der Rezipient ein „Angegangener, Gerufener, Geforderter, Gefragter [...], [...] zum Antworten Herausgeforderter" (Jüngel 2012 [1969]: 232) werde. Diese Sprechhandlungen werden als göttliche Ansprache an den Menschen identifiziert und diese, das Gesamtereignis der religiösen Erweckung in spezifische Einzelakte aufspaltend, als formalsprachliche Realisierungen des „Zuspruchs" Gottes klassifiziert. Das Offenbarungsereignis wird dadurch zum Sprachereignis in Form direktiver Sprechhandlungen seitens der göttlichen Instanz umgedeutet, das den menschlichen Rezipienten zur Handlung auffordert. Aufgabe der theologischen Fachsprache wird es damit, den Glauben betreffende Illokutionen durch ‚ereignishaftes' Reden sich zu performativen Wirkungen auskristallisieren zu lassen. Dass es sich nicht um einen auf diesen Aufsatz beschränkten Einzelfall tendenziell tautologischer Wort- und Begriffshermeneutik handelt, beweist folgendes Zitat zum Begriff *Hoffnung* aus dem Aufsatz *Anfänger. Herkunft und Zukunft christlicher Existenz* (Jüngel 2003):

> Der christliche Glaube hat der Hoffnung ihren ambivalenten Charakter genommen. Der Glaube an den, der um unserer Sünden willen gekreuzigt und um unserer Rechtfertigung willen auferweckt wurde [...], hat die anthropologisch ambivalente Hoffnung christologisch eindeutig gemacht. Der Akt der Hoffnung ist sich nun des Gegenstandes der Hoffnung als eines Hoffnungsgutes gewiß. Die Rede von einer vagierenden Hoffnung, einer spes vagans ist dem christlichen Glauben fremd. Christliche Hoffnung ist per definitionem gute Hoffnung, ohne daß dies eigens gesagt werden muß. (Jüngel 2003: 43)

Auf diese und ähnliche Weise wird schließlich auch bei Jüngel, wenn auch auf weniger explizite und politisch nicht unmittelbar engagierte Weise, ein Bezug zwischen christlicher Offenbarungsgeschichte und Gegenwartsgesellschaft hergestellt, indem das an den Einzelnen gerichtete ‚Sprachereignis' in seinen unterschiedlichen Ausprägungen als überzeitlich und außerräumlich dargestellt wird. So reiht sich Jüngel einerseits indirekt in die Phalanx der engagierten protestantischen Theologie der zweiten Jahrhunderthälfte ein, wenn er theologische Sachverhalte ihrer akademischen Exklusivität enthebt und sie in Gestalt eines sprachlichen Universalphänomens als überzeitlich und individuell erfahrbar erklärt. Andererseits distanziert er sich von jeder Art expliziter Intervention im Hinblick auf Fragen des Zeitgeschehens und aktueller gesellschaftlicher Diskurse, indem er mit Hilfe einer bewusst diffizilen Fachsprache mit hohem Fachlichkeitsgrad im Radius der spirituellen und wissenschaftlichen Reflexion verharrt.

8.3 Fazit

Die Jahrzehnte zwischen unmittelbarer Nachkriegszeit und Auflösung der antagonistischen Blöcke des Kalten Krieges stellen für die protestantische Theologie in der Bundesrepublik Deutschland eine Epoche der Neubesinnung, des Aufbruchs und nicht zuletzt auch der die gesamte Gesellschaft betreffenden Demokratisierung dar. Als auch außerhalb der wissenschaftlichen Theologie bekannte Speerspitzen einer politisch engagierten Theologie, die sich in Teilen auch als revolutionäre Theologie verstand, sind in erster Linie Dorothee Sölle, Jürgen Moltmann und Helmut Gollwitzer in der kollektiven Erinnerung bekannte Namen geblieben. Deren auch außerhalb der akademischen Sphäre prominente Stellung, die in der wissenschaftlichen Theologie ein weitgehendes Novum ist, schlägt sich erwartungsgemäß auch in deren Fachtexten und in der dort verwendeten Wissenschafts- und Fachsprache nieder. Wenn Kämper, Scharloth und Wengeler über die widersprüchlichen Wirkungen der gesellschaftlichen Wandlungen infolge der 68er-Bewegung konstatieren, dass diese vom konservativen Standpunkt aus „verantwortlich für einen Werteverfall" gewesen sei, der „in der antiautoritären Erziehung und der Verunglimpfung von Fleiß, Disziplin und Ordnung als Sekundärtugenden seine Wurzeln" habe, vom progressiven Standpunkt aus vielmehr „den Mief der Adenauer-Ära, eine finstere, wandelfeindliche, sittenstrenge, patriarchalische Periode in der bundesrepublikanischen Geschichte" überwunden und „für eine Aufarbeitung der Nazivergangenheit gesorgt" habe (Kämper, Scharloth und Wengeler 2012: 3), dann trifft dies auch für die wissenschaftliche Theologie zu und schlägt sich in deren Fachsprache nieder.

In Texten von Sölle, Moltmann, Gollwitzer und anderen schlägt sich in unterschiedlicher Intensität und mit jeweils autorspezifischen Kernbotschaften sowohl eine implizit skeptische Haltung gegenüber den ungeschriebenen Kodizes der wissenschaftlichen Kommunikation und den Konventionen eines traditionell aktualitätsfernen Gelehrtenstils nieder, wie auch ein handlungsorientierter Impetus des sprachlich-diskursiven Wandels, der eine Überwindung von schablonenhaften Mustern und eine Auflehnung gegen ererbte Formen der Autorität favorisiert. Sölle kann dabei ohne Weiteres auch aufgrund ihrer Außenseiterrolle als akademischen Institutionen nicht verpflichtete freie Wissenschaftlerin und Publizistin als schulbildende und sprachlich kühnste Vertreterin der Epoche angesehen werden, die über diese Epoche hinaus die erkennbarsten Spuren hinterlassen hat. Aktualisierung biblischer Überlieferung und christlicher Tradition und deren Beziehbarkeit auf gegenwartspolitische Missstände sind Sölles fundamentale Anliegen; damit steht sie für eine Demokratisierung, Popularisierung und Politisierung der theologischen Fachsprache. Dass christliche und theologische Begrifflichkeiten dabei auf gelegentlich plakative Weise ‚vergesellschaftet' oder semantisch umgedeutet und an den politischen Alltagsgebrauch adaptiert werden, gehört zu ihrem fachsprachlichen Programm. Moltmann überhöht diese engagierte Fachsprache zusätzlich durch ein erweckungsbewegtes, wohl auch der Barthschen Sprache der Zwischenkriegsjahre entlehntes Pathos. Zur federführenden Vorhut dieses sich selbst auch immer wieder als Theologie der Revolution bezeichnenden Aufbruchs gehört Gollwitzer als ein sich in die konkrete Tagespolitik und die studentische Bewegung persönlich einmischender Aktivist. Seine Sprache greift dementsprechend in erheblichem Maße ideologische Terminologie aus fachfremden Diskursen auf. Insgesamt führen die aufgezeigten Entwicklungen in der theologischen Fachsprache nicht nur zu einer verstärkten politischen Ideologisierung, sondern auch zu einer Beeinträchtigung terminologischer Präzision. Theologische Fachtexte nehmen den Charakter programmatisch-propagandistisch ausgerichteter Persuasion an und mutieren gelegentlich zu unmittelbaren direktiv-appellativen Handlungsanweisungen.

Insbesondere in der Predigtpraxis, aber auch im generellen theologischen Fachsprachengebrauch haben sich etliche Elemente der Sprachrevolution der 60er und 70er Jahre bis in die Gegenwart erhalten, darunter vor allem das Bemühen um eine größere Nähe zur Lebenswirklichkeit der Adressaten, die Tendenz zu direktiven Handlungsaufforderungen, die über spirituelle Vorgaben hinausgehen und gesellschaftspolitische Einmischung des Christen implizieren, Verständlichkeit und Entgegenkommen im Hinblick auf Sprachkonventionen des Alltagslebens. Verblasst ist hingegen der sozialrevolutionäre Impetus des Aufbegehrens und der Empörung, der in Teilen offenbar der kirchenpolitischen Sprachregulierung zum Opfer gefallen ist, so dass der ehemalige Theologe, Politikberater und selbsternannte „Experte für Beteiligungsprozesse" Erik Flügge in einer Streitschrift mit dem polemischen Titel *Der Jargon der Betroffenheit. Wie die Kirche an ihrer Sprache verreckt* über die aktuelle theologische Praxissprache konstatiert, dass sich eine Tendenz abzeichne, der zufolge in der kirchlich-theologischen Diskurspraxis kirchenhierarchische Rücksichtnahmen und rhetorisch-dialektische Konfliktvermeidungsstrategien gegenüber der Verve einer rebellischen, provokanten Sprache der unbequemen Kompromisslosigkeit wieder vorherrschten (Flügge 2016: 50–52).

Für die theologischen Fachdiskurse der Post-68er-Ära wurden paradigmatisch die Werke von Wolfhart Pannenberg, Ernst Käsemann und Eberhard Jüngel analysiert. Insbesondere Pannenberg bemüht sich um ein Übergreifen der theologischen Fachsprache auch in andere Fachbereiche, insofern als er ihr dadurch die ihr zukommende globale Relevanz anzueignen bestrebt ist. Er versucht auf diese Weise, den auch von ihm mitgetragenen Aktualitätsbezug der theologischen Fachsprache wieder in eine konventionsgerechte wissenschaftliche Diktion zurückzuführen. Käsemann gelingt es durch eine bildhafte, metaphern- und phraseologismenreiche Sprache, eine Verbindung zwischen wissenschaftlicher Beschäftigung mit christlich-theologischer Überlieferung und der Konstituierung eines wissenschaftlich begründeten Gegenwartsbezuges herzustellen. Als Übergangsrepräsentant zwischen der ‚engagierten' Theologie der 60er bis 80er Jahre und der neuesten Theologie, die in der Fachsprache wieder zu allgemein üblichen Wissenschaftskonventionen der akademischen Auseinandersetzung zurückkehrt, kann Eberhard Jüngel gelten. Die Epoche der bundesdeutschen protestantischen Theologie befindet sich in einem Kontinuum, so dass in der theologischen Fachsprache fließende Übergänge zwischen vorherrschenden Tendenzen beobachtet werden können. Dabei sind die auffälligsten Charakteristika Elemente einer politisch engagierten Theologie und einer auf unterschiedliche Weise demokratisierten oder popularisierten Wissenschaftssprache als Reaktion auf politische Anpassung in der Diktatur oder spirituelle und intellektuelle Evasion in der Nachkriegstheologie. Diese Merkmale setzen aber im Zusammenspiel mit jüngeren Tendenzen, wie einem neuen Pathos, einer ereignishaften, pragmatisch effektvolleren Sprache sowie terminologischen Grenzüberschreitungen zu anderen Fachsprachen, Maßstäbe für das theologische Schreiben über die Jahrtausendwende hinaus.

9 Opportunismus, Opposition und Observierung – die Sprache der protestantischen Theologie in der DDR

Die theologische Fachsprache in der DDR ist ein paradoxes Thema, da die Existenz einer christlichen Kirche und einer universitären theologischen Lehre in der sozialistischen Staatsdoktrin im Prinzip nicht vorgesehen war. Im antiimperialistischen, antifaschistischen und überdies atheistischen zweiten deutschen Staat befand sich die christliche Kirche in einer völlig anderen Situation als im freiheitlich-demokratischen Westen Deutschlands. Kirche und universitäre Theologie führten hier ein weitgehendes Schattendasein, waren häufigen Repressionen ausgesetzt und wurden trotz der seit Anfang der 70er Jahre von Kirchen- und Staatsseite propagierten Kompromissformel der *Kirche im Sozialismus* eher widerstrebend geduldet als wirklich toleriert. Hinzu kommt die massive Unterwanderung von kirchlichen und universitären Institutionen durch die allgegenwärtigen Spitzeldienste des Ministeriums für Staatssicherheit. Anders als unter der nationalsozialistischen Diktatur konnten unbequeme kirchliche und christliche Dissidenten zumeist unauffällig in den westdeutschen Nachbarstaat auswandern oder abgeschoben werden, so dass die Theologen in der DDR kaum eine andere Wahl hatten, als sich mit dem Regime in irgendeiner Form zu arrangieren. Betrachtet man die theologische Fachsprache der 40-jährigen Kohabitation von Kirche und Staat mit einem explizit religionsfeindlichen Regime im sozialistischen Teil Deutschlands von 1949 bis 1989, zeigen sich zwei vorherrschende Merkmale: Die im sogenannten „real existierenden Sozialismus" geduldete theologische Forschung und Lehre war zum einen aufgrund der staatlich verordneten und kontrollierten Unfreiheit der Rede zu besonderer inhaltlicher und sprachlicher Umsicht und Kompromissbereitschaft gezwungen, musste sich der staatlichen Zensur beugen und war gleichzeitig der Bespitzelung durch Fachkollegen und Mitarbeiter ausgesetzt, wie neben anderen der Fall des an der Berliner Humboldt-Universität bis 1991 lehrenden evangelischen Theologen und inoffiziellen Mitarbeiters des MfS Heinrich Fink zeigt. Hinzu kommt eine gewisse auch sprachliche Beeinflussung durch Elemente der sozialistischen Partei- und Staatsrhetorik, die flächendeckend auch im Umfeld von Wissenschaft und Forschung, insbesondere in den Humanwissenschaften, unumgänglich war. Zur Nähe zum alle öffentlichen Diskurse beherrschenden sozialistischen Politjargon kam in nicht wenigen Fällen eine über das Notwendige hinausgehende Übernahme von propagandistischen Themen und Redemitteln hinzu. Im Vergleich zur westdeutschen Fachwissenschaft ist die protestantische Theologie im sozialistischen

Deutschland in der Gesamtschau aufgrund ihres Nischendaseins und der staatlich-gesellschaftlichen Marginalisierung im internationalen wissenschaftlichen Kontext national und international von geringer Relevanz.

Über den allgemeinen politischen Sprachgebrauch in der Sowjetischen Besatzungszone, der sich bereits in dieser frühen Phase im öffentlichen Leben raumgreifend durchsetzt, stellt Dieter Felbick fest:

> Der große Unterschied zwischen Ost und West in der Entwicklung der politischen Kommunikation liegt darin, dass im Osten der Sprachgebrauch [...] der Kommunisten [...] dominiert, bis er schließlich alle anderen Gebräuche, und damit konkurrierende Denkmuster, aus der Öffentlichkeit verdrängt. [...] Die dadurch implizierten Formen der politischen Kommunikation weisen eine große Nähe zur Nazi-Zeit auf, wie von Zeitgenossen immer wieder festgestellt wird. [...] Ihre gruppenspezifischen Lexeme und Verwendungen werden durch ihren allgegenwärtigen Gebrauch in die Allgemeinsprache gehoben und mit ihnen gruppenspezifische Denk- und Deutungsmuster. Das bedeutet [...], dass die meisten Begriffe des politisch-ideologischen Wortschatzes relativ klar definiert sind: Das Phänomen der ideologischen Polysemie [...] spielt in der SBZ gar keine Rolle. (Felbick 2003: 69)

Der hier von Felbick bereits für die Sowjetische Besatzungszone konstatierte Befund einer auffälligen Nähe der dominanten staatlich verordneten Sprachideologie zur Sprache der nationalsozialistischen Ideologie wird von Ulla Fix bestätigt, die sich selbst ausführlich mit Sprache und Sprachgebrauch in der DDR auseinandersetzt und in der Einleitung zu einer Aufsatzsammlung (Fix 2014) darauf hinweist, dass u. a. Seidel und Seidel-Slottys *Sprachwandel im dritten Reich* (1961) und Klemperers *LTI* (1975 [1947]) ihrer Untersuchung zur Sprache der DDR Pate gestanden hätten. Sie unterstreicht in diesem Zusammenhang ihr „Misstrauen gegenüber einem Sprachgebrauch, der [...] leer, phrasenhaft, pathetisch, unehrlich" erscheint, und beschreibt, dass die Beschäftigung mit den genannten einschlägigen Untersuchungen zum Sprachgebrauch im Nationalsozialismus ihr die Gründe für ihr „Unbehagen an der öffentlichen Sprache in der DDR" durch die offensichtlichen Parallelen zwischen den aufoktroyierten ideologischen Sprachmustern nachvollziehbar werden ließen (Fix 2014: 10). Fix widmet einen ihrer Aufsätze zur Sprache in der DDR speziell dem Thema der Sprache der Kirche in der DDR.

Zunächst sei aber kursorisch auf die gesellschaftspolitische Situation des Protestantismus, der protestantischen Kirche und der universitären Lehre im sozialistischen deutschen Staat eingegangen. Die Kirche blieb in der DDR, wie Rudolf Mau feststellt, zwar institutionell autonom, aber „die ideologische Diktatur [setzte] alles daran, sie in eine gesellschaftlich irrelevante Nische zu drängen, aus der dann auf Abruf Beifall für eine Politik, die den Sinn aller Geschichte zu erfüllen behauptete, ertönen sollte" (2005: 5). Die protestantische Theologie und mit ihr die Pastorenausbildung blieben in der DDR vorwiegend Domäne der Universitäten, wo insbesondere der wissenschaftliche Diskurs zu einem „bald verkümmernden Gut" wurde und der Staat sich bemühte, „das Verbleiben der Theologie an der Universität zur gezielten Einflussnahme auf den kirchlichen Nachwuchs zu nutzen" (89). Neben den sechs theologischen Fakultäten an den Traditionsuniversitäten Berlin, Greifswald, Halle, Jena, Leipzig und Rostock etablierten sich weitere rein kirchliche theologische Forschungs- und Ausbildungsstätten unter kirchlicher Ägide, darunter vor allem das zur Kirchlichen Hochschule ausgebaute Sprachenkonvikt in Berlin, das Katechetische Oberseminar in Naumburg und das ebenfalls zur Kirchlichen Hochschule erweiterte Theologische Seminar in Leipzig, sowie Predigerschulen in Berlin und Erfurt (vgl. Mau 2005: 90). Ungeachtet der vordergründigen institutionellen Unabhängigkeit war die theologische Forschung und Publikationsaktivität jedoch aufgrund der staatlichen Zensur und Einflussnahme und der allgegenwärtigen Bespitzelung durch Mitarbeiter und Informanten des MfS, das seit 1954 eine eigene Kirchenabteilung führte, weitgehend dazu gezwungen, sich auf ideologisch eher unproblematische Disziplinen wie u. a. historisch-kritische Bibelexegese, praktische Theologie, Lutherforschung, Reformations- und Kirchengeschichte oder Ostkirchenforschung zu konzentrieren. Veronika Albrecht-Birkner weist darauf hin, dass die staatlich propagierte atheistische Indoktrination, die wiederum mit sprachpolitischen Praktiken des NS-Regimes vergleichbar sei, ihrerseits mittels einer „formal hohen Christentumsaffinität" operiere:

> Es wurden „10 Gebote für den neue sozialistischen Menschen" (1958) propagiert und atheistische Passageriten nicht nur zu Hochzeiten und Beerdigungen, sondern auch zur Taufe und zu Konfirmation bzw. Firmung installiert. In Kommunismusvisionen wurde mit biblischen eschatologischen und chiliastischen Bildern gearbeitet.
>
> (Albrecht-Birkner 2018: 43–44)

Die offizielle Sprachpolitik zielte demnach nicht nur auf Infiltration der kirchlichen und theologischen Lehre ab, sondern bediente sich gleichzeitig glaubens- und religionssprachlicher Lexik zur Legitimierung politischer Doktrinen als Ersatzglauben und zur suggestiven Überhöhung ideologisch motivierter Rituale und Sprechhandlungen, womit sprachpolitische Traditionen der nationalsozialistischen Diktatur unmittelbar wieder aufgegriffen wurden. Die Situation an den Universitäten und in geringerem Maße an den kirchlichen Ausbildungsstätten war somit durch einen erheblichen äußeren politischen Druck durch staatliche Bevormundung und eine (Selbst)zensur sowie die stetige Präsenz und Observation seitens der Staatssicherheit geprägt. Ziel der staatlichen Intervention war dabei, wie Hildebrandt konstatiert, eine vollständige Kontrolle und ideologische Vereinnahmung auch der Studierenden der protestantischen Theologie:

> Der Student sollte mithin auf die gerade gängige ideologische Linie in der Auseinandersetzung mit dem Klassenfeind eingeschworen werden. Und wehe einer Theologie die hier

bremsend wirken würde. Wehe einer Theologie, die all dies in ihren Aussagen nicht berücksichtigte und etwa die Klassenzugehörigkeit des Menschen und seine Bestimmtheit durch sie faktisch relativierte, indem sie von einer allen Menschen gemeinsamen Humanität und Verantwortung reden sollte. Sie konnte allein aus diesem Grund schon den Verdacht ideologischer Konvergenz auf sich lenken. (Hildebrandt 1993: 122)

Zwar habe es auch in der universitären DDR-Theologie „Bestrebungen für eine andere theologische Standortbestimmung und politische Haltung als die staatlich erwünschte und geförderte der vorbehaltlosen Unterstützung der kommunistischen Ideologie und Politik" gegeben, und dies „trotz der fortschreitenden Tendenz der Einbindung der Fakultäten in den Mechanismus des sog. Demokratischen Zentralismus und der damit vorangetriebenen und massiv durchgesetzten ideologischen Observierung der Hochschulen und der Verpflichtung der Universitätsangehörigen, die Politik des Staates nicht nur zu bejahen, sondern auch in der Universität und außerhalb diese aktiv zu vertreten" (1993: 123–124). Dennoch seien, so Hildebrandt, kritische Auseinandersetzungen und Möglichkeiten der Einflussnahme auf das geistige Klima gering gewesen, was dazu geführt habe, dass „solches Arbeiten in stark reglementierten Verhältnissen den Blick des Geistes auf Dauer zu verengen drohte, zumal eine gewisse Selbstbeschränkung in der Wahl der Themen und in der Diskussion der theologisch-philosophischen Probleme nicht zu vermeiden gewesen" sei. Diese Einschränkungen seien „vor allem in mancher ‚Frontverkürzung' der Tragweiten der theologischen Aussagen" manifest geworden (129). Bei aller Relativierung des von staatlicher Seite ausgeübten Druckes auf die universitäre Lehre und Forschung, bis hin zur Behauptung, dass „die kognitiven Grundlagen der Theologie als solche [...] aufs Ganze gesehen davon unberührt [blieben], so daß die theologische Lehre in ihrer Substanz nicht Schaden genommen hat" (Hildebrandt 1993: 129), räumt Hildebrandt subsumierend doch ein, dass das „Grundproblem der Theologie an den Universitäten" darin bestanden habe, dass „die staatliche Forderung nach Bejahung des Sozialismus [...] nicht irgendeine, sondern die Voraussetzung ihrer Existenz" gewesen sei und der Staat zu jeder Zeit auch im Bereich der theologischen Ausbildung, Forschung und Lehrpraxis „konsequent bestrebt [gewesen sei], als Norm für alles gesellschaftliche Zusammenleben ausschließlich die marxistische Gesellschaftslehre gelten zu lassen" (Hildebrandt 1993: 134). Im Hinblick auf wissenschaftliche theologische Publikationen stellt Hildebrandt schließlich generell fest, dass häufig unabhängig von der staatlichen Zensur „schon in ihrem Vorfeld [...] die Selbstzensur manches verbogen oder erst gar nicht zum Zuge kommen lassen" habe (135–136).

Während die theologischen Fakultäten an staatlichen Universitäten im Zwangskorsett der ideologischen Gängelung mit dem Staat kohabitieren mussten, wird an vielen Stellen darauf hingewiesen, dass dies nicht grundsätzlich für die kirchliche Praxisebene und die kirchlichen theologischen Ausbildungsstätten galt. So unterstreicht der aus der DDR in die Bundesrepublik emigrierte Theologe Eberhard Jüngel, dass „die völlig staatsunabhängigen Kirchlichen Hochschulen den Machthabern eher ein Dorn im Auge waren. Waren sie doch ein Ort uneingeschränkter geistiger Freiheit und als solcher so etwas wie intellektuelle Oasen in einer ideologischen Wüste" (Jüngel 1993: 339). Ebenso sei die Kirche auch im real existierenden Sozialismus ein Ort der weitgehenden geistigen Freiheit gewesen, „weil sie dem Terror der Lüge, mit dem die sozialistische Diktatur ihren Totalitätsanspruch durchzusetzen versuchte, trotz aller unverkennbaren Schwächeanfälle immer [...] Wahrheit entgegengesetzt hat, [...]. Es gab [...] keine babylonische Gefangenschaft der Kirche" (Jüngel 1993: 346). Diese Einschätzung der Kirche im Sozialismus als geistigen Freiraums und Forums für unbehelligten Gedanken- und Meinungsaustausch bestätigt Fix in ihrem Aufsatz zur „Sprache der Kirche im entdifferenzierten Diskurs des letzten Jahrzehnts der DDR" (2014), wenn sie herausstellt, dass die Kirche dem „nivellierende[n], ,auf die ideologische Linie' gebrachte[n] Sprachgebrauch", also der „entdifferenzierende[n] Ordnung des Diskurses", ein Gegengewicht in Form eines in weiten Teilen ideologiefreien Sprachraums entgegengestellt habe, denn, so Fix: „Sie unterlief den Machtanspruch der SED, alle öffentliche Kommunikation zu regeln, indem sie die nicht hoch genug zu schätzende Möglichkeit eines unzensierten, machtfreien, öffentlichen Sprechens bot [...]" (499–501). Anhand dieser Aussagen wird deutlich, dass eine Diskrepanz zwischen der fachsprachlichen Expertschicht der Wissenschaftssprache und der kirchlichen Praxissprache vorlag, da die dem Staat unterstellten theologischen Fakultäten auf der einen Seite und unmittelbar der Kirche unterstehende Einrichtungen auf der anderen Seite ganz unterschiedlichem Druck seitens der Staatsführung und ideologischer Manipulationsorgane ausgesetzt waren. Während in kirchlichen Kontexten tatsächlich eine bis zu einem gewissen Grad unangepasste und damit subversive Sprache ungeahndet gepflegt werden konnte, war dies in den theologischen Fakultäten kaum der Fall, und dies umso weniger, wenn es um die Herstellung und Verbreitung von wissenschaftlichen Druckerzeugnissen und Publikationen ging. Fix führt zum alternativen, ideologiefreien Wortschatz des Sprach- und Kommunikationsraumes Kirche in der DDR Folgendes aus:

> Mit ihrem Wortschatz eröffnete die Kirche [...] andere [...] Denk- und Argumentationsmöglichkeiten und ermöglichte damit andere Identitätsbildungen, als sie die öffentliche Kommunikation in der DDR zuließ. Das betraf zum einen Wörter, die außerhalb der Kirche kaum oder gar nicht verwendet wurden, also Wortschatz aus dem Bereich des Glaubens und des Ethischen wie z. B. *Demut* und *Barmherzigkeit*. [...] Es ging zum anderen um Wörter, die zwar auch außerhalb der Kirche gebräuchlich waren, die aber im Kirchenraum andere Bedeutungen entfalteten als die öffentlich gebräuchlichen. Der Gebrauch von *Frieden* und *Wahrheit* im kirchlichen Kontext hatte nichts mit den marxistisch-leninistisch ge-

prägten Kategorien zu tun, sondern eröffnete Dimensionen, die über Politisch-Ideologisches weit hinausgingen. (Fix 2014: 513)

In der Öffentlichkeit trat die Kirche im Allgemeinen nur im Rahmen von Gottesdiensten und Predigten in Erscheinung. Tatsächlich beschreibt Fix für diese orale Textsorte, insbesondere für die letzte Phase der DDR, eine diffizile Taktik der Mehrfachadressierung: Diese beruht auf der Zusammensetzung des Publikums aus Gläubigen, aus regimekritischen Bürgern mit und ohne religiösem Hintergrund und aus Spitzeln der Staatssicherheit. Neben dem an die christliche Gemeinde gerichteten Sprechakt des Verkündigens wurden Sprechhandlungen des Appellierens, Informierens, Anklagens eingesetzt, die sich einerseits an die Machthaber richteten, wenn auch in durch religiöse Sprache so kodifizierter Form, dass keine explizite Regimekritik nachgewiesen werden konnte. Andererseits richteten sie sich an die regimekritischen Christen, Atheisten, Agnostiker und sonstige Gottesdienstbesucher, die den Code ihrerseits zu entschlüsseln in der Lage waren (vgl. Fix 2014: 521–523).

In den folgenden Kapiteln geht es um die Fachsprache der protestantischen Theologie in der DDR vor dem geschilderten politisch-historischen Hintergrund, insoweit sie in schriftlichen wissenschaftlichen Texten kodifiziert ist. Als Repräsentanten des wissenschaftlich-theologischen Diskurses werden zu diesem Zweck drei der bekannteren Theologen der protestantischen Universitätslehre einer sprachlichen Analyse unterzogen, von denen Walter Grundmann für die Gründungs- und Aufbaujahre der DDR und der sozialistischen Universitätslandschaft steht, Gerhard Bassarak und Heinrich Fink für die Periode der Konsolidierung des sozialistischen deutschen Staates und die Hochphase der ideologischen Konfrontation zwischen Ost und West sowie für die Endphase des Verfalls bis hin zum Untergang der kommunistischen Diktatur.

9.1 „Darum ist der Mensch als Schaffender und Werktätiger Gottes Mitarbeiter" – Selbstzensur und entdifferenzierende Diskursordnung

Walter Grundmann (1906–1976) ist bereits in Kapitel 5.2 als umtriebiger Repräsentant der protestantischen NS-Theologie ausführlich behandelt worden. Er war, wie bereits erwähnt, ab 1938 Professor für „Völkische Theologie und Neues Testament" an der Universität Jena sowie 1939 bis 1945 akademischer Direktor des sogenannten „Instituts zur Entjudung von Kirche und Theologie" in Eisenach, an dem er Gutachten für das Reichssicherheitshauptamt erstellte, das die sogenannte „Endlösung der Judenfrage" plante und leitete und dessen Ziele der „Ausschaltung des

Judentums" und der „endgültigen Lösung der Judenfrage" Grundmann ausdrücklich teilte. 1945 verlor Grundmann seine Professur aufgrund seiner Parteimitgliedschaft in der NSDAP und seine Schriften wurden durch die Besatzungsbehörden aus den Bibliotheken entfernt. 1954 erhielt er jedoch wieder Lehraufträge im Rahmen der Pastorenausbildung am Naumburger Katechetischen Oberseminar sowie am Theologischen Seminar Leipzig und wurde im selben Jahr Rektor des Katechetenseminars in Eisenach. In Aussicht gestellte Berufungen auf Lehrstühle an den Universitäten Leipzig, Greifswald und Jena wurden zwar aufgrund seiner Aktivitäten während des NS-Regimes verworfen; dennoch konnte Grundmann sich als Theologe in der DDR durch zahlreiche Publikationen und ihm verliehene Titel wie „Kirchenrat" (1974) einen Namen machen. Grundmann wurde 1975 emeritiert; in den 90er Jahren wurde publik, dass er 1956 bis 1969 als inoffizieller Mitarbeiter für das Ministerium für Staatssicherheit aktiv gewesen war und gegen Bezahlung Dossiers, Memoranden und Berichte über Kollegen und Mitglieder der Kirchenleitungen in Ost und West für das MfS verfasst, Einsicht in private Schreiben gewährt und Observierungsaufträge übernommen hatte.

Grundmanns Veröffentlichungen aus dem Zeitraum seiner wissenschaftlichen Tätigkeit in der DDR seit 1954, von denen einige hier einer sprachlichen Betrachtung unterzogen werden sollen, beschäftigen sich ausschließlich mit neutestamentlichen Themen wie Evangelienkommentaren, Leben-Jesu-Forschungen, Kommentaren zu Paulusbriefen u. a. sowie Handreichungen zur christlichen Glaubenspraxis. Die bekannteren Werke, die wie auch alle anderen nach 1945 publizierten Schriften Grundmanns ideologisch ‚unverfängliche' philologische oder historische Forschungsthemen sachlich behandeln, sind *Die Geschichte Jesu* (1957) und *Das Evangelium nach Markus* (1971). Lediglich im Vorwort der Monographie *Die Geschichte Jesu* findet sich ein versteckter Hinweis auf frühere theologische Publikationen: „Wer frühere Arbeiten des Verfassers kennt, wird bemerken, welche Ansätze sich als fruchtbar erwiesen haben und darum weitergeführt worden sind, wo Irrtümer überwunden und falsche Sichten berichtigt worden sind" (1957: 5). Mit einer saloppen Randbemerkung verharmlost Grundmann hier seine antisemitischen, nationalsozialistischen, rassentheoretischen und nationalistisch-völkischen Schriften und Tätigkeiten kurzerhand zu „überwundenen Irrtümern" und als „falsch" erkannten „Sichten" bzw. zu „unfruchtbaren Ansätzen". Als inhaltlich, aber auch fachsprachlich zu verstehendes Programm erlegt sich Grundmann von nun an im selben Vorwort „Einfachheit und Klarheit" (1957: 5) auf und kündigt an:

> Es schien sinnvoll, gerade in der Situation, wie sie sich aus der Arbeit der Theologie und Kirche im Bereich der DDR ergibt, in einem zusammenfassenden Werk nach der Fülle der

anderwärts erschienenen Einzeluntersuchungen einmal wieder eine Gesamtschau zu wagen und ein Gesamtbild zu zeichnen. (Grundmann 1957: 5)

Grundmanns theologisch-wissenschaftliches Programm für eins seiner Hauptwerke seiner zweiten Theologenexistenz, das auch in der BRD rezipiert und neu verlegt wurde, ist somit durch Berufung auf Maximen gekennzeichnet, denen zufolge er offenbar für die theologische Lehre und Pastorenausbildung Klarheit, Übersichtlichkeit, Verständlichkeit und kompilatorische Vollständigkeit einfordert. Der Rückzug auf die Rolle des empathischen Lehrers und Mentors, den Grundmann mit seinem Bestreben begründet, „Männern und Frauen, die im Dienste der Gemeinde stehen, und den nach dem Ereignis ‚Jesus Christus' fragenden Menschen innerhalb und außerhalb der Kirche" (ebd.) als theologischer Erklärer und Vermittler entgegenkommen zu wollen, ist in dreifacher Hinsicht symptomatisch für die Fachsprache der Theologie in der DDR, die immer unter dem Damoklesschwert der staatlichen Zensur steht und sich im ungünstigsten Fall der Möglichkeit von Publikationsverboten oder der Gefahr der Unterstellung mangelnder Solidarität mit dem sozialistischen Gesellschaftsprojekt mit weit reichenden Konsequenzen ausgesetzt sehen muss: Erstens darf die wissenschaftliche Sprache, insbesondere in Religions- und Glaubenszusammenhängen, nicht elitär-hermetisch sein, d. h. sie muss klassenbewusst, demokratisch und volkstümlich, also einfach und verständlich sein und sich gleichermaßen auch an außerkirchliche, also sozialistisch-atheistische Adressaten wenden, denn in der sozialistischen Gesellschaft gibt es keine unterschiedlichen Klassen, somit auch keine durch ihren Glauben in irgendeiner Weise privilegierten oder ‚erwählten' Mitbürger. Zweitens soll die Fachsprache eine praxisbezogene Lehrsprache sein, die konkret auf die Ausbildung zum Pastorenberuf ausgerichtet ist und im Kontext der alles überwölbenden Staatsideologie damit implizit zur Formung eines aktiven Mitgliedes des sozialistischen Gesellschaftsprojektes hinführen soll. Drittens soll die Sprache, insofern sie gesellschaftspolitisch relevantes Grundlagen- und Sachwissen in einer „Gesamtschau" vermitteln soll, keine detailversessene, ‚bürgerlich'-sophistische Fachsprache sein, die sich in spitzfindige, klassenpolitisch irrelevante Spezialdiskussionen versteigt.

In den zwei zitierten Hauptwerken Grundmanns, die aus seiner wissenschaftlichen Tätigkeit in der DDR hervorgegangen sind, lassen sich diese Maximen nachvollziehen. Insgesamt wird bei der Lektüre deutlich, dass sich Grundmann eines verständlichen, in Teilen nahezu simplen, keinesfalls akademisch verklausulierten Stils befleißigt. Bei einem Vergleich dieser Schriften mit Grundmanns ideologisierter Sprache in Texten aus der ersten Phase seiner theologischen Karriere als ‚völkischer' Theologe (vgl. Kapitel V.2.) fällt zudem ins Auge, dass er nun um akkurate Sachlichkeit bemüht ist und jeden auch nur geringsten Anschein zu vermeiden sucht, in irgendeiner Weise an seine früheren antisemitischen, rassenideologischen, nationalchauvinistischen Diskurse anzuknüpfen. Was den fachsprachlichen Duktus angeht, scheint es sich beim ‚neuen' Grundmann um einen geläuterten, seriös an Sachfragen interessierten und sorgfältig auf wissenschaftliche Präzision achtenden Autor zu handeln, ohne sich dabei – wie es bei anderen Theologen in der DDR durchaus der Fall ist (vgl. Kapitel IX.2.) – auf eine von sozialistischer Ideologie geprägte Fachsprache einzulassen. Zur Veranschaulichung sei eine Passage aus dem Anfangskapitel „Johannes der Täufer und Jesus" aus der *Geschichte Jesu* zitiert:

> Es ist eine feststehende geschichtliche Tatsache, daß die an den Namen und die Erscheinung Jesu sich heftende Bewegung in geschichtlichem Zusammenhang steht mit der Bewegung Johannes des Täufers. Es ist aber eine durchaus nicht eindeutig geklärte Frage, welcher Art dieser Zusammenhang ist. Eine Antwort auf diese Frage ist ohne Kenntnis der Verhältnisse in Palästina nicht möglich; gerade aber die Erkenntnis der geschichtlichen Verhältnisse Palästinas in der Zeit Jesu ist durch neue Funde vor neue Aufgaben gestellt. Wir befragen daher die christlichen Zeugnisse über das Verhältnis Jesu zu Johannes dem Täufer und suchen sie im Lichte neu gewonnener Erkenntnisse über die geschichtlichen Verhältnisse in Palästina zu verstehen. [Meine Hervorhebungen, J.G.]
>
> (Grundmann 1957: 25)

Grundmann macht hier bereits am Beginn des Grundlagen-Buches deutlich, dass er sich sachorientiert auf Forschungsergebnisse theologischer Teildisziplinen und Grenzwissenschaften wie Historiographie, Religionswissenschaften, Religionsgeschichte und Archäologie beruft und seine Hypothesen ausschließlich auf nachweisbare Fakten aufbaut. Hinzu kommt eine ostentativ bekräftigte, verbindliche Untermauerung seiner theologischen Aussagen durch gründliche philologische Quellenarbeit:

> Unsere Aufmerksamkeit gilt zunächst dem Evangelisten Markus. Er beginnt sein Evangelium mit einem alttestamentlichen Zitat, das er als Zeugnis des Propheten Jesaja bezeichnet. Genaugenommen sind es zwei Zitate, eines aus Jesaja und eines aus Maleachi, beide werden sie als Zeugnis des Jesaja bezeichnet. Darüber kann man heute nicht einfach hinweglesen. Die ersten Funde in der Höhle 1 von Qumran am Toten Meer haben zwei Jesajahandschriften zutage gefördert. Nach Sichtung weiterer Fundfragmente in der Gegend von Qumran hat die dort ansässige Gruppe der Essener mindestens 8 Jesajahandschriften besessen. Der Prophet Jesaja hat also eine besondere Bedeutung gehabt. Er ist der Prophet des eschatologischen Geschehens, auf das die Erwartung der Gruppe gerichtet war. [...] Die Zitate aus Maleachi, verschmolzen mit dem Wortlaut einer ähnlich lautenden Exodusstelle, und aus Jesaja bezieht Markus auf Johannes den Täufer. Sie bezeugen, daß seine Sendung Erfüllung alter Verheißung ist, daß also in seinem Auftreten Gott selbst handelnd am Werke ist. [...] Der Täufer ist mit dem ersten der beiden Zitate vom Evangelisten als Vorläufer Jesu bezeugt. Sein Auftreten aber wird bezeichnet als „Stimme eines Rufenden in der Einöde". Der alttestamentliche Wortlaut ist etwas anders; er zieht „in der

9.1 „Darum ist der Mensch als Schaffender und Werktätiger Gottes Mitarbeiter" —— 277

Einöde" nicht zu der Stimme eines Rufenden, sondern zu der Aufforderung, den Weg zu bereiten: „In der Wüste bereitet dem Herrn den Weg!" Die Umstellung dient der Charakterisierung des Täufers. Er erhebt seine Stimme in der Einöde, er ist der in der Einöde Rufende. In der jüdischen Erwartung ist der Gedanke lebendig gewesen, daß eine Neubegründung des Gottesvolkes durch den Propheten, der Deut. 18,15 verheißen ist, in der Einöde erfolgen wird, wie Mose einst in der Wüste das Gottesvolk durch die erwählende Offenbarung am Sinai in Bundesschluß und Gesetzgebung begründet hat. [...] In aramäisierender Form wird erzählt vom Auftreten des Täufers. [Meine Hervorhebungen, J.G.]   (Grundmann 1957: 25–26)

Das Zitat enthält einige charakteristische Aspekte dieser Art von ‚neutraler' Fachsprache: So wird die philologische Quellenarbeit grundsätzlich durch ausführliche Verweise nachvollziehbar gemacht und interpretative Schlussfolgerungen werden jeweils sparsam auf unmittelbare Nachweise in den Quellen bezogen. Intertextuelle Bezüge zwischen Evangelientexten und Büchern des Alten Testament und anderen Schriften (Qumranfragmente) werden hergestellt und Unterschiede bis hin zu syntaktisch-semantischen Differenzen bei intertextuellen Bezugnahmen werden erläutert. Ferner wird immer wieder auf archäologische, historiographische Forschungsergebnisse Bezug genommen, wie auch auf Erkenntnisse der Judaistik oder im Fall des Ausdrucks „aramäisierende Form" der historischen Sprachwissenschaften. Auffällig sind in diesem Zusammenhang eine Reihe von das gesamte Werk durchziehenden Ausdrücken, die eine besonders skrupulöse, wissenschaftlich fundierte Arbeitsweise zusätzlich hervorheben, darunter das Adjektiv *aufmerksam* mit Ableitungen, adverbielle Formen wie *genaugenommen*, Verben mit substantivischen Ableitungen wie *bezeugen* oder *sichten*, das in der Wissenschaftssprache generell für eine philologisch seriöse, sorgfältige Lektüre steht. Auch der Hinweis „Darüber kann man heute nicht einfach hinweglesen" reiht sich in das im Dienst der Betonung der wissenschaftlich-akademischen Aufrichtigkeit stehende sprachliche Requisitorium ein, wenn damit gleichzeitig Unkenntnis und Oberflächlichkeit früherer Forschergenerationen bemängelt und die bessere Forschungslage und Gewissenhaftigkeit der Gegenwartsforschung unterstrichen wird. An zahlreichen weiteren Textstellen finden sich vergleichbare Ausdrücke wie z. B. „aufschlußreicher Beleg" (66), „entscheidende Beobachtung" (76), „wesentliche Einsicht" (76), „umfassende Erörterung" (96), „Authentie" (123) „Bestätigung der Auslegung" (147) sowie ein äußerst häufiger Gebrauch von Verben und Verbalkomplexen wie „erhärten", „belegen", „deutlich machen", „deutlich werden", „sich (eindeutig) ergeben", „zur Klarheit kommen", mit deren Hilfe die Zuverlässigkeit und Nachprüfbarkeit der Forschungsmethoden unter Beweis gestellt werden sollen.

Bemerkenswert erscheint ferner, dass und wie ein Theologe, der sich in seinen Fachtexten vor 1945 u. a. in seiner Eigenschaft als Direktor des „Instituts zur Erforschung und Beseitigung des jüdischen Einflusses auf das deutsche kirchliche Leben" als notorischer und erbarmungsloser Antisemit hervorgetan hatte, das Thema des Judentums in der Bibel und im Kontext des Christentums behandelt. Folgende Textstellen geben exemplarisch Aufschluss darüber:

> Nach seiner Tätigkeit wird Johannes der Taufende genannt, und die Taufe der Umkehr zur Vergebung der Sünden ist der Inhalt seines Botenamtes. Durch die Taufe also geschieht die Bereitung des Weges für den Kommenden. Was ist die Taufe? Die Taufe des Täufers ist zurückgeführt worden auf die Proselytentaufe der Juden. Wenn ein Nichtjude zum Judentum übertrat, mußte er sich eines Tauchbades unterziehen [sic!], das die dem Heiden anhaftende Unreinigkeit tilgt. Diese Proselytentaufe hätte der Täufer auf das jüdische Volk ausgedehnt und sie ihm zugemutet; denn um eine Zumutung handelt es sich; durch die Taufe würden nämlich die Juden den Heiden gleichgestellt und ihnen das Bekenntnis abverlangt, sie seien nicht mehr Gottes Volk. [...] Wenn Johannes eine Generalreinigung dem ganzen Volk zumutet, dann bezeugt er die Unreinheit des ganzen Volkes.
> (Grundmann 1957: 26–27)

> An dieser Stelle nimmt das Judentum Anstoß an Jesus bis auf diesen Tag. Der in englischer Sprache schreibende jüdische Gelehrte Montefiore erklärt den Versuch, die Sünder durch Mitleid, Liebe und Dienen zu retten als etwas Neues. Er sagt, daß die Verdammung der Sünde und der Aufruf zur Umkehr den Juden geläufig sei, aber durch Herstellung einer Gemeinschaft mit den Sündern ihre Umkehr auf dem Weg der Tröstung und Ermutigung und nicht der Verdammung zu suchen, das sei unerhört.   (Grundmann 1957: 50)

Begriffe wie *Jude, Nichtjude, Judentum* oder auch *jüdisch, jüdisches Volk* treten nun bei Grundmann als vollständig neutrale Termini ausschließlich in Bezug auf das alttestamentliche historische Judentum auf und entbehren jeder Art von Ambiguität oder auch nur entfernt polemischer Anspielung auf die jüdische Religion und Kultur der Gegenwart, wenn nicht unmittelbar und sachlich auf den jüdischen Glauben bezogen. Auffällig ist dabei der Hinweis auf den „in englischer Sprache schreibenden jüdischen Gelehrten Montefiore"[1], eine Formulierung, die sich durch respektvoll-vorsichtige Hervorhebung sprachlicher und akademischer Merkmale von einer Nähe zu in der NS-Zeit üblichen antisemitisch konnotierten Diktionen distanziert. Das mag angesichts der kaum mehr als zwei Jahrzehnte älteren einschlägigen Schriften Grundmanns aus der NS-Zeit erstaunen; es ist jedoch offensichtlich, dass dieser unter den neuen politischen Machtverhältnissen bemüht ist, in dreifacher Hinsicht nicht in den Verdacht ideologischer Abweichungen zu geraten: Als Theologe im Staatsdienst und Kirchendienst eines nach offizieller Staatsdoktrin antifaschistischen sozialistischen Staates durfte insbesondere aufgrund von Grundmanns akademischer

---

[1] Claude Joseph Goldsmid-Montefiore (1858–1938), britisch-jüdischer Theologe, 1926–1938 Vorsitzender der *World Union for Progressive Judaism*.

Vorgeschichte im Dienst der nationalsozialistischen Rassenideologie erstens auch nicht der geringste Zweifel an seiner vollständigen Abkehr von faschistischen Doktrinen aufkommen. Um zweitens auch im ‚kapitalistisch-imperialistischen' Westen, wo ja die international anerkannte und renommierte wissenschaftliche Universitätstheologie sich frei entwickeln konnte, Gehör zu finden, mied er offenbar auch eine zu deutliche Nähe zu marxistisch-leninistisch-sozialistischen Positionierungen. Im Gegensatz zu etlichen anderen DDR-Theologen findet sich bei Grundmann kaum eine Spur sozialistischer Parteinahme, wie es andernorts nicht nur in der Theologie geschieht. Gleichzeitig meidet Grundmann drittens aber auch eine irgendwie geartete Nähe zu als imperialistisch und kapitalistisch inkriminierbaren Positionen, die ja im Kontext der christlichen Theologie in Form von auf ‚Herrschaft' bezogenen Begriffskonstellationen wie *Herr und Diener, Gottesherrschaft, Reich Gottes, Gehorsam, Untertan, Dienst, Unterwerfung* etc. eine zentrale Rolle spielen und deutliche semantische Überschneidungen mit in der Staatsdoktrin der DDR dem Klassenfeind zugeordneten semantischen Feldern aufweisen. Tatsächlich wird diese fachsprachliche Vermeidungsstrategie im Kapitel *Bild und Kommen des Reiches Gottes* (Grundmann 1957: 195–205) besonders deutlich. Der im Kontext des Erscheinungszeitpunktes in der DDR auch im Ausdruck *Reich Gottes* offenbar nicht unumstrittene Begriff *Reich* wird umständlich in eine unverfängliche semantische Richtung uminterpretiert. So fragt Grundmann zunächst unter Hinweis darauf, dass Jesus weniger vom *Reich Gottes* als vielmehr vom „kommende[n] Äon" spreche (Grundmann 1957: 196), ob die Rede von der „Teilhabe am kommenden Reiche Gottes […] bildhaft oder übertragen oder in doppelter Weise, bildhaft und übertragen, zu verstehen" sei (196). Mit dieser Hinterfragung einer wörtlichen Interpretation wird dem Wortfeld der *Herrschaft* und des *Reiches* bereits ein entscheidender Teil seines verfänglichen semantischen Gehaltes entzogen. Davon ausgehend deutet Grundmann das *Eingehen ins Reich Gottes* in seiner „bildhaft-räumlichen Grundbedeutung" unter Berufung auf Jesusworte vom Eintreten durch eine „enge Pforte" (Matth. 7,13; Luk. 13,24) als Eintreten in das „Innere eines Hauses" oder das „Innere einer Stadt" (1957: 196). Weiter legt Grundmann, wiederum in Anbetracht eines Jesuszitates, in dem vom „Anklopfen" die Rede ist (Matth. 18,18) und der generellen Gleichsetzung Gottes mit dem „himmlischen Vater", das Eingehen ins *Gottesreich* als Eintreten in eine „Tür zu einem Hause […], an die angeklopft werden soll", aus, denn Jesus rede „häufiger von einem Haus und vergleicht Reich und Haus miteinander. Das Dasein des Menschen ist wie ein Haus" (197). Mit der Gleichsetzung des *Reiches* mit einem *Haus* im Sinne einer gleichnishaften Verwendung wird das Lexem zu einer harmlosen Metapher, der keine politisch-konterrevolutionäre Bedeutungsebene unterstellt werden kann:

> Diese Vorstellung vom Reiche Gottes als einem Haus wird hinreichend bestätigt durch die Wortfolge, die Lukas herstellt im Zusammenhang mit der Aufforderung, einzugehen durch die enge Tür. Es ist die Tür eines Hauses, denn an der verschlossenen Tür, die auf die durch die Einlaßbegehrenden entstandene Unruhe hin geöffnet wird, kommt es zu einem Gespräch mit dem Hausherren. Bei diesem Gespräch vermögen die Draußenstehenden in das Innere des Hauses zu schauen und sehen das Festmahl im Hause, an dem die Erzväter mit vielen Gästen aus allen Himmelsrichtungen der Erde teilnehmen und sehen sich selbst ausgeschlossen. [...] *Das Reich Gottes ist unter dem Bild eines Hauses vorgestellt, in dessen Inneren der Tisch zur festlichen Mahlzeit gedeckt ist, an dem das Festmahl stattfindet.* (Grundmann 1957: 197–198)

Dieses Haus, so spinnt Grundmann den Faden weiter, sei das „Vaterhaus", und damit „das Haus und der Hof eines Bauern", in dem ein „Festmahl am Tisch des Vaterhauses" stattfinde (198). Quintessenz des gesamten interpretatorischen Verfahrens sei somit Folgendes:

> Für das Verständnis des Reiches Gottes gewinnen wir: *Das Haus, unter dem das Reich Gottes vorgestellt ist, ist das Vaterhaus.* Ist Gott für Jesus Abba[2] und ist dieses Abba Schlüssel der Erkenntnis, so ist das Reich Gottes das diesem Abba eigene Haus, das Vaterhaus. In ihm ist der Tisch zum Festmahl gedeckt. (Grundmann 1957: 198)

Grundmanns aufwändiger Argumentationsgang zeigt beispielhaft, wie ein mit unerwünschten Konnotationen behafteter theologischer Begriff im Sinne einer marxistisch-materialistischen Semantik zu einem unverdächtigen Ausdruck umgedeutet werden kann: Der zentrale theologische Begriff des *Gottesreiches* enthält staatlicherseits ‚unerwünschte' Konnotationen im Hinblick auf historischen und klassengesellschaftlichen Ballast und muss daher semantisch ‚entladen' werden. Das geschieht, indem der Ausdruck mit Hilfe zahlreicher eigentlich aus anderen Kontexten stammender Belegstellen aus der Bibel als metaphorische Abstrahierung des semantischen Feldes des „Vaterhauses" gedeutet wird. Auf diese Weise wird der in der theologischen Fachsprache geläufige Bildbereich der *Herrschaft* und *Gefolgschaft* auf das Vater-Sohn-Verhältnis reduziert und das *Reich Gottes* zum familiären Heim erklärt, in dem Familienmitgliedern und willkommenen Gästen opulent aufgetischt wird. Wenn das Vaterhaus dann zusätzlich als Bauernhaus oder Bauernhof identifiziert wird, das „Gäste aus allen Himmelsrichtungen" aufnimmt, während draußen den Personen, die „die Einladung abgeschlagen haben [...] nur das Schreien des Entsetzens und das wütende Zähneknirschen [bleibt]" (198), ist der Bezug zur sozialistischen Staatengemeinschaft eindeutig hergestellt: Es handelt sich um eine Gesellschaft von proletarischen Werktätigen, die ihr materielles Gut in internationaler Solidarität mit denen teilen, die die Verhaltens- und Verteilungsregeln der Kommunität teilen

---

[2] Aramäisch für „Vater"; im Neuen Testament persönliche Anrede Gottes durch Jesus.

und die dadurch bereits im irdischen Leben keine Not erleiden müssen, während die Verweigerer dieser Teilhabe in verzweifeltes Elend fallen. Solche interpretatorischen Zugeständnisse an die offiziell vorgeschriebene Gesellschaftsdoktrin sind in Grundmanns zweiter Schaffensphase symptomatisch und modellhaft, wenn auch jeweils theologisch verklausuliert.

Ein weiteres expliziteres Beispiel für Grundmanns Sekundierung staatspolitischer ideologischer Vorgaben ist etwa die Propagierung eines absoluten, unreflektierten Fortschritts- und Technikvertrauens, das einerseits zeittypisch ist, andererseits aber in der DDR einen besonders prestigehaltigen Status im Hinblick auf die ‚Errungenschaften der sozialistischen Gesellschaft' hat und von theologischer Skepsis nicht in Zweifel zu ziehen war, wie aus folgendem Zitat aus dem theologischen Kurzbrevier *Dem Ursprung neu verbunden. Auskunft des Glaubens für den fragenden Menschen der Gegenwart* von 1965 hervorgeht:

> Der Mensch entbindet durch seine forschende Erkenntnis Kräfte der Natur, die dem Weiterleben der Menschheit dienen. Das geschieht jeweils zur rechten notwendigen Zeit. Wir erfahren es deutlich in unserer Gegenwart. In einem Zeitabschnitt, da das Menschengeschlecht rasch anwächst, werden durch die Entdeckung atomarer Kraftquellen neue Energiebereiche und neue Hilfsmittel erschlossen, die die Menschheit benötigt, wenn sie leben und nicht verderben will. Unser Glaube zeigt uns: Gott erhält seine Welt heute auch durch Naturwissenschaft und Technik. Darum ist der Mensch als Forscher und Techniker, als Schaffender und Werktätiger, Gottes Mitarbeiter. Er ist damit zur Verantwortung gerufen, ob er das, was er weiß und schafft, zu Heil oder Unheil der Menschheit verwaltet und verwendet. (Grundmann 1965: 15)

Augenfällig erscheint hier die unmittelbare Verschränkung von Begriffen aus der sozialistischen Rhetorik wie „Schaffende" und „Werktätige" mit theologischer Terminologie wie „Glaube" und „Gott", „Verantwortung" und „Heil". Die Verbindung zwischen beiden semantischen Feldern wird durch Lexik aus den Bereichen der Technik und Naturwissenschaften hergestellt, darunter „atomare Kraftquellen", „neue Energiebereiche", „Forscher und Techniker". Diese werden damit gleichzeitig als gottgegebene „Hilfsmittel" beschrieben, mit denen Gott „seine Welt erhält", und als Errungenschaften menschlicher Arbeit und Forschung qualifiziert, mit denen der Mensch „Naturkräfte entbindet" und diese im Dienst des Fortschritts „verwaltet und verwendet". In dieser rhetorischen Figuration wird das Verhältnis des Menschen zu Gott erneut von seiner traditionell hierarchischen vertikalen Ebene der Herrschaft und Unterwerfung auf eine paritätische horizontale Ebene des „verantwortlichen Mitarbeiters" übertragen, der zufolge Gott zu einem Primus inter Pares degradiert wird, der in der Art eines Brigadeleiters zwar das Geschehen lenkt und leitet, dabei aber nicht viel mehr als einen gleichrangigen Status innehat. Der „Schaffende" ist hier der Mensch, der seine eigene Schöpfung rational zu seinem Besten einsetzen soll. Und nicht mehr der Schöpfergott, der sein Schöpfungswerk nunmehr offenbar nur noch in wohlwollender Supervision begleitet. Als Element einer als theologische Fachsprache erkennbaren Diktion verbleiben Lexeme wie „Menschengeschlecht", „leben und verderben", „Heil und Unheil", die aber lediglich in ihrer Eigenschaft als sprachliche Archaismen einen religiös-theologischen Konnotationswert evozieren.

Vergleichbare Phänomene finden sich in anderen Nachkriegswerken Grundmanns. Grundmanns Sprache ist zum überwiegenden Teil ausgesprochen sachbezogen, nüchtern und ideologisch unverdächtig. Er legt Wert auf eine ausführlich und sorgfältig, kleinschrittig dokumentierte philologische Quelleninterpretation. Das gilt z. B. weitgehend für den auch im Westen rezipierten detaillierten Kommentar zum Markusevangelium (*Das Evangelium nach Markus*, Grundmann 1971) oder für die Kommentare zum Judasbrief und zum Zweiten Petrusbrief (*Der Brief des Judas und der zweite Brief des Petrus*, Grundmann 1974). Die Auswahl gerade dieser beiden kleineren Texte des Neuen Testaments als Gegenstände theologischer Fachkommentare mit ihrer Polemik gegen die die Christengemeinde infiltrierende Irrlehren könnte als Hinweis auf eine textuelle Mehrfachadressierung gedeutet werden, wenn wiederholt Begriffe wie „Falschlehrer", „falsche Propheten", „Widersacher", „Missbrauch der Freiheit", „Häretiker", „Spöttischer Widerspruch", „Verachtung [...] gemeindlicher Ordnung und ethisch bindender Gebote", „libertinistisches Verhalten", „Frevler", „Verführer" etc. verwendet werden. Auszuschließen ist nicht, dass hierin sprachlich-diskursive Parallelen zu offiziellen politischen Statements zum Thema des Klassenfeindes und der Auseinandersetzung mit der ‚westlich-dekadenten' Gesellschaftsform zu sehen sind. So schließt Grundmann den Aufsatz *Wandlungen im Verständnis des Heils zwischen Paulus und „Johannes"* mit den Worten „Eben diese Gemeinschaft als Zugehörigkeit zu Christus ist das Grundthema des Neuen Testaments, ist das Heil, dessen Verständnis und Aussage situations- und existenzbedingt sich verändernde Ausprägungen erfährt" (Grundmann 1980: 59). An dieser Stelle unterstreicht Grundmann in einem nachgeschobenen Attributsatz, dass die Interpretation dessen, was im protestantisch-neutestamentlichen Sinn als *Heil* verstanden werden kann, von „Situation" und „Existenzbedingungen" abhängt, also keineswegs absolut sei, sondern vielmehr in jeweiliger Relation zu zeithistorischem und menschheitsgeschichtlichem ‚Überbau' und damit zu den jeweils den gesellschaftlichen Diskurs beherrschenden Sprachregelungen stehe.

Auf vergleichbare Weise passt Grundmann vermutlich im eigenen Interesse schließlich auch den *Schuld*-Diskurs an die Gegebenheiten der Nachkriegs-DDR an, wenn er ausführt:

> Gott deckt in katastrophalen Schicksalen Verschuldungen des Menschen auf; sie sind darum Strafe und Heimsuchung Gottes. Aber Jesus bestreitet, daß ein Zusammenhang zwischen einem katastrophalen Schicksal und einer individuellen Verschuldung bestehen

müsse, der ausrechenbar wäre, wie das die Vergeltungstheorie des Judentums versucht. Er bestreitet, daß die von einem katastrophalen Schicksal Betroffenen schuldig seien vor allen anderen, so daß man auf sie als auf Gezeichnete mit Fingern zeigen könnte. Statt dessen enthüllt er einen völlig anderen Sinn solchen Schicksals: er hat stellvertretende Bedeutung für die anderen. Der von einem katastrophalen Schicksal Betroffene wird zu einem Aufruf an die anderen, die mit ihm in der gleichen Schuld stehen, daß er umkehre von seinem verkehrten Weg, auf dem er geht. Schicksal ist also nicht allein Strafe für eigene Verschuldung, sondern ist Heimsuchung, die stellvertretend für die anderen getragen wird, so daß der vom Schicksal Gezeichnete zugleich der Ausgezeichnete ist. [Meine Hervorhebungen, J.G.]

(Grundmann 1957: 107)

In diesem Kommentar zu den Jesusworten aus Luk. 13,2–5, mit denen Jesus die Schuld der galiläischen Opfer des Pilatus infrage stellt, gelingt es Grundmann mittels einer geschickten semantisch-pragmatischen Mehrdeutigkeitsstrategie, einen Textabschnitt zu erstellen, der auf unterschiedliche Weise disambiguiert werden kann. Auf der einen Seite kann er als theologische Interpretation des Lukasverses gelesen werden, indem Jesu Worte in auch dem wissenschaftlichen Laien verständlicher Sprache als Aufruf zur Vergebung und zur Gnade gegenüber dem Sünder erklärt werden. Dass der Abschnitt auf der anderen Seite aber auch als Rechtfertigungstext im Hinblick auf eigene historische und persönliche Schuldverstrickungen des Autors Grundmann und seiner Zeitgenossen gelesen werden kann, liegt aufgrund der auffälligen Häufung der Nominalphrase „katastrophales Schicksal" und der mit dieser in Verbindung gebrachten Sememe nahe. „Katastrophales Schicksal" taucht im Singular und Plural insgesamt viermal auf, ein weiteres Mal als „solches Schicksal" und zweimal attributlos als „Schicksal", das im Kontext als referenzidentische Verkürzung erkennbar ist. Auffällig ist der Begriff hier insofern, als der „Untergang der Galiläer", die Pilatus ermorden lässt (Luk. 13,1–3) bzw. die vom Turm von Siloah erschlagen werden (Luk. 13,4–5), üblicherweise als Jesu Infragestellung einer Gleichsetzung solcher von Menschenhand oder durch Naturkräfte herbeigeführter Todesfälle mit einer durch Untaten verdienten Strafe Gottes erklärt wird. Vordergründig ist dies auch in Grundmanns Text der Fall. Auf einer parallelen semantischen Ebene wird aber erkennbar, dass das insistierend immer wieder zitierte „katastrophale Schicksal" offenbar über das Unglück der Galiläer weit hinausweisen soll, wenn hier wiederholt *Schicksal* mit „Verschuldung des Menschen", „individuelle Verschuldung", „Strafe und Heimsuchung Gottes", „Strafe für eigene Verschuldung", „stellvertretende Heimsuchung" identifiziert wird. Damit relativiert Grundmann im gleichen Atemzug wieder Jesu Aussage von der Nicht-Identität von individuellem Leid und göttlicher Strafe für menschliche Schuld. Wenn er außerdem auf die „Vergeltungstheorie des Judentums" anspielt, kann kaum noch bezweifelt werden, dass implizit auf die Shoah, die nationalsozialistischen Verbrechen und die Schuldverstrickung der Deutschen Bezug genommen werden soll, zumal die spezifischen Begriffswörter *Schick-*

sal, *Katastrophe* und *Judentum* in der Nachkriegszeit semantisch mit den unmittelbar vorausgegangenen historischen Ereignissen konnotiert sind. Offenbar bezieht Grundmann das „katastrophale Schicksal" gleichermaßen auf die jüdischen Opfer des Holocaust, wenn er explizit die bis in die Gegenwart gelegentlich als Erklärung für den Genozid zitierte „Vergeltungstheorie" anführt, wie auch auf die Täter und geistigen Wegbereiter, zu denen er selbst gehörte; denn Grundmanns Formulierungen von „Gezeichneten", auf die „mit Fingern gezeigt" werde, von Menschen, die auf einem „verkehrten Weg gehen", und von denen schließlich „ein Aufruf an die anderen, die [...] in der gleichen Schuld stehen" ergehe, die diese „stellvertretend für die anderen" trügen, lässt sich keinesfalls auf die jüdischen Opfer der Shoah beziehen, sondern relativ eindeutig auf die verfemten Täter der nationalsozialistischen Diktatur, die Strafprozessen, Entnazifizierung und einem allgemeinen öffentlichen ‚Pranger' unterworfen sind. Diese Täter, so will Grundmann den Bibeltext hier aktualisierend ausgelegt wissen, sind vom *Schicksal* in die *Katastrophe* des Schuldigwerdens gerissen worden, womit ihre *Schuld* nicht ausgelöscht, aber immerhin relativiert und zu einer der Menschheit zum Nutzen dienenden „Heimsuchung", „Betroffenheit" oder „Verschuldung" umgedeutet wird, wobei mit dem vom transitiven Verb *verschulden* abgeleiteten Substantiv *Verschuldung* der *Schuldige* vom Agens zum entlastenden Patiens transformiert wird. Nicht nur die Opfer der Verbrechen, sondern auch die zur Rechenschaft gezogenen Täter werden durch diese semantische Operation schließlich sogar von „vom Schicksal Gezeichneten" zu „Ausgezeichneten", die stellvertretend für die gesamte Menschheit entweder unschuldig die *Schuld* der anderen büßen oder *schuldig* die anderen vom „verkehrten Weg" abzubringen beauftragt sind.

Die behutsame und gleichzeitig doch verdeckt opportunistische Fachsprache des sozialistisch geläuterten ‚völkischen' Theologen Walter Grundmann steht wegweisend für die Fachsprache einer im ‚real existierenden Sozialismus' unter hohem gesellschaftlichen Rechtfertigungsdruck stehenden Wissenschaft, die einen Mittelweg zwischen ideologischer Anpassung, wissenschaftlicher Seriosität und dem Bemühen um systemübergreifende akademische Anerkennung zu finden sucht.

9.2 „Parteilichkeit des Wortes Gottes: ein fröhliches Ja zur sozialistischen Entwicklung der Gesellschaft" – Fahnenwörter und Stigmawörter

Bei Betrachtung der staatlichen und gesellschaftlichen Konsolidierungsperiode der DDR und schließlich der Endphase des politischen und wirtschaftlichen Niedergangs, der in die Selbstauflösung und den Beitritt zur Bundesrepublik mündet, erscheinen drei in der DDR erfolgreiche und renommierte protestantische Theologen als geeignete Prototypen einer zunehmend in ideologische Abhängigkeit geratenden Universitätstheologie: Gerhard Bassarak (1918–2008) war von 1957 bis 1966 Studienleiter der Evangelischen Akademie Berlin-Brandenburg, 1967 bis 1969 Professor für Ökumenische Theologie an der Martin-Luther-Universität Halle und 1969 bis 1983 an der Berliner Humboldt-Universität. Von 1958 bis 1989 war Bassarak als inoffizieller Mitarbeiter des Ministeriums für Staatssicherheit tätig. Heinrich Fink (1935–2020) war 1979 bis 1991 Professor für Praktische Theologie an der Humboldt-Universität Berlin und von 1990 bis 1991 Rektor der Humboldt-Universität. Fink wurde 1991 aufgrund seiner Tätigkeit als Inoffizieller Mitarbeiter des MfS (1968–1989) fristlos aus allen akademischen Ämtern entlassen. Eine Reihe von Klagen gegen die Auflösung von Finks Dienstverhältnis blieben erfolglos und wurden 1997 vom Bundesverfassungsgericht in letzter Instanz abgewiesen. Hanfried Müller (1925–2009) war 1964 bis 1990 Professor für Systematische Theologie an der Berliner Humboldt-Universität sowie gemeinsam mit Gerhard Bassarak Mitbegründer des Weißenseer Arbeitskreises, einer Plattform von Theologen, die sich für eine „Kirche für den Sozialismus" einsetzten. Müller war von 1954 bis 1990 nebenberuflich für das Ministerium für Staatssicherheit tätig. Bassarak, Fink und Müller vertraten eine dezidiert staatsloyale wissenschaftliche Linie.

Gerhard Bassarak fasst im Vorwort zu einer 1975 von ihm zusammengestellten und herausgegebenen ökumenischen Predigtsammlung Zielsetzung und Gestalt des Bandes zusammen. Zunächst skizziert er aus seiner Sicht die pragmatische Kommunikationsfunktion der Textsorte Predigt. Diese sei, so stellt Bassarak fest, „der Ort [...] der ‚Spiritualität im Kampf'" und spiegele „die Auseinandersetzung der Gemeinde mit den Mächten und Gewalten des Bösen, die Menschheit und Welt bedrohen", wider. Über diese verbale Darstellung hinaus „führt sie diesen Kampf" aktiv (1975: 11). Der Textsorte Predigt wird damit zusätzlich zu ihren konventionellen pragmatischen Funktionen der Affirmation, der Persuasion und des Appells eine performative Sprechhandlungsdimension zugewiesen, wenn sie im Vollzug ihres verbalen Äußerungsprozesses neben Sprechhandlungen auch eine konkrete Handlung, nämlich die des in das Wirklichkeitsgeschehen konkret eingreifenden Kampfes, ausüben soll. Tatsächlich ist *Kampf* ein Schlüsselbegriff in Bassaraks Charakterisierung und Beschreibung der Textsorte Predigt:

> Die Predigt [...] führt diesen Kampf
>
> Dieser Kampf ist aber ein durchaus spiritueller.
>
> Funktion der Predigt als eine des geistlichen Kampfes
>
> Praxis dieses Kampfes in den [...] Predigten

> Die Christenheit [...] kann aufgerüttelt werden [...], den Kampf aufzunehmen.
> [Meine Hervorhebungen, J.G.] (Bassarak 1975: 11)

Es mag zunächst seltsam erscheinen, dass die christliche Predigt generell mit dem semantischen Feld des *Kampfes* in Verbindung gebracht wird oder ihre Sprechhandlungen sogar unmittelbar mit einer physischen Kampfhandlung identifiziert werden. Diese semantische Gleichung entspricht jedoch der definitorischen Praxis der Sprachpolitik im Kontext der sozialistischen Staatsideologie: Hier fungieren die Wortfelder des *Kampfes* und allgemein des *Krieges* (*Soldaten, Schlacht, Sieg, Niederlage* etc.) oder auch Begriffe aus dem Kontext der religiösen Moralethik (das *Böse, Teufel, teuflisch, Laster* etc.) als Metaphern für die politische Auseinandersetzung der sozialistischen Gesellschaftsordnung und ihrer Repräsentanten. Diese sollen das *Gute* repräsentieren und den *Sieg* gegen das *Böse, Teuflische, Lasterhafte*, nämlich die antagonistische, als ‚kapitalistisch' bezeichnete Gesellschaftsordnung der westlichen Demokratien, davontragen. Charakteristische Schlagworte, die nach Strauß, Haß und Harras „immer ideologisch markiert, an den Sprachgebrauch von Gruppen und deren Interessen festgemacht und mit Wertungen verbunden" sind, lassen sich in „Leit- oder Fahnenwörter mit positiver und [...] Feind- oder Stigmawörter mit negativer Wertung" unterscheiden (1989: 33). Ebendies überträgt Bassarak auf die theologische Predigt- und Fachsprache, indem er auf der einen Seite Fahnenwörter der sozialistischen Ideologie mit dem christlichen Glauben in unmittelbaren Zusammenhang bringt oder die christliche Theologie in den Dienst der Staatsideologie stellt und auf der anderen Seite Stigmawörter der sozialistischen Propaganda entsprechend in Gegensatz zur christlichen Lehre stellt bzw. sie mit dem theologisch definierten *Bösen* identifiziert: Der *Kampf* wird als der gute, christliche Kampf, also als „Auseinandersetzung der Gemeinde mit den Mächten und Gewalten des Bösen" und als „Benennung der Feinde Gottes und der Menschen" (Bassarak 1975: 11) definitorisch festgelegt. Tatsächlich erstreckt sich dieser *Kampf* somit auch auf eine fachsprachlich-terminologische Praxis der Zuordnung von Begriffen und Benennungen. Dieser *Kampf* richtet sich laut Bassarak unter anderem gegen folgende Phänomene, die „die heutige Gestalt, die das Böse angenommen hat", repräsentierten (Bassarak 1975: 11):

> Die großen sozialen Übel: Krieg, Imperialismus, Hunger, Ausbeutung, Massenelend, Rüstungswahn, rassische Diskriminierung, Faschismus und Neofaschismus, Kolonialismus und Neokolonialismus, Kapitalismus, Profitgier und verantwortungsloser Umgang mit menschlichen und natürlichen Ressourcen
>
> Versuchungen politischer Reaktion, aber auch der Resignation
>
> Weißer Rassismus und die weißen Unterdrückungsstrukturen
>
> (Bassarak 1975: 11–15)

Die Politisierung der Theologie und der theologischen Fachsprache im Sinne der sozialistischen Staatsideologie wird insbesondere durch die in der Propagandasprache das antagonistische kapitalistische Lager betreffenden Lexeme wie u. a. „Imperialismus", „Ausbeutung", „Kapitalismus", „Profitgier" explizit benannt. Aber auch Begriffe wie etwa „Massenelend", „Rüstungswahn", „(Neo)faschismus", „(Neo)kolonialismus" sind Termini, die im offiziellen sozialistischen Sprachgebrauch eindeutig der ‚kapitalistischen' Gegenseite zugerechnet werden, zumal die durch sie bezeichneten Referenten der offiziellen Parteidoktrin zufolge in den Staaten des real existierenden Sozialismus nicht existieren dürfen und können. Umgekehrt wird der Begriff des *Kampfes* positiv definiert als „spezifischer Beitrag in der Kraft des Evangeliums [...] die Wurzel der Übel zu erkennen, sich um das Bündnis mit allen Menschen guten Willens zu bemühen, den Willen Gottes zu begreifen und ihn zu tun", und umgekehrt verworfen, sofern es sich bei diesem *Kampf* um wirkungslose „ohnmächtige Versuche der Bannung, der Beschwörung" (Bassarak 1975: 11–12) handeln sollte. Ganz konkret werden dann wiederum die Ziele dieses *Kampfes* „um den rechten Platz des Christen in den Auseinandersetzungen der heutigen Welt" (15) folgendermaßen ausformuliert:

> Der Gemeinde [in Afrika, J.G.] in der revolutionären Situation ihrer Gesellschaften den Weg aufzeigen
>
> Gottes Ziel mit seiner auch und gerade in den Veränderungen geliebten Welt nicht aus dem Auge verlieren
>
> Stellung in dem weltweiten Ringen um Gerechtigkeit und Frieden zu nehmen
>
> Parteilich werden und – einmal auf die Parteilichkeit des Wortes Gottes gestoßen – den Gemeinden Rechenschaft ablegen von der Gestalt der Liebe, zu der uns der Glaube an Christus heute drängt
>
> Fröhliches Ja zu der sozialistischen Entwicklung [der] Gesellschaft
>
> Engagement für den Frieden und für die Einheit des Volkes Gottes
>
> Ökumenische Einheit und weltweiter Frieden
>
> (Bassarak 1975: 15–19)

Aus der Gegenüberstellung der *Kampf*-Rhetorik mit den allgemeinen Zielen dieses *Kampfes* erhellt, dass Bassarak die theologische Fachsprache in den Dienst seiner und der von ihm als loyalem sozialistischem Staatsbürger mitgetragenen politischen Ideologie stellt und ihr somit ihre wissenschaftliche Objektivität entzieht. In der christlich-theologischen Terminologie relevante ‚Leitwörter' wie *Frieden, Gerechtigkeit, Liebe, Glauben, Volk Gottes* usw., die definitorisch im theologischen Diskurs im Allgemeinen durch die neutestamentliche Botschaft festgelegt sind, werden durch Parallelverwendung semantisch mit den

‚Fahnenwörtern' der sozialistischen Ideologie gleichgesetzt, die ihrerseits politisch eindeutig und monosemisch definiert sind. Dadurch wird die theologische Fachsprache zu einer politischen Hilfsterminologie umfunktioniert und riskiert den Verlust ihrer begrifflich-definitorischen, wissenschaftlichen Autonomie. Dabei wird mit der „Parteilichkeit des Wortes Gottes" eine politische Parteilichkeit des Christen im Sinne eines „Ja[s] zu der sozialistischen Entwicklung [der] Gesellschaft" gerechtfertigt.

Ähnlich verfährt Heinrich Fink, der ebenso wie Gerhard Bassarak über Jahrzehnte Mitarbeiter des Ministeriums für Staatssicherheit und aktiv an der Überwachung und Bespitzelung von Mitbürgern, Kollegen und Studenten beteiligt war. Wie beispielsweise im Vorwort zu einem Sammelband über die Theologie Dietrich Bonhoeffers (Fink, Kaltenborn und Kraft 1987) erkennbar ist, geht es Fink um eine Begründung der in der DDR von staatlicher Seite propagierten Anpassung der Theologie Dietrich Bonhoeffers an das sozialistische Weltbild, der als Widerstandskämpfer gegen den Hitler-Faschismus und als Opfer des nationalsozialistischen Terrors als ‚Sympathisant' einer sozialistischen Weltordnung posthum ideologisch vereinnahmt werden soll. Zu diesem Zweck verfährt Fink unter Berufung auf Bonhoeffer – aus dessen Werken er umfangreich zitiert, indem er Bonhoeffer als ‚Zeugen' für die Identifikation von christlich-protestantischen Glaubensinhalten und sozialistischer Gesellschaftsdoktrin anführt – in ähnlicher Weise wie Bassarak und operiert mit sprachlichen Formeln, die jeweils parallelgesetzt und damit unter Verzicht auf differenzierende definitorische Spezifizierung synonymisiert werden. So spricht auch Fink vom „Friedenskampf", in dem „Christen als Bürger ihrer Länder in unterschiedlichen Gesellschaftsordnungen" engagiert seien (Fink, Kaltenborn und Kraft 1987: 7). Den Magdeburger Bischof Christoph Demke zitierend, benennt er als „Voraussetzung für die Entwicklung eines dauerhaften Friedens", also als Kernstück dieses von ihm so bezeichneten „Friedenskampfes", die „Überwindung des Antikommunismus in der konkreten Form des Antisowjetismus" (7). und distanziert sich gleichzeitig von der „kirchlichen Kampfansage gegen die ‚gottlose' marxistische Lehre", die sich die Kirche während der nationalsozialistischen Diktatur neben „antirevolutionärer Parteinahme", „christliche[r] Sanktionierung des preußisch-deutschen Imperialismus" sowie der Gutheißung des „mörderische[n] großdeutschen Machttraums" und dessen „Verklärung durch ‚messianische' Züge" habe zu Schulden kommen lassen (6–7). Neben dem so definierten *Kampf*-Begriff nimmt bei Fink das Begriffswort *Frieden* eine zentrale Position ein, wie auch der *Kampf* zumeist als *Friedenskampf, Kampf für den Frieden* etc. oxymorisch in Erscheinung tritt. Strauß, Haß und Harras verweisen darauf, dass „im sozialistischen Sprachgebrauch [...] der Pazifismus generell negativ eingeschätzt und offiziell als ‚bürgerliche politische Strömung und Ideologie' gekennzeichnet [wird], die sich

‚gegen jeden Krieg [...,] auch den gerechten Verteidigungs- und Befreiungskrieg' wende" (1989: 282); Fix stellt in Bezug auf die öffentlichen Diskurse in der DDR entsprechend fest, dass „der Gebrauch von *Frieden* und *Wahrheit* im kirchlichen Kontext [...] nichts mit den marxistisch-leninistisch geprägten Kategorien zu tun [hatte], sondern [...] Dimensionen [eröffnete], die über Politisch-Ideologisches weit hinausgingen" (2013: 513). Im 1974 in Leipzig erschienen „Philosophischen Wörterbuch" wird der Begriff *Frieden* aus sozialistischer, staatsideologischer Sicht dementsprechend folgendermaßen definiert:

> Ist der Krieg eine gesetzmäßige Erscheinung der Klassengesellschaft und folglich ein Ziel der Bestrebungen der Ausbeuterklassen zur Sicherung und Erweiterung ihrer Macht, so ist der Frieden eine gesetzmäßige Erscheinung des Kommunismus und Ziel des Kampfes der Arbeiterklasse. (Klaus und Buhr 1974: 429)

Wenn Fink vor diesem Hintergrund von „Christen mit klarer Friedensposition", „Herausforderung zum Friedensengagement", „Friedensarbeit [...,] die Zusammenarbeit mit anderen, sogar nichtchristlichen Friedensbewegungen [erfordert]", spricht, zeigt sich, dass der Begriff *Frieden* für ihn einen politischen Hochwertbegriff im Sinne der staatsideologischen Definition darstellt, der zufolge *Frieden* begrifflich der kommunistischen Gesellschaftsordnung zugeordnet wird, während der Begriff *Krieg* semantisch dem Vokabular der kapitalistischen Klassengesellschaft angehört. Ausdrücke aus den Wortfeldern des *Krieges*, des *Kampfes*, der *militärischen Auseinandersetzung* sind demnach, sofern sie in ‚sozialistisch-kommunistischen' Diskursen Verwendung finden und auf den Aufbau der sozialistischen Gesellschaftsordnung bezogen sind, positiv konnotiert, da sie dem *Frieden* als „Ziel des Kampfes der Arbeiterklasse" untergeordnet sind. Umgekehrt wird der *Friedens*-Begriff, der in Diskursen der ‚kapitalistischen Klassengesellschaft' auftaucht, ein antagonistischer Schein-Hochwertbegriff zur Verhüllung und Verharmlosung ‚imperialistischer und ausbeuterischer' Zwecke. In diesen fachsprachlich-semantischen Kontext sind Äußerungen wie etwa die folgende einzuordnen:

> Bonhoeffer wußte, daß überall da, wo Friede nur als religiöses Prinzip verkündet wird, reale Kriegsgefahr verschleiert, christliche Friedenskräfte gespalten oder sogar gelähmt werden. Welche unheilvolle Rolle Theologie und Kirche zumindest in der europäischen Geschichte bei der Rechtfertigung von Krieg und Verhinderung von Revolution gespielt haben, ist deutlich. (Fink, Kaltenborn und Kraft 1987: 8)

Hier wird auf die inkriminierte Verwendung des Begriffswortes *Frieden* seitens der gegnerischen ‚Klassengesellschaft' angespielt, in der *Frieden* auch in der Politik im rein religiösen und damit stigmatisierten pazifistischen Sinn verwendet werde. In seiner eigenen ideologisch adaptierten theologischen Terminologie ist der Friedensbegriff dagegen ein politischer Kampf- oder Fahnenbegriff, der in theologische Diskurse integriert wird, wodurch letztere mehr oder weniger offensichtlich sprachlich und terminologisch in politisch-ideologische Dienste gestellt werden. Das wird aus einigen weiteren, hier beispielhaft zitierten Aussagen deutlich:

(1) Wenn Kirchen sich für Frieden wirklich ernsthaft engagieren und in Zusammenarbeit mit anderen in der gefährdeten internationalen Lage auch wirklich positive Veränderungen erreichen wollen, so muß die Friedensfrage mit der Forderung nach sozialer Gerechtigkeit verbunden sein.

(2) Weil aber der Friede mit dem jeweils konkreten Staat, der Wirtschaft und dem sozialen Leben zusammenhängt, kann die Kirche sich nur dann wirksam für den Frieden einsetzen, wenn sie Sachkenntnis hat. [...] Somit sind der einzelne Christ sowie eine Kirche, die sich diesen Fragen gar nicht erst stellen, unbußfertig.

(3) [...] er [Bonhoeffer, J.G.] [sieht] die Sowjetunion an den Kriegsvorbereitungen nicht beteiligt, sondern vielmehr durch sie bedroht [...]. Er fordert die Kirche auf, nicht gegen, sondern gemeinsam mit der Sowjetunion das drohende Völkermorden zu verhindern. Noch mehr: Er sagt ausdrücklich, daß die Friedensbereitschaft der Sowjetunion die immer noch unentschlossenen Kirchen zum Nachdenken bringen müsse.

(4) Es geht uns um verantwortliche Mitarbeit für den Frieden unter neuen gesellschaftlichen Bedingungen. Und wir wollen diese Erfahrungen aus einem sozialistischen Land [...] in die ökumenische Friedensverantwortung der Kirchen einbringen.

(5) Der Theologe Bonhoeffer wird auf den Sockel gehoben, aber der antifaschistische Widerstandskämpfer zugleich vom Sockel gestürzt. Eine andere Versuchung, Bonhoeffers Erbe preiszugeben, ist gegenwärtig dort gegeben, wo Bonhoeffer sogar für die Ziele eines bürgerlichen Neo-Konservatismus reklamiert wird. [...] Gilt es doch, gut unterscheiden zu lernen, wo Kirchen sich in gottlosen Bindungen verstricken oder wo sie heute eine Koalition der Vernunft wagen.

(6) Kritisches Nachdenken über den Krieg hat in unseren Kirchen überhaupt erst spät nach dem Abwurf der amerikanischen Atombomben auf Hiroshima und Nagasaki begonnen. [Meine Hervorhebungen in den Zitaten (1)–(6), J.G.]
(Fink, Kaltenborn und Kraft 1987: 12–18)

Der *Friedens*-Begriff und Komposita mit *Frieden*- als Modifikator, wie „Friedensfrage" (1), „Friedensbereitschaft" (3), „Friedensverantwortung" (4), erscheinen syntaktisch und semantisch jeweils ausschließlich in Verbindung mit eindeutig terminologisch im Hinblick auf die sozialistische Staatsideologie konnotierten Attribuierungen, darunter „soziale Gerechtigkeit" (1), „Staat" (2), „Sowjetunion" (3), „sozialistisches Land" (4), während *Krieg* als Schlüsselbegriff für das gegnerische Lager eingesetzt wird, wenn der Begriff etwa im syntaktisch-semantischen Umfeld von „amerikanischen Atombomben" und deren Abwürfen über Japan auftaucht (6). Auf diese Weise mutiert der theologische Fachtext zu einem theologisch kaschierten politischen Pamphlet, bei dem das obligatorische Lagerdenken nahtlos in die theologisch-religiöse Sphäre übertragen wird. Parallel werden dem so identifizierten *Friedens*-Lager Hochwertbegriffe wie „antifaschistischer Widerstand" (5), „(kritisches) Nachdenken" (3, 6), „positive Veränderungen" (1) sowie „Koalition der Vernunft" (5) zugeordnet. Mit letzterem Ausdruck soll eine Brücke zwischen aufklärerischem Rationalismus und einer verstandesgesteuerten christlichen Religiosität geschlagen werden. Tatsächlich tauchen ähnliche Konstellationen auch in anderen theologischen Texten auf, so bei Hanfried Müller als „Koalition der Vernünftigen", bezogen auf eine politisch-theologische Einheitsbewegung gegen die westliche Aufrüstungspolitik (Müller 1987: 61). Der „Koalition der Vernunft" steht auf der Gegenseite neben einem „bürgerlichen Neo-Konservatismus" (5), der Bonhoeffers Theologie für seine Zwecke zu missbrauchen sich anschicke, neben „drohende[n] Völkermorden" (3) und „gottlosen Bindungen" (5) erstaunlicherweise auch der vom ‚Klassenfeind' auf seine Eigenschaft als „Theologe" reduzierte Bonhoeffer gegenüber (5). Tatsächlich scheint die fachsprachliche ‚Einbürgerung' theologischer Aussagen in präskribierte politisch-ideologische Perspektivierungen so weit zu reichen, dass eine Verengung wissenschaftlicher Diskurse auf die ‚reine' theologische Lehre einer, wie Fink es ausdrückt, „Verstrickung in gottlose Bindungen" gleichzukommen droht.

Bestätigt wird dieser Ansatz in der theologischen Fachsprachenverwendung in einem Aufsatz des Berliner Theologen Hanfried Müller zu Bonhoeffers Theologie, wobei dieser den Begriff der *Freiheit* als Schnittpunkt christlicher Eschatologie und sozialistischer Heilsverheißung in den Mittelpunkt seiner Reflexionen stellt. Bonhoeffers Theologie habe, so Müller, „viele befreit und befreit noch immer viele im Kampf gegen Faschismus und Imperialismus" (Müller 1987: 47); sie sei „eine Theologie, die im Prozeß der Befreiung entsteht. [...] Sie führt [...] nicht zu einer *Theologie* oder religiösen Reflexion bzw. Interpretation, sondern zu einer nichtreligiösen und höchst säkularen *Politik* immanenter Befreiung" (Müller 1987: 48). Tatsächlich werden die Theologie und ihre Fachsprache hier in einem paradoxen Akt der Selbstverleugnung zur Grundlage ihrer eigenen Negation umgedeutet, wenn als semikausale Konsequenz eine „nichtreligiöse und höchst säkulare" Politik aus ihr hervorgehen solle. Müller subsumiert seine ‚nicht theologische Theologie' dann noch einmal folgendermaßen:

> In einem Freiheitskampf [...] hat Dietrich Bonhoeffer den freien Gott in einem freien Menschenleben bezeugt: frei zu einer nichtreligiösen, aber allein auf Gottes Werk in seinem Wort, in Christus, konzentrierten Theologie! Und frei zu einer nichtreligiösen, aber ganz auf das Tun des Gebotenen in dieser säkularen Welt konzentrierten Existenz! Da wurde das Reich Gottes nie zum Ziel des politischen Wirkens und zum eigenen Werk. Aber das eigene Werk und politische Wirken wurde in der Nachfolge des Menschgewordenen zum profanen Werk, bei dem es hier und heute um das Zusammenleben und den Frieden, um

> Recht, Freiheit und Arbeit der Menschen füreinander geht, ohne Rücksichten und Absicherungen, frei zum Tun des Gebotenen. (Müller 1987: 60–61)

Der *Freiheitskampf* eines theologischen Wissenschaftlers wird von Müller schlichtweg und allen Ernstes zum Kampf für eine „nichtreligiöse Theologie" und eine „nichtreligiöse Existenz" erklärt und sein Werk zum „profanen Werk" ohne transzendente, religiöse „Absicherungen" umgedeutet. An dieser Stelle führt die theologische Fachsprache sich selbst ad absurdum bzw. entschlägt sich ihrer ureigenen Substanz durch logisch kaum nachvollziehbare Argumentationsketten der Selbstnegation. Wenn Theologie nach der Definition des Online-*Dudens* die „wissenschaftliche Lehre von einer als wahr vorausgesetzten (christlichen) Religion, ihrer Offenbarung, Überlieferung und Geschichte"[3] ist, dann kann die negative Assertion, der zufolge Theologie in irgendeiner Weise nicht religiös sei, keinen Wahrheitsgehalt beanspruchen, wenn Theologie nicht zu einer atheistischen, bloß historischen, geistesgeschichtlichen oder philosophischen Hilfswissenschaft der materialistischen Gesellschaftsideologie umgewidmet werden soll.

9.3 Fazit

„Die Theologie stand in der Gefahr, in den [...] quasimetaphysischen Gegensatz zwischen Kapitalismus und Sozialismus hineingezogen zu werden", stellt Hildebrandt fest (1993: 122). Fix stellt demgegenüber heraus, dass Kirche in der DDR „den Machtanspruch der SED, alle öffentliche Kommunikation zu regeln", unterlaufen habe, „indem sie die nicht hoch genug zu schätzende Möglichkeit eines unzensierten, machtfreien öffentlichen Sprechens bot" (Fix 2014: 502). Beide Positionen charakterisieren das Spannungsfeld, in dem sich die theologische Fachsprache in den 40 Jahren der Unterordnung und der Auseinandersetzung mit dem SED-Regime bewegen musste. Die zitierten Textbelege machen zudem den Kontrast deutlich, der zwischen der wissenschaftlichen theologischen Sprachpraxis an den staatlichen Universitäten auf der einen Seite und der kirchlichen und homiletischen Praxissprache auf der anderen Seite bestand. Erstere war nicht nur unmittelbar mit staatlicher Zensur und Einflussnahme konfrontiert, sondern ihre Repräsentanten selbst waren zu Teilen Mitarbeiter des repressiven staatlichen Spitzel- und Überwachungswesens. Letztere bot hingegen Möglichkeiten der Bildung von schwer kontrollierbaren Nischenbereichen und der Konstituierung oppositioneller Gesprächsformen. Die Fachsprache der wissenschaftlichen Theologie und der universitären theologischen Lehre sowie der akademischen

---

3 https://www.duden.de/rechtschreibung/Theologie (letzter Zugriff 20.10.2021).

Publikationspraxis in der DDR unterscheidet sich daher deutlich von der Fachsprache der konkreten Religionsausübung in Kirchen und der Kirche nahestehenden Institutionen. Während erstere, sofern sie nicht offen opportunistisch auftrat, zumindest eine begriffliche Gratwanderung zwischen äußerlicher Loyalität, objektiver Sachlichkeit und mit maximaler Diskretion vorgetragener Abweichung von ideologischen Gesellschaftsdoktrinen vornehmen musste, konnte letztere, wenn auch in begrenztem Umfang und unter stetigem Risiko, eine Sprache der behutsamen freien Meinungsäußerung oder zumindest der vieldeutigen und für Eingeweihte entschlüsselbaren, für die staatliche Kontrolle jedoch schwer zu deutenden kritischen Mehrfachadressierung pflegen.

10 Apologeten und Apostaten – die Sprache der protestantischen Theologie um die Jahrtausendwende

Die deutsche Wiedervereinigung ist auch für die protestantische theologische Wissenschaft eine Zäsur und kann als Ausgangspunkt für die Weiterentwicklung der Disziplin im 21. Jahrhundert gesehen werden. Im Zuge der Angleichung der ostdeutschen Universitäten an die westdeutsche Wissenschaftslandschaft werden auch die ostdeutschen theologischen Fakultäten zunächst reformiert und in vielen Fällen mit westdeutschen Wissenschaftlern besetzt. Durch den allmählichen Prozess der Demokratisierung und Reorganisation der ostdeutschen Universitäten kann zur Jahrtausendwende wieder von einer gesamtdeutschen protestantischen Universitätstheologie gesprochen werden. Übergreifende Tendenzen, die auch eine erkennbare Auswirkung auf die theologische Fachsprache hätten, zeichnen sich bisher nur undeutlich ab. Albrecht-Birkner diagnostiziert im Zuge des Beitrittes eher eine Fortsetzung einer „Ost-West-Dichotomie" in der theologischen Wissenschaft:

> Die mit der Eingliederung des BEK in die EKD nach dem Ende der DDR selbstverständlich vorausgesetzte Übernahme des westlichen Freiheitsverständnisses als normgebender, weil ‚überlegener' Kultur implizierte zugleich eine dauerhafte Fortschreibung von Ost-West-Dichotomien – gerade weil der Gegensatz zwischen einem konservativ-antikommunistischen und einem linken, sozialismusaffinen Protestantismus vermeintlich final und eindeutig gelöst schien. (Albrecht-Birkner 2018: 231)[1]

Die von Albrecht-Birkner konstatierte dauerhafte Richtungsdivergenz zwischen einer ostdeutschen, eher linksorientierten und einer westdeutschen, tendenziell konservativen Theologie lässt sich in dieser Form in der theologischen Wissenschaftslandschaft sicher zumindest nicht geographisch verorten, zumal durch die Anpassung des ostdeutschen Universitätswesens an westdeutsche Standards und die massenhafte Berufung westdeutscher Wissenschaftler auf ostdeutsche Lehrstühle eine genuin ostdeutsche theologische Wissenschaftstradition oder akademische Diskussionskultur in dieser Form seit den 90er Jahren gar nicht mehr existiert. Erkennbar ist dennoch eine Polarisierung der theologischen Forschung mit einer dezidiert konservativen, traditionsverhafteten Ausrichtung auf der einen Seite und einer fortschrittsorientierten, gleicherma-

---

[1] EKD: Evangelische Kirche in Deutschland (https://www.ekd.de, letzter Zugriff 20.10.2021); BEK: Bund der Evangelischen Kirchen in der DDR.

Open Access. © 2022 Joachim Gerdes, publiziert von De Gruyter. Dieses Werk ist lizenziert unter einer Creative Commons Namensnennung 4.0 International Lizenz.
https://doi.org/10.1515/9783110770193-010

ßen an westdeutsche revolutionstheologische und aus der ostdeutschen „Kirche im Sozialismus" erwachsene Strömungen anknüpfenden Grundorientierung. Allgemein dominierende Forschungsrichtungen, wie sie in früheren Dekaden die Disziplin stark geprägt haben, scheinen jedoch insgesamt eher einer pluralistischen Tendenz zu weichen, insofern sich eine Vielzahl von teils partikulären Forschungsansätzen zu etablieren scheint, die einen zugespitzten Richtungskampf zwischen renommierten Denkschulen meiden und einen weitgehenden Konsens im Rahmen der institutionalisierten, in der gesellschaftlichen Diskussion nur marginal präsenten theologischen Wissenschaft präferieren. So koexistieren neben zahllosen spezifischen Forschungsfeldern, die gelegentlich sicher auch karrieristischen, politischen oder finanziellen Sonderinteressen unterworfen sind, eine radikal entmythologisierende, historisch-kritische Theologie, die im Fall des Göttinger Neutestamentlers Gerd Lüdemann 1998 sogar zu dessen Entfernung aus der theologischen Fakultät führte, und eine revisionistisch-restaurative Theologie, in der etwa versucht wird, umstrittene Theologen wie Emanuel Hirsch, die das nationalsozialistische Regime aktiv unterstützten, zu rehabilitieren und für den Kanon der protestantischen Wissenschaftstradition zurückzugewinnen. Beide letztgenannten Fälle sind Extrembeispiele innerhalb einer im Ganzen institutionell durchorganisierten, gesellschaftlich etablierten und finanziell abgesicherten Wissenschaftsindustrie, die weder wie in der ehemaligen DDR dem Druck der Selbstrechtfertigung ausgesetzt ist, noch sich wie in der BRD vor 1990 in gelegentlich die Fachdiskussionen dominierenden politisch-weltanschaulichen Grabenkämpfen behaupten muss. Im Folgenden sollen im Hinblick auf fachsprachliche Entwicklungen einige Haupttendenzen der protestantischen Theologie an der Schwelle zum 21. Jahrhundert betrachtet werden.

10.1 „Trotz des politischen Irrlaufs lohnt auch heute noch eine Diskussion" – Nationalsozialistischer Jargon und theologische Aussagekraft

Symptomatisch für den restaurativen Ansatz einer historisierenden und politische Verstrickungen relativierenden Theologie scheint die Wiederentdeckung und -aufwertung der Werke Emanuel Hirschs zu sein, die sich seit den 90er Jahren in einer Reihe von Publikationen niederschlägt, darunter etliche wissenschaftliche Monographien und Promotionsarbeiten (Scheliha 1991, Ringleben 1991, Barth 1992, Assel 1994, Hentschel 1995, Lobe 1996, Hose 1999 und zahlreiche weitere), bis hin zu einer 1998 begonnenen, von Arnulf von Scheliha, Hans Martin Müller und anderen besorgten vollständigen Neuausgabe des Gesamtwerks (Hirsch 1998–2020). Arnulf von Scheliha (*1961) lehrte 1998–2003 als Professor für Evangelische Theologie und Sozialethik an der Universität der Bundeswehr Hamburg, 2003–2014 als Professor für Systematische Theologie an der Universität Osnabrück und seit 2014 als Professor für Theologische Ethik an der Westfälischen Wilhelms-Universität Münster; Hans Martin Müller (1928–2010) lehrte als Professor für Praktische Theologie 1979–1994 an der Eberhard-Karls-Universität Tübingen. Im größeren Teil der Publikationen zu Hirsch herrscht gegenüber dessen Verstrickung während der nationalsozialistischen Diktatur und Befürwortung einer völkischen Theologie eine weitgehend defensive Einstellung vor, die von einer Leugnung der wissenschaftlich-theologischen Relevanz von Hirschs politischer Haltung (vgl. Ringleben 1991, Schütte 1991, Barth 1992, Hose 1999 u. a.) bis hin zu deren Billigung als zwar bedauernswerten, aber entschuldbaren Elementes des Hirschschen philosophisch-theologischen Systems reicht, das in seiner Gesamtheit als wissenschaftlich und theologiegeschichtlich höchst bedeutsam angesehen wird (Scheliha 1991, Hentschel 1995 u. a.). Lobe rechtfertigt die Wiederaufwertung des Theologen Hirsch unter Verweis auf die aktuelle Historisierung des Nationalsozialismus, vor allem in der Geschichtswissenschaft, aber auch in anderen wissenschaftlichen Disziplinen (Lobe 1996: 1–2). Damit begründet er ausdrücklich die theoretische Basis einer neuen, unvoreingenommenen Sichtweise, die sich in einer kritischen Neubewertung des bislang weitestgehend einhellig verfemten Theologen widerspiegelt. Die Herausgeber der neuen Werkausgabe sind darum bemüht, nicht nur die nationalsozialistische Einstellung Hirschs zu relativieren, sondern auch zur Wiederaufnahme einer wissenschaftlichen Auseinandersetzung mit dem Werk Hirschs einzuladen. Die Gesamtausgabe enthält wissenschaftliche und theologische Werke, nicht aber belletristische und politische Schriften, so dass auch die theologisch-politischen Schriften der 20er und 30er Jahre nicht eingeschlossen sind. Es findet sich lediglich die Neuausgabe einer 1938 an der Universität Göttingen gehaltenen Vorlesungsreihe, die bereits 1939 unter dem Titel *Das Wesen des Christentums* (Hirsch 2004b [1939]) veröffentlicht worden war, sowie einer Predigtsammlung aus den Jahren ab 1933 (Hirsch 2004a). Herausgeber Scheliha räumt ein, dass Hirschs Werke aus den 30er Jahren stellenweise vom nationalsozialistischen Jargon beeinträchtigt seien, misst diesem von ihm so bezeichneten „politischen Irrlauf" aber nur marginale Bedeutung zu:

> Gelegentlich fällt Hirsch unvermittelt in den politischen Jargon der Nationalsozialisten, so spricht er von „Menschenpack", [...] oder von der „im Laufe vieler Jahrhunderte in negativer Selektion konstant gezüchteten jüdischen Mischrasse" [...]. Auch [...] verweist Hirsch auf die historische Aufgabe der „weißen Herrenvölker" [...]. [...] Trotz des politischen Irrlaufs lohnt über die von Hirsch vorgelegte historisch-systematische Deutung der christlichen Religion auch heute noch eine Diskussion.
> (Scheliha: *Einleitung des Herausgebers*. In: Hirsch 2004a: VIII)

10.1 „Trotz des politischen Irrlaufs lohnt auch heute noch eine Diskussion" — 297

Auch der Herausgeber der Predigtreihe, Hans-Martin Müller (Hirsch 2004a), verweist auf eine Kompromittierung der Texte durch Elemente der nationalsozialistischen Ideologie, unterstreicht aber gleichzeitig den Wert der „Vermittlung reformatorischer Theologie in erbaulicher Sprache":

> E. Hirsch [hat] seine Hoffnungen, die er auf den Nationalsozialismus und dessen Politik setzte, nie verhohlen. Sie schlagen sich auch gelegentlich in seinen Predigten nieder, gewinnen hier aber einen spezifischen Ausdruck, der eine sorgsame Beachtung und Interpretation erfordert. [...] Aus heutiger Sicht vermisst man in Hirschs Predigten [...] den Appell an das Gewissen gegenüber Parteigängern und Mitläufern des Nationalsozialismus unter seinen Hörern. [...] Diese Zusammenhänge [...] dürfen jedoch nicht die theologische Aussagekraft seiner Predigten überlagern. Jede zeugt von der Tiefe einer Meditation der biblischen Texte, die [...] heute vielen Predigern zum Vorbild dienen kann. [... Es] geht [...] ihm immer auch um die Erschließung von Glaubenserkenntnis durch Vermittlung reformatorischer Theologie in erbaulicher Sprache.
> (Müller: *Vorwort zur Neubearbeitung*. In: Hirsch 2004a: II–IV)

Bis vor einigen Jahren erschien auf der Webseite des theologischen Fachverlags Hartmut Spenner folgender Kommentar zur Neuausgabe der Werke Emanuel Hirschs, in dem ebenfalls auf Hirschs „in einer befremdenden Weise" verwendeten „nationalsozialistischen Jargon" eingegangen wird. Der Text ist jedoch seit einiger Zeit vom Internetauftritt des Verlags verschwunden:

> Emanuel Hirsch [...] gehört zweifelsfrei zu den bedeutendsten ev. Theologen des vergangenen Jahrhunderts. Sein Lebenswerk ist durch eine außergewöhnliche Spannweite und Vielschichtigkeit gekennzeichnet. Aufgrund seiner nationalsozialistischen Gesinnung bis zum heutigen Tag als Person weitgehend geächtet, wurde auch sein wissenschaftliches Werk kaum noch beachtet und geriet zunehmend in Vergessenheit. Seine Arbeiten sollen jetzt durch eine Werkausgabe wieder zugänglich gemacht werden, in der die wissenschaftlichen Veröffentlichungen Hirschs mit bisher unveröffentlichten Stücken aus dem Nachlass vereint vorgelegt und der selbständigen Weiterarbeit erschlossen werden. [...] Wenn er [Hirsch, J.G.] sich dabei in einer befremdenden Weise auf den nationalsozialistischen Jargon einlässt, so hat er damit der von ihm vertretenen Sache nicht gedient. Dennoch bleibt seine Wesensschrift als eine scharfsichtige Analyse der in der Christentumsgeschichte wirksamen Umformungsprozesse, in denen christliche Motive auf soziale und politische Entwicklungen und Ideen einwirken, wertvoll und lesenswert.[2]

Aus linguistischer Sicht stellt sich bei der Betrachtung solcher Einlassungen die Frage, inwieweit sich inhaltliche Aussage und sprachliche Form eindeutig voneinander trennen lassen bzw. ob insbesondere im geisteswissenschaftlichen Bereich, dem im weiteren Sinne auch die Theologie zuzurechnen ist, Texte überzeitliche

---

[2] Webseite des theologischen Fachverlags Hartmut Spenner: https://hartmutspenner.de/ (letzter Zugriff 01.08.2006).

wissenschaftliche Gültigkeit beanspruchen können, die von ideologisch tendenziösem „Jargon" gefärbt sind. Die Herausgeber der Neuausgabe der Werke Hirschs kommen offensichtlich nicht umhin, dessen (fach)sprachliche Verfehlungen zu erwähnen, und bemühen sich daher, diese als zeitbedingte Verirrung darzustellen, die keine Auswirkungen auf den wissenschaftlichen Ertrag seiner Aussagen hätten. Dabei ergeben sich paradoxe Gleichsetzungen, wenn einerseits der „politische Jargon der Nationalisten" bzw. „nationalsozialistischer Jargon" moniert werden, andererseits behauptet wird, dass sich eine Diskussion über Hirschs Texte nach wie vor lohne, dessen „Hoffnungen auf den Nationalsozialismus und dessen Politik" in seinen Werken einen „spezifischen Ausdruck" gewönnen, der „eine sorgsame Beachtung und Interpretation" erfordere, oder gar dass die Texte „in erbaulicher Sprache" abgefasst seien und es sich bei ihnen um „scharfsichtige Analysen" und „wertvolle und lesenswerte" Schriften handele. Während der nationalsozialistischen Herrschaft vor Vertretern der Parteiorganisationen öffentlich gehaltene Predigten, die Hirschs nationalsozialistischer Gesinnung Ausdruck gegeben haben, könnten, so die Herausgeber, gleichzeitig aber „heute vielen Predigern [...] Vorbild" sein. Es ist zu fragen, ob nicht gerade die ideologisierte Sprache selbst die Klarheit und Unmissverständlichkeit der inhaltlichen Aussagen korrumpiert und inwieweit der Theologe Hirsch tatsächlich vom politisch-ideologischen Propagandisten Hirsch abgespalten werden kann, zumal nicht nur Ericksen bekräftigt, dass Hirsch in den Nachkriegsjahren weder Reue noch eine Abkehr von seinem früheren politischen Denken durchblicken ließ (vgl. Ericksen 1986: 267; Hose 1999: 32; Trillhaas 1986: 59). Aufgrund der Hirschschen Rhetorik der Dialektik von Glauben und historischer Erfahrung, werde nach Aussage Schelihas ein „bleibender methodischer Ertrag" bzw. ein „methodischer Fortschritt, der bis heute unhintergehbar bleibt", erzielt; ferner sei durch Hirschs Schriften „eine bleibende und aktuelle Einsicht" gewonnen (Hirsch 2004b [1939]: XXXVI). Dem wäre eine deutlich kritischere Betrachtungsweise der Werke Hirschs entgegenzusetzen, wenn man davon ausgeht, dass eine „bleibende Einsicht" aus der Feder eines Uneinsichtigen einen Widerspruch in sich darstellt, der auch durch neue zeitgemäße Deutungen kaum aufzulösen ist.

Bemerkenswert ist im Hinblick auf die neuere Entwicklung der protestantisch-theologischen Fachsprache, dass seit den 90er Jahren eine Tendenz erkennbar wird, vom bislang generell akzeptierten Konsens einer Abgrenzung von der ‚völkischen' Theologie des NS-Staates abzurücken und deren Vertretern eine vorübergehende, verzeihliche ideologische Verirrung zu bescheinigen. Dies wird durch eine Reduzierung der ideologischen Kompromittierung belasteter Theologen wie Hirsch, Althaus und anderer auf ein rein sprachliches Phänomen bewerkstelligt, indem ihnen eine Art unwillkürliches Abgleiten in einen zeittypischen *Jargon* zugeschrieben wird, der gewissermaßen als äußere Hülle anzusehen sei und die inhaltliche Substanz ihrer Texte nicht berühre. Der Begriff *Jargon* wird hier von Müller und Scheliha in euphemistischer Absicht sicher bewusst gewählt, um eine Relativierung der sprachlichen Form als eher unbewusste oder weitgehend versehentliche Abweichung von der theologischen Fachdiktion zu rechtfertigen. Wenn *Jargon* als „saloppe, ungepflegte Ausdrucksweise", als „Sondersprache bestimmter durch [...] Milieu geprägter Kreise mit speziellem [...] Wortschatz" definiert werden kann[3] oder treffender als „Sondersprache [...], die durch auffällige Bezeichnungen für alltägliche Dinge, bildliche Ausdrucksweise, emotional gefärbte oder spielerische Verwendung des standardsprachlichen Vokabulars gekennzeichnet ist" (Bußmann 1983: 225), dann wäre Hirschs Fachsprachenverwendung tatsächlich als eine Art historisch bedingtes, individuellen Vorlieben für ‚Kraftausdrücke' und polemische Zuspitzung geschuldetes Sprachkolorit herunterzuspielen. Dem ist jedoch entgegenzuhalten, dass Fachsprache und Fachterminologie generell durch Monosemie, semantische Eindeutigkeit, begriffliche Präzision gekennzeichnet sind und ihnen eine „ungepflegte", „emotional gefärbte", „spielerische" oder anderweitig von der objektiven Benennungsnotwendigkeit abweichende Ausdrucksweise prinzipiell fremd ist. Zwar wird in Bezug auf Fachsprachen gelegentlich polemisch der Begriff des *Fachjargons* verwendet, mit dem jedoch zumeist eine Bezeichnung für adressatenunfreundliche Verwendung von nur Fachleuten verständlichen Sprachformen, etwa bei der asymmetrischen Kommunikation zwischen Experten und Laien, gemeint ist. Im Fall der von Scheliha als *Jargon* bezeichneten Fachsprache Hirschs handelt es sich hingegen vielmehr um einen bewusst immer wieder eingesetzten Missbrauch fachsprachlicher Mittel in theologischen Kontexten zum Zweck der politischen Manipulation wissenschaftlicher Inhalte und deren Anpassung an ideologische Doktrinen. Insofern erscheint die Abspaltung einer inkriminierten sprachlichen Form von vermeintlich von dieser nicht berührten inhaltlichen Aussagen unzulässig. Tatsächlich erweist es sich als unmöglich, um ein weiteres Beispiel anzuführen, in Aussagen wie dem folgenden Abschnitt aus einer Predigt zur Gebetzeile „Unser täglich Brot gib uns heute" von 1940 sprachliche Gestalt und inhaltlichen Gehalt voneinander zu trennen:

> Es muß in unserm vom Feind umlauerten Raume das ganze Leben wohl geplant und geregelt und alles gut verteilt werden. Es müssen unsere Soldaten durch Land, Meer und Luft wie ein weitausholender Schutzwall unsere Fluren umhegen. Es muß vor allem das kluge und tapfre Regiment da sein, das alles Plagen, Arbeiten und Verteilen lenkt, und das der Tapferkeit und dem Opfermut unsrer Soldaten die rechten Aufgaben setzt und den Willen unsrer Feinde niederbricht, die uns das tägliche Brot nehmen wollen. Und all das wäre

---

3 https://www.duden.de/rechtschreibung/Jargon (letzter Zugriff 20.10.2021).

nicht so, wenn Gott uns nicht den Führer gegeben hätte, und dem Führer die rechten Helfer und Kameraden, und uns allen den Mut und die Treue und den Gehorsam, ohne die sie ihr Werk nicht tun können. Daß er uns all das erhalte und vor allem den Führer segne, darum bittet jeder Deutsche mit, wenn er die Bitte um das tägliche Brot spricht. Schon dies wäre genug, um zu sehen, wie weit und groß das göttliche Walten ist, das wir erkennen und für das wir danken lernen sollen durch die Bitte um das tägliche Brot. [...] Zum täglichen Brot, d. h. zu dem, was zum Leben nötig ist, gehört ja noch mehr als bloß Nahrung und Kleidung: Auch Ehre und Freiheit gehören zum Leben. [...] Das hat uns Gott nun auf jeden Fall gefügt durch die Zeit, in der wir leben: daß wir Ehre und Freiheit nicht haben, wenn wir nicht als Volk mit dem Führer zusammen noch einmal den Kampf auf Leben und Tod streiten und daß unser und alle unser Lieben Geschick in diesem Kampfe drangewagt werden muß. Wir sind mit unserm Leben ganz und gar hineingeflochten in das unsers Volks. Es gibt nichts an Vollmacht und Mut, an Leid und Freud in unserm Dasein, das Gott uns heut allein geben könnte. (Hirsch 2004a: 26–27)

Dass derartige Texte, die hier und in zahlreichen anderen Werken Hirschs voller Huldigungen an Führer, deutsches Volk und Vaterland und Verherrlichung von Krieg und Kampf sind, in einem theologischen Fachverlag unter der Ägide von Fachwissenschaftlern im Jahr 2004 erscheinen und allen Ernstes „ihre Bedeutung über ihre Zeitgebundenheit hinaus behalten" sollten, wie im Vorwort konstatiert wird (Müller in Hirsch 2004a: V), lässt sich nicht rechtfertigen. Offensichtlich ist jedenfalls, dass, wie an diesem Beispiel gezeigt werden kann, theologische Fachlexik und politischer *Jargon* hier derartig eng miteinander verknüpft sind, dass eine Neutralisierung der Textaussage durch Ignorierung der politischen Kampfbegriffe und ideologischen Hochwertwörter unmöglich erscheint. Denn wenn ein zentraler christlicher Schlüsselbegriff wie das *tägliche Brot* explizit mit *Ehre* und *Freiheit* des Volkes identifiziert wird, die wiederum in direkte Abhängigkeit von „Kampf auf Leben und Tod" und „Gehorsam und Treue" gegenüber dem Führer gebracht werden, kann aus dem Text keine überzeitliche und von der ideologischen Befangenheit des Autors abstrahierte theologische Gültigkeit extrapoliert werden. Der Begriff des *täglichen Brotes* und der christliche Gott, der es spendet, sind unauflösbar in den Kontext der propagandistischen Gesamtaussage eingebunden. Selbst das unauffällige besitzanzeigende Pronomen „unser" wird von Hirsch als ‚völkisches' Possessivum ideologisiert.

Umgekehrt ist es sicherlich möglich, bestimmte theologische Aussagen in an jeweiligen Zeitumständen ausgerichtete sprachliche Formen zu kleiden. So können etwa die bei Hirsch immer wieder zentralen Einlassungen zur Geschichte als göttlicher Vorsehung oder Prüfung und die Rückführung dieser Auffassung auf Luthers Theologie in adaptierter sprachlicher Form wieder aufgegriffen werden. Hirsch formuliert das Thema der göttlichen Lenkung der Geschichte und der daraus abgeleiteten Verpflichtung des Gläubigen zum zweifachen Gottesdienst nicht nur im kirchlich-religiösen Sinn, sondern auch als staatsbürgerlichen Dienst an Volk und Nation in immer wieder neuen Varianten:

> An einer Stelle der uns gegebenen Geschichte, da erkennen wir denselben großen, von Gott gewebten Zusammenhang, der an der Geschichte des Paulus und Luthers uns entgegenleuchtet: an der Geschichte des deutschen Volkes, wie wir sie im Lichte dieses Jahres 1933 haben sehen lernen. Wir ahnen es anbetend, daß er uns aus der langen Nacht von Torheit und Sünde nach seinem Rat eine nur umso größere Möglichkeit des Lebens und des Reichs bereiten will. [...] Wir können der Geschichte Martin Luthers heute nicht gedenken, ohne daß wir uns in ihr vor den gleichen Gott gestellt wissen, der uns in der Geschichte unseres Volkes aus langer Schande Nacht in Flammen aufgegangen ist. Wir dürfen ihrer aber nur so gedenken, wenn wir den heiligen Ruf verspüren, die Botschaft von der freien Gnade Gottes in Christus Jesus aufs neue hineinzutragen in unser Volk und in seine gegenwärtige Stunde. (Hirsch 2004b [1939]: 305)

> Wir gehen in ein neues Jahr unter der Schwere der Verantwortung: wir wissen alle, da die Erhebung von 1933 die letzte uns von Gott gegebene Möglichkeit ist. Versäumen oder verderben wir sie, so wären wir verworfen. Und da steht vor uns als evangelischen Christen groß und bedrohlich die Frage: wie haben wir im vergangenen Jahre dem deutschen Aufbruch gedient? wie werden wir ihm im neuen Jahre dienen? Das ist keine Frage, die irgendein Mensch uns stellt. Gott selbst stellt sie uns, der unseres Volkes Schöpfer und Herr und Vater ist. Gott stellt sie uns, der von uns Christen, die wir ihn und seinen Willen kennen, einmal zwiefach Rechenschaft fordern wird, ob wir ihm an unserm Volke recht gedient haben. (Hirsch 2004b [1939]: 310–311)

Luthers Theorie von den zwei Reichen bzw. Herrschaftsweisen Gottes wird wiederholt auf die aktuelle historische Situation der NS-Zeit appliziert, wenn etwa die (Gegenwarts)geschichte als „von Gott gewebter Zusammenhang", als von demselben Gott bereitete „Möglichkeit des Lebens und des Reichs" oder als „letzte von Gott gegebene Möglichkeit" gefeiert wird, in der der gläubige Christ sich gewissermaßen gottesdienstlich bewähren müsse. Scheliha, Mitherausgeber der Neuausgabe der Werke Hirschs, ‚übersetzt' oder interpretiert diese immer wieder (fach)sprachlich variierte Theorie, die bei Hirsch der Rechtfertigung einer politischen Parteinahme für das herrschende nationalsozialistische Regime dient, um sie auf die aktuelle politische Situation der demokratisch-pluralistischen Republik zu übertragen:

> Die Transformation der christlichen Liebe in vernünftige politische Lösungen ist [...] für *alle*, auch für die religiösen Akteure von Belang, die in der Zivilgesellschaft und auf den staatlichen Ebenen politische Verantwortung übernehmen. Diese <u>Übersetzung</u> leistet jene Vorstellung Luthers von den zwei Regierweisen des *einen* Gottes. Allgemeiner gewendet bedeutet das: Governance in einem auf Partizipation und Repräsentation angelegten Gemeinwesen schließt eine machtvolle Durchsetzung des im Glauben normativ richtig Erkannten in Ordnungsstrukturen aus. Vielmehr hat unter der Bedingung demokratischer Verfahren ein politisches Interesse nur dann Aussichten auf Durchsetzung, wenn es sich

mit dem politischen Willen anderer verbindet. Daher ist es notwendig, das religiös Gesollte sequentiell in politische Sachfragen zu übersetzen und in den politischen Prozess einzuspeisen. Der Sinn der verfahrensethischen Interpretation der Unterscheidung von „geistlich" und „weltlich" besteht deshalb darin, unterschiedliche Interessen zusammenzuführen, Partizipation zu erhöhen und auf eine Lösung hinzuwirken, die den Anliegen möglichst vieler Menschen gerecht wird. [...] In dieser auf Dauer gestellten Unterscheidung zwischen dem Glauben als Ort von Normenbegründung und -bewusstsein und politischer Vernunft liegt die aktuelle Bedeutung der Unterscheidung vom geistlichen und weltlichen Regiment Gottes. [...] Die Unterscheidung von „geistlich" und „weltlich" [...] fordert und ermöglicht es, die Vorstellung vom Guten in eine Sachfrage zu übersetzen. Dadurch wird der christliche Glaube politikfähig. [...] Mit der reformatorischen Unterscheidung im Rücken gibt es keinen Grund, sich neuen Verfahren zur politischen Willensbildung nicht aufgeschlossen gegenüber zu zeigen. Es gibt aber auch *keinen* Grund, in ihnen einen neuen Heilsweg zu sehen. Ebendiese Nüchternheit kultiviert das reformatorische Politikverständnis – von Martin Luther bis in die Gegenwart. [Meine Hervorhebungen, J.G.] (Scheliha 2015: 255–256)

Tatsächlich impliziert Schelihas Argumentation eine zeit- und systemübergreifende Gültigkeit der Theorie des „geistlichen und weltlichen Regiments Gottes", das, so muss man die zentrale Aussage seiner Ausführungen verstehen, durchgehend „von Martin Luther bis in die Gegenwart" relevant sei: Entsprechend verwendet Scheliha mehrfach den Begriff der *Übersetzung*, womit eine zeitlose und von politischen Gegebenheiten unabhängige Applikabilität der göttlich-christlich-protestantisch-lutherisch-reformatorischen Loyalitätspflicht gegenüber der politischen Herrschaft durch eine fachsprachliche Operation legitimiert wird. ‚Übersetzt' werden dabei jeweils Elemente des christlichen Glaubens in historisch-politische ‚Übersetzungsprodukte'; so wird „christliche Liebe' in „vernünftige politische Lösungen" ‚übersetzt', „das religiös Gesollte" oder „die Vorstellung vom Guten" in „politische Sachfragen". Auf diese Weise würden Scheliha zufolge die „zwei Regimente des *einen* Gottes" respektiert und befolgt und der christliche Glaube werde „politikfähig", indem seine Dogmen in den „politischen Prozess eingespeist" werden könnten. Der Begriff der *Übersetzung* kann im linguistischen Sinn nach Albrecht als „sprachlicher Umwandlungsprozess" definiert werden, bei dem sogenannte Invarianten, also „als notwendig oder definitorisch erachtete [...], d. h. [...] zu bewahrende Elemente des Ausgangstextes", unverändert bleiben sollen, wobei deren mehr oder weniger äquivalente Übertragung in Abhängigkeit von den „Möglichkeiten und Grenzen der Zielsprache" steht (2005: 31). Die Invarianten entsprechen bei Scheliha den unumstößlichen Glaubensdogmen bzw. den religiösen Imperativen des christlichen ‚Sollens', die er auch als das „im Glauben normativ richtig Erkannte" bezeichnet; den Möglichkeiten und Grenzen der Zielsprache entsprechen die politischen Gestaltungsspielräume innerhalb des jeweils herrschenden Regierungssystems. Die Invarianten der Glaubensnormen und des „religiös Gesollten" sind jedoch dogmatisch fixiert oder zumindest von der jeweiligen theologischen Auslegung abhängig und somit kaum mit demokratischer Willensbildung vereinbar. Tatsächlich bedauert Scheliha, dass deren „machtvolle Durchsetzung [...] in Ordnungsstrukturen" ausgeschlossen sei. Sie müssten „sequentiell", also in Einzelaspekte aufgefächert, und unter zumindest vordergründiger Berücksichtigung demokratischer Errungenschaften wie Zusammenführung unterschiedlicher Interessen und Partizipation in „politische Vernunft" umgewandelt oder eben ‚übersetzt' werden. Es zeigt sich, dass Schelihas ‚Übersetzung', also eine fachsprachliche Übertragung religiöser Normen in politische Ordnungsstrukturen, in pragmatischer Hinsicht nichts anderes als eine Weiterführung der Hirschschen auf Luthers Theorie zurückgeführten „zwiefachen Rechenschaft" unter gewandelten historischen Bedingungen darstellt, mit der die jeweils aktuellen Staats- und Regierungsformen als gottgewollte „Zusammenhänge" bzw. „Regierweisen des *einen* Gottes" erkannt werden müssten.

Unter dem Titel *Protestantische Ethik des Politischen* (Scheliha 2013) widmet Scheliha der auf lutherischem reformatorischem Gedankengut fußenden Staatsethik und Fragen wie etwa der „Bewährung der christlichen Tugenden in politischen Verhandlungsprozessen" eine umfangreiche Monographie. Erkennbar ist hier, dass das Werk Schelihas von einer signifikanten Überlagerung von theologischer und politologischer Fachsprache geprägt ist. Mittels einer solchen Hybridfachsprache wird die lutherische politische Theologie aus historischer und systematischer Sicht behandelt und durch bereits in der Inhaltsübersicht vorgegebene begriffliche Parallelismen als Grundlage für ein modernes Politikverständnis qualifiziert („theologische Normen des Politischen", „Gewissen und Menschenwürde", „Nächstenliebe und Berufsethos", „Politische Parteien und christliche Verantwortung" etc.). Scheliha behandelt in dem Band ferner in einem historischen Überblick auch die „völkische" Theologie des NS-Staates sowie „Kirche im Sozialismus in der DDR", wobei ein apologetischer Relativismus auch hier durchscheint, wenn etwa Emanuel Hirschs politische Theologie „innerhalb dieses Spektrums als besonders reflektiert" (Scheliha 2013: 168) gelobt wird oder Grundmann „eine vorsichtige Kritik an der ideologischen Überhöhung des rassischen Denkens und der nationalsozialistischen Weltanschauung" (Scheliha 2013: 178) attestiert wird.

10.2 „Doch kann ich das nicht glauben, weil es das Ende unserer Religion wäre" – Aporien und Ausweichmanöver

Paradigmatisch für eine traditionsverhaftete theologische Fachsprache steht – hier nicht im Hinblick auf eine historisch-politische Perspektive und das auf Luther zurückgeführte Staatsverständnis wie bei Scheliha, sondern bezogen auf die philosophisch-theologischen Traditionen der philosophischen Aufklärung und des Deutschen Idealismus als Ausgangspunkte eines vernunftbasierten Religionsverständnisses – der Theologe Ulrich Barth (*1945), von 1993 bis 2010 Inhaber des Lehrstuhls für Systematische Theologie an der Martin-Luther-Universität Halle-Wittenberg. In Barths fachsprachlicher Diktion dient die theologische Begrifflichkeit vorwiegend einer Art Hinüberrettung religiös-christlicher Tradierungen in eine rationale, von empirischer Forschung dominierte Wissenschaftswelt, die der Theologie als Erkenntnisquelle immer weniger bedarf. Insofern kann auch Barth als Vertreter einer traditionalistisch-apologetischen Richtung in der Fachsprachenverwendung angesehen werden, die bestrebt ist, die traditionelle theologische Begriffssemantik in einer zunehmend überlieferungs- und damit religionsfernen Gegenwart als dauerhaft und gesellschaftsrelevant zu konservieren:

> Insgesamt wird man sagen müssen, daß auch die wissenschaftliche Theologie gut daran tat, den Begriff der Religion und die Idee des Unbedingten konstruktiv zu vermitteln. Denn lebensweltlich relevant wird der Gottesgedanke erst da, wo er Eingang findet in die konkrete Selbst- und Weltdeutung des Menschen. Und umgekehrt überschreiten sakrale Symbole bereits als solche den Rahmen ihrer Vorstellungswelt, indem sie überall auf ein Ungegenständliches, Letztvermeintes hinter der sinnlichen Anschaulichkeit ihrer Ausdrucksdimension verweisen. (Barth 2005: VIII)

Barth formuliert hier explizit, welche Gestalt eine zeitgemäße theologische Fachsprache aus seiner Sicht haben müsse und dass sie nicht ohne eine Fundierung durch das rationale Element des philosophischen Sprachansatzes auskomme. Auf Sprache als solche verweisen in dem programmatischen Zitat Ausdrücke wie „Begriff der Religion", „Letztvermeintes" oder „sinnliche Anschaulichkeit ihrer Ausdrucksdimension". Die theologische Fachsprache und die religiöse Sprache insgesamt, so muss man Barths Einlassungen deuten, bedürfen heute einer Vermittlung durch die philosophische Sprache, um sich nicht im Vagen, Spekulativen oder Beliebigen aufzulösen. Der „Begriff der Religion" komme nicht mehr ohne eine Flankierung durch Reflexion der philosophischen Begriffe des Absoluten, des Unbedingten, des „letzten Grundes" (Barth 2005: VII) aus; die „Ausdrucksdimension" des Religiösen sei in der gegenwärtigen durchrationalisierten Welt defizitär, weil sie auf ein „Letztgemeintes" fuße, das in seiner rein religiösen Gestalt für den gegenwärtigen Menschen nicht mehr nachvollziehbar sei. Mit dieser ‚Übersetzung' der theologischen Sprache in einen philosophischen Vermittlungscode beruft sich Barth einerseits auf eine jahrhundertealte Tradition der philosophischen deutschen Wissenschaftssprache, enthebt aber andererseits die theologische Fachsprache ihrer eigentlichen Funktion. Theologische Inhalte sollen mit der ‚Sprache der Vernunft' übermittelt werden und laufen dabei Gefahr, ihrer „sakralen Symbolik" verlustig zu gehen und zur reinen sprachlichen Selbstreflexion des Geistes reduziert zu werden. Barth führt diesen Ansatz weiter aus:

> [...] das religiöse Bewußtsein [könnte] den Sinngehalt dessen, worauf es sich bezieht, für sich allein gar nicht tragen [...]. Denn ob es als Glaube, Heilsüberzeugung oder Offenbarungsgewißheit auftritt: immer bleiben die formalen Schranken der Kontingenz und Positivität solcher Bezugnahme an ihm haften. Niemals wird diejenige Allgemeinheit erreicht, die dem von ihm intendierten Gehalt tatsächlich entspräche. Und jede Steigerung seiner Affirmation ins Fundamentalistisch-Emphatische würde den dezisionistischen Charakter der eigenen Setzung nur noch mehr verstärken. So bleibt es auf die rationale Bewährung der von ihm artikulierten Gottesvorstellung in Form der philosophischen Idee des Unbedingten angewiesen. Sie ist die Idee eines alles bedingenden, seinerseits durch nichts bedingten Grundes. Dieser erstmals von Platon formulierte Gedanke bildet gleichsam den harten Kern und gemeinsamen Nenner aller folgenden Entwürfe zur philosophischen Theologie. [Meine Hervorhebungen, J.G.] (Barth 2005: VIII)

In einer subtil verklausulierten Formulierung und gleichzeitig mit einer seltsam unmissverständlichen Skepsis gegenüber der Eignung der theologischen Fachsprache als Medium der Verständigung über ihre eigenen Inhalte behauptet Barth hier, dass die philosophische Reflexion über „die philosophische Idee des Unbedingten" und über „die Idee eines alles bedingenden [...] Grundes" unabdingbar für die theologische Auseinandersetzung sei. Es handelt sich bei dieser Feststellung um eine Variante der in der neueren theologischen Fachdiskussion virulente Tendenz zur rationalisierenden Verwissenschaftlichung der theologischen Fachsprache. Dabei soll der Verdacht einer zu sehr spekulativen, letztlich ‚unwissenschaftlichen' Wissenschaft ausgeräumt werden, indem etwa unterstrichen wird, dass das „religiöse Bewusstsein" keine Grundlage für eine sinnstiftende wissenschaftliche Auseinandersetzung bieten könne. Auffällig ist im obigen Zitat bei diesem im Grunde einen fundamentalen Bestandteil des theologischen Diskurses außer Kraft setzenden Ansatz, dass eben dieses „theologische Bewusstsein" in der gesamten weiteren Äußerung ausschließlich durch personaldeiktische Elemente (im Zitat von mir unterstrichen) wieder aufgenommen wird. Durch die Vermeidung einer expliziten oder zumindest synonymischen Referenzierung erscheinen die Aussagen, die „ihm" (dem religiösen Bewusstsein) z. B. „formale Schranken der Kontingenz und Positivität" attestieren oder „ihm" einen „dezisionistischen Charakter der eigenen Setzung", also Mangel an wissenschaftlicher Objektivität vorwerfen, weniger radikal als sie eigentlich sind, wenn sie immerhin die Formulierung von Gottesgedanken, die Glaubensreflexion und die sprachliche Ergründung des religiösen Bewusstseins auf eine rationale, in erster Linie philosophische und außertheologische Ebene transferieren. Dieses bereits im Titel propagierte Anliegen, „Gott als Projekt der Vernunft" (Barth 2005) zu betrachten, wird von Barth in weiteren Werken aus anderen Perspektiven weiterverfolgt, so mit stärkerem Akzent auf historischen Aspekten in *Religion in der Moderne* (Barth 2003) und *Aufgeklärter Protestantismus* (Barth 2004). In der letztgenannten Schrift bemüht sich Barth, gesellschaftliche und geistesgeschichtliche Phänomene der Gegenwartswelt zu analysieren und gleichzeitig in den Kontext der lutherischen Theologie zu stellen. Dabei kontrastiert er in der Einleitung die „universellen Standards der Technologie- und Informationsgesellschaft" mit den „besonderen Wert- und Sinnmustern der jeweils überkommenen Kulturen", die sich nicht ausschlössen (Barth 2004: 22). Allerdings werden die hier schon eher zweideutig als „überkommen", also im Wortsinn sowohl althergebracht als auch veraltet, bezeichneten „Herkunftsprägungen", „religiös geprägte Einstellungen, Wertvorstellungen und Sinnmuster" im Weiteren als „konfessionelle Erinnerungskulturen" qualifiziert, also als Elemente einer vergangenen Kulturpraxis, die einer „kulturhermeneutischen Erschließung" zum Zweck der „Minderung von Herkunftsvergessenheit" zu unterziehen sei (Barth 2004: 22). Tatsächlich redet der Autor hier ebenfalls einer Art Rationalisierung und Pragmatisierung inzwischen als historisch anzusehender religiöser Ausdrucksformen das Wort, wobei er sich auf Philosophen wie Hegel, Kant und Fichte, aber auch auf Theologen wie Schleiermacher und Emanuel Hirsch (!) beruft. Anhand von Tabelle 2 kann gezeigt werden, dass durch unterschiedliche Sprachregelungen die generell zu beobachtenden gesellschaftlichen Säkularisierungsprozesse nicht nur rational beleuchtet und objektiv beschrieben werden können, sondern im Zuge der „konfessionellen Erinnerungskultur" gleichzeitig auf Grundpfeiler des reformatorischen Luthertums bezogen werden können. Diese doppelte Betrachtungsweise von Säkularisierungsprozessen dokumentieren korrespondierende Verben, die mittels antonymischer Kontrastierung eine jeweils rational-zivilisationskritische und eine theologisch-sinnstiftende Interpretation einander gegenüberstellen.

Was kritisch als Kulturverfall „beargwöhnt", „bedauert", „verdächtigt", „beklagt" werden kann, kann ebenso gut nicht weniger verstandesmäßig schlichtweg als konkrete Vollendung oder Umsetzung lutherischer theologischer Erkenntnisse „interpretiert", „eingestuft", „bewertet" und „betrachtet" werden, um scheinbar unvereinbare Aspekte von religiöser Tradition und fortschrittsbedingter Säkularisierung zu harmonisieren. Dies geschieht in der aktuellen theologischen Fachsprache im Zuge umfangreicher Bemühungen zur Erzielung einer Übereinstimmung eines rational-wissenschaftlichen Gegenwartsweltbildes und des religiös-theologischen Denkmodus, da letzterer sich in einer entmythologisierten und entspiritualisierten Realität, insbesondere in ihrer akademisch-institutionalisierten Manifestation, einem immer stärkeren Rechtfertigungsdruck ausgesetzt sieht.

Tabelle 2: Ulrich Barth: Aufgeklärter Protestantismus (Barth 2003: 22–23).

Phänomen	Negative Deutung	Positive Deutung
Allgemeine Tendenz zur Individualisierung religiöser Sinnwelten	Beargwöhnung als gefährlichen Privatisierungsprozess	Interpretation als Fortsetzung von Luthers Glaubensindividualismus
Entfremdung von religiösen Großorganisationen	Bedauern als steigender Einflußschwund der Kirchen	Einstufung als Weiterführung von Luthers Institutionenkritik
Autonomisierung der Lebensführung	Verdächtigung als Zunahme von Bindungslosigkeit	Bewertung als Umsetzung von Luthers Gesinnungsethik
Säkularisierung der Gesellschaft	Beklagen als Ausdruck eines Transzendenzverlustes	Betrachtung als Vollendung von Luthers Freigabe der Welt

In noch radikalerer Form kann diese Tendenz in der Sprache der Theologen Notger Slenczka und Gerd Lüdemann beobachtet werden. Notger Slenczka (*1960), von 1999 bis 2006 Systematischer Theologe an der Universität Mainz, lehrt seit 2006 an der Humboldt-Universität Berlin. Gerd Lüdemann (*1946) lehrte von 1983 bis 1999 als Neutestamentler an der Georg-August-Universität Göttingen und 1999 bis 2011 nach der Umwandlung seines konfessionsgebundenen Lehrstuhls in einen nicht konfessionsgebundenen Lehrstuhl ebenda als Professor für „Geschichte und Literatur des frühen Christentums".

In Slenczkas Monographie *Der Tod Gottes und das Leben des Menschen* mit dem Untertitel *Glaubensbekenntnis und Lebensvollzug* (Slenczka 2003) knüpft der Titel an die Tod-Gottes-Theologie der 60er und 70er Jahre an und kündigt damit bereits eine traditionskritische sprachliche Ausrichtung an. In der Einleitung formuliert Slenczka die Grundthematik des Buches, indem er das Auseinanderfallen von Glaubensbekenntnis, und damit von sprachlichen Formeln der religiösen Identitätsvergewisserung, und der „Kirchenferne [...] im alltäglichen Lebensvollzug" einander gegenüberstellt. Diese Diskrepanz von Sprache des Glaubens und Sprache der Lebensrealität stellt Slenczka in den Mittelpunkt einer Reflexion über theologische Sprache und religiöses Sprechen allgemein. Dabei formuliert er eine Reihe von Definitionen der „Rede des Glaubensbekenntnisses", des „Sprechens über Gott" und der „Sprache der theologischen Arbeit", die im Folgenden übersichtsartig aufgelistet werden:

Rede des Glaubensbekenntnisses
- sich über Inhalte aussprechen
- einzige Möglichkeit, über sich selbst zu reden und sich selbst zu deuten
- über Inhalte über sich selbst sprechen
- nicht nebeneinander über Inhalte und über sich selbst sprechen, sondern das eine durch das andere und nie ohne das andere
- kein rein gegenständliches Reden „über" die Inhalte
- Wahrheit der Aussagen des Glaubens ist der Existenzvollzug, den sie darstellen

Sprechen über Gott / den Begriff Gott verwenden
- über das Getragensein des Lebens sprechen
- über das sprechen, woher ich mich alles Guten versehe
- sich selbst thematisieren

Sprache der theologischen Arbeit
- deutende Bewegung, die scheinbar Getrenntes vereinigt
- Indem die Theologie über Inhalte spricht, redet sie über menschliche Existenz.
- Indem die Theologie über den menschlichen Selbstvollzug und das menschliche Selbstverständnis spricht, spricht sie von den Inhalten des Glaubens.
(Slenczka 2003: 10–33)

Der in den Textauszügen häufig verwendete Begriff der „Inhalte" bezieht sich durchgehend auf theologische Schlüsselthematiken, also „Information über Gott, die Schöpfung, das Leben Jesu oder die Vollendung der Welt" (Slenczka 2003: 11–12). Die zitierten Formulierungen stellen Variationen ein und derselben Grundaussage dar: Theologische (Fach)sprache und aus dem christlichen Glauben erwachsene oder auf diesen bezogene Sprache allgemein seien demnach ein Idiom, das eine Doppelfunktion im Sinne einer sich deckenden zweifachen (gleichzeitig gegenstandsbezogenen und identitätsversichernden) Referenz innehabe oder anders ausgedrückt assertive Sprechhandlungen jeweils mit deklarativen Sprechhandlungen verschmelzen lasse. Das heißt, dass die theologische Fachsprache durch eine besondere Eigenschaft der pragmatischen Polyfunktionalität gekennzeichnet sei, dies aber nicht im Sinne von indirekten Sprechakten, die auf der Sprachoberfläche etwas sagen, implizit aber etwas anderes meinen, sondern als assertive Sprechakte, bei denen im Zuge von feststellenden, behauptenden, reflektierenden oder informierenden Äußerungen im selben Moment ein deklarativer Sprechakt der Selbstidentifikation vollzogen werde. Umgekehrt verhalte es sich bei der fachlichen Rede über das religiöse Selbstverständnis, bei dem deklarative Sprechhandlungen des sich selbst zum religiösen Subjekt Erklärens mit affirmativen Komponenten der Äußerungen zur theologischen Wissenschaft einhergingen. Slenczka nennt dieses Vorgehen eine „deutende Bewegung, die scheinbar Getrenntes vereinigt"; man kann dies so verstehen, dass eine assertive Äußerung, mit der etwa in der Wissenschaft Erkenntnisgewinn erzielt oder ermittelt wird, in der theologischen Fachsprache über diese kommunikative Funktion hinausgeht und gleichzeitig einen die Realität kraft einer Sprechhandlung verändernden Effekt hat. Deklaration als solche behauptet nicht, sondern vollzieht, häufig in ritualisierter Form; Assertion hat keine unmittelbare, über die Informationsvermittlung hinausgehende Wirkung auf die Realität. Beides soll jetzt aber Slenczka zufolge in der theologischen Rede bzw. in der Rede des Glaubens zusammenfallen. Damit löst Slenczka die Trennung der theologischen Wissenschaftssprache und der Predigtsprache in zwei unterschiedliche Kommunikationssphären kurzerhand auf, um beide in einer theologisch-religiösen „christlichen Rede von Gott" zu verschmelzen. Denn die Textsorte Predigt dient mit ihrer appellativen Ausrichtung in erster Linie der Selbstvergewisserung der Rezipienten im Hinblick auf ihre Eigenschaft als Gläubige, in zweiter Linie in begrenztem Maße der Persuasion von nicht zur Empfängergruppe der Gläubigen gehörenden Adressaten. Im Gegensatz dazu gehört der wissenschaftliche theologische Fachtext zur Kategorie der informativen Texte, die Sprechhandlungen wie Konstatierung, Argumentation, Reflexion etc. umfassen.

Zweck der Ineinssetzung beider Textkategorien ist für Slenczka offenbar eine reziproke Aufwertung theologischer Fachsprache auf der einen Seite und homiletischer Predigtsprache auf der anderen Seite: Erstere soll über ihren Status als Instrument akademischer Wissensproduktion und Wissensverwaltung hinausweisen und stärker mit einer identitätsstiftenden Relevanz versehen werden. Letztere soll jenseits von liturgischer Formelhaftigkeit und prämissezentrierter Verkündigung mittels einer sach- und erkenntnisbezogenen Rede von Gott deutlicher auf inhaltliche Fundamente der christlich-protestantischen Religion ausgerichtet sein. Tatsächlich sind „Relevanz" und „Rede von Gott" Schlüsselwörter in Slenczkas Überlegungen zur theologischen Fachsprache. So konstatiert er, dass die „Rede von Gott [...] sich durch ein überzeugendes Angebot menschlichen Selbstverständnisses ausweisen kann"; sie solle „mit dieser gesellschaftlichen Situation der Gegenwart umzugehen" wissen, sie solle „die Wahrheit menschlicher Existenz [...] ermöglichen", auch im Gegensatz zu „konkurrierenden weltanschaulichen und religiösen Ansprüchen", dürfe aber nicht „zu einer Möglichkeit unter vielen anderen werden", dürfe nicht Rede von einem Glauben sein, der „eine tote Last ist, derer sich die Gegenwart durch eine einigermaßen würdige Grablegung entledigen sollte", sondern müsse „im Stimmengewirr der Heilsangebote zu vermitteln" wissen. Daraus ergibt sich der Anspruch der „Relevanz der christlichen Rede", die „eine Erfahrung und Grundthese des christlichen Glaubens" sei, die aber „strittig" sei und im Hinblick auf die „es eine Versuchung darstellt, [sie] mit unzulässigen Mitteln unter Gefährdung des christlichen Glaubens herzustellen oder die Strittigkeit dieser Relevanz [in konkreten historischen Situationen] mit unzulässigen Mitteln aufzuheben" (Slenczka 2003: 12). Daher stelle sich für den Theologen die doppelte Aufgabe der „Darstellung der existenziellen Relevanz bestimmter Inhalte" und vor der Versuchung, die Relevanz zu forcieren oder zu missbrauchen, zu warnen. Slenczkas komplexe Einlassungen zu Form und Gehalt aktueller theologischer und homiletischer Fachsprache münden letztendlich in der auch schon bei Ulrich Barth beobachteten Notwendigkeit, die *Relevanz* der theologischen Wissenschaft und der religiösen Lebenspraxis durch eine Öffnung und Anpassung der Expertensprache und der Praxissprache in Richtung auf die akademischen und öffentlichen Diskurse der empirischen Wissenschaften und der medial-politischen Diskussion zu ethischen Grundlagen des gesellschaftlichen Miteinanders zu gewährleisten. Das „Stimmengewirr der Heilsangebote", wie Slenczka es nennt, drohe die wissenschaftliche und homiletische Stimme der (protestantischen) Theologie zunehmend an den Rand zu drängen, so dass sie sich nicht nur zu einer inhaltlichen Auseinandersetzung mit neuen ethisch-moralischen Herausforderungen gezwungen sehe, sondern vor allem auch im Hinblick auf unterschiedliche Ebenen ihrer Fachsprache neues Terrain betreten müsse, um nicht in einer als überholt und archaisch erscheinenden Verkündigungssprache und einer gelehrten, aber lebensfernen Akademikerfachsprache zu versanden. Dass es sich dabei um eine schwierige Gratwanderung zwischen, überspitzt ausgedrückt, einem Rückfall in einen Proselytenjargon ohne Außenwirkung und einer Abwendung von essenziellen, bewährten Praktiken der wissenschaftlich-akademischen Auseinandersetzung zum Zweck eines Anschlusses an als lebensrelevant anerkannte natur-, sozial- oder humanwissenschaftliche Thematiken handelt, bildet den Grundtenor der neueren Fachsprache in der protestantischen Theologie.

Einen Schritt weiter in diese Richtung geht der Neutestamentler Gerd Lüdemann, der den Anspruch auf metaphysische Gültigkeit der protestantischen Theologie und damit auf transzendente Relevanz für das Individuum vollständig und radikal zur Disposition stellt. In Werken wie *Die Auferstehung Jesu. Historie, Erfahrung, Theologie* (Lüdemann 1994), *Fand die Auferstehung wirklich statt? Eine Diskussion mit Gerd Lüdemann* (Lüdemann 1995), *Das Unheilige in der Heiligen Schrift. Die andere Seite der Bibel* (Lüdemann 1996), *Der große Betrug. Und was Jesus wirklich sagte und tat* (Lüdemann 1998a), *Im Würgegriff der Kirche. Für die Freiheit der theologischen Wissenschaft* (Lüdemann 1998b), *Die Intoleranz des Evangeliums. Erläutert an ausgewählten Schriften des neuen Testaments* (Lüdemann 2004), *Jungfrauengeburt? Die Geschichte von Maria und ihrem Sohn Jesus* (Lüdemann 2008) lassen bereits die Titelformulierungen keinen Zweifel am inhaltlichen, aber auch fachsprachlichen Provokationspotenzial von Lüdemanns Schriften. Dem Neutestamentler Lüdemann wurde als einer Art modernem akademischem Häretiker nach zunächst angedrohter, dann aber mit Rechtsmitteln verhinderter Entfernung aus der Theologischen Fakultät der Göttinger Georg-August-Universität und Entlassung aus dem Staatsdienst schließlich eine Umwandlung seines neutestamentlichen Lehrstuhls in eine nicht konfessionsgebundene Lehrbefugnis verordnet. Begriffe wie „das Unheilige", „großer Betrug", „Würgegriff", „Intoleranz" in unmittelbarer syntaktischer Verbindung mit zentralen Schriftzeugnissen und Elementen der theologischen, christlichen Überlieferung und Lehre (*Heilige Schrift, Bibel, Jesus, Kirche, Evangelium*) sind für sich genommen schon ein provokatives Novum in der Fachsprache, das eine Form des postmodernen wissenschaftlichen Ketzertums ankündigt. Lüdemann überschreitet eine Grenze, indem er die Berechtigung der Existenz einer auf Mythen und nicht verifizierbaren literarischen Quellen beruhenden Wissenschaft als solche in Frage stellt und er führt zugleich einen neuen Ton in die Fachsprache ein, der deutlich über die auch von Fachkollegen propagierte Verknüpfung von theologischen Fachdiskursen mit empirischen Wissenschaftspraktiken hinausgeht.

Lüdemanns Wissenschaftssprache könnte als eine Sprache des kritischen Zweifels charakterisiert werden, die einen extremen Gegenpol zur Sprache des Glaubens darstellt, die noch im Mittelpunkt der Schriften Slenczkas steht. So sind Lüdemanns grundsätzliche Auseinandersetzungen mit Fachkollegen und theologischen Schulen von einem Wortschatz des Zweifels, des Hinterfragens, des gelegentlich auch in polemischer Formulierung vorgetragenen Widerspruchs geprägt:

- [...] fand ich es merkwürdig, daß [...].
- [...] mit wissenschaftlichem Anspruch eine theologische Auslegung [...] betrieb.
- Dabei führten die Theologen dauernd den Begriff „objektiv" im Mund.
- [...] der Verzicht auf die historische Rückfrage bzw. die Gleichgültigkeit ihr gegenüber [war] betrüblich.
- Man wird [...] förmlich zur Frage veranlaßt, wie jemand, der so über den Glauben redet, überhaupt noch weiß, was Glauben im 1. Jahrhundert war [...].
- Sonst droht doch eine Beliebigkeit [...].
- Eine solche Einstellung hatte z.B. eine überzogene Polemik [...] zur Folge [...].
- [...] Vernachlässigung der historischen Nachfrage in weiten Teilen der deutschen neutestamentlichen Wissenschaft und Theologie [...].
- [...] Geschichtsdefizit beheben [...].
- Wäre dann [...] der christliche Glaube am Ende.
- [...] führen in wachsendem Maße die Apologeten älteren und neueren Schlags die Feder..
- Sie wollen letztlich die Auferstehung Jesu der wissenschaftlichen Rückfrage überhaupt entziehen.
- Schutzbehauptungen, die überdeutlich einer „Immunisierungsstrategie" entspringen.
- Aporien historisch-kritischer Forschung [...].
- Geschichtslose [...] Heilsgewißheit und historische[s] Besserwissen [...].
- [...] daß bei den meisten [...] eine vorgefaßte Meinung bzw. ein Vorurteil zugrunde liegt.
- es darf einfach nicht dabei bleiben, daß – überspitzt ausgedrückt – die Theologie besitzt, ohne zu suchen, und die Philosophie sucht, ohne zu finden.

- Doch kann ich das nicht glauben, weil es das Ende unserer Religion wäre.
- [...] kann wahrhaftige historische Forschung diese sicher gut gemeinten Beschneidungen nicht hinnehmen [...].
- [...] Eindruck theologischer Besserwisserei [...].
- [...] Argumente gerade da übernommen werden, wo sie der theologischen Position zupaß kommen.
- [...] Apologetische Ausweichmanöver gegenüber der Historie.
- [...] Theologie behauptet sich in einem Überbietungspathos als die bessere Geschichtswissenschaft
(Lüdemann 1994: 11–15, 20, 27, 216–217)

Die Zitatauswahl zeigt deutlich, dass hier eine zuspitzende, polemisch-kritische Sprache in die fachliche Auseinandersetzung eingeführt wird, als deren Grundtenor die Aufkündigung eines in der theologischen Fachsprache üblichen diskursiven Grundkonsenses erkennbar ist; dazu gehören die Verwendung negativer Wertadjektive und -substantive in Bezug auf das fachliche Vorgehen oder die wissenschaftliche Glaubwürdigkeit früherer und zeitgenössischer Fachkollegen wie „merkwürdig", „betrüblich", „Beliebigkeit", „überzogene Polemik", „Vernachlässigung", „Defizit", „Schutzbehauptung", „Aporie", „Besserwisserei", „vorgefaßte Meinung", „Vorurteil", „Ausweichmanöver", „Überbietungspathos" etc. Darüber hinaus stellt Lüdemann nicht nur in dieser Schrift den Grundkonsens der protestantischen Theologie und damit ihrer Fachsprache zur Disposition, demzufolge die empirische, philologische, quellenbasierte logisch-rationale Objektivität des wissenschaftlichen Diskurses speziell in der theologischen Auseinandersetzung mit einem subjektiv-metaphysischen Element einhergeht, das in der Natur des Forschungsgegenstandes selbst liegt. Dieser fundamentale, sich in der Wissenschaftssprache bis in Einzelformulierungen und stilistische Eigenheiten manifestierende Konsens ist in der Fachliteratur bisher nicht hintergangen worden. Lüdemann betritt somit Neuland, wenn er die theologische Fachsprache zu einer empirischen, intersubjektiv verifizierbaren Tatsachenwissenschaft umzuwandeln anstrebt. Damit stellt er sich zwar in eine Reihe mit Gegenwartstheologen, die einen Schulterschluss mit empirischen und weltanschaulich ungebundenen Humanwissenschaften suchen; gleichzeitig begibt er sich aber mit seiner radikalen Position außerhalb der Einfriedung der akademischen protestantisch-theologischen Tradition, die sich selbst als konfessionell determiniert definiert.

Als Neutestamentler bedient sich Lüdemann im Übrigen einer philologisch-präzisen exegetischen Fachsprache, indem er ausführliche Quellennachweise aufführt und seine Schlussfolgerungen kleinschrittig dokumentiert. Dabei bezeichnen gängige Formulierungsmuster den Übergang von exegetischer Detaildeutung zu globaler Hypothesenbildung, wie etwa:

10.2 „Doch kann ich das nicht glauben, weil es das Ende unserer Religion wäre"

- Eine andere Möglichkeit bestünde in der Hypothese [...].
  (Lüdemann 1994: 11–15, 20, 27, 216–217)
- Zur Frage des angemessenen Verständnisses von [...].
- Nur ein Einzelvergleich kann hier Klarheit schaffen.
- Aus dem vorangegangenen Abschnitt [...] ergeben sich folgende Zwischenergebnisse und Konsequenzen.
- Schon jetzt kann der historische Wert der einzelnen Erzählungen als unterschiedlich eingestuft werden.
- Und schließlich wäre [...] nicht unbedingt mit dem Bericht des Paulus [...] unvereinbar [...].
- Die Frage [...] ist nach der Exegese sämtlicher Texte noch einmal zu stellen.
  (Lüdemann 1994: 45–58)

Bei Lüdemann sprengen die jeweiligen Schlussfolgerungen aus der exegetischen Arbeit jedoch die Grenzen des theologisch Sagbaren. Dies geht auch aus zahlreichen anderen Schriften hervor. So konstatiert Lüdemann: „Theologie ist, will sie denn eine Wissenschaft sein, zunächst einmal unkirchlich, indem sie nach der Wahrheit sucht" (1995: 16), oder an anderer Stelle: „es gibt keinen Grund für den oft gezogenen Schluß, daß [...] wir auch heute an die blutige Realität der Auferstehung glauben müssen. Das wäre in der Tat der größte Humbug der Weltgeschichte" (28). Daraus folgert Lüdemann die Frage: „[...] sollen wir an diesen physisch auferweckten Jesus weiter glauben, oder sollten wir nicht endlich wahrhaftig zu reden beginnen [...]?" und schließt folgende sprachkritische Mahnung an: „Wir werden uns abwenden müssen von der Phraseologie zur Wirklichkeit und, was es auch koste, versuchen müssen, einen eigenen Weg zu gehen, um in eine sinnvolle Beziehung zu den Anfängen unserer religiösen Tradition zu treten [...]" (Lüdemann 1995: 29). Fachsprache wird als „Phraseologie" denunziert, womit Lüdemann hier eine unreflektierte Wiederholung von Glaubens- und Überlieferungssätzen ohne Verifizierung anhand von wissenschaftlich nachprüfbaren Erkenntnissen inkriminiert. Lüdemann treibt diese Trennung der Kritik an theologischen und kirchlichen Aussagen und Infragestellung von deren methodisch-wissenschaftlicher Seriosität in zahlreichen, oft respektlosen Formulierungen auf die Spitze, indem er nicht zuletzt auch die wissenschaftliche Seriosität der fachlichen Auseinandersetzung im protestantisch-theologischen Diskurs kritisch in Frage stellt:

- [...] trotz eindeutiger historischer Fakten und trotz besserer eigener Einsicht [...]. (Lüdemann 2008: 16)
- Angesichts des [...] protestantischen Wirrwarrs und der heiklen ökumenischen Lage [...]. (Lüdemann 2008: 17)
- [...] fällt wie ein Kartenhaus zusammen und erweist sich als Spuk. (Lüdemann 2008: 150)

- Dies alles provoziert die Frage, wie ein Gelehrter vom Rang [...] mit seinem intellektuellen Gewissen vereinbaren kann. (Lüdemann 2008: 150)
- Die historisch-kritische Erforschung des Neuen Testament ist [...] einen Bund mit dem Dogmatismus eingegangen [...]. (Lüdemann 2004: 21)
- [...] setzen christliche Theologen und Kirchenleute voraus, dass Wahrheit unteilbar sei, dass sie selbst einen privilegierten Zugang zu ihr in der Gestalt des Evangeliums besäßen [...]. (Lüdemann 2004: 22)
- Der Verdacht drängt sich auf, dass listige, vom Selbstbehauptungstrieb geleitete Theologen sich [...] am modernen Zeitgeist orientieren. (Lüdemann 2004: 211)
- Die Verfasser [...] bedienen sich theologischer Formeln, ohne ihren Inhalt zu klären und ohne die kritische theologische Diskussion zu berücksichtigen, welche die Verwendung einer solchen Sprache und Vorstellungswelt unmöglich gemacht hat. (Lüdemann 2004: 211)
- [...] Mischung aus geistiger Bequemlichkeit und Angst vor Entlarvung [...]. (Lüdemann 2004: 214)

Neben einer expliziten Kritik an einer formelhaften, unreflektierten Sprache polemisiert Lüdemann gegen die Fachsprache der theologischen Wissenschaft mit teils vernichtender Häme, indem er ihre Diskurse mit Metaphern wie „Kartenhaus", „Spuk", „Wirrwarr" etikettiert, ihren Vertretern statt akademischer Redlichkeit Dogmatismus, List, Selbstbehauptungstrieb, Bequemlichkeit, Angst vor Entlarvung (ihrer mangelnden Seriosität) attestiert und schließlich unterstellt, dass unseriöse Forschungsergebnisse gegen bessere Einsicht und wider besseres Gewissen vertreten würden. Theologische Fachsprache wird hier von einem Vertreter der theologischen Zunft selbst verdächtigt, Vehikel einer nicht mehr am Erkenntnisgewinn ausgerichteten, sondern lediglich der institutionellen Statussicherung verpflichteten Kommunikation zu sein, d. h. eine Art kodifizierter Jargon einer elitären Clique von Insidern.

Lüdemann geht so weit, die Ernsthaftigkeit der wissenschaftlichen Auseinandersetzung mit den Quellentexten in Form der philologischen Exegese pauschal in Zweifel zu ziehen und ihr eine Tendenz zur „(Ver)fälschung" und mutwilligen „Entstellung" zu unterstellen:

- [...] den Menschen Jesu, seine Worte und Taten zu verfälschen und zu übermalen (Lüdemann 1998: 121)
- [...] Überlieferungen, die über Jesus erhalten sind [...] stehen in einem schreienden Gegensatz zu dem, was er wirklich sagte und tat. (Lüdemann 1998: 121)
- So ist Jesus [...] über weite Strecken bis zur Unkenntlichkeit entstellt worden. Die Verfälschung der Person und Botschaft Jesu spricht [...] dem Wahrheitsbewußtsein Hohn [...]. (Lüdemann 1998: 122)
- [...] sichtbar gewordene[s] bodenlose[s] Unwissen christlicher Kreise bis in die Chefetagen der verfaßten christlichen Kirchen hinein (Lüdemann 1998: 122)
- Die Ausweglosigkeit des heutigen Umgangs mit der Bibel im wissenschaftlichen,

aber auch im offiziellen kirchlichen Raum schreit förmlich nach einem anderen Zugang zu ihr. (Lüdemann 1998: 25)
- Wenn Theologen heutzutage gedankenlos vom Handeln Gottes sprechen [...]. [...] Gott wurde ohnehin zu oft als Lückenbüßer eingeführt, der dazu diente, die eigene Auffassung gegenüber anderen zu verteidigen. (Lüdemann 1998: 26)
- [...] erscheint auch das Unternehmen der Entmythologisierung [...] als ein Rückzugsgefecht. Seine Funktion besteht darin, das, was [...] als Verkündigung angesehen wird, unangreifbar zu machen, nämlich gegen jede Kritik zu immunisieren. (Lüdemann 1998: 27)
- Noch immer werden in der Theologie ihre zahlreichen Diskussionsabbrüche mit semantischer Verschlagenheit getarnt, um liebgewordene und als besonders wichtig erachtete Überzeugungen [...] dem Anwendungsbereich philosophisch-kritischer Prüfung zu entziehen. (Lüdemann 1998: 30)
- Allzuoft wird in der zeitgenössischen theologischen Literatur die notwendige intellektuelle Klarheit zugunsten des Versuchs geopfert, die Zustimmung zu den Dogmen vom Menschen- und Gotteswort in der Bibel und von der Auferstehung Jesu zu erschleichen. Letztlich wird so jedoch nur die eigene Unwissenheit gegen einen möglichen Erkenntnisfortschritt zementiert. (Lüdemann 1998: 30)

Protestantische Theologen setzten ihre Fachsprache, so Lüdemann, für Sprechhandlungen des „Verfälschens", „Übermalens", „gedankenlosen Sprechens", „gegen Kritik Immunisierens", „Tarnens", „Zustimmung Erschleichens" ein und operierten zu diesem Zweck u. a. mit „Verschlagenheit", um ihre „eigene Unwissenheit" zu verbergen. Zudem moniert Lüdemann die Praxis der Bibelexegese, die einer scheinwissenschaftlichen Sprache der Traditionsbewahrung und Dogmenkonsolidierung den Vorrang vor einer rationalen, kritischen Befassung mit den überlieferten Texten einräume. Lüdemanns Fundamentalkritik richtet sich grundsätzlich gegen eine in irgendeiner Form prämissehafte (Harnack), inspirierte (Barth), ideologisierte (Hirsch) oder auch vom Kern der Überlieferung ablenkende (Sölle) Sprache, vor allem aber schwebt ihm eine empirisch-philologische Wissenschaftssprache vor, die jeder Art religiös-glaubensmäßiger Axiome enthoben sein soll. Er selbst kleidet seine Kritik dabei in eine Sprache der schonungslosen, scharfzüngigen Polemik, die jede Ergriffenheitssprache, jedes Pathos oder auch nur jede entfernt subjektivistische Tonlage ausschließt. In *Der große Betrug. Und was Jesus wirklich sagte und tat* formuliert Lüdemann das „Ziel, die heutigen Zeitgenossen in verständlicher Sprache über den eigentlichen Ursprung unserer abendländischen Kultur aufzuklären" (Lüdemann 1998: 18). Die theologisch-protestantische Fachsprache, die Lüdemann vorschwebt, lässt sich als objektiv-empirische Faktensprache beschreiben, womit er sich vom gemeinhin in der theologischen Fachsprache grundlegenden Kompromiss zwischen Faktizität und Spiritualität deutlich distanziert, indem er diesen als unwissenschaftlich verwirft.

10.3 „Es kennzeichnet den Zustand der Sünde, die Eigendynamik des Fortschritts als ultima ratio zu begreifen" – Letztbegründungsansprüche

Neben dem aufgezeigten Versuch der ‚Selbstauslöschung' der theologischen Forschung im hergebrachten Sinn und damit auch des Grundkonsenses über fachsprachliche Fundamente durch Gerd Lüdemann sollen zum Abschluss weitere aktuelle Tendenzen in der theologischen Fachsprache näher betrachtet werden, die zwischen rückwärtsgerichteter Traditions- und Konventionswahrung und vorwärtsdrängender Annäherung an eine immer komplexere und technologischer ausgerichtete Wissenschaftslandschaft schwanken.

Einige grundsätzliche Fragen, vor die sich die Theologie und ihre Fachsprache in der Gegenwart gestellt sehen, formuliert Christine Axt-Piscalar (*1959, Inhaberin eines Lehrstuhls für Systematische Theologie an der Georg-August-Universität Göttingen) in einem Einführungsband für Theologiestudent(inn)en mit dem Titel *Was ist Theologie? Klassische Entwürfe von Paulus bis zur Gegenwart* (2013):

> Es ist etwas anderes, die Notwendigkeit von Theologie im Kontext einer in allen kulturellen und politischen Bereichen durch das christliche Weltbild geprägten Gesellschaft – wie es im Mittelalter der Fall war – zu begründen, als dies in einer zunehmend säkularisierten Gesellschaft und im Kontext der ausdifferenzierten Wissenschaften zu tun, wozu die gegenwärtige Theologie insbesondere in der westlichen Welt herausgefordert ist. Wie aber lässt sich der Charakter der Theologie als Wissenschaft behaupten? Wie wurde er in der Geschichte der Theologie zu begründen versucht und wie kann er heute begründet werden? Lässt er sich überhaupt begründen? Was heißt dies für das Selbstverständnis der Theologie? (Axt-Piscalar 2013: 2)

Das grundlegende Dilemma des theologisch-wissenschaftlichen Schreibens, Sprechens und Kommunizierens wird hier gleich am Beginn des Handbuches für angehende Theolog(inn)en formuliert, nämlich der Zwiespalt, dem sich ein glaubwürdiges sprachliches Agieren angesichts eines gesellschaftlichen und wissenschaftlichen Umfeldes ausgesetzt sieht, das nicht nur die Relevanz, sondern weitgehend auch die Existenz der Forschungsgegenstände der theologischen Wissenschaft zumindest in Frage stellt, wenn nicht grundsätzlich negiert. Was die theologische Fachsprache angeht, konstatiert die Autorin, dass „*Theo-logie* [...] dem etymologischen Sinn des Wortes zufolge ‚Rede von Gott'" sei, und stellt auch hier die Frage in den Raum, „wie dem Menschen Theologie als Rede von Gott überhaupt möglich ist" und „*wie* wir von Gott [...] wissen [können], um daraufhin begründet und verantwortet von Gott reden [zu] können" (Axt-Piscalar 2013: 1). Axt-Piscalar thematisiert in ihrer prinzipiellen Fragestellung die Zweifelhaftigkeit der Möglichkeit einer fachsprachlichen ‚Rede' vom spekulativen, im modernen nomothetisch-empirisch geprägten Diskurs nicht vorgesehenen Gegenstand der theologischen Wissenschaft. Zunächst bleibt Axt-Piscalar im Vagen, wenn sie konstatiert, in Bezug auf das theologische Reden von Gott sei „über die Art und Weise solchen Redens – ob es sich in mythologischer und narrativer, in reflektierender und begrifflicher oder in verkündigender und doxologischer Form vollzieht – [...] noch nicht entschieden" (3), spezifiziert dann aber, dass „Reden von Gott" heutzutage in erster Linie drei relevante Ausgangspunkte habe: Der erste sei eine „reflektierte [...] Bestimmung der christlichen Religion in ihrer Unterschiedenheit von den nichtchristlichen Religionen"; der zweite sei, „das Verhältnis zwischen philosophischer und im engeren Sinne theologischer Rede von Gott näher zu fassen"; drittens handele es sich bei der eigentlichen „spezifisch christlichen Rede von Gott" darum, „in irgendeiner Weise den Begriff des Christlichen [zu] klären", was „nicht ohne den Rückgang auf Person und Geschichte Jesu Christi [...,] die in sich begründete Rede von Gott, den Grund des Glaubensbewusstseins sowie die durch ihn in der Kraft des Heiligen Geistes freigesetzte Wirkungsgeschichte in der Kirche und im Christentum" erfolgen könne (6–8). Während der erste Aspekt sich auf objektive religionswissenschaftliche und kulturhistorische Thematiken bezieht, zielen der zweite und dritte unmittelbar auf die eigentliche Essenz der theologischen Fachsprache ab, nämlich die spezifisch theologische sprachliche Auseinandersetzung mit dem Gottesbegriff und dessen Bezeugungen in der christlichen Religion, religiösen Offenbarung und Religionsgeschichte. Dabei handelt es sich um nichts Neues im Hinblick auf die traditionelle theologische Fachsprache; entscheidend ist bei Axt-Piscalar jedoch die Begründung des ebenbürtigen „Charakter[s] der Theologie als Wissenschaft" gegenüber anderen Wissenschaften, die „mit einem scheinbar klar umrissenen Gegenstandsbereich und einer scheinbar nachvollziehbaren Erkenntnismethode" ausgestattet seien, also um die Behauptung der protestantischen Theologie als im „Verbund der Wissenschaften" bzw. im „Verbund der univeritas litterarum" gleichberechtigt verortete und anerkannte Disziplin (1). Die im Zitat enthaltene Unterstellung, andere Wissenschaften seien nur „scheinbar" objektiv und auf einen konkreten Forschungsgegenstand bezogen, impliziert gleichzeitig die objektivierbare wissenschaftliche Sachbezogenheit und damit Gleichrangigkeit der Theologie, die Axt-Piscalar damit ausdrücklich bekräftigt.

In Bezug auf die theologisch-wissenschaftliche Fachsprache einer so beschriebenen, auf Selbstbehauptung gegenüber einem skeptischen Umfeld ausgerichteten Theologie bedeutet dies bei Axt-Piscalar, dass „die Aufgabe der Theologie nicht darin bestehen kann, biblische Aussagen lediglich zu repetieren" (Axt-Piscalar 2013: 13); stattdessen reiht sie eine beträchtliche Anzahl von assertiven Sprechhandlungen auf, die Aufgabe der (insbesondere dogmatischen und systematischen) Theologie und ihrer Wissenschaftssprache seien. Dazu zählt sie, um einige Beispiele zu nennen:

- das Wesen des christlichen Glaubens [...] zu erfassen, wissenschaftlich zu reflektieren und zu verantworten.
- die Gehalte des christlichen Glaubens in eine kohärente Ordnung zu bringen
- die Gehalte des christlichen Glaubens [und] ihren Wahrheitsanspruch gegenwartsgemäß auszulegen.
- eine Bestimmung des Wesens des christlichen Glaubens zu erheben
- eine systematische Darlegung [...] der christlichen Lehre gegenwartsgemäß zur Entfaltung zu bringen.
- eine gegenwartsgemäße Darstellung der christlichen Lehre zu entfalten.
- den Stand des [...] Problembewusstseins in die gegenwärtige Entfaltung der Dogmatik einzubeziehen.
- die faktische Gegenwartsgestalt des Christentums an der Wesensbestimmung des christlichen Glaubens kritisch zu messen.
- die spezifische Bestimmtheit der christlichen Glaubensgehalte in ihrer Bedeutung für das Selbst- und Weltverständnis darzulegen.
- über die spezifische Identität des christlichen Glaubens aufzuklären.
- für die angemessene Wahrnehmung der Identität der christlichen Religion einzustehen.
- [theologische] Gehalte perspektivisch auf bestimmte wissenschaftlich und gesellschaftlich relevante Fragestellungen bezogen in den Diskurs einzubringen.
(Axt-Piscalar 2013: 14, 339–343)

Insgesamt wird aus der Aufstellung deutlich, dass es Aufgabe der theologischen Fachsprache des 21. Jahrhunderts sein solle, „die Gehalte", „das Wesen", „die Aussagen" etc. des christlichen Glaubens verständlich zu subsumieren und darzustellen, wobei ein besonderer Schwerpunkt auf einer „gegenwartsgemäßen" Vermittlung und sprachlichen Einkleidung liegen soll, um die „Gegenwartsgestalt" des Christentums nachvollziehbar zu machen. Ein Schlüsselwort ist bei Axt-Piscalar daher die Sprechhandlung des „Plausibilisierens" (343), die folgendermaßen definiert wird:

[...] im Diskurs mit den anderen Wissenschaften [werden] der Wahrheitsanspruch der spezifischen Gehalte der christlichen Lehre an den Erkenntnissen der Wissenschaften bewährt und diese wiederum auf den theologischen Horizont hin interpretiert [...]. Unter der Bedingung der Ausdifferenzierung der Wissenschaften, in deren Folge gegenwärtig keine Disziplin mehr ohne weiteres als Leitwissenschaft dient, vollzieht sich solche Plausibilisierung im Diskurs mit unterschiedlichen Disziplinen, je nachdem, welche im allgemeinen Wissenschaftsdiskurs zu einer gewissen Deutungshoheit gelangt sind. In der Gegenwart sind dies die Sozialwissenschaften, verstärkt auch die Naturwissenschaften und nicht zuletzt die Kulturwissenschaft(en) [...]. (Axt-Piscalar 2013: 343)

„Plausibilisierung" wird damit zu einem Sprechakt, der eine Zwischenstellung zwischen *Erklärung*, *Aufklärung*, *Darstellung* auf der einen Seite und *Rechtferti-*

gung bzw. *Selbstbehauptung* auf der anderen Seite einnimmt. Theologische Fachsprache wird in dem Einführungswerk als Medium einer Gratwanderung zwischen traditioneller Wissensvermittlung und akademischer Reflexion einerseits und eindeutig dem „gegenwartsgemäßen" Rechtfertigungsdruck geschuldeter Selbstverteidigung gegenüber dominanten Wissenschaftsdisziplinen mit im generellen gesellschaftlichen Diskurs unwidersprochener Deutungshoheit andererseits charakterisiert. Damit knüpft die Fachsprachenfunktion in der theologischen Wissenschaft an Tendenzen an, die sich bereits bei Pannenberg (vgl. Kap. 8) abzeichneten und durch Anpassung an positivistische und empirische Wissenschaften eine Gleichrangigkeit zu erwirken suchten. Sie wendet sich aber gleichzeitig gegen eine Selbstverleugnung oder Selbstaufgabe des theologischen Fachdiskurses wie bei Lüdemann oder gegen eine Verlagerung in angrenzende Humanwissenschaften wie Philosophie, wie bei Ulrich Barth, oder in Geschichts-, Kultur- oder Religionswissenschaften. Insbesondere in Bezug auf die Konkurrenz zur Philosophie, die „für den Vollzug des Denkens und die aus ihm gewonnenen Aussagen den Anspruch auf Allgemeingültigkeit" erhebe, sieht Axt-Piscalar einen deutlichen Vorteil bei der Theologie, die „auf einen geschichtlichen Bezugspunkt in höchst konkreter Gestalt" konzentriert sei und daran festhalte, „dass Person und Geschichte Jesu Christi den Charakter individueller Besonderheit von zugleich universaler Bedeutung" hätten (2013: 343). Diese Auseinandersetzung bezeichnet sie als „spannend" und im Hinblick auf den universellen Charakter von Person und Geschichte Christi „umso spannender", lässt dann aber offen, ob und wie dieses Spannungsmoment einer Auflösung zustrebe oder ob es in einem ewigen Schwebezustand verharren solle, womit sich der Spannungszustand aufhöbe. Insgesamt erscheinen auch Axt-Piscalars Einlassungen zur „Rede von Gott" und zur wissenschaftlichen Fachsprache der Theologie als ein implizites Eingeständnis, sich im Rückzugsgefecht gegenüber ‚systemrelevanten' Wissenschaften und ihren Terminologien zu befinden. Dabei setzt sich die bereits bei Theologen der zweiten Hälfte des 20. Jahrhunderts beobachtete Tendenz einer fachsprachlich-stilistischen Ambiguität fort: Der Selbstbehauptungsdruck in den von exakten Wissenschaften dominierten akademischen Institutionen und gesellschaftlichen Diskussionen führt sowohl zu einer fortschreitenden ‚exterritorialen' Diskurserweiterung in unterschiedlichste Wissensbereiche und -disziplinen hinein als auch zu einem zunehmenden scheinbar empirisch-positivistischen Fachsprachenduktus. Während auf diese Weise immanent die Theologie als gleichrangige Wissenschaft im Konzert der Disziplinen bewahrt werden soll, werden gleichzeitig die Objektivität und der Welterklärungsanspruch der konkurrierenden Wissenschaften in Zweifel gezogen, und dies unter Hinweis auf den Gottes- und Christusbezug der Theologie als konkreten Kern, der dieser einen Vorsprung vor den als relativistisch mit Misstrauen betrachteten Human-, Kultur- und Sozialwissenschaften verschaffe, sowie auf die subjektive Komponente der Reflexion über Gott, die der häufig zweifelhaften Objektivitätsverhaftung der Naturwissenschaften ein nicht weniger realitätsrelevantes Element entgegenzusetzen vermöchte.

Eine vergleichbare Position nimmt Elisabeth Gräb-Schmidt (*1956, Systematische Theologin an der Eberhard-Karls-Universität Tübingen) ein, so etwa in ihrer Habilitationsschrift zur Technikethik mit dem Titel *Technikethik und ihre Fundamente. Dargestellt in Auseinandersetzung mit den technikethischen Ansätzen von Günter Ropohl und Walter Christoph Zimmerli* (2002). Hier beklagt die Autorin die „gegenwärtige Vormachtstellung der Technologie", den „gegenwärtig herrschenden weltanschaulich-ethischen Pluralismus" sowie allgemein die „Allpräsenz und Herrschaft der Technik, die bedrohlich wirkt, weil sie den Glauben an menschliche Freiheit, Verantwortungsfähigkeit und Verantwortungsmöglichkeit gefährdet". So wie auf der einen Seite die Theologie seitens der Technikwissenschaften kaum wahrgenommen werde, sei auf der anderen Seite die Technik ein „Stiefkind der Theologie" (6). Aus der gegenseitigen Zurkenntnisnahme von protestantischer Theologie auf der einen und Technik, Technologie und insbesondere Technikethik auf der anderen Seite und deren vergleichender Gegenüberstellung leitet Gräb-Schmidt folgende Maximen ab:

> dass sich die theologische Verantwortung nicht nur auf den binnenkirchlichen Bereich bezieht, sondern dass ihr darüber hinaus notwendig eine gesamtgesellschaftliche Funktion zukommt.
>
> dass der Gegenstandsbezug der Fachwissenschaften prinzipiell kein anderer ist als derjenige der Theologie.
>
> [dass] der Gegenstand [...] für die Theologie kein anderer als für andere Wissenschaften ist: die eine, allen gemeinsame Wirklichkeit.
>
> [dass] die christliche Theologie erkannt [hat], dass die Wirklichkeit des Menschen in ihrer Eigentlichkeit nur erfasst werden kann, wenn deren Transzendenzbezug reflektiert und zum Ausdruck gebracht wird. (Gräb-Schmidt 2002: 7)

Die Fusion einer stets parallel laufenden Aufwertung der Theologie und der Ethik zu faktenbasierten, objektiven Wissenschaften und einer Infragestellung des Objektivitätsanspruches der exakten Wissenschaften ist nicht nur bei Gräb-Schmidt manifest, findet bei ihr aber einen besonders expliziten Ausdruck. So wenn sie die „scheinbar diametralen Gegensätze der Weltbetrachtung" als einen Kontrast zwischen „harten Fakten", „Faktenwissen" auf der einen Seite und (hier bezogen auf die Ethik als Thema der Theologie) einem „Gegenstand philosophischer Erbauung", „gedankliche[r] Spekulation", einer „keineswegs [...] ernst zu nehmende[n] wissenschaftlichen Disziplin", „Wunschvorstellungen" und „intellektuelle[r] Spielerei" auf der anderen Seite darstellt (2002: 25), um dann die Wissenschaftlichkeit der Theologie zu rehabilitieren. Sie geht sogar so weit, Folgendes zu konstatieren:

> Das Ideal objektiver Erkenntnis, wie es vielen Wissenschaftlern, insbesondere Naturwissenschaftlern, immer noch vorschwebt, ist [...] nicht aufrechtzuerhalten. Es unterliegt definitiv einer Täuschung. [...] Der Kern dieser Täuschung ist [...] die fehlende Selbstreflexion. [...] m. E. [sind] alle diese Versuche der Sinn- und Bedeutungsorientierung affiziert von dem einstmals übermächtig herrschenden positivistischen und naturwissenschaftlichen Weltbild.
> (Gräb-Schmidt 2002: 40)

> Es kennzeichnet [...] den Zustand der Sünde, diese borniert Eigendynamik des wissenschaftlich-technischen Fortschritts als ultima ratio zu begreifen. Dies ist auch dann der Fall, wo in rationaler Selbsthinterfragung vermeintlich Letztbegründungsansprüche formuliert werden.
> (Gräb-Schmidt 2002: 328)

Objektive wissenschaftliche Erkenntnis ohne subjektive (Selbst)reflexion wird kurzerhand als „Täuschung" abgetan und überdies als überwundener Irrweg aus vergangenen Zeiten („einstmals") bezeichnet und in ihrem Alleinstellungsanspruch als „Zustand der Sünde" verworfen. Auf der fachsprachlichen Ebene befleißigt sich die Autorin eines komplexen Stils mit zahlreichen hypotaktischen Schachtelsätzen und Parenthesen und einer hohen Frequenz von kausalen, konsekutiven und konditionalen Verknüpfungen sowie einer erkennbar den exakten Wissenschaften entlehnten Dichte im Hinblick auf fachterminologische Lexik. Als Beispiel sei folgender Ausschnitt zum Begriff der „Perspektivität" zitiert:

> Somit führt die weltanschauliche Gebundenheit jeder Ethik von selbst zur Einsicht in ihre unhintergehbare Perspektivität. [...]. Die Perspektivität resultiert [...] nicht aus verengter Sicht einer bestimmten Glaubenshaltung, sondern ergibt sich notwendig aus der unvermeidbaren Perspektivität des Wirklichkeitsverständnisses. Darum ist auch jede Verständigungsbemühung durch eben das je bestimmte Wirklichkeitsverständnis – also diese bestimmte Sicht der Verfassung, des Ursprungs und der Bestimmung von Welt und Mensch – perspektivisch gebrochen und eine unabschließbare Aufgabe. Die Perspektivität erweist sich damit geradezu als Motivation, überhaupt miteinander in einen ethischen Diskurs zu treten. Die Perspektivität, die in der individuellen, aber auf Ganzheit ausgerichteten Wirklichkeitssicht jedes Einzelnen gründet, motiviert nun aber gerade die Verständigungsbereitschaft, wenn die Wirklichkeitssicht sich ihrer selbst als Perspektivität bewusst ist. Dann fordert die Perspektivität geradezu heraus, in einen ethischen Diskurs zu treten, weil sie um die individuelle Einschränkung der eigenen Wirklichkeitssicht weiß. Dadurch macht Perspektivität den Dialog nötig, aber gleichzeitig ermöglicht sie allererst einen echten Dialog, weil sie darum weiß, dass ihre eigene Wirklichkeitssicht zwar das Ganze in Blick nimmt, aber eben aus einer individuellen Perspektive heraus. Sie ist insofern eine Teilansicht, die aber, da sie als Perspektive eine allen gemeinsame Welt zur Voraussetzung hat, als Verständigungsbasis gegenüber weiteren Teilansichten dienen kann.
> (Gräb-Schmidt 2002: 29)

Die hier vorherrschende Form komplexer Wissenschaftssprache wird immer wieder durch Verweise auf das Wirken Gottes und auf den religiös-christlichen Standpunkt durchbrochen, etwa durch Formulierungen wie „in Bezug auf Gott", „dem Handeln Gottes entsprechend" (Gräb-Schmidt 2002: 31), „aus christlich-theologischer Perspektive", „aus christlicher Sicht", „nach christlichem Verständnis", „in christlichem Sinne" (327) usw., wodurch der Text trotz seiner objektiv-sachlich konzipierten Grundstruktur immer wieder eine Rückwendung zu theologischen Gewissheiten vollzieht, die nicht rational begründbar erscheinen. Besonders deutlich wird dies, wenn Gräb-Schmidt den Unterschied zwischen philosophischer und christlicher Ethik definiert, der im jeweiligen „Forum" bestehe, das in der evangelischen Ethik „nicht nur die Öffentlichkeit, aber auch nicht nur das Gewissen", sondern „traditionell gesprochen – Gott" sei (321):

> Dieses Forum, wofür Gott steht, kann auch nicht durch das Gewissen ersetzt werden. Gott hat nämlich nicht nur eine formale Bedeutung – ohne einer solchen ihre weitreichende Bedeutung absprechen zu wollen. Er repräsentiert nicht nur eine höhere oder äußere Instanz, sondern er repräsentiert auch einen bestimmten Inhalt der Verantwortung. Verantwortung vor Gott in evangelischer Perspektive bedeutet, dass sie bezogen ist auf die Erreichung der im Ursprung des Menschen von Gott gesetzte Bestimmung des Menschen. Er kann sich diese Bestimmung nicht selbst setzen. (Gräb-Schmidt 2002: 321)

Es wird deutlich, dass eine eigentümliche Form einer hybriden Fachsprache zwischen rational-logischer Beweisführung und metaphysisch-postulierender Affirmation zum Einsatz kommt. Der technisch-naturwissenschaftlichen, empirischen Erkenntnis wird dabei einerseits ihre Gültigkeit abgesprochen, um theologisch-transzendente Aussagen aufwerten zu können. Andererseits werden positivistische Elemente einer technisch-nomothetischen Weltsicht umgekehrt in die Reflexion über Glauben und Religion eingeflochten, wenn es etwa heißt: „Es geht [...] beim Glauben um das Noch-nicht-Vollendetsein in Richtung auf Vollendung. Damit ist im Glauben neben dem ethischen Impetus ein technischer Impetus angelegt" oder „[...] das christliche Menschenbild sieht den Menschen [...] unter dem Vorzeichen technischer Begabung" (Gräb-Schmidt 2002: 322). Gräb-Schmidt äußert sich im Schlusskapitel ihres Buches explizit zur Rolle der Sprache im theologischen Fachdiskurs. Hier entfaltet sie eine Theorie, in der sie dem in der linguistischen Pragmatik entwickelten Begriff des „Sprachhandelns" einen neuartigen Begriff des „Denkhandelns" zur Seite stellt. Ebenso wie das „Sprachhandeln" könne das „Denkhandeln" in konstatierende und performative Akte unterschieden werden, so dass „das Phänomen des Gestaltwerdens der Tätigkeit durch Bezug auf zukünftige Möglichkeiten durch den Begriff des performativen Denkhandelns ersetzt werden" könne (328–329). Das „Denkhandeln" sei jedoch keine Konkurrenz, sondern eine Ergänzung des „Sprachhandelns", insofern als der Gedanke nicht das Wort ersetze. Das Verhältnis von „Sprachhandeln" und „Denkhandeln" erläutert Gräb-Schmidt folgendermaßen:

> Tätigkeit [...] ist sowohl etwas Denken und Sprechen Umfassendes. Dies ermöglicht die Termini Denkhandeln und Sprachhandeln. Damit hätte das Sprachhandeln wie auch das Denkhandeln wirklichkeitsbezogene Funktion. Beide sind durch die Wirklichkeit hervorgerufen. Dabei kann nun die Wirklichkeit selbst in christlicher Terminologie als durch das Wort hervorgerufen bzw. hervorrufend angesehen werden. Das wirklichkeitskonstituierende Geschehen im Sprachhandeln hätte seinen Grund im Wort, ebenso aber auch das Denkhandeln, wobei allerdings das Sprachhandeln die direkte Abbildung des Wortgeschehens bedeutete, während das Denkhandeln seinerseits das Sprachhandeln bereits voraussetzt und die durch dieses eröffnete Wirklichkeit nun im Denken und Handeln – im Denkhandeln – ergreift und dadurch identifiziert, in der Weltgestaltung „dingfest" macht, sie verobjektiviert. Das wirklichkeitsschaffende Geschehen durch das Wort ist vor allem Denkhandeln. So geht das Sprachhandeln dem Denkhandeln voraus. [...] Damit ist in der Tat alles Erkennen sprachlich verfasst und infolgedessen auch der technische Umgang des Menschen mit Welt gebunden an deren sprachliche Verfasstheit. Dies bedeutet: Der Mensch erschafft sich mittels Technik nicht seine eigenen Möglichkeiten, sondern er empfängt diese durch den im Sprachgeschehen eröffneten Möglichkeitsraum.
>
> (Gräb-Schmidt 2002: 329)

Es bedarf einer Klärung, was diese Ausführungen für die theologische Fachsprache implizieren. Mit dem Begriff des „Wortes" nimmt Gräb-Schmidt unmittelbar Bezug auf die Grundlagen der christlich-biblischen Überlieferungstradition, in der das „Wort Gottes" eine zentrale Rolle spielt. Das „Wort" und damit das „Sprachhandeln" sei, so Gräb-Schmidt, wirklichkeitskonstituierend und gehe dem „Denkhandeln" voraus. Ohne das vorgängige „Sprachhandeln" könne das „Denkhandeln" demnach die Wirklichkeit nicht gestalten und die Welt nicht „verobjektivieren". Das hieße, dass ebenso wie das in der christlichen Überlieferung tradierte „Wort Gottes", insbesondere im Schöpfungsmythos, die objektive Realität erst durch einen Akt des „Sprachhandelns" erschaffen würde, somit auch die wissenschaftliche Fachsprache in der Theologie als „Sprachhandlung" verstanden werden könne, durch die in Form sprachlicher Äußerungen unterschiedlicher Art transzendente „Denkhandlungen" umgesetzt würden, die ihrerseits objektive Realität herstellten. Dass es sich bei dieser Operation um eine gewagte Konstruktion handelt, liegt auf der Hand, da die Sequenz „Sprachhandlung → Denkhandlung → Objektivierung" im diametralen Gegensatz steht zur landläufigen umgekehrten Forschungsprogression – vom empirischen Beobachten der Realität über geistige Reflexion und Theoriebildung (Denkhandeln) bis hin zur Versprachlichung in wissenschaftlichen Vorträgen und Publikationen –, die den ohnehin von Gräb-Schmidt mit Misstrauen betrachteten exakten Wissenschaften zugrunde liegt. Es handelt sich offenbar um einen Versuch, die eigentliche Funktion von Wissenschafts- und Fachsprache in ihr Gegenteil zu verkehren und auf diese Weise der theologischen Fachsprache eine erneuerte Legitimation zu verschaffen, die ihr im allgemeinen gesellschaftlichen und akademischen Diskurs immer wieder abgesprochen zu werden droht. Wenn objektive Realität bzw. „Verobjektivierung" durch eine dem Denkakt vorausgehende Sprachhandlung konstituiert werden soll, dann verstünde sich die Fachsprache als eine Form des inspirierten Schaffensaktes wie etwa bei der Anfertigung eines Kunstwerkes. Gräb-Schmidt geht schließlich so weit, zu propagieren, dass der Mensch „sich mittels Technik nicht seine eigenen Möglichkeiten" erschaffe, sondern er empfange diese „durch den im Sprachgeschehen eröffneten Möglichkeitsraum" (2002: 329). Implizit wird hier eine Gleichsetzung von technischer, naturwissenschaftlicher und theologischer Fachsprache vollzogen, wenn selbst die Umsetzung naturwissenschaftlicher Erkenntnis in Technik und Technologie letztlich als Konsequenz eines vorgängigen „Sprachgeschehens" klassifiziert wird. Es ist offensichtlich, dass die von Gräb-Schmidt erarbeitete sprachtheoretische Strategie darauf abzielt, die dem Vorwurf der Unwissenschaftlichkeit ausgesetzte theologische Fachsprache wieder ‚gesellschaftsfähig' zu machen und ihr eine Stellung zumindest auf Augenhöhe, wenn nicht eine Vorrangstellung gegenüber den empirischen Wissenschaften zuzuweisen. Insofern erscheint es konsequent, wenn Gräb-Schmidt kritische Fragen aufwirft, wie etwa: „Ist die Säkularisierung (sabsicht) in ihren kulturtheoretischen Ambitionen der Toleranz und Freiheit gescheitert?" oder „Inwiefern wohnen der Säkularisierung selbst totalitäre Tendenzen inne?" bis hin zu „Muss [...] das neuzeitliche Vernunftsubjekt abdanken?" (2013: 98–99). Sie selbst antwortet darauf in folgender Weise: „Offensichtlich reicht die Orientierung an Rationalität, an Argumenten der Vernunft nicht aus, um die Lebensbedingungen zu gestalten". Ferner konstatiert sie: „Die Emanzipationsbewegung der Säkularisierung ist nicht auf Kosten der Transzendenzverabschiedung zu erhalten" und „Weder der Gegensatz von Rationalität und Religion, noch der von Säkularisierung und Religion ist haltbar" (98–100).

Grundsätzlich ist zu beobachten, dass sich zwei zentrale Tendenzen bemerkbar machen, die in zwei entgegengesetzte Richtungen weisen: Mittels empirisierender und rational nachvollziehbarer, naturwissenschaftlicher Diktion nachempfundener sowie immer komplexer werdender Sprachkonstruktionen wird versucht, die Wissenschaftlichkeit der theologischen Fachsprache abzusichern. Umgekehrt lässt sich die gegenläufige Tendenz einer neuen Subjektivierung, Mystifizierung und Spiritualisierung im fachsprachlichen Diskurs ausmachen.

So vergleicht etwa Slenczka die Sprache der Theologie mit der Sprache der Musik, wenn er folgendermaßen argumentiert:

> [...] dass ein Mensch sich selbst und sein affektives Inneres im fremden Medium nicht nur betrachtet, sondern wiederfindet und so [...] zu sich selbst gebracht wird, das verbindet

die Musik nicht nur mit der Theologie, sondern mit aller wahren Rede. Dass diese Wirkung letztlich unverfügbar ist, wissen jene musikalischen und rhetorischen Seelenkundigen wie die Theologen, die an diesem Punkt vom ‚Heiligen Geist' sprechen und damit nicht irgendetwas Abgehobenes meinen, sondern den eigentümlichen Vorgang der Übertragung von Emotionen. (Slenczka 2016: 140–141)

Die „unverfügbare, wahre" Rede, die der „Übertragung von Emotionen" wie in der musikalischen Werkrezeption diene, stellt ein solches antirationalistisches Kommunikationsmedium dar, in dem der Anspruch auf wissenschaftlich-rationale Nachvollziehbarkeit aufgegeben wird. Ähnlich äußert sich Walter Helmuth Sparn (*1941, Systematischer Theologe an der Friedrich-Alexander-Universität Erlangen), der es als „christliche Aufgabe" bezeichnet, eine „über die persönliche Erfahrung hinausgehende [...] *Zeitansage*" zu vollziehen, die als „Ansage der bösen oder der guten Zeit" [...] eine Äußerung der Erfahrung der Führung durch Gott" darstelle und „keine Faktenbehauptung, sondern eine Sinndeutung der gemeinsamen guten und schrecklichen, oft noch undeutlichen, unbegreiflichen oder strittigen Erfahrungen" sei; diese *„Zeitansage"* sei darüber hinaus „eine prophetische, anspruchsvoll aber fehlsam" (Sparn 2000: 119). Aufgabe der theologischen Fachsprache sei es somit, über die rationale Reflexion hinaus, nicht zwingend faktenbasierte „Sinndeutungen" zu vermitteln, die keinen Anspruch auf wissenschaftliche Messbarkeit erheben müssten. Eine vergleichbare Skepsis gegenüber rationaler Erkenntnis findet sich auch bei Reiner Anselm (*1965, Systematischer Theologe an der Ludwig-Maximilians-Universität München), demzufolge „die Reichweite rationaler Entscheidungen begrenzt ist" (Anselm 2000: 49) und es heute „nicht die Opposition, sondern gerade das Bündnis mit Aufklärung und Wissenschaft" zu sein scheine, „das insbesondere dem protestantischen Christentum Probleme bereitet und seine gesellschaftliche Relevanz in Frage stellt" (52). Christlicher Glaube vermöge demgegenüber „mit den tiefen Ambivalenzen und Begrenztheiten des Menschen und damit auch mit den Grenzen der technischen Rationalität umzugehen" (54). In Bezug auf die theologische und religiöse Sprache führt Anselm aus:

> Von dieser spezifischen Botschaft des Christentums lässt sich nur in Bildern und auch nur in Paradoxien sprechen. Darin liegt aber keine Schwäche, sondern, im Gegenteil, gerade die Stärke des christlichen Glaubens. Die gleichnishafte, erzählende und uneigentliche Sprechweise korrespondiert in zweifacher Hinsicht dem spezifischen Heils- und Erlösungsbedürfnis, um dessentwillen sich Menschen auch und gerade in modernen Gesellschaften der Religion zuwenden und das die bleibende Aktualität von Religion ausmacht. Religiöses Heil lässt sich nicht vollständig in univoke, präzis beschreibende Sprache fassen. Der Sachbezug, der hier thematisch werden soll, überschreitet immer die Möglichkeiten logisch-sprachlicher Darstellung. (Anselm 2000: 57)

Das „Sprechen in Bildern und Paradoxien", das hier auch als „uneigentliche Sprechweise" umschrieben wird, wird in seinen die rational-logische Sprache kontrastierenden Eigenschaften als „Stärke" betrachtet. Eine solche Irrationalisierung von religiöser Sprache allgemein und implizit der theologischen Fachsprache steht im Widerspruch zu gegenwärtigen akademischen Gepflogenheiten, kann aber als eine Art trotzige Selbstverortungsstrategie angesehen werden, mit deren Hilfe die Zwitterstellung der Theologie als institutionalisierte Universitätslehre auf der einen und metaphysische, überrationale Themen erforschende Disziplin auf der anderen Seite legitimiert werden soll.

Dasselbe Dilemma unterzieht Jörg Lauster (*1966, Inhaber eines Lehrstuhls für Systematische Theologie an der Ludwig-Maximilians-Universität München) einer eingehenden Untersuchung. In einer Monographie zur theologischen Deutungslehre (*Religion als Lebensdeutung. Theologische Hermeneutik heute*, 2005) verweist er darauf, dass der „Deutungsbegriff [...] keinem reduktionistischen, sondern vielmehr einem apologetischen Interesse" diene, „das die Bedeutung der [...] christlichen Religion für das Leben des Menschen zu entfalten versucht" (9). Auch hier geht es um eine defensive Positionierung der wissenschaftlichen Theologie, in diesem Fall unter Bezugnahme auf die vor allem in den Geisteswissenschaften grundlegende Hermeneutik als Lehre von der Deutung kultureller, ästhetischer und sprachlicher Phänomene. Lauster räumt ein, dass es „zum Wesen einer religiösen Deutung" gehöre, „Sachverhalte, die ‚*an sich keinen Sinn*' haben, mit Sinn zu versehen" (15), und stellt die moderne Auffassung zur Diskussion, der zufolge „zwischen Neuzeit und Christentum ein [...] radikaler Bruch anzusetzen [sei], der letztlich durch keine hermeneutische Vermittlungsleistung zu überbrücken" sei (154).

Ein entscheidender Begriff, mit dessen Hilfe diesem Dilemma hermeneutisch begegnet werden soll, ist auch bei Lauster wie bereits bei Axt-Piscalar die *Plausibilität*, die die Rolle der wissenschaftlichen Nachvollziehbarkeit übernimmt. Da die *Plausibilität* religiöser Inhalte nicht mehr „durch die Autorität einer sie verbürgenden Institution oder Tradition" hergestellt werden könne, sei von ihr eine „lebensweltliche Evidenz" zu fordern, die „als eine innere Form von Autorität [...] den Rekurs auf äußere, institutionelle Autorität ablöst" (166). Die „Plausibilität der jeweiligen Argumente" im theologischen Diskurs dürfe nicht das Risiko eingehen, „den Transzendenzbezug der menschlichen Lebenswirklichkeit gänzlich [zu] kappen", und solle sich nicht „selbst in einer Sakralisierung der Ewigkeit abschließen" (180). Bei der *Plausibilität* gehe es weniger um ein „Beweisen" der religiösen Lebensdeutung als vielmehr um dessen „Einleuchten" (183). Die „kollektive Verdichtung von individuellen Ausdrucksformen", das „‚Setting' von religiösen Ausdrucksformen", die „‚Erfahrungsgewohnheiten' und bevorzugten Vermittlungsmedien" (188), wie sie sich in der religiösen Überlieferung manifestierten, müssten von den unterschiedlichen Subdisziplinen der wissenschaftlichen Theologie in ihrer „Gegenwartsrelevanz" im Hinblick auf „die Plausibilität christlicher Lebensdeutung" in ihrem Deutungspotenzial aktiviert werden (191–192). Lauster erläutert, dass christliche Begriffe und „Leitsymbole wie Schöpfung, Sünde, Gnade und Erlösung [...] an sich blut- und lebensleer" seien, „wenn nicht zum Sprechen gebracht wird, welche Fragen und welche Antworten sich dahinter mit Blick auf die Lebenserfahrung verbergen". Die Theologie müsse „plausibel machen, wie christliche Lebensdeutungen noch heute helfen können, [...] den Zusammenhang von Lebensdeutung und Lebenserfahrung so [zu] entfalten, dass der Deutungsgewinn durch die religiöse Lebensdeutung plausibel wird", sie müsse „die großen Leitsymbole des Christentums [...] auf ihr Deutungspotenzial hin auslegen" etc. (195). *Plausibilität* statt Wissenschaftlichkeit erscheint hier als ein Mittelweg zwischen entpersonalisierender rationaler Verobjektivierung und lebensferner Rezitierung von überlieferten und kanonisierten religiösen Begrifflichkeiten. Für die theologische Fachsprache stellt der Begriff der *Plausibilität* einen Kompromissversuch dar, der geeignet sein soll, sprachliche Vagheit, subjektivistische Positionierungen, begriffliche Unschärfe und einen gewissen Toleranzbereich im Hinblick auf terminologische Präzision auch in der wissenschaftlichen Diskussion zuzulassen.

Eine von *Plausibilität* gekennzeichnete Fachsprache muss sich nicht vollständig dem Verdikt der wissenschaftlichen Rigidität unterordnen, sondern kann graduelle Abweichungen im Interesse einer aktualisierenden Elastizität zulassen. Dabei favorisiert Lauster keinesfalls ein Abdriften in vor- oder außerwissenschaftliche Jargons oder inspirierte Erweckungsidiome, wenn er die von ihm als fundamentalistisch verworfene sogenannte „Wort-Gottes-Theologie" (Karl Barth, s. Kap. 6) kritisiert, die die biblische Überlieferung mit direkter Ansprache Gottes identifiziere. Lauster stellt fest: „[...] diese hat in der theologischen Landschaft Flurschäden hinterlassen [...]" und polemisiert: „Die Remythisierung der Gottesvorstellung, das beharrliche Insistieren darauf, dass Gott redet, stellt eine geradezu gewaltsame Infantilisierung des Gottesbegriffs dar, die [...] weit hinter das zurückfällt, was die christliche Tradition über Gott lehrt und bekennt" (2008: 22). Unter Berufung auf den „prominentesten Kritiker der Schrift", den griechischen Philosophen Platon, stellt Lauster fest, „dass das frühe Christentum die platonische Kritik der Schrift oder zumindest Vorbehalte gegenüber schriftlichen Texten von Anfang an geteilt hat" (28). Das Christentum sei keine „Buchreligion" (29). In dieser kritischen Beurteilung der Schriftkultur und schriftlichen Fixierung von Wahrheiten spiegelt sich Lausters Skepsis gegenüber einer zu stark an der biblischen Texttradition orientierten theologischen Fachsprache, denn, so Lauster:

> Die Gesamterscheinung einer Religion lebt von einer Vielzahl von Deutungsvollzügen und Ausdrucksformen. Die prägenden Erlebnisse werden in heiligen Schriften verarbeitet, sie werden im Kult inszeniert, sie werden in einer Reflexionsstufe, die wir Theologie nennen, auf den Begriff gebracht. [...] Religiöse Deutungen sind *einerseits* kulturell vermittelte Konstruktionen, mit denen Menschen eine bestimmte Dimension ihres Wirklichkeitserlebens unter konstruktiver Anknüpfung an vorhandene Deutungsmuster in Sinnbildungsprozessen produktiv verarbeiten. D. h. aber *andererseits* nicht, Deutungen seien bloße Projektionen oder gar Illusionen. Sie sind vielmehr Reaktionen und Antworten. (Lauster 2008: 36–37)

Lauster spricht darüber hinaus von einem „multiperspektivischen Zugang" zu religiösen Inhalten, der nur in der „Einheit verschiedener Blickwinkel" darzustellen sei und im Widerspruch zu einer etwaigen „Verabsolutierung menschlicher Ausdrucksgestalten" stehe (2008: 56–57). Auf diese Weise wird die ‚Plausibilitätsmaxime' für die theologische Fachsprache noch einmal untermauert, indem, ausgehend von der seit Platon unterstellten Zweifelhaftigkeit einer die vermeintlich absolute Wahrheit fixierenden Schriftkultur, die Monoperspektivität einer rigiden Wissenschaftssprachlichkeit hinterfragt wird. Umgekehrt wird aber auch dem Verdacht ausdrücklich widersprochen, mit dem hermeneutischen Ansatz werde in der theologischen Fachsprache einer unwissenschaftlichen Beliebigkeit Vorschub geleistet, zumal sich der theologische Diskurs auf einer maximalen Reflexionsstufe bewege. Gegen eine Verabsolutierung der exakten naturwissenschaftlichen Weltsicht spricht sich auch Wolfgang Schoberth aus (*1958, Systematischer Theologe und Dogmatiker an der Friedrich-Alexander-Universität Erlangen-Nürnberg); dieser lehnt jedoch das Kriterium der *Plausibilität* für die wissenschaftliche Fachdiskussion ab:

> Diskursfähigkeit kann freilich nicht heißen, daß sich die theologische Rede vom Menschen an das anpaßt, was gegenwärtig als plausibel erscheinen mag; vielmehr geht es um das Einüben der Fähigkeit, andere Perspektiven angemessen wahrzunehmen und die eigenen zu artikulieren und zu präsentieren. (Schoberth 2006: 7)

Die theologische Anthropologie, mit der sich Schoberth auseinandersetzt, ziele „auf die Entwicklung einer klaren und in den Konflikten der Gegenwart hilfreichen christlichen Rede vom Menschen" (2006: 7). *Plausibilität* wird bei Schoberth durch eine reflektierte Multiperspektivität ersetzt, die naturwissenschaftliche, humanwissenschaftliche und theologische Sichtweisen aufgreift und in ein schlüssiges Ganzes zu integrieren sucht. Es geht somit weniger um einen fachsprachlichen Kompromissbegriff als um ein widerspruchsfreies Nebeneinander von unterschiedlichen sprachlichen Perspektivierungen. Naturwissenschaftliche Erkenntnisse, so gesteht Schoberth zu, seien „von großer anthropologischer Relevanz" und „unverzichtbares Material für die anthropologische Reflexion"; wo sie diese Reflexion aber ersetzen oder unnötig werden lassen wollten, liefen sie Gefahr, „Wissenschaftlichkeit" zu einem „bloßen Etikett" verkommen zu lassen, „das selbst wieder notwendigerweise

,subjektive' Positionen durch den Anschein des ,Objektiven' der Kritik entziehen soll" (2006: 13).

Die häufig in der theologischen Gegenwartsfachsprache zu beobachtende Tendenz der summarischen Kritik an den exakten, empirischen Wissenschaften dient hier nicht deren Diskreditierung, sondern der Gewährleistung der Gleichberechtigung humanwissenschaftlicher und theologischer Betrachtungsweisen. „Die biblische Rede vom Menschen" sei „dadurch gekennzeichnet, daß sie in eigentümlicher Weise offen bleibt und den Menschen nicht zu einem fixierbaren Gegenstand des Denkens werden läßt" (Schoberth 2006: 34). Schoberth steht hier für eine weitere Ausrichtung der zeitgenössischen theologischen Fachsprache, der zufolge eine nicht einander ausschließende Zweigleisigkeit der nur scheinbar kontrastierenden Fachidiome exakter, ,fixierender' auf der einen Seite und kontemplativer, ,offener' Fachsprachen auf der anderen Seite möglich sein müsse.

Ein zunehmend in der theologischen Fachsprache vertretener Ansatz ist eine direkte Übernahme von Elementen der nomothetischen Wissenschaftssprachen in den fachtheologischen Sprachduktus. Dafür stehen exemplarisch, wenn auch auf unterschiedliche Weise Friedrich Hermanni (*1958, Systematischer Theologe an der Eberhard-Karls-Universität Tübingen) und Michael Moxter (*1956, Inhaber eines Lehrstuhls für Systematische Theologie mit den Schwerpunkten Dogmatik und Religionsphilosophie an der Universität Hamburg). In *Metaphysik* (Hermanni 2011) bedient sich Hermanni im Kontext einer Untersuchung des ,Leib-Seele-Problems', d. h. der Frage nach dem Zusammenhang von menschlicher Physis und Anima, einer Fachsprache, die naturwissenschaftliche Kausalität, Präzision und Monosemie zu simulieren sucht und vor direkten Exkursen in die Fachsprache der empirischen Wissenschaft nicht zurückschreckt. Folgender Ausschnitt sei paradigmatisch für Hermannis Vorgehen zitiert:

> Genau besehen, besteht das Problem nicht darin, dass die kausale Einwirkung eines unkörperlichen Geistes oder nicht-physischer Zustände auf die physische Welt die Energieerhaltungsgesetze der Physik verletzen würde [...]. Denn der erste Hauptsatz der Thermodynamik besagt zwar, dass in einem geschlossenen System die Energie konstant bleibt und nur in andere Formen transformiert, nicht erzeugt oder vernichtet werden kann, aber er verbietet keine offenen Systeme. Die interaktionistische Annahme einer Einwirkung nicht-physischer Ereignisse und Zustände auf die physische Welt widerstreitet daher nicht den Erhaltungsgesetzen der Physik, sondern erst dem zusätzlichen Prinzip, das zur Erklärung physikalisch beschriebener Vorgänge nur andere physikalisch beschriebene Vorgänge in Frage kommen. [...] Dem Interaktionismus ist es bislang nicht gelungen, überzeugende empirische Belege für die von ihm vorausgesagten Lücken in den physikalischen Kausalabläufen neurophysiologischer Vorgänge zu liefern. Sollte sich daran nichts ändern, kann der interaktionistische Dualismus aus empirischer Perspektive wohl kaum als eine akzeptable Lösung des Leib-Seele-Problems gelten. (Hermanni 2011: 148–149)

Hier wird der Versuch unternommen, theologische und spirituelle Sachverhalte durch Anleihen aus der Terminologie der Physik zu beschreiben und zu analysieren. Damit soll offenbar eine höhere wissenschaftliche Glaubwürdigkeit und eine gleichberechtigte Position der theologischen Fachsprache gegenüber der nomothetischen Wissenschaftssprache insinuiert werden. Merkmalhaft für die naturwissenschaftliche Fachsprache sind neben Eindeutigkeit der Terminologie und logischer Nachvollziehbarkeit der Gedankengänge auch Beschreibungen von experimentellen Verifizierungen von Hypothesen und Versuchsaufbauten. Hermanni bemüht sich, auch diese Charakteristik aus den naturwissenschaftlichen Fachsprachen in die theologische Fachsprache zu übertragen, wie folgende ,Versuchsanordnung' zeigt:

> Angenommen, eine bestimmte Person, nennen wir sie Oskar, bleibt nach ihrem Tod in Gottes Geist gegenwärtig, und Gott erweckt sie am jüngsten Tag aus seinem Geist zu einem neuen leiblichen Leben. Nun scheint ein allmächtiger Gott den in seinem Gedächtnis präsenten Oskar aber auch ein zweites Mal auferwecken zu können. Wenn er das täte, in welcher Beziehung würden dann die beiden auferweckten Oskars, Oskar 1 und Oskar 2, zum verstorbenen Oskar stehen? Ist nur einer von beiden Oskar? Sind sie es beide? Oder ist es vielleicht keiner von beiden? Prüfen wir die Möglichkeiten. Man wird nicht annehmen wollen, ausschließlich Oskar 1 sei mit Oskar identisch; denn sein berechtigter Anspruch, der verstorbene Oskar zu sein, ist nicht größer als der von Oskar 2. Sind demnach beide Oskar? Auch diese Annahme kommt nicht in Frage. Denn die zeitübergreifende personale Identität ist offenbar eine eineindeutige Relation. Eine Person kann nur mit einer einzigen künftigen Person identisch sein und umgekehrt (Eineindeutigkeitsprinzip). Es bleibt mithin nur eine Antwort übrig: Weder bei Oskar 1 noch bei Oskar 2 handelt es sich um Oskar. Wenn Gott den in seinem Gedächtnis bewahrten Oskar zweimal auferwecken würde, dann hätte er kurioserweise gar nicht *Oskar* auferweckt, sondern zwei neue Personen geschaffen. Nun mag man entgegnen, dass Gott nicht so frivol wäre, Oskar zweimal aufzuerwecken, obwohl er es als Allmächtiger könnte.
>
> (Hermanni 2011: 188)

Die Verifizierung oder Falsifizierung von Hypothesen mithilfe scheinbar experimenteller imaginierter Konstellationen wirkt im vorliegenden Kontext, in dem es um theologische Grundbegriffe wie Auferstehung der Toten, Wiederfleischwerdung, Allmacht Gottes etc. geht, nahezu grotesk. Die Übernahmen etwa des Terminus der aus der mathematischen Logik entlehnten *Eineindeutigkeit* (*Bijektivität*), des in den Bereich der Psychologie verweisenden Begriffes der *zeitübergreifenden personalen Identität*, des Verfahrens der Überprüfung von Hypothesen oder der aus der Sprache der experimentellen Naturwissenschaften übernommenen Formel „nennen wir sie ..." für die Benennung von Variablen mit theologisch-spekulativen Begriffen entbehren nicht einer gewissen Komik. Die bei Hermanni vollzogene Anverwandlung naturwissenschaftlicher fachsprachlicher Methoden und Begrifflichkeiten kann nicht darüber hinwegtäuschen, dass hier zwei weitgehend inkompatible Sprachsysteme miteinander verbunden werden sollen, was eher eine inkohärente sprachliche Emulsion als ein homogenes Sprachganzes erzeugt.

Naheliegender ist Michael Moxters fachsprachliches Vorgehen, der in seinen Studien zur Kulturtheologie mit dem Titel *Kultur als Lebenswelt* (2000) unter Verweis auf Paul Ricœur konstatiert, „daß man sich im Zeichen bzw. in der Sprache der unmittelbaren Präsenz entzieht und daß man im Gebrauch der Wörter ihren unmittelbaren Sinn durch den je aktuellen Kontext begrenzt, also nur einige ihrer Sinndimensionen vergegenwärtigt, andere aber ‚überdeckt'" (349). Unter Berufung auf Tillich präzisiert Moxter die Aufgabe der „kulturtheologischen" Fachsprache folgendermaßen:

> Nicht die Kopräsenz des Sinnganzen, sondern die Drift der Zeichen, durch die sich der semiotische Prozeß von Totalität unterscheidet, stellt das Basisphänomen dar, an dem sich eine Theologie der Kultur entwirft. Der christliche Glaube partizipiert nicht nur am Kulturprozeß. Er vollzieht zugleich die Reflexion dieses Prozesses, indem er die unhintergehbaren symbolischen Formen als Darstellungsformen von Differenzbewußtsein begreift und sie entsprechend gebraucht. [...] Durch den Übergang von Präsenz in Repräsentation, der erst mit dem Schritt vom Vorstellungsbegriff zum Begriff der Zeichenreihe vollständig vollzogen wird, ergibt sich eine Basis, auf der das Phänomen des konstitutiven Sinnüberschusses an der Schnittstelle zwischen der phänomenologischen Intentionalitätsanalyse und einer an Peirce anschließenden Kultursemiotik rekonstruiert werden kann.
> (Moxter 2000: 408)

Mit der Verbindung von Theologie und Kulturwissenschaften bzw. Kulturtheorie bleibt Moxter im Bereich der Humanwissenschaften, nimmt aber ebenfalls eine Anverwandlung an eine gesellschaftlich und universitätspolitisch gegenwärtig expandierende und generell als zeitgemäß propagierte Disziplin vor. Für die theologische Fachsprache bedeutet dies, dass sie Anteil an der allgemeinen semiotisch-kulturellen Praxis der symbolischen Darstellung von Sinnzusammenhängen haben kann.

Moxter gelingt es dadurch, ohne eine ohnehin problematische Orientierung an nomothetischen Wissenschaften zu forcieren, die theologische Fachsprache in einem aktuellen, gesellschaftlich als relevant angesehenen Diskurszusammenhang zu verorten. Dabei bedient er sich einer theologisch-geisteswissenschaftlichen Hybridsprache, die ihre akademische Daseinsberechtigung aus einer Mixtur von kultur-, geisteswissenschaftlicher und theologischer Terminologie zieht und nicht zuletzt auch durch eine gewisse, in den Human- und Kulturwissenschaften übliche begriffliche und diskursive Hermetik gekennzeichnet ist:

> Daß dieses Projekt einen triadischen Zeichenbegriff mit einem trinitarischen Gottesbegriff in Beziehung setzt, läuft auf den Vorschlag hinaus, nicht nur das Verhältnis von Religion und Kultur [...] als Focus einer kulturtheologischen Arbeit zu begreifen, sondern *auch* am Ort der

> Gotteslehre das Problem der Vermittlung mit der kulturell bestimmten Wirklichkeit aufzunehmen. Das mit den Mitteln eines dreistelligen Zeichenbegriffes beschriebene Kulturphänomen und die trinitarische Wirklichkeit Gottes erscheinen in dieser Skizze allerdings nicht unter der Regie eines Korrelationsansinnens. Nichts zwingt, die Beschreibung der wahrnehmbaren Phänomene in der Grammatik des christlichen Glaubens zu vollziehen. Nichts kann aber auch die theologische Reflexion hindern, am Ort einer trinitarisch verstandenen Pneumatologie das Thema als ihr eigenes wiederzuerkennen, das sich in der Wahrnehmung der Kultur nicht suspendieren läßt: den Überschuß an Unbestimmtheit, dessen das Leben bedarf, gerade wenn es sich als ein (so oder so bestimmtes) gegeben ist. In diesem Sinne tritt neben die Erkenntnis vorgebener [sic!], kulturell imprägnierter lebensweltlicher Gewißheit und neben die kritische Diagnose stets ambivalent bleibender kultureller Ordnungen auch die Einsicht in den Bedarf an neuen Vagheiten. Die kulturell marginalisierte Theologie kann die systematische Reflexion des christlichen Glaubens nicht leisten, ohne in dieser dreifachen Perspektive an die Phänomene der Kultur zu erinnern. (Moxter 2000: 408–409)

Der Textauszug ist ein sprechendes Beispiel für eine scheinbar auf logischen Schlussfolgerungen beruhende, vermeintlich terminologisch akkurat durchgeführte Sachanalyse. Bei näherem Hinsehen entpuppt sich die Argumentation jedoch als von einer gewissen Beliebigkeit geprägt, die nur vorgeblich wissenschaftlich strukturiert ist. Dieser Effekt wird etwa durch die willkürlich erscheinende Parallelsetzung des christlichen Dreieinigkeitsdogmas mit dem aus der Semiotik übernommenen und auf Charles Sanders Peirce zurückgehenden triadischen Zeichenmodell erzielt. „Triadisch", „trinitarisch" und „dreifach" sind dabei nur auf der sprachlichen Oberfläche korrespondierende Attribute, die aber in ihrem denotativen Bedeutungsgehalt keine unmittelbare Identifizierung miteinander rechtfertigen. Zwar spricht sich Moxter einerseits explizit für einen „Bedarf an neuen Vagheiten" aus, kleidet diese Forderung jedoch in ein sprachliches Gewand, das einem System von aufeinander bezogenen und durch logisch-rationale mentale Operationen miteinander verknüpften Begriffen ähnelt, die in letzter Konsequenz aber nur scheinbar semantisch aussagekräftig sind.

10.4 Fazit

In der Gesamtschau zeigt sich, dass die Fachsprache der neueren protestantischen Theologie im wiedervereinigten Gesamtdeutschland und seit der Jahrtausendwende von einem unübersichtlich erscheinenden Nebeneinander von Strömungen geprägt ist. Von einer neuen Spiritualität und weitgehenden Verwerfung des objektiven Wahrheits- und Welterklärungsanspruchs der Naturwissenschaften bis hin zu einer pseudonaturwissenschaftlichen ‚exakten Theologie' finden sich disparate Ansätze in der akademisch-theologischen Wissenschaftssprache. Revisionistische Ausrichtungen, die durch die ‚völkische' Theologie kompromittierte Traditionslinien wieder zu beleben versuchen, koexistieren mit hybriden Terminologien, die Begrifflichkeiten aus unterschiedlichsten geistes-, kultur-, sozial- und sogar technikwissenschaftlichen Disziplinen in die theologische Fachsprache zu integrieren bemüht sind. Beim Versuch, übergreifende Gemeinsamkeiten in der aktuellen theologischen Fachsprachenlandschaft auszumachen, erscheinen dennoch bestimmte Aspekte als Bindeglieder, die neben der zu beobachtenden Vielgestaltigkeit Berührungspunkte erkennen lassen.

Wesentliche Entwicklungen in der theologischen Fachsprachenverwendung sind offenbar der Tatsache geschuldet, dass etliche Theologen sich im akademisch-institutionalisierten Umfeld, in dem sie agieren, einem erhöhten Selbstlegitimierungsdruck ausgesetzt sehen. Dies hängt damit zusammen, dass Geisteswissenschaften generell, insbesondere aber die konfessionell gebundene Theologie, in der gesellschaftlichen und akademischen Wahrnehmung als subjektivistische, arbiträre Disziplinen unter einem Generalverdacht stehen, dass sie für den gesellschaftlich-technischen Fortschritt nur von begrenzter Relevanz seien. Diese zunehmende Randständigkeit im akademisch-wissenschaftlichen interdisziplinären Diskurs führt zu defensiven Reflexen unterschiedlicher Art, die sich auch in der Fachsprache manifestieren. Dazu gehören mehr oder weniger evidente Annäherungen an Terminologien und lexikalische wie grammatische Gebrauchsfrequenzen außertheologischer Fachsprachen, skeptische bis ablehnende Attitüden gegenüber der Gültigkeit und objektiven Welthaltigkeit von Forschungsresultaten nomothetischer Wissenschaften oder auch Rückzugsbewegungen in überholte, scheinwissenschaftliche oder hermetisch-kryptische Fachidiome.

11 Schlussbetrachtung

Zwischen den beiden im Folgenden zitierten Zitaten von Adolf von Harnack und Jörg Lauster liegen mehr als einhundert Jahre protestantischer theologischer Fachsprachengeschichte mit allen ihren wissenschaftlich-kognitiven, ideologischen, semantisch-pragmatischen, stilistischen, zeitbedingten Entwicklungen und Veränderungen:

> In den Kreisen des gedrückten und armen Volkes, in dieser großen Masse von Not und Übel [...] – in diesem Volke hat es [...] Kreise gegeben, die mit Inbrunst und unerschütterlicher Hoffnung an den Zusagen und Tröstungen ihres Gottes hingen, in Demut und Geduld wartend auf den Tag, da ihre Erlösung kommen werde. Oft zu arm, um auch nur die dürftigsten kultischen Segnungen und Vorteile erwerben zu können, gedrückt und gestoßen [...] waren sie aufgeschlossen und empfänglich für Gott. (Harnack 1950 [1900]: 55)

> Die Gesamterscheinung einer Religion lebt von einer Vielzahl von Deutungsvollzügen und Ausdrucksformen. [...] Religiöse Deutungen sind *einerseits* kulturell vermittelte Konstruktionen, mit denen Menschen eine bestimmte Dimension ihres Wirklichkeitserlebens unter konstruktiver Anknüpfung an vorhandene Deutungsmuster in Sinnbildungsprozessen produktiv verarbeiten. D. h. aber *andererseits* nicht, Deutungen seien bloße Projektionen oder gar Illusionen. Sie sind vielmehr Reaktionen und Antworten.
> (Lauster 2008: 36–37)

Der Vergleich der zwei Textabschnitte verdeutlicht exemplarisch auf den ersten Blick das Ausmaß des Wandels, den die theologische Fachsprache in einem Jahrhundert durchlaufen hat. Sicherlich könnte man einwenden, dass eine solche Gegenüberstellung in fast allen Wissenschaftssprachen, insbesondere im humanwissenschaftlichen Bereich, einen ähnlichen Kontrast zu Tage fördern würde. Dies gilt zweifellos auch und vor allem für literarische und semiliterarische Texte, die epochentypischen Stilwandlungen unterworfen sind. In der wissenschaftlichen Fachsprache sollte jedoch eher davon ausgegangen werden, dass sprachliche Besonderheiten, Personalstile oder auch Zeitmoden weniger ins Gewicht fallen, da sie der überindividuellen, nachvollziehbaren und objektivierbaren Erkenntnissuche dient. Insbesondere in der den biblischen Urquellen und dem ‚Wort Gottes' besonders verpflichteten protestantischen Theologie könnte es naheliegend erscheinen, eine gegenüber Zeitströmungen und mit diesen verbundenen sprachlichen Wandlungen weitgehend resistente Fachsprache vorzufinden, zumal die Forschungsgegenstände – die Inhalte des christlichen Glaubens und seiner Überlieferung – gleich bleiben und weniger als in anderen Wissenschaften vom Wandel durch neue Erkenntnisse und Entdeckungen konditioniert sein dürften. Es ist offensichtlich, dass auch die theologische Wissenschaft ihre Inhalte immer neuen Generationen von Adressaten in jeweils den Zeitläuften unterworfenen historisch-gesellschaftlichen Kontexten vermitteln muss. Dennoch kreist sie dabei um einen immer gleichen Kern von religiösen Grundüberzeugungen und Erkenntnissen. Insofern erstaunt es umso mehr, dass die protestantisch-theologische Fachsprache, wie gezeigt werden konnte, offenbar in besonders eklatanter Weise auf Zeitumstände und deren spezifische Sprach- und Denkmuster reagiert. In den acht auf jeweils einen historischen Zeitraum bezogenen Kapiteln dieser Untersuchung wurde dies immer wieder deutlich.

So zielte die ‚kulturprotestantische' Theologie eines Adolf von Harnack und seiner Zeitgenossen noch darauf ab, mit den sprachlichen Stilmitteln ihrer Epoche den Bestand christlich-religiösen Traditionswissens einer über die Gelehrtenwelt hinausreichenden breiteren Öffentlichkeit zu vermitteln, dieses Wissen institutionell zu verwalten, didaktisch aufzubereiten und auch wortreich und gelegentlich romantisierend zu popularisieren. Ganz anders stellt sich der fachsprachliche Impetus der von Karl Barth ins Leben gerufenen und von zahllosen Schülern und Anhängern aufgegriffenen „dialektischen Theologie", „Wort-Gottes-Theologie" oder „Theologie der Krisis" dar. Hier wird die Fachsprache zu einem Instrument der emphatischen Erweckung, der inspirierten Eindringlichkeit, aber auch der autoritären Drohgebärde gegenüber denjenigen, die am Absolutheitsanspruch der göttlichen Wahrheit zweifeln und christliche Glaubensinhalte aus unterschiedlichen Intentionen ihrer unteilbaren Heiligkeit zu entkleiden streben. Damit wird auch von der „dialektischen Theologie" unfreiwillig der ideologisierten theologischen Fachsprache der ‚völkischen' Theologie stilistisch-rhetorisch der Boden bereitet. Denn sowohl der nationalistisch-pathetische Ton der politischen Rechten und der Nationalsozialisten als auch die ekstatische Sprache der religiösen Emphase dominieren den Jargon der gleichgeschalteten Theologie von 1933 bis 1945. Daraus entsteht eine semantisch äußerst ambige Fachsprache, in der sich die Sprache der religiösen Verkündigung und der politischen Propaganda gegenseitig durchdringen. Mit Mitteln der semantischen Ambiguität operieren aus ganz anderen Gründen auch Repräsentanten des theologischen Widerstandes. Hier geht es um eine doppelbödige Sprache, die Standpunkte der Kritik und der Opposition mittels einer unpolitisch scheinenden Wissenschaftsterminologie verhüllen und damit weniger angreifbar werden lassen sollen. Wie schon nach der Katastrophe des Ersten Weltkrieges findet nach dem Ende der NS-Diktatur und des Zweiten Weltkrieges in der theologischen Fachsprache eine erneute Zäsur statt: Die Fachsprache bedarf einer radikalen Neuausrichtung, einerseits um sich klar von der doktrinären, rückwärtsgewandten, ideologisch kompromittierten Sprache der NS-Zeit zu distanzieren, andererseits um die wissenschaftlich-theologische Diskussion den Herausforderungen der modernen Existenz zu öffnen. Diese unvermeidliche Auseinandersetzung der protestantischen Theologie mit aktuellen Themenstellungen führt in der zweiten Hälfte des 20. Jahrhunderts in der bundesdeutschen Theologie zu einer durch den weltanschaulichen, ideologischen und militärischen Wettstreit des Kalten Krieges und die Auseinandersetzung um den Holocaust ausgelösten neuen Politisierung der Fachsprache, in der handlungsorientierte, autoritätsskeptische und sprachkreative Elemente eine zentrale Rolle spielen. Im Gegensatz dazu muss die protestantische theologische Fachsprache im sozialistischen deutschen Staat einen Mittelweg zwischen überlebensnotwendiger Anpassung an die aufoktroyierte Staatsdoktrin und Aufrechterhaltung einer unabhängigen christlich-religiösen Kommunikation finden, was angesichts der staatlich-ideologischen Unterwanderung kirchlicher und universitärer Institutionen zu einer linguistisch-pragmatischen Gratwanderung gerät. Die gesamtdeutsche protestantisch-theologische Fachsprache am Übergang zum 21. Jahrhundert sieht sich schließlich vor eine Reihe von grundsätzlichen Herausforderungen gestellt, die u. a. unter die Begriffe Pluralismus, Positivismus und Relativismus subsumiert werden können: Das Ende der Unterteilbarkeit des gesellschaftlichen Umfeldes in relativ eindeutige ideologische Zuordnungen führt hier zu einer Vielzahl von miteinander konkurrierenden zentrifugalen Tendenzen; die allgegenwärtige Vorherrschaft von rationalistischen, empiriebasierten und naturwissenschaftlichen Welterklärungsprinzipien bewirkt einen massiven Selbstbehauptungsdruck, insbesondere auf die theologischen Grundlagenwissenschaften wie alt- und neutestamentliche Exegese und Systematik, dem jeweils entweder durch eine Tendenz zur Verobjektivierung und sprachlichen Orientierung an den Natur- und Technikwissenschaften begegnet wird oder durch eine Einkapselung in einen spirituell geprägten neuen Subjektivismus. Schließlich bleibt der gemeinhin sich verbreitende Skeptizismus gegenüber in der Vergangenheit als unverrückbar angesehenen Mythen und religiösen Grundprinzipien auch in der theologischen Fachwissenschaft nicht ohne Folgen. Das Spektrum erstreckt sich dabei von einer weitgehenden Säkularisierung auch der theologischen Fachsprache bis hin zu einer Rückwendung zu überholten und teils kompromittierten Sprachtraditionen.

Gerd Lüdemann bringt die Problematik des aktuellen Status der institutionalisierten Universitätstheologie auf den Punkt, wenn er zu bedenken gibt, dass „die Plausibilität der christlichen Religion" abnehme und „die theologischen Wissenschaften [...] in Öffentlichkeit und Universität zunehmend den Kredit als akademische, staatlich bezahlte Disziplinen" verspielten (1998: 7). Die protestantische Theologie befindet sich insofern in einem Rückzugsgefecht, das sich unweigerlich in der Fachsprache in Form von Strategien zur Bewahrung und Steigerung der gesellschaftlichen Relevanz niederschlägt.

Dass die Sprache der theologischen Wissenschaft überhaupt als spezifische Fachsprache im Rahmen der germanistischen Fachsprachenforschung betrachtet und analysiert werden kann, liegt darin begründet, dass die Theologie, wie Hans Waldenfels feststellt, „ihre lange behauptete Stellung als – höchstens mit der Philosophie konkurrierende – Universalwissenschaft verloren hat und selbst zu einer Wissenschaft unter anderen geworden ist" (1993: 181). Mit dem Verlust des Status der Universalwissenschaft wird auch die Theologie zu einer Disziplin, die sich mit einem abgrenzbaren Teilbereich der menschlichen Existenz auseinandersetzt. Dieser Teilbereich ist die Sphäre der christlichen Religion, des evangelischen Glaubens und im weitesten Sinne des protestantischen Lebensentwurfes. Diesbezüglich konstatiert Waldenfels: „Weithin wird der Theologie nicht mehr die Rede von Gott abverlangt, sondern ein Beitrag [...] zu einem die Würde des Menschen aber auch seinen Lebensraum, die Natur, achtenden Leben" (1993: 193). Ein solches von außen an die Theologie herangetragenes, ihr „abverlangtes" Anliegen entspricht aber keinesfalls dem Selbstverständnis der Theologie, die ja in ihrer Selbstwahrnehmung nach wie vor auf das Leben, den Menschen und seine Verortung im göttlichen Schöpfungsdasein als unteilbarem Ganzen ausgerichtet ist und sich, auch in ihren Teildisziplinen, nicht etwa zu einer Spezial- oder Nischenwissenschaft reduzieren lassen, sondern vielmehr ihren Letzterklärungsanspruch beibehalten will und muss. Insofern kann auch die Fachsprache der Theologie sich nicht in einen hochspezialisierten Bereich der fachspezifischen Diktion und Terminologie zurückziehen, sondern wird am gesamtgesellschaftlichen Diskurs teilzunehmen und diesen mitzuprägen gezwungen sein. Letzterer verlagert sich jedoch im Laufe des 20. Jahrhunderts zunehmend in Richtung einer Dominanz der empirischen Wissenschaften. Wenn Waldenfels postuliert, dass „Zugehörigkeit zum geistes- und kulturwissenschaftlichen Bereich [...] für die Theologie Partizipation am dort gebräuchlichen Sprachverhalten" (Waldenfels 1993: 199–200) bedeute, dann greift dies zu kurz, insofern als theologische Fachsprache sich als für alle Grundfragen der Existenz zuständige ‚Lebenswissenschaft' keinesfalls eindeutig im kultur- und geisteswissenschaftlichen Feld verorten lässt und sich, zumindest in jüngster Zeit, nicht von natur- und technikwissenschaftlichen Diskursen ausschließen lassen will. Es handelt sich daher um eine Fachsprache, die sich zwischen den zwei extremen Polen der Anmaßung eines Universalerklärungsstrebens und einer spekulativen Tendenz zu esoterischer Beliebigkeit verorten lässt.

Aus diesem Befund leitet sich die Frage ab, ob eine theologisch-wissenschaftliche Fachsprache aufgrund des Charakters ihrer Erkenntnisfindungsprozesse notwendig politische und ideologische Standpunkte einnehmen muss, wodurch sie zwangsläufig ins Fahrwasser zeitgeschichtlicher und epochenspezifischer Sprachkonventionen, Sprachideologien und weltanschaulicher ‚Jargons' gerät. Umgekehrt ließe sich die Frage stellen, ob in der theologischen Fachsprache, genauso wie bei anderen Fachsprachen, die ausschließlich der objektiven Erkenntnis verpflichtet sein dürfen, ein politisches Neutralitätsgebot Gültigkeit haben kann und soll. Die vorliegende Untersuchung hat gezeigt, dass diese Fragestellungen folgendermaßen beantwortet werden können: Die protestantisch-theologische Fachsprache erweist sich in der Gesamtschau in immensem Ausmaß als von außerfachlichen Diskursen geprägt und scheint auch generell keine Abgrenzung von fachfremden Sprachfigurationen als notwendig anzuerkennen. Diese Affinität betrifft sowohl historische Herrschaftskonstellationen als auch vorherrschende gesellschaftlich-politische Diskursmuster. Als aktuelle Beispiele können in jüngerer Zeit die antidiskriminatorischen Diskussionen um geschlechter- und gendergerechte Sprache angeführt werden, die jeweils auf breiter Front im öffentlichen Diskurs geführt wurden. Andere wissenschaftliche Fachsprachen wurden von diesen sprachpolitischen, gelegentlich auch sprachideologischen Auseinandersetzungen kaum berührt; in der theologischen Fachsprache sind sie hingegen aufgegriffen und vehement diskutiert worden und haben schließlich nicht zuletzt zu Bemühungen geführt, die Bibel – als den eigentlichen Grundtext aller theologisch-fachsprachlichen Diskussion – nach entsprechenden Vorgaben zu interpretieren und zu modifizieren.[1] Die zu beobachtende weitreichende Affizierbarkeit der theologischen Fachsprache durch außerfachliche Elemente und die Tatsache, dass sie stärker als andere Fachsprachen der Tendenz zu einer ideologischen Vereinnahmung und damit letztlich auch zur Übernahme totalitärer Rhetorik ausgesetzt ist, sind nicht zu übersehen, zumal gründlich belegt werden konnte, dass sich die theologische Fachsprache unter staatlich verordnetem ideologischem Druck in Teilen vorauseilend und geschmeidig anpasst (vgl. Kap. 4, 5 und 9). Umgekehrt proportional zur geistig-ideologischen Freiheit der historisch-politischen Zeitumstände scheint ihr hingegen eine Tendenz zu einer zunehmenden sprachlichen Emphatisierung und Radikalisierung eigen zu sein (vgl. Kap. 4, 8 und 10). Ursache für dieses Phänomen ist sicherlich maßgeblich die der religiösen Sprache inhärente Affinität zu semantisch-pragmatischen Bereichen wie z. B. hierarchische Abhängigkeitsformen, fixierte Ordnungssysteme oder apodiktische Verhaltensvorgaben, die sich auch in der wissenschaftlichen Metasprache niederschlägt. Hinzu kommt die semantische Vagheit oder Polysemie zahlreicher zentraler, teils stark emotionsgeladener Begriffswörter der christlichen Religion und Theologie, die in der politischen Sprache immer wieder zu Propagandazwecken verwendet werden und im Zuge eines Rückkopplungseffektes in der theologischen Fachsprache ihrerseits unwillkürlich mit verfälschenden Konnotationen verknüpft werden oder auch bewusst sinnentstellend eingesetzt werden. Dem könnte entgegengehalten werden, dass eine gesellschaftspolitisch völlig neutrale theologische

---

[1] Vgl. z. B. Klaiber und Rösel 2008, *Streitpunkt Bibel in gerechter Sprache*; Gössmann, Moltmann-Wendel und Schüngel-Straumann 2007, *Der Teufel blieb männlich. Kritische Diskussion zur „Bibel in gerechter Sprache"*; Pemsel-Maier 2013, *Blickpunkt Gender: Anstöß(ig)e(s) aus Theologie und Religionspädagogik*; Deylen 2019, *Genderorientierte Bibeldidaktik auf der Basis paulinischer Geschlechterkonstruktionen*; Schüssler, Jost, Fischer, Groot, Navarro Puerto und Valerio 2015, *Feministische Bibelwissenschaft im 20. Jahrhundert* und viele andere mehr.

Fachsprache nicht aussagekräftig sein könne, da Religion grundsätzlich die Aufgabe habe, handlungsorientierte Lebensleitlinien zu vermitteln; und nicht zuletzt stellt das Theologiestudium die Berufsausbildung für Pastoren dar, die Glaubenswahrheiten zu verkünden und zu vertreten haben. Dieses Argument ist insofern von der Hand zu weisen, als es sich bei den theologischen Fakultäten nicht um Pfarrerseminare oder praktische theologische Ausbildungsstätten handelt, sondern um – den anderen Fachbereichen gleichgestellte – akademische Institutionen. Die theologische Fachsprache bewegt sich daher in einem Zwiespalt zwischen einem ihrer Materie inhärenten Anspruch auf absolutes spirituelles Wahrheitswissen und daraus folgende Wahrheitsverkündigung auf der einen Seite und der Routine prämissefreier Erkenntnissuche als unabdingbare Voraussetzung für wissenschaftliches Forschen auf der anderen Seite.

Insofern ist davon auszugehen, dass eher von einem Nebeneinander von ganz unterschiedlich akzentuierten Fachsprachen in der protestantischen Theologie gesprochen werden kann, die je nach Epoche, Wissenschaftlerpersönlichkeit und Denkschule deutlich voneinander abweichen. Fachsprache erweist sich in der protestantischen Theologie weniger als ein Medium der semantisch verlässlichen, terminologisch eindeutigen und fachintern auf allgemein anerkannten Vereinbarungen fußenden Kommunikation. Vielmehr erscheint sie als ein Instrument individueller Positionierung im Kontext des wissenschaftshistorischen, ideologischen und gesellschaftspolitischen Umfeldes der jeweiligen Autoren und Forscher. Fachsprache ist dabei keinesfalls nur Reflex eines gemeinsprachlichen epochenspezifischen Gebrauchs, sondern transportiert Einstellungen ihrer jeweiligen Nutzer und lässt damit immer wieder – auch unabhängig von fachspezifischen, inhaltlichen Aspekten – Einblicke in deren Strategien im Hinblick auf fachexterne Aussageintentionen zu. In der gegenwärtigen pluralistischen, multiformen, säkularisierten, rationalistischen und autoritätsskeptischen Gesellschaft steht die Sprache der protestantischen Theologie an einem Scheideweg zwischen dem Rückzug in eine traditionsverhaftete und damit zunehmend hermetische, gleichzeitig nach außen undurchlässige Eingeweihtenrede und dem selbstzerstörerischen Aufgehen in einer wissenschaftsterminologischen Angleichung an akademische Diskurse fachexterner intellektueller Disziplinen an Universitäten und Forschungseinrichtungen. Im ersten Fall riskiert sie ihre Reduzierung auf einen religiösen Fundamentalismus, der angesichts des heute vorherrschenden vernunftbasierten westlichen Denkmodells und darüber hinaus aufgrund des aktuellen Wettstreits mit politisch instrumentalisierten und damit wirkmächtigen Fundamentalismen anderer Religionen zur Marginalisierung verurteilt ist. Im zweiten Fall besteht das Risiko der Selbstverleugnung durch allmähliche Aufgabe zentraler religiöser Überzeugungen und Gehalte der christlich-protestantischen Konfession.

Literatur

Albrecht, Jörn (2005): *Übersetzung und Linguistik*. Tübingen: Narr.
Albrecht-Birkner, Veronika (2018): *Freiheit in Grenzen. Protestantismus in der DDR*. Leipzig: Evangelische Verlagsanstalt.
Althaus, Paul (1928): *Kirche und Volkstum. Der völkische Wille im Lichte des Evangeliums*. Gütersloh: Bertelsmann.
Althaus, Paul (1933): *Die deutsche Stunde der Kirche*. Göttingen: Hubert & Co.
Althaus, Paul (1936a): *Der Herr der Kirche. Predigten. Erstes Heft. Festbetrachtungen*. Gütersloh: Bertelsmann.
Althaus, Paul (1936b): *Obrigkeit und Führertum. Wandlungen des evangelischen Staatsethos in Deutschland*. Gütersloh: Bertelsmann.
Althaus, Paul (1941): *Der Herr der Kirche. Predigten, 25. Heft. Der Christenglaube und das Sterben*. Gütersloh: Bertelsmann.
Althaus, Paul (1946): *Der Trost Gottes. Predigten in schwerer Zeit*. Gütersloh: Bertelsmann.
Althaus, Paul (1953): *Grundriß der Ethik*. 2. Aufl. Gütersloh: Bertelsmann.
Althaus, Paul (1966): *Der Brief an die Römer*. 10. Aufl. Göttingen: Vandenhoeck & Ruprecht.
Anselm, Reiner (2000): Jesus Christus. Wahrer Mensch und wahrer Gott. In: Reiner Anselm und Franz-Josef Nocke (Hrsg.), *Was bekennt, wer heute das Credo spricht?*, 47–66. Regensburg: Friedrich Pustet.
Arnhold, Oliver und Hartmut Lenhard (2015): *Kirche ohne Juden. Christlicher Antisemitismus 1933–1945*. Göttingen: Vandenhoeck & Ruprecht.
Assel, Heinrich (1994): *Der andere Aufbruch: die Lutherrenaissance – Ursprünge, Aporien und Wege: Karl Holl, Emanuel Hirsch, Rudolf Hermann (1920–1935)*. Göttingen: Vandenhoeck und Ruprecht.
Axt-Piscalar, Christine (2013): *Was ist Theologie? Klassische Entwürfe von Paulus bis zur Gegenwart*. Tübingen: Mohr Siebeck.
Barth, Karl (1945): *Eine Schweizer Stimme 1938–1945*. Zollikon, Zürich: Evangelischer Verlag A.G.
Barth, Karl (1961): *Der Götze wackelt. Zeitkritische Aufsätze, Reden und Briefe von 1930 bis 1960*. Berlin: Käthe Vogt.
Barth, Karl (1989 [1922]): *Der Römerbrief (Zweite Fassung)*. 15. Aufl. Zürich: Theologischer Verlag.
Barth, Ulrich (1992): *Die Christologie Emanuel Hirschs: eine systematische und problemgeschichtliche Darstellung ihrer geschichtsmethodologischen, erkenntniskritischen und subjektivitätstheoretischen Grundlagen*. Berlin, New York: De Gruyter.
Barth, Ulrich (2003): *Religion in der Moderne*. Tübingen: Mohr Siebeck.
Barth, Ulrich (2004): *Aufgeklärter Protestantismus*. Tübingen: Mohr Siebeck.
Barth, Ulrich (2005): *Gott als Projekt der Vernunft*. Tübingen: Mohr Siebeck.
Bassarak, Gerhard (Hrsg.) (1975): *Einheit und Frieden. Ökumenische Predigten*. Berlin: Evangelische Verlagsanstalt.
Becher, Ursula A. J. (2007): Periodisierung. In: Stefan Jordan (Hrsg.), *Lexikon Geschichtswissenschaft. Hundert Grundbegriffe*, 234–236. Stuttgart: Reclam.
Benz, Wolfgang und Walter H. Pehle (Hrsg.) (1994): *Lexikon des deutschen Widerstandes*. Frankfurt a.M.: Fischer.

Betz, Hans Dieter, Eberhard Jüngel, Bernd Janowski und Don S. Browning (2020): *Religion in Geschichte und Gegenwart 4* (RGG4), Tübingen: Mohr Siebeck, Online-Version: http://referenceworks.brillonline.com/browse/religion-in-geschichte-und-gegenwart (letzter Zugriff 20.10.2021).
Birkenauer, Renate (2012): NS-Deutsch. Vier Lesarten des Deutschen zwischen 1933 und 1945. In: Gabriele Leupold und Eveline Passet (Hrsg.), *Im Bergwerk der Sprache. Eine Geschichte des Deutschen in Episoden*, 245–268. Göttingen: Wallstein.
Bonhoeffer, Dietrich (1933): Die Kirche vor der Judenfrage. In: *Werke* (DBW 12, 1997), 349–358. Gütersloh: Kaiser.
Bonhoeffer, Dietrich (1968 [1933]): *Schöpfung und Fall: Versuchung*. München: Kaiser.
Bonhoeffer, Dietrich (1988 [1932]): *Werke. Bd. 2. Akt und Sein. Transzendentalphilosophie und Ontologie in der systematischen Theologie* (hrsg. von Hans-Richard Reuter). Gütersloh: Kaiser.
Bonhoeffer, Dietrich (1997): *Werke* (DBW). 17 Bände und 2 Ergänzungsbände (hrsg. von Eberhard Bethge et al.). Gütersloh: Kaiser.
Brackmann, Karl-Heinz und Renate Birkenhauer (1988): *NS-Deutsch. „Selbstverständliche" Schlagwörter aus der Zeit des Nationalsozialismus*. Straelen: Straelener Manuskripte.
Braun, Herbert (1969): *Jesus. Der Mann aus Nazareth und seine Zeit*. Stuttgart: Kreuz.
Breil, Angelika (o.J.): *Studien zur Rhetorik der Nationalsozialisten. (Fallstudien zu den Reden von Joseph Goebbels)*. Bochum: Ruhr-Universität.
Brinker, Klaus (2001): *Linguistische Textanalyse*. Berlin: Erich Schmidt.
Bruch, Rüdiger vom (2006): *Gelehrtenpolitik, Sozialwissenschaften und akademische Diskurse in Deutschland im 19. und 20. Jahrhundert*. Wiesbaden: Steiner.
Bruch, Rüdiger vom (2007): Geschichtswissenschaft. In: Stefan Jordan (Hrsg.), *Lexikon Geschichtswissenschaft. Hundert Grundbegriffe*, 124–130. Stuttgart: Reclam.
Brunner, Emil (1927): *Der Mittler. Zur Besinnung über den Christusglauben*. Tübingen: Mohr Siebeck.
Brunner, Emil (1930): *Gott und Mensch*. Tübingen: Mohr.
Bultmann, Rudolf (1964 [1927]): *Jesus*. München, Hamburg: Siebenstern.
Bultmann, Rudolf (1966): *Glauben und Verstehen*, Bd. 1. Tübingen: Mohr Siebeck.
Buss, Hansjörg (2007): Ein Leben zwischen Christen-, Haken- und Verdienstkreuz. Der Kieler Theologe Martin Redeker. In: Hans-Werner Prahl, Hans-Christian Petersen und Sönke Zankel (Hrsg.), *Uni-Formierung des Geistes. Universität Kiel im Nationalsozialismus*, Bd. 2, 99–132. Kiel: Schmidt & Klaunig.
Bußmann, Hadumod (1983): *Lexikon der Sprachwissenschaft*. Stuttgart: Kröner.
Dahn, Felix (2003 [1876]): *Ein Kampf um Rom*. München: dtv.
Deines, Roland, Volker Leppin und Karl-Wilhelm Niebuhr (Hrsg.) (2007): *Walter Grundmann: Ein Neutestamentler im Dritten Reich* (Arbeiten zur Kirchen- und Theologiegeschichte 21). Leipzig: Evangelische Verlagsanstalt.
Deissmann, Gustav Adolf (1908): *Licht vom Osten. Das Neue Testament und die neuentdeckten Texte der hellenistisch-römischen Welt*. Tübingen: Mohr.
Deissmann, Gustav Adolf (1925): *Paulus. Eine kultur- und religionsgeschichtliche Skizze*. Tübingen: Mohr Siebeck.
Delekat, Friedrich (1933): *Die Kirche Jesu Christi und der Staat*. Berlin: Furche.
Delekat, Friedrich (1940): *Die heiligen Sakramente und die Ordnungen der Kirche: ein Beitrag zur Lehre von der Sichtbarkeit der Kirche*. Berlin: Furche.

Denzler, Georg und Volker Fabricius (1995): *Christen und Nationalsozialisten*, Frankfurt a.M.: Fischer.
Deylen, Sarah von (2019): *Genderorientierte Bibeldidaktik auf der Basis paulinischer Geschlechterkonstruktionen*. Münster: Lit.
Dibelius, Otto und Martin Niemöller (1937): *Wir rufen Deutschland zu Gott*. Berlin: Warneck.
Duden (2009): *Duden: Grammatik*. 8. Aufl. Mannheim: Dudenverlag.
Ebeling, Gerhard (1947): *Kirchenzucht*. Stuttgart: Kohlhammer.
Ebeling, Gerhard (1958): *Was heisst Glauben?* Tübingen: Mohr Siebeck.
Ebeling, Gerhard (1959): *Das Wesen des christlichen Glaubens*. Tübingen: Mohr Siebeck.
Ebeling, Gerhard (1967): *Wort und Glaube*. Tübingen: Mohr Siebeck.
Ebeling, Gerhard (1971): *Einführung in theologische Sprachlehre*. Tübingen: Mohr Siebeck.
Ehlich, Konrad (Hrsg.) (1995): *Sprache im Faschismus*, Frankfurt a.M.: Suhrkamp.
Elberfelder Bibel (2015 [1905], hrsg. von Carl Brockhaus, Rudolf Brockhaus, Alfred Rochat und Emil Dönges): *Die Christianismos Bibel: das Alte Testament nach der Elberfelder Übersetzung von 1905, revidiert nach der Septuaginta; das Neue Testament, Übersetzung des altgriechischen Grundtextes, der Textus Receptus nach Beza*. Hückelhoven: Christianismos.
Ericksen, Robert P. (1986): *Theologen unter Hitler. Das Bündnis zwischen evangelischer Dogmatik und Nationalsozialismus*. München, Wien: Hanser.
Felbick, Dieter (2003): *Schlagwörter der Nachkriegszeit 1945–1949*. Berlin, New York: De Gruyter.
Fichte, Johann Gottlieb (1962 [1800]): Die Bestimmung des Menschen. In: ders., *Gesamtausgabe der Bayerischen Akademie der Wissenschaften*, hrsg. von Reinhard Lauth, Erich Fuchs und Hans Gliwitzky, Bd. 2, 165–319. Stuttgart-Bad Cannstatt: Frommann-Holzboog.
Fink, Heinrich, Carl-Jürgen Kaltenborn und Dieter Kraft (Hrsg.) (1987): *Dietrich Bonhoeffer – Gefährdetes Erbe in bedrohter Welt. Beiträge zur Auseinandersetzung um sein Werk*. Berlin: Union.
Firyn, Sylwia (2011): *Beiträge zur jüngeren und jüngsten Geschichte der deutschen Sprache*. Frankfurt a.M.: Lang.
Fischer, André (2012): *Zwischen Zeugnis und Zeitgeist: Die politische Theologie von Paul Althaus in der Weimarer Republik* (Arbeiten zur Kirchlichen Zeitgeschichte, Reihe B: Darstellungen 55). Göttingen: Vandenhoeck & Ruprecht.
Fischer, Hermann (2002): *Protestantische Theologie im 20. Jahrhundert*. Stuttgart: Kohlhammer.
Fix, Ulla (2014): *Sprache, Sprachgebrauch und Diskurse in der DDR: Ausgewählte Aufsätze*. Berlin: Frank & Timme.
Flex, Walter (1917): *Der Wanderer zwischen beiden Welten. Ein Kriegserlebnis*. München: Beck.
Flügge, Erik (2016): *Der Jargon der Betroffenheit. Wie die Kirche an ihrer Sprache verreckt*. München: Kösel.
Fluck, Hans-Rüdiger (1996): *Fachsprachen*. Tübingen, Basel: UTB Francke.
Frenssen, Gustav (1903): *Dorfpredigten*. Göttingen: Vandenhoeck & Ruprecht.
Frenssen, Gustav (1936): *Der Glaube der Nordmark*. Stuttgart: Truckenmüller.
Frind, Sigrid (1966): Die Sprache als Propagandainstrument des Nationalsozialismus. *Muttersprache. Zeitschrift zur Pflege und Erforschung der deutschen Sprache* 76 (1), 129–135.
Fuchs, Ernst (1971): *Jesus. Wort und Tat*. Tübingen: Mohr Siebeck.

Gätje, Olaf (2012): Zur Metaphorik akademischer und avantgardistischer Sprachkritik um 1968 oder das Bemühen, eindimensionale Denk- und Sprachformen aufzusprengen und die Vieldimensionalität konkreter Wirklichkeit zu zeigen. In: Heidrun Kämper, Joachim Scharloth und Martin Wengeler (Hrsg.), *1968. Eine sprachwissenschaftliche Zwischenbilanz*, 357–372. Berlin, New York: De Gruyter.

Gössmann, Elisabeth, Elisabeth Moltmann-Wendel und Helen Schüngel-Straumann (Hrsg.) (2007): *Der Teufel blieb männlich. Kritische Diskussion zur „Bibel in gerechter Sprache". Feministische, historische und systematische Beiträge.* Neukirchen-Vluyn: Neukirchener Verlag.

Göttert, Karl-Heinz (2009): *Einführung in die Rhetorik.* Stuttgart: UTB.

Gogarten, Friedrich (1932): *Die Selbstverständlichkeiten unserer Zeit und der christliche Glaube.* Berlin: Furche.

Gogarten, Friedrich (1933): *Einheit von Evangelium und Volkstum?* Hamburg: Evangelische Verlagsanstalt.

Gogarten Friedrich (1937): *Der Zerfall des Humanismus und die Gottesfrage. Vom rechten Ansatz des theologischen Denkens.* Stuttgart: Kohlhammer.

Gogarten, Friedrich (1953): *Verhängnis und Hoffnung der Neuzeit. Die Säkularisierung als theologisches Problem.* Stuttgart: Friedrich Vorwerk.

Göhres, Annette und Joachim Liß-Walther (Hrsg.) (2006): *Kirche, Christen, Juden in Nordelbien 1933–1945. Die Ausstellung im Landtag 2005* (Schriftenreihe des Schleswig-Holsteinischen Landtages 7). Kiel: Schriftenreihe des Schleswig-Holsteinischen Landtages.

Gollwitzer, Helmut (1969): Revolution als theologisches Problem. In: Ernst Feil und Rudolf Weth (Hrsg.), *Diskussion zur „Theologie der Revolution". Mit einer Einleitung, einem Dokumententeil und einer Bibliographie zum Thema*, 59–64. München: Kaiser.

Gollwitzer, Helmut (1978): *Befreiung zur Solidarität. Einführung in die Evangelische Theologie.* München: Kaiser.

Gräb-Schmidt, Elisabeth (2002): *Technikethik und ihre Fundamente. Dargestellt in Auseinandersetzung mit den technikethischen Ansätzen von Günter Ropohl und Walter Christoph Zimmerli.* Berlin, New York: De Gruyter.

Gräb-Schmidt, Elisabeth (2013): Säkularisierung und der Ruf nach Werten. Zur kategorialen Bedeutung der Freiheit im Zeitalter ihrer Gefährdungen. In: Notger Slenczka (Hrsg.), *Was sind legitime außenpolitische Interessen? Unverfügbare Voraussetzungen des säkularen Staates. Umgang mit Schuld in der Öffentlichkeit. Werner-Reihlen-Vorlesungen 2010 bis 2012*, 96–113. Leipzig: Evangelische Verlagsanstalt.

Gräb-Schmidt, Elisabeth und Reiner Preul (2016): *Wunder* (Marburger Jahrbuch Theologie XXVIII). Leipzig: Evangelische Verlagsanstalt.

Grice, Paul (1989): *Studies in the Way of Words.* Cambridge, London: Harvard University Press.

Grimm, Hans (1926): *Volk ohne Raum.* München: Langen.

Grözinger, Albrecht (1991): *Die Sprache des Menschen. Ein Handbuch. Grundwissen für Theologinnen und Theologen.* München: Kaiser.

Grundmann, Walter (1933a): *Gott und Nation. Ein evangelisches Wort zum Wollen des Nationalsozialismus und zu Rosenbergs Sinndeutung* (Stimmen aus der deutschen christlichen Studentenbewegung 81). 2. erw. Aufl. Berlin: Furche.

Grundmann, Walter (1933b): *Religion und Rasse. Ein Beitrag zur Frage „nationaler Aufbruch" und „lebendiger Christusglaube"* (Veröffentlichungen der Arbeitsgemeinschaft nationalsozialistischer Pfarrer 3). Werdau: Meister.

Grundmann, Walter (1934): *Totale Kirche im totalen Staat. Mit einem Geleitwort von Friedrich Carl Coch*. Dresden: Günther.
Grundmann, Walter (1935): *Die 28 Thesen der Deutschen Christen*. Dresden: Deutschchristlicher Verlag.
Grundmann, Walter (1937): *Völkische Theologie* (Schriften zur Nationalkirche 1). Weimar: Deutsche Christen.
Grundmann, Walter (1939): *Die Entjudung des religiösen Lebens als Aufgabe deutscher Theologie und Kirche* (Schriften zur Nationalkirche 11). Weimar: Deutsche Christen.
Grundmann, Walter (1940): Die Arbeit des ersten Evangelisten am Bilde Jesu. In: Walter Grundmann (Hrsg.), *Christentum und Judentum*, 55–78. Leipzig: Wigand.
Grundmann, Walter (1941): *Jesus der Galiläer und das Judentum*. Leipzig: Wigand.
Grundmann, Walter (1957): *Die Geschichte Jesu Christi*. Berlin: Evangelische Verlagsanstalt.
Grundmann, Walter (1965): *Dem Ursprung neu verbunden. Auskunft des Glaubens für den fragenden Menschen der Gegenwart*. Berlin: Evangelische Verlagsanstalt.
Grundmann, Walter (1971): *Das Evangelium nach Markus*. Berlin: Evangelische Verlagsanstalt.
Grundmann, Walter (1974): *Der Brief des Judas und der zweite Brief des Petrus*. Berlin: Evangelische Verlagsanstalt.
Grundmann, Walter (1980): *Wandlungen im Verständnis des Heils: Drei nachgelassene Aufsätze zur Theologie des Neuen Testaments*. Stuttgart: Calwer.
Günther, Hans F. K. (1933): *Rassenkunde des deutschen Volkes*. München: J. F. Lehmanns.
Härle, Wilfried (Hrsg.) (2012): *Grundtexte der neueren evangelischen Theologie*. Leipzig: Evangelische Verlagsanstalt.
Harnack, Adolf von (1923): Fünfzehn Fragen an die Verächter der wissenschaftlichen Theologie unter den Theologen. *Christliche Welt* 37, 6–8.
Harnack, Adolf von (1950 [1900]): *Das Wesen des Christentums*. Neuauflage zum 50. Jahrestag des ersten Erscheinens. Leipzig, Stuttgart: Ehrenfried Klotz.
Harnack, Adolf von (1951): *Ausgewählte Reden und Aufsätze*. Berlin: De Gruyter.
Haß-Zumkehr, Ulrike (2019): Die Weimarer Reichsverfassung – Tradition, Funktion, Rezeption. In: Heidrun Kämper und Hartmut Schmidt (Hrsg.), *Das 20. Jahrhundert. Sprachgeschichte, Zeitgeschichte*, 225–249. Berlin, Boston: De Gruyter.
Heidegger, Martin (2006 [1927]): *Sein und Zeit*. 19. Aufl. Tübingen: Niemeyer.
Heringer, Hans Jürgen (2015): *Linguistische Texttheorie. Eine Einführung*. Tübingen: Francke.
Heilige Schrift des Alten und Neuen Testaments (Zürcher Bibel) (1972). Stuttgart: Württembergische Bibelanstalt.
Hentschel, Markus (1995): *Gewissenstheorie als Ethik und Dogmatik: Emanuel Hirschs „Christliche Rechenschaft"*. Neukirchen-Vluyn: Neukirchener Verlag.
Hermanni, Friedrich (2011): *Metaphysik. Versuche über letzte Fragen*. Tübingen: Mohr Siebeck.
Herrmann, Wilhelm (1966 [1988]): *Schriften zur Grundlegung der Theologie. Teil I*. München: Kaiser.
Heschel, Susannah (2007): Die Faszination der Theologie für die Rassentheorie: Wie Jesus im deutschen Protestantismus zum Nazi wurde. *Kirche und Israel. Neukirchener theologische Zeitschrift* 2, 2–12.
Heschel, Susannah (1994): Theologen für Hitler. Walter Grundmann und das „Institut zur Erforschung und Beseitigung des jüdischen Einflusses auf das deutsche kirchliche Leben. In: Leonore Siegele-Wenschkewitz (Hrsg.), *Arnoldshainer Texte. Schriften aus der Arbeit der Evangelischen Akademie Arnoldshain*, Bd. 85, 125–170. Frankfurt a.M.: Haag & Herchen.

Hildebrandt, Bernd (1993): „Wir alle mußten Kompromisse schließen." Integrationsprobleme theologischer Fakultäten an staatlichen Universitäten der DDR. In: Trutz Rendtorff (Hrsg.), *Protestantische Revolution? Kirche und Theologe in der DDR: Ekklesiologische Voraussetzungen, politischer Kontext, theologische und historische Kriterien. Vorträge und Diskussionen eines Kolloquiums in München, 26.-28.3.1992*, 121-144. Göttingen: Vandenhoeck & Ruprecht.

Hirsch, Emanuel (1922): *Deutschlands Schicksal. Staat, Volk und Menschheit im Lichte einer ethischen Geschichtsansicht*. Göttingen: Vandenhoeck & Ruprecht.

Hirsch, Emanuel (1929a): *Jesus Christus der Herr*. Göttingen: Vandenhoeck & Ruprecht.

Hirsch, Emanuel (1929b): *Staat und Kirche im 19. und 20. Jahrhundert*. Göttingen: Vandenhoeck & Ruprecht.

Hirsch, Emanuel (1931): *Schöpfung und Sünde in der natürlich-geschichtlichen Wirklichkeit des einzelnen Menschen*. Tübingen: Mohr Siebeck.

Hirsch, Emanuel (1934a): *Deutsches Volkstum und evangelischer Glaube*. Hamburg: Hanseatische Verlagsanstalt.

Hirsch, Emanuel (1934b): *Die gegenwärtige geistige Lage im Spiegel philosophischer und theologischer Besinnung. Akademische Vorlesungen zum Verständnis des deutschen Jahrs 1933*. Göttingen: Vandenhoeck & Ruprecht.

Hirsch, Emanuel (1935a): Das Verhältnis des Schriftstellers zur Sprache. *Deutsches Volkstum. Monatsschrift für das deutsche Geistesleben* 1/37 368-380.

Hirsch, Emanuel (1935b): Wissenschaftliche Tarnung. Zu den „Studien zum Mythos des XX. Jahrhunderts". *Deutsches Volkstum. Monatsschrift für das deutsche Geistesleben* 1/37, 295-301.

Hirsch, Emanuel (1936): *Das Alte Testament und die Predigt des Evangeliums*. Tübingen: Mohr Siebeck.

Hirsch, Emanuel (1949-1954): *Geschichte der neuern evangelischen Theologie im Zusammenhang mit den allgemeinen Bewegungen des europäischen Denkens*. Gütersloh: Gütersloher Verlagshaus.

Hirsch, Emanuel (1961): Vom Geschichtenerzählen. *Die Spur. Beiträge, Mitteilungen, Kommentare. Vierteljahresschrift für evangelische Lehrer in Deutschland* 1 (3), 1-6.

Hirsch, Emanuel (1968): *Der Durchbruch der reformatorischen Erkenntnis bei Luther*. Darmstadt: Wissenschaftliche Buchgesellschaft.

Hirsch, Emanuel (1978 [1938]): *Christliche Rechenschaft. Erweiterung des Werkes* Leitfaden zur christlichen Lehre. *2. Band*. Berlin: Die Spur.

Hirsch, Emanuel (1998-2020): *Gesammelte Werke*. Waltrop: Hartmut Spenner.

Hirsch, Emanuel (2000 [1963]): *Das Wesen des reformatorischen Christentums*. Waltrop: Hartmut Spenner.

Hirsch, Emanuel (2004a): *Das Wagnis des Glaubens. Predigten und Andachten 1930-1964*. Waltrop: Hartmut Spenner.

Hirsch, Emanuel (2004b [1939]): *Das Wesen des Christentums*. Waltrop: Hartmut Spenner.

Hoffmann, Lothar, Hartwig Kalverkämper und Herbert Ernst Wiegand (Hrsg.) (1999): *Fachsprachen. Languages for Special Purposes*: Fachsprachen. Berlin, New York: De Gruyter.

Hornig, Gottfried (1975): Sprachanalyse und Sprachkritik als Aufgabe der Theologie und Religionswissenschaft. In: János S. Petöfi, Adalbert Podlech und Eike von Savigny (Hrsg.), *Fachsprache - Umgangssprache. Wissenschaftstheoretische und linguistische Aspekte*

der Problematik, sprachliche Aspekte der Jurisprudenz und der Theologie, maschinelle Textverarbeitung, 257–288. Kronberg (Taunus): Scriptor.
Hose, Jochen (1999): Die „Geschichte der neuern evangelischen Theologie" in der Sicht Emanuel Hirschs. Frankfurt a.M. u. a.: Lang.
Janich, Nina (1999): Werbesprache. Ein Arbeitsbuch. Tübingen: Narr.
Jasper, Gotthard (2013): Paul Althaus (1888–1966). Professor, Prediger und Patriot in seiner Zeit. Göttingen: Vandenhoeck & Ruprecht.
Jüngel, Eberhard (1993): Kirche im Sozialismus – Kirche im Pluralismus. Theologische Rückblicke und Ausblicke. In: Trutz Rendtorff (Hrsg.), Protestantische Revolution? Kirche und Theologe in der DDR: Ekklesiologische Voraussetzungen, politischer Kontext, theologische und historische Kriterien. Vorträge und Diskussionen eines Kolloquiums in München 26.–28.3.1992, 311–350. Göttingen: Vandenhoeck & Ruprecht.
Jüngel, Eberhard (2003): Anfänger. Herkunft und Zukunft christlicher Existenz. Zwei Texte. Stuttgart: Radius.
Jüngel, Eberhard (2012 [1969]): Die Welt als Möglichkeit und Wirklichkeit. In: Wilfried Härle (Hrsg.), Grundtexte der neueren evangelischen Theologie, 276–232. Leipzig: Evangelische Verlagsanstalt.
Kämper-Jensen, Heidrun (1993): Spracharbeit im Dienst des NS-Staats 1933 bis 1945. Germanistische Linguistik 21, 150–183.
Kämper, Heidrun, Joachim Scharloth und Martin Wengeler (Hrsg.) (2012): 1968. Eine sprachwissenschaftliche Zwischenbilanz. Berlin, New York: De Gruyter.
Kämper, Heidrun (2012): Der Faschismus-Diskurs 1967/68. Semantik und Funktion. In: Heidrun Kämper, Joachim Scharloth und Martin Wengeler (Hrsg.), 1968. Eine sprachwissenschaftliche Zwischenbilanz, 259–285. Berlin, New York: De Gruyter.
Käsemann, Ernst (1968a): Der Ruf der Freiheit. Tübingen: Mohr Siebeck.
Käsemann, Ernst (1968b): Exegetische Versuche und Besinnungen. Bd. 2. Göttingen: Vandenhoeck & Ruprecht.
Kammer, Hilde und Elisabet Bartsch (2002): Lexikon Nationalsozialismus. Begriffe, Organisationen und Institutionen. Reinbek bei Hamburg: Rowohlt.
Kautzsch, Emil und Carl Heinrich Weizsäcker (1899–1911): Textbibel des Alten und Neuen Testaments. Tübingen: Mohr Siebeck, online: http://textbibel.de/ (letzter Zugriff 20.10.2021).
Kilian, Jörg (2012): Gewaltsamkeiten: Studenten, ihre Sprache und die Eskalation eines Themas zwischen akademischem Diskurs und Straßenkampf. In: Heidrun Kämper, Joachim Scharloth und Martin Wengeler (Hrsg.), 1968. Eine sprachwissenschaftliche Zwischenbilanz, 287–305. Berlin, New York: De Gruyter.
Killy, Walther (1962): Deutscher Kitsch. Ein Versuch mit Beispielen. Göttingen: Vandenhoeck & Ruprecht.
Kittel, Gerhard (1933): Die Judenfrage. Stuttgart, Berlin: Kohlhammer.
Kittel, Gerhard (1939): Die historischen Voraussetzungen der jüdischen Rassenmischung. Hamburg: Hanseatische Verlagsanstalt.
Klaiber, Walter und Martin Rösel (2008): Streitpunkt Bibel in gerechter Sprache. Leipzig: Evangelische Verlagsanstalt.
Klaus, Georg und Manfred Buhr (Hrsg.) (1974): Philosophisches Wörterbuch. Leipzig: Bibliographisches Institut.
Klemperer, Viktor (1975 [1947]): LTI. Notizbuch eines Philologen. 4. Aufl. Leipzig: Reclam.

Kopperschmidt, Josef (2000): 1968 oder „Die Lust am Reden". Über die revolutionären Folgen einer Scheinrevolution. *Muttersprache* 110, 1–11.
Korn, Karl (1962): *Sprache in der verwalteten Welt*. München: dtv.
Lauster, Jörg (2005): *Religion als Lebensbedeutung. Theologische Hermeneutik heute*. Darmstadt: Wissenschaftliche Buchgesellschaft.
Lauster, Jörg (2008): *Zwischen Entzauberung und Remythisierung. Zum Verhältnis von Bibel und Dogma*. Leipzig: Evangelische Verlagsanstalt.
Leonhardt, Rochus und Arnulf von Scheliha (Hrsg.) (2015): *Hier stehe ich, ich kann nicht anders! Zu Martin Luthers Selbstverständnis*. Baden-Baden: Nomos.
Lobe, Matthias (1996): *Die Prinzipien der Ethik Emanuel Hirschs*. Berlin, New York: De Gruyter.
Lüdemann, Gerd (1994): *Die Auferstehung Jesu. Historie, Erfahrung, Theologie*. Göttingen: Vandenhoeck & Ruprecht.
Lüdemann, Gerd (1995): Die Auferstehung Jesu. In: Alexander Bommarius, *Fand die Auferstehung wirklich statt? Eine Diskussion mit Gerd Lüdemann*, 11–29. Düsseldorf, Bonn: Parerga.
Lüdemann, Gerd (1996): *Das Unheilige in der Heiligen Schrift. Die andere Seite der Bibel*. Stuttgart: Radius.
Lüdemann, Gerd (1998a): *Der große Betrug. Und was Jesus wirklich sagte und tat*. Springe: Zu Klampen.
Lüdemann, Gerd (1998b): *Im Würgegriff der Kirche. Für die Freiheit der theologischen Wissenschaft*. Springe: Zu Klampen.
Lüdemann, Gerd (2004): *Die Intoleranz des Evangeliums. Erläutert an ausgewählten Schriften des Neuen Testaments*. Springe: Zu Klampen.
Lüdemann, Gerd (2008): *Jungfrauengeburt? Die Geschichte von Maria und ihrem Sohn Jesus*. Springe: Zu Klampen.
Martini, Fritz (1972): *Deutsche Literaturgeschichte. Von den Anfängen bis zur Gegenwart*. Stuttgart: Kröner.
Mau, Rudolf (2005): *Der Protestantismus im Osten Deutschlands*. Leipzig: Evangelische Verlagsanstalt.
Mell, Ruth M. und Melanie Seidenglanz (2017): *Sprachgebrauch und Sprache in der Weimarer Republik*. Heidelberg: Universitätsverlag Winter.
Mergel, Thomas (2002): *Parlamentarische Kultur in der Weimarer Republik. Politische Kommunikation, symbolische Politik und Öffentlichkeit im Reichstag*: Düsseldorf: Droste.
Meyers Großes Konversations-Lexikon. Ein Nachschlagewerk des allgemeinen Wissens (1936). 9. Bde. 8. Aufl. Leipzig: Bibliographisches Institut.
Mittner, Ladislao (1971): *Storia della letteratura tedesca III *. Dal realismo alla sperimentazione (1820–1970). Dal Biedermeier al fine secolo (1820–1890)*. Bd. 2. Turin: Einaudi.
Moeller van den Bruck, Arthur (1923): *Das Dritte Reich*, Berlin: Ring.
Moltmann, Jürgen (1964): *Theologie der Hoffnung: Untersuchungen zur Begründung und zu den Konsequenzen einer christlichen Eschatologie*. München: Kaiser.
Moltmann, Jürgen (1967): Der Gott der Hoffnung. In: Norbert Kutschki (Hrsg.), *Gott heute. Fünfzehn Beiträge zur Gottesfrage*, 116–126. München: Kaiser.
Moltmann, Jürgen (1968): *Perspektiven der Theologie. Gesammelte Aufsätze*. München: Kaiser.
Moltmann, Jürgen (1970): *Umkehr zur Zukunft*. München, Hamburg: Siebenstern.
Moltmann, Jürgen (1997): *Gott im Projekt der modernen Welt. Beiträge zur öffentlichen Relevanz der Theologie*. Gütersloh: Gütersloher Verlagshaus.

Moxter, Michael (2000): *Kultur als Lebenswelt. Studien zum Problem einer Kulturtheologie*. Tübingen: Mohr Siebeck.
Müller, Hanfried (1987): Stationen auf dem Weg zur Freiheit. In: Heinrich Fink, Carl-Jürgen Kaltenborn und Dieter Kraft (Hrsg.), *Dietrich Bonhoeffer – Gefährdetes Erbe in bedrohter Welt. Beiträge zur Auseinandersetzung um sein Werk*, 43–61. Berlin: Union.
Müller, Hans Martin (Hrsg.) (1986): *Christliche Wahrheit und neuzeitliches Denken. Zu Emanuel Hirschs Leben und Werk*. Tübingen: Katzmann, Goslar: Thuhoff.
Müller, Norbert (1997): Die Fachsprache der Theologie seit Schleiermacher unter besonderer Berücksichtigung der Dogmatik. In: Lothar Hoffmann, Hartwig Kalverkämper und Herbert Ernst Wiegand (Hrsg.), *Fachsprachen / Languages for Special Purposes: Fachsprachen*, 1304–1313. Berlin, New York: De Gruyter.
Neuenschwander, Ulrich (1974a): *Denker des Glaubens I*. Gütersloh: Mohn.
Neuenschwander, Ulrich (1974b): *Denker des Glaubens II*. Gütersloh: Mohn.
Neumann, Klaus (2001): Mahnmale. In: Etienne François und Hagen Schulze (Hrsg.), *Deutsche Erinnerungsorte I*, 622–637. München: Beck.
Niemöller, Martin (1935a): *Ein Wort zur kirchlichen Lage*. Wuppertal-Barmen: Unter dem Wort.
Niemöller, Martin (1935b): *Dienst der Kirche am Volk*. Berlin-Charlottenburg: Buchholz und Weißwange.
Niemöller, Martin (1987): *Ein Lesebuch*. Köln: Pahl-Rugenstein.
Nill, Ulrich (1991): *Die „geniale Vereinfachung". Anti-Intellektualismus und Sprachgebrauch bei Joseph Goebbels*, Frankfurt a.M. u.a.: Lang.
Nowak, Kurt (Hrsg.) (1996): *Adolf von Harnack als Zeitgenosse*. Göttingen, Berlin, New York: De Gruyter.
Osterhammel, Jürgen (2007): Weltgeschichte. In: Stefan Jordan (Hrsg.), *Lexikon Geschichtswissenschaft. Hundert Grundbegriffe*, 320–325. Stuttgart: Reclam.
Overbeck, Franz (1903): *Ueber die Christlichkeit unserer heutigen Theologie*, Leipzig: Teubner.
Pannenberg, Wolfhart (1971a): Heilsgeschichte und Geschichte. In: Wolfhart Pannenberg, *Grundfragen Systematischer Theologie. Gesammelte Aufsätze*, 22–78. 2. Aufl. Göttingen: Vandenhoeck & Ruprecht.
Pannenberg, Wolfhart (1971b): Die Krise des Schriftprinzips. In: Wolfhart Pannenberg, *Grundfragen Systematischer Theologie. Gesammelte Aufsätze*, 13–21. 2. Aufl. Göttingen: Vandenhoeck & Ruprecht.
Pannenberg, Wolfhart (1973): *Gegenwart Gottes. Predigten*. München: Claudius.
Pannenberg, Wolfhart (1977): *Ethik und Ekklesiologie. Gesammelte Aufsätze*. Göttingen: Vandenhoeck & Ruprecht.
Pannenberg, Wolfhart (1988): *Christentum in einer säkularisierten Welt*. Freiburg, Basel, Wien: Herder.
Pannenberg, Wolfhart (2001): *Freude des Glaubens. Predigten*. München: Claudius.
Pemsel-Maier, Sabine (Hrsg.) (2013): *Blickpunkt Gender: Anstöß(ig)e(s) aus Theologie und Religionspädagogik* (Hodos – Wege bildungsbezogener Ethikforschung in Philosophie und Theologie 12). Frankfurt a.M.: Lang.
Peukert, Helmut (1975): Bemerkungen zur Theorie der Übersetzung und zum Verhältnis von umgangssprachlicher Kommunikation und Fachsprache der Theologie. In: János S. Petöfi, Adalbert Podlech und Eike von Savigny (Hrsg.), *Fachsprache – Umgangssprache. Wissenschaftstheoretische und linguistische Aspekte der Problematik, sprachliche Aspekte der Jurisprudenz und der Theologie, maschinelle Textverarbeitung*, 303–315. Kronberg (Taunus): Scriptor.

Poerksen, Uwe (1988): *Plastikwörter. Die Sprache einer internationalen Diktatur.* Stuttgart: Klett-Cotta.
Pontiggia, Giuseppe (1989): *La grande sera.* Mailand: Mondadori.
Redeker, Martin (1934): *Humanität, Volkstum, Christentum in der Erziehung.* Berlin: Juncker & Dünnhaupt.
Redeker, Martin (1939): *Rundfunkpredigten aus der Universitätskirche in Kiel.* Bremen: Verlag Evangelische Nachrichten.
Redeker, Martin (1960): *Das Kieler Kloster in der Geschichte Schleswig-Holsteins und seiner Landesuniversität: Zur 10. Jahresfeier des Theologischen Studienhauses Kieler Kloster.* Kiel: Evangelische Verlags- und Buchhandelsgesellschaft.
Redeker, Martin (1968): *Friedrich Schleiermacher: Leben u. Werk (1768–1834).* Berlin: De Gruyter.
Rendtorff, Trutz (Hrsg.) (1993): *Protestantische Revolution? Kirche und Theologe in der DDR: Ekklesiologische Voraussetzungen, politischer Kontext, theologische und historische Kriterien. Vorträge und Diskussionen eines Kolloquiums in München, 26.–28.3.1992.* Göttingen: Vandenhoeck & Ruprecht.
Ringleben, Joachim (Hrsg.) (1991): *Christentumsgeschichte und Wahrheitsbewusstsein: Studien zur Theologie Emanuel Hirschs.* Berlin, New York: De Gruyter.
Roelcke, Thorsten (1999): *Fachsprachen.* Berlin: Erich Schmidt.
Rosenberg, Alfred (1938): *Der Mythos des 20. Jahrhunderts.* München: Hoheneichen.
Scharloth, Joachim (2012): Von der Informalität zum doing buddy. „1968" in der Sprachgeschichte des Deutschen. In: Heidrun Kämper, Joachim Scharloth und Martin Wengeler (Hrsg.), *1968. Eine sprachwissenschaftliche Zwischenbilanz,* 27–54. Berlin, New York: De Gruyter.
Scheliha, Arnulf von (1991): *Emanuel Hirsch als Dogmatiker. Zum Programm der „Christlichen Rechenschaft" im „Leitfaden zur christlichen Lehre".* Berlin, New York: De Gruyter.
Scheliha, Arnulf von (2000): Einleitung des Herausgebers. In: Emanuel Hirsch, *Das Wesen des reformatorischen Christentums,* VI–XXXVIII. Waltrop: Hartmut Spenner.
Scheliha, Arnulf von (2011): *Theologische und ethische Essays.* Osnabrück: Universität Osnabrück.
Scheliha, Arnulf von (2013): *Protestantische Ethik des Politischen.* Tübingen: Mohr Siebeck.
Scheliha, Arnulf von (2015): Religion und Sachpolitik – Zur gegenwärtigen Bedeutung von Martin Luthers Unterscheidung von geistlichem und weltlichem Regiment Gottes. In: Rochus Leonhardt und Arnulf von Scheliha (Hrsg.), *Hier stehe ich, ich kann nicht anders! Zu Martin Luthers Selbstverständnis,* 243–258. Baden-Baden: Nomos.
Schlatter, Adolf (1927): *Die Geschichte der ersten Christenheit.* Gütersloh: Bertelsmann.
Schlatter, Adolf (1935): *Wird der Jude über uns siegen? Ein Wort für die Weihnachtszeit.* Velbert: Freizeiten-Verlag.
Schlosser, Horst-Dieter (2016): *Die Macht der Worte. Ideologien und Sprache im 19. Jahrhundert.* Köln: Böhlau.
Schmitt, Carl (1922): *Politische Theologie. Vier Kapitel zur Lehre von der Souveränität.* München, Leipzig: Duncker & Humblot.
Schmitz-Berning, Cornelia (2000): *Vokabular des Nationalsozialismus.* Berlin, New York: De Gruyter.
Schneider-Flume, Gunda (1971): *Die politische Theologie Emanuel Hirschs 1918–1933.* Bern, Frankfurt a.M.: Lang.

Schoberth, Wolfgang (2006): *Einführung in die theologische Anthropologie*. Darmstadt: Wissenschaftliche Buchgesellschaft.
Scholder, Klaus (2000): *Die Kirchen und das Dritte Reich. Das Jahr der Ernüchterung 1934. Barmen und Rom*. München: Propyläen.
Scholten, Dirk (2000): *Sprachverbreitungspolitik des nationalsozialistischen Deutschlands*. Frankfurt a.M.: Lang.
Schüfer, Tobias (2007): Walter Grundmanns Programm einer erneuerten Wissenschaft. Die „Völkische Theologie" von 1937 und ihre Ausgestaltung in der „Jenaer Studienreform". In: Roland Deines, Volker Leppin und Karl-Wilhelm Niebuhr (Hrsg.), *Walter Grundmann: Ein Neutestamentler im Dritten Reich* (Arbeiten zur Kirchen- und Theologiegeschichte 21), 219–238. Leipzig: Evangelische Verlagsanstalt.
Schüssler Fiorenza, Elisabeth, Renate Jost, Irmtraud Fischer, Christiana de Groot, Mercedes Navarro Puerto und Adriana Valerio (Hrsg.) (2015): *Feministische Bibelwissenschaft im 20. Jahrhundert* (Die Bibel und die Frauen: Eine exegetisch-kulturgeschichtliche Enzyklopädie 9). Stuttgart: Kohlhammer.
Schütte, Hans-Walter (1991): Christliche Rechenschaft und Gegenwartsdeutung. Zum theologischen Werk Emanuel Hirschs. In: Joachim Ringleben (Hrsg.): *Christentumsgeschichte und Wahrheitsbewusstsein: Studien zur Theologie Emanuel Hirschs*, 1–14. Berlin, New York: De Gruyter.
Schwarz, Alexander und Paul Michel (1979): „Theologie als Grammatik". Thesen zum linguistischen Status religiöser Rede. *Germanistische Linguistik* 1–2, 127–138.
Schweitzer, Albert (1966 [1913]): *Geschichte der Leben-Jesu-Forschung*. München, Hamburg: Siebenstern.
Seidel, Eugen und Ingeborg Seidel-Slotty (1961): *Sprachwandel im dritten Reich*. Halle (Saale): Verlag Sprache und Literatur.
Seidel, Thomas A. (2007): Die „Entnazifizierungs-Akte Grundmann". Anmerkungen zur Karriere eines vormals führenden DC-Theologen. In: Roland Deines, Volker Leppin und Karl-Wilhelm Niebuhr (Hrsg.), *Walter Grundmann: Ein Neutestamentler im Dritten Reich* (Arbeiten zur Kirchen- und Theologiegeschichte 21), 345–369. Leipzig: Evangelische Verlagsanstalt.
Siegele-Wenschkewitz, Leonore (1980): *Neutestamentliche Wissenschaft vor der Judenfrage. Gerhard Kittels theologische Arbeit im Wandel der Geschichte*. München: Kaiser.
Slenczka, Notger (2003): *Der Tod Gottes und das Leben des Menschen. Glaubensbekenntnis und Lebensvollzug*. Göttingen: Vandenhoeck & Ruprecht.
Slenczka, Notger (2016): Das Wunder des Ausdrucks in Musik, Bild und Wort. Bemerkungen zur affektiven Dimension religiöser Rede. In: Elisabeth Gräb-Schmidt und Reiner Preul (Hrsg.), *Wunder* (Marburger Jahrbuch Theologie XXVIII), 119–141. Leipzig: Evangelische Verlagsanstalt.
Sölle, Dorothee (1968): *Atheistisch an Gott glauben. Beiträge zur Theologie*. Olten, Freiburg: Walter.
Sölle, Dorothee (1971): *Politische Theologie. Auseinandersetzung mit Rudolf Bultmann*. Stuttgart: Kreuz.
Sölle, Dorothee (1977): *Der Mann. Ansätze für ein neues Bewußtsein*. Wuppertal: Hammer.
Sölle, Dorothee (1978): *Sympathie. Theologisch-politische Traktate*. Stuttgart: Kreuz.
Sölle, Dorothee (1981): *Im Hause des Menschenfressers. Texte zum Frieden*. Reinbek bei Hamburg: Rowohlt.

Sölle, Dorothee (1982 [1965]): *Stellvertretung: Ein Kapitel Theologie nach dem „Tode Gottes".* Stuttgart: Kreuz.
Sölle, Dorothee (1985): *Lieben und arbeiten. Eine Theologie der Schöpfung.* Stuttgart: Kreuz.
Sölle, Dorothee (1995): *Gegenwind. Erinnerungen.* Hamburg: Hoffmann & Campe.
Sparn, Walter Helmuth (2000): Der Glaube an den offenbaren Gott und das unaufgelöste Rätsel des Unheils in der Geschichte. In: Reiner Anselm und Franz-Josef Nocke (Hrsg.), *Was bekennt, wer heute das Credo spricht?*, 108–119. Regensburg: Friedrich Pustet.
Stapel, Wilhelm (1928): *Antisemitismus und Antigermanismus – Über das seelische Problem der Symbiose des deutschen und des jüdischen Volkes.* Hamburg, Berlin, Leipzig: Hanseatische Verlagsanstalt.
Stapel, Wilhelm (1931): *Sechs Kapitel über Christentum und Nationalsozialismus.* Hamburg: Hanseatische Verlagsanstalt.
Stapel, Wilhelm (1932): *Der christliche Staatsmann: Eine Theologie des Nationalismus.* Hamburg: Hanseatische Verlagsanstalt.
Sternberger, Dolf, Gerhard Storz und W. E. Süskind (1962): *Aus dem Wörterbuch des Unmenschen.* München: dtv.
Stolze, Radegundis (2009): *Fachübersetzen – Ein Lehrbuch für Theorie und Praxis.* Berlin: Frank und Timme.
Strauß, David Friedrich (1835): *Das Leben Jesu, kritisch bearbeitet.* Tübingen: Osiander.
Strauß, David Friedrich (1864): *Das Leben Jesu für das deutsche Volk bearbeitet.* Leipzig: Kröner.
Strauß, Gerhard, Ulrike Haß und Gisela Harras (1989): *Brisante Wörter von Agitation bis Zeitgeist.* Berlin, New York: De Gruyter.
Taber, Charles A. (1975): Problems in the Translation of Biblical Texts. In: János S. Petöfi, Adalbert Podlech und Eike von Savigny (Hrsg.), *Fachsprache – Umgangssprache. Wissenschaftstheoretische und linguistische Aspekte der Problematik, sprachliche Aspekte der Jurisprudenz und der Theologie, maschinelle Textverarbeitung*, 289–302. Kronberg (Taunus): Scriptor.
Thielicke, Helmut (1947): *Fragen des Christentums an die moderne Welt. Untersuchungen zur geistigen und religiösen Krise des Abendlandes.* Tübingen: Mohr Siebeck.
Thielicke, Helmut (1949): *Theologie der Anfechtung.* Tübingen: Mohr Siebeck.
Thielicke, Helmut: (1953) *Die evangelische Kirche und die Politik. Ethisch-politischer Traktat über einige Zeitfragen.* Stuttgart: Evangelisches Verlagswerk.
Thurneysen, Eduard (1927): *Das Wort Gottes und die Kirche.* München: Kaiser.
Thurneysen, Eduard (1971): *Das Wort Gottes und die Kirche. Aufsätze und Vorträge.* München: Kaiser.
Tillich, Paul (1933): *Die sozialistische Entscheidung.* Potsdam: Protte.
Tillich, Paul (2013): *Frankfurter Vorlesungen (1930–1933).* Berlin, Boston: De Gruyter, Evangelisches Verlagswerk.
Traulsen, Christian (2008): Das Kirchenverständnis und seine Auswirkungen auf die kirchenrechtliche Konzeption von Kirchenzucht. *Hannoveraner Initiative Evangelisches Kirchenrecht (HIEK). Workingpaper 1/08*, https://www.kirchenrechtliches-institut.de/download/HIEK2_Traulsen.pdf (letzter Zugriff 20. 10.2021).
Trillhaas, Wolfgang (1986): Emanuel Hirsch in Göttingen. In: Hans-Martin Müller (Hrsg.), *Christliche Wahrheit und neuzeitliches Denken. Zu Emanuel Hirschs Leben und Werk*, 37–59. Tübingen: Katzmann, Goslar: Thuhoff.

Ueding Gert und Bernd Steinbrink (2011): *Grundriß der Rhetorik. Geschichte – Technik – Methode*. Stuttgart, Weimar: Metzler.
Ueding, Gert (2009): *Moderne Rhetorik. Von der Aufklärung bis zur Gegenwart*. München: Beck.
Utri, Reinhold (2004): Charakteristik der Fachsprache christliche Theologie. *Komunikacja Specjalistyczna* 4, 139–147.
Ungern-Sternberg, Jürgen von und Wolfgang von Ungern-Sternberg (2013): *Der Aufruf „An die Kulturwelt!" Das Manifest der 93 und die Anfänge der Kriegspropaganda im Ersten Weltkrieg* (Historische Mitteilungen Beiheft 18, Menschen und Strukturen 21). 2. Aufl. Frankfurt a.M.: Lang.
Verheyen, Nina (2012): Distinktion durch Diskussion. 1968 und die sozialen Funktionen verbaler Interaktion. In: Heidrun Kämper, Joachim Scharloth und Martin Wengeler (Hrsg.), *1968. Eine sprachwissenschaftliche Zwischenbilanz*, 227–244. Berlin, New York: De Gruyter.
Vogel, Matthias (2002): *„Deine Sprache verrät dich". Begriffsanalytische Untersuchungen zu alt- und neupietistischen Predigten*. Berlin: Logos.
Volmer, Johannes (1995): Politische Rhetorik des Nationalsozialismus. In: Konrad Ehlich (Hrsg.), *Sprache im Faschismus*, 137–161. Frankfurt a.M.: Suhrkamp.
Waldenfels, Hans (1993): Sprache als Thema und Medium der Theologie. In: Paul Weingartner (Hrsg.), *Die Sprache in den Wissenschaften*, 181–220. Freiburg, München: Alber.
Weiss, Andreas von (1974): *Schlagwörter der Neuen Linken. Die Agitation der Sozialrevolutionäre*. München, Wien: Olzog.
Weingartner, Paul (1993): Das Problem der Sprache in der Philosophie. In Paul Weingartner (Hrsg.), *Die Sprache in den Wissenschaften*, 221–290. Freiburg, München: Alber.
Wenz, Gunther (2001): *Der Kulturprotestant. Adolf von Harnack als Christentumstheoretiker und Kontroverstheologe*. München: Utz Wissenschaftsverlag.
Willoweit, Dietmar (2009): Rechtsbegründung und Rechtsbegriff. Ein Nachwort. In: Dietmar Willoweit (Hrsg.), *Die Begründung des Rechts als historisches Problem* (Schriften des Historischen Kollegs 45), 315–322. Berlin: De Gruyter, Oldenbourg.
Zahrnt, Heinz (1984): *Die Sache mit Gott. Die protestantische Theologie im 20. Jahrhundert*. 6. Aufl. München: dtv.

Webseiten

Bayerische Akademie der Wissenschaften. Historische Kommission. *Deutsche Biographie*. https://www.deutsche-biographie.de/ueber (letzter Zugriff 21.10.2021).
Duden. Bibliographisches Institut GmbH: www.duden.de (letzter Zugriff 21.10.2021).
Evangelische Kirche in Deutschland: https://www.ekd.de (letzter Zugriff 21.10.2021).
Forschungsstelle Deutsches Rechtswörterbuch der Heidelberger Akademie der Wissenschaften (Hrsg.): Deutsches Rechtswörterbuch. https://drw-www.adw.uni-heidelberg.de/drw/info/ (letzter Zugriff 21.10.2021).
Grau, Alexander (2013): Rundfunkbeitrag zu Emanuel Hirsch. https://www.deutschlandfunk.de/ein-protestantischer-theoretiker-der-moderne.886.de.html?dram:article_id=250830 (letzter Zugriff 21. 10. 2021).

Grimm, Jakob und Wilhelm: *Deutsches Wörterbuch online*: http://woerterbuchnetz.de/cgi-bin/WBNetz/wbgui_py?sigle=DWB (letzter Zugriff 21.10.2021).

Hartmut Spenner. Theologischer Fachverlag: https://hartmutspenner.de/ (letzter Zugriff 21.10.2021).

Lutherbibel online: https://www.die-bibel.de/bibeln/online-bibeln/lutherbibel-2017/bibeltext/ (letzter Zugriff 20.10.2021).

Steffensky, Fulbert (2019): „Wir waren sehr streitlustig". Interview. https://www.evangelisch.de/inhalte/155364/28-12-2019/fulbert-steffensky-wie-das-politische-nachtgebet-entstand-warum-streiten-spass-macht-7-wochen-ohne (letzter Zugriff 21. 10.2021).

Serup-Bilfeldt, Kirsten (2015): Stuttgarter Schuldbekenntnis der EKD. Wie die Kirche ihre Schuld schönfärbte. https://www.deutschlandfunkkultur.de/stuttgarter-schuldbekenntnis-der-ekd-wie-die-kirche-ihre-100.html (letzter Zugriff 21. 10.2021).

Register

Abstraktion 170–171, 189
Achtundsechziger-Bewegung 3, 73, 207, 212, 214, 217, 220, 224, 229, 235–236, 265
Agnostizismus 273
Alexis, Willibald 32
Alliteration 47
Althaus, Paul 2, 12, 61, 70, 75, 77, 118–125, 140, 145–146, 175, 177–181, 298
Ambiguität, semantische 146, 149–151, 159, 166, 173, 260, 283
Anakoluth 29
Analogisierung 213
Anapher 17, 28
Anaphorik 14, 25, 46–47, 54, 71
Anbetung, Begriff 151
Andersen, Hans Christian 87
Anredeform 14, 17, 48
Anselm, Reiner 325
Anthropologie 328
Antisemitismus 81, 88, 98, 101, 125, 127, 129, 131–132, 135–136, 144, 154, 167–168, 181, 184, 274, 278
Antonymie 25, 71, 127, 150, 225
Archaisierung 46, 49, 67, 84, 98
Archäologie 276
Art, Begriff 83, 105, 109–110, 112, 115–116, 189, 196
Assimilation, Begriff 132–133
Assonanz 47
Asyndeton 28
Atheismus 211, 273, 292
Aufklärung 5, 304, 306, 325
Auschwitz-Prozesse, Frankfurter 210
Ausrufesatz 18, 48–49
Axt-Piscalar, Christine 316–319

Barth, Karl 2, 7, 12, 23, 25, 36, 39–52, 57, 59, 61, 66, 141, 145–146, 175, 186, 208, 265, 335
Barth, Ulrich 304–307, 310
Bassarak, Gerhard 273, 285–287
Bedeutung
– denotative 9, 89, 238
– konnotative 9, 84, 89, 238, 282, 338
Bedeutungsverschiebung 84, 125
Befreiung, Begriff 225, 238
Begriffsäquivalenz 92
Begriffsevidenz, approximative 237
Begriffslehre, platonische 87
Begriffssemantik 87, 90
Begriffssystem 170, 187–188
Behm, Johannes 175
Bekennende Kirche 68, 75, 141, 149, 153–155, 160, 162, 190, 193, 217, 235
Bekenntnisnotstand 154
Besatzungszone, Sowjetische 269
Bibel
– Elberfelder 47
– Text- (Emil Kautzsch) 47
– Zürcher 47
Bibelexegese 42, 102, 104, 137, 150, 152, 270, 315
Bijektivität 330
Birnbaum, Walter 175
Blut, Begriff 78, 82, 90, 105, 111–116, 120–121, 130, 161
Bodelschwingh, Friedrich von 142
Bonhoeffer, Dietrich 3, 75–76, 141–151, 173, 217, 288, 291
Böse, das, Begriff 152, 207, 286
BRD 175, 190, 205, 207, 209, 229, 242, 258, 264–265, 284, 295
Brehm, Alfred Edmund 19
Brot, tägliches, Begriff 300
Brunner, Emil 2, 40–41, 51–59, 61, 66, 145
Brunstäd, Friedrich 146
Bultmann, Rudolf 8, 36, 41, 61, 68–69, 137, 146, 254

Chiasmus 17, 53, 260–261
Christliche Welt (Zeitschrift) 39
Chunk 121
Cicero, Marcus Tullius 10

Dahn, Felix 32
DDR 3, 99, 175, 205, 258, 268–269, 271–275, 279, 281–282, 284, 288–289, 292, 295, 303
Deissmann, Gustav Adolf 2, 12, 25, 27–36, 39, 77–78, 83
Delekat, Friedrich 137, 142, 162–169, 174
Denkhandeln 322–323
Derivation 183, 186
Deutsche Christen 62, 75, 100, 103, 106, 153–154, 156, 174, 185
Deutsches Volkstum (Zeitschrift) 85, 109
Dialektik 10
Dibelius, Otto 160–161
Dienst, Begriff 106, 116, 118, 157
Disambiguierung, semantische 167, 283
Disziplin, Begriff 123
Dogmatik 1, 6, 68, 74, 85, 112, 163, 318
Drei-Stile-Lehre 10
Dualität Gottes 107, 112

Ebeling, Gerhard 3, 177, 190–192, 194, 198–205
Eckart, Dietrich 166
Ehre, Begriff 58, 70–71, 78–79, 115–116
Elert, Werner 175
Ellipse 49
Emigration, innere 162, 168
Emotionalisierung der Sprache 213
Entartung, Begriff 78, 183, 189
Entfremdung, Begriff 236
Enthistorisierung 213
Entmythologisierung 254, 306
Entnazifizierung 99, 118, 177, 284
Entscheidung, Begriff 116
Entspiritualisierung 306
Erinnerungskultur 306
Eschatologie 232–233, 253
Ethik 163, 168, 179, 250–251, 320, 322
Eucharistie 113, 168
Eucken, Rudolf 19
Euphemismus 133
Exil 162
Exterminismus 224

Face-to-face-Kommunikation 16, 213, 215
Fachjargon 299
Fachsprache
– der Physik 330
– kulturtheologische 331
– medizinische 4
– naturwissenschaftliche 330
– philosophische 146–147, 152, 164, 170–171, 304
– technische 324
Fachsprachenschichtung, vertikale 4, 6, 9
Fachsprachlichkeitsgrad 64, 66, 264
Fahnenwort 286–287
Feind, Begriff 91
Feindwort 286
Feld, semantisches 22, 122, 130, 132, 152, 187, 192, 236, 279, 281
Fichte, Johann Gottlieb 231
Fink, Heinrich 268, 273, 285, 288–291
Flex, Walter 34, 73
Fock, Gorch (Johann Wilhelm Kinau) 73
Fokuspartikel 16
Fossilisierung 204
Frage, rhetorische 18, 23–24, 27, 46, 49, 156, 169
Fragesatz, indirekter 17
Freiheit, Begriff 79, 163
Fremdheit, Begriff 129
Frenssen, Gustav 49–50, 99, 112, 121
Freytag, Gustav 32
Frieden, Begriff 90–91, 151, 287–290
Friedensbewegung 211
Fuchs, Emil 142
Führer, Begriff 78, 118, 123, 125
Fundamentalontologie 165

Gefolgschaft, Begriff 106, 118, 157–158, 280
Geisteswissenschaft 1, 5, 7, 59, 100, 254, 326, 331
Gehorsam, Begriff 122–124
George, Stefan 67
Gerechtigkeit, Begriff 122, 287
Gerstenmaier, Eugen 142
Geschichte, Begriff 161, 247
Geschichtswissenschaft 1, 6, 245–249, 254, 319

Gesetz gegen die Überfüllung der deutschen
    Schulen und Hochschulen 127
Gesetz zur Wiederherstellung des
    Berufsbeamtentums 127, 154, 180
Gesetz, Begriff 62, 122
Gestapo 143
Gewalt, Begriff 237
Gewissen, Begriff 164
Glauben, Begriff 37, 151, 281, 287
Glaubensbekenntnis 307
Glaubenswissenschaft 8
Gleichnissprache 20, 169
Goebbels, Joseph 92, 121, 139
Gogarten, Friedrich 2, 12, 41, 61–64, 70,
    77–80, 83, 185–188
Goldsmid-Montefiore, Claude Joseph 278
Gollwitzer, Helmut 3, 234–235, 237, 239,
    241–242, 264–265
Gotthelf, Jeremias 11
Grabert, Herbert 176
Gräb-Schmidt, Elisabeth 320–323
Gräzismus 146
Grice, Paul 200, 202
Grimm, Hans 172
Großschreibung 106
Grüber, Heinrich 142
Grundmann, Walter 77, 99–104, 140, 175,
    273–284, 303
Günther, Hans F. K. 110
Gute, das, Begriff 207, 286

Handeln, das, Begriff 163
Harden, Maximilian 2
Harnack, Adolf von 2, 12–26, 30, 36–40,
    60, 334
Hassrede 131
Hauff, Wilhelm 35
Hebel, Johann Peter 11
Hegel, Georg Friedrich 68, 249
Heidegger, Martin 8, 145, 165, 170, 262
Heil, Begriff 161, 281–282
Heilsutopie 243
Heimatliteratur 50
Held, Heinrich 142
Hempel, Johannes 175
Hermanni, Friedrich 329–330
Hermelink, Heinrich 137

Hermeneutik 326
Hermetik, semantische 53, 149, 170,
    200, 331
Herrmann, Wilhelm 12, 25, 36–39
Herrschaft, Begriff 79–80, 280
Herrschaftssprache 107
Hesse, Hermann Albert 142
Hetzwort 83
Hingabe, Begriff 122
Hirsch, Emanuel 2, 12, 41, 61, 64–73, 75, 77,
    106–119, 140, 145–146, 167, 175,
    181–185, 295–301, 303
Historisch-kritische Methode 219
Hitler, Adolf 136, 139, 143, 154, 157, 161
Hochwertwort 73, 78, 84, 90, 98, 289,
    291, 300
Hoffmann, Ernst Theodor Amadeus 11
Holl, Karl 12
Holocaust 83, 127, 177, 181, 190, 207, 210,
    227, 274, 284
Homiletik 4, 6, 9, 47, 49, 198, 292
Humanwissenschaft 1, 310, 319
Hyperbel 28
Hyperonym 187, 224
Hyponym 187, 190, 196

Ideologie
– kommunistische 189, 271
– maoistische 224
– marxistische 236, 239–240, 252, 288
– nationalsozialistische 2, 68, 70, 72, 82,
    84, 93, 98, 106–107, 112, 116, 123, 130,
    139, 141, 154–155, 165, 171–172, 185,
    189, 195, 274, 297, 300, 303
– politische 3, 74
– sozialistische 276, 281, 286, 288, 290
– sozialrevolutionäre Fortschritts- 240
– stalinistische 224
– totalitäre 75
Idiomatik 121
Illokution 137, 161
Imperativ 220
Implikatur, konversationelle 31
Informalisierung der Sprache 213
Inklusion, semantische 22
Institut zur Entjudung von Kirche und
    Theologie 273

Institut zur Erforschung der Judenfrage 126
Institut zur Erforschung und Beseitigung des jüdischen Einflusses auf das deutsche kirchliche Leben 99, 101, 128, 278
Interpunktion 9, 31, 46–47, 66, 72, 161
Intertextualität 9
Intonation 31, 43, 49, 52, 54
Invariante 302
Irrelevanzkonditional 146

Jargon 299–300, 314
Johannesevangelium 102
Jüngel, Eberhard 242, 258–264, 266, 272
Jünger, Ernst 73
Jünger, Friedrich Georg 67

Kampf, Begriff 134, 151, 285–289
Kampfbegriff 83–84
Kampfsprache 202
Kant, Immanuel 145, 147
Käsemann, Ernst 7, 242, 254–258, 266
Kataphorik 14, 28, 46
Katastrophe, Begriff 284
Kautzsch, Emil 47
Kerygma, Begriff 80, 86, 218
Kierkegaard, Søren 68, 106, 113, 116, 182
Killy, Walter 33
Kirche im Sozialismus 268, 295
Kirche, Begriff 162
Kirchengeschichte 1, 6, 137, 150, 276
Kirchenpolitik, nationalsozialistische 154
Kirchenzucht, Begriff 191–194
Kitsch, literarischer 18, 33, 183
Kittel, Gerhard 2, 70, 75, 77, 119, 125–137, 140, 175, 177
Klassenkampf 239, 241
Klemperer, Victor 76–77, 96, 107, 138, 207, 269
Kohäsion 114
Kollokation 225
Komposition 54, 56, 148, 170, 290
Konditionalsatz 17, 56
Konversationsmaxime 200, 202
Konversion 148, 170
Kraftausdruck 299
Krieg, Begriff 286, 289–290
Krieg, Kalter 264, 336

Kriegsrhetorik 96
Kriegsroman 34
Kuhn, Karl Georg 175
Kultur, jüdische 104, 126
Kulturprotestantismus 36, 38, 40, 53
Kulturwissenschaft 5, 319, 331
Kürschner, Ernst 142
Kursivdruck 42, 44, 47, 53

Latinismus 146
Lauster, Jörg 326–328, 334
Leben-Jesu-Forschung 34, 255, 274
Leitwort 286–287
Liebe, Begriff 123, 237–238, 287
Lilje, Hanns 142
Linguistik, feministische 207
Linke, Neue, die 212, 216
Literatursprache 10
Liturgik 6
LTI (Lingua Tertii Imperii) 76, 96, 138, 269
Lösung, Begriff 133
Lüdemann, Gerd 8, 295, 307, 310–315, 336
Luther, Martin 25, 98, 123–124, 252, 301, 303
Lutherforschung 118
Luthergesellschaft 118

Macht, Begriff 151
Machtergreifung, nationalsozialistische 40, 70, 78, 119, 122, 126, 143, 149, 162, 166
Manifest der Dreiundneunzig 25
Martini, Fritz 32
Marx, Karl 249
Matthäusevangelium 102
May, Karl 32
Mehrfachadressierung 65–66, 273, 282, 293
Metapher 20–21, 26, 50, 105, 120, 134, 151, 256–257, 314
Missionswissenschaft 9
Mittner, Ladislao 32
Modalpartikel 156
Modulation 29
Moeller van den Bruck, Arthur 166
Moltmann, Jürgen 8, 229–234, 264–265
Mommsen, Theodor 19
Monosemierung 88

Mörike, Eduard 11
Morphosyntax 9, 66
Mortificatio 219
Moxter, Michael 329, 331–332
Mulert, Hermann 95, 142
Müller, Hanfried 285, 291–292
Müller, Hans Martin 295–300
Mützelfeldt, Theodor Heinrich 143

Nachkriegszeit 171, 190, 197, 205, 207–208, 255, 264, 282, 298
Nachtgebet, Politisches 211, 216–217
Nähesprache 29–30, 32
Nation, Begriff 92
Nationalromantik 50
Natur, Begriff 161
Naturrecht, Begriff 250
Naturwissenschaft 1, 5, 249, 310, 320, 322, 324, 328, 330, 332
Neoklassizismus, literarischer 66–67
Neoromantik, literarische 66, 183
Niemöller, Martin 3, 75, 141–142, 153–162, 174
Nietzsche, Friedrich 11
Norm, Begriff 124
NS-Staat 72, 75–76, 99–100, 118, 119, 143, 153, 174–175, 190, 335

Objektsatz 158
Obrigkeit, Begriff 124
Okkasionalismus 56, 148, 170
Opfer, Begriff 116, 123–124
Ordnung, Begriff 122–123, 125
Overbeck, Franz 13
Oxymoron 25, 121, 288

Pannenberg, Wolfhart 3, 242–254, 266
Paradoxon 68, 73, 113, 216, 291, 326
Parallelismus 25, 47, 54, 96, 98, 114, 118, 226, 260–261, 303
Paraphrase 149
Parenthese 16, 18, 24, 48–49, 321
Passiversatzform 179
Passivkonstruktion 158, 179
Pastoralpsychologie 6
Paulus 28–29, 33

Peirce, Charles Sanders 332
Periodisierung, Begriff 249
Perspektivität 321
Persuasion 137
Pfarrernotbund 154
Pflicht, Begriff 122
Philologie, altsprachliche 1
Philosophie 1, 5–6, 170, 249, 251, 292, 305, 319, 337
– des Deutschen Idealismus 67, 106, 147, 231
– dialektische 68
– Existenz- 8, 165
– Geschichts- 245, 248–249
– marxistische 212, 219
– sozialrevolutionäre 242
– theologische 68
Phraseologie 7, 313
Phraseologismus 22, 232
Platon 327
Plausibilität 326–328
Pleonasmus 183
Pluralismus 336
Poelchau, Harald 142
Poimenik 6, 9
Politikwissenschaft 169, 245, 249, 251–253
Polyfunktionalität, pragmatische 308
Polysemie 117, 167
Pontiggia, Giuseppe 88
Positivismus 336
Pragmatik, linguistische 9, 29, 263, 308, 322
Präsupposition 157
Predigtsprache 3–4, 9–10, 28, 46, 48–50, 66, 139, 151, 159, 197–198, 233, 266, 285–286, 309
Professorenroman 32–33
Prosodie 31
Przywara, Erich 146
Psalmenpoesie 22
Psychologie 212, 330

Rade, Martin 142
Rahner, Karl 8
Rasse, Begriff 136
Rassenideologie, nationalsozialistische 81–82, 97–98, 103–104, 111, 114, 116, 126–127, 130, 135–136, 144, 168, 224, 274, 279
Rechtschaffenheit, Begriff 207

Rechtsethik 250
Rechtswissenschaft 245, 249–250
Redeker, Martin 77, 94–99, 140, 175
Redeverbot 162, 168
Referenz, außersprachliche 231
Reich, Begriff 118, 151, 166, 279
Reichsinstitut für Geschichte des neuen Deutschlands 126
Reiseliteratur 35
Relativismus 336
Religion, Begriff 132, 304
Religion, jüdische 80, 82, 101, 167–168, 220
Religionspädagogik 6
Religionsunterricht 182
Religionswissenschaft 276, 319
Remythisierung 171, 327
Repetition 46, 49, 56, 260
Resemantisierung 194
Revisionismus 119, 332
Revolution der Sprache 214
Revolution, Begriff 235
Rhetorik 4, 9–10
– faschistische 139
– nationalsozialistische 86, 96, 119, 184, 194
– politische 4, 140
– sozialistische 268, 281
– totalitäre 338
Ricœur, Paul 331
Riehl, Wilhelm Heinrich 32
Ritschl, Albrecht 8
Romantik, politische 173
Rosenberg, Alfred 103, 110, 112
Rothe, Richard 8

Sakrament 168–169
Säkularisierung 186–189, 306, 324
Sasse, Hermann 142
Satan, Begriff 151–152, 161
Satzsemantik 43, 52
Schachtelsatz 321
Schande, Begriff 71
Scharnierbegriff 250
Scheliha, Arnulf von 184–185, 295–304
Schicksal, Begriff 283
Schlacht, Begriff 152
Schlagwort 73, 95, 98, 161, 216, 238

Schlatter, Adolf 2, 12, 25–27, 70, 77, 81–83
Schleiermacher, Friedrich 7, 11, 99
Schlüsselbegriff 81, 83, 89, 130, 134, 146, 206, 224, 228, 238, 285, 300
Schmitt, Carl 210
Schneider, Paul 142
Schoberth, Wolfgang 328–329
Schöpfung, Begriff 223–225
Schuld, Begriff 57–58, 178, 284
Schuldbekenntnis, Stuttgarter 175–176
Schweitzer, Albert 255
Seele, Begriff 93, 159
Selbstunterbrechung 24, 48–49
Semem 283
Semiotik 332
Slenczka, Notger 307–310, 324
Solidarität, Begriff 238, 242
Sölle, Dorothee 3, 7–8, 208–229, 264–265
Sowjetkommunismus 166
Sozialpsychologie 6
Sozialwissenschaft 5, 169, 212, 254, 310
Sparn, Walter Helmuth 325
Sperrsatz 23, 42, 44, 47, 52–54, 106, 160, 163
Sprache, Begriff 92
Sprache
– der christlichen Mission 9
– der christlichen Seelsorge 9, 139
– der Gewalt 194
– der Musik 324
– der nationalsozialistischen Ideologie 107–108, 115, 120, 129, 137–138, 140, 157, 168, 183, 189, 195, 198, 205–207, 296, 299
– der Offenbarung 202
– der sozialistischen Propaganda 287
– der theologischen Arbeit 307
– der Verkündigung 10, 38, 85, 138, 230–231
– der Vernunft 304
– des Glaubens 6, 138, 202–203
– des Kultes 107
– des Unglaubens 203
– des Verfälschens 315
– des Zweifels 311
– gendergerechte 338
– geschlechtergerechte 207, 215, 338

- gesprochene 29, 56
- imperative 220
- Jesu 220–222, 225
- politisch korrekte 195
- politische 4, 11, 84
- unpersönliche 179–180
Sprachereignis 259–260, 262, 264
Sprachermächtigung 200
Sprachhandeln 322–323
Sprachideologie 337
Sprachkonvention 337
Sprachkritik 207, 315
Sprachlehre, theologische 200–206
Sprachlenkung 2, 92
Sprachnorm 29
Sprachökonomie 148
Sprachplanung 92
Sprachpolitik 3, 86, 139, 270, 338
Sprachreform 206
Sprachverantwortung 200–201
Sprachwandel 206
Sprechakt
- assertiver 30, 216, 232, 263
- deklarativer 48, 232, 309
- direktiver 19, 29–31, 148, 156, 205
- erotativer 263
- expressiver 29, 31, 216
- kommissiver 19, 30, 206
- performativer 322
Spur, Die (Zeitschrift) 182
Staat, Begriff 162–163
Staatsreligion 154
Staatssicherheit, Ministerium für 268, 270, 274, 285, 288, 292
Standardsprache 213
Stapel, Wilhelm 77, 84–94, 121, 140
Staritz, Katharina 142
Stauffenberg, Claus Schenk Graf von 143
Steffensky, Fulbert 217
Steffensky-Sölle, Dorothee *Siehe Sölle, Dorothee*
Stigmawort 286
Strafe, Begriff 122
Strauss, David Friedrich 34
Studentenbewegung 212
Studentensprache 214
Subjektivismus 336

Substantivierung 55, 58
Sünde, Begriff 57–59, 62–64, 67–69, 133, 151, 159, 162, 164, 167
Sylten, Werner 142
Symbolik, sakrale 304
Symbolsprache 171
Synonymie 21–22, 57, 115, 192, 225, 237, 288
Syntax 7

Tat, Begriff 116
Tautologie 37, 58, 188
Technikethik 320–322
Technikwissenschaft 1, 5
Technologie 324
Thema-Rhema-Gliederung 26
Theologie
- alttestamentliche 1
- Befreiungs- 209
- der Hoffnung 229
- der Krisis 2, 40, 53, 61, 72, 335
- der Revolution 235–237, 241, 265
- des Rechtes 250
- des Widerstands 76
- dialektische 2, 40, 51, 59–62, 65–66, 73, 85, 185, 234
- exakte 332
- feministische 209–210, 228, 338
- Gott-ist-tot- 209, 211, 227
- hermeneutische 259, 326
- hermeneutisch-ontologische 8
- liberale 40, 61, 72
- liberalkonservative 2
- nachtheistische 211
- national-konservative 73
- neutestamentliche 1, 6, 9, 27, 50, 102, 312, 336
- politische 209–210, 212, 215, 217, 229, 235, 245
- praktische 4, 6, 27, 153
- systematische 1, 6–7, 9, 50, 137, 186, 254, 318, 336
- völkische 38, 51, 73, 83, 96, 100, 104, 119, 126, 138, 140, 144, 153, 155, 157, 177, 197, 206, 251, 273, 296, 303, 335
- Wort-Gottes- 327
Theorie, Kritische 212
Thielicke, Helmut 3, 137, 177, 190, 194–198

Thurmann, Horst 142
Thurneysen, Eduard 2, 40–41, 51, 59–61, 66
Tillich, Paul 7, 12, 76, 141–142, 162, 169–175
Transphrastik 26, 37
Trivialliteratur 32, 183
Troeltsch, Ernst 8, 12

Übersetzungs- und Dolmetschwissenschaft 1
Umgangssprache 6, 213
Unterhaltungsliteratur 32

Vagheit, semantische 1, 32, 68, 85, 150, 179, 332
Varietät
– diachronische 15
– diamesische 29
Verantwortung, Begriff 106, 118, 122, 281
Vergleich 226
Vergleichssatz 17
Verkündigungsmonopol 239
Versailles, Friedensvertrag von 71–72
Verschleierung, sprachliche 180
Verständigung, Begriff 200
Verstehenszumutung 200–201
Versuchung, Begriff 151, 159
Vivificatio 220
Volk, Begriff 78, 89–90, 107–108, 116, 118, 120, 123–125, 130–132, 154–159, 161
Volk, jüdisches 82, 88, 98, 102, 105, 181, 278
Vormarsch, Der (Zeitschrift) 145

Weimarer Republik 40, 61, 69, 71–72, 84, 108, 119

Weltgeschichte, Begriff 249
Weltkrieg
– Erster 7, 12, 36, 39–40, 71–72, 96, 107, 335
– Zweiter 175, 190, 195, 208, 335
Werbesprache 10
Werner, Zacharias 11
Widerstand, gegen den Nationalsozialismus 3, 141, 143, 153–155, 159–161, 174, 190
Wiedervereinigung 294, 332
Wilhelm II 167
Wilhelminische Epoche 12, 38, 84
Wirtschaftswunder 207
Wissenschaft
– empirische 244
– exakte 88
– nomothetische 7, 317, 322, 329, 336
– profane 244
Wittgenstein, Ludwig 8
Wortakzent 54
Wundererzählung 159
Wurm, Theophil 142

Zeichenmodell, triadisches 332
Zensur 271
Zucht, Begriff 116, 123, 191
Zungenreden 231
Zusammenschreibung 56
Zwei-Reiche-Lehre 85, 93–94, 123, 140, 166, 251, 301

www.ingramcontent.com/pod-product-compliance
Lightning Source LLC
Chambersburg PA
CBHW020218170426
43201CB00007B/249